U0286791

CAD/CAM/CAE 基础与实践

AutoCAD 2014 中文版电气设计教程

张云杰　郝利剑　编　著

清华大学出版社
北　京

内 容 简 介

AutoCAD 作为一种图纸设计工具，以其拥有的方便快捷而被广泛使用。AutoCAD 2014 是当前最新版的 AutoCAD 软件。本书从实用的角度介绍了应用 AutoCAD 2014 进行电气设计和绘图的方法，把 AutoCAD 和电气制图结合起来，使读者把 AutoCAD 电气制图作为一个整体看待。全书共分 14 章，从绘制电气图的基础入门方法开始，除了介绍使用 AutoCAD 2014 绘制电气图纸的基本操作方法，还通过多个绘制电气图的综合范例，分别从不同的电气设计应用领域入手，使读者能够掌握实际的 AutoCAD 电气设计技能。另外，本书还配备了交互式多媒体教学光盘，将案例制作过程制作为多媒体视频进行讲解，便于读者学习使用。

本书结构严谨，内容翔实，知识全面，可读性强，设计范例实用性强，专业性强，步骤明确，多媒体教学光盘方便实用，主要针对使用 AutoCAD 2014 进行电气设计和绘图的广大初、中级用户，是广大读者快速掌握 AutoCAD 电气设计的自学实用指导书。

图书在版编目(CIP)数据

AutoCAD 2014 中文版电气设计教程/张云杰，郝利剑编著. —北京：清华大学出版社，2014（2019.7 重印）
(CAD/CAM/CAE 基础与实践)
ISBN 978-7-302-36126-8

Ⅰ. ①A…　Ⅱ. ①张…　②郝…　Ⅲ. ①电气设备—计算机辅助设计—AutoCAD 软件—教材　Ⅳ. ①TM02-39

中国版本图书馆 CIP 数据核字(2014)第 069706 号

责任编辑：张彦青
装帧设计：杨玉兰
责任校对：李玉萍
责任印制：刘祎淼

出版发行：清华大学出版社
网　　址：http://www.tup.com.cn, http://www.wqbook.com
地　　址：北京清华大学学研大厦 A 座　　邮　　编：100084
社 总 机：010-62770175　　邮　　购：010-62786544
投稿与读者服务：010-62776969, c-service@tup.tsinghua.edu.cn
质量反馈：010-62772015, zhiliang@tup.tsinghua.edu.cn
印 装 者：三河市龙大印装有限公司
经　　销：全国新华书店
开　　本：190mm×260mm　　印　张：21.75　　字　数：525 千字
(附 DVD 1 张)
版　　次：2014 年 6 月第 1 版　　印　次：2019 年 7 月第 4 次印刷
定　　价：48.00 元

产品编号：051110-01

前　言

随着科学技术的迅猛发展以及计算机技术的广泛应用，设计领域也在不断变革，各种新的设计制图工具不断涌现，使设计更为科学化、系统化和先进化。AutoCAD 作为一种电气图纸设计工具，以其拥有的方便快捷而被广泛使用。经过近些年的发展，在诸多的已有专业的电气设计软件中， AutoCAD 系列软件在电气设计行业占据了最大的空间。AutoCAD 2014 是当前最新版的 AutoCAD 软件，相对于以前版本的 AutoCAD 软件，它有更加强大的功能以及更友好的设计界面。

为了使广大用户能尽快掌握 AutoCAD 2014 进行电气设计和绘图的方法，快速优质地设计绘制电气图，笔者编写了本书。本书把 AutoCAD 和电气制图结合起来，使读者把 AutoCAD 电气制图作为一个整体看待，使读者既了解 AutoCAD 2014 的制图特点，又可以掌握电气制图原理以及应用方面的基本知识。全书共分 14 章，其中第 1 章主要介绍 AutoCAD 2014 的主要功能以及基础的命令，第 2 章讲解绘制电子电气设计的入门方法，第 3 章到第 9 章主要介绍 AutoCAD 2014 的绘制电气图纸的基本操作方法，以及各类基本电气元件的绘制方法，第 10 章至第 14 章主要通过多个绘制电气图的综合范例，分别从不同的电气设计应用领域入手，讲解实际的电气图纸绘制方法，使全书更加实用和专业。

笔者的 CAX 设计教研室拥有多年使用 AutoCAD 进行建筑设计的经验。在编写本书时，笔者力求遵循“完整、准确、全面”的编写方针，在实例的选择上，注重实例的实战性和教学性相结合，同时融合多年设计的经验技巧，相信读者能从中学到不少有用的设计知识。总体来说，不论是学习使用 AutoCAD 的制图人员，还是有一定经验的电气设计人员，都能从本书中受益。

本书还配备了交互式多媒体教学光盘，将案例制作过程制作为多媒体进行讲解，讲解形式活泼，方便实用，便于读者学习使用。同时，光盘中还提供了所有实例的源文件，按章节放置，以便读者练习使用。关于多媒体教学光盘的使用方法，读者可以参看光盘根目录下的光盘说明。另外，本书还提供了网络的免费技术支持，欢迎大家登录云杰漫步多媒体科技的网上技术论坛进行交流：http://www.yunjiework.com/bbs。

本书由云杰漫步多媒体科技 CAX 设计室主编，参加编写工作的主要有张云杰、郝利剑、刁晓永、尚蕾、张云静、靳翔、祁兵、宋志刚、李海霞、贺秀亭、杨晓晋、龚堰珏、林建龙、刘斌、刘玉德、朱慧等。书中的设计实例均由云杰漫步多媒体科技公司 CAX 设计教研室设计制作。这里要感谢云杰漫步多媒体科技公司在多媒体光盘技术上提供的支持，同时要感谢清华大学出版社的编辑和老师们的大力协助。

由于编写人员的水平有限，因此在编写过程中难免有不足和疏漏之处，希望广大用户不吝赐教，对书中的不足之处给予指正。

编著者

目　录

第1章

AutoCAD 2014 入门

本章导读：

本章主要讲解 AutoCAD 2014 电子与电气设计的入门知识，包括 CAD 入门和电子电气设计入门，以及后期修改和打印输出的知识等。读者通过对本章的学习应该能够掌握 AutoCAD 2014 的新功能和电子电气的基础知识及命令。

1.1　AutoCAD 概述

AutoCAD(Auto Computer Aided Design)是美国 Autodesk 公司首次于 1982 年生产的自动计算机辅助设计软件，用于二维绘图、详细绘制、设计文档和基本三维设计。经过不断地升级和完善，现在已经成为国际上广为流行的绘图工具。.dwg 文件格式成为二维绘图的事实标准格式。

1.1.1　AutoCAD 简介

AutoCAD 具有良好的用户界面，通过交互菜单或命令输入行输入方式便可以进行各种操作。它的多文档设计环境，让非计算机专业人员也能很快地学会使用。并且可以在不断实践的过程中更好地掌握它的各种应用和开发技巧，从而不断提高工作效率。

AutoCAD 具有广泛的适应性，它可以在各种操作系统支持的微型计算机和工作站上运行，并支持分辨率由 320×200 到 2048×1024 的各种图形显示设备 40 多种，以及数字仪和鼠标器 30 多种，绘图仪和打印机数十种，这就为 AutoCAD 的普及创造了条件。

现在最新的版本为：AutoCAD 2014。本书介绍的就是 AutoCAD 2014 版本。

1.1.2　AutoCAD 特点

AutoCAD 软件具有以下几个特点。

(1) 具有完善的图形绘制功能。

(2) 有强大的图形编辑功能。

(3) 可以采用多种方式进行二次开发或用户定制。

(4) 可以进行多种图形格式的转换，具有较强的数据交换能力。

(5) 支持多种硬件设备。

(6) 支持多种操作平台。

(7) 具有通用性、易用性，适用于各类用户。

此外，从 AutoCAD 2000 开始，该系统又增添了许多强大的功能，如 AutoCAD 设计中心(ADC)、多文档设计环境(MDE)、Internet 驱动、新的对象捕捉功能、增强的标注功能以及局部打开和局部加载的功能，从而使 AutoCAD 系统更加完善。

1.1.3　AutoCAD 发展历程

CAD(Computer Aided Drafting)诞生于 20 世纪 60 年代。当时美国麻省理工学院提出了交互式图形学的研究计划。由于当时硬件设施的昂贵，只有美国通用汽车公司和美国波音航空公司使用自行开发的交互式绘图系统。

70 年代，小型计算机费用下降，美国工业界才开始广泛使用交互式绘图系统。

80 年代，由于 PC 的应用，CAD 得以迅速发展，出现了专门从事 CAD 系统开发的公司。当时 VersaCAD 是专业的 CAD 制作公司，所开发的 CAD 软件功能强大，但由于其价格昂贵，故不能普遍应用。而当时的 Autodesk 公司是一个仅有数人员工的小公司，其开发的 CAD 系统虽然功能有限，但因其可免费拷贝，故在社会上得以广泛应用。同时，由于该系统的开放性，所以该 CAD 软件升级迅速。

AutoCAD 经历了以下发展历程。

(1) AutoCAD V(ersion)1.0：1982 年 11 月正式发布，容量为一张 360KB 的软盘，无菜单，命令需要背，其执行方式类似 DOS 命令。

(2) AutoCAD V1.2：1983 年 4 月发布，具备尺寸标注功能。

(3) AutoCAD V1.3：1983 年 8 月发布，具备文字对齐及颜色定义功能，图形输出功能。

(4) AutoCAD V1.4：1983 年 10 月发布，图形编辑功能加强。

(5) AutoCAD V2.0：1984 年 10 月发布，图形绘制及编辑功能增加，如 MSLIDE VSLIDE DXFIN DXFOUT VIEW SCRIPT 等。至此，在美国许多工厂和学校都有 AutoCAD 拷贝。

(6) AutoCAD V2.17- V2.18：1985 年发布，出现了 Screen Menu，命令不需要背，Autolisp 初具雏形，两张 360KB 软盘。

(7) AutoCAD V2.5：1986 年 7 月发布，Autolisp 有了系统化语法，使用者可改进和推广，出现了第三开发商的新兴行业，5 张 360K 软盘。

(8) AutoCAD V2.6：1986 年 11 月发布，新增 3D 功能，AutoCAD 已成为美国高校的 inquired course。

(9) AutoCAD R(Release)9.0：1988 年 2 月发布，出现了状态行下拉式菜单。至此，AutoCAD 开始在国外加密销售。

(10) AutoCAD R10.0：1988 年 10 月发布，进一步完善 R9.0，Autodesk 公司已成为千人企业。

(11) AutoCAD R11.0：1990 年 8 月发布，增加了 AME(Advanced Modeling Extension)，但与 AutoCAD 分开销售。

(12) AutoCAD R12.0：1992 年 8 月发布，采用 DOS 与 Windows 两种操作环境，出现了工具条。

(13) AutoCAD R13.0：1994 年 11 月发布，AME 纳入 AutoCAD 之中。

(14) AutoCAD R14.0：1997 年 4 月发布，适应 Pentium 机型及 Windows 95/NT 操作环境，实现与 Internet 网络连接，操作更方便，运行更快捷，无所不到的工具条，实现中文操作。

(15) AutoCAD 2000(AutoCADR15.0)：1999 年发布，提供了更开放的二次开发环境，出现了 Vlisp 独立编程环境，同时，3D 绘图及编辑更方便。

(16) AutoCAD 2005：2005 年 1 月发布，提供了更为有效的方式来创建和管理包含在最终文档中的项目信息。其优势在于显著地节省时间、得到更为协调一致的文档并降低了风险。

(17) AutoCAD 2006：2006 年 1 月发布，推出最新功能：创建图形、动态图块的操作；选择多种图形的可见性；使用多个不同的插入点，贴齐到图中的图形；编辑图块几何图形；数据输入和对象选择。

(18) AutoCAD 2007：2006 年 3 月发布，拥有强大直观的界面，可以轻松而快速地进行外观图形的创作和修改。2007 版致力于提高 3D 设计效率。

(19) AutoCAD 2008：2007 年 12 月发布，提供了创建、展示、记录和共享所需的所有功能。将惯用的 AutoCAD 命令和熟悉的用户界面与更新的设计环境结合起来，使您能够以前所未有的方式实现并探索构想。

(20) AutoCAD 2009：2008 年 3 月发布，AutoCAD 2009 版本更有成效地帮助用户实现更

具竞争力的设计创意，其在用户界面上也有了重大改进。AutoCAD 2009 软件整合了制图和可视化，加快了任务的执行，能够满足个人用户的需求和偏好，能够更快地执行常见的 CAD 任务，更容易找到那些不常见的命令。

(21) AutoCAD 2010：2009 年 6 月发布，AutoCAD 2010 的新增功能包括新的自由形态设计工具，新的 PDF 导入、下衬及增强的发布功能，以及基于约束的参数化绘图工具。现在，AutoCAD 2010 还支持三维打印。这些全新的创新功能构筑了更强大的三维设计环境，帮助用户记录、交流和探索设计创意以及实现定制化设计。最新版 AutoCAD 2010 能够向客户提供强有力的三维设计工具，更丰富的功能和更显著的灵活性让他们的创造力得以发挥。例如，在新版的 AutoCAD 软件中增强了 AutoCAD 处理 PDF 文档格式的能力，并为 AutoCAD LT 添加了新的二维指令。

(22) AutoCAD 2011：2010 年发布，具有完善的图形绘制功能、强大的图形编辑功能、可采用多种方式进行二次开发或用户定制、可进行多种图形格式的转换，具有较强的数据交换能力，同时支持多种硬件设备和操作平台。

(23) AutoCAD 2012：2009 年 3 月推出正式版本，该版本能够帮助建筑师、工程师和设计师更充分地实现他们的想法。AutoCAD 2012 系列产品提供多种全新的高效设计工具，帮助使用者显著提升草图绘制、详细设计和设计修订的速度。例如，参数化绘图工具能够自动定义对象之间的恒定关系(persistent relationships)，延伸关联数组功能(extended associative array functionality)可以支持用户利用同一路径建立一系列对象，强化的 PDF 发布和导入功能，AutoCAD 2012 中文版则可帮助用户清楚明确地与客户进行沟通。AutoCAD 2012 系列产品还新增了更多强而有力的 3D 建模工具，提升曲面和概念设计功能。

(24) AutoCAD 2013：2012 年发布，用户交互命令行增强，通过交互菜单或命令行方式便可以进行各种操作。它的多文档设计环境，让非计算机专业人员也能很快地学会使用。可以在不断实践的过程中更好地掌握它的各种应用和开发技巧，从而不断提高工作效率。它具有广泛的适应性。

(25) AutoCAD 2014：2014 年 3 月正式发布，新版本占用存储空间很大，新增了不少功能，如 Windows 8 触屏操作，文件格式命令增强，现实场景中建模等。

AutoCAD 2014 简体中文版具有以下新特点。

① 社会化设计，即时交流社会化合作设计：可以在 AutoCAD 2014 里使用类似 QQ 的即时通信工具。图形以及图形内的图元图块等，都可以通过网络交互的方式相互交换设计方案。

② 支持 Windows 8 以及触屏操作：Windows 8 操作系统，其关键特性就是支持触屏，当然，它也需要软件提供触屏支持才能使用它的新特性。

我们使用智能手机以及平板电脑，已经习惯了用手指来移动视图了，新的 AutoCAD 2014 在 Windows 8 中，已经支持这种超炫的操作方法。

③ 实景地图，现实场景中建模：可以将 DWG 图形与现实的实景地图结合在一起，利用 GPS 等定位方式直接定位到指定位置上去。

1.1.4 AutoCAD 基本功能和用途

1. 基本功能

AutoCAD 具有以下基本功能。

(1) 平面绘图。能以多种方式创建直线、圆、椭圆、多边形、样条曲线等基本图形对象。

(2) 绘图辅助工具。AutoCAD 提供了正交、对象捕捉、极轴追踪、捕捉追踪等绘图辅助工具。正交功能使用户可以很方便地绘制水平、竖直直线，对象捕捉可以帮助拾取几何对象上的特殊点，而追踪功能可以使画斜线及沿不同方向定位点变得更加容易。

(3) 编辑图形。AutoCAD 具有强大的编辑功能，可以移动、复制、旋转、阵列、拉伸、延长、修剪、缩放对象等。

(4) 标注尺寸。可以创建多种类型尺寸，标注外观可以自行设定。

(5) 书写文字。能轻易在图形的任何位置、沿任何方向书写文字，可设定文字字体、倾斜角度及宽度缩放比例等属性。

(6) 图层管理功能。图形对象都位于某一图层上，可设定图层颜色、线型、线宽等特性。

(7) 三维绘图。可创建 3D 实体及表面模型，能对实体本身进行编辑。

(8) 网络功能。可将图形在网络上发布，或是通过网络访问 AutoCAD 资源。

(9) 数据交换。AutoCAD 提供了多种图形图像数据交换格式及相应命令。

(10) 二次开发。AutoCAD 允许用户定制菜单和工具栏，并能利用内嵌语言 Autolisp、Visual Lisp、VBA、ADS、ARX 等进行二次开发。

2. 用途

AutoCAD 具有以下用途。

(1) 工程制图：建筑工程、装饰设计、环境艺术设计、水电工程、土木施工等。

(2) 工业制图：精密零件、模具、设备等。

(3) 服装加工：服装制版。

(4) 电子工业：印制电路板设计。

此外，AutoCAD 广泛应用于土木建筑、装饰装潢、城市规划、园林设计、电子电路、机械设计、服装鞋帽、航空航天、轻工化工等诸多领域。

3. 分类版本

在不同的行业中，Autodesk 开发了行业专用的版本和插件。

(1) 在机械设计与制造行业中发行了 AutoCAD Mechanical 版本。

(2) 在电子电路设计行业中发行了 AutoCAD Electrical 版本。

(3) 在勘测、土方工程与道路设计方面发行了 Autodesk Civil 3D 版本。

(4) 学校教学、培训中所用的一般都是 AutoCAD Simplified 版本。

一般没有特殊要求的服装、机械、电子、建筑行业的公司用的都是 AutoCAD Simplified 版本。所以 AutoCAD Simplified 基本上算是通用版本。

1.2　初识 AutoCAD 2014

AutoCAD 2014 中文版为用户提供了【AutoCAD 经典】、【二维草图与注释】和【三维建模】3 种工作空间模式。对 AutoCAD 一般用户来说，可以采用【二维草图与注释】工作空间。它主要由标题栏、菜单栏、工具栏、绘图窗口、命令输入行、状态栏等元素组成，如图 1-1 所示。

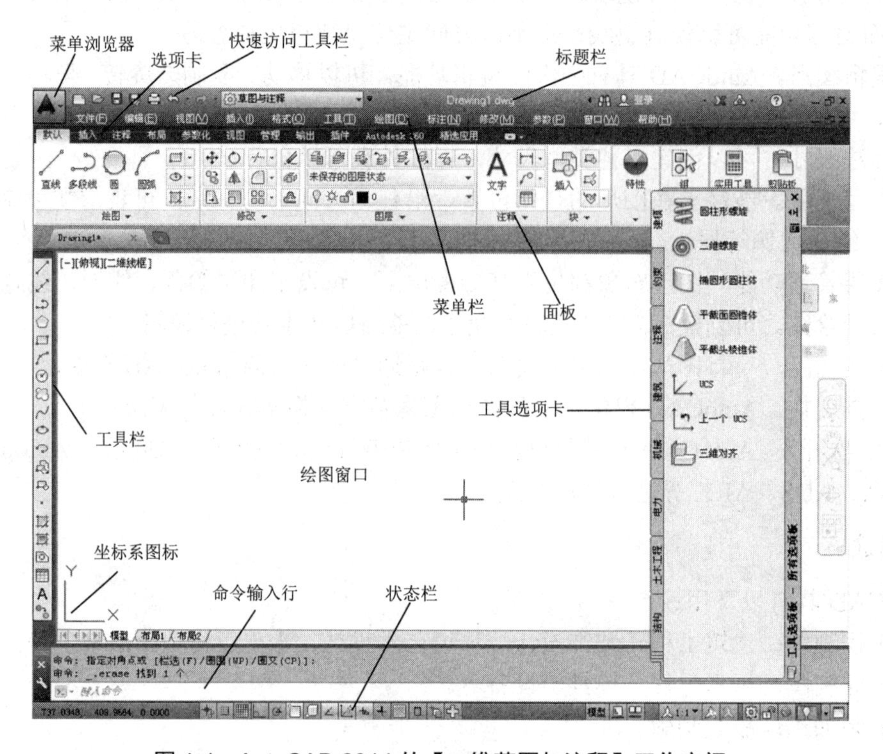

图 1-1　AutoCAD 2014 的【二维草图与注释】工作空间

1.2.1　标题栏

标题栏位于窗口的最上面，用于显示当前正在运行的程序及文件名等信息，如图 1-2 所示。如果是 AutoCAD 默认的图形文件，其名称为 DrawingN.dwg(N 为 1、2、3…)。右击标题栏会弹出快捷菜单，如图 1-3 所示，从中可以对窗口进行还原、移动、最大化、最小化等操作。

图 1-2　标题栏

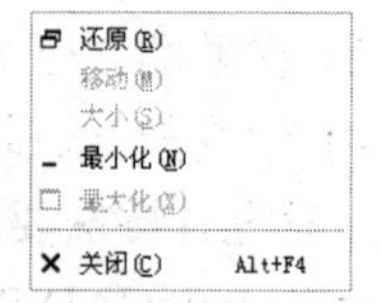

图 1-3　快捷菜单

1.2.2 菜单栏

菜单栏囊括了 AutoCAD 中几乎全部的功能和命令，单击菜单栏中某一项可以打开对应的下拉菜单，如图 1-4 所示。

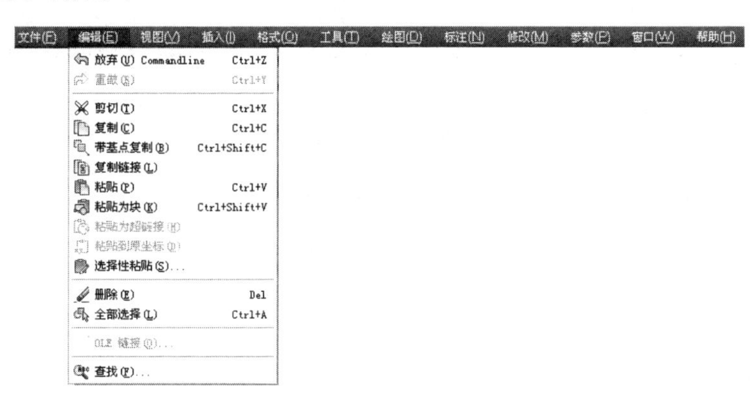

图 1-4　菜单栏

下拉菜单具有以下几个特点。

(1) 右侧有“▸”的菜单项，表示它还有子菜单。

(2) 右侧有“...”的菜单项，被选中后将弹出一个对话框。例如，选择【插入】|【块】菜单命令，会弹出【插入】对话框，如图 1-5 所示，该对话框用于块的设置。

图 1-5　【插入】对话框

(3) 单击右侧没有任何标示的菜单项，会执行对应的命令。

1.2.3 工具栏与工具选项卡

工具栏是应用程序调用命令的另一种方式，包含许多由图标表示的命令按钮，单击工具栏中的某一按钮可以启动对应的 AutoCAD 命令。在 AutoCAD 2014 中，系统共提供了 20 多个已命名的工具栏。将鼠标指针停留在按钮上，会弹出一个文字提示标签，说明该按钮的功能。如图 1-6 所示为【标注】工具栏。

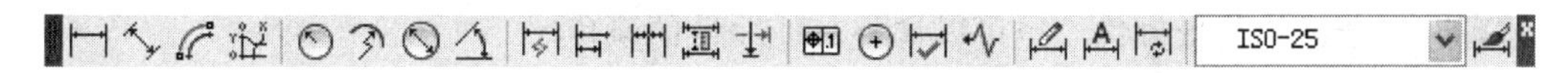

图 1-6　【标注】工具栏

工具栏的位置可以自由移动，如图 1-7 所示，为不同的工具栏设置的位置。

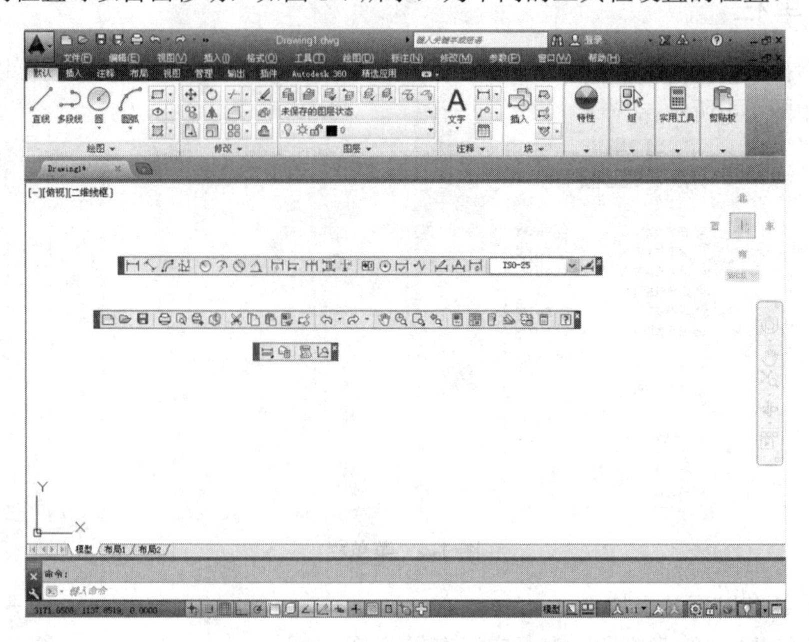

图 1-7　工具栏位置

用户可以根据需要打开或者关闭工具栏，单击工具栏右上角的叉按钮☒就可以将其关闭。在任何一个工具栏上右击，弹出工具栏选择的快捷菜单也可以进行工具栏的开启和关闭。

在【二维草图与注释】工作空间中，某些常用命令的按钮是位于相应的选项卡中的，单击不同的选项卡可以打开相应的面板，面板包含的很多工具和控件与工具栏和对话框中的相同。如图 1-8 所示是【默认】选项卡中各个面板的按钮命令。

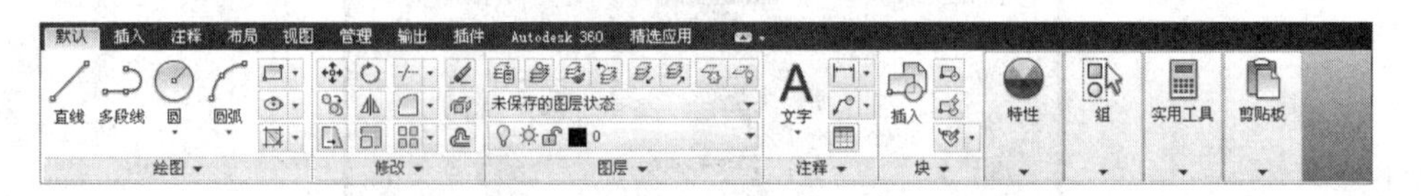

图 1-8　【默认】选项卡中各个面板的按钮命令

1.2.4　绘图窗口

在 AutoCAD 中，绘图窗口是绘图工作区域，所有的绘图结果都反映在这个窗口中。可以根据需要关闭其周围的各个工具栏，以增大绘图空间。如果图纸比较大，需要查看为显示部分时，可以单击窗口滚动条上的箭头，或者拖曳滑块来移动图纸；还可以按住鼠标中键，然后拖曳鼠标即可移动图纸。

绘图窗口的默认颜色为淡黄色，用户可以根据自己喜好更改绘图窗口的颜色。

选择【工具】|【选项】菜单命令，弹出【选项】对话框，如图 1-9 所示，在该对话框中单击【颜色】按钮。弹出【图形窗口颜色】对话框，如图 1-10 所示，在其中的【颜色】下拉列表框即可选择合适的背景颜色，也可以调整其他属性的颜色。

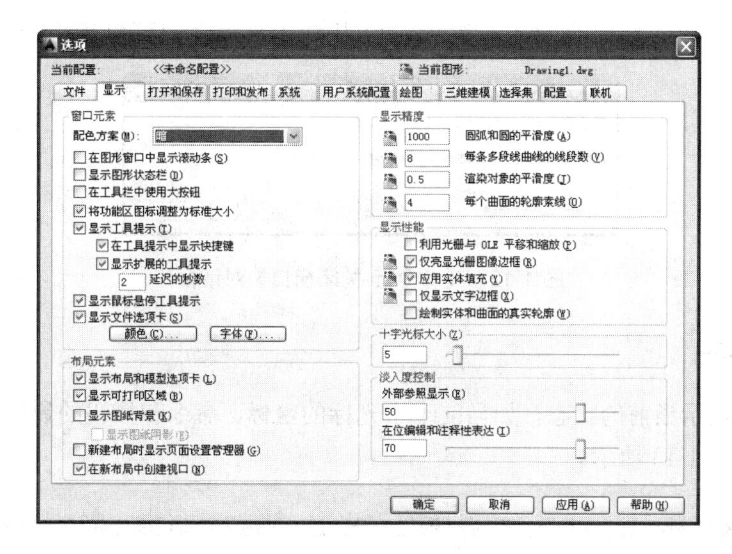

图 1-9　【选项】对话框

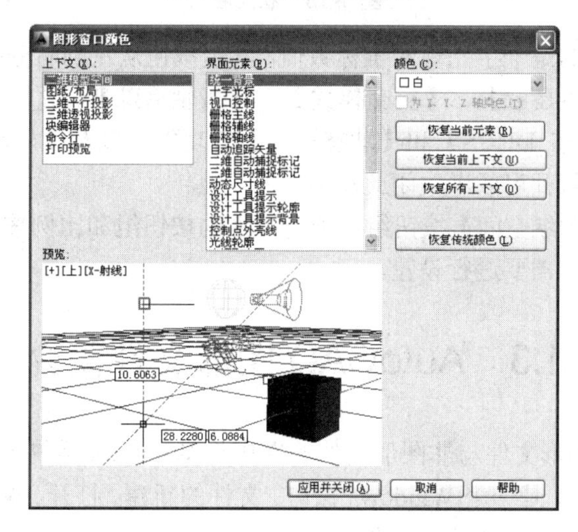

图 1-10　【图形窗口颜色】对话框

1.2.5　命令输入行

【命令输入行】窗口位于绘图窗口的底部，用于输入命令，并显示 AutoCAD 显示的信息，如图 1-11 所示。

图 1-11　【命令输入行】窗口

在默认情况下，【命令输入行】窗口显示 3 行文字，可以拖曳命令输入行边框进行调整。选择【工具】|【命令输入行】菜单命令，弹出【命令行-关闭窗口】对话框，如图 1-12 所示，

单击【是】按钮可以关闭命令输入行窗口，使用 Ctrl+9 组合键可以调出命令输入行窗口。

图 1-12 【命令行-关闭窗口】对话框

1.2.6 状态栏

状态栏用来显示当前的状态，如当前十字光标的坐标、命令和按钮的说明等，它位于程序界面的底部，如图 1-13 所示。

图 1-13 状态栏

位于状态栏最左边的是十字光标的坐标数值，其余按钮从左到右分别是表示当前是否启动了【捕捉模式】、【栅格显示】、【正交模式】、【极轴追踪】、【对象捕捉】、【对象捕捉追踪】、【运行/禁止动态 DUCS】和【动态输入】等功能，以及【显示/隐藏线宽】和【快捷特型】等。单击按钮即可开启或者关闭此功能。

此外还有【模型或图纸空间】按钮组，查看图纸的按钮组和比例按钮，以及【应用程序状态栏菜单】等，可以根据需要进行设置。

1.3 AutoCAD 图形文件简介

AutoCAD 2014 对图形文件与非图形文件的操作与 Windows 系统的操作是一样的。没有任何文件的 AutoCAD 窗口，是一个 Windows 窗口。文件的新建、打开、保存命令都可以通过【菜单浏览器】按钮的下拉菜单来进行操作。

1.3.1 创建新图形文件

在 AutoCAD 2014 中，创建新图形文件的方法有以下 3 种。

(1) 在命令输入行中输入 new，按 Enter 键。

(2) 在菜单栏选择【文件】|【新建】命令。

(3) 在快速访问工具栏(见图 1-14)中单击【新建】按钮。

图 1-14 快速访问工具栏

执行【新建】命令后，会弹出【选择样板】对话框，如图 1-15 所示。选择对应的样板后，单击【打开】按钮，即可建立新的图形。

图 1-15 【选择样板】对话框

1.3.2 打开已有的图形

在 AutoCAD 2014 中，打开已有图形文件的方法有以下 3 种。

(1) 在命令输入行中输入命令 open。

(2) 在菜单栏中选择【文件】|【打开】命令。

(3) 单击快速访问工具栏中的【打开】按钮。

执行【打开】命令后，会弹出【选择文件】对话框，如图 1-16 所示，选择文件后即可单击【打开】按钮。

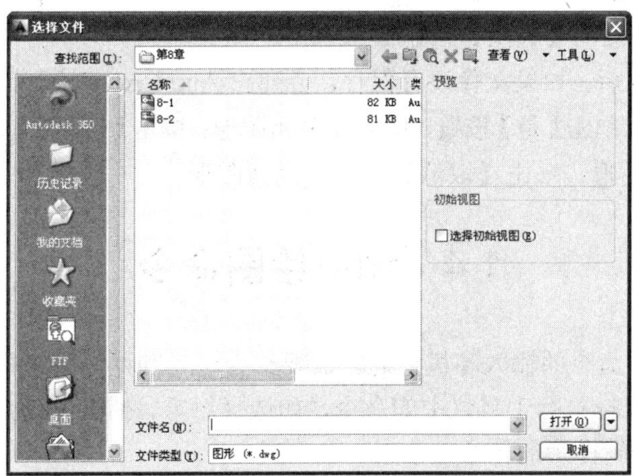

图 1-16 【选择文件】对话框

1.3.3 保存图形

在 AutoCAD 2014 中，保存图形文件的方法有以下 4 种。

(1) 在命令输入行中输入命令 qsave。

(2) 在菜单栏中选择【文件】|【保存】命令。

(3) 单击快速访问工具栏中的【保存】按钮。

(4) 选择【文件】|【另存为】菜单命令，将当前图形保存到新的位置，系统弹出【图形另存为】对话框，如图 1-17 所示，输入新名称，单击【保存】按钮。

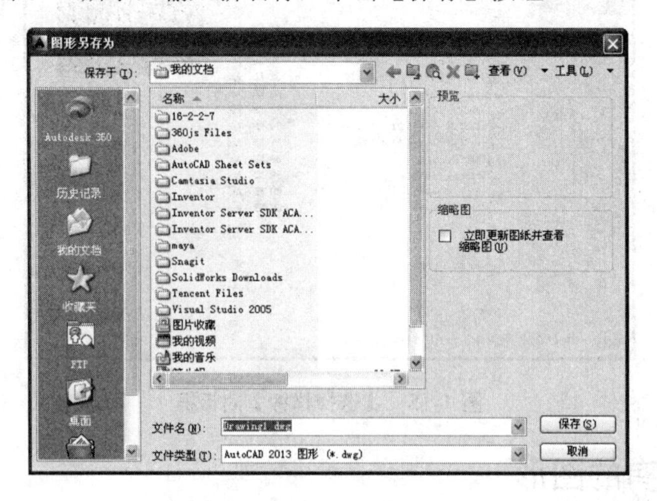

图 1-17 【图形另存为】对话框

1.3.4 关闭图形文件

绘图结束后，需要退出 AutoCAD 2014 时，可以使用以下 3 种方法。

(1) 在菜单栏中选择【文件】|【关闭】命令。

(2) 在绘图窗口中单击【关闭】按钮。

(3) 单击标题栏右侧的【关闭】按钮。

执行【关闭】命令后，如果文件没有保存，会弹出 AutoCAD 对话框，如图 1-18 所示，单击【是】按钮，保存并关闭图形；单击【否】按钮，不保存并关闭图形；单击【取消】按钮，返回图形。

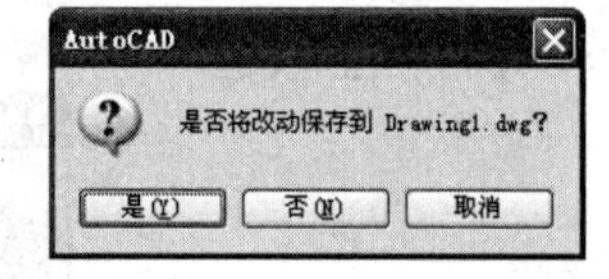

图 1-18 AutoCAD 对话框

1.4 调用绘图命令

在 AutoCAD 中，命令的输入和执行通常需要结合键盘和鼠标来进行，主要是利用键盘输入命令和参数，利用鼠标执行工具栏中的命令，如选择对象、捕捉关键点以及拾取点等。命令是 AutoCAD 绘制与编辑图形的核心。

1.4.1 命令激活方式

AutoCAD 有 4 种激活命令的方式，分别是键盘激活命令、菜单执行命令、工具栏执行命令和工具选项卡中的面板执行命令。

1. 通过键盘激活命令

在 AutoCAD 2014 中，默认情况下命令输入行是一个固定窗口，可以在当前状态下输入命令、对象参数等内容。对于大多数命令，命令输入行窗口可以显示刚执行完的命令提示。

当命令输入行窗口中最后一行的提示为“命令：”时，表示当前处于忙碌接受状态。此时通过键盘键入某一命令后按 Enter 键或空格键，即可激活对应的命令，然后 AutoCAD 会给出提示，提示用户进行后续操作。命令不区分大小写。如下所示为一段命令输入行的输入提示。

```
命令: _line 指定第一点:
指定下一点或 [放弃(U)]:
指定下一点或 [放弃(U)]:
命令:
命令:
命令: _circle 指定圆的圆心或 [三点(3P)/两点(2P)/切点、切点、半径(T)]:
指定圆的半径或 [直径(D)]: d
指定圆的直径: 12
```

2. 通过菜单执行命令

可以通过选择菜单栏的下拉菜单来执行命令。例如绘制一条直线，可以选择【绘图】|【直线】菜单命令，在绘图窗口进行绘制，如图 1-19 所示为菜单栏的下拉菜单。

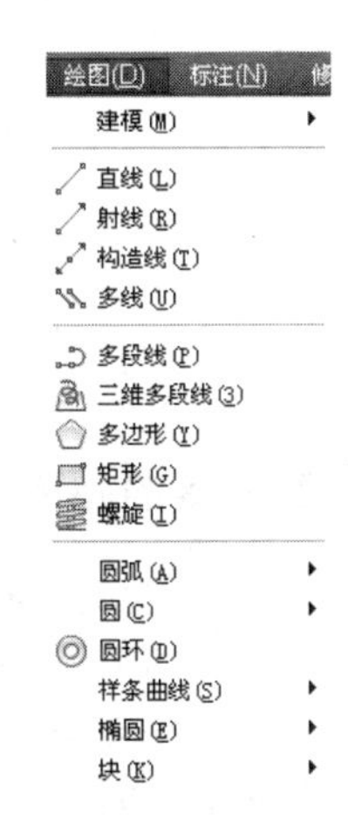

图 1-19　菜单栏下拉菜单

3. 通过工具栏执行命令

通过单击工具栏中的按钮执行对应的命令在 AutoCAD 绘图中十分方便。例如单击【绘图】工具栏中的【样条曲线】按钮，即可激活【样条曲线】命令，如图 1-20 所示为【绘图】工具栏。

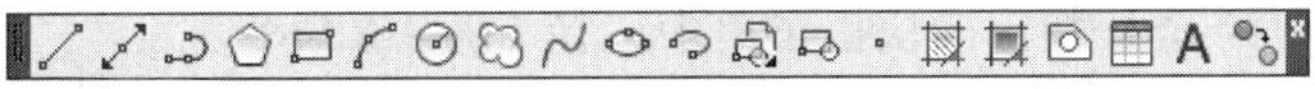

图 1-20　【绘图】工具栏

4. 通过工具选项卡中的面板执行命令

通过单击不同的选项卡打开相应的面板，单击面板中的按钮即可执行相应的命令。

1.4.2　命令的重复与撤销

在绘图当中，可以方便地重复执行同一条命令，或者撤销前面执行的一条或者多条命令。此外，撤销前面执行的命令后，还可以通过重做来恢复前面执行的命令。

1. 命令的重复

当完成某一命令的执行后，如果需要重复执行该命令，可以使用以下两种方法。

(1) 按 Enter 键或者空格键。

(2) 在绘图窗口右击，弹出快捷菜单，在菜单的第一行显示重复执行上一次执行的命令，选择即可重复命令。例如，在执行完一个正多边形命令后右击，弹出如图 1-21 所示的快捷菜单，选择【重复 POLYGON】命令，即可重复命令。

如果想重复最近执行的某一个命令，可以在快捷菜单中选择【最近的输入】命令，在其弹出的子菜单中选择最近使用过的命令，单击即可重复使用该命令，如图 1-22 所示。

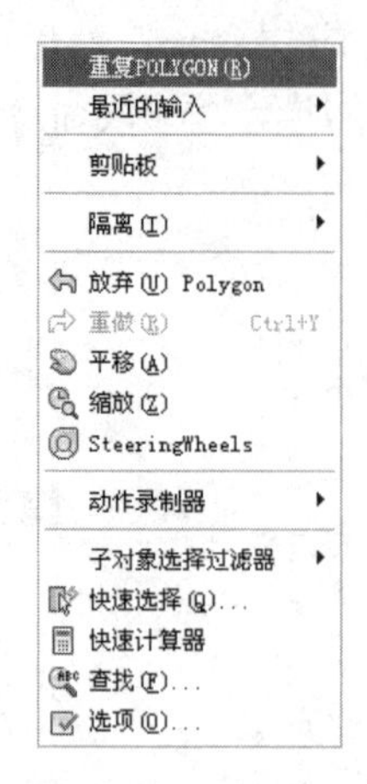

图 1-21　选择【重复 POLYGON】命令

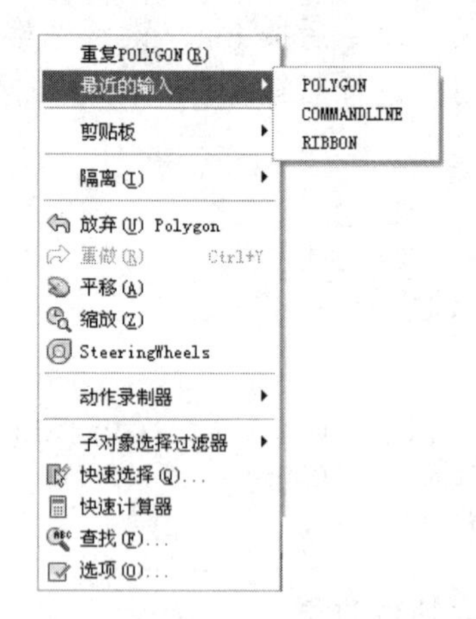

图 1-22　选择【最近的输入】命令

2. 命令的撤销与退出

当执行一条指令后，想要撤销该指令，可以选择【编辑】|【放弃】菜单命令来撤销，也可以单击快速访问工具栏中的【放弃】按钮来撤销命令。

有些命令在输入后会自动返回到无命令状态，等待输入下一个命令；但是有些命令则需要用户进行退出操作才能返回无命令状态，否则会一直响应用户操作。退出命令的方法如下。

(1) 在命令执行完成后，按 Esc 键或者 Enter 键。

(2) 在绘图窗口右击，在弹出的快捷菜单中选择【确认】命令，也可以退出命令，如图 1-23 所示。

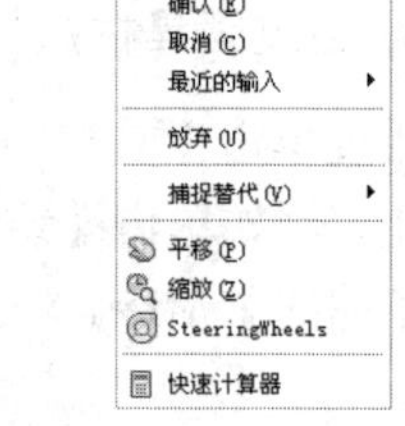

图 1-23　选择【确认】命令

1.5　绘图的基准——坐标系

AutoCAD 2014 系统规定用户总是在一定的二维空间中绘图。只要启动 AutoCAD 2014，系统就自动配置好一种绘图坐标。用户也可以根据自己的需要改变坐标系。

如果绘制三维视图，首先要进入三维工作空间。在 AutoCAD 2014 界面的右下角单击【切换工作空间】按钮，选择菜单中的【工作空间设置】，设置三维空间，就进入到三维工作空间中。打开【视图】选项卡，常用的关于坐标系的命令在如图 1-24 所示的【坐标】面板中，用户只要单击其中的按钮即可启动对应的坐标系命令。

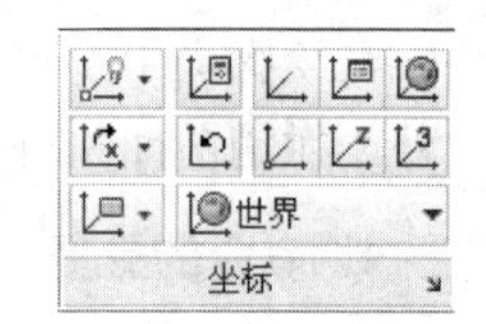

图 1-24　【坐标】面板

1.5.1　世界坐标系与用户坐标系

坐标(x，y)是表示点的最基本的方法。在世界坐标系和用户坐标系下都可以通过坐标(x，y)来精确定位点。

在 AutoCAD 2014 中，当用户新建一个图形文件时，在绘图窗口的左下角可以看到坐标系，就是世界坐标系即 WCS，包括 X 轴和 Y 轴(如果在三维空间工作，还有 Z 轴)。为了能够更好地绘图，经常需要修改坐标系的原点和方向，这时世界坐标系将变为用户坐标系。

UCS 即用户坐标系的原点以及 X、Y、Z 轴的方向都可以移动及旋转，甚至可以依赖于图形中某一个特定对象。在绘图中，利用 AutoCAD 提供的下拉菜单或工具栏可以方便地创建 UCS。启动 UCS 的方法有以下两种。

图 1-25　选择【工具】|【新建 UCS】|【三点】菜单命令

1. 通过菜单栏启动

选择【工具】|【新建 UCS】|【三点】菜单命令，如图 1-25 所示。

2. 通过 UCS 命令定义用户坐标系

在命令输入行中输入 UCS，其提示如下。

```
命令: ucs
当前 UCS 名称: *没有名称*
指定 UCS 的原点或 [面(F)/命名(NA)/对象(OB)/上一个(P)/
视图(V)/世界(W)/X/Y/Z/Z 轴(ZA)] <世界>:
\\按 Enter 键确认
```

各选项的含义介绍如下。

(1) 指定 UCS 的原点：使用一点或几点定义一个新的 UCS。

(2) 面：将 UCS 与三维实体的选定面对齐。

(3) 命名：按名称保存并恢复通常使用的 UCS 方向。

(4) 对象：根据选定的三维对象定义新的坐标系。

(5) 上一个：恢复上一个 UCS。

(6) 视图：以垂直于观察方向的平面为 XY 平面，建立新的坐标系，UCS 保持不变。

(7) 世界：将当前用户坐标系设置为世界坐标系。

(8) X/Y/Z：绕指定轴旋转当前 UCS。

(9) Z 轴：用指定的 Z 轴正半轴定义 UCS。

1.5.2　使用和命名用户坐标系

选择【工具】|【命名 UCS】菜单命令，打开 UCS 对话框，在【正交 UCS】选项卡中的【当前 UCS】列表框中选择需要的正交坐标系，如【俯视】、【仰视】等。该选项卡用于将 UCS 设置成某一正交模式。如图 1-26 所示为 UCS 对话框。

UCS 对话框中的【命名 UCS】选项卡用于显示当前使用和已命名的 UCS 信息。在该选项卡中可以进行以下两种操作。

1. 指定坐标系为当前

(1) 选择【工具】|【命名 UCS】菜单命令，打开 UCS 对话框，如图 1-27 所示。

(2) 单击【命名 UCS】标签，切换到【命名 UCS】选项卡，在【当前 UCS】列表框中选择

【世界】、【上一个】或某一个 UCS，然后单击【置为当前】按钮，即可将其置为当前坐标系。

图 1-26　UCS 对话框

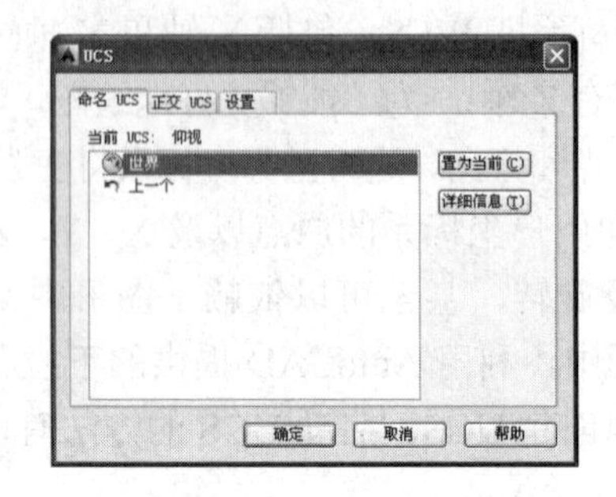

图 1-27　【命名 UCS】选项卡

2. 查看 UCS 信息

(1) 选择【工具】|【命名 UCS】菜单命令，打开 UCS 对话框。

(2) 选择【当前 UCS】列表框中某一坐标系选项，单击【详细信息】按钮，在弹出的【UCS 详细信息】对话框中即可查看坐标系的详细信息，如图 1-28 所示。

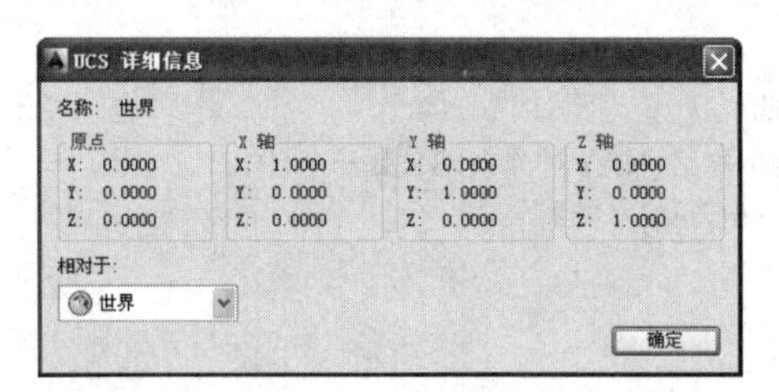

图 1-28　【UCS 详细信息】对话框

1.5.3　设置当前视口中的 UCS

在绘制三维图形或者一幅较大的图形时，为了能够从多个角度观察图形的不同侧面或不同部分，可以将当前绘图窗口切分为几个小窗口。单击【视口】工具栏中的【命名】按钮，弹出【视口】对话框，在【标准视口】列表框中选择视角，如图 1-29 所示，单击【确定】按钮，视窗界面效果如图 1-30 所示。

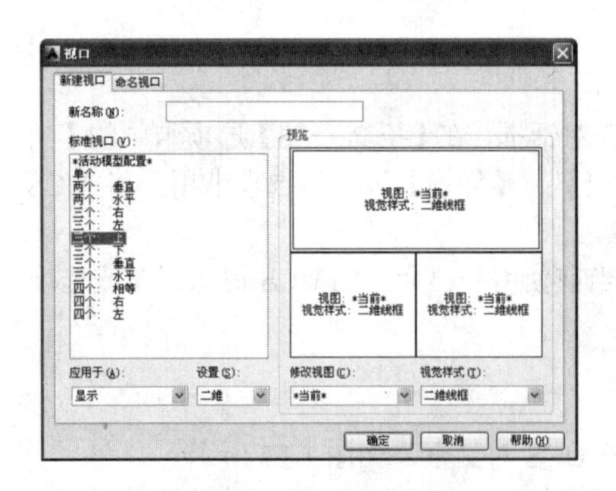

图 1-29　【视口】对话框

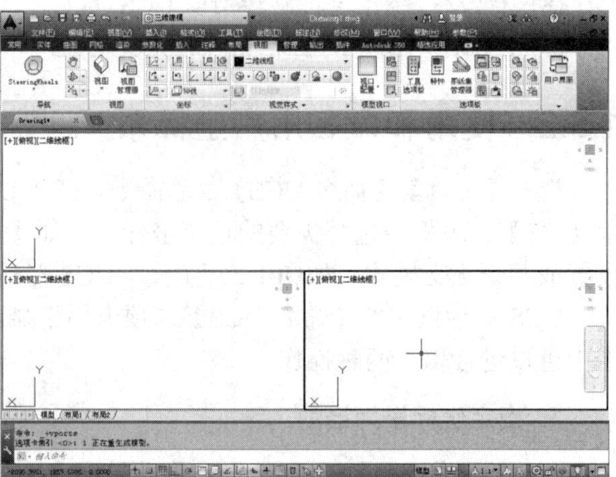

图 1-30　三维绘图三个视窗界面

1.6 选择图中的部件

使用 AutoCAD 绘图，进行任何一项编辑操作都需要先指定具体的对象，即选中该对象，这样所进行的编辑操作才会有效。在 AutoCAD 中，选择对象的方法有很多，这里一般分为下面两种。

1.6.1 直接拾取法

直接拾取法是最常用的选取方法，也是默认的对象选择方法。选择对象时，单击绘图窗口对象即可将其选中，被选中的对象会以虚线显示，如果要选取多个对象，只需逐个选择这些对象即可，如图 1-31 所示。

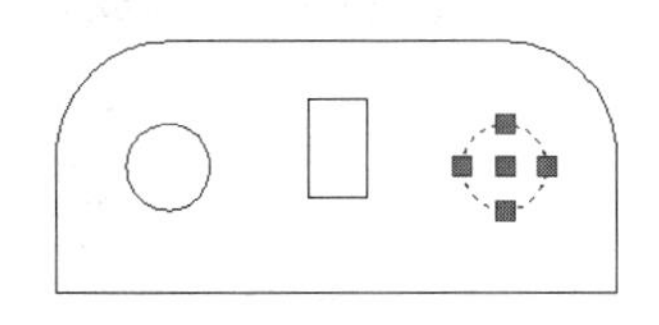

图 1-31 选择对象

1.6.2 窗口选择法

窗口选择是一种确定选取图形对象范围的选取方法。当需要选择的对象较多时，可以使用该选择方式，这种选择方式与 Windows 的窗口选择类似。

(1) 单击并将十字光标向右下方拖曳，将所选的图形框在一个矩形框内。再次单击，形成选择框，这时所有出现在矩形框内的对象都将被选取，位于窗口外及与窗口边界相交的对象则不会被选中，如图 1-32 所示。

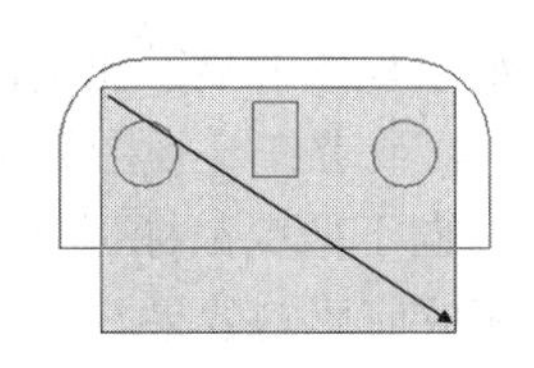
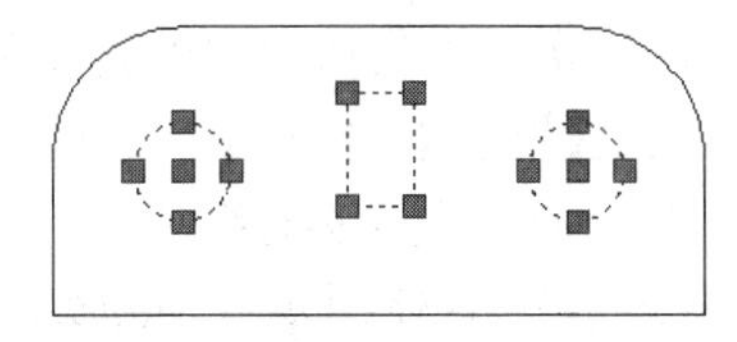

图 1-32 选择方向及选中对象

(2) 另外一种选择方式正好方向相反，鼠标移动从右下角开始往左上角移动，形成选择框，此时只要与交叉窗口相交或者被交叉窗口包容的对象，都将被选中，如图 1-33 所示。

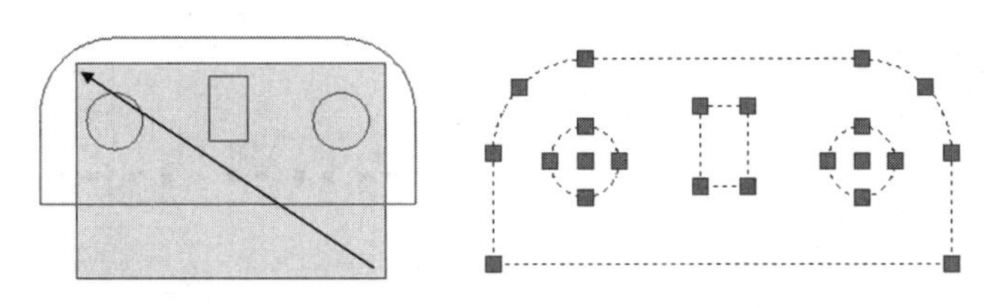

图 1-33 选择方向及选中对象

1.7 显 示 设 置

在绘图过程中，有时我们希望查看整个图形，有时希望查看更小的细微之处。AutoCAD 可以自由控制视图的显示比例，可以自由放大和缩小要显示的部分。

1.7.1　图形显示缩放

按一定比例、观察位置和角度显示的图形称为视图。在 AutoCAD 中，可以通过缩放视图来观察图形对象。图形显示缩放只是将屏幕上的对象放大或缩小其视觉尺寸，对象的实际尺寸并没有变化，就像照相机的镜头调节焦距类似。

1. 【缩放】菜单和【缩放】工具栏

选择【视图】|【缩放】菜单命令中的子命令，或者单击【缩放】工具栏中的相应按钮，就可以缩放视图。【缩放】子菜单和【缩放】工具栏如图 1-34 和图 1-35 所示。

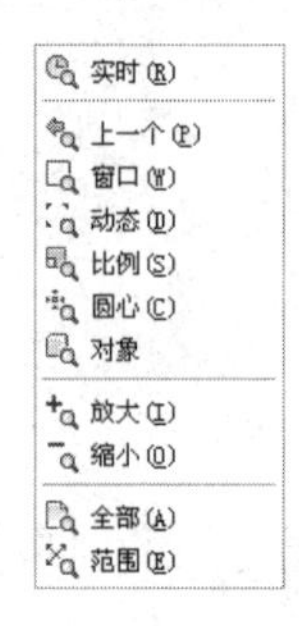

图 1-34　【缩放】子菜单

图 1-35　【缩放】工具栏

【缩放】子菜单包含 11 个选项，【缩放】工具栏包含 9 个按钮，一般是比较常用的。

2. 实时缩放

在 AutoCAD 中，利用实时缩放功能可以放大和缩小视图的显示比例，而不会改变图形的绝对大小。选择【视图】|【缩放】|【实时】菜单命令，或者在【视图】选项卡【导航】面板板中单击【放大】按钮，即可进行实时缩放。单击并向下拖曳鼠标可以放大整个图形，释放鼠标即可停止。如图 1-36 和图 1-37 所示分别为实时缩放前后的效果。

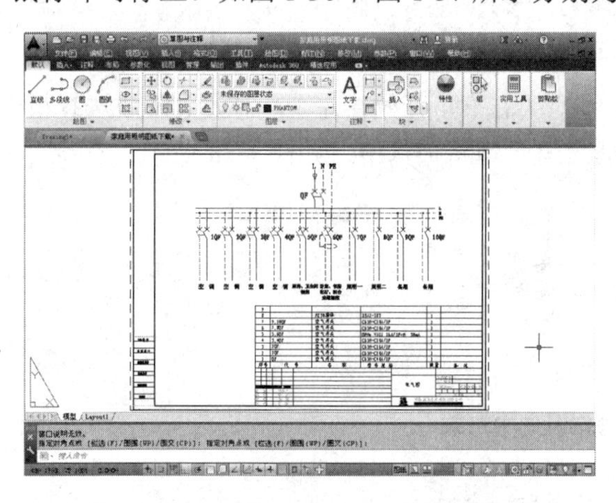

图 1-36　原图大小

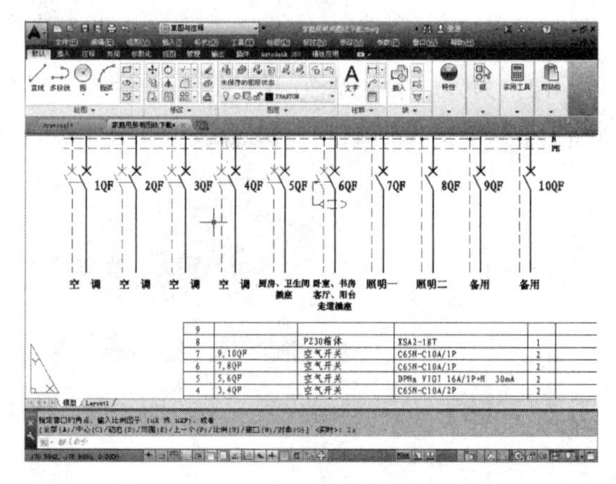

图 1-37　放大效果

3. 窗口缩放视图

使用【窗口缩放】工具可以任意选择视图中的某一部分进行放大操作，特别是在绘图或者浏览较大规划图时查看某一细节。

(1) 选择【视图】|【缩放】|【窗口】菜单命令，或在【视图】选项卡【导航】面板中单击【窗口】按钮，即可进行窗口缩放。

(2) 在绘图窗口拾取两个对角点以确定一个缩放矩形窗口，系统就会将这一区域放大到整个屏幕，如图 1-38 和图 1-39 所示分别为窗口缩放前后的效果。

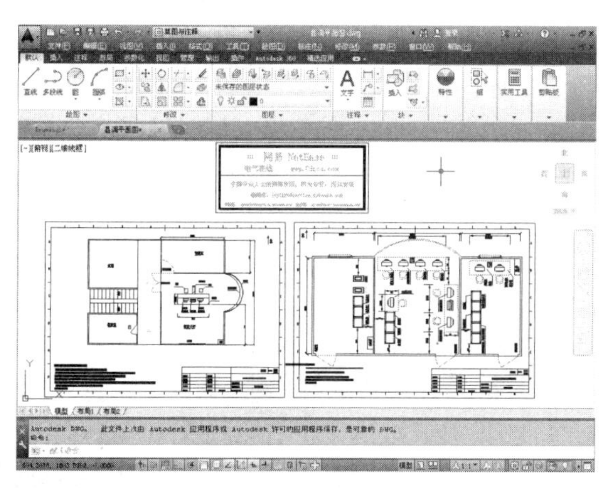

图 1-38　原图大小

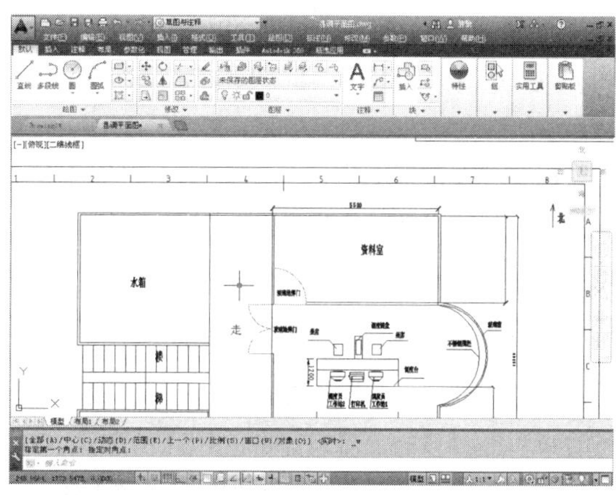

图 1-39　放大效果

4. 动态缩放视图

使用【动态缩放】模式选取放大区域时，系统会先将所观察的视图缩小一定比例，然后才可以确定选取放大区域的大小和位置。

使用【动态缩放】模式的方法如下。

(1) 选择【视图】|【缩放】|【动态】菜单命令，进入【动态缩放】模式，在绘图窗口将显示一个带叉的矩形方框。

(2) 在绘图窗口单击，此时选择窗口中心的叉消失，显示一个位于有边框的箭头，拖曳鼠标可以改变选择窗口的大小。

(3) 将边框移动到要放大的区域处，按 Enter 键确认。

操作效果如图 1-40 和图 1-41 所示。

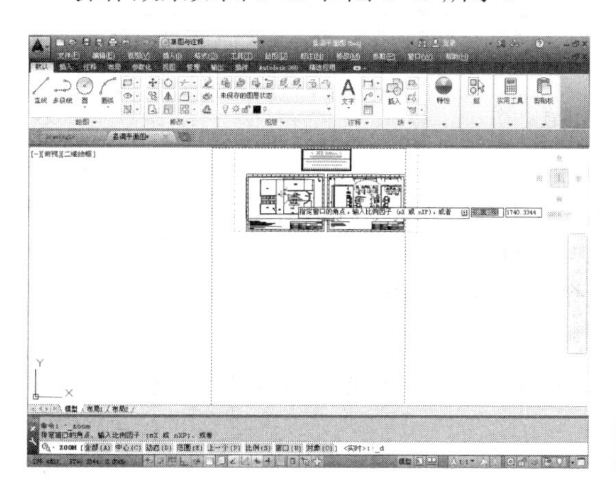

图 1-40　选择框

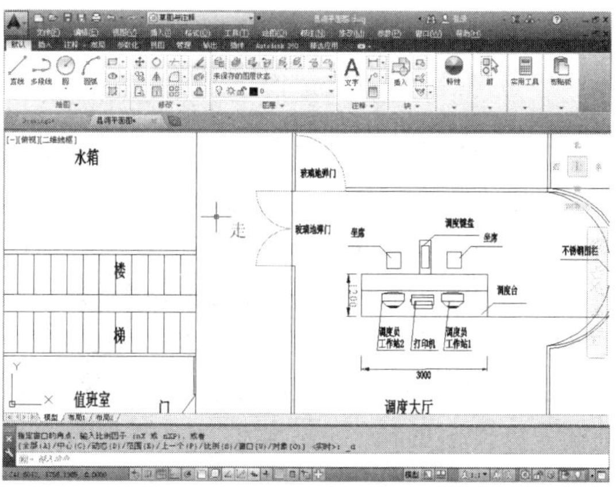

图 1-41　放大区域

1.7.2 图形显示平移

使用平移功能，可以重新定位图形，以便浏览或绘制图形的其他部分。此时不会改变图形中对象的位置或比例，只改变视图在操作区域中的位置。

在 AutoCAD 中可以通过以下几种方法打开平移功能。

(1) 选择【视图】|【平移】菜单命令中的子命令。如图 1-42 所示。

实时
点(P)
左(L)
右(R)
上(U)
下(D)

图 1-42 【平移】子命令菜单

(2) 在【视图】选项卡【导航】面板中单击【平移】按钮。

(3) 在命令输入行中输入 PAN 命令。

1. 实时平移

在平移工具中，【实时】平移工具使用的频率最高，通过使用该工具可以拖曳十字光标来移动视图在当前窗口中的位置。使用【实时平移】工具的具体操作步骤如下。

(1) 选择【视图】|【平移】|【实时】菜单命令，此时十字光标变成手形。

(2) 按住鼠标左键，并拖曳十字光标在绘图窗口沿任意方向移动，窗口内的图形就可以向移动方向移动。释放鼠标，可返回平移状态。在此过程中，按 Esc 键可以退出。如图 1-43 和图 1-44 为平移前后的视图。

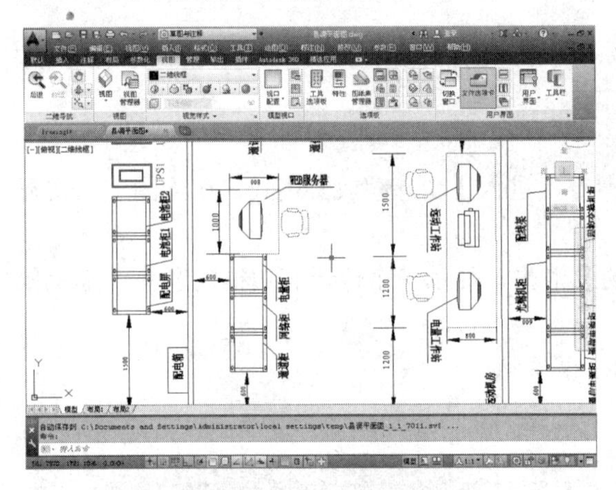

图 1-43 平移前视图

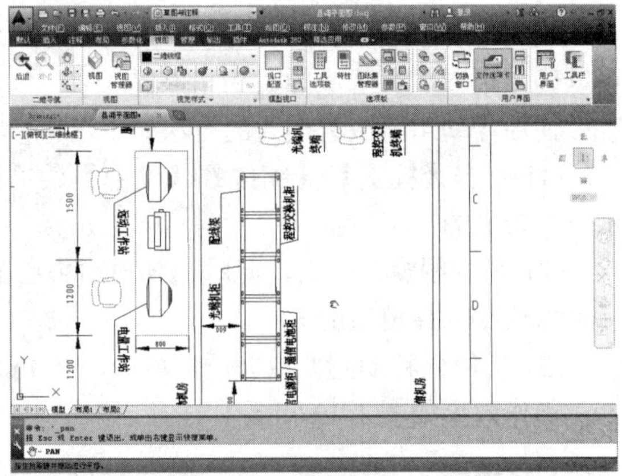

图 1-44 平移后视图

2. 定点平移

【定点】平移工具是通过指定基点和位移值来平移视图。视图的移动方向和十字光标的偏移方向一致。执行【定点平移】命令的具体操作步骤如下。

(1) 选择【视图】|【平移】|【定点】菜单命令，此时屏幕中会出现“十”字光标。

(2) 在图形上单击，选取移动基点。

(3) 在需要移动到的位置单击指定第二点，或者在命令输入行输入位移距离，按 Enter 键确认。操作效果和上一步相似。

1.8 基本操作范例

本范例完成文件：\01\1-1.dwg。

多媒体教学路径：光盘→多媒体教学→第 1 章。

1.8.1 实例介绍与展示

本章范例主要介绍 AutoCAD 2014 的基本操作方法。范例的设计图纸是已经完成的，这里进行操作时可以直接打开配套光盘中的“1-1.dwg”图纸，如图 1-45 所示。下面进行具体讲解。

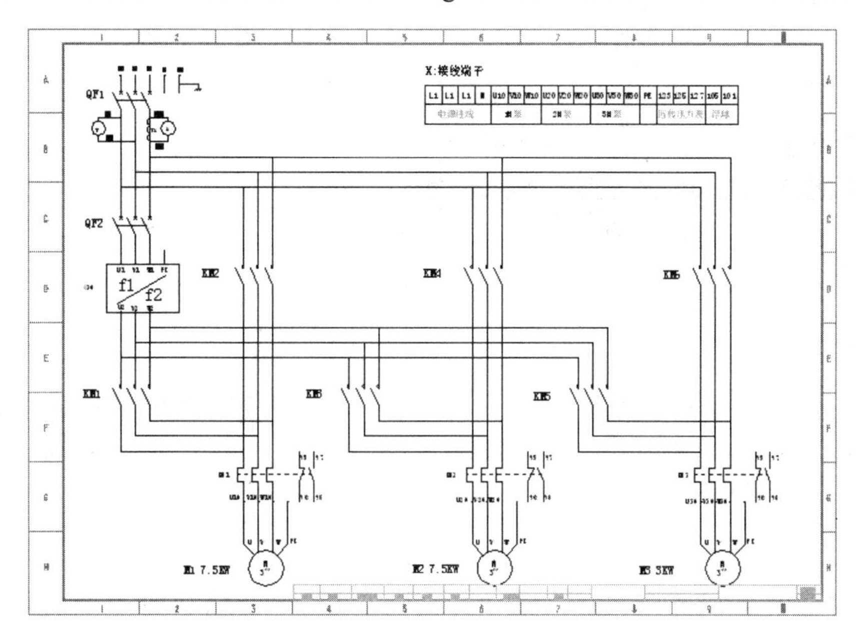

图 1-45　设计图纸

1.8.2 打开图纸

步骤 01　启动程序

①双击桌面的 AutoCAD 2014 图标或者选择【开始】|【程序】|【AutoCAD 2014】命令，打开应用程序，启动界面如图 1-46 所示。

②打开的程序界面如图 1-47 所示。

步骤 02　打开“1-1.dwg”文件

①选择【文件】|【打开】菜单命令或者单击快速访问工具栏中的【打开】按钮，弹出【选择文件】对话框，如图 1-48 所示，选择“1-1.dwg”文件，在右侧的【预览】窗口可以预览图形，单击【打开】按钮。

图 1-46　启动界面

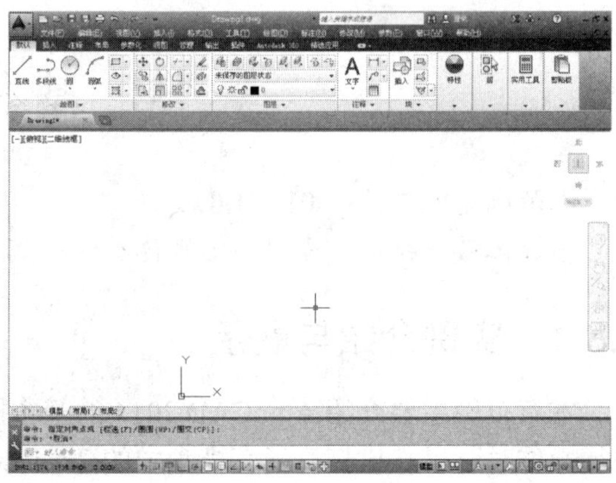

图 1-47　程序界面

②如果是第一次打开这张图纸，会弹出【指定字体给样式 LEAD1】对话框，如图 1-49 所示，选择需要的字体，单击【确定】按钮即可。

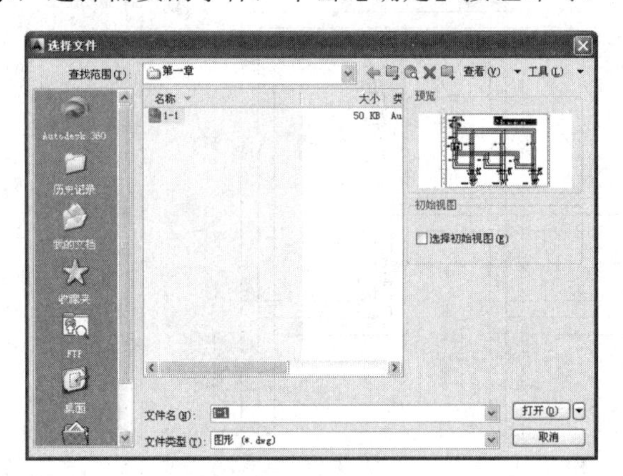

图 1-48　【选择文件】对话框

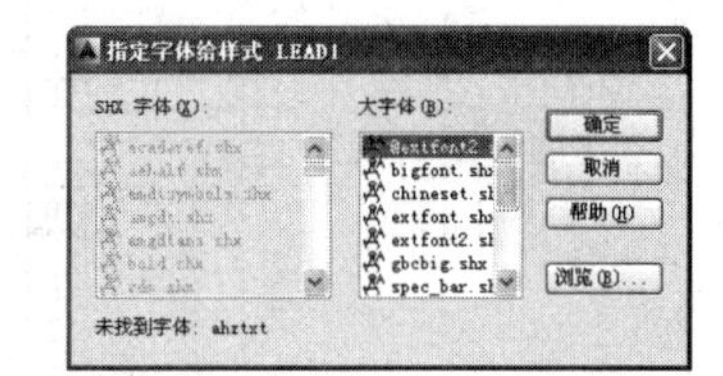

图 1-49　【指定字体给样式 LEAD1】对话框

③打开的图纸如图 1-50 所示，可以对其进行查看或者修改。

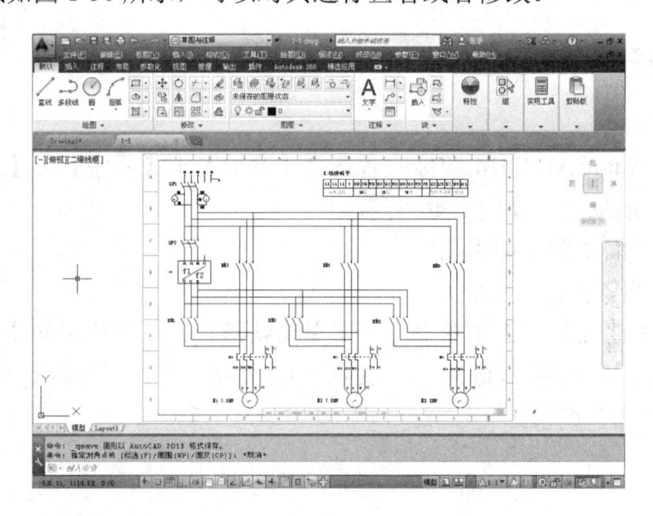

图 1-50　打开的图纸

1.8.3 查看图纸

1. 放大图形

切换到【视图】选项卡，如图 1-51 所示，单击【二维导航】面板中的【放大】按钮，将图纸放大到合适的大小，如图 1-52 所示。

图 1-51 【视图】选项卡

2. 平移图形

单击【二维导航】面板中的【平移】按钮，当绘图窗口中的十字光标变成手形，可以自由拖曳图纸，将图纸拖曳到合适的位置，如图 1-53 所示。

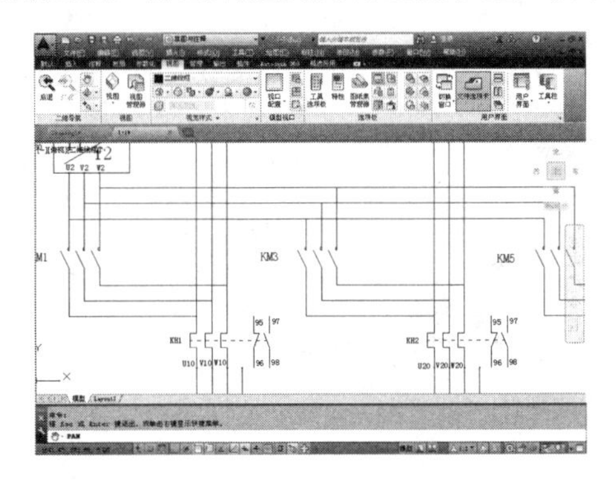

图 1-52 放大后的图纸

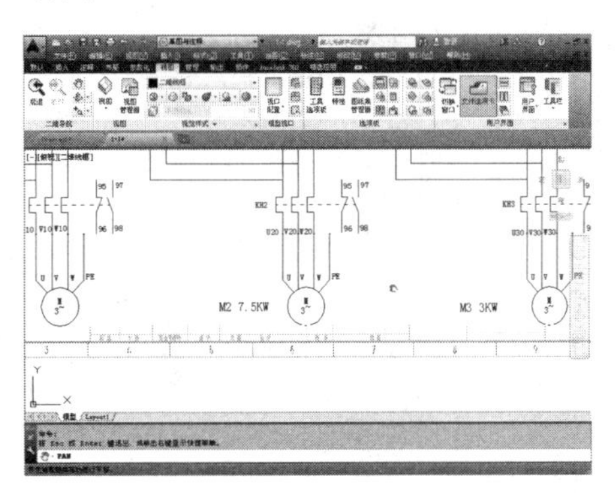

图 1-53 移动图纸到合适位置

1.8.4 选择部件

1. 单击选中图中部件

① 单击选中一个圆，如图 1-54 所示，被选中的部件呈虚线显示，便于块的操作。

② 依次单击其他部件，进行多选，被选中的部件呈虚线显示，如图 1-55 所示。

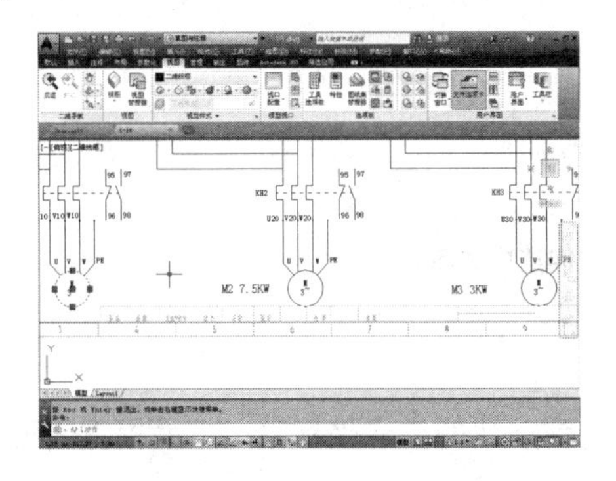

图 1-54 选中部件

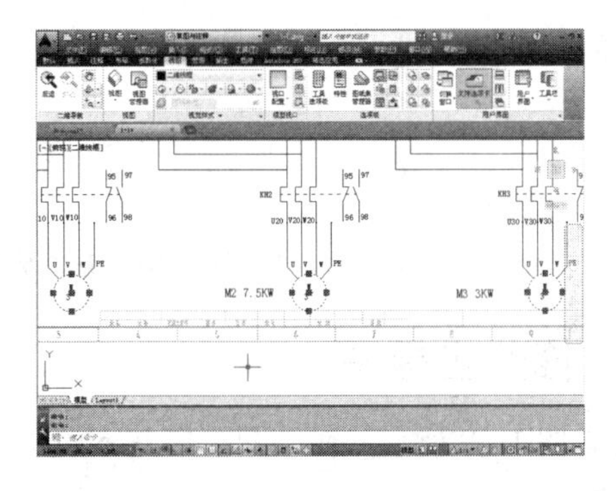

图 1-55 选中多个部件

2. 窗口选择图中部件

也可以进行窗口选择，如图 1-56～图 1-58 所示，为操作前后不同方向拉伸窗口选取的结果。

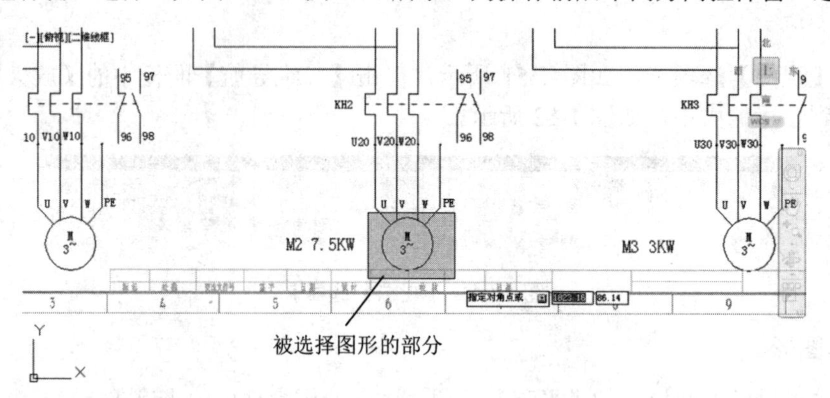

图 1-56　窗口选择

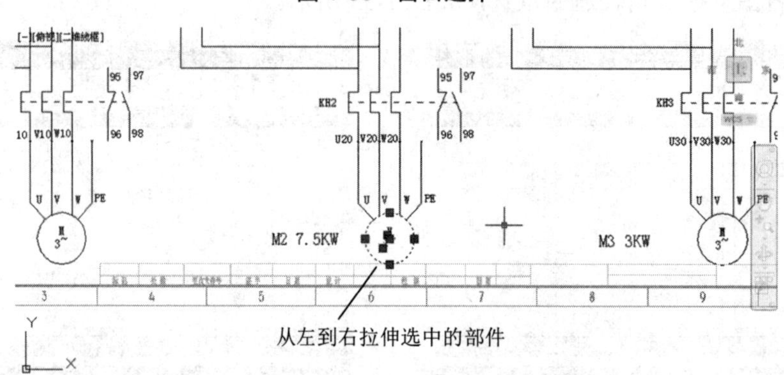

图 1-57　从左到右拉伸选中的部件

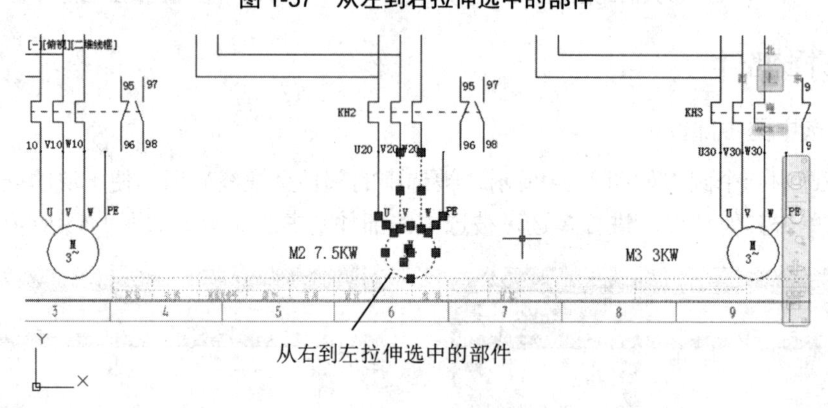

图 1-58　从右到左拉伸选中的部件

1.8.5　修改坐标系

① 如图 1-59 所示，在绘图窗口左下角可以看到默认的世界坐标系。下面根据需要对坐标系进行修改。

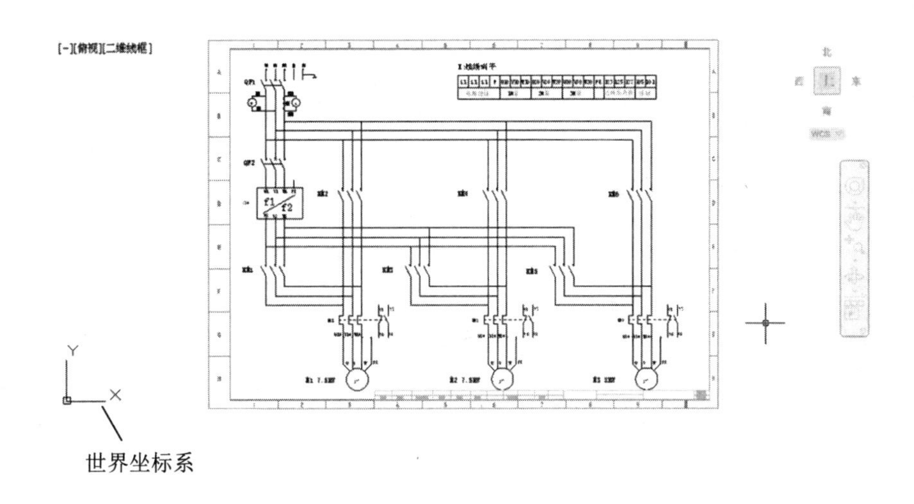

图 1-59　原坐标系

②切换到【视图】选项卡，单击【坐标】面板中的 UCS 按钮，绘图窗口出现【指定 UCS 的原点或】提示，如图 1-60 所示；可以单击坐标系原点位置，如图 1-61 所示。

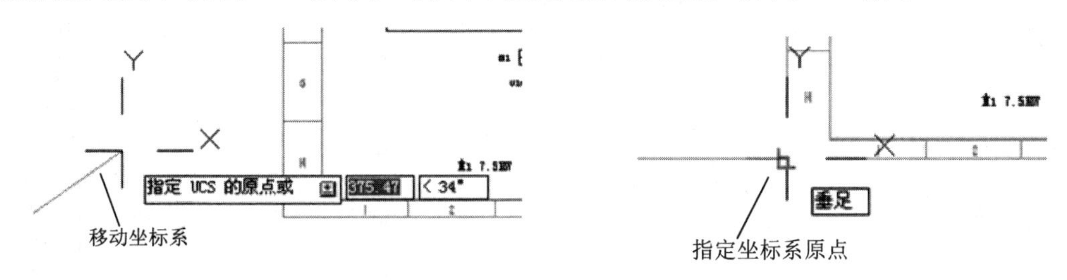

图 1-60　【指定 UCS 的原点或】提示　　　　图 1-61　指定坐标系原点

③分别单击 X、Y 轴的方向后确定新的用户坐标系，如图 1-62 所示。

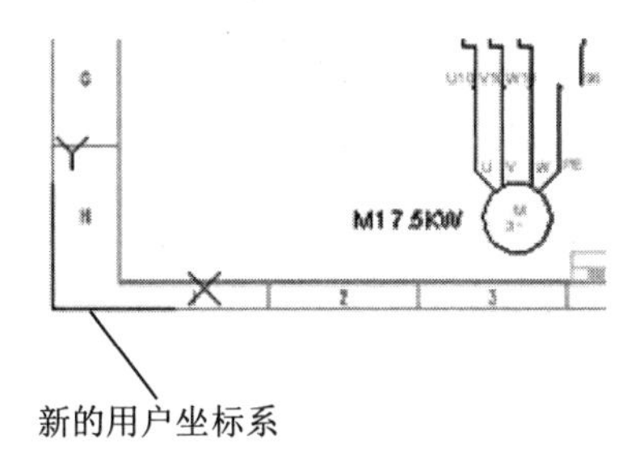

图 1-62　新的坐标系

1.9　本 章 小 结

本章主要讲解了 AutoCAD 2014 的基本功能和基本操作，是 CAD 电气设计的入门章节，重点要掌握软件的基本操作。通过本章学习，读者应该打好基础，以便在今后的学习中进一步提高。

第 2 章 电子与电气设计入门

本章导读：

为了便于进行技术交流和指导生产，我国国家标准对电气图样作了详细的统一规定。每一个工程技术人员都要掌握和了解。本章主要介绍工程制图中的基本概念以及电子电气工程图的特点和要求。

2.1 电子电气 CAD 简介

电子电气 CAD 的基本含义是使用计算机来完成电子电气的设计，包括电原理图的编辑、电路功能仿真、工作环境模拟、印制板设计(自动布局、自动布线)与检测等。电子电气 CAD 软件还能迅速形成各种各样的报表文件(如元件清单报表)，为元件的采购及工程预决算等提供了方便。

国内常用的计算机辅助绘图软件有美国 Autodesk 公司的 AutoCAD、中望 CAD、华正电子图板及华中理工大学凯图 CAD 等。其中，国产软件的功能相对少一些，但使用比较简单。在计算机辅助绘图软件中，AutoCAD 软件是最为流行的。AutoCAD 是通用计算机辅助绘图和设计软件包，具有易于掌握、使用方便和体系结构开放等优点。

在计算机上，利用 AutoCAD 软件进行电子电气设计的过程如下。

(1) 选择图纸幅面、标题栏式样和图纸放置方向等。

(2) 放大绘图区，直到所绘制的电子元器件大小适中为止。

(3) 在工作区内放置元器件：先放置核心元件的电气图形符号，再放置电路中剩余元件的电气图形符号。

(4) 调整元件位置。

(5) 修改、调整元件的标号、型号及其字体大小和位置等。

(6) 连线、放置电气节点和网络标号(元件间连接关系)。

(7) 放置电源及地线符号。

(8) 运行电气设计规则检查(ERC)，找出原理图中可能存在的缺陷。

(9) 打印输出图纸。

现代计算机辅助设计是以电子计算机为主要工具。计算机的应用改变了电子电路设计的方式。与传统的手工电子电气设计相比，现代计算机辅助设计主要具有以下几个优点。

(1) 设计效率高，大大缩短了设计周期。

(2) 大大提高了设计质量和产品合格率。

(3) 可节约原材料和仪器仪表等，从而降低成本。

(4) 代替了人的重复性劳动，可节约人力资源。

2.2 电子电气工程制图基础

工程图样是工程技术界的共同语言，为了便于进行技术交流和指导生产，必须有一个统一的规定。为此，我国颁布了国家标准 GB / T18135—2000《电气工程 CAD 制图规则》来对图样作统一的规定。每个工程技术人员必须了解和掌握这些规定。

2.2.1 图纸幅面及格式

在国家标准《电气工程 CAD 制图规则》中对图纸幅面及格式的规定如下。

1. 图纸幅面

由图纸的长边和短边尺寸所确定的图纸大小称为图纸幅面，分为横式幅面和立式幅面两种。国家标准规定的机械图纸的幅面有 A0～A4 共 5 种。

2. 图框格式

图纸的边框线是指表示一张图幅大小的框线，用细实线绘制。在边框线里面，可以根据不同的周边尺寸用粗实线绘制图框线。根据不同的需要，图纸可以横放，也可以竖放；根据图样是否需要装订，其图框格式也是不一样的。不需要装订的图样，其图框格式如图 2-1 所示。需要装订的图样，会在图纸边缘预留装订空间，其格式如图 2-2 所示。

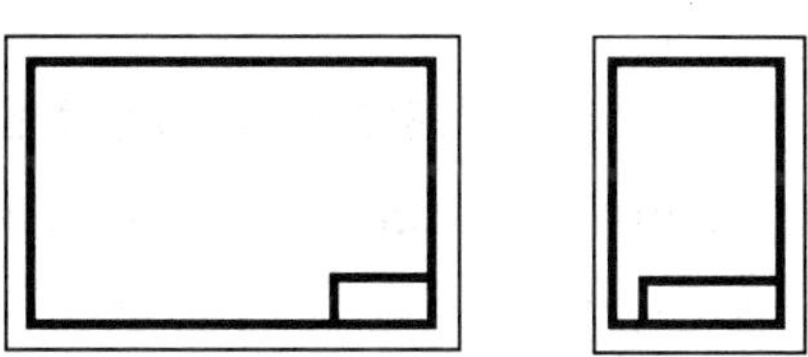

图 2-1　不需装订格式

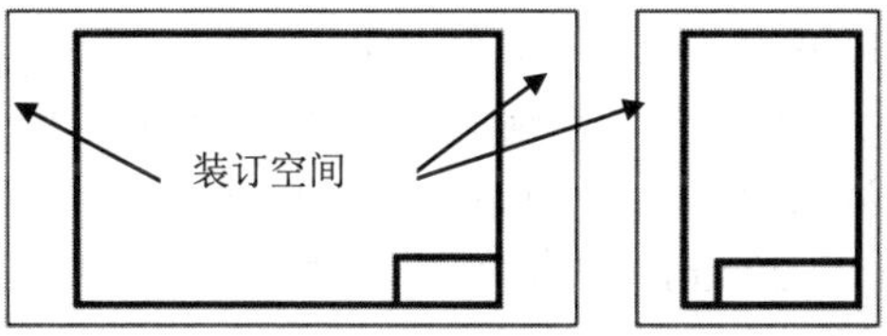

装订空间

图 2-2　需要装订的格式

2.2.2 标题栏

每张图纸都必须有一个标题栏，通常位于图纸的右下角。标题栏的格式和尺寸应按照国家标准 GB 10609.1—89 的规定绘制，如图 2-3 所示。在制图作业中建议采用如图 2-4 所示的比较简洁的格式。

图样名称
图样代号
设计
重量
比例
审核
工艺
批准

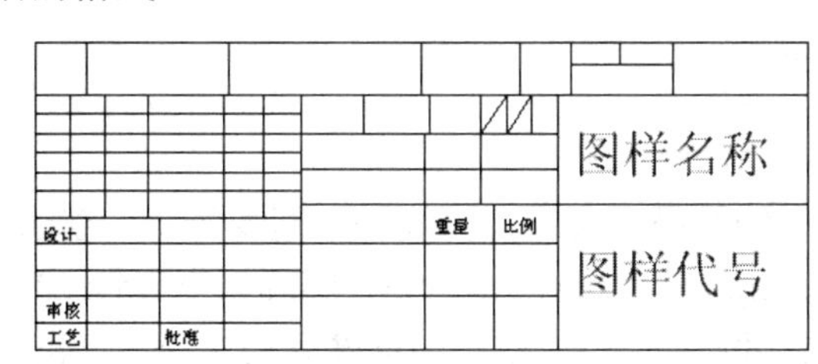

图 2-3　常用标题栏格式

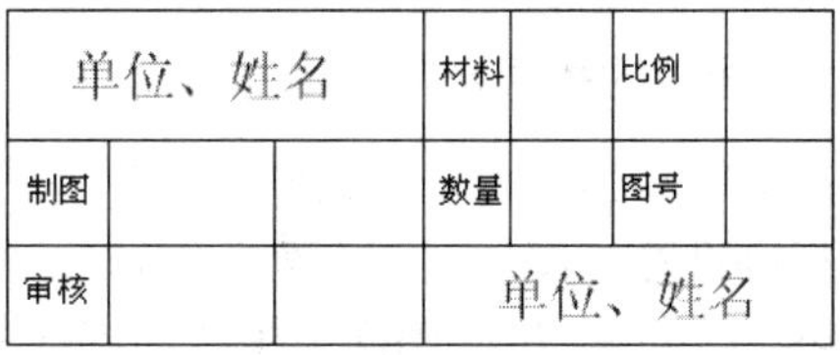

单位、姓名
材料
比例
制图
数量
图号
审核
单位、姓名

图 2-4　简洁标题栏

标题栏中文字的书写方向就是读图的方向。标题栏的线型、字体(签字除外)等填写格式应符合标准。为了利用预先印制的图纸，允许标题栏长边竖放。标题栏长边竖放后，标题栏字体与看图方向不一致。此时可以在图纸的下方绘制方向符号，以明确看图方向。

2.2.3 比例

比例是指图样中图形与其实物相应要素的线性尺寸之比。比例可分为原始比例、放大比例和缩小比例等几种。

(1) 原始比例：比值为 1 的比例，即 1∶1。

(2) 放大比例：比值大于 1 的比例，如 2∶1 等。

(3) 缩小比例：比值小于 1 的比例，如 1∶2 等。

绘制图样时，一般应选取适当的比例，来更好地显示图样。

为了能从图样上得到实物大小的真实概念。应尽量采用原始比例绘图，但绘制大而简单的器件可采用缩小比例，绘制小而复杂的电气元件则可采用放大比例。不论采用何种比例，图样中所标注的尺寸都是物体的实际尺寸。绘制同一器件的各个视图时，应尽量采用相同的比例，并将其标注在标题栏的比例栏内。当图样中的个别视图采用了与标题栏中不相同的比例时，可以在该视图的上方标注其比例，如图 2-5 所示。

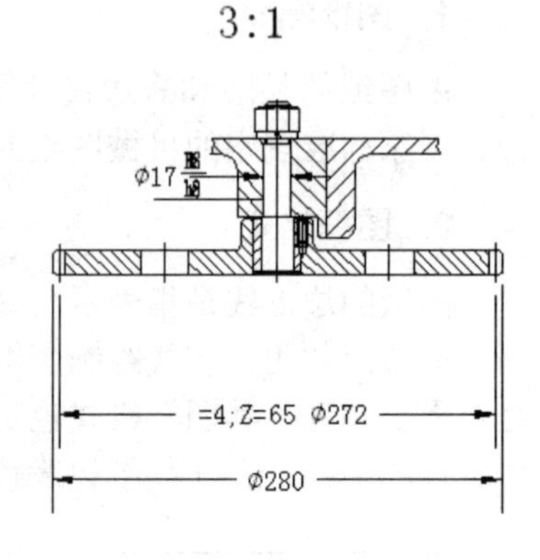

图 2-5　局部放大视图

2.2.4　字体

在工程绘图时，标注文字应满足以下基本要求。

(1) 字体是技术图样中的一个重要组成部分。书写字体必须做到字体工整、笔画清楚、间隔均匀及排列整齐。

(2) 字体高度(用 h 表示)的工程尺寸系列为：1.8mm、2.5mm、3.5mm、5mm、7mm、10mm、14mm 和 20mm。如果需要更大的字体，高度应按比率递增。在工程绘图中，字体的高度即字体的号数。

(3) 汉字应写成仿宋体，采用国家正式公布推行的简化字，字高不小于 3.5 号字。书写要领为：横平竖直，注意起落，结构匀称，填满方格。

(4) 字母和数字分为 A 型和 B 型两种，区别是宽度不一样。可以写成直体或斜体两种形式。斜体字字头向右倾斜，与水平基准成 75°。但同一张图纸中一般只允许使用一种类型的字体。

2.2.5　图线

图线是指图形中的线。有关图线的规定如下。

1. 图线的型式及其应用

根据国际标准规定，在电气工程制图中常用的线型有实线、虚线、点划线和双点划线等。国际标准推荐的图线宽度系列为：0.13mm、0.18mm、0.25mm、0.35mm、0.5mm、0.7mm、1mm、1.4mm 和 2mm。机械图样中粗线和细线的宽度比例为 2∶1，粗线的宽度 d 通常应按图的大小和复杂程度选用，一般情况下可选用 0.5mm 或 0.7mm。

2. 图线画法注意事项

在工程绘图中，绘制图线时应注意以下几个方面。

(1) 在同一张图样中，同类图线的宽度应一致。虚线、点划线及双点划线的线段长度和间隔应大致相同。

(2) 平行线(包括剖面线)之间的最小距离应不小于 0.7mm。

(3) 绘制圆的中心线时，圆心应为线段的交点，点划线和双点划线的首末两端应是线段而不是短划，点划线应超出轮廓线外 2～5mm；在较小的图形中绘制点划线或双点划线有困难时，可用细实线代替。

(4) 虚线、细点划线与其他图线相交时，都应交到线段处。当虚线处于粗实线的延长线上时，虚线到粗实线结合点应留间隙。

(5) 当图中的线段重合时，其优先次序为粗实线、虚线、点划线。

2.2.6 尺寸标注

图样中的视图只能表示机体的形状，只有标注了尺寸后才能反映出机体的大小。在标注尺寸时必须遵守国家标准，才能使图样完整、清晰。标注尺寸的基本规则如下。

(1) 机件的真实大小以图样上所标注尺寸数值为依据，与图形大小及绘图的准确度无关。

(2) 图样中的尺寸以 mm(毫米)为单位时，无须标注计量单位的符号或名称。但若采用其他单位，则必须注明。

(3) 图样中所标注的尺寸，为该图样所示机件的最后完工尺寸，否则应另加说明。

(4) 机件的每一尺寸，一般只标注一次，并应标注在反映该结构最清晰的图形上。

(5) 标注尺寸时，应尽可能使用符号和缩写词。

2.3 电子工程 CAD 制图的规范

电子工程图通常表示的内容有以下几点。

(1) 电路中元件或功能件的图形符号。

(2) 元件或功能件之间的连接线。

(3) 项目代号。

(4) 端子代号。

(5) 用于逻辑信号的电平约定。

(6) 电路寻迹所必需的信息(信号代号、位置检索标记)。

(7) 了解功能件必需的补充信息。

2.3.1 电子工程图的特点与设计规范

在国家标准中对电子工程图(即电路图)进行了严格的规定。电子工程图的特点及设计规范如下。

1. 电路图绘制规则

绘制电子工程图时应符合以下几条规则。

(1) 绘制电路图应遵守 GB / T18135—2000《电气工程 CAD 制图规则》的规定。电路图用线型主要有 4 种。

(2) 图形符号应遵守 GB 4728—85《电气图用图形符号》的有关规定绘制。在图形符号的上方或左方，应标出代表元器件的文字符号或位号(按 SJ138-65 规定绘制)。对于简单的电原理图可直接注明元件数据，一般需另行编制元件目录表。

(3) 当几个元件接到一根公共零位线上时，各元件的中心应平齐。

(4) 电路图中的信号流主要流向应是从左至右，或从上至下。当单一信号流方向不明确时，应在连接线上绘制上箭头符号。

(5) 表示导线或连接线的图线都应是交叉和弯折最少的直线。图线可水平布置，各类似项目应纵向对齐；图线也可垂直布置，此时各类似项目应横向对齐。

如图 2-6 所示为典型的电气原理图绘制。

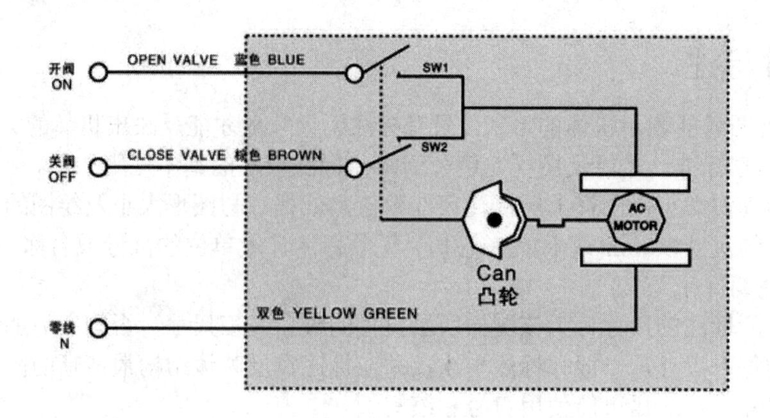

图 2-6　电气原理图

2. 元器件放置规则

在绘制电器元件布置图时要注意以下几个方面。

(1) 重量大和体积大的元件应该安装在安装板的下部；发热元件应安装在上部，以利于散热。

(2) 强电和弱电要分开，同时应注意弱电的屏蔽问题和强电的干扰问题。

(3) 考虑维护和维修的方便性。

(4) 考虑制造和安装的工艺性、外形的美观、结构的整齐、操作人员的方便性等。

(5) 考虑布线整齐性和元件之间的走线空间等。

如图 2-7 所示是常见的电子元件较多的电路图。

3. 电路图常见表示方法

在绘制电子工程设计图时，经常会用到同一器件的不同表示方法。下面介绍电子工程制图中经常用到的一些表示方法。

1) 电路电源表示法

用图形符号表示电源，如图 2-8 所示。用线条表示电源，如图 2-9 所示。用电压值表示电源，如图 2-10 所示。

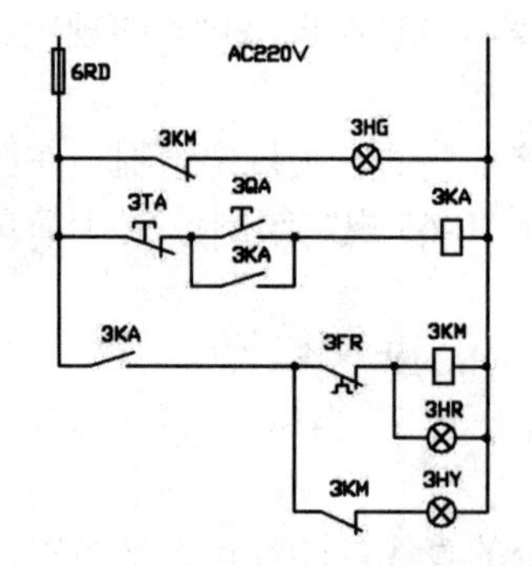

图 2-7　电子元件在电路图上的分布

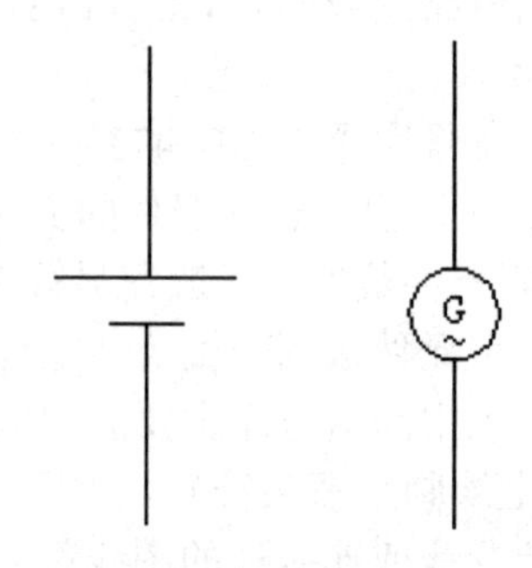

图 2-8　符号电源

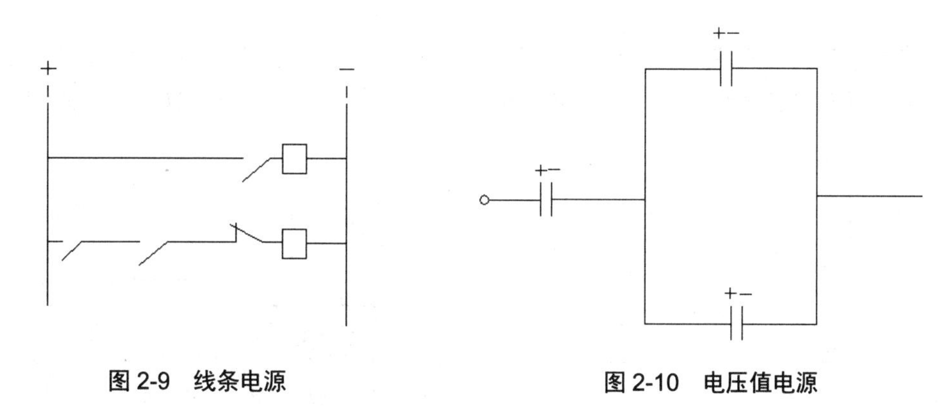

图 2-9　线条电源　　　　图 2-10　电压值电源

用符号表示电源。用单线表达时，直流符号为“-”，交流符号为“～”；用多线表达时，直流正、负极分别用符号“+”、“-”表示，三相交流相序符号用“L1”、“L2”和“L3”表示，中性线符号用“N”表示等，如图 2-11 所示。

2) 导线连接形式表示法

导线连接有“T”形连接和“十”字形连接两种形式。“T”形连接可加实心圆点，也可不加实心圆点；“十”字形连接表示两导线相交时必须加实心圆点；表示交叉而不连接的两导线，在交叉处不加实心圆点，如图 2-12 所示。

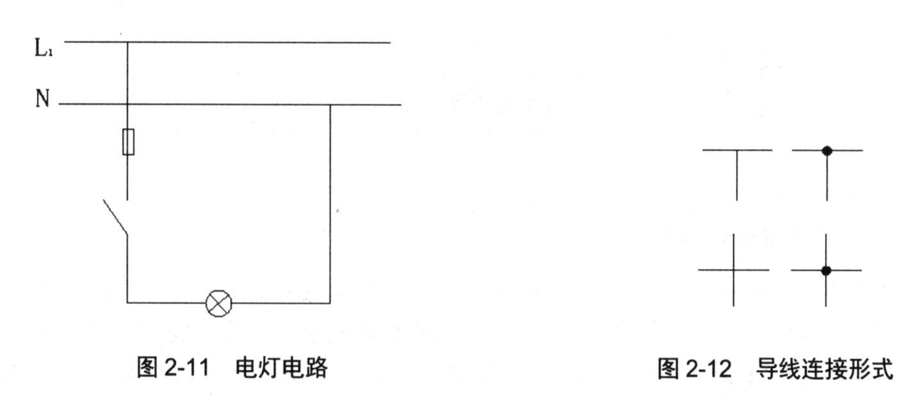

图 2-11　电灯电路　　　　图 2-12　导线连接形式

元器件和设备的可动部分通常应设置在非激活或者不工作的状态或位置。其具体位置设置如下。

开关：在断开位置。带零位的手动控制开关在零位位置；不带零的手动控制开关在图中规定位置。

继电器、接触器和电磁铁等：在非激活位置。

机械操作开关：例如行程开关在非工作的状态和位置，即没有机械力作用的位置。

多重开关器件的各组成部分必须表示在相互一致的位置上，而不管电路的实际工作状态如何。

3) 简化电路表示法

电路的简化可分为并联电路的简化及相同电路的简化两种。

(1) 并联电路的简化

多个相同的支路并联时，可用标有公共连接符号的一个支路来表示，公共连接符号如

图 2-13 所示。

符号的折弯方向与支路的连接情况应相符。因为简化而未绘制出来的各项目的代号，则应在对应的图形符号旁全部标注出来，公共连接符号旁加注并联支路的总数，如图 2-14 所示。

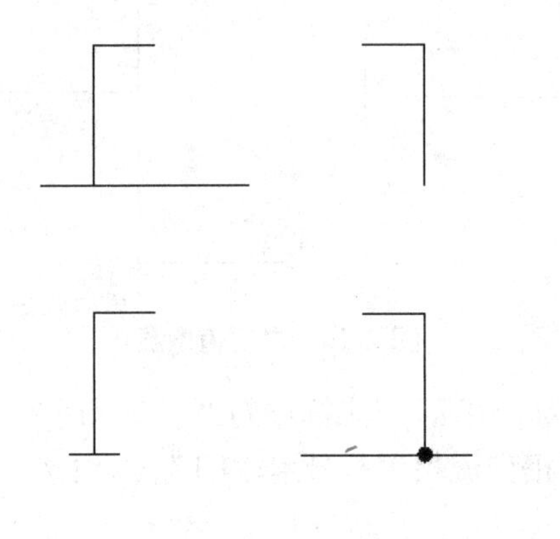

图 2-13　公共连接符号

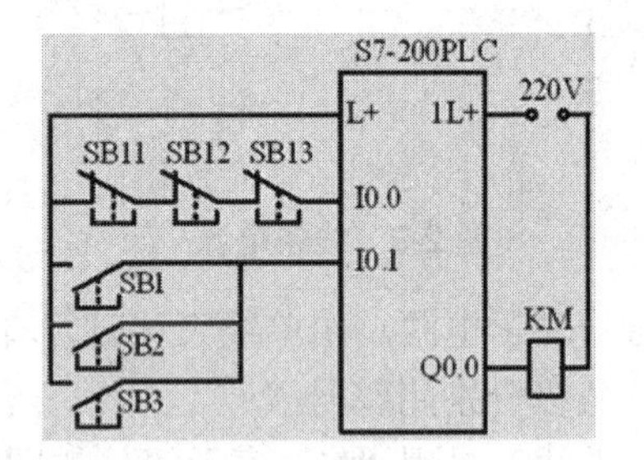

图 2-14　电路简化

(2) 相同电路的简化

对重复出现的电路，只需要详细地绘制出其中的一个，并加画围框表示范围即可。相同的电路应绘制出空白的围框，并在框内注明必要的文字注释，如图 2-15 所示。

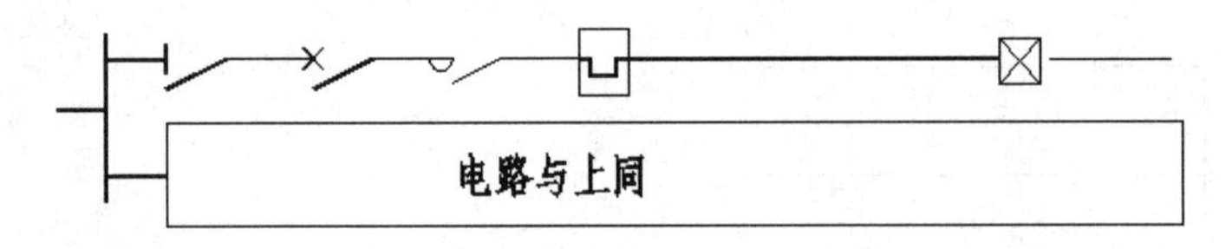

图 2-15　简化电路

4. 元器件技术数据表示方法

技术数据(如元器件型号、规格和额定值等)不但可以直接标在图形符号的近旁(必要时应放在项目代号的下方)，也可标注在继电器线圈、仪表及集成块等的方框符号或简化外形符号内。此外，技术数据也可以用表格的形式给出。元件目录表应按图上该元件的代号、名称、信号以及技术数据等逐项填写。

2.3.2　常用电子符号的构成与分类

常用电子符号的构成与分类如下。

1. 电子工程图中常见电路符号

在电路设计中，常见电子器件的图形符号及文字符号如图 2-16 所示。

2. 电子符号分类

根据 GB 4728—85《电气图用图形符号》的规定，电子元器件大致可分为以下几类。

1) 无源元件

例如：电容、电阻、电感器、铁氧体磁芯、磁存储器矩阵、压电晶体、驻极体和延迟线等。

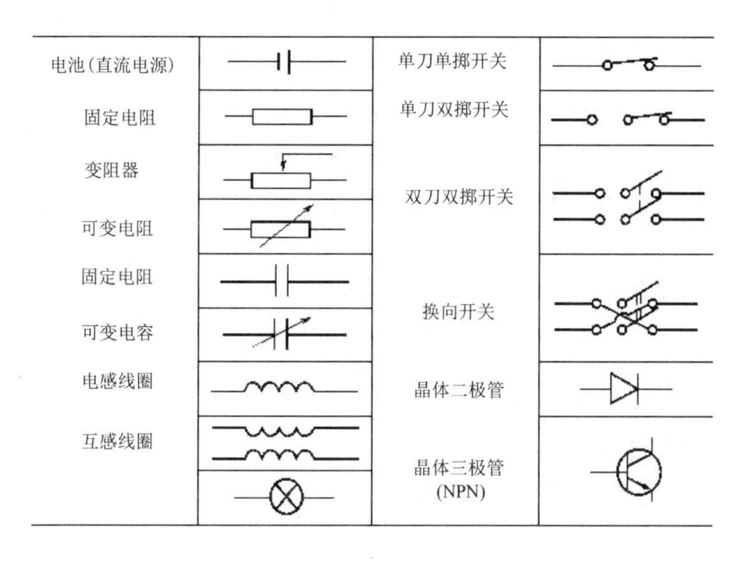

图 2-16　常见电子器件

2) 半导体管和电子管

例如：二极管、晶体闸流管、电子管和辐射探测器件等。

3) 电能的发生和转换

例如：绕组、发电机、发动机、变压器和变流器等。

4) 开关、控制和保护装置

例如：触点、开关、热敏开关、接触开关、开关装置和控制装置、启动器、有或无继电器、测量继电器、熔断器、间隙和避雷器等。

2.4　电气工程图概述

电气工程图主要用来描述电气设备或系统的工作原理，其应用非常广泛，几乎遍布于工业生产和日常生活的各个环节。在国家颁布的工程制图标准中，对电气工程图的制图规则作了详细的规定。本节主要介绍电气工程图中的基本概念、分类、绘制原则及注意事项等。

2.4.1　电气工程图的特点与设计规范

在国家标准中对电气工程图作了严格的规定。电气工程图的特点及设计规范如下。

1. 电气工程图的特点

电气工程图的特点如下。

1) 图幅尺寸

电气图纸的幅面一般分为 0～5 号共 6 种。各种图纸一般不加宽，只是在必要时可以按照 L/8 的倍数适当加长。常见的是 2 号加长图，规格为 420×891，0 号图纸一般不加长。

2) 图标

图标相当于电器设备的铭牌。图标一般放在图纸的右下角，主要内容包括：图纸的名称、比例、设计单位、制图人、设计人、校审人、审定人、电气负责人、工程负责人和完成日期等。

3) 图线

图线就是在图纸中使用的各种线条，根据不同的用途可分为以下 8 种。

(1) 粗实线：建筑图的立面线、平面图与剖面图的截面轮廓线、图框线等。

(2) 中实线：电气施工图的干线、支线、电缆线及架空线等。

(3) 细实线：电气施工图的底图线。建筑平面图要用细实线，以便突出用中实线绘制的电气线路。

(4) 粗点划线：通常在平面图中大型构件的轴线等处使用。

(5) 点划线：用于轴线、中心线等，如电器设备安装大样图的中心线。

(6) 粗虚线：适用于地下管道。

(7) 虚线：适用于不可见的轮廓线。

(8) 折断线：用在被断开部分的边界线。

此外，电气专业常用的线列还有电话线、接地母线、电视天线和避雷线等特殊形式。

4) 尺寸标注

工程图纸上标注的尺寸通常采用毫米(mm)为单位，只有总平面图或特大设备用米(m)为单位，电气图纸一般不标注单位。

5) 比例和方位标志

电气施工图常用的比例有 1∶200、1∶100、1∶60 和 1∶50 等；大样图的比例可以用 1∶20、1∶10 或 1∶5；外线工程图常用小比例，在做概、预算统计工程量时就需要用到这个比例。图纸中的方位按照国际惯例通常是上北下南、左西右东。有时为了使图面布局更加合理，也有可能采用其他方位，但必须标明指北针。

6) 标高

建筑图纸中的标高通常是相对标高：一般将±0.00 设定在建筑物首层室内地坪，往上为正值，往下为负值。电气图纸中设备的安装标高是以各层地面为基准的，例如照明配电箱的安装高度暗装 1.4m、明装 1.2m，都是以各层地面为准的；室外电气安装工程常用绝对标高，这是以青岛市外海平面为零点而确定的高度尺寸，又称海拔高度。例如，山东某室外电力变压器台面绝对标高是 48m。

7) 图例

为了简化作图，国家有关标准和一些设计单位有针对性地对常见的材料构件、施工方法等规定了一些固定画法式样，有的还附有文字符号标注。要看懂电气安装施工图，就要明白图中这些符号的含义。电气图纸中的图例如果是由国家统一规定的则称为国标符号，由有关部委颁布的电气符号称为部协符号。另外一些大的设计院还有其内部的补充规定，即所谓院标，或称之为习惯标注符号。

电气符号的种类很多，例如与电气设计有关的强电、电信、高压系统和低压系统等。国际上通用的图形符号标准是 IEC（国际电工委员会）标准。中国新的国家标准图形符号(GB)和 IEC 标准是一致的，国标序号为 GB4728。这些通用的电气符号在施工图册内都有，因而电气施工图中就不再介绍其名称含义了。但如果电气设计图纸里采用了非标准符号，那么就应列出图例表。

8) 平面图定位轴线

凡是建筑物的承重墙、柱子、主梁及房架等都应设置轴线。纵轴编号是从左起用阿拉伯数字表示，而横轴则是用大写英文字母自下而上标注的。轴线间距是由建筑结构尺寸确定的。在电气平面图中，为了突出电气线路，通常只在外墙外面绘制出横竖轴线，建筑平面内轴线不绘制。

9) 设备材料表

为了便于施工单位计算材料、采购电器设备、编制工程概(预)算及编制施工组织计划等，在电气工程图纸上要列出主要设备材料表。表内应列出全部电气设备材料的规格、型号、数量及有关的重要数据，要求与图纸一致，而且要按照序号编写。

10) 设计说明

电气图纸说明是用文字叙述的方式说明一个建筑工程(如建筑用途、结构形式、地面作法及建筑面积等)和电气设备安装有关的内容，主要包括电气设备的规格型号、工程特点、设计指导思想、使用的新材料、新工艺、新技术和对施工的要求等。

2. 电气工程图的分类

电气设备安装工程是建筑工程的有机组成部分，根据建筑物功能的不同，电气设计内容有所不同。通常可以分为内线工程和外线工程两大部分。

内线工程包括：照明系统图、动力系统图、电话工程系统图、共用天线电视系统图、防雷系统图、消防系统图、防盗保安系统图、广播系统图、变配电系统图和空调配电系统图等。外线工程包括：架空线路图、电缆线路图和室外电源配电线路图等。

具体到电气设备安装施工，按其表现内容不同可分为以下几个类型。

1) 配电系统图

配电系统图表示整体电力系统的配电关系或配电方案。在三相配电系统中，三相导线是一样的，系统图通常用单线条表示。从配电系统图中可以看出该工程配电的规模、各级控制关系、各级控制设备及保护设备的规格容量、各路负荷用电容量和导线规格等。

2) 平面图

平面图表示建筑各层的照明、动力及电话等电气设备的平面位置和线路走向，这是安装电器和敷设支路管线的依据。根据用电负荷的不同，平面图分为照明平面图、动力平面图、防雷平面图和电话平面图等。

3) 大样图

大样图表示电气安装工程中的局部作法明细图。例如聚光灯安装大样图、灯头盒安装大样图等。

4) 二次接线图

二次接线图表示电气仪表、互感器、继电器及其他控制回路的接线图。例如，加工非标准配电箱就需要配电系统图和二次接线图。

此外，电气原理图、设备布置图、安装接线图和剖面图等是用在安装作法比较复杂或者是电气工程施工图册中没有标准图而特别需要表达清楚的地方。在工程中不一定会同时出现这3种图。

3. 绘制电气工程图的规则

绘制电气工程图时通常应遵循以下规则。

(1) 采用国家规定的统一文字符号标准来绘制，这些标准分别是：GB 4728—85《电气图用图形符号》；GB / T6988.1—1997《电气技术用文件的编制》；GB 7159—87《电气技术中的文字符号制定通则》。

(2) 同一电气元件的各个部件可以不绘制在一起。

(3) 触点按没有外力或没有通电时的原始状态绘制。

(4) 按动作顺序依次排列。

(5) 必须给出导线的线号。

(6) 注意导线的颜色。

(7) 横边从左到右用阿拉伯数字分别编号。

(8) 竖边从上到下用英文字母区分。

(9) 分区代号用该区域的字母和数字表示，如 D1、D3 等。

4. 绘制电气工程图应注意的事项

1) 电气简图

简图是由图形符号、带注释的框(或简化的外形)和连接线等组成的，用来表示系统、设备中各组成部分之间的相互关系和连接关系。简图不具体反映元器件、部件及整件的实际结构和位置，而是从逻辑角度反映它们的内在联系。简图是电气产品极其重要的技术文件，在设计、生产、使用和维修的各个阶段被广泛地使用。

简图应布局合理、排列均匀、画面清晰、便于看图。图的引入线和引出线绘制在图纸边框附近。表示导线、信号线和连接线的图线应尽量减少交叉和弯折。电路或元件应按功能布置，并尽量按工作顺序从上到下、从左到右排列。

简图上采用的图形符号应遵循国家标准 GB 4728—85《电气图用图形符号》的规定，选取图形符号时要注意以下事项。

(1) 图形符号应按国标列出的符号形状和尺寸绘出，其含义仅与其形式有关，和大小、图线的宽度无关。

(2) 在同一张简图中只能选用一种图形形式。有些符号具有几种图形形式，“优选形”和“简化形”应优先被采用。

(3) 未给出的图形符号，应根据元器件、设备的功能，选取《电气图用图形符号》给定的符号要素、一般符号和限定符号，按其中规定的组合原则派生出来。

(4) 图形符号的方位一般取标准中示例的方向。为了避免折弯或交叉，在不改变符号含义的前提下，符号的方位可根据布置的需要作旋转或镜像放置，但文字和指示方向应保持不变。

图形符号一般绘制有引线，在不改变其符号含义的前提下，引线可取不同的方向。

但当引线取向改变时，符号含义就可能会改变，因此必须按规定方向绘制。如电阻器的引线方向变化后，则表示继电器线圈。

2) 电气原理图

电气原理图是表达电路工作的图纸，所以应该按照国家标准(简称国标)进行绘制。图纸的尺寸必须符合标准。图中需要用图形符号和文字符号绘制出全系统所有的电器元件，而不必绘制元件的外形和结构；同时，也不考虑电器元件的实际位置，而是依据电气绘图标准，依照展开图画法表示元器件之间的连接关系。

在电气原理图中，一般将电路分成主电路和辅助两部分绘制出来。主电路是控制电路中的强电流通过的部分，由电机等负载和其相连的电器元件(如刀开关、熔断器、热继电器的热元件和接触器的主触点等)组成。辅助电路中流过的电流较小，辅助电路中一般包括控制电路、信号电路、照明电路和保护电路等，一般由控制按钮、接触器和继电器的线圈及辅助触点等电器元件组成。

绘制电气原理图的规则如下。

(1) 所有的元件都按照国标的图形符号和文字符号表示。

(2) 主电路用粗实线绘制在图纸的左部或者上部，辅助电路用细实线绘制在图纸的右部或者下部。电路或者元件按照其功能布置，尽可能按照动作顺序、因果次序排列，布局遵守从左到右、从上到下的顺序排列。

(3) 同一个元件的不同部分，如接触器的线圈和触点，可以绘制在不同的位置，但必须使用同一文字符号表示。对于多个同类电器，可采用文字符号加序号表示，如K1、K2等。

(4) 所有电器的可动部分(如接触器触点和控制按钮)均按照没有通电或者无外力的状态下绘制。

(5) 尽量减少或避免线条交叉，元件的图形符号可以按照旋转90°、180°或45°绘制，各导线相连接时用实心圆点表示。

(6) 绘制要层次分明，各元件及其触点的安排要合理。在完成功能和性能的前提下，应尽量少用元件，以减少耗能。同时，要保证电路运行的可靠性、施工和维修的方便性。

3) 系统图和框图

框图是用线框、连线和字符构成的一种简图，用来概略表示系统或分系统的基本组成、功能及其主要特征。框图是对详细简图的概括，在技术交流以及产品的调试、使用和维修时可以提供参考资料。

系统图与框图原则上没有区别，但在实际应用中，通常系统图用于系统或成套装置，框图用于分系统或设备。

绘制框图除应遵循简图的一般原则外，还需注意以下规定。

(1) 线框

在框图、系统图上，设备或系统的基本组成部分是用图形符号或带注释的线框组成的，常以方框为主，框内的注释可以采用文字符号、文字及其混合表达。

(2) 布局及流向

框图的布局要求清晰、匀称，一目了然。绘图时应根据所绘对象的各组成部分的作用及相互联系的先后顺序，自左向右排成一行或数行，也可以自上而下排成一列或数列。起主干作用的部分位于框图的中心位置，而起辅助作用的部分则位于主干部分的两侧。框与框之间用实线连接，必要时应在连接线上用开口箭头表示过程或信息的流向。

(3) 其他注释

框图上可根据需要加注各种形式的注释和说明，如标注信号名称、电平、频率、波形和去向等。

4) 接线图

电气接线图主要用于安装接线和线路维护，它通常与电气原理图、电器元件布置图一起使用。该图需标明各个项目的相对位置和代号、端子号、导线号与类型及截面面积等内容。图中的各个项目包括元器件、部件、组件和配套设备等，均采用简化图表示，但在其旁边需标注代号(和原理图中一致)。

在电气接线图的绘制中需要注意以下几个方面。

(1) 各元件的位置和实际位置一致，并按照比例进行绘制。

(2) 同一元件的所有部件需绘制在一起(如接触器的线圈和触点)，并且用点划线图框框在一起，当多个元件框在一起时表示这些元件在同一个面板中。

(3) 各元件代号及接线端子序号等须与原理图一致。

(4) 安装板引出线使用接线端子板。

(5) 走向相同的相邻导线可绘制成一股线。

2.4.2 电气符号的构成与分类

常用电气符号的构成与分类如下。

1. 常用电气符号

在电气工程图中，各元件、设备、线路及其安装方法都是以图形符号、文字符号和项目符号的形式出现的。因此要绘制电气工程图，首先要了解这些符号的形式、内容和含义。

2. 电气符号的分类

我国于 1985 年发布了第一个电气制图和电气图形符号系列标准，其发布和实施使我国在电气制图和电气图形符号领域的工程语言及规则得到了统一，促进了国内各专业之间的技术交流。但是 20 世纪 90 年代以来，国际上陆续修订了电气制图、电气图形符号标准，我国也根据 IEC(国际电工委员会)修订了相应的国家标准，最新的《电气图用图形符号总则》国家标准代号为 GB4728.1—85，对各种电气符号的绘制作了详细的规定。按照这个规定，电气图形符号主要由以下 13 个部分组成。

(1) GB4728.1—85 总则

(2) GB4728.2—84 符号要素、限定符号和常用的其他符号

(3) GB4728.3—84 导线和连接器件

(4) GB4728.4—85 无源元件

(5) GB4728.5—85 半导体管和电子管

(6) GB 4728.6—84 电能的发生和转换

(7) GB 4728.7—84 开关、控制和保护装置

(8) GB 4728.8—84 测量仪表、灯和信号器件

(9) GB 4728.9—85 电信：交换和外围设备

(10) GB 4728.10—85 电信：传输

(11) GB4728.11—85 电力、照明和电信布置

(12) GB4728.12—85 二进制逻辑单元

(13) GB4728.13—85 模拟元件

国家标准 GB4728.1—85 可以参见配套光盘第 2 章文件夹的相同名称 pdf 文件。

2.5 常用电子元件绘制范例

本范例完成文件：\02\2-1.dwg。

多媒体教学路径：光盘→多媒体教学→第 2 章。

2.5.1 实例介绍与展示

本章的设计范例讲解常用电子元件的绘制，可以从学习绘制基本的电路符号入手，进一步加深对电气设计的了解。范例效果如图 2-17 所示。

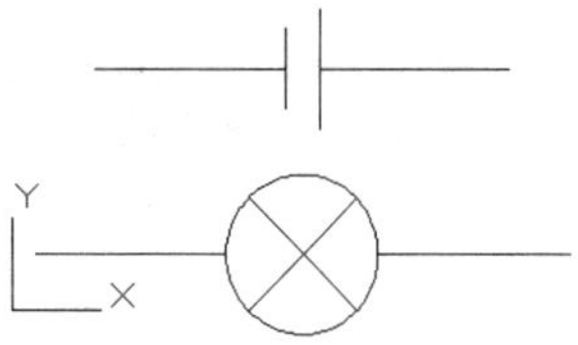

图 2-17 常用电子元件

2.5.2 绘制电源

步骤 01 打开 AutoCAD 2014 界面，调出【修改】和【绘图】工具栏

① 打开 AutoCAD 2014，打开的界面如图 2-18 所示。

② 选择【工具】|【工具栏】| AutoCAD 菜单命令，选择【修改】和【绘图】命令，如图 2-19 所示，弹出【修改】和【绘图】工具栏，如图 2-20 所示，将其放置到合适位置。

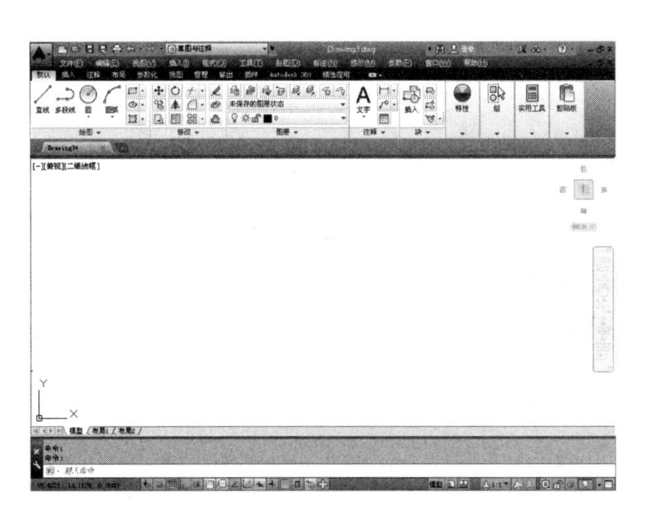

图 2-18 AutoCAD 2014 界面

图 2-19 选择菜单

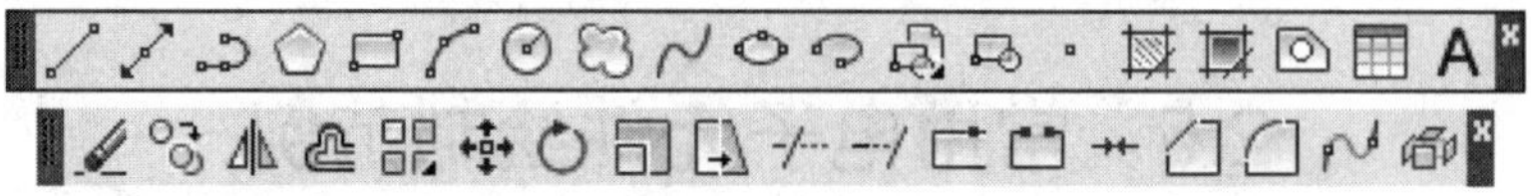

图 2-20 【绘图】和【修改】工具栏

步骤02 绘制横向直线

单击【绘图】工具栏中的【直线】按钮，绘图区出现如图 2-21 所示的“指定第一点”提示及坐标位置显示，在绘图区单击，出现如图 2-22 所示的距离和角度提示，输入距离为 10，按 Enter 键。命令输入行窗口提示如下。

```
命令: _line 指定第一点:
指定下一点或 [放弃(U)]: 10                \\输入距离
指定下一点或 [放弃(U)]: *取消*            \\按 Enter 键
```

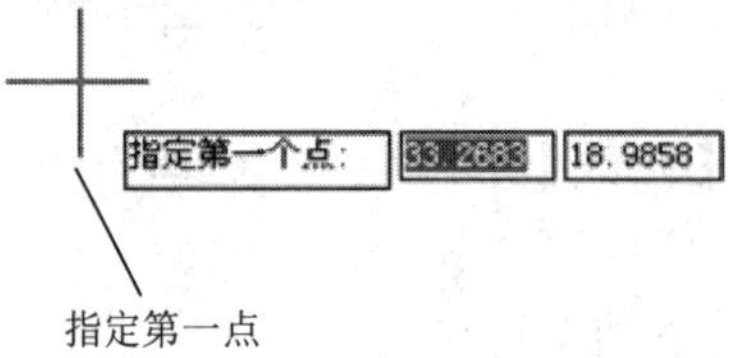

图 2-21 指定第一点

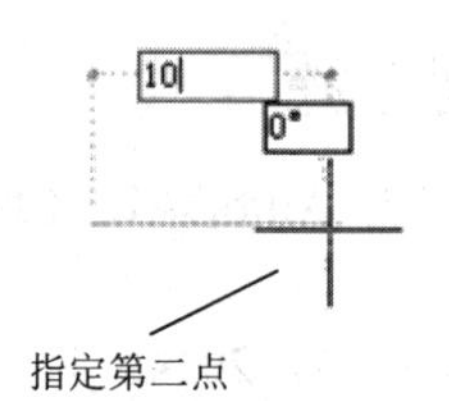

图 2-22 指定第二点

步骤03 绘制竖向直线

①单击状态栏中的【对象捕捉】按钮，使对象捕捉处于开启状态。单击【绘图】工具栏中的【直线】按钮，在绘图区选择线段的端点，如图 2-23 所示，在绘图区单击，出现如图 2-24 所示确定第二点提示，输入距离为 2，按 Enter 键，命令输入行窗口提示如下。

```
命令: _line 指定第一点:
指定下一点或 [放弃(U)]: 2                 \\输入距离
指定下一点或 [放弃(U)]: *取消*            \\按 Enter 键
```

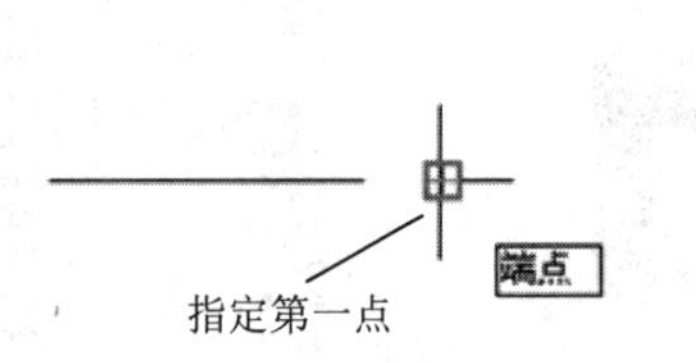

图 2-23 指定第一点

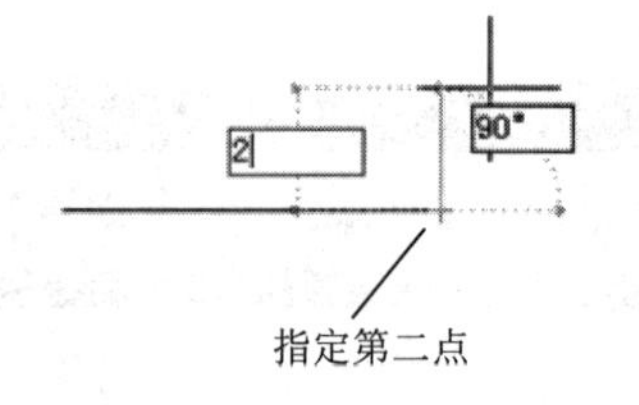

图 2-24 指定第二点

②使用同样的方法绘制另一条线段，如图 2-25 所示。

③单击【绘图】工具栏中的【直线】按钮，再绘制第 3 条线段，如图 2-26 所示。命令输入行窗口提示如下。

```
命令: _line 指定第一点:
指定下一点或 [放弃(U)]: 6                 \\输入距离
指定下一点或 [放弃(U)]: *取消*            \\按 Enter 键
```

图 2-25　绘制另一段线段　　　图 2-26　绘制第 3 条线段

步骤 04　移动直线

单击选中上一步绘制的第 3 条线段，单击【修改】工具栏中的【移动】按钮，再单击第 2 条线段中心，将第 3 条线段移动到与第 2 条线段中心平行的位置，如图 2-27 所示。命令输入行窗口提示如下。

```
命令: _move 找到 1 个
指定基点或 [位移(D)] <位移>:  指定第二个点或 <使用第一个点作为位移>:  \\确定位移基点
```

步骤 05　复制直线

① 单击选择第 1 条横向线段，如图 2-28 所示。

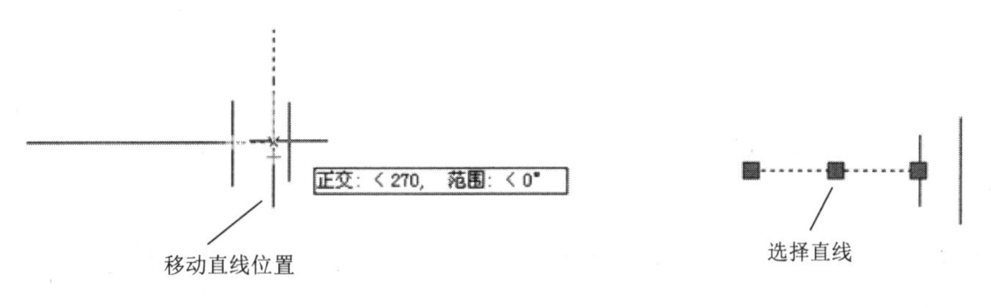

图 2-27　移动线段　　　图 2-28　选择线段

② 单击【修改】工具栏中的【复制】按钮，单击线段左端点，再单击第 3 条线段的中心，如图 2-29 所示，复制完成。命令输入行窗口提示如下。

```
命令: _copy 找到 1 个
当前设置:  复制模式 = 多个                                              \\复制多个
指定基点或 [位移(D)/模式(O)] <位移>: 指定第二个点或 <使用第一个点作为位移>:  \\确定位移
指定第二个点或 [退出(E)/放弃(U)] <退出>:  *取消*                          \\按 Enter 键
```

③ 绘制完成的电源如图 2-30 所示。

图 2-29　复制线段　　　图 2-30　电源

2.5.3　绘制灯泡

步骤 01　绘制直线

打开 AutoCAD 2014，单击【绘图】工具栏中的【直线】按钮，绘制一条线段，输入长度为 10，如图 2-31 所示。命令输入行窗口提示如下。

```
命令: _line 指定第一点:
指定下一点或 [放弃(U)]: 10                \\输入距离
指定下一点或 [放弃(U)]: *取消*              \\按 Enter 键
```

步骤02 绘制圆

单击【绘图】工具栏中的【圆】按钮，在线段右侧 4mm 处确定圆心，如图 2-32 所示，输入距离后按 Enter 键，再单击线段右端点。命令输入行窗口提示如下。

```
命令: _circle 指定圆的圆心或 [三点(3P)/两点(2P)/切点、切点、半径(T)]: 4   \\确定圆心
指定圆的半径或 [直径(D)]:                                                \\确定半径或直径
```

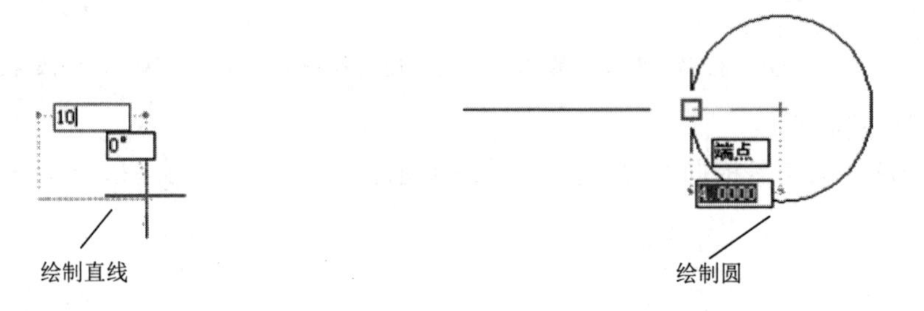

图 2-31　绘制线段　　　　图 2-32　绘制圆

步骤03 绘制直线

① 单击【绘图】工具栏中的【直线】按钮，绘制第 2 条线段，两端点位于圆上，如图 2-33 所示。命令输入行窗口提示如下。

```
命令: _line 指定第一点:                  \\确定第一点
指定下一点或 [放弃(U)]:                  \\确定第二点
指定下一点或 [放弃(U)]: *取消*           \\按 Enter 键
```

② 使用同样的方法绘制第 3 条线段，如图 2-34 所示。

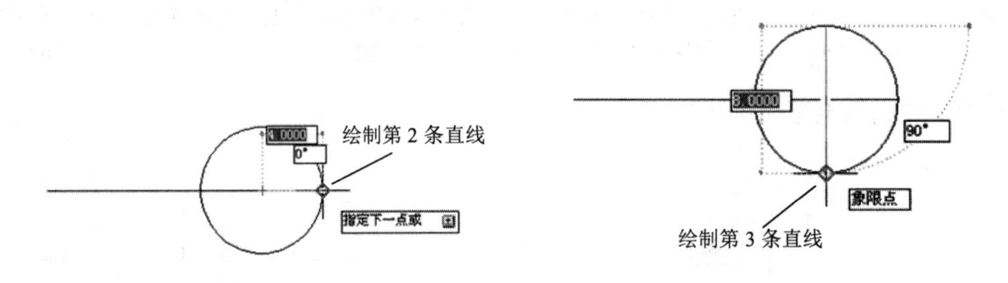

图 2-33　绘制第 2 条线段　　　　图 2-34　绘制第 3 条线段

步骤04 旋转直线

① 分别单击选择刚创建的两条线段，单击【修改】工具栏中的【旋转】按钮，再单击圆的中心，输入旋转角度为 45°，如图 2-35 所示，按 Enter 键，完成旋转。命令输入行窗口提示如下。

命令: _rotate
UCS 当前的正角方向: ANGDIR=逆时针 ANGBASE=0.00 \\旋转方向
找到 2 个
指定基点: \\指定旋转基点
指定旋转角度，或 [复制(C)/参照(R)] <0.00>: 45 \\输入旋转角度

②完成旋转的线段如图 2-36 所示。

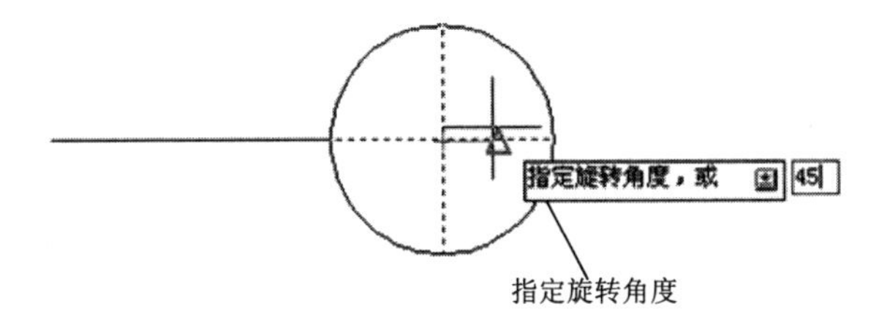

图 2-35 旋转线段

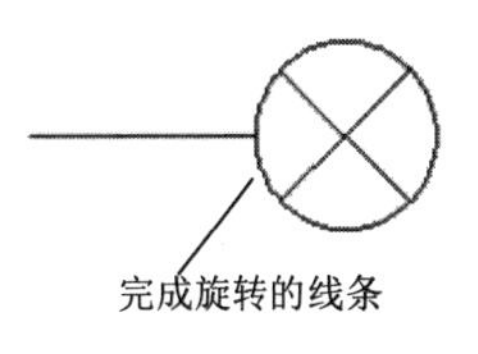

图 2-36 旋转的线段

步骤 05 绘制直线

绘制另一条线段，如图 2-37 所示。完成灯泡的绘制。

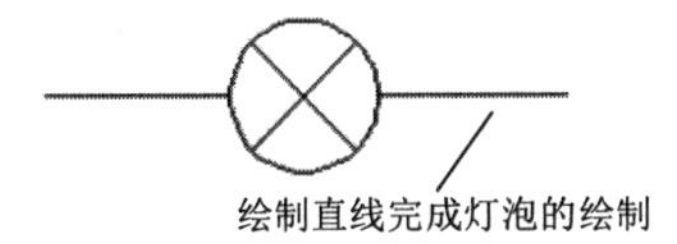

图 2-37 绘制的灯泡

2.6 本章小结

本章主要介绍了电子电气设计的基本方法，为读者在以后的电气设计学习中打下基础。本章结合实例讲解了电源和灯泡的电路图画法，在以后的设计中经常会使用类似的元件。

第3章

二维绘图

本章导读：

二维绘图是 AutoCAD 绘图的基本，复杂的图形都可以由简单的点、线构成。本章介绍的二维基本绘图方法包括点、线、圆和圆弧等。

3.1 绘 制 点

点是构成图形最基本的元素之一。

3.1.1 绘制点的方法

AutoCAD 2014 提供的绘制点的方法有以下几种。

(1) 在【绘图】工具栏中包括【多点】、【定数等分】和【定距等分】按钮，从中进行选择，如图 3-1 所示。

图 3-1 绘制点按钮

提 示

单击【多点】按钮也可进行单点的绘制，在【绘图】工具栏中没有显示【单点】按钮，若需要使用，可在菜单栏中选择。

(2) 在命令输入行中输入 point 后，按 Enter 键。

(3) 在菜单栏中选择【绘图】|【点】命令。

3.1.2 绘制点的方式

绘制点的方式有以下几种。

(1) 单点：用户确定了点的位置后，绘图区出现一个点，如图 3-2(a)所示。

(2) 多点：用户可以同时画多个点，如图 3-2(b)所示。

提 示

可以通过按 Esc 键结束绘制点。

(3) 定数等分画点：用户可以指定一个实体，然后输入该实体被等分的数目后，AutoCAD 2014 会自动在相应的位置上画出点，如图 3-2(c)所示。

(4) 定距等分画点：用户选择一个实体，输入每一段的长度值后，AutoCAD 2014 会自动在相应的位置上画出点，如图 3-2(d)所示。

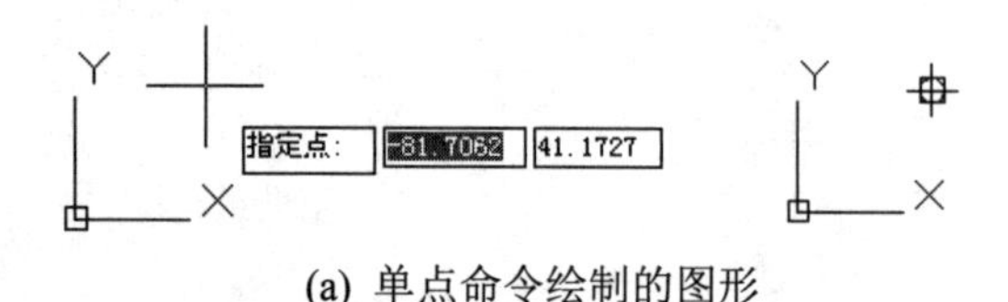

(a) 单点命令绘制的图形

图 3-2 几种画点方式绘制的点

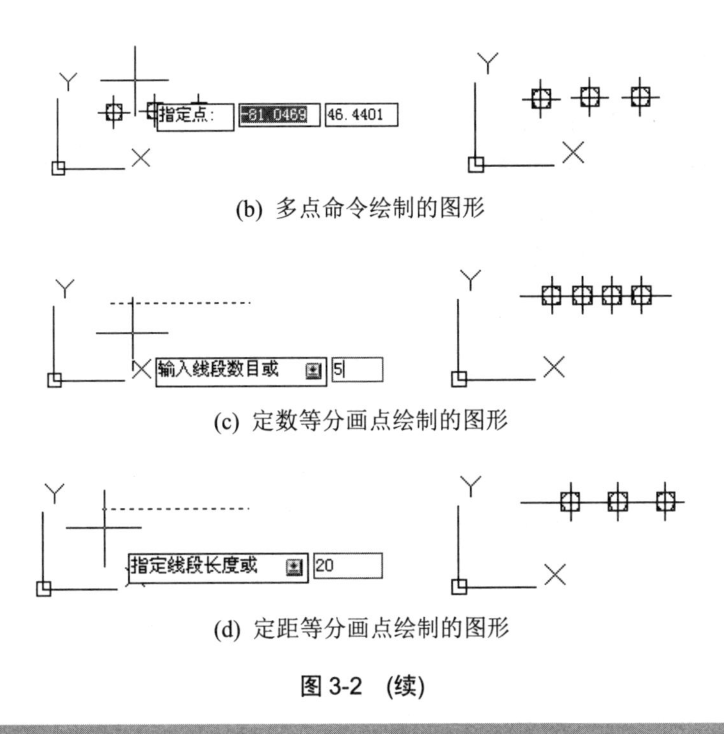

(b) 多点命令绘制的图形

(c) 定数等分画点绘制的图形

(d) 定距等分画点绘制的图形

图 3-2 (续)

提 示

输入的长度值即为最后的点与点之间的距离。

3.1.3 设置点

在用户绘制点的过程中，可以改变点的形状和大小。

选择【格式】|【点样式】菜单命令，打开如图 3-3 所示的【点样式】对话框。在此对话框中，可以先选取上面点的形状，然后选中【相对于屏幕设置大小】或【按绝对单位设置大小】两个单选按钮中的一个，最后在【点大小】文本框中输入所需的数字。当选中【相对于屏幕设置大小】单选按钮时，在【点大小】文本框中输入的是点的大小相对于屏幕大小的百分比的数值；当选择【按绝对单位设置大小】单选按钮时，在【点大小】文本框中输入的是像素点的绝对大小。

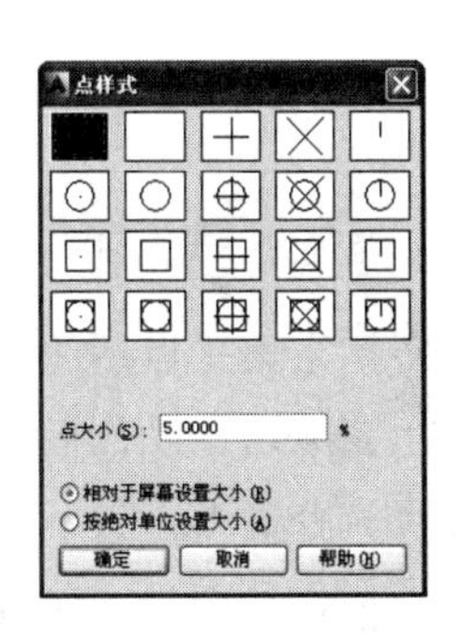

图 3-3 【点样式】对话框

3.2 绘 制 线

AutoCAD 中常用的直线类型有直线、射线、构造线等。下面将分别介绍这几种线条的绘制。

3.2.1 绘制直线

首先介绍绘制直线的具体方法。

1. 调用绘制直线命令

绘制直线命令调用方法有以下几种。

(1) 单击【绘图】工具栏中的【直线】按钮。

(2) 在命令输入行中输入 line 后按 Enter 键。

(3) 选择【绘图】|【直线】菜单命令。

2. 绘制直线的方法

执行命令后，命令输入行将提示用户指定第一点的坐标值。命令输入行提示如下。

命令: _line 指定第一点:

指定第一点后绘图区如图 3-4 所示。

输入第一点后，命令输入行将提示用户指定下一点的坐标值或放弃。命令输入行提示如下。

指定下一点或 [放弃(U)]:

指定第二点后绘图区如图 3-5 所示。

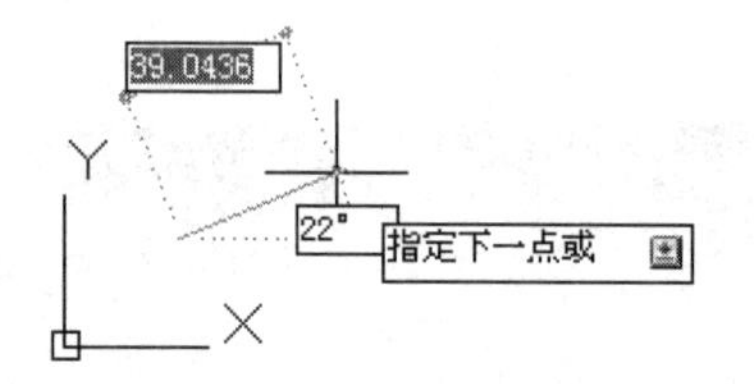

图 3-4　指定第一点后绘图区所显示的图形　　图 3-5　指定第二点后绘图区所显示的图形

输入第二点后，命令输入行将提示用户再次指定下一点的坐标值或放弃。命令输入行提示如下。

指定下一点或 [放弃(U)]:

指定第三点后绘图区如图 3-6 所示。

完成以上操作后，命令输入行将提示用户指定下一点或闭合/放弃，在此输入 c，按 Enter 键。命令输入行提示如下。

指定下一点或 [闭合(C)/放弃(U)]: c

所绘制图形如图 3-7 所示。

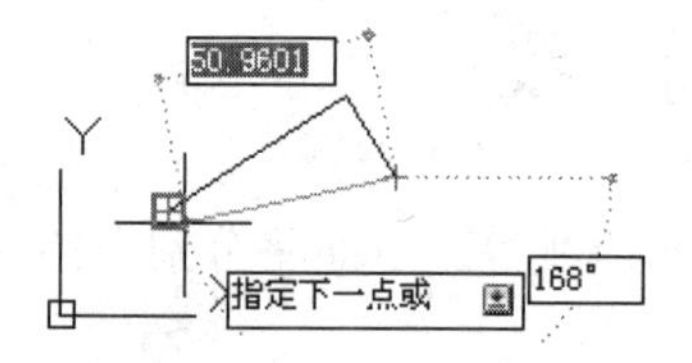

图 3-6　指定第三点后绘图区所显示的图形

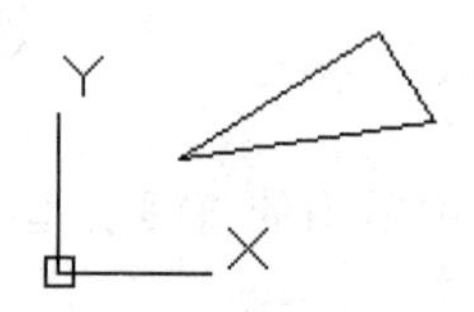

图 3-7　用 line 命令绘制的直线

命令提示各选项的功能介绍如下。

【闭合】：由当前点和起始点生成的封闭线。

【放弃】：取消最后绘制的直线。

3.2.2 绘制射线

射线是一种单向无限延伸的直线，在机械图形绘制中它常用作绘图辅助线来确定一些特殊点或边界。

1. 调用绘制射线命令

绘制射线命令调用方法如下。

- 在命令输入行中输入 ray 后按 Enter 键。
- 选择【绘图】|【射线】菜单命令。

2. 绘制射线的方法

选择【射线】命令后，命令输入行将提示用户指定起点，输入射线的起点坐标值。命令输入行提示如下。

```
命令: _ray 指定起点:
```

指定起点后绘图区如图 3-8 所示。

在输入起点之后，命令输入行将提示用户指定通过点。命令输入行提示如下。

```
指定通过点:
```

指定通过点后绘图区如图 3-9 所示。

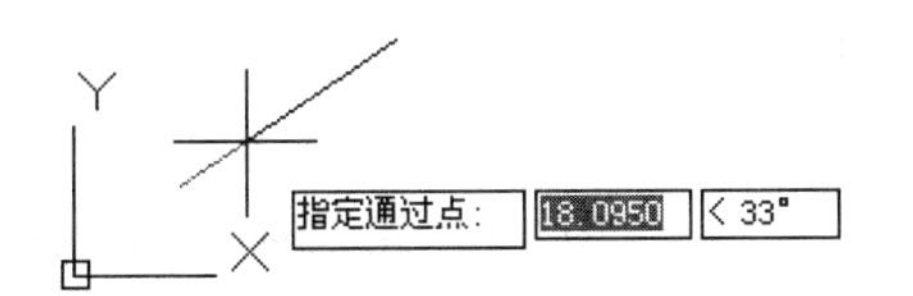

图 3-8 指定起点后绘图区所显示的图形

图 3-9 指定通过点后绘图区所显示的图形

在 ray 命令下，AutoCAD 默认用户会画第 2 条射线，在此为演示用故此只画一条射线后，右击或按 Enter 键后结束。如图 3-10 所示即为用 ray 命令绘制的图形，可以看出射线从起点沿射线方向一直延伸到无限远处。

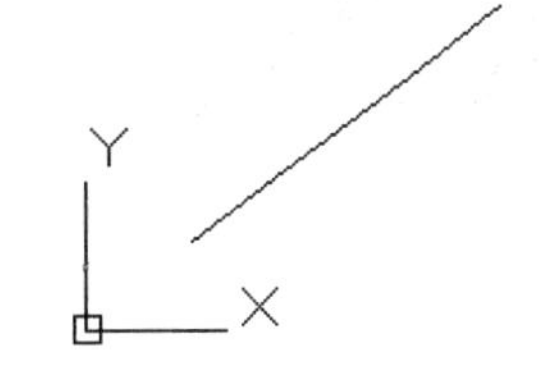

图 3-10 用 ray 命令绘制的射线

3.2.3 绘制构造线

构造线是一种双向无限延伸的直线，在机械图形绘制中它也常用作绘图辅助线，来确定一些特殊点或边界。

1. 调用绘制构造线命令

绘制构造线命令调用方法如下。

(1) 单击【绘图】工具栏中的【构造线】按钮。

(2) 在命令输入行中输入 xline 后按 Enter 键。

(3) 选择【绘图】|【构造线】菜单命令。

2. 绘制构造线的方法

选择【构造线】命令后，命令输入行将提示用户指定点或[水平(H)/垂直(V)/角度(A)/二等分(B)/偏移(O)]，命令输入行提示如下。

```
命令: _xline 指定点或 [水平(H)/垂直(V)/角度(A)/二等分(B)/偏移(O)]:
```

指定点后绘图区如图 3-11 所示。

输入第 1 点的坐标值后，命令输入行将提示用户指定通过点，命令输入行提示如下。

```
指定通过点:
```

指定通过点后绘图区如图 3-12 所示。

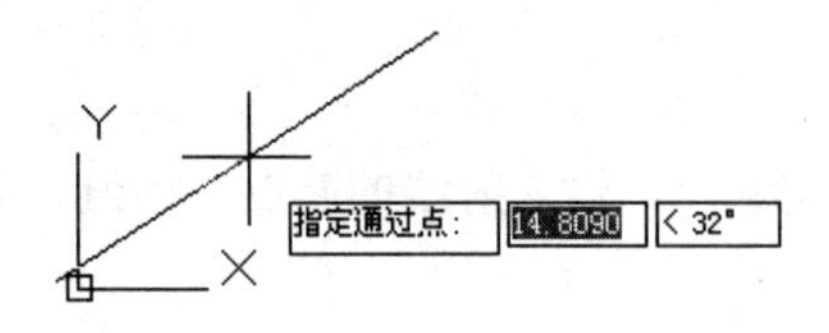

图 3-11　指定点后绘图区所显示的图形

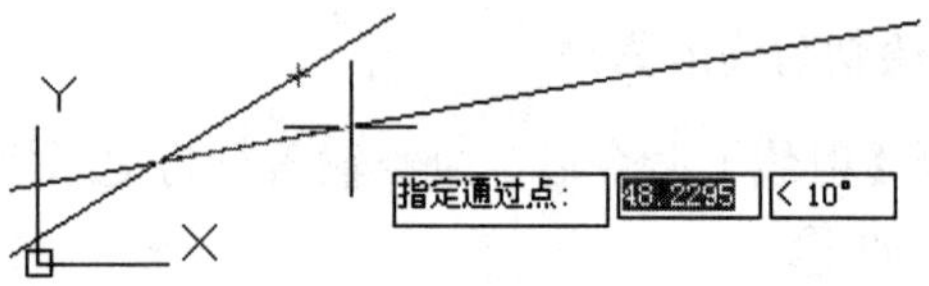

图 3-12　指定通过点后绘图区所显示的图形

输入通过点的坐标值后，命令输入行将再次提示用户指定通过点，命令输入行提示如下。

```
指定通过点:
```

右击或按 Enter 键后结束。由以上命令绘制的图形如 3-13 所示。

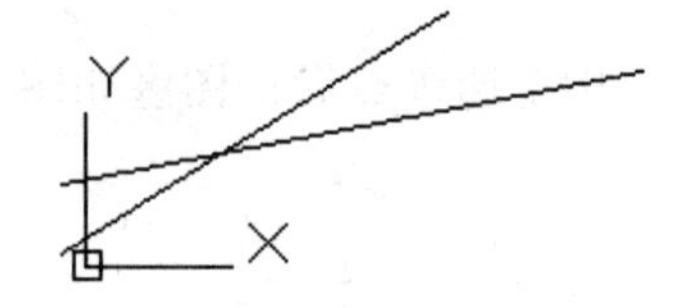

图 3-13　用 xline 命令绘制的构造线

在执行【构造线】命令时，会出现部分让用户选择的命令，其功能介绍如下。

【水平】：放置水平构造线。

【垂直】：放置垂直构造线。

【角度】：在某一个角度上放置构造线。

【二等分】：用构造线平分一个角度。

【偏移】：放置平行于另一个对象的构造线。

3.3　绘制圆、圆弧、圆环

3.3.1　绘制圆

圆是构成图形的基本元素之一。它的绘制方法有多种，下面将依次介绍。

1. 调用绘制圆命令

调用绘制圆命令的方法如下。

(1) 单击【绘图】工具栏中的【圆】按钮。

(2) 在命令输入行中输入 circle 后按 Enter 键。

(3) 选择【绘图】|【圆】菜单命令。

2. 多种绘制圆的方法

绘制圆的方法有多种，下面分别进行介绍。

1) 圆心和半径画圆(AutoCAD 默认的画圆方式)

选择命令后，命令输入行将提示用户指定圆的圆心或 [三点(3P)/两点(2P)/相切、相切、半径(T)]，命令输入行提示如下。

```
命令: _circle
指定圆的圆心或 [三点(3P)/两点(2P)/切点、切点、半径(T)]:
```

指定圆的圆心后绘图区如图 3-14 所示。

输入圆心坐标值后，命令输入行将提示用户指定圆的半径或 [直径(D)]，命令输入行提示如下。

```
指定圆的半径或 [直径(D)]:
```

绘制的图形如图 3-15 所示。

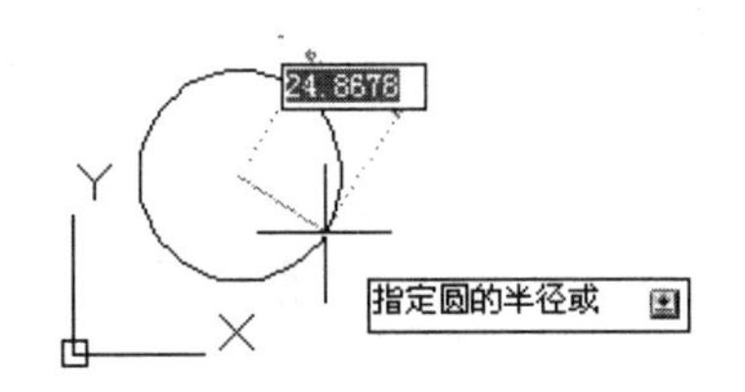

图 3-14　指定圆的圆心后绘图区所显示的图形

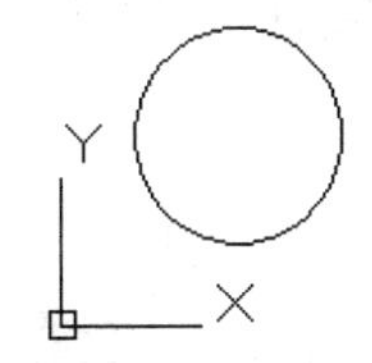

图 3-15　用圆心、半径命令绘制的圆

在执行【圆】命令时，会出现部分让用户选择的命令，其功能介绍如下。

【圆心】：基于圆心和直径(或半径)绘制圆。

【三点】：指定圆周上的 3 点绘制圆。

【两点】：指定直径的两点绘制圆。

【相切、相切、半径】：根据与两个对象相切的指定半径绘制圆。

2) 圆心、直径画圆

选择命令后，命令输入行将提示用户指定圆的圆心或 [三点(3P)/两点(2P)/相切、相切、半径(T)]，命令输入行提示如下。

```
命令: _circle 指定圆的圆心或 [三点(3P)/两点(2P)/相切、相切、半径(T)]:
```

指定圆的圆心后绘图区如图 3-16 所示。

输入圆心坐标值后，命令输入行将提示用户指定圆的半径或 [直径(D)] <100.0000>: _d 指定圆的直径 <200.0000>，命令输入行提示如下。

```
指定圆的半径或 [直径(D)] <100.0000>: _d 指定圆的直径 <200.0000>: 160
```

绘制的图形如图 3-17 所示。

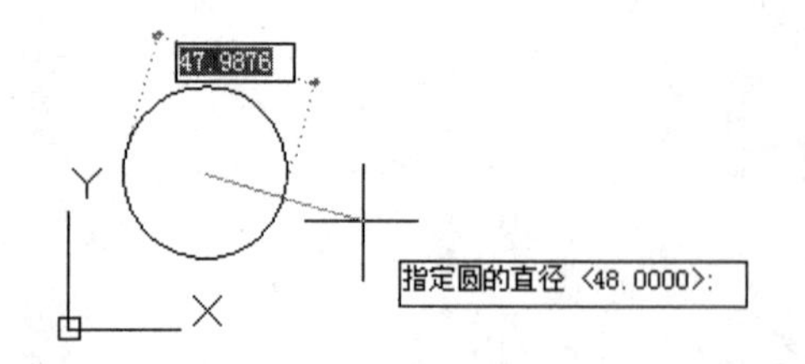

图 3-16　指定圆的圆心后绘图区所显示的图形

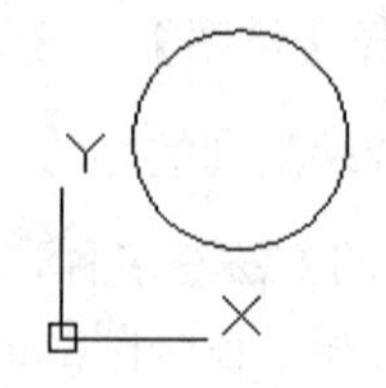

图 3-17　用圆心、直径命令绘制的圆

3) 两点画圆

选择命令后，命令输入行将提示用户指定圆的圆心或 [三点(3P)/两点(2P)/相切、相切、半径(T)]: _2p 指定圆直径的第一个端点，命令输入行提示如下。

命令: _circle 指定圆的圆心或 [三点(3P)/两点(2P)/相切、相切、半径(T)]: _2p 指定圆直径的第一个端点:

指定圆直径的第一个端点后绘图区如图 3-18 所示。

输入第一个端点的数值后，命令输入行将提示用户指定圆直径的第二个端点(在此 AutoCAD 认为首末两点的距离为直径)，命令输入行提示如下。

指定圆直径的第二个端点:

绘制的图形如图 3-19 所示。

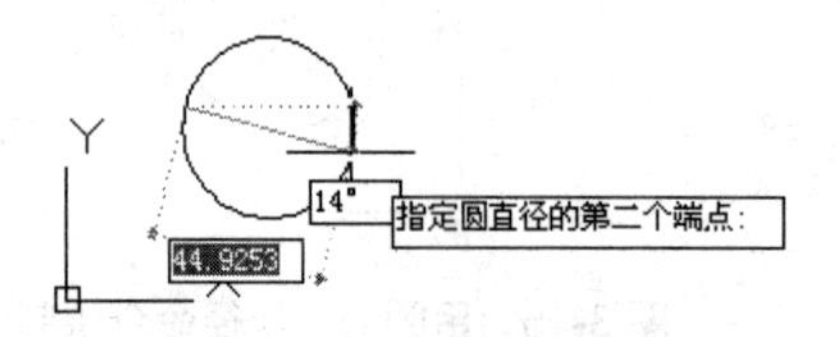

图 3-18　指定圆直径的第一端点后绘图区所显示的图形

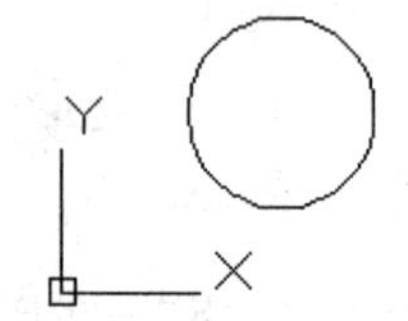

图 3-19　用两点命令绘制的圆

4) 三点画圆

选择命令后，命令输入行将提示用户指定圆的圆心或 [三点(3P)/两点(2P)/相切、相切、半径(T)]: _3p 指定圆上的第一个点，命令输入行提示如下。

命令: _circle 指定圆的圆心或 [三点(3P)/两点(2P)/相切、相切、半径(T)]: _3p 指定圆上的第一个点:

指定圆上的第一个点后绘图区如图 3-20 所示。

指定第一个点的坐标值后，命令输入行将提示用户指定圆上的第二个点，命令输入行提示如下。

指定圆上的第二个点:

指定圆上的第二个点后绘图区如图 3-21 所示。

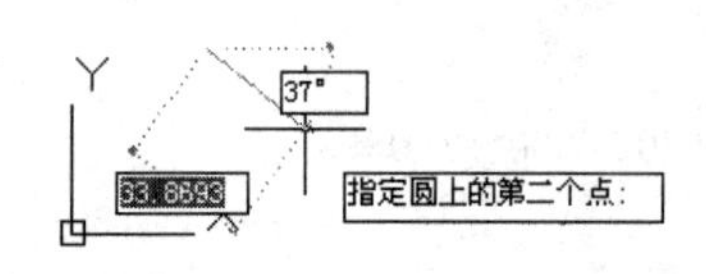

图 3-20　指定圆上的第一个点后绘图区所显示的图形

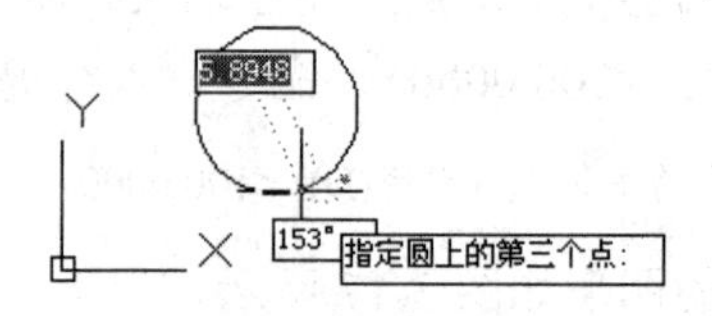

图 3-21　指定圆上的第二个点后绘图区所显示的图形

指定第二个点的坐标值后，命令输入行将提示用户指定圆上的第三个点，命令输入行提示如下。

指定圆上的第三个点:

绘制的图形如图 3-22 所示。

5) 两个相切、半径

选择命令后，命令输入行将提示用户指定圆的圆心或 [三点(3P)/两点(2P)/相切、相切、半径(T)]，命令输入行提示如下。

命令: _circle 指定圆的圆心或 [三点(3P)/两点(2P)/相切、相切、半径(T)]:

选取与之相切的实体。命令输入行将提示用户指定对象与圆的第一个切点，指定对象与圆的第二个切点，命令输入行提示如下。

指定对象与圆的第一个切点:

指定第一个切点时绘图区如图 3-23 所示。

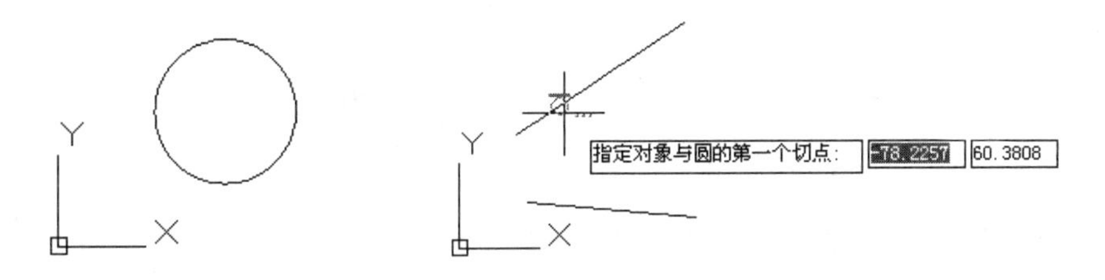

图 3-22　用三点命令绘制的圆　　图 3-23　指定第一个切点时绘图区所显示的图形

指定对象与圆的第二个切点:

指定第二个切点时绘图区如图 3-24 所示。

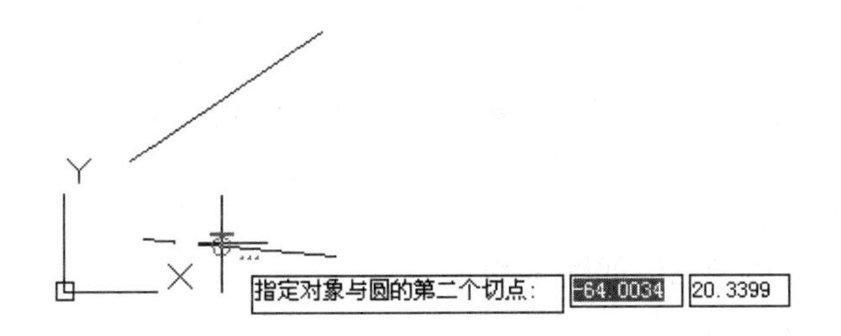

图 3-24　指定第二个切点时绘图区所显示的图形

指定两个切点后，命令输入行将提示用户指定圆的半径，此时输入 100，命令输入行提示如下。

指定圆的半径 <26.2661>: 指定第二点:

指定圆的半径和第二点时绘图区如图 3-25 所示。

绘制的图形如图 3-26 所示。

6) 三个相切

选择命令后，选取与之相切的实体，命令输入行提示如下。

命令: _circle 指定圆的圆心或 [三点(3P)/两点(2P)/相切、相切、半径(T)]: _3p 指定圆上的第一个点: _tan 到

指定圆上的第一个点时绘图区如图 3-27 所示。

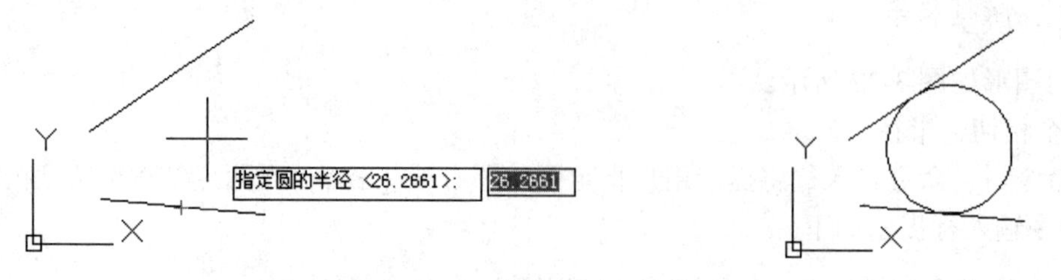

图 3-25 指定圆的半径和第二点时绘图区所显示的图形　　图 3-26 用两个相切、半径命令绘制的圆

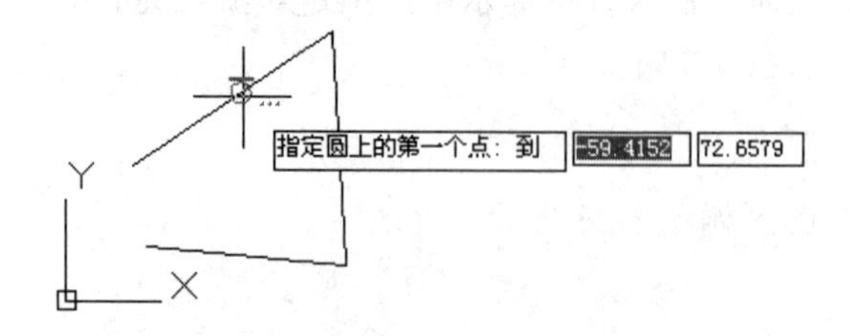

图 3-27 指定圆上的第一个点时绘图区所显示的图形

指定圆上的第二个点: _tan 到

指定圆上的第二个点时绘图区如图 3-28 所示。

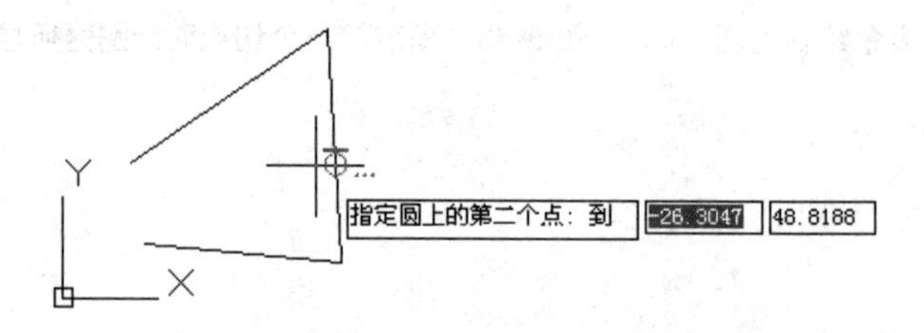

图 3-28 指定圆上的第二个点时绘图区所显示的图形

指定圆上的第三个点: _tan 到

指定圆上的第三个点时绘图区如图 3-29 所示。
绘制的图形如图 3-30 所示。

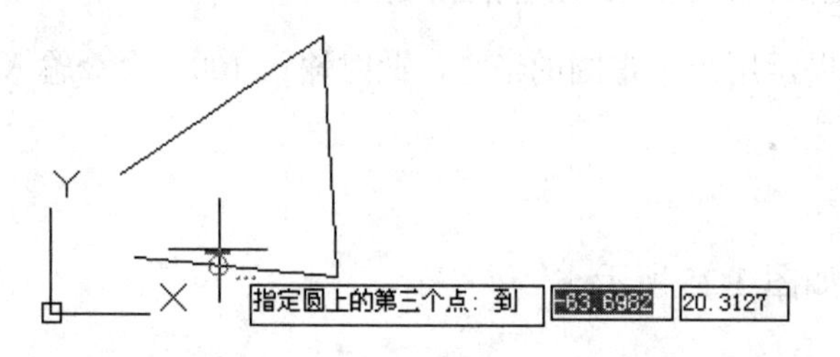

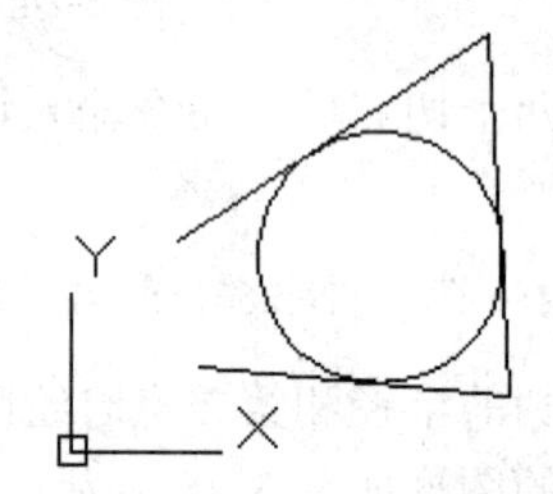

图 3-29 指定圆上的第三个点时绘图区所显示的图形　　图 3-30 用三个相切命令绘制的圆

3.3.2 绘制圆弧

圆弧的绘制方法有很多，下面将分别进行介绍。

1. 调用绘制圆弧命令

绘制圆弧命令的调用方法如下。

(1) 单击【绘图】工具栏中的【圆弧】按钮。

(2) 在命令输入行中输入 arc 后按 Enter 键。

(3) 选择【绘图】|【圆弧】菜单命令。

2. 多种绘制圆弧的方法

绘制圆弧的方法有多种。在 AutoCAD 2014 新增功能中，绘制圆弧时按住 Ctrl 键可以切换方向。下面分别介绍绘制圆弧的方法。

1) 三点画弧

AutoCAD 提示用户输入起点、第二点和端点，顺时针或逆时针绘制圆弧，绘图区显示的图形如图 3-31(a)～(c)所示。用此命令绘制的图形如图 3-32 所示。

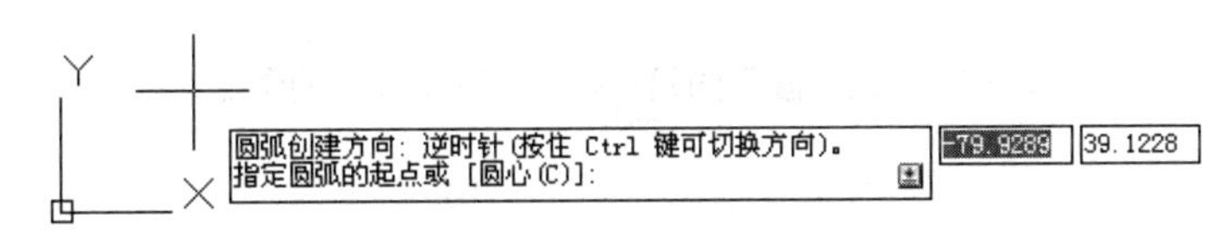

(a) 指定圆弧的起点时绘图区所显示的图形

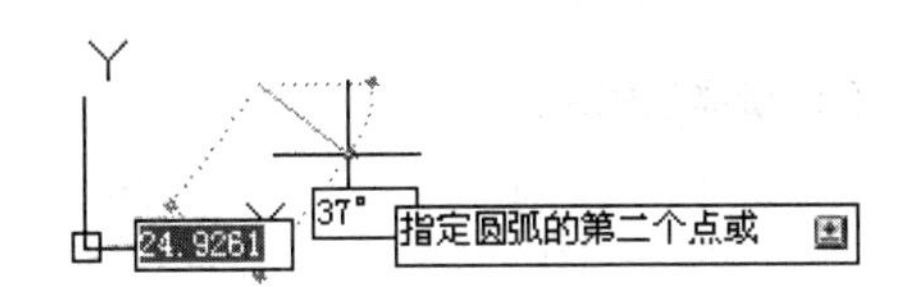

(b) 指定圆弧的第二个点时绘图区所显示的图形

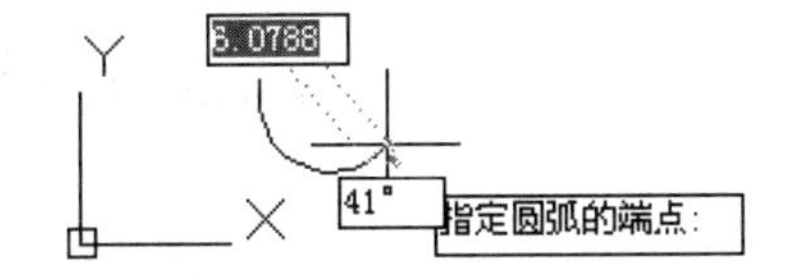

(c) 指定圆弧的端点时绘图区所显示的图形

图 3-31 三点画弧的绘制步骤

2) 起点、圆心、端点

AutoCAD 提示用户输入起点、圆心、端点，绘图区显示的图形如图 3-33～图 3-35 所示。在给出圆弧的起点和圆心后，弧的半径就确定了，端点只是决定弧长，因此，圆弧不一定通过终点。用此命令绘制的圆弧如图 3-36 所示。

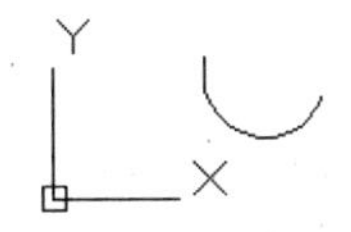

图 3-32 用三点画弧命令绘制的圆弧

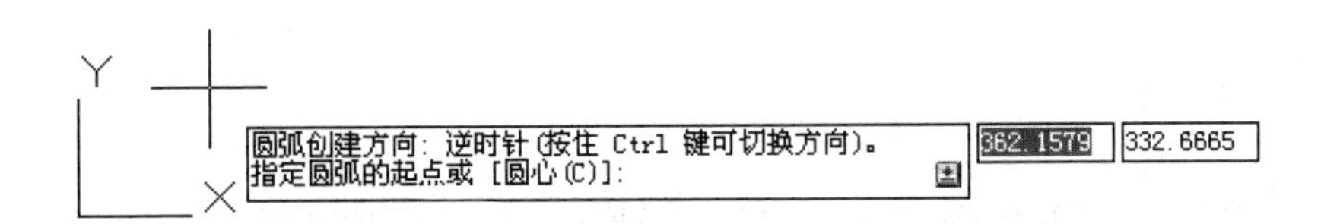

图 3-33 指定圆弧的起点时绘图区所显示的图形

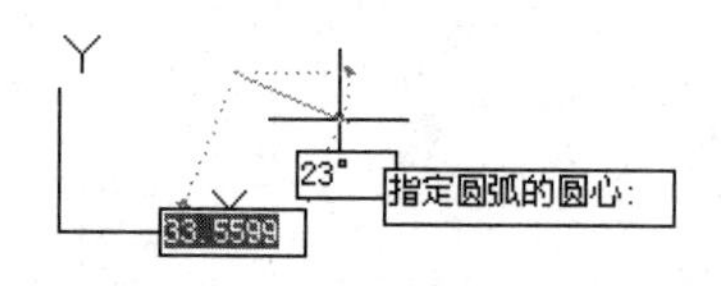

图 3-34　指定圆弧的圆心时绘图区所显示的图形

图 3-35 指定圆弧的端点时绘图区所显示的图形

3) 起点、圆心、角度

AutoCAD 提示用户输入起点、圆心、角度(此处的角度为包含角，即为圆弧的中心到两个端点的两条射线之间的夹角，如夹角为正值，按顺时针方向画弧，如为负值，则按逆时针方向画弧)，绘图区显示的图形如图 3-37～图 3-39 所示。用此命令绘制的圆弧如图 3-40 所示。

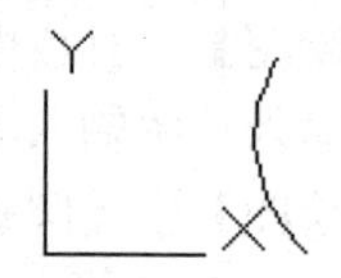

图 3-36　用起点、圆心、端点命令绘制的圆弧

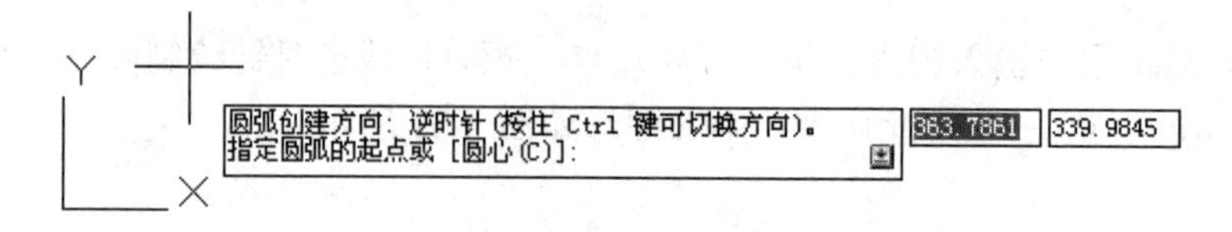

图 3-37　指定圆弧的起点时绘图区所显示的图形

图 3-38　指定圆弧的圆心时绘图区所显示的图形

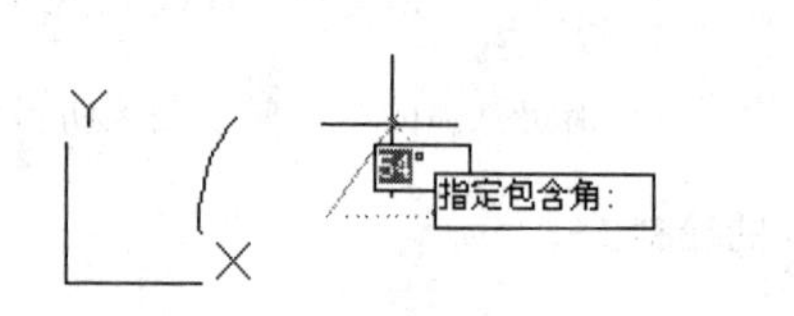

图 3-39　指定包含角时绘图区所显示的图形

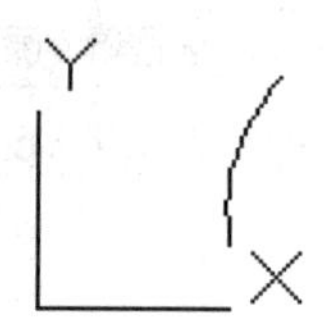

图 3-40　用起点、圆心、角度命令绘制的圆弧

4) 起点、圆心、长度

AutoCAD 提示用户输入起点、圆心、弦长。绘图区显示的图形如图 3-41～图 3-43 所示。当逆时针画弧时，如果弦长为正值，则绘制的是与给定弦长相对应的最小圆弧，如果弦长为负值，则绘制的是与给定弦长相对应的最大圆弧；顺时针画弧则正好相反。用此命令绘制的图形如图 3-44 所示。

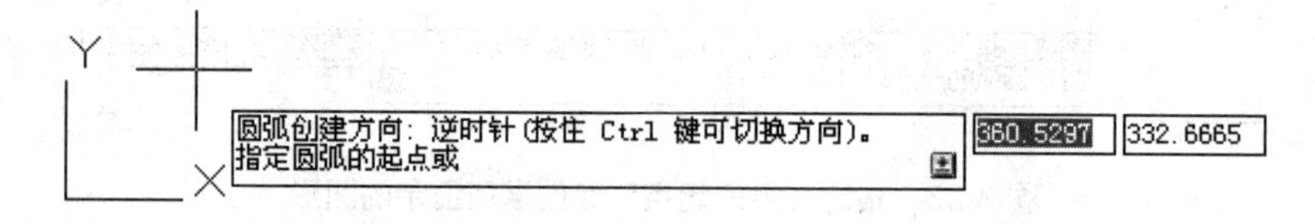

图 3-41　指定圆弧的起点时绘图区所显示的图形

图 3-42　指定圆弧的圆心时绘图区所显示的图形

图 3-43　指定弦长时绘图区所显示的图形　　图 3-44　用起点、圆心、长度命令绘制的圆弧

5) 起点、端点、角度

AutoCAD 提示用户输入起点、端点、角度(此角度也包含角)，绘图区所显示的图形如图 3-45～图 3-47 所示。当角度为正值时，按逆时针画弧，否则按顺时针画弧。用此命令绘制的图形如图 3-48 所示。

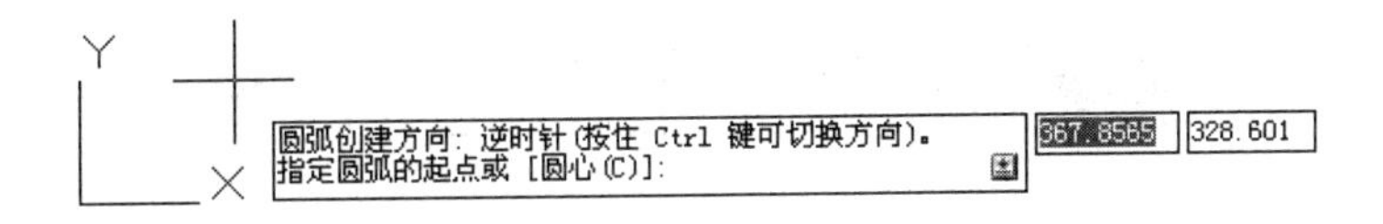

图 3-45　指定圆弧的起点时绘图区所显示的图形

图 3-46　指定圆弧的端点时绘图区所显示的图形

图 3-47　指定包含角时绘图区所显示的图形　　图 3-48　用起点、端点、角度命令绘制的圆弧

6) 起点、端点、方向

AutoCAD 提示用户输入起点、端点、方向(所谓方向，指的是圆弧的起点切线方向，以度数来表示)，绘图区显示的图形如图 3-49～图 3-51 所示。用此命令绘制的图形如图 3-52 所示。

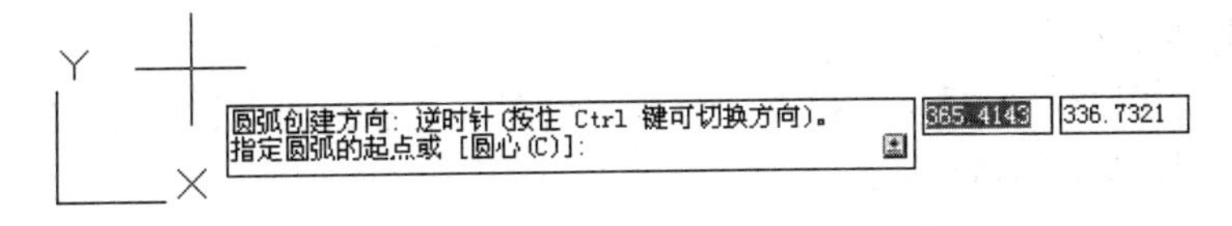

图 3-49　指定圆弧的起点时绘图区所显示的图形

图 3-50　指定圆弧的端点时绘图区所显示的图形

图 3-51　指定圆弧的起点切向时绘图区所显示的图形　　图 3-52　用起点、端点、方向命令绘制的圆弧

7) 起点、端点、半径

AutoCAD 提示用户输入起点、端点、半径，绘图区显示的图形如图 3-53～图 3-55 所示。用此命令绘制的图形如图 3-56 所示。

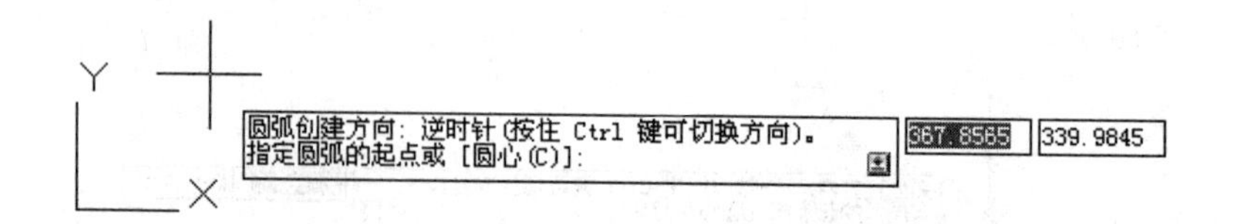

图 3-53　指定圆弧的起点时绘图区所显示的图形

图 3-54　指定圆弧的端点时绘图区所显示的图形

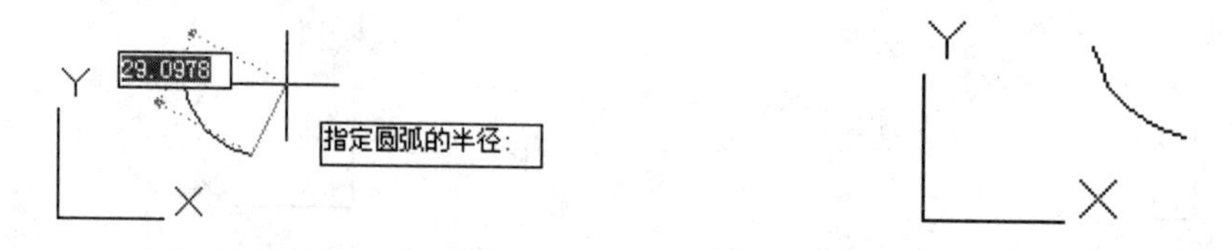

图 3-55　指定圆弧的半径时绘图区所显示的图形　　图 3-56　用起点、端点、半径命令绘制的圆弧

提 示

在此情况下，用户只能沿逆时针方向画弧，如果半径是正值，则绘制的是起点与终点之间的短弧，否则为长弧。

8) 圆心、起点、端点

AutoCAD 提示用户输入圆心、起点、端点，绘图区显示的图形如图 3-57～图 3-59 所示。用此命令绘制的图形如图 3-60 所示。

图 3-57　指定圆弧的圆心时绘图区所显示的图形

图 3-58　指定圆弧的起点时绘图区所显示的图形

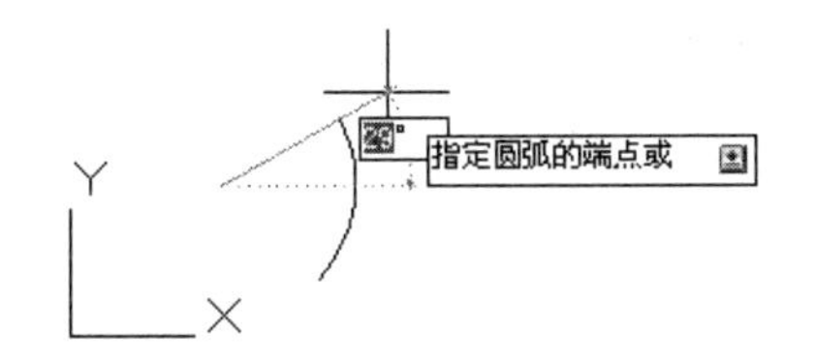

图 3-59　指定圆弧的端点时绘图区所显示的图形

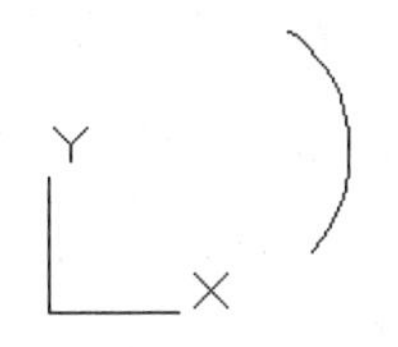

图 3-60　用圆心、起点、端点命令绘制的圆弧

9) 圆心、起点、角度

AutoCAD 提示用户输入圆心、起点、角度，绘图区显示的图形如图 3-61～图 3-63 所示。用此命令绘制的图形如图 3-64 所示。

图 3-61　指定圆弧的圆心时绘图区所显示的图形

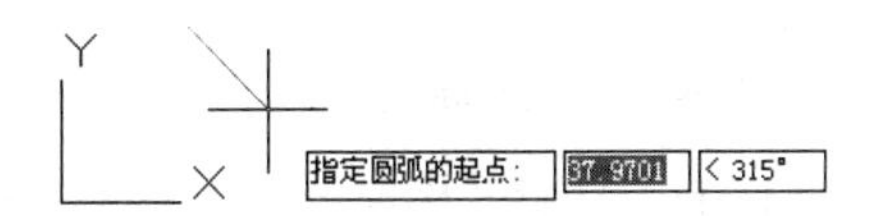

图 3-62　指定圆弧的起点时绘图区所显示的图形

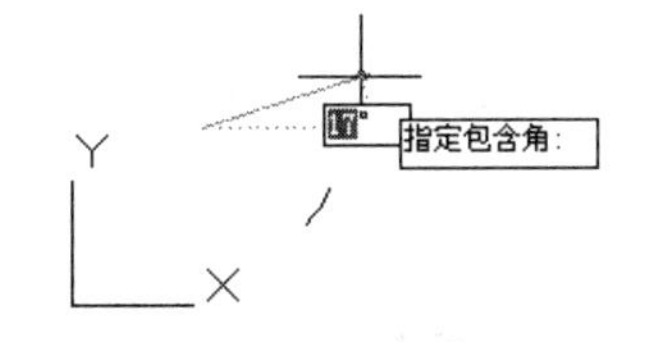

图 3-63　指定包含角时绘图区所显示的图形

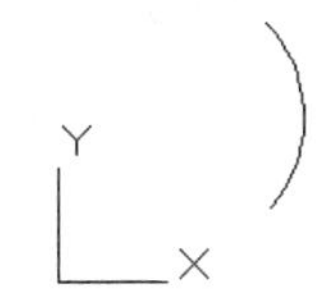

图 3-64　用圆心、起点、角度命令绘制的圆弧

10) 圆心、起点、长度

AutoCAD 提示用户输入圆心、起点、长度(此长度即为弦长)，绘图区显示的图形如图 3-65～图 3-67 所示。用此命令绘制的图形如图 3-68 所示。

图 3-65　指定圆弧的圆心时绘图区所显示的图形

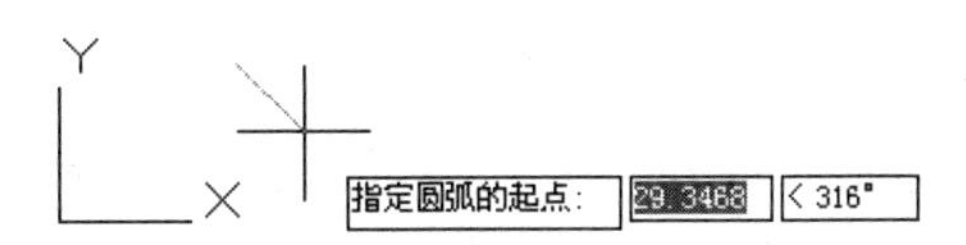

图 3-66　指定圆弧的起点时绘图区所显示的图形

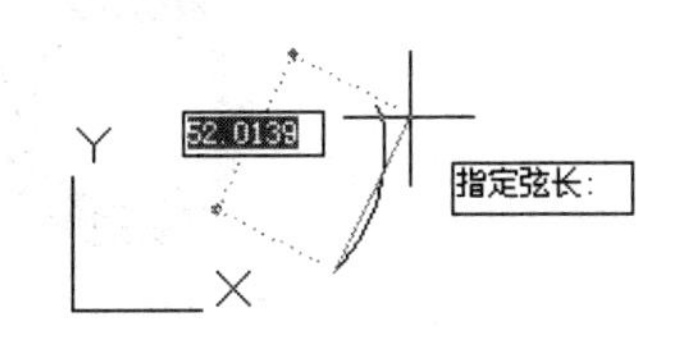

图 3-67　指定弦长时绘图区所显示的图形

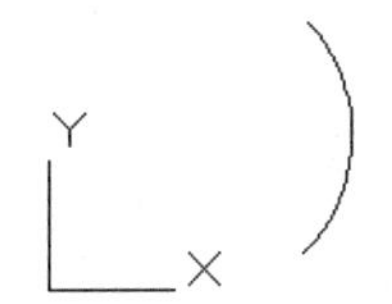

图 3-68　用圆心、起点、长度命令绘制的圆弧

11) 继续

在这种方式下，用户可以从以前绘制的圆弧的终点开始继续下一段圆弧。在此方式下画弧时，每段圆弧都与以前的圆弧相切。以前圆弧或直线的终点和方向就是此圆弧的起点和方向。

3.3.3 绘制圆环

圆环是经过实体填充的环，要绘制圆环，需要指定圆环的内外直径和圆心。

1. 调用绘制圆环命令

绘制圆环命令的调用方法如下。

(1) 单击【绘图】面板中的【圆环】按钮◎。

(2) 在命令输入行中输入 donut 后按 Enter 键。

(3) 选择【绘图】|【圆环】菜单命令。

2. 绘制圆环的步骤

选择命令后，命令输入行将提示用户指定圆环的内径，命令输入行提示如下。

```
命令: _donut
指定圆环的内径 <50.0000>:
```

指定圆环的内径时绘图区如图 3-69 所示。

指定圆环的内径后，命令输入行将提示用户指定圆环的外径，命令输入行提示如下。

```
指定圆环的外径 <60.0000>:
```

指定圆环的外径时绘图区如图 3-70 所示。

图 3-69　指定圆环的内径时绘图区所显示的图形

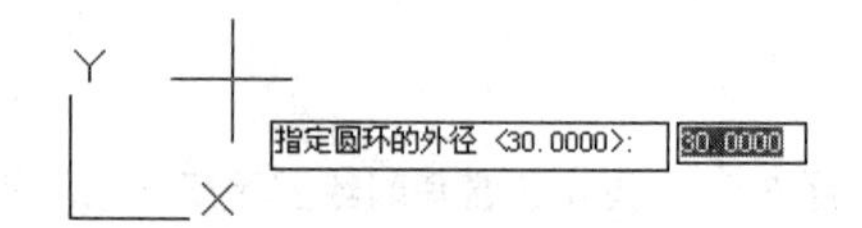

图 3-70　指定圆环的外径时绘图区所显示的图形

指定圆环的外径后，命令输入行将提示用户指定圆环的中心点或 <退出>，命令输入行提示如下。

```
指定圆环的中心点或 <退出>:
```

指定圆环的中心点时绘图区如图 3-71 所示。

绘制的图形如图 3-72 所示。

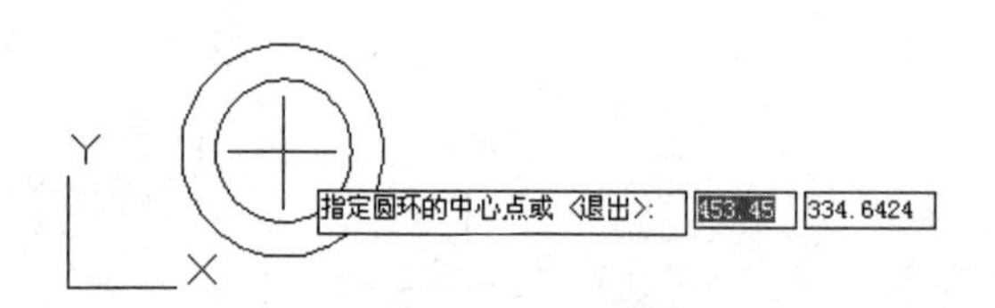

图 3-71　指定圆环的中心点时绘图区所显示的图形

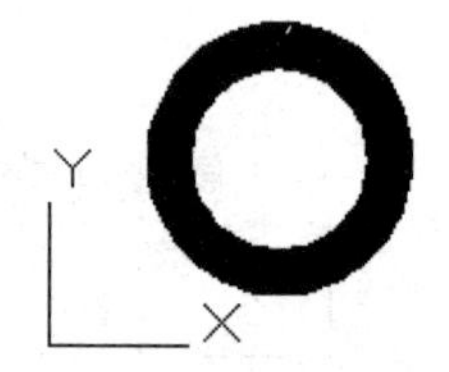

图 3-72　用 donut 命令绘制的圆环

3.4 创建和编辑多线

多线是工程中常用的一种对象，多线对象由1～16条平行线组成，这些平行线称为元素。绘制多线时，可以使用包含两个元素的STANDARD样式，也可以指定一个以前创建的样式。开始绘制之前，可以修改多线的对正和比例。要修改多线及其元素，可以使用通用编辑命令、多线编辑命令和多线样式。

3.4.1 绘制多线

绘制多线的命令可以同时绘制若干条平行线，大大减轻了用line命令绘制平行线的工作量。在机械图形绘制中，这条命令常用于绘制厚度均匀零件的剖切面轮廓线或它在某视图上的轮廓线。

1. 调用绘制多线命令

绘制多线命令的调用方法如下。

(1) 在命令输入行中输入mline后按Enter键。

(2) 选择【绘图】|【多线】菜单命令。

2. 绘制多线的具体步骤

选择【多线】命令后，命令输入行的提示如下。

```
命令: mline
当前设置: 对正 = 上，比例 = 20.00，样式 = STANDARD
```

然后在命令输入行将提示用户指定起点或 [对正(J)/比例(S)/样式(ST)]，命令输入行的提示如下。

```
指定起点或 [对正(J)/比例(S)/样式(ST)]:
```

指定起点后绘图区如图3-73所示。

输入第1点的坐标值后，命令输入行将提示用户指定下一点，命令输入行提示如下。

```
指定下一点:
```

指定下一点后绘图区如图3-74所示。

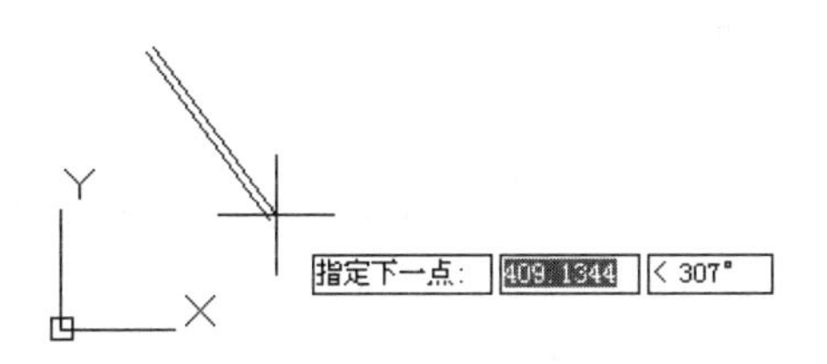

图3-73 指定起点后绘图区所显示的图形

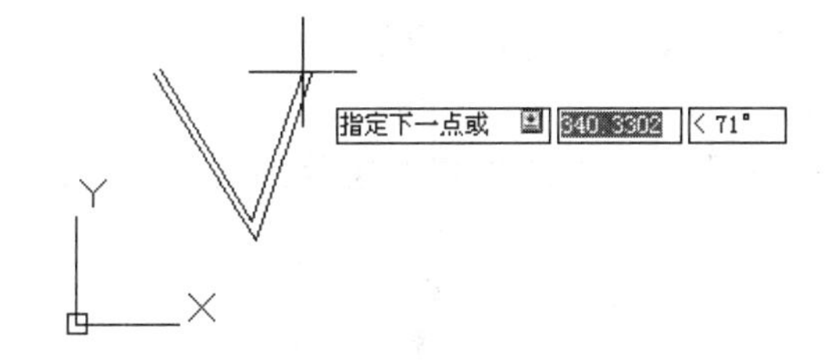

图3-74 指定下一点后绘图区所显示的图形

在mline命令下，AutoCAD默认用户画第2条多线。命令输入行将提示用户指定下一点或[放弃(U)]，命令输入行提示如下。

```
指定下一点或 [放弃(U)]:
```

第 2 条多线从第 1 条多线的终点开始，以刚输入的点坐标为终点，画完后右击或按 Enter 键后结束。绘制的图形如图 3-75 所示。

在执行【多线】命令时，会出现部分让用户选择的命令，下面将作如下提示。

【对正】：指定多线的对齐方式。

【比例】：指定多线宽度缩放比例系数。

【样式】：指定多线样式名。

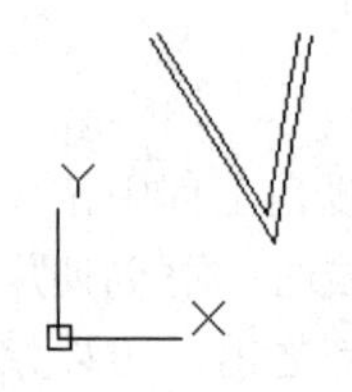

图 3-75　用 mline 命令绘制的多线

3.4.2　编辑多线

用户可以通过编辑来增加、删除顶点或者控制角点连接的显示等，还可以编辑多线的样式来改变各个直线元素的属性等。

1．增加或删除多线的顶点

用户可以在多线的任何一处增加或删除顶点。增加或删除顶点的具体操作步骤如下。

(1) 在命令输入行中输入 mledit 后按 Enter 键；或者选择【修改】|【对象】|【多线】菜单命令。

(2) 执行此命令后，AutoCAD 将打开如图 3-76 所示的【多线编辑工具】对话框。

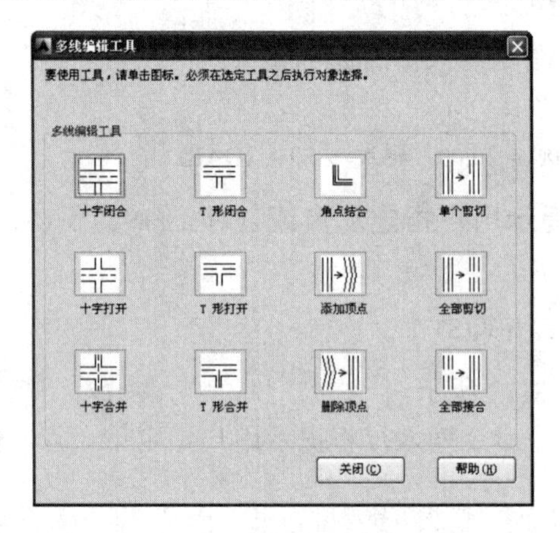

图 3-76　【多线编辑工具】对话框

(3) 在【多线编辑工具】对话框中选择如图 3-77 所示的【删除顶点】按钮。

(4) 选择在多线中将要删除的顶点。绘制的图形如图 3-78 和图 3-79 所示。

图 3-77　【删除顶点】按钮

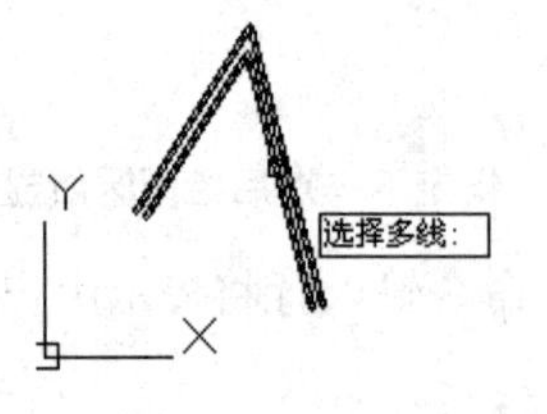

图 3-78　多线中要删除的顶点

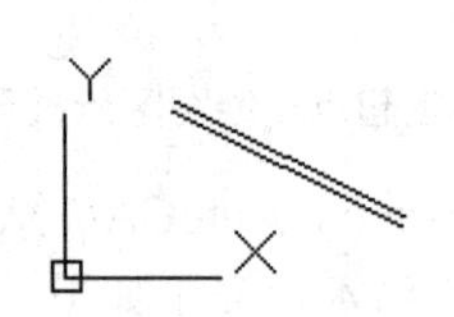

图 3-79　删除顶点后的多线

2．编辑相交的多线

如果在图形中有相交的多线，用户能够通过编辑线脚的多线来控制它们相交的方式。多线可以相交成十字形或 T 字形，并且十字形或 T 字形可以被闭合、打开或合并。编辑相交多线的具体操作步骤如下。

(1) 在命令输入行中输入 mledit 后按 Enter 键；或者选择【修改】|【对象】|【多线】菜单命令。

(2) 执行此命令后，打开【多线编辑工具】对话框。

(3) 在此对话框中，选择如图 3-80 所示的【十字合并】按钮。

图 3-80　【十字合并】按钮

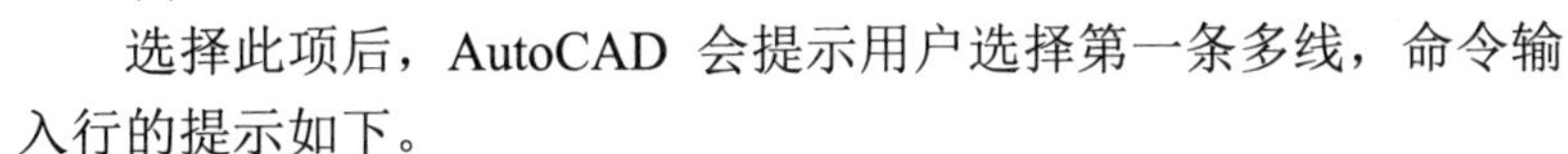

选择此项后，AutoCAD 会提示用户选择第一条多线，命令输入行的提示如下。

```
命令: _mledit
选择第一条多线:
```

选择第一条多线时绘图区如图 3-81 所示。

选择第一条多线后，命令输入行将提示用户选择第二条多线，命令输入行提示如下。

```
选择第二条多线:
```

选择第二条多线时绘图区如图 3-82 所示。

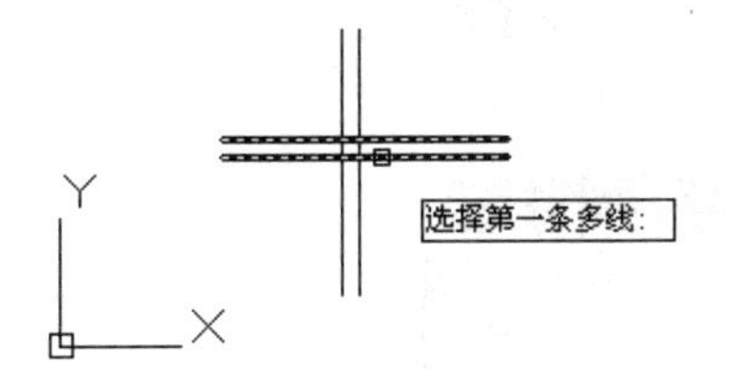

图 3-81　选择第一条多线时绘图区所显示的图形

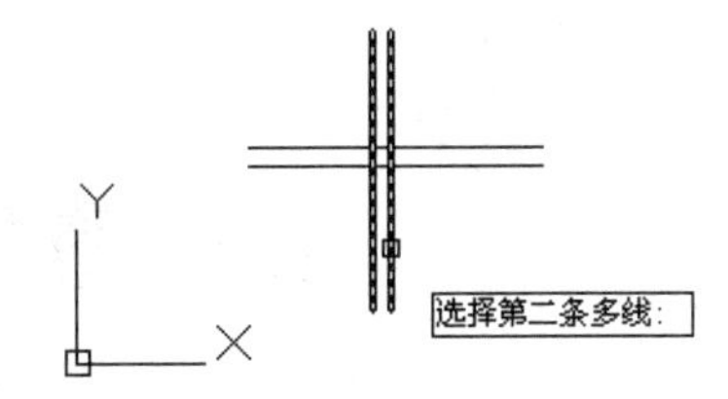

图 3-82　选择第二条多线时绘图区所显示的图形

绘制的图形如图 3-83 所示。

(4) 在【多线编辑工具】对话框中选择如图 3-84 的【T 形闭合】按钮。

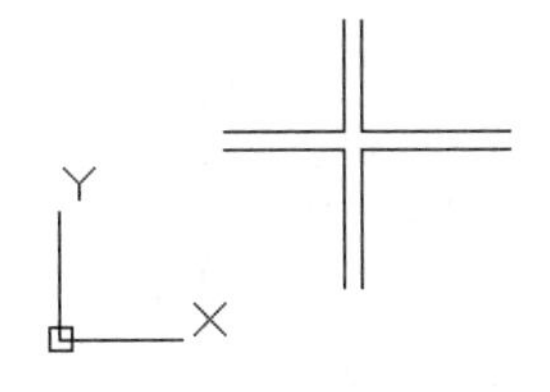

图 3-83　用【十字合并】编辑的相交多线

图 3-84　【T 形闭合】按钮

选择此项后，AutoCAD 会提示用户选择第一条多线，命令输入行提示如下。

```
命令: _mledit
选择第一条多线:
```

选择第一条多线时绘图区如图 3-85 所示。

选择第一条多线后，命令输入行将提示用户选择第二条多线，命令输入行提示如下。

```
选择第二条多线:
```

选择第二条多线时绘图区如图 3-86 所示。

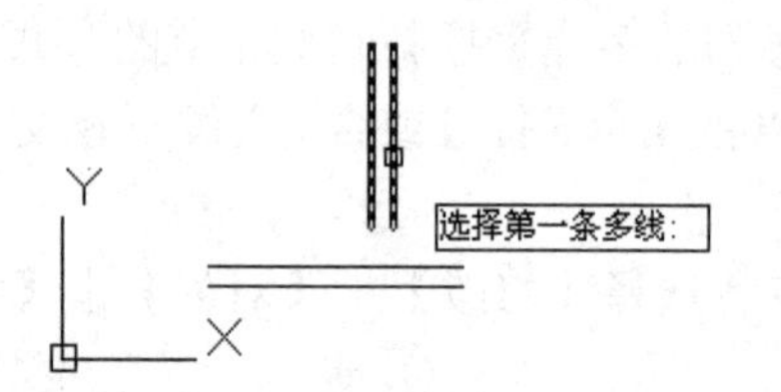

图 3-85 选择第一条多线时绘图区所显示的图形

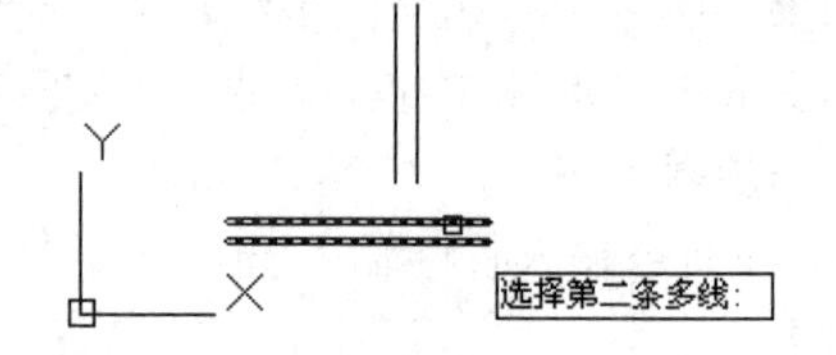

图 3-86 选择第二条多线时绘图区所显示的图形

绘制的图形如图 3-87 所示。

3. 编辑多线的样式

多线样式用于控制多线中直线元素的数目、颜色、线型、线宽以及每个元素的偏移量，还可以修改合并的显示、端点封口和背景填充。

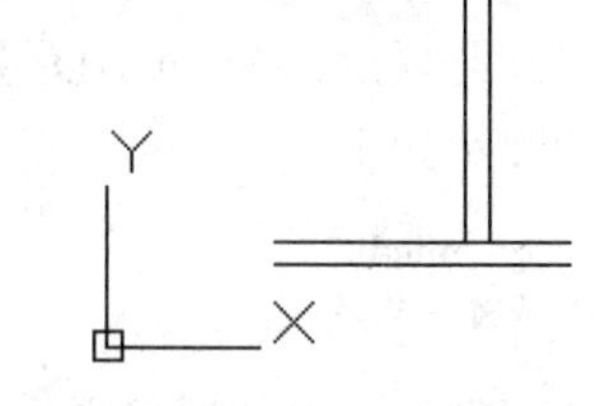

图 3-87 用【T 形闭合】编辑的多线

多线样式具有以下限制。

- 不能编辑 STANDARD 多线样式或图形中已使用的任何多线样式的元素和多线特性。
- 要编辑现有的多线样式，必须在用此样式绘制多线之前进行。

编辑多线样式的步骤如下。

(1) 在命令输入行中输入 mlstyle 后按 Enter 键，或者选择【格式】|【多线样式】菜单命令。执行此命令后打开如图 3-88 所示的【多线样式】对话框。

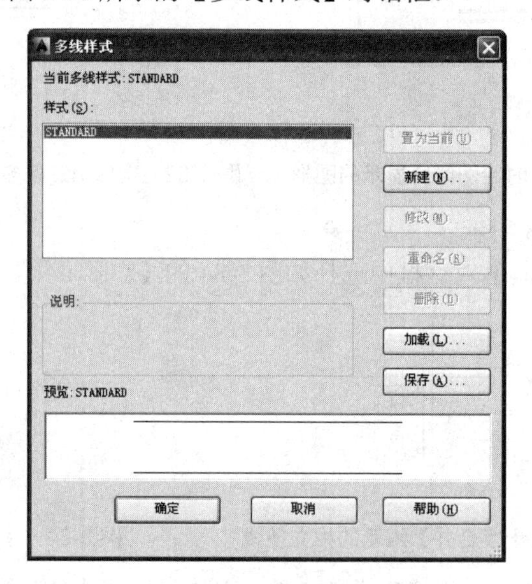

图 3-88 【多线样式】对话框

(2) 在此对话框中，可以对多线进行编辑工作，如新建、修改、重命名、删除、加载、保存。

下面介绍【多线样式】对话框中部分选项的功能。

- 【当前多线样式】：显示当前多线样式的名称，该样式将在后续创建的多线中用到。
- 【样式】：显示已加载到图形中的多线样式列表。

多线样式列表中可以包含外部参照的多线样式，即存在于外部参照图形中的多线样式。外部参照的多线样式名称使用与其他外部依赖非图形对象所使用的语法相同。

- 【说明】：显示选定多线样式的说明。
- 【预览】：显示选定多线样式的名称和图像。
- 【置为当前】：设置用于后续创建的多线的当前多线样式。从【样式】列表中选择一个名称，然后选择【置为当前】。

注 意

不能将外部参照中的多线样式设置为当前样式。

- 【新建】：显示如图 3-89 所示的【创建新的多线样式】对话框，从中可以创建新的多线样式。

图 3-89 【创建新的多线样式】对话框

【创建新的多线样式】对话框中的部分选项介绍如下。

【新样式名】：命名新的多线样式。只有输入新名称并单击【继续】按钮后，元素和多线特征才可用。

【基础样式】：确定要用于创建新多线样式的多线样式。要节省时间，请选择与要创建的多线样式相似的多线样式。

【继续】：命名新的多线样式后单击【继续】按钮，显示如图 3-90 所示的【新建多线样式】对话框。

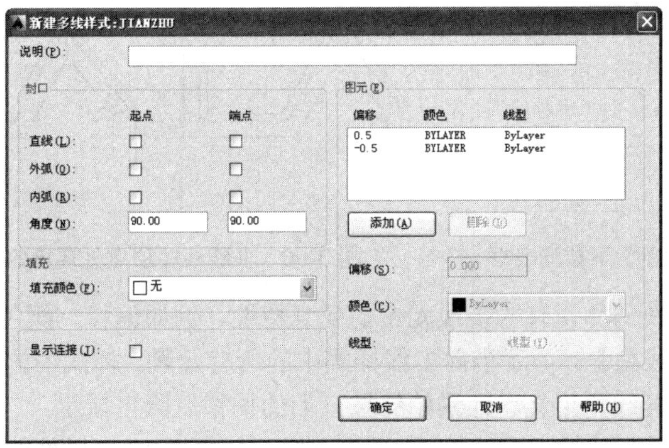

图 3-90 【新建多线样式】对话框

【新建多线样式】对话框中的部分选项介绍如下。

【说明】：为多线样式添加说明。最多可以输入 255 个字符(包括空格)。

【封口】：控制多线起点和端点封口。

【直线】：显示穿过多线每一端的直线段，如图 3-91 所示。

【外弧】：显示多线的最外端元素之间的圆弧，如图 3-92 所示。

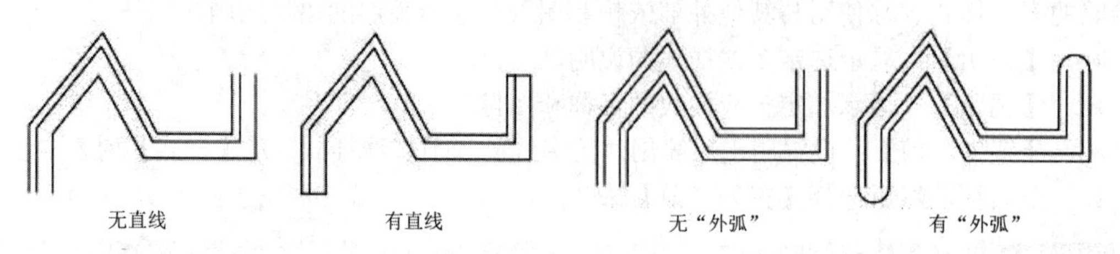

图 3-91　穿过多线每一端的直线段　　图 3-92　多线的最外端元素之间的圆弧

【内弧】：显示成对的内部元素之间的圆弧。如果有奇数个元素，中心线将不被连接。例如，如果有 6 个元素，内弧连接元素 2 和 5、元素 3 和 4。如果有 7 个元素，内弧连接元素 2 和 6、元素 3 和 5；元素 4 不连接，如图 3-93 所示。

【角度】：指定端点封口的角度。如图 3-94 所示。

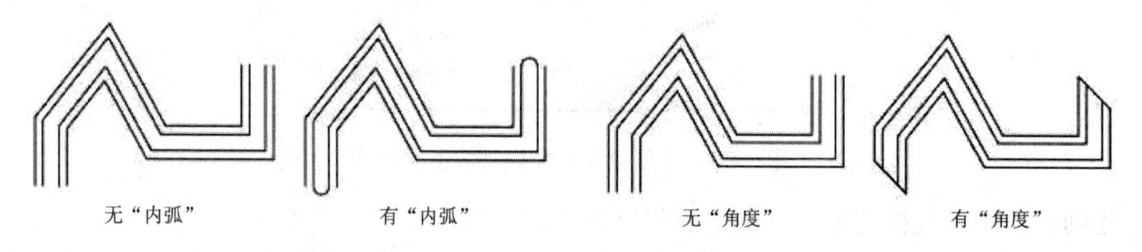

图 3-93　成对的内部元素之间的圆弧　　图 3-94　指定端点封口的角度

【填充】：控制多线的背景填充。

【填充颜色】：设置多线的背景填充色。如图 3-95 所示的【填充颜色】下拉列表框。

【显示连接】：控制每条多线线段顶点处连接的显示。接头也称为斜接。如图 3-96 所示。

图 3-95　【填充颜色】下拉列表框

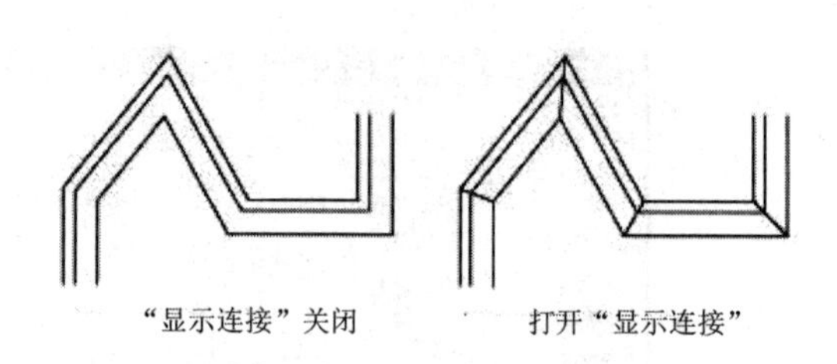

图 3-96　多线线段顶点处连接的显示

【图元】：设置新的和现有的多线元素的元素特性，例如偏移、颜色和线型。

【偏移、颜色和线型】：显示当前多线样式中的所有元素。样式中的每个元素由其相对于多线的中心、颜色及其线型定义。元素始终按它们的偏移值降序显示。

【添加】：将新元素添加到多线样式。只有为除 STANDARD 以外的多线样式选择了颜色或线型后，此选项才可用。

【删除】：从多线样式中删除元素。

【偏移】：为多线样式中的每个元素指定偏移值，如图 3-97 所示。

【颜色】：显示并设置多线样式中元素的颜色。如图 3-98 所示为【颜色】下拉列表框。

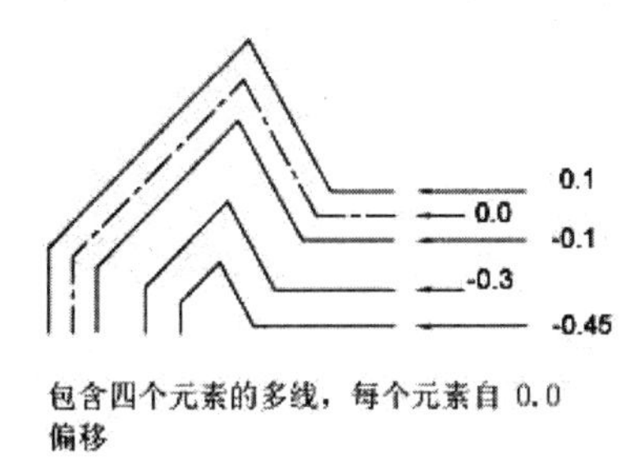

图 3-97　为多线样式中的每个元素指定偏移值

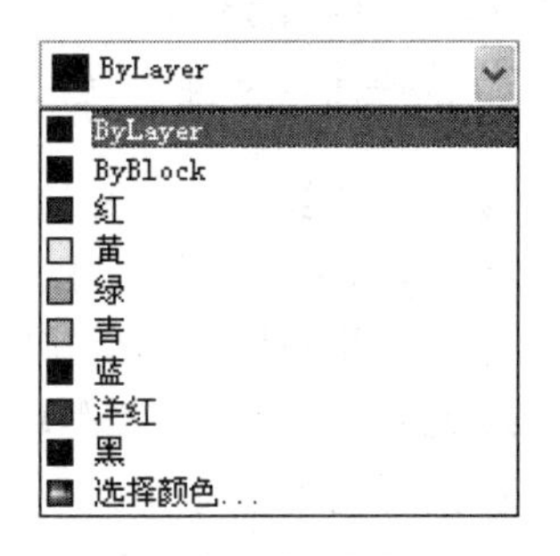

图 3-98　【颜色】下拉列表框

【线型】：显示并设置多线样式中元素的线型。如果选择【线型】，将显示如图 3-99 所示的【选择线型】对话框，该对话框列出了已加载的线型。要加载新线型，则单击【加载】按钮，将显示如图 3-100 所示的【加载或重载线型】对话框。

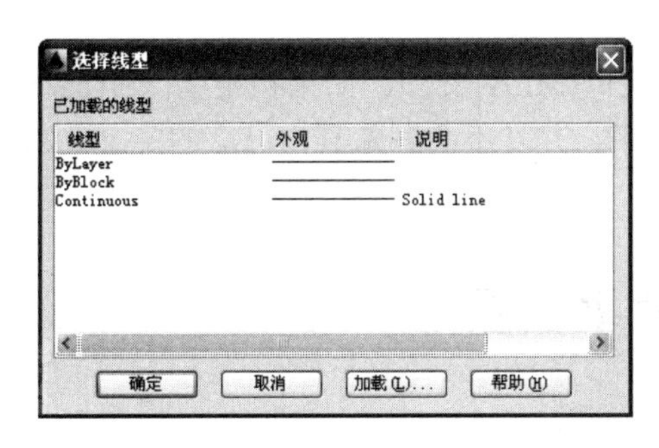

图 3-99　【选择线型】对话框

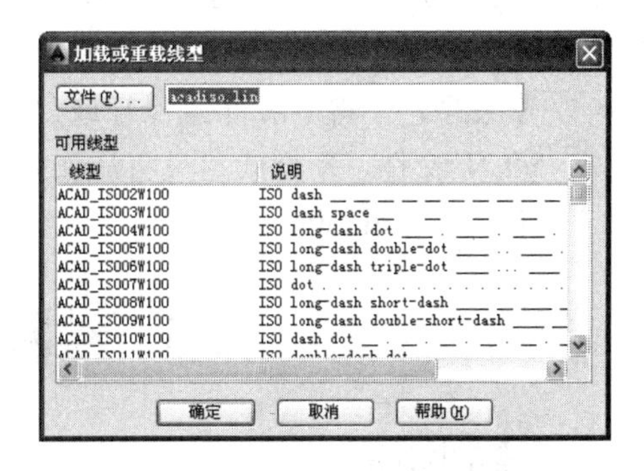

图 3-100　【加载或重载线型】对话框

- 【修改】：显示如图 3-101 所示的【修改多线样式】对话框，从中可以修改选定的多线样式。

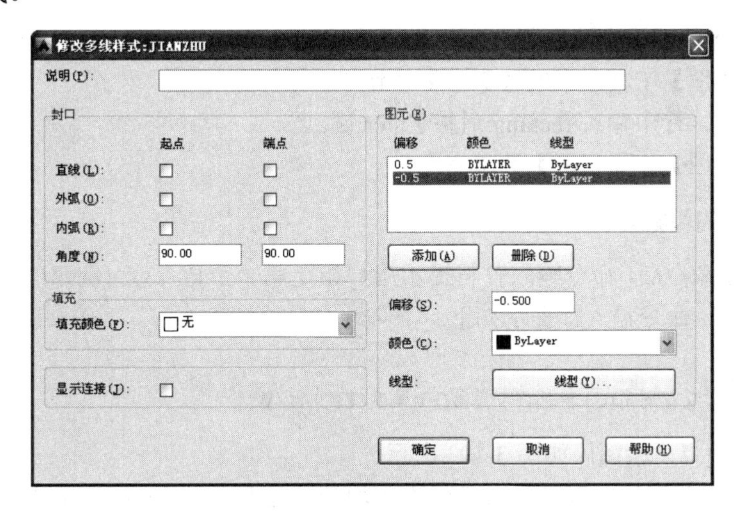

图 3-101　【修改多线样式】对话框

注 意

不能编辑 STANDARD 多线样式或图形中正在使用的任何多线样式的元素和多线特性。要编辑现有多线样式，必须在使用该样式绘制任何多线之前进行。

- 【重命名】：重命名当前选定的多线样式。不能重命名 STANDARD 多线样式。
- 【删除】：从【样式】列表中删除当前选定的多线样式。此操作并不会删除 MLN 文件中的样式。不能删除 STANDARD 多线样式、当前多线样式或正在使用的多线样式。
- 【加载】：显示如图 3-102 所示的【加载多线样式】对话框，可以从指定的 MLN 文件加载多线样式。

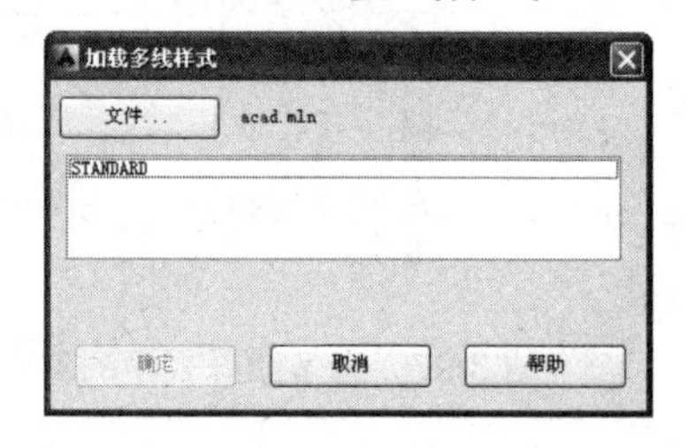

图 3-102 【加载多线样式】对话框

【文件】：显示标准文件选择对话框，从中可以定位和选择另一个多线库文件。

【列出】：列出当前多线库文件中可用的多线样式。要加载另一种多线样式，请从列表中选择一种样式并单击【确定】按钮。

- 【保存】：将多线样式保存或复制到多线库(MLN)文件。如果指定了一个已存在的 MLN 文件，新样式定义将添加到此文件中，并且不会删除其中已有的定义。默认文件名是 acad.mln。

3.5 绘制其他平面图形

3.5.1 绘制矩形

绘制矩形时需要指定矩形的两个对角点。

1. 调用绘制矩形命令

绘制矩形命令的调用方法如下。

(1) 单击【绘图】工具栏中的【矩形】按钮。

(2) 在命令输入行中输入 rectang 后按 Enter 键。

(3) 选择【绘图】|【矩形】菜单命令。

2. 绘制矩形的步骤

选择【矩形】命令后，命令输入行将提示用户指定第一个角点或 [倒角(C)/标高(E)/圆角(F)/厚度(T)/宽度(W)]，命令输入行提示如下。

```
命令: _rectang
指定第一个角点或 [倒角(C)/标高(E)/圆角(F)/厚度(T)/宽度(W)]:
```

指定第一个角点后绘图区如图 3-103 所示。

输入第一个角点值后，命令输入行将提示用户指定另一个角点或 [面积(A)/尺寸(D)/旋转(R)]，命令输入行提示如下。

```
指定另一个角点或 [面积(A)/尺寸(D)/旋转(R)]:
```

绘制的图形如图 3-104 所示。

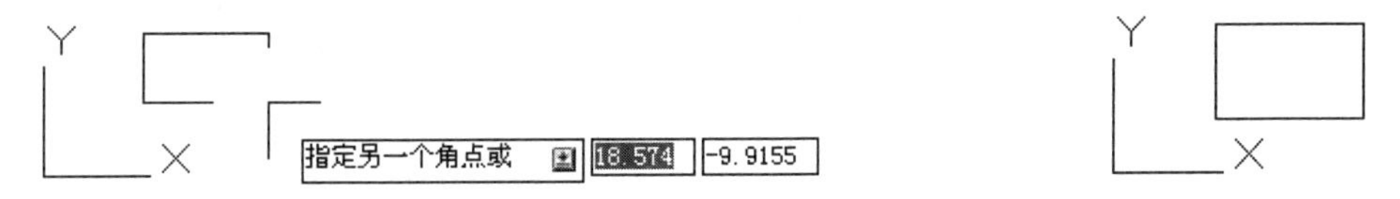

图 3-103　指定第一个角点后绘图区所显示的图形　　图 3-104　用 rectang 命令绘制的矩形

3.5.2　绘制正多边形

正多边形是指有 3～1024 条等长边的闭合多段线，创建正多边形是绘制等边三角形、正方形、正六边形等的简便快速方法。

1. 调用绘制正多边形命令

绘制正多边形命令的调用方法如下。

(1) 单击【绘图】工具栏中的【正多边形】按钮⬠。

(2) 在命令输入行中输入 polygon 后按 Enter 键。

(3) 选择【绘图】|【正多边形】菜单命令。

2. 绘制正多边形的步骤

选择【正多边形】命令后，命令输入行将提示用户输入边的数目，命令输入行提示如下。

命令: _polygon 输入侧面数 <4>: 8

此时绘图区如图 3-105 所示。

输入数目后，命令输入行将提示用户指定正多边形的中心点或 [边(E)]，命令输入行提示如下。

指定正多边形的中心点或 [边(E)]:

指定正多边形的中心点后绘图区如图 3-106 所示。

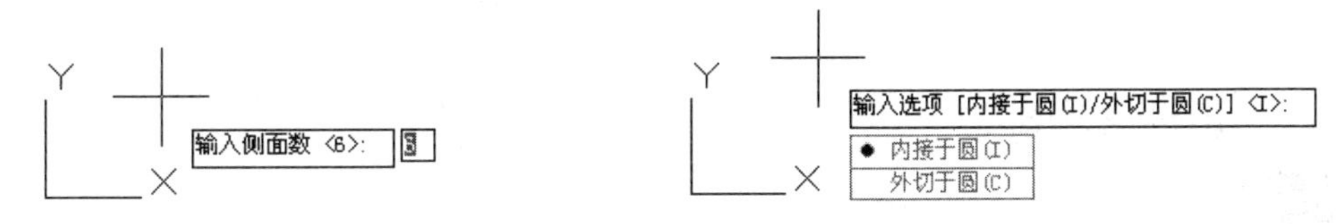

图 3-105　输入边的数目后绘图区所显示的图形　　图 3-106　指定正多边形的中心点后绘图区所显示的图形

输入数值后，命令输入行将提示用户输入选项 [内接于圆(I)/外切于圆(C)] <I>，命令输入行提示如下。

输入选项 [内接于圆(I)/外切于圆(C)] <I>: I

选择内接于圆(I)后绘图区如图 3-107 所示。

选择内接于圆(I)后，命令输入行将提示用户指定圆的半径，命令输入行提示如下。

指定圆的半径:

绘制的图形如图 3-108 所示。

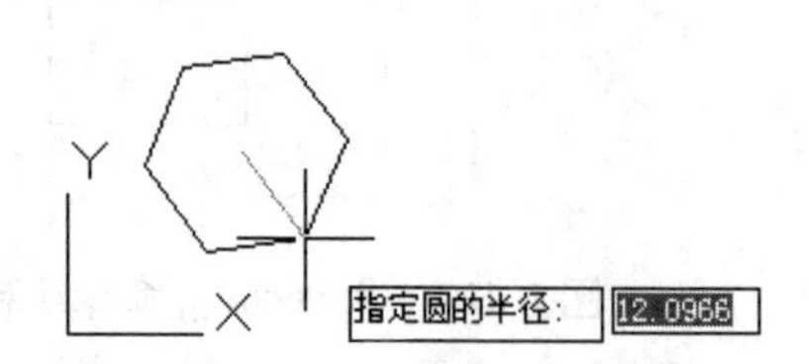

图 3-107　选择内接于圆(I)后绘图区所显示的图形

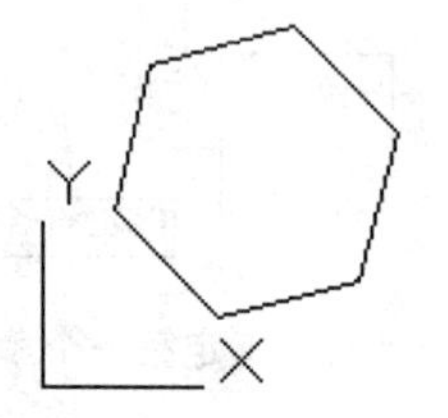

图 3-108　用 polygon 命令绘制的正多边形

在执行【正多边形】命令时，会出现部分让用户选择的命令，其功能介绍如下。

【内接于圆】：指定外接圆的半径，正多边形的所有顶点都在此圆周上。

【外切于圆】：指定内切圆的半径，正多边形与此圆相切。

3.6　简单电路图绘制范例

本范例完成文件：\03\3-1.dwg。

多媒体教学路径：光盘→多媒体教学→第 3 章。

3.6.1　实例介绍与展示

本章范例通过讲解一个简单电路来巩固二维绘图方法，绘制完成的电路图如图 3-109 所示。下面进行步骤讲解。

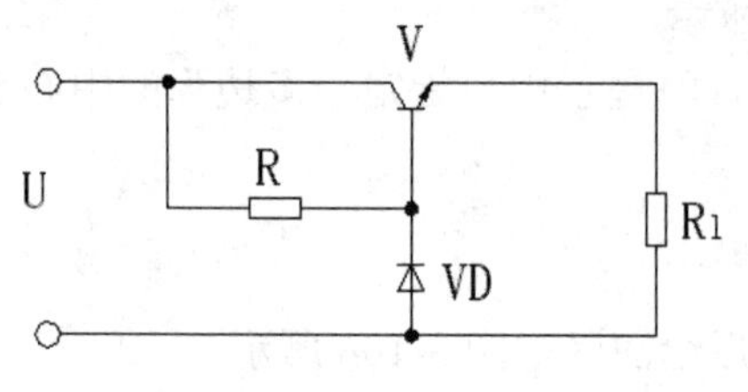

图 3-109　简单电路图

3.6.2　绘制线路部分

步骤 01　打开二维绘图环境

打开 AutoCAD 2014，如果之前绘制过二维图形，那么系统默认建立新的二维环境，如图 3-110 所示。

步骤 02　使用直线命令绘制线路部分

①单击【绘图】工具栏中的【直线】按钮，绘制一条长度为 50 的水平直线，如图 3-111 所示。命令输入行提示如下。

```
命令: _line 指定第一点:
指定下一点或 [放弃(U)]: 50                    \\确定长度
指定下一点或 [放弃(U)]: *取消*                 \\按 Enter 键
```

②单击【绘图】工具栏中的【直线】按钮，绘制一条长度为“20”的垂直直线，其中一个端点与上一条直线的右端点相交，如图 3-112 所示。命令输入行提示如下。

```
命令: _line 指定第一点:
指定下一点或 [放弃(U)]: 20                \\确定长度
指定下一点或 [放弃(U)]: *取消*             \\按 Enter 键
```

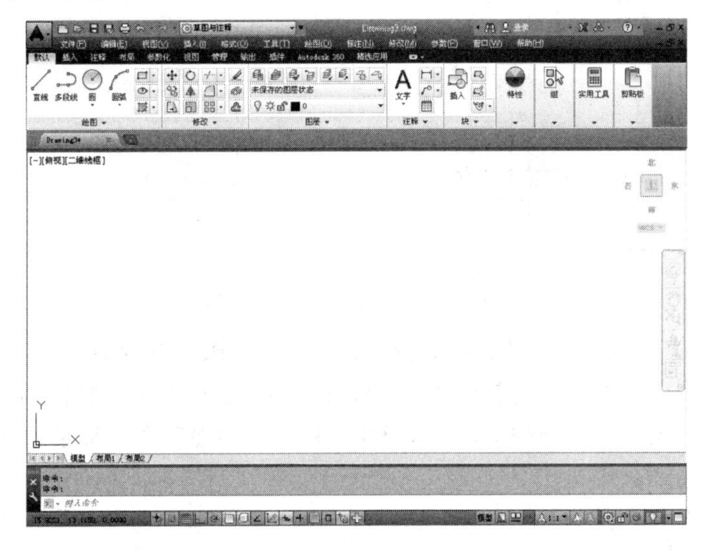

图 3-110　二维绘图环境

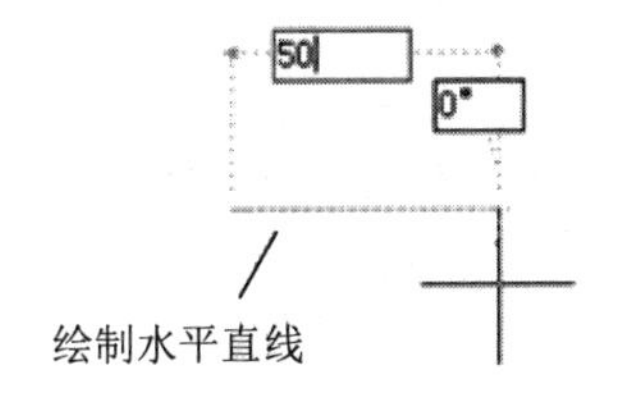

图 3-111　绘制水平直线

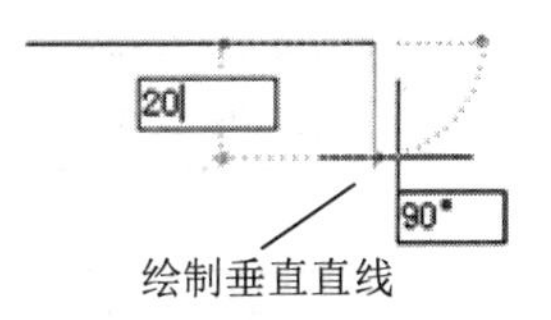

图 3-112　绘制垂直直线

③单击【绘图】工具栏中的【直线】按钮，绘制一条长度为 50 的水平直线，其中一个端点与上一条直线的下端点相交，如图 3-113 所示。命令输入行提示如下。

```
命令: _line 指定第一点:
指定下一点或 [放弃(U)]: 50                \\确定长度
指定下一点或 [放弃(U)]: *取消*             \\按 Enter 键
```

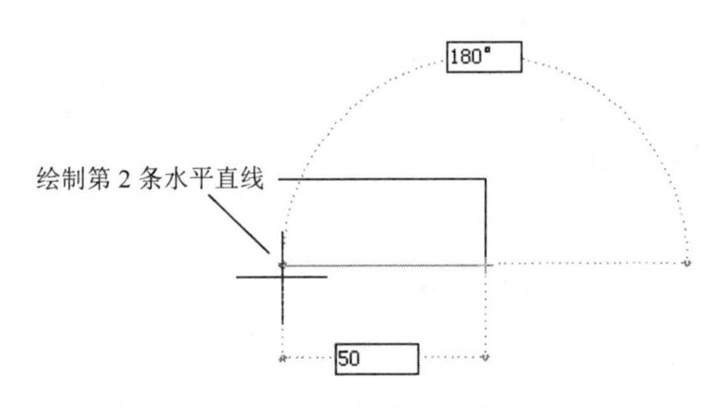

图 3-113　绘制第 2 条水平直线

④单击【绘图】工具栏中的【直线】按钮，绘制一条长度为20的垂直直线，直线两端点分别与两条水平直线相交，直线上端点距离水平直线左端点距离为30，如图3-114所示。命令输入行提示如下。

```
命令: _line 指定第一点:
指定下一点或 [放弃(U)]:                        \\确定第二点
指定下一点或 [放弃(U)]: *取消*                 \\按 Enter 键
```

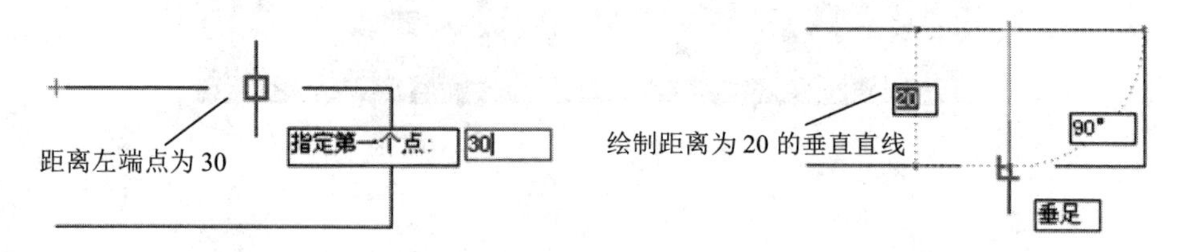

图3-114　绘制第2条垂直直线

⑤单击【绘图】工具栏中的【直线】按钮，绘制一条长度为10的垂直直线，直线一端点在上部的水平直线上，直线上端点距离水平直线左端点距离为10，如图3-115所示；再绘制一条水平直线与第一条垂直直线相交，如图3-116所示。命令输入行提示如下。

```
命令: _line 指定第一点:
指定下一点或 [放弃(U)]:                     \\确定第二点
指定下一点或 [放弃(U)]:                     \\确定第二条直线终点
指定下一点或 [放弃(U)]: *取消*              \\按 Enter 键
```

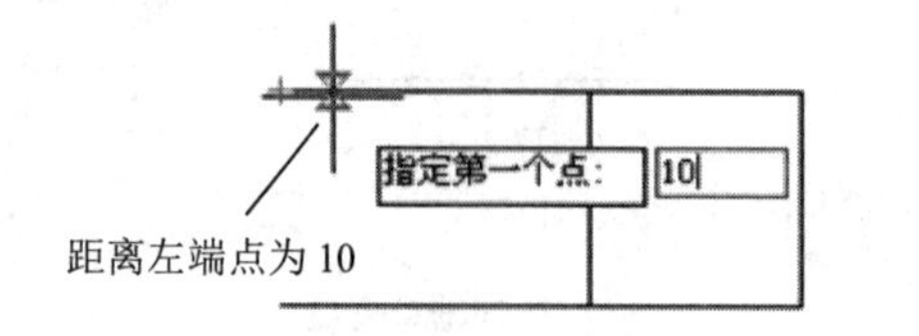

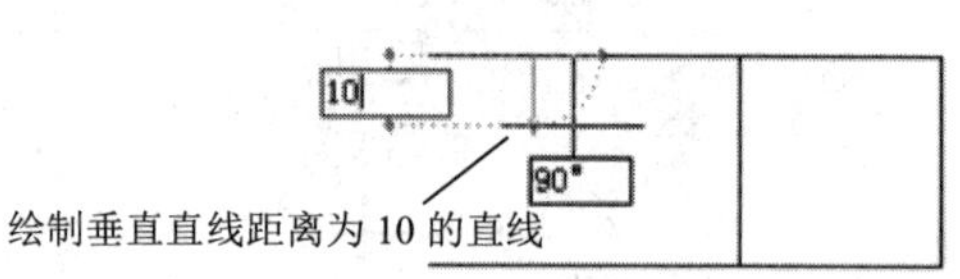

图3-115　绘制第3条垂直直线

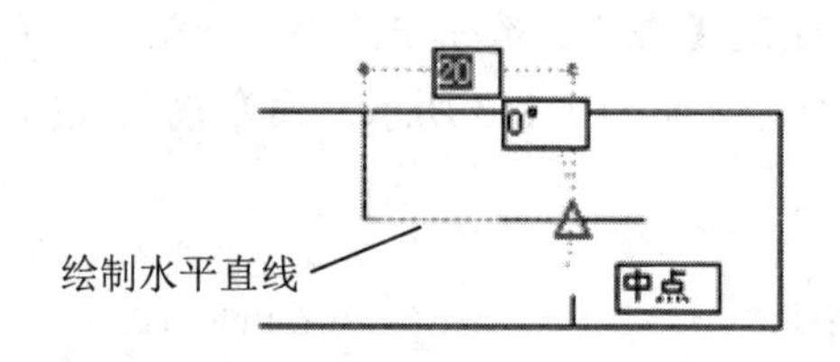

图3-116　绘制第3条水平直线

3.6.3　绘制电极和电路元件

步骤01　绘制圆

①单击【绘图】工具栏中的【圆】按钮，绘制一个圆形，圆心为上部水平直线的端点，圆半径为“1”，如图3-117所示。命令输入行提示如下。

```
命令: _circle 指定圆的圆心或 [三点(3P)/两点(2P)/切点、切点、半径(T)]:   \\确定圆心
```

```
指定圆的半径或 [直径(D)]: 1                                    \\确定圆半径
```

②使用相同的方法绘制另一个圆，如图 3-118 所示。

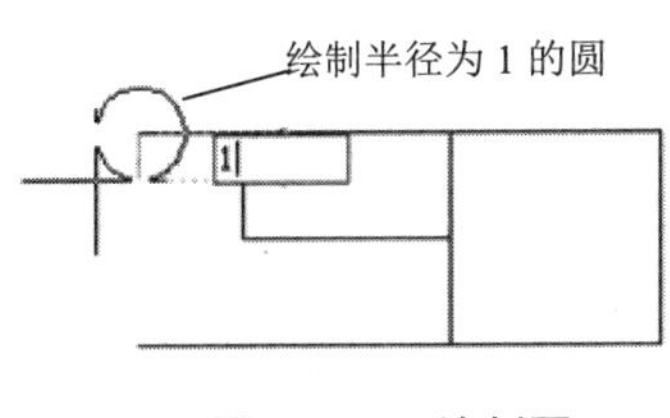

图 3-117 绘制圆

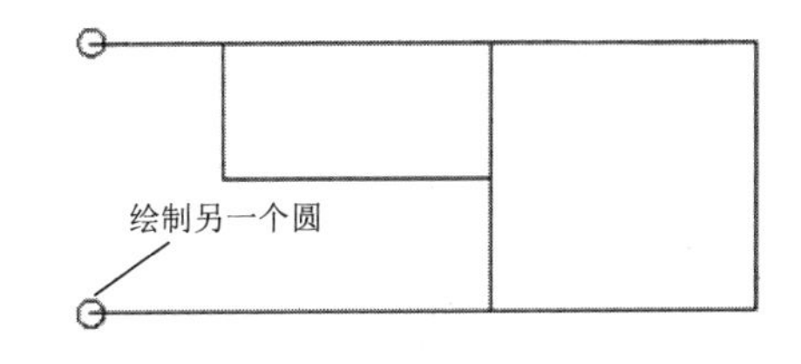

图 3-118 绘制另一个圆

步骤 02 修剪线条

单击【修改】工具栏中的【修剪】按钮，在绘图区右击，再单击需要去掉的线段部分，如图 3-119 所示，修剪好的图形如图 3-120 所示。命令输入行提示如下。

```
命令: _trim
当前设置:投影=UCS，边=无                                   \\设置为投影 UCS
选择剪切边...                                              \\选择剪切边
选择对象或 <全部选择>:
选择要修剪的对象，或按住 Shift 键选择要延伸的对象，或
[栏选(F)/窗交(C)/投影(P)/边(E)/删除(R)/放弃(U)]:              \\选择剪切对象
选择要修剪的对象，或按住 Shift 键选择要延伸的对象，或
[栏选(F)/窗交(C)/投影(P)/边(E)/删除(R)/放弃(U)]:              \\选择剪切对象
选择要修剪的对象，或按住 Shift 键选择要延伸的对象，或
[栏选(F)/窗交(C)/投影(P)/边(E)/删除(R)/放弃(U)]:  *取消*       \\按 Enter 键
```

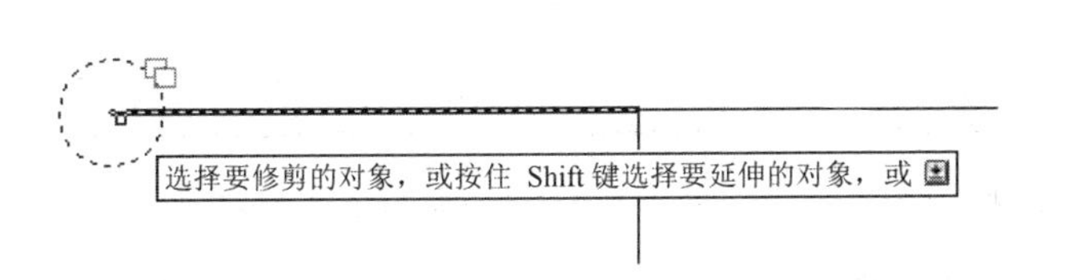

图 3-119 选择修剪部分

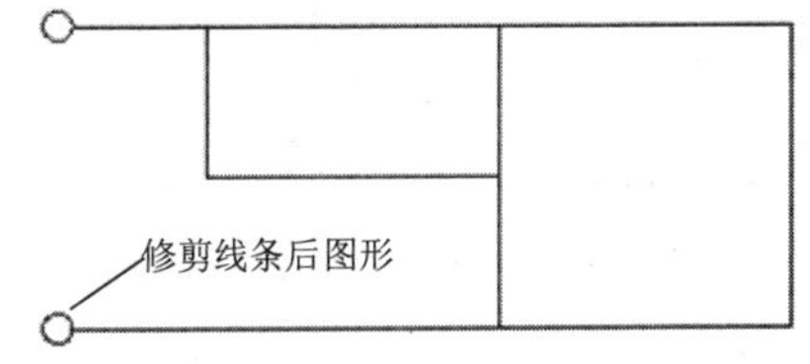

图 3-120 修剪好的图形

步骤 03 绘制圆

①单击【绘图】工具栏中的【圆】按钮，绘制一个圆形，圆心为最左垂直直线的端点，圆半径为 0.5，如图 3-121 所示。命令输入行提示如下。

```
命令: _circle 指定圆的圆心或 [三点(3P)/两点(2P)/切点、切点、半径(T)]:     \\确定圆心
指定圆的半径或 [直径(D)]: 0.5                                          \\确定圆半径
```

②使用相同的方法绘制另外几个圆，如图 3-122 所示。

步骤 04 图案填充

①单击【默认】选项卡中【绘图】面板上的【图案填充】按钮，弹出【图案填充创建】选项卡，在其【选项】面板中单击【图案填充设置】按钮，打开【图案填充和渐变色】对话框，如图 3-123 所示。单击【显示“填充图案选项板”对话框】按钮，在弹出的【填充图案选项板】对话框中选择 SOLID 选项，如图 3-124 所示，单击【确定】按钮。

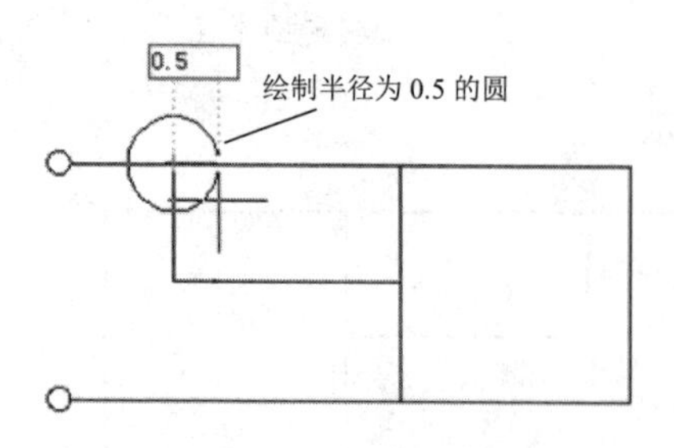

图 3-121　绘制圆

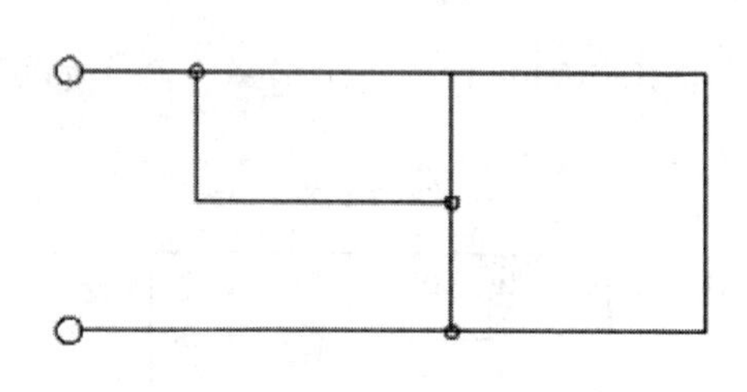

图 3-122　绘制另外的圆

图 3-123　【图案填充和渐变色】对话框

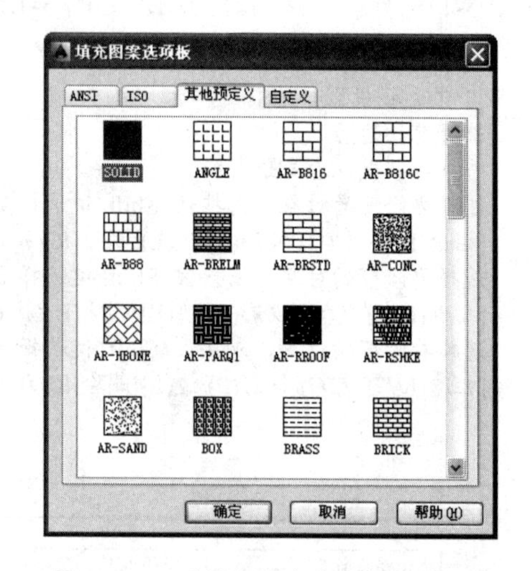

图 3-124　【填充图案选项板】对话框

②单击【图案填充和渐变色】对话框中的【添加：拾取点】按钮，在绘图区选择要填充的区域，选中后区域边线以虚线显示，如图 3-125 所示。选择完成后按 Enter 键，并单击【图案填充和渐变色】对话框中的【确定】按钮。命令输入行提示如下。

```
命令: _bhatch
拾取内部点或 [选择对象(S)/删除边界(B)]:  正在选择所有对象...
正在选择所有可见对象...
正在分析所选数据...
正在分析内部孤岛...
拾取内部点或 [选择对象(S)/删除边界(B)]:                 \\选择填充对象
正在分析内部孤岛...
拾取内部点或 [选择对象(S)/删除边界(B)]:                 \\选择填充对象
正在分析内部孤岛...
拾取内部点或 [选择对象(S)/删除边界(B)]:                 \\选择填充对象
自动保存到 C:\Documents and Settings\Administrator\local  \\保存
settings\temp\Drawing1_1_1_8467.sv$ ...
```

③完成填充的图形如图 3-126 所示。

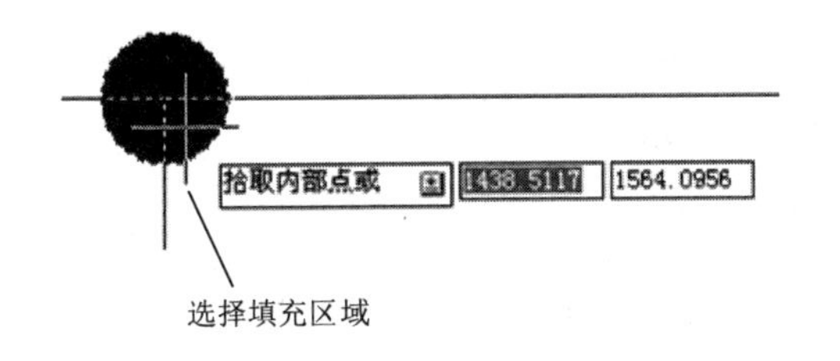

图 3-125　选择填充区域

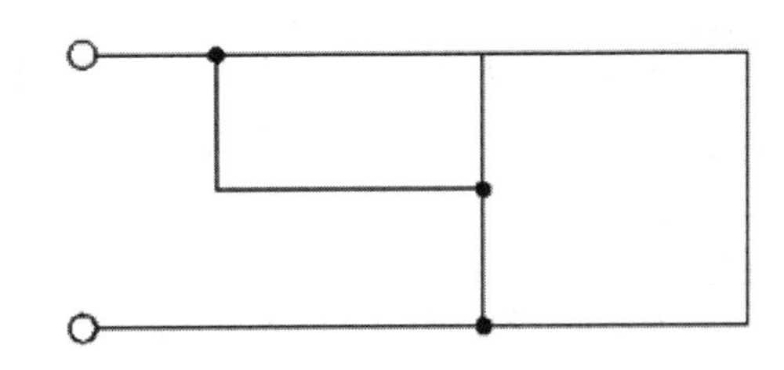

图 3-126　完成填充的图形

步骤 05　绘制电阻部分

①单击【绘图】工具栏中的【矩形】按钮，绘制一个 4×1.5 的矩形，绘制完成后使用【移动】按钮将其移动到合适位置，如图 3-127 所示。绘制矩形时的命令输入行提示如下。

```
命令: _rectang
指定第一个角点或 [倒角(C)/标高(E)/圆角(F)/厚度(T)/宽度(W)]:      \\指定第一点
指定另一个角点或 [面积(A)/尺寸(D)/旋转(R)]: d                   \\指定第二点
指定矩形的长度 <3.0000>: 4                                       \\输入长度
指定矩形的宽度 <2.0000>: 1.5                                     \\输入宽度
指定另一个角点或 [面积(A)/尺寸(D)/旋转(R)]:
需要二维角点或选项关键字。
指定另一个角点或 [面积(A)/尺寸(D)/旋转(R)]:
```

②使用修剪命令进行修剪，并绘制另一个电阻，如图 3-128 所示。

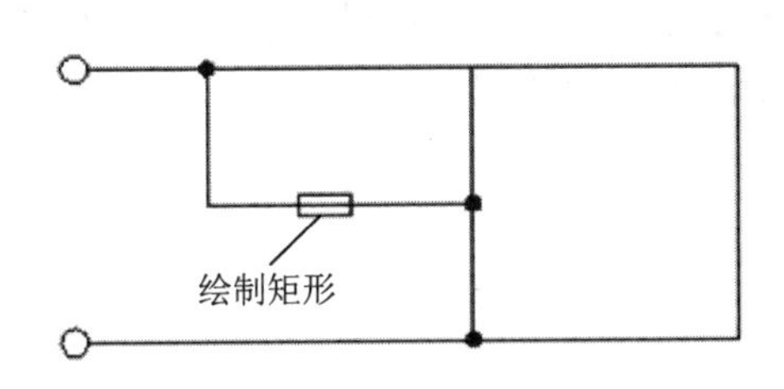

图 3-127　绘制电阻

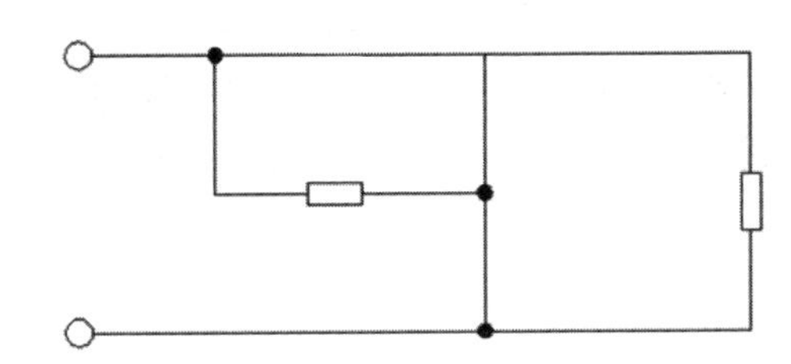

图 3-128　绘制另一个电阻

步骤 06　绘制二极管

单击【绘图】工具栏中的【直线】按钮，绘制一个边长为 2、高为 2 的二极管，如图 3-129 所示。

步骤 07　绘制三极管

单击【绘图】工具栏中的【直线】按钮，绘制一个三极管，如图 3-130 所示。

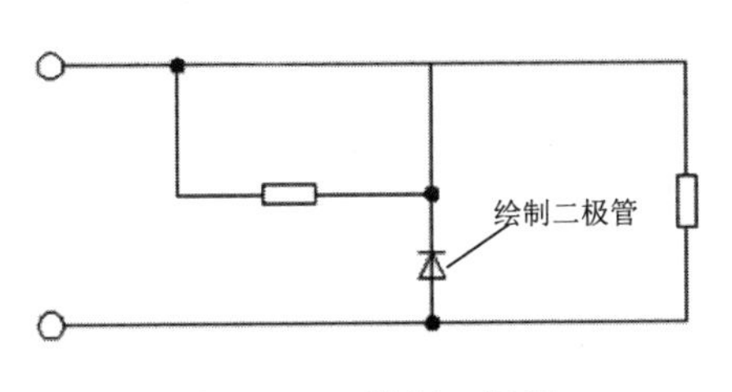

图 3-129　绘制二极管

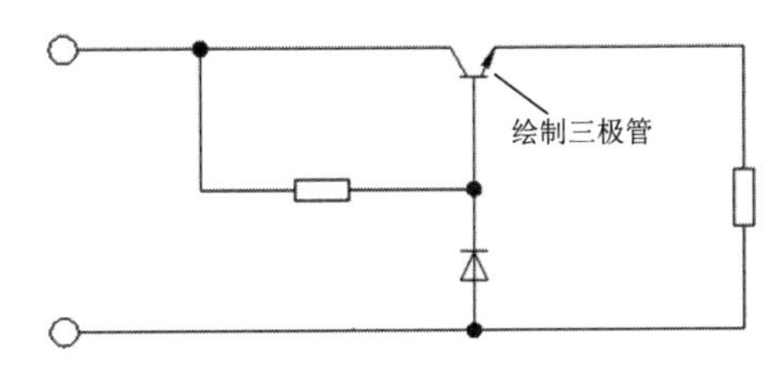

图 3-130　绘制三极管

步骤08 绘制文字

①单击【绘图】工具栏中的【多行文字】按钮A，在【在位编辑器】(见图3-131)中输入大写字母，字号大小为3，单击左键确定。命令输入行提示如下。

```
命令: _mtext 当前文字样式: "说明"  文字高度: 3.0000  注释性: 是
指定第一角点:                                              \\选择第一角点
指定对角点或 [高度(H)/对正(J)/行距(L)/旋转(R)/样式(S)/宽度(W)/栏(C)]:   \\选择对角点
```

②用同样的方法绘制其他文字，完成绘制的电路图如图3-132所示。

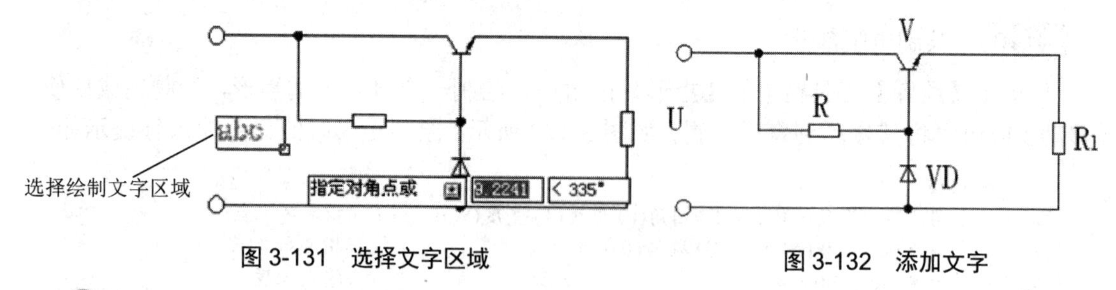

图3-131 选择文字区域　　图3-132 添加文字

③选择【文件】|【保存】菜单命令，保存到合适文件夹。

3.7 本章小结

本章主要介绍了二维图形的基本绘制命令，读者通过本章的学习可以初步掌握基本的绘图方法，为进一步学习奠定基础。二维绘图命令是AutoCAD的基础，在绘图当中非常重要，直接决定绘图的成功与否，所以一定要扎实地学习。

第 4 章

编 辑 图 形

本章导读：

编辑图形是 AutoCAD 对设计好的元件进行修改或者更新的基本步骤，AutoCAD 提供了多种编辑命令可以使用。本章将进行基本编辑命令的讲解，如删除、复制、旋转等。

4.1 删除和恢复图形

AutoCAD 2014 编辑工具包含删除、复制、镜像、偏移、阵列、移动、旋转、比例、拉伸、修剪、延伸、拉断于点、打断、合并、倒角、圆角、分解等命令。编辑图形对象的【修改】面板如图 4-1 所示。

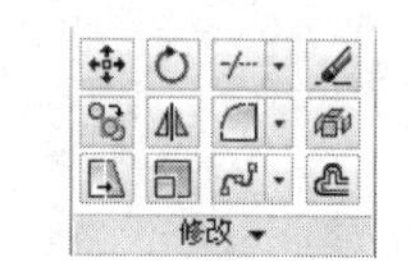

图 4-1 【修改】面板

面板中的基本编辑命令功能说明如表 4-1 所示。本节将详细介绍较为常用的几种基本编辑命令。

表 4-1 编辑图形的图标及其功能

图 标	功能说明	图标	功能说明
	删除图形对象		复制图形对象
	镜像图形对象		偏移图形对象
	阵列图形对象		移动图形对象
	旋转图形对象		缩放图形对象
	拉伸图形对象		修剪图形对象
	延伸图形对象		在图形对象某点打断
	删除打断某图形对象		合并图形对象
	对某图形对象倒角		对某图形对象倒圆
	分解图形对象		拉长图形对象

4.1.1 删除图形

在绘图的过程中，删除一些多余的图形是常见的，这时就要用到删除命令。

执行【删除】命令的方法如下。

(1) 单击【修改】面板中的【删除】按钮。

(2) 在命令输入行中输入 E 后按 Enter 键。

(3) 选择【修改】|【删除】菜单命令。

执行上面的任意一种方法后在编辑区会出现图标□，而后移动鼠标到要删除图形对象的位置。单击图形后再右击或按 Enter 键，即可完成删除图形的操作。

4.1.2 恢复图形

如果要恢复上一步的图形，只要单击快速访问工具栏中的【放弃】按钮，就可以退回到先前的操作，再次单击可以一直退回到最近保存后的一步。

4.2 放弃和重做

4.2.1 放弃

在绘图的过程中，想要放弃这一步图形，恢复到上一步的图形，这时就要用到放弃命令。
执行【放弃】命令的方法如下。
(1) 单击快速访问工具栏中的【放弃】按钮。
(2) 选择【编辑】|【放弃】菜单命令。

4.2.2 重做

在绘图的过程中，恢复上一个用 UNDO 或 U 命令放弃的效果，这时就要用到【重做】命令。
执行【重做】命令的方法如下。
(1) 单击快速访问工具栏中的【重做】按钮。
(2) 选择【编辑】|【重做】菜单命令。

4.3 复制、镜像、偏移和阵列

AutoCAD 同样有复制、镜像、偏移和阵列命令。

4.3.1 复制

AutoCAD 为用户提供了【复制】命令，把已绘制好的图形复制到其他的地方。
执行【复制】命令的方法如下。
(1) 单击【修改】面板中的【复制】按钮。
(2) 在命令输入行中输入 copy 命令后按 Enter 键。
(3) 选择【修改】|【复制】菜单命令。
选择【复制】命令后，命令输入行提示如下。

```
命令: _copy
选择对象:
```

在提示下选取实体，如图 4-2 所示，命令输入行也将显示选中一个物体，命令输入行提示如下。

```
选择对象: 找到 1 个
```

选取实体后绘图区如图 4-2 所示。

```
选择对象:
```

在 AutoCAD 中，此命令默认用户会继续选择下一个实体，右击或按 Enter 键即可结束选择。

AutoCAD 会提示用户指定基点或位移，在绘图区选择基点。命令输入行提示如下。

指定基点或 [位移(D)/模式(O)] <位移>:

指定基点后绘图区如图 4-3 所示。

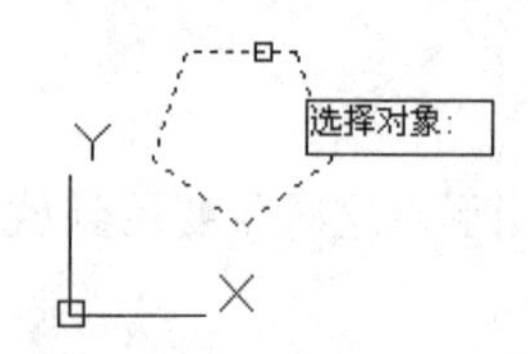

图 4-2　选取实体后绘图区所显示的图形

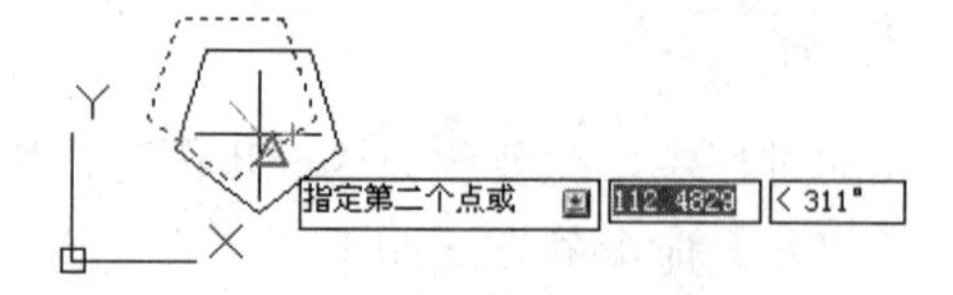

图 4-3　指定基点后绘图区所显示的图形

指定基点后，命令输入行将提示用户指定第二点或 <使用第一个点作为位移>，命令输入行提示如下。

指定基点或 [位移(D)/模式(O)] <位移>: 指定第二个点或 <使用第一个点作为位移>:

指定第二点后绘图区如图 4-4 所示。

指定完第二点，命令输入行将提示用户指定第二点或 [退出(E)/放弃(U)] <退出>，命令输入行提示如下。

指定第二个点或 [退出(E)/放弃(U)] <退出>:

用此命令绘制的图形如图 4-5 所示。

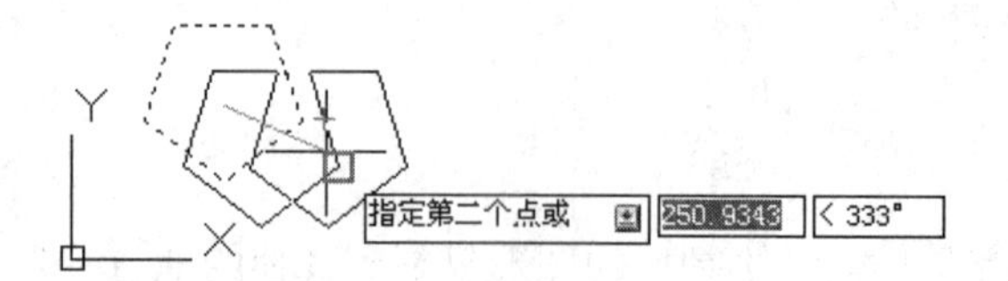

图 4-4　指定第二点后绘图区所显示的图形

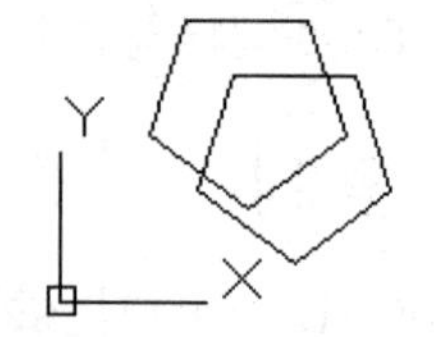

图 4-5　用 copy 命令绘制的图形

4.3.2　镜像

AutoCAD 为用户提供了【镜像】命令，把已绘制好的图形复制到其他地方。

执行【镜像】命令的方法如下。

(1) 单击【修改】面板中的【镜像】按钮。

(2) 在命令输入行中输入 mirror 命令后按 Enter 键。

(3) 选择【修改】|【镜像】菜单命令。

命令输入行提示如下。

命令: _mirror
选择对象: 找到 1 个

选取实体后绘图区如图 4-6 所示。

选择对象:

在 AutoCAD 中，此命令默认用户会继续选择下一个实体，右击或按 Enter 键即可结束选择。然后在提示下选取镜像线的第 1 点和第 2 点。

指定镜像线的第一点：指定镜像线的第二点：

指定镜像线的第一点后绘图区如图 4-7 所示。

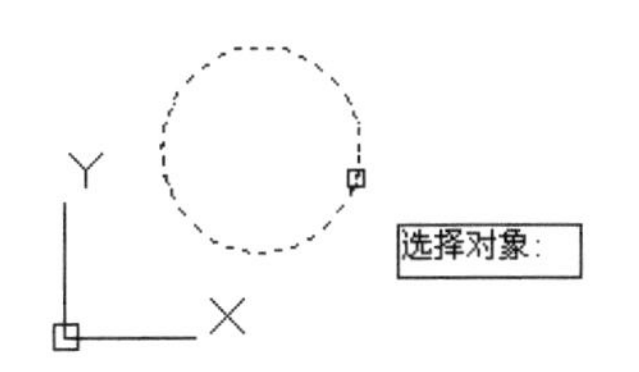

图 4-6　选取实体后绘图区所显示的图形

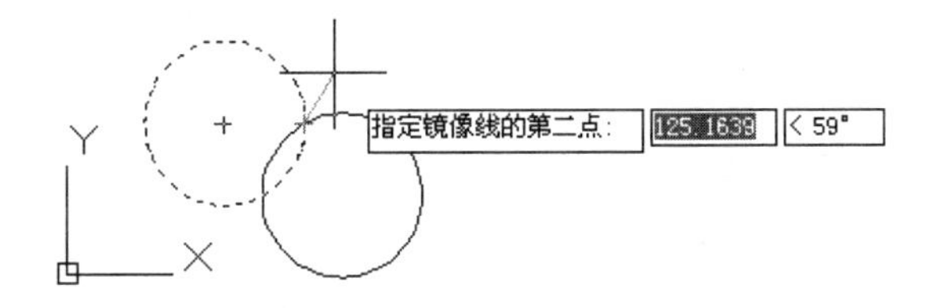

图 4-7　指定镜像线的第一点后绘图区所显示的图形

AutoCAD 会询问用户是否要删除原图形，在此输入 N 后按 Enter 键。

要删除源对象吗？[是(Y)/否(N)] <N>: n

用此命令绘制的图形如图 4-8 所示。

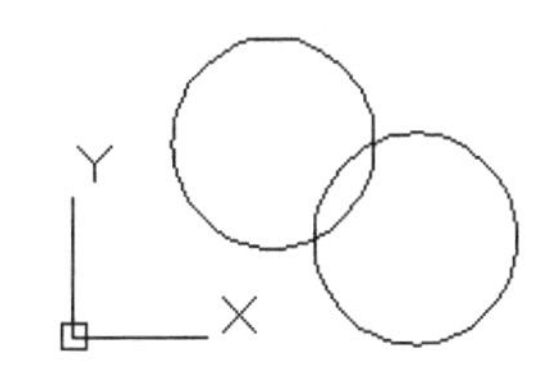

图 4-8　用【镜像】命令绘制的图形

4.3.3　偏移

当两个图形严格相似，只是在位置上有偏差时，可以用【偏移】命令。AutoCAD 提供了【偏移】命令使用户可以很方便地绘制此类图形，特别是要绘制许多相似的图形时，此命令要比使用复制命令快捷。

执行【偏移】命令的方法如下。

(1) 单击【修改】面板中的【偏移】按钮。

(2) 在命令输入行中输入 offset 命令后按 Enter 键。

(3) 选择【修改】|【偏移】菜单命令。

命令输入行提示如下。

命令: _offset
当前设置: 删除源=否　图层=源　OFFSETGAPTYPE=0
指定偏移距离或 [通过(T)/删除(E)/图层(L)] <10.0000>:　20

指定偏移距离绘图区如图 4-9 所示。

选择要偏移的对象，或 [退出(E)/放弃(U)] <退出>:

选择要偏移的对象后绘图区如图 4-10 所示。

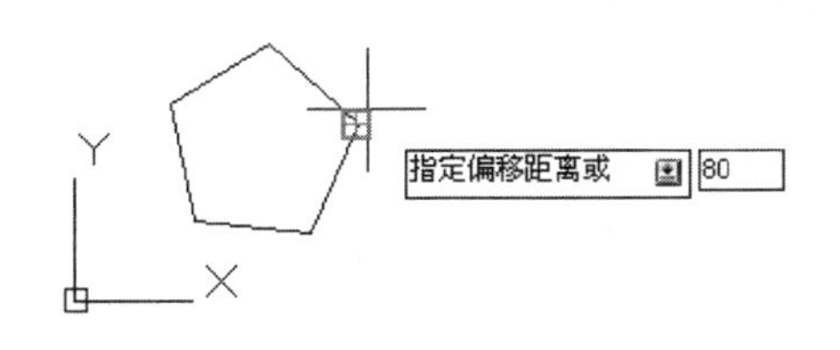

图 4-9　指定偏移距离绘图区所显示的图形

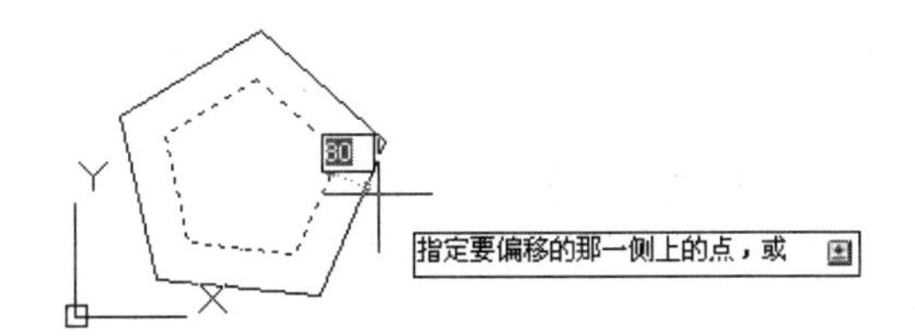

图 4-10　选择要偏移的对象后绘图区所显示的图形

指定要偏移的那一侧上的点，或 [退出(E)/多个(M)/放弃(U)] <退出>:

指定要偏移的那一侧上的点后绘制的图形如图 4-11 所示。

4.3.4 阵列

AutoCAD 为用户提供了【阵列】命令，把已绘制的图形复制到其他地方，包括矩形阵列、路径阵列和环形阵列。下面分别具体介绍。

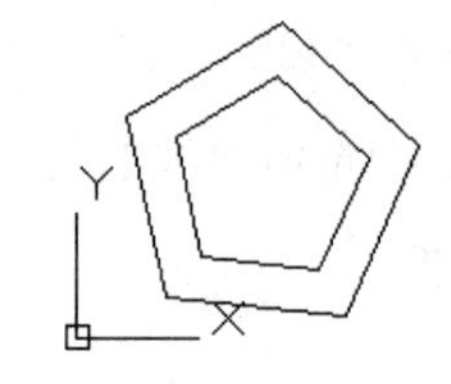

图 4-11 用偏移命令绘制的图形

1. 矩形阵列

执行【矩形阵列】命令的 3 种方法如下。

(1) 单击【修改】工具栏或【修改】面板中的【矩形阵列】按钮。

(2) 在命令输入行中输入 arrayrect 命令后按 Enter 键。

(3) 选择【修改】|【阵列】|【矩形阵列】菜单命令。

AutoCAD 要求先选择对象，选择对象之后，如图 4-12 所示选择夹点，之后移动指定目标点，如图 4-13 所示。完成之后右击，弹出快捷菜单，如图 4-14 所示，选择新的命令或者退出。

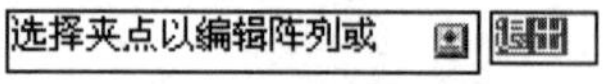

选择夹点以编辑阵列或 退出

图 4-12 选择夹点

图 4-13 移动指定目标点

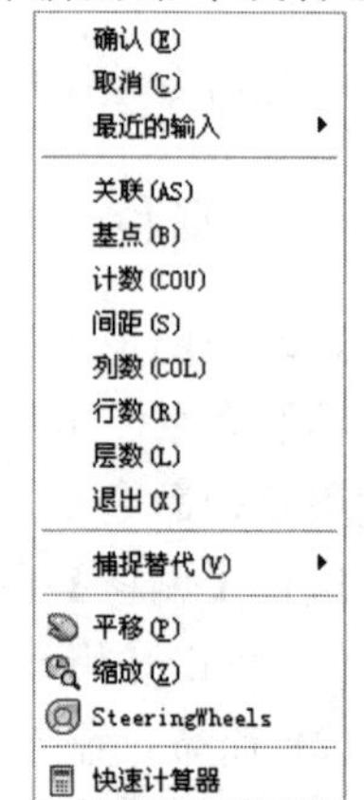

图 4-14 右键快捷菜单

在快捷菜单中的命令含义如下。

【行数】：按单位指定行间距。要向下添加行，指定负值。

【列数】：按单位指定列间距。要向左边添加列，指定负值。

【矩形阵列】绘制的图形如图 4-15 所示。

2. 路径阵列

执行【路径陈列】命令的 3 种方法如下。

(1) 单击【修改】工具栏或【修改】面板中的【路径阵列】按钮。

(2) 在命令输入行中输入 arraypath 命令后按 Enter 键。

(3) 选择【修改】|【阵列】|【路径阵列】菜单命令。

选择命令之后，系统要求选择路径，如图 4-16 所示；选择之后，选择夹点，如图 4-17 所示。

设置完成之后，右击弹出快捷菜单，选择【退出】命令退出，如图 4-18 所示。绘制的路径阵列图形如图 4-19 所示。

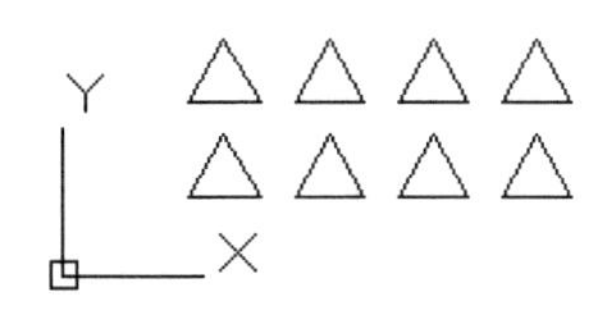

图 4-15 矩形阵列的图形

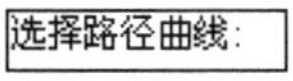

选择路径曲线:

图 4-16 选择路径

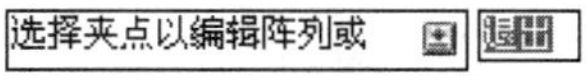

选择夹点以编辑阵列或 退出

图 4-17 选择夹点

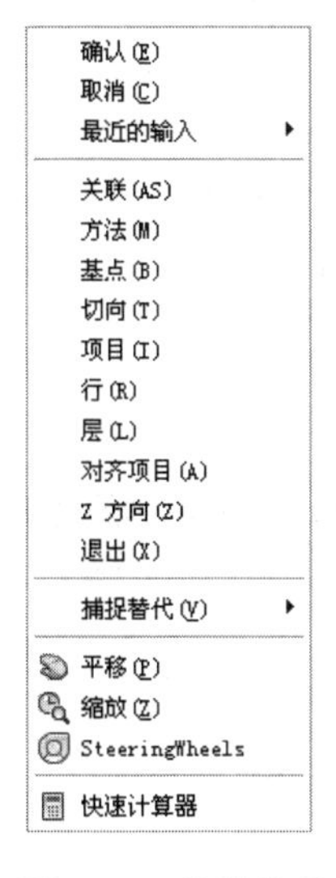

图 4-18 快捷菜单

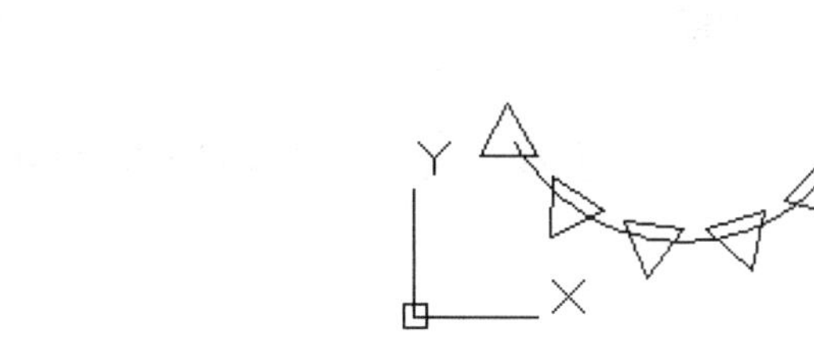

图 4-19 路径阵列的图形

3. 环形阵列

执行【环形阵列】命令的 3 种方法如下。

(1) 单击【修改】工具栏或【修改】面板中的【环形阵列】按钮。

(2) 在命令输入行中输入 arraypolar 命令后按 Enter 键。

(3) 选择【修改】|【阵列】|【环形阵列】菜单命令。

当选择【环形阵列】命令后，开始选择中心点，如图 4-20 所示；之后选择夹点，如图 4-21 所示。

指定阵列的中心点或 1591.1805 1744.2997

图 4-20 选择中心点

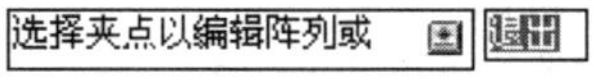

选择夹点以编辑阵列或 退出

图 4-21 选择夹点

最后，右击弹出快捷菜单，选择相应的命令，或者退出绘制，如图 4-22 所示。

在快捷菜单中的部分命令含义如下。

【项目】：设置在结果阵列中显示的对象。

【填充角度】：通过定义阵列中第一个和最后一个元素的基点之间的包含角来设置阵列大小。正值指定逆时针旋转。负值指定顺时针旋转。默认值为 360。不允许值为 0。

【项目间角度】：设置阵列对象的基点和阵列中心之间的包含角。输入一个正值。默认方向值为 90。

【基点】：设置新的 X 和 Y 基点坐标。选择【拾取基点】临时关闭对话框，并指定一个点。指定了一个点后，【阵列】对话框将重新显示。

环形阵列绘制的图形如图 4-23 所示。

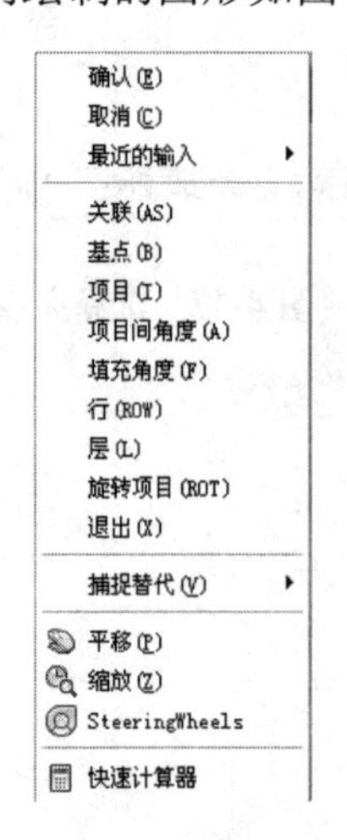

图 4-22　快捷菜单

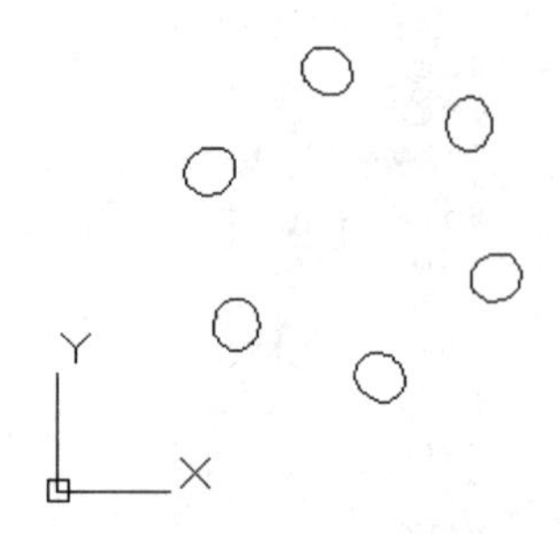

图 4-23　环形阵列的图形

4.4　移动和旋转图形

4.4.1　移动

移动图形对象是使某一图形沿着基点移动一段距离，使对象到达合适的位置。

执行【移动】命令的方法如下。

(1) 单击【修改】面板中的【移动】按钮 。

(2) 在命令输入行中输入 M 命令后按 Enter 键。

(3) 选择【修改】|【移动】菜单命令。

选择【移动】命令后出现图标“□”，移动鼠标指针到要移动图形对象的位置。单击选择需要移动的图形对象，然后右击。AutoCAD 提示用户选择基点，选择基点后移动鼠标指针至相应的位置。命令输入行提示如下。

命令: _move
选择对象: 找到 1 个

选取实体后绘图区如图 4-24 所示。

选择对象:
指定基点或 [位移(D)] <位移>:　指定第二个点或 <使用第一个点作为位移>:

指定基点后绘图区如图 4-25 所示。

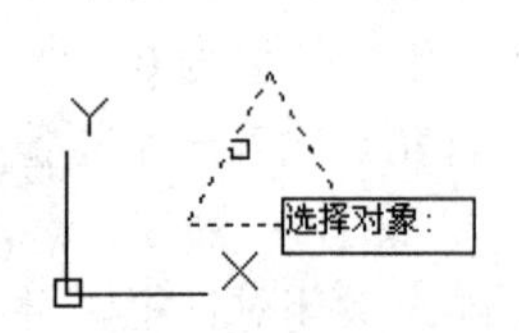

图 4-24　选取实体后绘图区所显示的图形

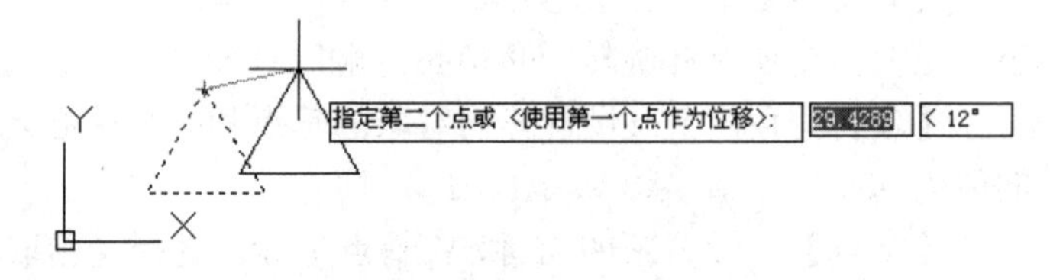

图 4-25　指定基点后绘图区所显示的图形

最终绘制的图形如图4-26所示。

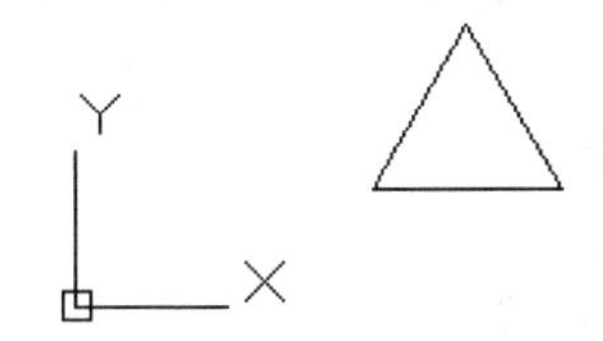

图4-26 用移动命令将图形对象由原来位置移动到需要的位置

4.4.2 旋转

旋转对象是指用户将图形对象转一个角度使之符合用户的要求，旋转后的对象与原对象的距离取决于旋转的基点与被旋转对象的距离。

执行【旋转】命令的方法如下。

(1) 单击【修改】面板中的【旋转】按钮。

(2) 在命令输入行中输入 rotate 命令后按 Enter 键。

(3) 选择【修改】|【旋转】菜单命令。

执行此命令后出现图标“□”，移动鼠标指针到要旋转的图形对象的位置，单击选择完需要移动的图形对象后右击，AutoCAD 提示用户选择基点，选择基点后移动鼠标指针至相应的位置。命令输入行提示如下。

```
命令: _rotate
UCS 当前的正角方向:  ANGDIR=逆时针   ANGBASE=0
选择对象: 找到 1 个
```

此时绘图区如图4-27所示。

```
选择对象:
指定基点:
```

指定基点后绘图区如图4-28所示。

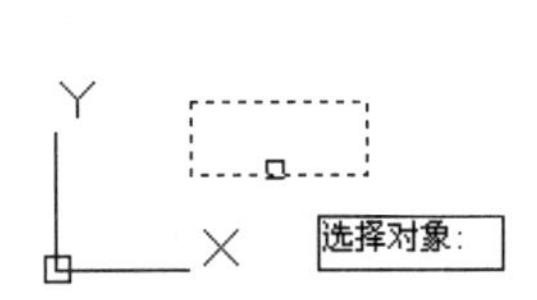

图4-27 选取实体绘图区所显示的图形

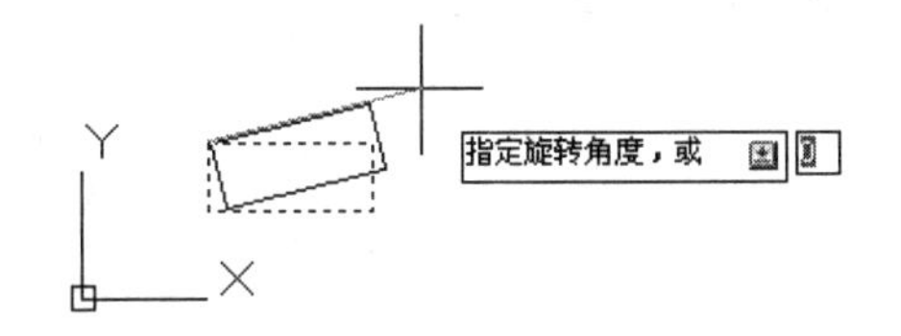

图4-28 指定基点后绘图区所显示的图形

```
指定旋转角度, 或 [复制(C)/参照(R)] <0>:
```

最终绘制的图形如图4-29所示。

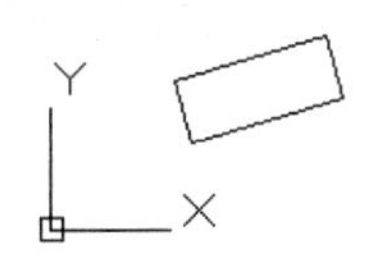

图4-29 用【旋转】命令绘制的图形

4.5　修改图形的形状和大小

在 AutoCAD 中，可以通过缩放命令来使实际的图形对象放大或缩小。

执行【缩放】命令的方法如下。

(1) 单击【修改】面板中的【缩放】按钮。

(2) 在命令输入行中输入 scale 命令后按 Enter 键。

(3) 选择【修改】|【缩放】菜单命令。

执行此命令后出现图标“□”，AutoCAD 提示用户选择需要缩放的图形对象后移动鼠标指针到要缩放的图形对象位置。单击选择需要缩放的图形对象后右击，AutoCAD 提示用户选择基点。选择基点后在命令输入行中输入缩放比例系数后按 Enter 键，缩放完毕。命令输入行提示如下。

```
命令: _scale
选择对象: 找到 1 个
```

选取实体后绘图区如图 4-30 所示。

```
选择对象:
指定基点:
```

指定基点后绘图区如图 4-31 所示。

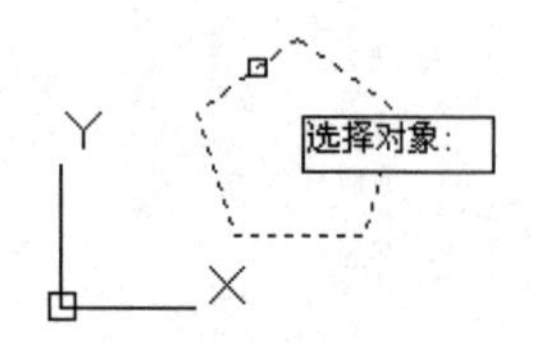

图 4-30　选取实体绘图区所显示的图形

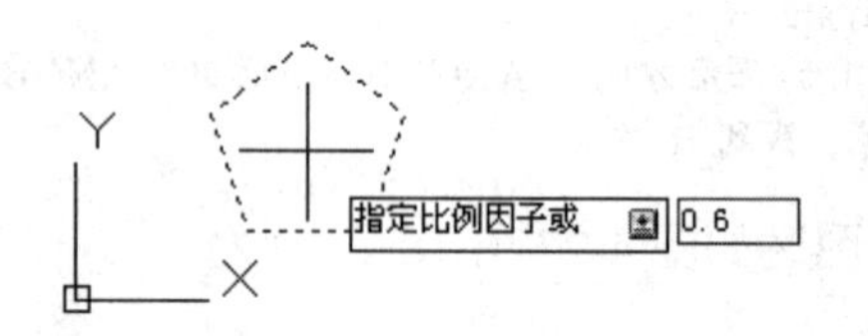

图 4-31　指定基点后绘图区所显示的图形

```
指定比例因子或 [复制(C)/参照(R)]: 0.6
```

绘制的图形如图 4-32 所示。

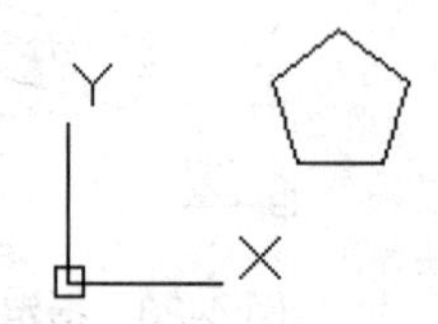

图 4-32　用【缩放】命令将图形对象缩小的最终效果

4.6　电路图编辑范例

本范例源文件：\04\4-1.dwg。

本范例完成文件：\04\4-2.dwg。

多媒体教学路径：光盘→多媒体教学→第 4 章

4.6.1　实例介绍与展示

下面通过一个具体的电路图的编辑过程来讲解修改命令的使用方法，编辑前后的电路图图纸如图 4-33 所示。下面进行修改。

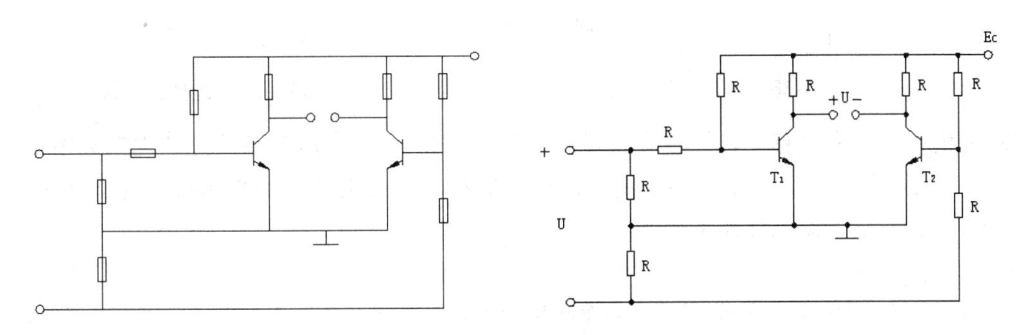

图 4-33　编辑前后的电路图

4.6.2　修改元件

步骤 01　修剪图形

在打开的电路图中某些元件需要修改，单击【修改】工具栏中的【修剪】按钮，在绘图区右击，在需要修改的位置单击即可，如图 4-34 和图 4-35 所示，完成后按 Enter 键即可。命令输入行提示如下。

```
命令: _trim
当前设置:投影=UCS，边=无
选择剪切边...
选择对象或 <全部选择>:                              \\选择对象
选择要修剪的对象，或按住 Shift 键选择要延伸的对象，或
[栏选(F)/窗交(C)/投影(P)/边(E)/删除(R)/放弃(U)]:
选择要修剪的对象，或按住 Shift 键选择要延伸的对象，或
[栏选(F)/窗交(C)/投影(P)/边(E)/删除(R)/放弃(U)]:
```

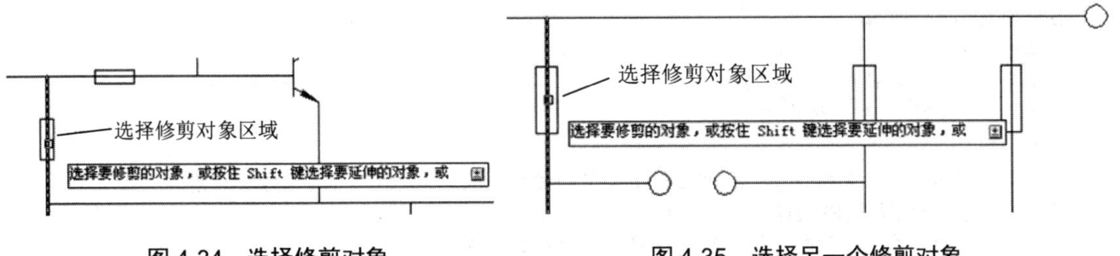

图 4-34　选择修剪对象　　　　图 4-35　选择另一个修剪对象

步骤 02　移动图形

❶单击选择一个电阻，如图 4-36 所示，移动它，使其与右边的三只电阻平齐，单击【修改】工具栏中的【移动】按钮，单击电阻的一个端点，如图 4-37 所示。

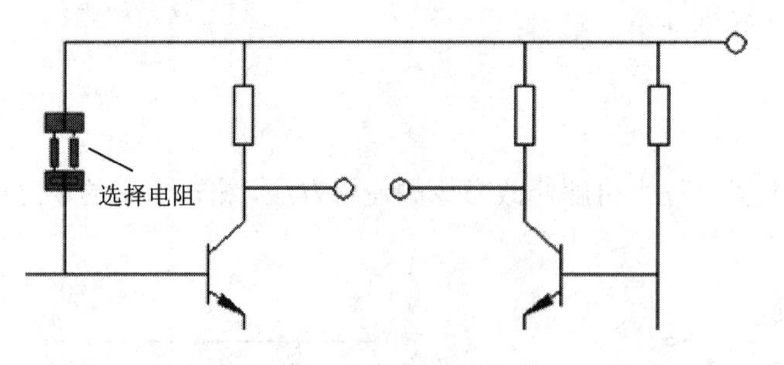

图 4-36　选择移动对象

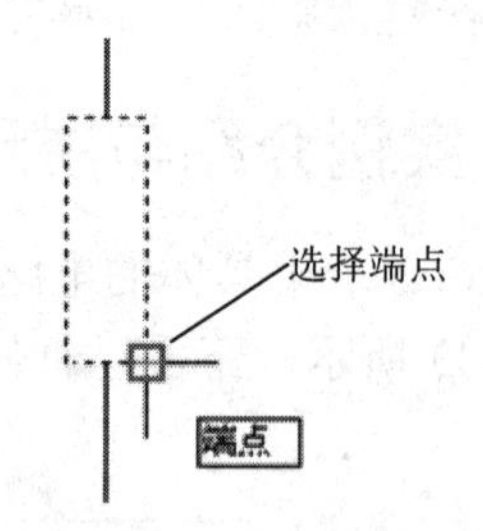

图 4-37　选择移动端点

②将鼠标指针向上移动，与右边的端点平齐，如图 4-38 所示(对齐的方法为鼠标指针移动到对齐端点上再平移过来，期间不单击，鼠标指针移动到合适位置后再单击)。移动后的电阻如图 4-39 所示。命令输入行提示如下。

```
命令: _move 找到 1 个
指定基点或 [位移(D)] <位移>:  指定第二个点或 <使用第一个点作为位移>:        \\选择移动基点
```

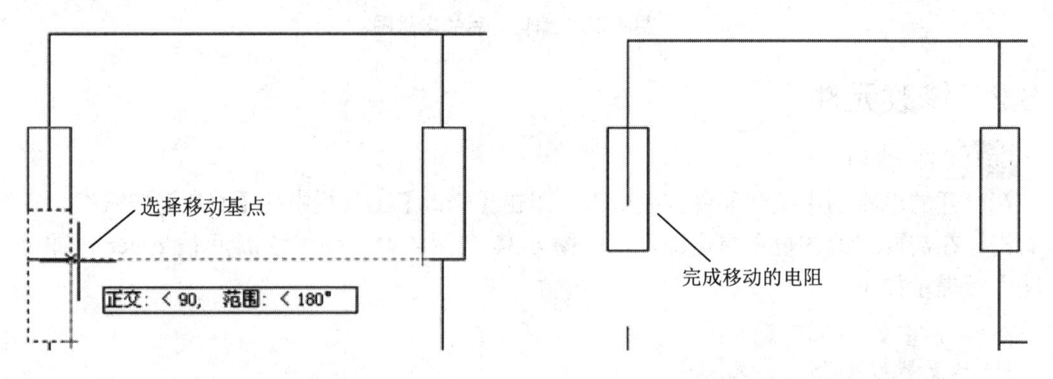

图 4-38　选择移动基点　　　　图 4-39　移动后的电阻

步骤 03　延伸线条并修剪线条

①单击【修改】工具栏中的【延伸】按钮，选择延伸对象，如图 4-40 所示，按 Enter 键，再单击延伸部分，得到的延伸结果如图 4-41 所示。命令输入行提示如下。

```
命令: _extend
当前设置:投影=UCS，边=无
选择边界的边...
选择对象或 <全部选择>:  找到 1 个                          \\选择对象
选择对象: 找到 1 个，总计 2 个
选择对象:
选择要延伸的对象，或按住 Shift 键选择要修剪的对象，或      \\选择修剪对象
[栏选(F)/窗交(C)/投影(P)/边(E)/放弃(U)]:
选择要延伸的对象，或按住 Shift 键选择要修剪的对象，或
[栏选(F)/窗交(C)/投影(P)/边(E)/放弃(U)]:   *取消*           \\按 Enter 键
```

②使用【修剪】命令进行修剪，如图 4-42 所示。

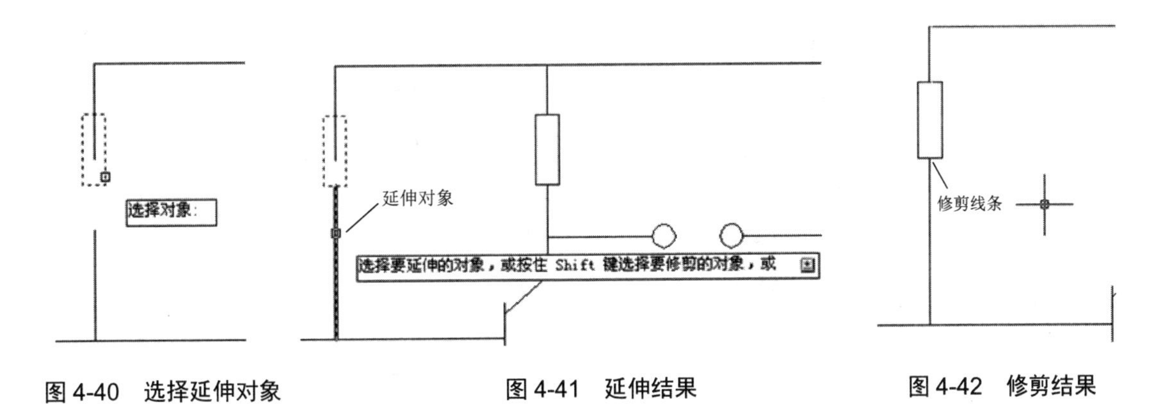

图 4-40　选择延伸对象　　图 4-41　延伸结果　　图 4-42　修剪结果

4.6.3　添加元件

步骤 01　绘制圆并复制圆

①单击【绘图】工具栏中的【圆】按钮，绘制半径为 0.5 的圆，如图 4-43 所示。命令输入行提示如下。

```
命令: _circle 指定圆的圆心或 [三点(3P)/两点(2P)/切点、切点、半径(T)]:
指定圆的半径或 [直径(D)] <0.5000>: 0.5                              \\确定半径
```

②单击选择刚创建的圆，再单击【修改】工具栏中的【复制】按钮，选择复制圆的位置，如图 4-44 所示。

图 4-43　绘制圆　　图 4-44　选择复制圆的位置

③分别单击要复制的位置，如图 4-45 所示，完成的图形如图 4-46 所示。命令输入行提示如下。

```
命令: _copy 找到 1 个
当前设置: 复制模式 = 多个
指定基点或 [位移(D)/模式(O)] <位移>: 指定第二个点或 <使用第一个点作为位移>:  \\指定基点
指定第二个点或 [退出(E)/放弃(U)] <退出>:                                    \\指定复制基点
指定第二个点或 [退出(E)/放弃(U)] <退出>:  *取消*                            \\按 Enter 键
```

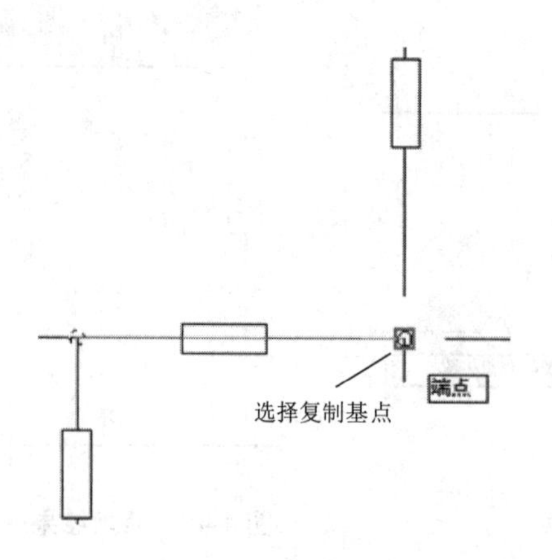

图 4-45　指定复制基点

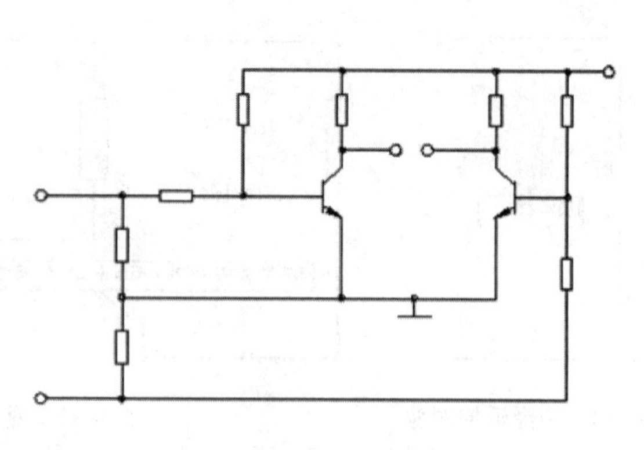

图 4-46　完成复制

步骤02　图案填充

①单击【默认】选项卡中【绘图】面板中的【图案填充】按钮，打开【图案填充创建】选项卡，在其【选项】面板中单击【图案填充设置】按钮，打开【图案填充和渐变色】对话框，如图 4-47 所示。

②单击【显示“填充图案选项板”对话框】按钮，弹出【填充图案选项板】对话框，选择 SOLID 选项，如图 4-48 所示，单击【确定】按钮。

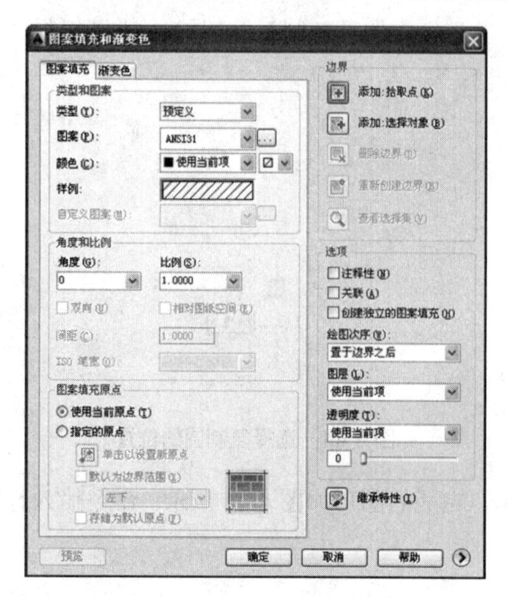

图 4-47　【图案填充和渐变色】对话框

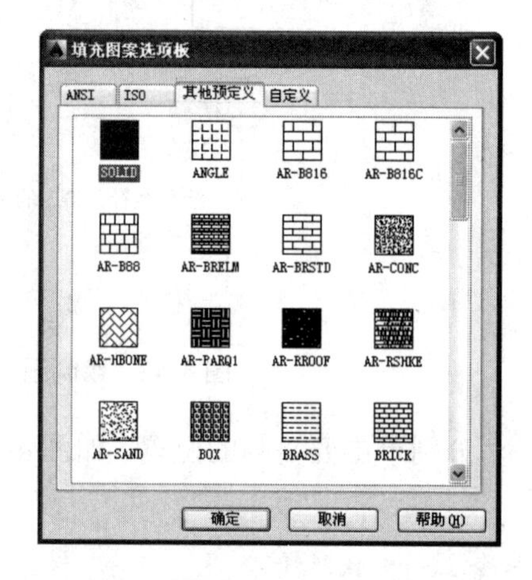

图 4-48　【填充图案选项板】对话框

③在【图案填充和渐变色】对话框中单击【添加：拾取点】按钮，在绘图区选择要填充的区域，如图 4-49 所示，即可填充，完成后按 Enter 键，在【图案填充和渐变色】对话框中单击【确定】按钮。完成填充的图形如图 4-50 所示。命令输入行提示如下。

```
命令: _bhatch
拾取内部点或 [选择对象(S)/删除边界(B)]:  正在选择所有对象...      \\拾取填充点
正在选择所有可见对象...                                            \\选择填充对象
```

```
正在分析所选数据...
正在分析内部孤岛...
拾取内部点或 [选择对象(S)/删除边界(B)]:
正在分析内部孤岛...
拾取内部点或 [选择对象(S)/删除边界(B)]:
```

图 4-49 选取填充部分

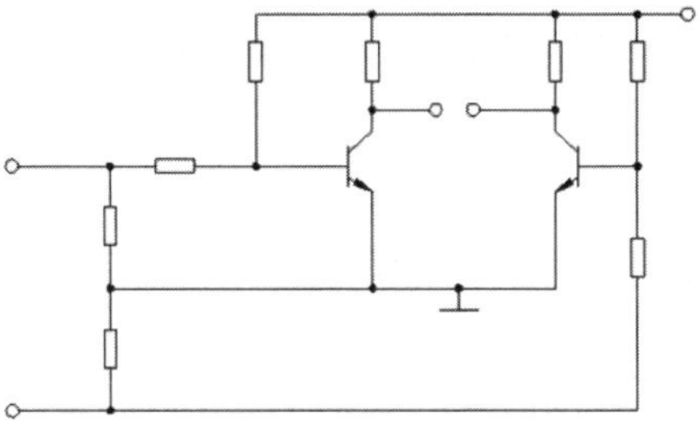

图 4-50 填充图形

步骤03 绘制文字

①单击【绘图】工具栏中的【多行文字】按钮A，在需要添加文字的地方拉出一个矩形区域，如图 4-51 所示，之后在【在位编辑器】中添加文字，如图 4-52 所示，完成后单击绘图区其他区域。命令输入行提示如下。

```
命令: _mtext 当前文字样式: "说明" 文字高度: 3.0000 注释性: 是
指定第一角点:                                                      \\指定角点
指定对角点或 [高度(H)/对正(J)/行距(L)/旋转(R)/样式(S)/宽度(W)/栏(C)]:   \\指定角点，添加文字
```

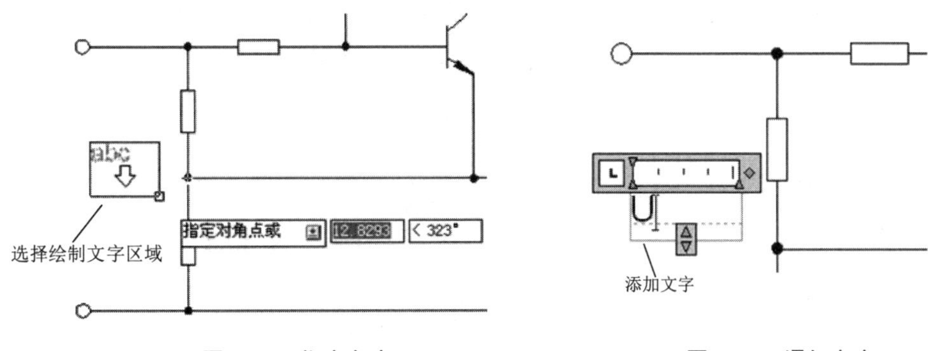

图 4-51 指定角点

图 4-52 添加文字

②使用同样的方法添加其他文字。至此，完成电路图的编辑，如图 4-53 所示。

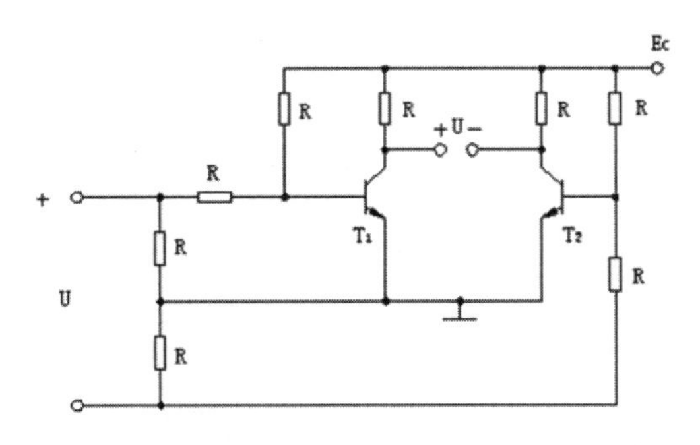

图 4-53 完成添加的文字

4.7 本 章 小 结

本章主要介绍了编辑图形的常用命令和方法，在后面还要介绍其他命令。读者可以通过本章的学习掌握基本的操作，为电路图的绘制打下基础。

第 5 章

图层的特性及应用

本章导读：

图层在 AutoCAD 绘图过程当中是非常重要的一个部分。图层可以看作是一张张绘制了线层的透明图纸，这些透明图纸叠加构成了完整的图纸，有了图层工具就可以方便地识别和使用不同部分、不同性质的线型、颜色和线宽。对于一个图形可创建的图层数和在每个图层中创建的对象数都是没有限制的，只要将对象分类并置于各自的图层中，即可方便、有效地对图形进行编辑和管理。

5.1 新 建 图 层

本节将介绍创建新图层的方法。在图层创建的过程中涉及图层的命名、图层颜色、线型和线宽的设置。

图层可以具有颜色、线型和线宽等特性。如果某个图形对象的这几种特性均设为“ByLayer(随层)”，则各特性与其所在图层的特性保持一致，并且可以随着图层特性的改变而改变。例如图层“Center”的颜色为“黄色”，在该图层上绘有若干直线，其颜色特性均为“ByLayer”，则直线颜色也为黄色。

5.1.1 创建图层

在绘图设计中，用户可以为设计概念相关的一组对象创建和命名图层，并为这些图层指定通用特性。通过创建图层，可以将类型相似的对象指定给同一个图层使其相关联。例如，可以将构造线、文字、标注和标题栏置于不同的图层上，然后进行控制。本节就来讲述如何创建新图层。

创建图层的具体操作步骤如下。

(1) 在【默认】选项卡的【图层】面板中单击【图层特性】按钮，将打开【图层特性管理器】面板，图层列表中将自动添加名称为“0”的图层，所添加的图层呈被选中即高亮显示状态。

(2) 在【名称】列为新建的图层命名。图层名最多可包含 255 个字符，其中包括字母、数字和特殊字符，如“￥”符号等，但图层名中不可包含空格。

(3) 如果要创建多个图层，可以多次单击【新建图层】按钮，并以同样的方法为每个图层命名，按名称的字母顺序来排列图层，创建完成的图层如图 5-1 所示。

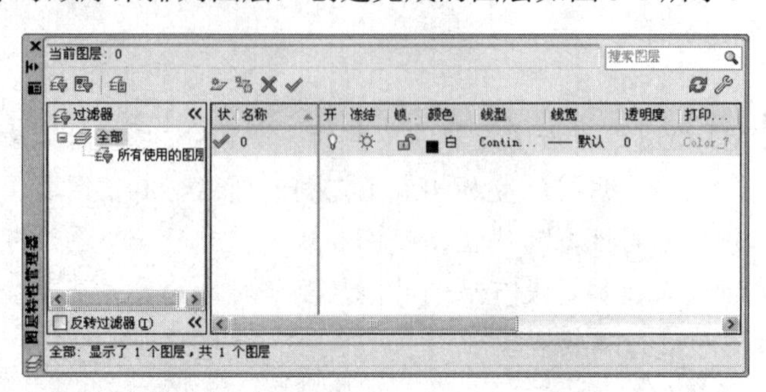

图 5-1 【图层特性管理器】面板

每个新图层的特性都被指定为默认设置，即在默认情况下，新建图层与当前图层的状态、颜色、线性、线宽等设置相同。当然用户既可以使用默认设置，也可以给每个图层指定新的颜色、线型、线宽和打印样式，其概念和操作将在下面讲解中涉及。

在绘图过程中，为了更好地描述图层中的图形，用户还可以随时对图层进行重命名，但对于图层 0 和依赖外部参照的图层不能重命名。

5.1.2 图层颜色

图层颜色也就是为选定图层指定颜色或修改颜色。颜色在图形中具有非常重要的作用，可用来表示不同的组件、功能和区域。图层的颜色实际上是图层中图形对象的颜色，每个图层都拥有自己的颜色，对不同的图层既可以设置相同的颜色，也可以设置不同的颜色，所以对于绘制复杂图形时就可以很容易区分图形的各个部分。

当我们要设置图层颜色时，可以通过以下两种方式。

(1) 在【视图】选项卡的【面板】面板中单击【特性】按钮 特性，打开【特性】面板，在【常规】选项组的【颜色】下拉列表中选择需要的颜色，如图 5-2 所示。

(2) 如果在【颜色】下拉列表中选择【选择颜色】选项，即可打开【选择颜色】对话框，如图 5-3 所示。

图 5-2 【特性】面板

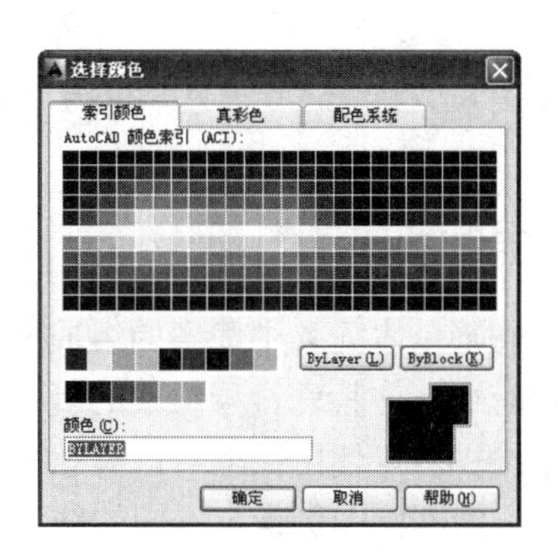

图 5-3 【选择颜色】对话框

下面我们来了解一下【选择颜色】对话框中的 3 种颜色模式。

索引颜色模式也叫作映射颜色。在这种模式下，只能存储一个 8bit 色彩深度的文件，即最多 256 种颜色，而且颜色都是预先定义好的。一幅图像所有的颜色都在它的图像文件里定义，也就是将所有色彩映射到一个色彩盘里，这就叫色彩对照表。因此，当打开图像文件时，色彩对照表也一同被读入了 Photoshop 中，Photoshop 由色彩对照表找到最终的色彩值。若要转换为索引颜色，必须从每通道 8 位的图像以及灰度或 RGB 图像开始。通常索引色彩模式用于保存 GIF 格式等网络图像。

索引颜色是 AutoCAD 中使用的标准颜色。每一种颜色用一个 AutoCAD 颜色索引编号(1～255 之间的整数)标识。标准颜色名称仅适用于 1～7 号颜色。颜色指定如下：1 红、2 黄、3 绿、4 青、5 蓝、6 洋红、7 白/黑/灰。

真彩色(true-color)是指图像中的每个像素值都分成 R、G、B 三个基色分量，每个基色分量直接决定其基色的强度，这样产生的色彩称为真彩色。例如图像深度为 24，用 R∶G∶B=8∶8∶8 来表示色彩，则 R、G、B 各占用 8 位来表示各自基色分量的强度，每个基色分量的强度等级为 2^8=256 种。图像可容纳 2^{24} 种色彩。这样得到的色彩可以反映原图的真实色彩，故称为真彩色。如果使用 HSL 颜色模式，则可以指定颜色的色调、饱和度和亮度要素。

真彩色图像大大增加了颜色的种类，它为制作高质量的彩色图像带来了不少便利。真彩色也可以说是 RGB 的另一种叫法。从技术程度上来说，真彩色是指写到磁盘上的图像类型。而 RGB 颜色是指显示器的显示模式。不过这两个术语常常被当作同义词，因为从结果上来看它们是一样的，都有同时显示 16 余万种颜色的能力。RGB 图像是非映射的，它可以从系统的颜色表中自由获取所需的颜色，这种颜色直接与 PC 上显示颜色对应。

配色系统包括几个标准 Pantone 配色系统，也可以输入其他配色系统，例如 DIC 颜色指南或 RAL 颜色集。输入用户定义的配色系统可以进一步扩充可供使用的颜色选择。这种模式需要具有很深的专业色彩知识，所以在实际操作中不必使用。

实际操作时应根据需要在对话框的不同选项卡中选择需要的颜色，然后单击【确定】按钮，应用选择颜色。

(3) 也可以在【特性】面板中的【选择颜色】 ByLayer 下拉列表中选择系统自带的几种颜色或自定义颜色。

注 意

如果 AutoCAD 系统的背景色设置为白色，则“白色”颜色显示为黑色。

5.1.3 图层线型

线型是指图形基本元素中线条的组成和显示方式，如虚线和实线等。在 AutoCAD 中既有简单线型，也有由一些特殊符号组成的复杂线型，以满足不同国家或行业标准的要求。

在图层中绘图时，使用线型可以有效地传达视觉信息，它是由直线、横线、点或空格等组合的不同图案，给不同图层指定不同的线型，可达到区分线型的目的。如果为图形对象指定某种线型，则对象将根据此线型的设置进行显示和打印。

在【特性】面板【选择线型】 ByLayer 下拉列表框中，选择【其他】选项，打开【线型管理器】对话框，如图 5-4 所示。

用户可以从该对话框的列表中选择一种线型，也可以单击【加载】按钮，打开【加载或重载线型】对话框，如图 5-5 所示。

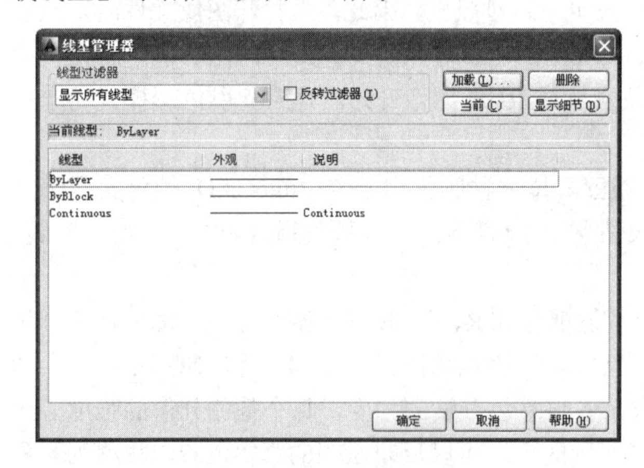

图 5-4 【线型管理器】对话框

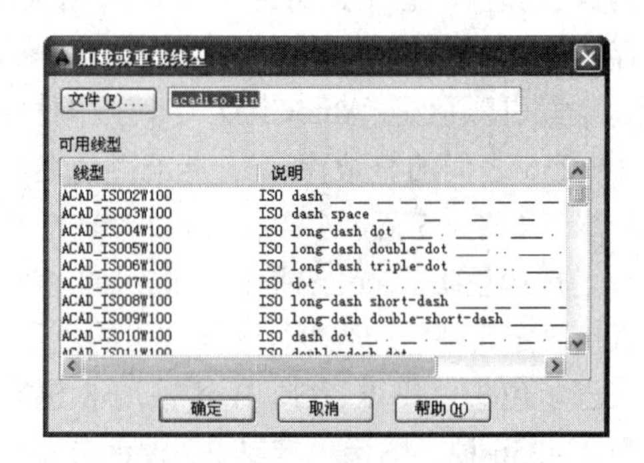

图 5-5 【加载或重载线型】对话框

在该对话框中选择要加载的线型，单击【确定】按钮，所加载的线型即可显示在【线型管理器】对话框中。用户可以从中选择需要的线型，最后单击【确定】按钮，退出【线型管理器】对话框。

在设置线型时，也可以采用其他途径。

(1) 在【视图】选项卡的【选项板】面板中单击【特性】按钮，打开【特性】面板，在【常规】选项组中的【线型】下拉列表中选择线的类型。

在这里我们需要知道一些“线型比例”的知识。

通过全局修改或单个修改每个对象的线型比例因子，可以以不同的比例使用同一个线型。默认情况下，全局线型和单个线型比例均设置为 1.0。比例越小，每个绘图单位中生成的重复图案就越多。例如，设置为 0.5 时，每一个图形单位在线型定义中显示重复两次的同一图案。不能显示完整线型图案的短线段显示为连续线。对于太短，甚至不能显示一个虚线小段的线段，可以使用更小的线型比例。

(2) 也可以在【图层特性管理器】面板中单击【线型】列，打开【选择线型】对话框进行选择。

ByLayer(随层)：逻辑线型，表示对象与其所在图层的线型保持一致。

ByBlock(随块)：逻辑线型，表示对象与其所在块的线型保持一致。

Continuous(连续)：连续的实线。

当然，用户可使用的线型远不止这几种。AutoCAD 系统提供了线型库文件，其中包含了数十种的线型定义。用户可随时加载该文件，并使用其定义各种线型。如果这些线型仍不能满足用户的需要，则用户可以自行定义某种线型，并在 AutoCAD 中使用。

关于线型应用的几点说明如下。

(1) 当前线型：如果某种线型被设置为当前线型，则新创建的对象(文字和插入的块除外)将自动使用该线型。

(2) 线型的显示：可以将线型与所有 AutoCAD 对象相关联，但是它们不随同文字、点、视口、参照线、射线、三维多段线和块一起显示。如果一条线过短，不能容纳最小的点划线序列，则显示为连续的直线。

(3) 如果图形中的线型显示过于紧密或过于疏松，用户可设置比例因子来改变线型的显示比例。改变所有图形的线型比例，可使用全局比例因子；而对于个别图形的修改，则应使用对象比例因子。

5.1.4　图层线宽

线宽设置就是改变线条的宽度，可用于除 TrueType 字体、光栅图像、点和实体填充(二维实体)之外的所有图形对象，通过更改图层和对象的线宽设置来更改对象显示于屏幕和纸面上的宽度特性。在 AutoCAD 中，使用不同宽度的线条表现对象的大小或类型，可以提高图形的表达能力和可读性。如果为图形对象指定线宽，则对象将根据此线宽的设置进行显示和打印。

在【图层特性管理器】面板中选择一个图层，然后在【线宽】列单击与该图层相关联的线宽，打开【线宽设置】对话框，如图 5-6 所示。

图 5-6 【线宽设置】对话框

用户可以从中选择合适的线宽，单击【确定】按钮退出【线宽设置】对话框。

在 AutoCAD 中可用的线宽预定义值包括 0.00mm、0.05mm、0.09mm、0.13mm、0.15mm、0.18mm、0.20mm、0.25mm、0.30mm、0.35mm、0.40mm、0.50mm、0.53mm、0.60mm、0.70mm、0.80mm、0.90mm、1.00mm、1.06mm、1.20mm、1.40mm、1.58mm、2.00mm 和 2.11mm 等。

同理在设置线宽时，也可以采用其他途径。

(1) 在【视图】选项卡的【选项板】面板中单击【特性】按钮，打开【特性】面板，在【常规】选项组的【线宽】下拉列表中选择线的宽度。

(2) 也可以在【特性】面板中的【选择线宽】下拉列表框中选择。

ByLayer(随层)：逻辑线宽，表示对象与其所在图层的线宽保持一致。

ByBlock(随块)：逻辑线宽，表示对象与其所在块的线宽保持一致。

【默认】：创建新图层时的默认线宽设置，其默认值是为 0.25mm(0.01")。

关于线宽应用的几点说明如下。

(1) 如果需要精确表示对象的宽度，应使用指定宽度的多段线，而不要使用线宽。

(2) 如果对象的线宽值为 0，则在模型空间显示为 1 个像素宽，并将以打印设备允许的最细宽度打印。如果对象的线宽值为 0.25mm(0.01")或更小，则将在模型空间中以 1 个像素显示。

(3) 具有线宽的对象以超过一个像素的宽度显示时，可能会增加 AutoCAD 的重生成时间，因此关闭线宽显示或将显示比例设成最小可优化显示性能。

注 意

图层特性(如线型和线宽)可以通过【图层特性管理器】面板和【特性】面板来设置，但对重命名图层来说，只能在【图层特性管理器】面板中修改，而不能在【特性】面板中修改。

对于块引用所使用的图层也可以进行保存和恢复，但外部参照的保存图层状态不能被当前图形所使用。如果使用 wblock 命令创建外部块文件，则只有在创建时选择 Entire Drawing(整个图形)选项，才能将保存的图层状态信息包含在内，并且仅涉及那些含有对象的图层。

5.2 编 辑 图 层

图层管理包括图层的创建、图层过滤器的命名、图层的保存、恢复等，下面对图层的管理作详细的讲解。

5.2.1 命名图层过滤器

绘制一个图形时，可能需要创建多个图层，当只需列出部分图层时，通过【图层特性管理器】面板的过滤图层设置，可以按一定的条件对图层进行过滤，最终只列出满足要求的部分图层。

在过滤图层时，可依据图层名称、颜色、线型、线宽、打印样式或图层的可见性等条件过滤图层。这样，可以更加方便地选择或清除具有特定名称或特性的图层。

单击【图层特性管理器】面板中的【新建特性过滤器】按钮，打开【图层过滤器特性】对话框，如图 5-7 所示。

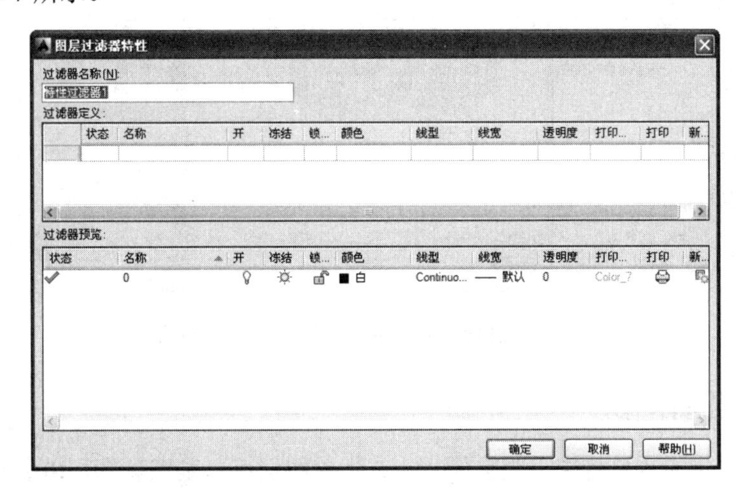

图 5-7 【图层过滤器特性】对话框

在该对话框中可以选择或输入图层状态、特性设置。包括状态、名称、开、冻结、锁定、颜色、线型、线宽、打印样式、打印、新视口冻结等。

【过滤器名称】文本框：提供用于输入图层特性过滤器名称的空间。

【显示样例】按钮：显示了图层特性过滤器定义样例。

【过滤器定义】列表：显示图层特性。可以使用一个或多个特性定义过滤器。例如，可以将过滤器定义为显示所有的红色或蓝色且正在使用的图层。若用户想要包含多种颜色、线型或线宽，可以在下一行复制该过滤器，然后选择一种不同的设置。

【过滤器预览】列表：显示根据用户定义进行过滤的结果。它显示选定此过滤器后将在图层特性管理器的图层列表中显示的图层。

如果在【图层特性管理器】对话框中启用【反转过滤器】复选框，则可反向过滤图层，这样，可以方便地查看未包含某个特性的图层。使用图层过滤器的反转功能，可只列出被过滤的图层。例如，如果图形中所有的场地规划信息均包括在名称中包含字符 site 的多个图层中，则可以先创建一个以名称(*site*)过滤图层的过滤器定义，然后选择【反向过滤器】选项。这样，该过滤器就包括了除场地规划信息以外的所有信息。

5.2.2 删除图层

可以通过从【图层特性管理器】面板中删除图层来从图形中删除不使用的图层。但是只能删除未被参照的图层。被参照的图层包括图层 0 及 Defpoints、包含对象(包括块定义中的对象)的图层、当前图层和依赖外部参照的图层。其操作步骤为：在【图层特性管理器】面板中选择图层，单击【删除图层】按钮，如图 5-8 所示，则选定的图层被删除，继续单击【删除图层】按钮，可以连续删除不需要的图层。

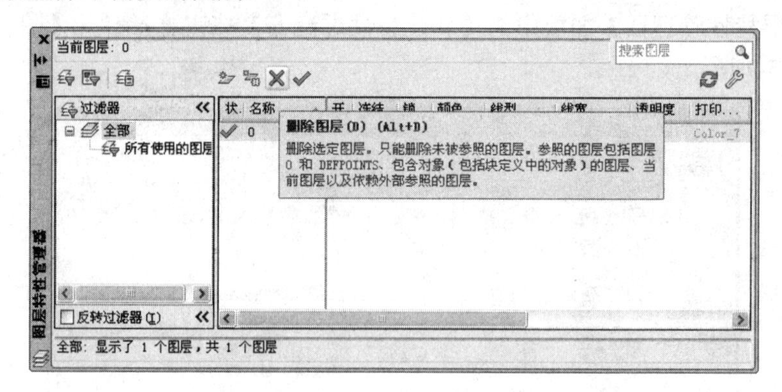

图 5-8　选择图层后单击【删除图层】按钮

5.2.3 设置当前图层

绘图时，新创建的对象将置于当前图层上。当前图层可以是默认图层(0)，也可以是用户自己创建并命名的图层。通过将其他图层置为当前图层，可以从一个图层切换到另一个图层；随后创建的任何对象都与新的当前图层关联并采用其颜色、线型和其他特性。但是不能将冻结的图层或依赖外部参照的图层设置为当前图层。其操作步骤为：在【图层特性管理器】面板中选择图层，单击【置为当前】按钮，则选定的图层被设置为当前图层，如图 5-9 所示。

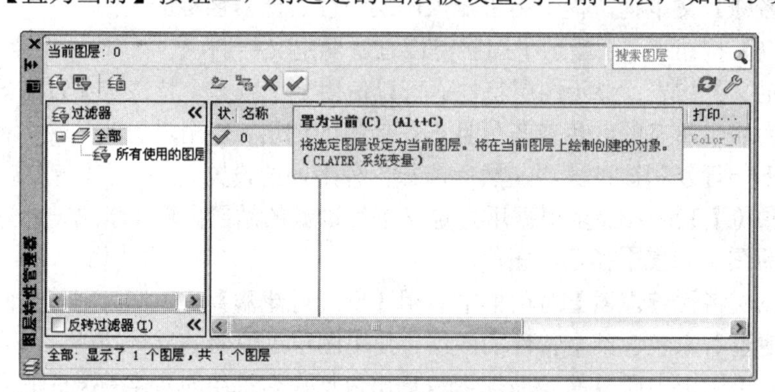

图 5-9　选择图层后单击【置为当前】按钮

5.2.4 显示图层细节

【图层特性管理器】面板用来显示图形中的图层列表及其特性。在 AutoCAD 中，使用【图层特性管理器】面板不仅可以创建图层，设置图层的颜色、线型和线宽，还可以对图层进行更多的设置与管理，如图层的切换、重命名、删除及图层的显示控制、修改图层特性或添加说明。利用以下 3 种方法中的任意一种方法都可以打开【图层特性管理器】面板。

(1) 单击【图层】面板中的【图层特性】按钮。

(2) 在命令输入行中输入 layer 后按 Enter 键。

(3) 选择【格式】|【图层】菜单命令。

【图层特性管理器】对话框如图 5-10 所示。

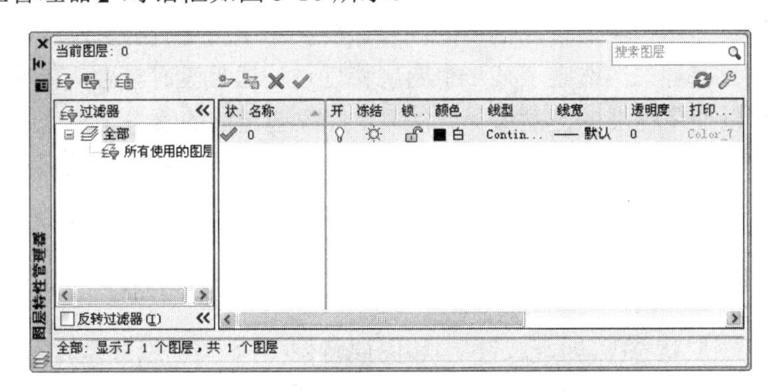

图 5-10 【图层特性管理器】面板

下面介绍【图层特性管理器】面板中各选项的功能。

【新建特性过滤器】按钮：显示【图层过滤器特性】对话框，从中可以基于一个或多个图层特性创建图层过滤器。

【新建组过滤器】按钮：用来创建一个图层过滤器，其中包含用户选定并添加到该过滤器的图层。

【图层状态管理器】按钮：显示【图层状态管理器】对话框，从中可以将图层的当前特性设置保存到命名图层状态中，以后可以再恢复这些设置。

【新建图层】按钮：用来创建新图层。列表中将显示名为“图层 1”的图层。该名称处于选中状态，从而用户可以直接输入一个新图层名。新图层将继承图层列表中当前选定图层的特性(颜色、开/关状态等)。

【在所有视口中都被冻结的新图层视口】按钮：创建新图层，然后在所有现有布局视口中将其冻结。

【删除图层】按钮：用来删除已经选定的图层。但是只能删除未被参照的图层，参照图层包括图层 0 和 DEFPOINTS、包含对象(包括块定义中的对象)的图层、当前图层和依赖外部参照的图层。局部打开图形中的图层也被视为参照并且不能被删除。

注 意

如果处理的是共享工程中的图形或基于一系列图层标准的图形，删除图层时要特别小心。

【置为当前】按钮：用来将选定图层设置为当前图层。用户创建的对象将被放置到当前图层中。

【当前图层】：显示当前图层的名称。

【搜索图层】：当输入字符时，按名称快速过滤图层列表。关闭图层特性管理器时并不保存此过滤器。

状态行：显示当前过滤器的名称、列表图中所显示图层的数量和图形中图层的数量。

【反转过滤器】复选框：显示所有不满足选定图层特性过滤器中条件的图层。

【图层特性管理器】面板中还有两个窗格：树状图和列表图。

树状图：显示图形中图层和过滤器的层次结构列表。顶层节点【全部】显示了图形中的所有图层。过滤器按字母顺序显示。【所有使用的图层】过滤器是只读过滤器。

列表图：显示图层和图层过滤器状态及其特性和说明。如果在树状图中选定了某一个图层过滤器，则列表图仅显示该图层过滤器中的图层。树状图中的【所有】过滤器用来显示图形中的所有图层和图层过滤器。当选定了某一个图层特性过滤器且没有符合其定义的图层时，列表图将为空。用户可以使用标准的键盘选择方法。要修改选定过滤器中某一个选定图层或所有图层的特性，可以单击该特性的图标。当图层过滤器中显示了混合图标或【多种】时，表明在过滤器的所有图层中，该特性互不相同。

5.2.5 图层状态和特性

图层设置包括图层状态(例如开或锁定)和图层特性(例如颜色或线型)。在【图层特性管理器】面板列表图中显示了图层和图层过滤器状态及其特性和说明。用户可以通过单击状态和特性图标来设置或修改图层的状态和特性。在上一节中了解了部分选项的内容，下面对上节没有涉及的选项作具体的介绍。

(1) 【状态】列：双击其图标，可以改变图层的使用状态。

(2) 图标✔表示该图层正在使用，图标▱表示该图标未被使用。

(3) 【名称】列：显示图层名。可以选择图层名后单击并输入新图层名。

(4) 【开】列：确定图层打开还是关闭。如果图层被打开，该层上的图形可以在绘图区显示或在绘图区中绘出。被关闭的图层仍然是图的一部分，但关闭图层上的图形不显示，也不能通过绘图区绘制出来。用户可根据需要，打开或关闭图层。

在图层列表框中，与“开”对应的列是“小灯泡”图标。通过单击小灯泡图标可实现打开或关闭图层的切换。如果灯泡颜色是黄色，表示对应层是打开的；如果是蓝色，则表示对应层是关闭的。如果关闭的是当前层，AutoCAD 会显示出对应的提示信息，警告正在关闭当前层，但用户可以关闭当前层。很显然，关闭当前层后，所绘的图形均不能显示出来。

当图层关闭时，它是不可见的，并且不能打印，即使【打印】选项是打开的。

依次单击【开】按钮，可调整各图层的排列顺序，使当前关闭的图层放在列表的最前面或最后面，也可以通过其他途径来调整图层顺序，本书在后面的讲解中会涉及对图层顺序的调整。

图标💡表示图层是打开的；图标💡表示图层是关闭的。

(5) 【冻结】列：在所有视口中冻结选定的图层。冻结图层可以加快 ZOOM、PAN 和许多其他操作的运行速度，增强对象选择的性能并减少复杂图形的重生成时间。AutoCAD 不显示、打印、隐藏、渲染或重生成冻结图层上的对象。

如果图层被冻结，该层上的图形对象不能被显示出来或绘制出来，而且也不参与图形之间的运算。被解冻的图层则正好相反。从可见性来说，冻结层与关闭层是相同的，但冻结层上的对象不参与处理过程中的运算，关闭层上的对象则要参与运算。所以，在复杂的图形中冻结不需要的图层可以加快系统重新生成图形时的速度。

在图层列表框中，与【在所有视口冻结】对应的列是太阳或雪花图标。太阳表示所对应层没有被冻结，雪花则表示相应层被冻结。单击这些图标可实现图层冻结与解冻的切换。在图 7-1 中，【图层 1】是冻结层，而其他层则是解冻层。

用户不能冻结当前层，也不能将冻结层设为当前层。另外，依次单击【在所有视口冻结】标题，可调整各图层的排列顺序，使当前冻结的图层放在列表的最前面或最后面。

用户可以冻结长时间不用看到的图层。当解冻图层时，AutoCAD 会重生成和显示该图层上的对象。可以在创建时冻结所有视口、当前图层视口或新图层视口中的图层。

图标表示图层是冻结的；图标表示图层是解冻的。

(6) 【锁定】列：锁定和解锁图层。

图标表示图层是锁定的，图标表示图层是解锁的。

锁定并不影响图层上图形对象的显示，即锁定层上的图形仍然可以显示出来，但用户不能改变锁定层上的对象，不能对其进行编辑操作。如果锁定层是当前层，用户仍可在该层上绘图。

在图层列表框中，与“锁定”对应的列是关闭或打开的小锁图标。锁打开表示该层是非锁定层；关闭则表示对应层是锁定的。单击这些图标可实现图层锁定或解锁的切换。

同样，依次单击图层列表中的“锁定”按钮，可以调整各图层的排列顺序，使当前锁定的图层放在列表的最前面或最后面。

(7) 【打印样式】列：修改与选定图层相关联的打印样式。如果正在使用颜色相关打印样式(PSTYLEPOLICY 系统变量设为 1)，则不能修改与图层关联的打印样式。单击任意打印样式均可以显示【选择打印样式】对话框。

(8) 【打印】列：控制是否打印选定的图层。即使关闭了图层的打印，该图层上的对象仍会显示出来。关闭图层打印只对图形中的可见图层(图层是打开的并且是解冻的)有效。如果图层设为打印但该图层在当前图形中是冻结的或关闭的，则 AutoCAD 不打印该图层。如果图层包含了参照信息(比如构造线)，则关闭该图层的打印可能有益。

(9) 【新视口冻结】列：冻结或解冻新创建视口中的图层。

(10) 【说明】列：为所选图层或过滤器添加说明，或修改说明中的文字。过滤器的说明将添加到该过滤器及其中的所有图层。

5.2.6 保存、恢复、管理图层状态

可以通过单击【图层特性管理器】面板中的【图层状态管理器】按钮，打开【图层状态管理器】对话框，运用【图层状态管理器】来保存、恢复和管理命名图层状态，如图 5-11 所示。

下面介绍【图层状态管理器】对话框中各选项的功能。

(1) 【图层状态】：列出了保存在图形中的命名图层状态、保存它们的空间及可选说明等。

(2) 【新建】按钮：单击此按钮，显示【要保存的新图层状态】对话框，如图 5-12 所示，从中可以输入新命名图层状态的名称和说明。

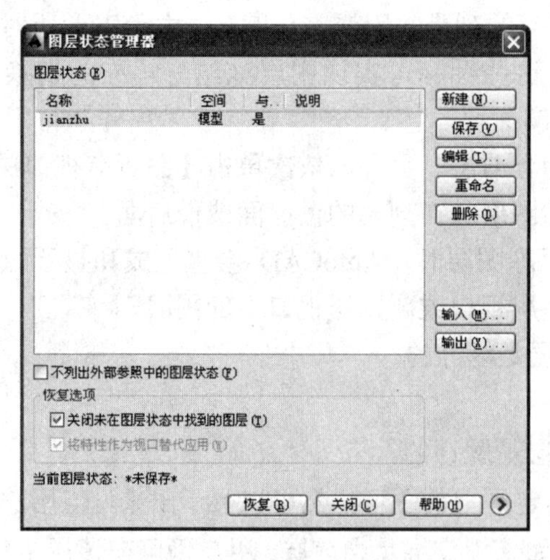

图 5-11 【图层状态管理器】对话框

图 5-12 【要保存的新图层状态】对话框

(3) 【保存】按钮：单击此按钮，保存选定的命名图层状态。

(4) 【编辑】按钮：单击此按钮，显示【编辑图层状态】对话框，如图 5-13 所示，从中可以修改选定的命名图层状态。

(5) 【重命名】按钮：单击此按钮，设置图层状态名。

(6) 【删除】按钮：单击此按钮，删除选定的命名图层状态。

(7) 【输入】按钮：单击此按钮，显示【输入图层状态】对话框，从中可以将上一次输出的图层状态(LAS)文件加载到当前图形。输入图层状态文件可能导致创建其他图层，如图 5-14 所示。

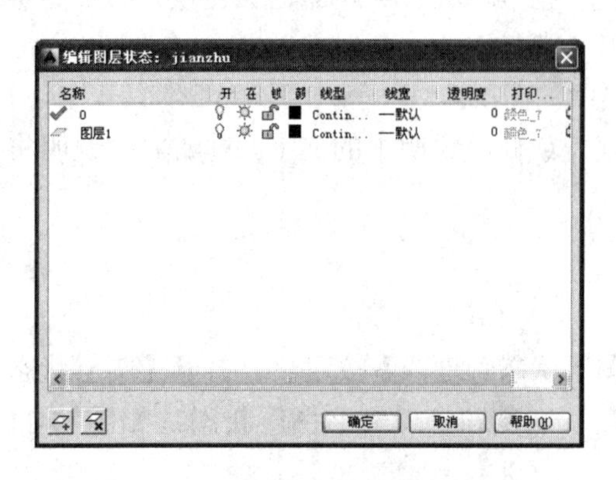

图 5-13 【编辑图层状态】对话框

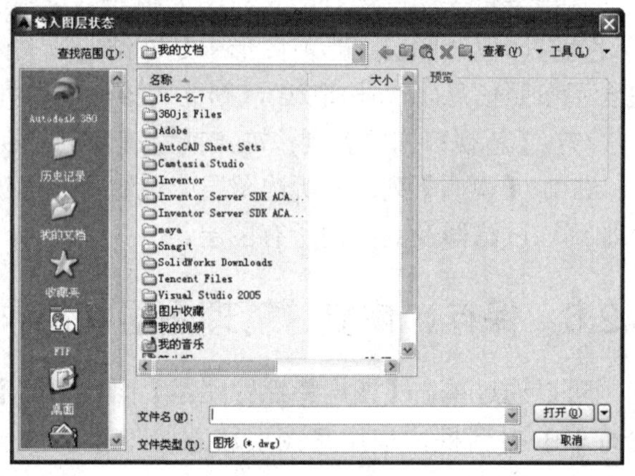

图 5-14 【输入图层状态】对话框

(8) 【输出】按钮：单击此按钮，显示【输出图层状态】对话框，从中可以将选定的命名图层状态保存到图层状态(LAS)文件中。

(9) 【不列出外部参照中的图层状态】复选框：控制是否显示外部参照中的图层状态。

(10) 【恢复选项】选项组：指定恢复选定命名图层状态时所要恢复的图层状态设置和图层特性。

① 【关闭未在图层状态中找到的图层】复选框：用于恢复命名图层状态时，关闭未保存

设置的新图层，以便图形的外观与保存命名图层状态时一样。

② 【将特性作为视口替代应用】复选框：视口替代将恢复为恢复图层状态时为当前的视口。

(11) 【恢复】按钮：将图形中所有图层的状态和特性设置恢复为先前保存的设置。仅恢复保存该命名图层状态时选定的那些图层状态和特性设置。

(12) 【关闭】按钮：关闭【图层状态管理器】对话框并保存所做更改。

(13) 单击【更多恢复选项】按钮，打开如图 5-16 所示的【图层状态管理器】对话框，以显示更多的恢复设置选项。

图 5-15 【输出图层状态】对话框

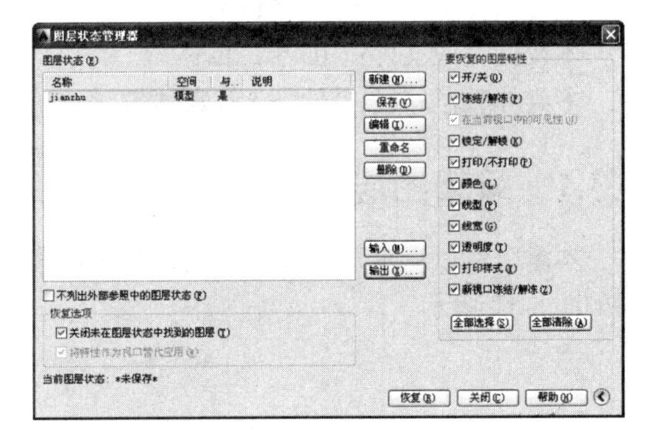

图 5-16 【图层状态管理器】对话框

(14) 【要恢复的图层特性】选项组：指定恢复选定命名图层状态时所要恢复的图层状态设置和图层特性。在【特型】选项卡上保存命名图层状态时，【在当前视口中的可见性】和【新视口冻结/解冻】复选框不可用。

(15) 【全部选择】按钮：选择所有设置。

(16) 【全部清除】按钮：从所有设置中删除选定设置。

(17) 单击【更少恢复选项】按钮，恢复先前的【图层状态管理器】对话框，以显示更少的恢复设置选项。

图层在实际应用中有极大优势，当一幅图过于复杂或图形中各部分干扰较大时，可以按一定的原则将一幅图分解为几个部分，然后分别将每一部分按着相同的坐标系和比例画在不同的层中，最终组成一幅完整的图形。当需要修改其中某一部分时，只需要将要修改的图层抽取出来单独进行修改，而不会影响到其他部分。在默认情况下，对象是按照创建时的次序进行绘制的。但在某些特殊情况下，如两个或更多对象相互覆盖时，常需要修改对象的绘制和打印顺序来保证正确的显示和打印输出。AutoCAD 提供了 draworder 命令来修改对象的次序，该命令提示如下。

```
命令: draworder
选择对象: 找到 1 个
选择对象:
输入对象排序选项 [对象上(A)/对象下(U)/最前(F)/最后(B)] <最后>: B
```

该命令各选项的作用如下。

- 【最前】：将选定的对象移到图形次序的最前面。

- 【最后】：将选定的对象移到图形次序的最后面。
- 【对象上】：将选定的对象移动到指定参照对象的上面。
- 【对象下】：将选定的对象移动到指定参照对象的下面。

如果一次选中多个对象进行排序，则被选中对象之间的相对显示顺序并不改变，而只改变与其他对象的相对位置。

5.3 图层的应用范例

本范例源文件：\05\5-1.dwg。
本范例完成文件：\05\5-2.dwg。
多媒体教学路径：光盘→多媒体教学→第 5 章。

5.3.1 编辑图层

本章范例以一个基本成型的电路图进行修改来介绍图层的相关应用，图层应用前后的电路图如图 5-17 所示。

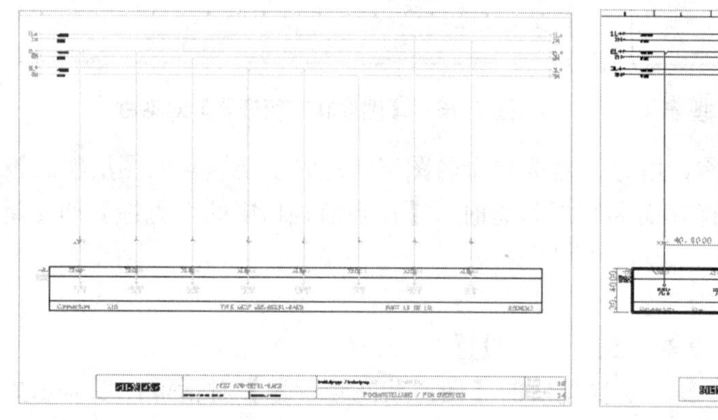

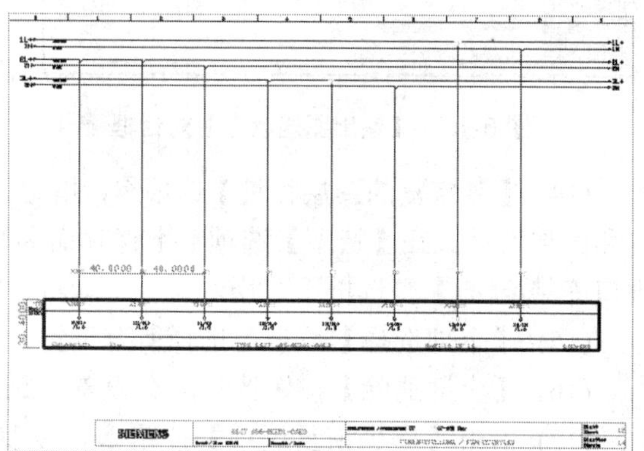

图 5-17 应用图层前后效果

5.3.2 编辑图层

步骤 01 调整图层颜色

①打开 AutoCAD 2014，单击【快速访问工具栏】中的【打开】按钮，打开 “5-1.dwg” 文件，可以看到黄色图层不易看清楚。选择【格式】|【图层】菜单命令，弹出【图层特性管理器】面板，如图 5-18 所示。

②在列表框中单击 AUTOCONNECTING 列，使其处于被选中状态，单击【颜色】选项，弹出【选择颜色】对话框，如图 5-19 所示，选择洋红颜色，单击【确定】按钮。

步骤 02 调整线宽并显示

①返回【图层特性管理器】面板，选择 SYMBOL 选项，单击【线宽】列，弹出【线宽】对话框，如图 5-20 所示，选择线宽为 0.3mm，单击【确定】按钮。

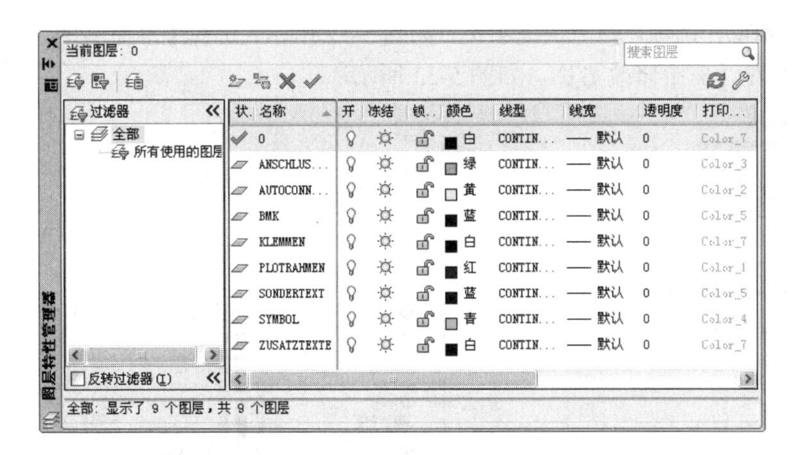

图 5-18 【图层特性管理器】面板

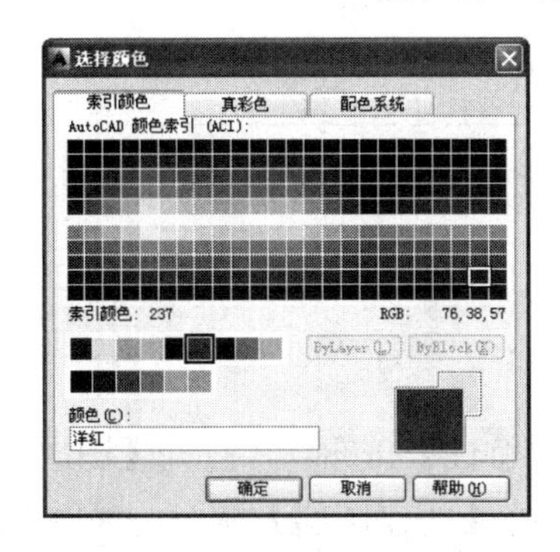

图 5-19 【选择颜色】对话框

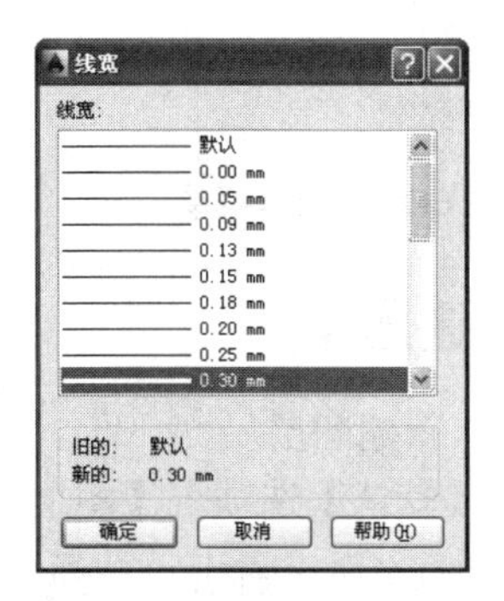

图 5-20 【线宽】对话框

②关闭【图层特性管理器】面板，再单击状态栏中的【显示/隐藏线宽】按钮+，在绘图区可以看到修改过的图层显示，如图 5-21 所示。

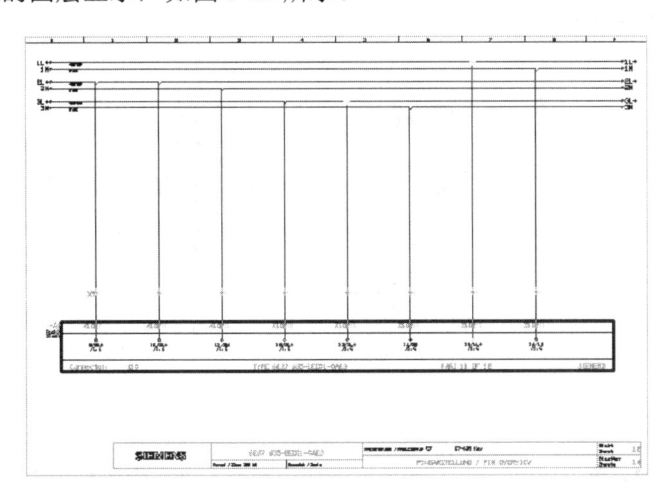

图 5-21 显示图形

步骤03 修改图层名称

单击【默认】选项卡的【图层】面板中的【图层特性】按钮，打开【图层特性管理器】

面板。右击 SYMBOL 选项，弹出快捷菜单，如图 5-22 所示，选择【重命名图层】命令，在【图层特性管理器】对话框中修改名称，如图 5-23 所示。

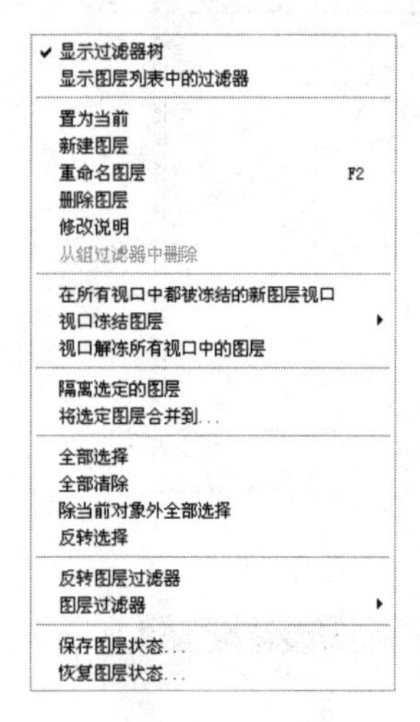

图 5-22 快捷菜单

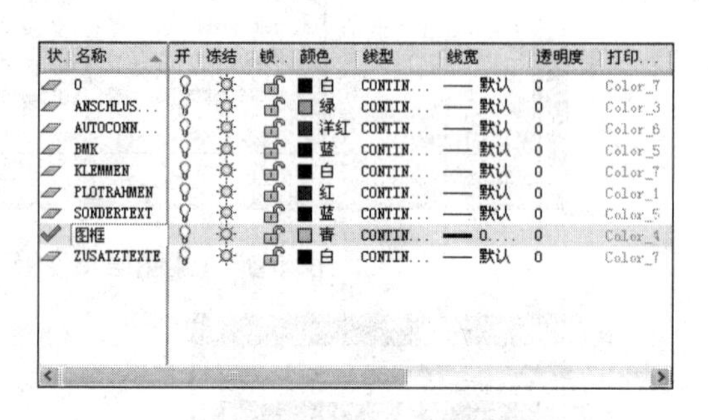

图 5-23 重命名图层

5.3.3 新建图层

步骤01 新建图层

①单击【默认】选项卡【图层】面板中的【图层特性】按钮，打开【图层特性管理器】面板。在列表的空白区右击，在弹出的快捷菜单中选择【新建图层】命令，如图 5-24 所示。

②将新建图层命名为“标注”，如图 5-25 所示。

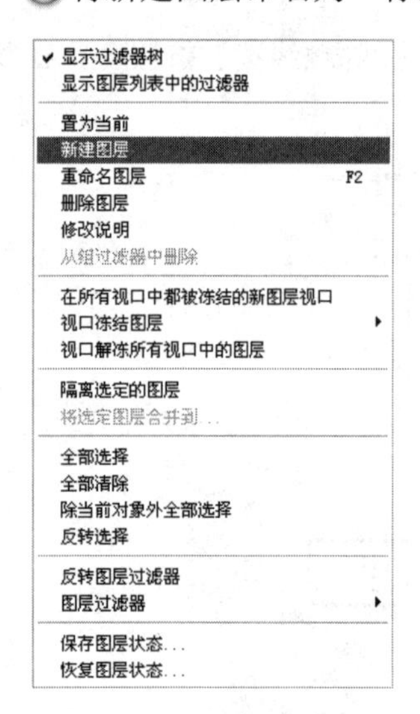

图 5-24 快捷菜单

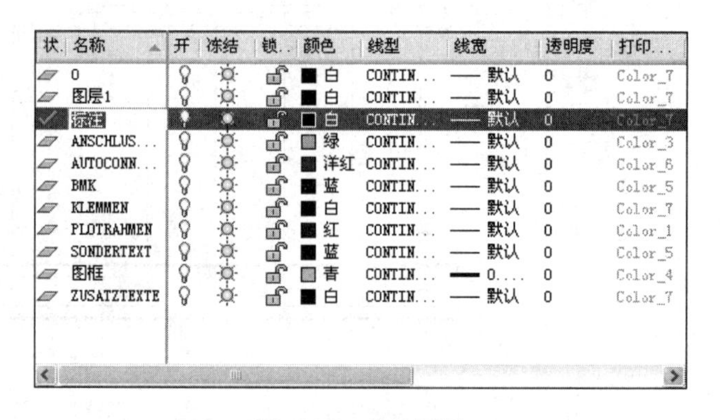

图 5-25 命名图层

步骤02 更改图层颜色

单击【颜色】列，弹出【选择颜色】对话框，选择一种颜色，这里选择粉红，单击【确定】按钮。关闭【图层特性管理器】面板。

步骤03 将新建图层置为当前并标注

①单击【默认】选项卡【图层】面板中的【图层】下拉列表框，选择【标注】选项，如图 5-27 所示。

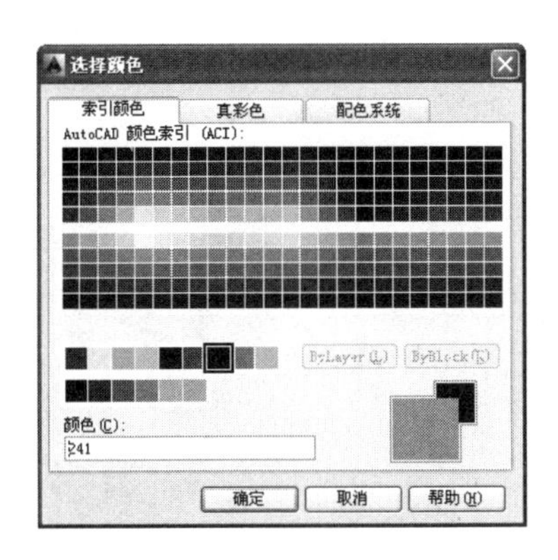

图 5-26 【选择颜色】对话框

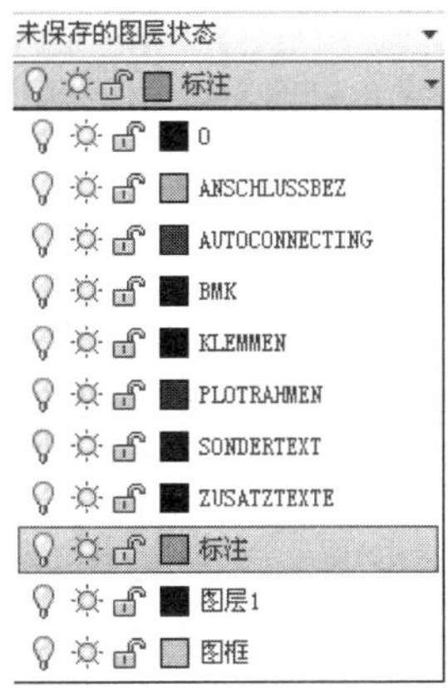

图 5-27 选择【标注】选项

②在绘图区进行标注，完成的标注如图 5-28 所示。

③修改完成的图纸如图 5-29 所示。

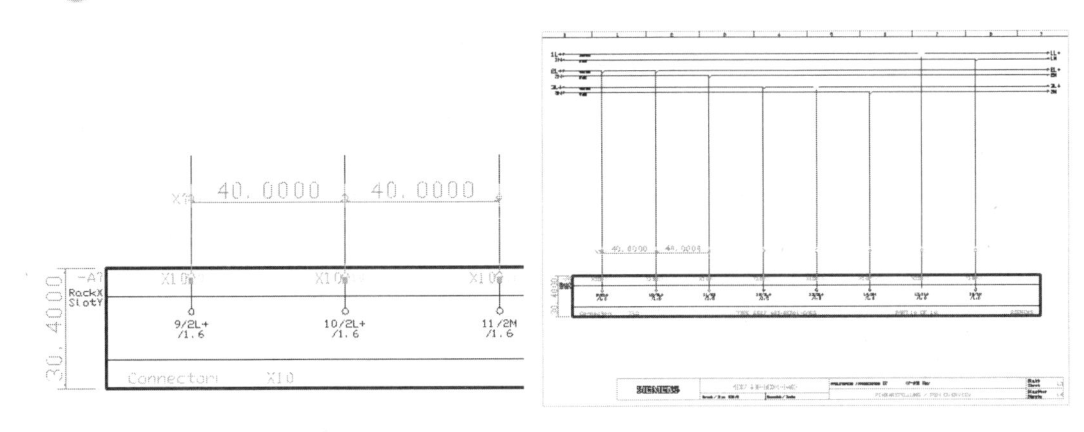

图 5-28 标注

图 5-29 完成的图纸

5.4 本 章 小 结

通过本章的学习，读者应对图层的特性及应用有一个更深刻的认识，在以后的章节中还要经常运用到图层的概念和功能。

第 6 章

图块、文字及表格

本章导读：

AutoCAD 中图块、文字和表格三大功能是不可或缺的部分。图块使重复绘图更加便利；文字是图纸的重要组成部分；表格是各种数据的具体体现。一般制图都需要用到这三大功能，本章将详细介绍。

6.1 使用图块

在绘制图形时，如果图形中有大量相同或相似的内容，或者所绘制的图形与已有的图形文件相同，则可以把要重复绘制的图形创建成块(也称为图块)，并根据需要为块创建属性，指定块的名称、用途及设计者等信息，在需要时直接插入它们。当然，用户也可以把已有的图形文件以参照的形式插入到当前图形中(即外部参照)，或是通过 AutoCAD 设计中心浏览、查找、预览、使用和管理 AutoCAD 图形、块、外部参照等不同的资源文件。块的广泛应用是由它本身的特点决定的。

一般来说，块具有如下几个特点。

1) 提高绘图速度

用 AutoCAD 绘图时，常常要绘制一些重复出现的图形。如果把这些经常要绘制的图形定义成块保存起来，绘制它们时就可以用插入块的方法实现，即把绘图变成了拼图，避免了重复性工作，同时又提高了绘图速度。

2) 节省存储空间

AutoCAD 要保存图中每一个对象的相关信息，如对象的类型、位置、图层、线型、颜色等，这些信息要占用存储空间。如果一幅图中绘有大量相同的图形，则会占据较大的磁盘空间。但如果把相同图形事先定义成一个块，绘制它们时就可以直接把块插入到图中的各个相应位置。这样既满足了绘图要求，又可以节省磁盘空间。因为虽然在块的定义中包含了图形的全部对象，但系统只需要一次这样的定义。对块的每次插入，AutoCAD 仅需要记住这个块对象的有关信息(如块名、插入点坐标、插入比例等)，从而节省了磁盘空间。对于复杂但需多次绘制的图形，这一特点表现得更为显著。

3) 便于修改图形

一张工程图纸往往需要多次修改。如在机械设计中，旧国家标准用虚线表示螺栓的内径，新国标把内径用细实线表示。如果对旧图纸上的每一个螺栓按新国家标准修改，既费时又不方便。但如果原来各螺栓是通过插入块的方法绘制的，那么只要简单地进行再定义块等操作，图中插入的所有该块均会自动进行修改。

4) 加入属性

很多块还要求有文字信息以进一步解释、说明。AutoCAD 允许为块定义这些文字属性，而且还可以在插入的块中显示或不显示这些属性；从图中提取这些信息并将它们传送到数据库中。

块是一个或多个对象组成的对象集合，常用于绘制复杂、重复的图形。一旦一组对象组合成块，就可以根据作图需要将这组对象插入到图中任意指定位置，而且还可以按不同的比例和旋转角度插入。

概括地讲，块操作是指通过操作达到用户使用块的目的，如创建块、保存块、块插入等对块进行的一些操作。

6.1.1 创建块

创建块是把一个或是一组实体定义为一个整体【块】。可以通过以下方式来创建块。

(1) 单击【块】面板中的【创建块】按钮。

(2) 在命令输入行输入 block 后按 Enter 键。

(3) 在命令输入行输入 bmake 后按 Enter 键。

(4) 选择【绘图】|【块】|【创建】菜单命令。

执行上述任意一种操作后，AutoCAD 会打开如图 6-1 所示的【块定义】对话框。

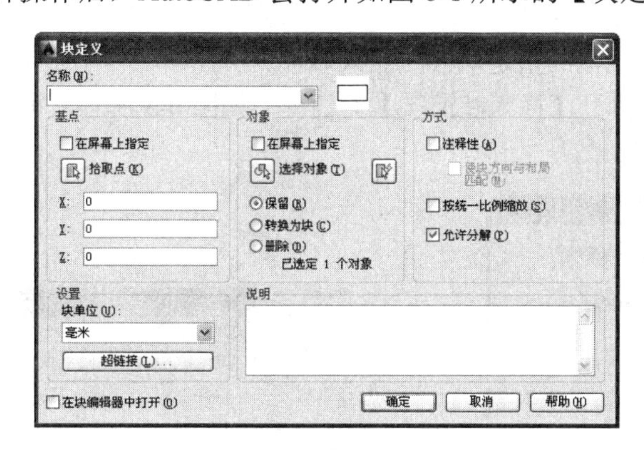

图 6-1 【块定义】对话框

下面介绍此对话框中各选项的主要功能。

1) 【名称】下拉列表框

指定块的名称。如果将系统变量 EXTNAMES 设置为 1，块名最长可达 255 个字符，包括字母、数字、空格以及 Microsoft Windows 和 AutoCAD 没有用于其他用途的特殊字符。

块名称及块定义保存在当前图形中。

注 意

不能用 DIRECT、LIGHT、AVE_RENDER、RM_SDB、SH_SPOT 和 OVERHEAD 作为有效的块名称。

2) 【基点】选项组

指定块的插入基点。默认值是(0，0，0)。

【拾取点】按钮：用户可以通过单击此按钮暂时关闭对话框以便能在当前图形中拾取插入基点，然后利用鼠标直接在绘图区选取。

X 文本框：指定 X 坐标值。

Y 文本框：指定 Y 坐标值。

Z 文本框：指定 Z 坐标值。

3) 【对象】选项组

指定新块中要包含的对象，以及创建块之后是保留或删除选定的对象还是将它们转换成块引用。

【选择对象】按钮：用户可以通过单击此按钮，暂时关闭【块定义】对话框，这时用户可以在绘图区选择图形实体作为将要定义的块实体。完成对象选择后，按Enter键重新显示【块定义】对话框。

【快速选择】按钮：显示【快速选择】对话框，如图6-2所示，该对话框可以用来定义选择集。

【保留】单选按钮：创建块以后，将选定对象保留在图形中作为区别对象。

【转换为块】单选按钮：创建块以后，将选定对象转换成图形中的块引用。

【删除】单选按钮：创建块以后，从图形中删除选定的对象。

4) 【设置】选项组

指定块的设置。

【块单位】下拉列表框：指定块参照插入单位。

【超链接】按钮：打开【插入超链接】对话框，如图6-3所示，可以使用该对话框将某个超链接与块定义相关联。

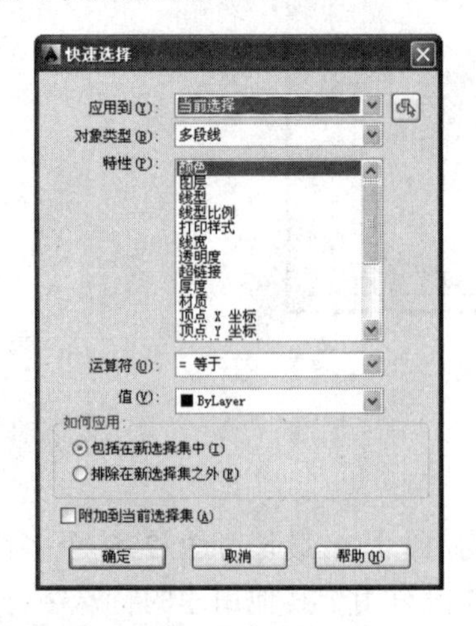

图6-2 【快速选择】对话框

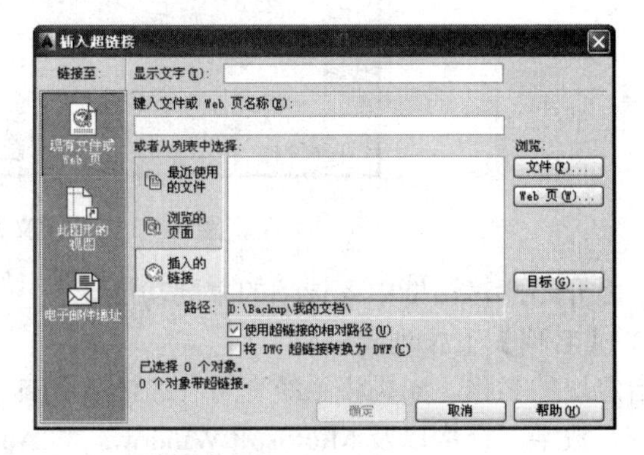

图6-3 【插入超链接】对话框

5) 【方式】选项组

【注释性】：指定块为annotative。单击信息图标以了解有关注释性对象的更多信息。

【使块方向与布局匹配】：指定在图纸空间视口中的块参照的方向与布局的方向匹配。如果未选择“注释性”选项，则该选项不可用。

【按统一比例缩放】复选框：指定是否阻止块参照不按统一比例缩放。

【允许分解】复选框：指定块参照是否可以被分解。

6) 【说明】文本框

指定块的文字说明。

7) 【在块编辑器中打开】复选框

启用此复选框后单击【块定义】对话框中的【确定】按钮，则在块编辑器中打开当前的块定义。

当需要重新创建块时，用户可以在命令输入行输入block后按Enter键。命令输入行提示如下。

```
命令: _block
输入块名或 [?]:                    \\输入块名
```

```
指定插入基点:                    \\确定插入基点位置
选择对象:                        \\选择将要被定义为块的图形实体
```

提 示

如果用户输入的是以前存在的块名，AutoCAD 会提示用户此块已经存在，用户是否需要重新定义它，命令输入行提示如下。

块“w”已存在。是否重定义？[是(Y)/否(N)] <N>:

当用户输入 n 后按 Enter 键，AutoCAD 会自动退出此命令。当用户输入 y 后按 Enter 键，AutoCAD 会提示用户继续插入基点位置。

下面通过绘制两个同心圆来了解制作过程。

绘制两个同心圆，圆心为(50，50)，半径分别为 20、30。然后将这两个同心圆创建为块，块的名称为圆，基点为(50，50)，其余用默认值。

(1) 利用圆命令绘制两个圆心为(50，50)，半径分别为 20、30 的圆。

(2) 选择【绘图】|【块】|【创建】菜单命令。

(3) 在打开的【块定义】对话框中的【名称】文本框中输入 circle。

(4) 在【基点】选项组下的 X 文本框中输入 20、Y 文本框中输入 50。

(5) 单击【对象】选项组中的【选择对象】按钮，然后在绘图区选择两个圆形图形后按 Enter 键。

(6) 单击【块定义】对话框中的【确定】按钮，则定义了块。

6.1.2 将块保存为文件

用户创建的块会保存在当前图形文件的块的列表中。当保存图形文件时，块的信息和图形一起保存。当再次打开该图形时，块信息同时也被载入。但是当用户需要将所定义的块应用于另一个图形文件时，就需要先将定义的块保存，然后再调出使用。

使用 wblock 命令，块就会以独立的图形文件(dwg)的形式保存。同样，任何 dwg 图形文件也可以作为块来插入。执行保存块的操作步骤如下。

(1) 在命令输入行输入 wblock 后按 Enter 键。

(2) 在打开的如图 6-4 所示的【写块】对话框中进行设置后，单击【确定】按钮即可。

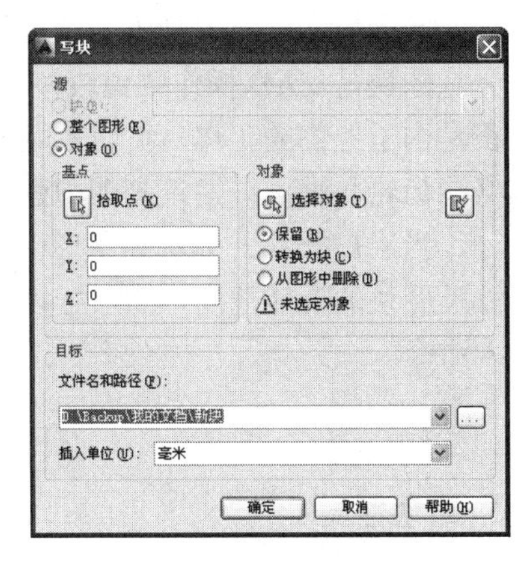

图 6-4 【写块】对话框

下面来讲述【写块】对话框中的具体参数设置。

(1) 【源】选项组中有 3 个选项供用户选择。

【块】：选择块后，用户就可以通过后面的下拉列表框选择将要保存的块名或是可以直接输入将要保存的块名。

【整个图形】：选择此项 AutoCAD 会认为用户选择整个图形作为块来保存。

【对象】：选择此项，用户可以选择一个图形实体作为块来保存。选择此项后，用户才可以进行下面的设置，如选择基点、选择实体等。这部分内容与前面定义块的内容相同，在此不再赘述。

(2) 【目标】选项组：指定文件的新名称和新位置以及插入块时所用的测量单位。用户可以将此块保存至相应的文件夹中。可以在文件名和路径下拉列表框中选择路径或是单击按钮[...]来指定路径。【插入单位】用来指定从设计中心拖曳新文件并将其作为块插入到使用不同单位的图形中时自动缩放所使用的单位值。如果用户希望插入时不自动缩放图形，则选择【无单位】。

注 意

用户在执行 wblock 命令时，不必先定义一个块，只要直接将所选图形实体作为一个图块保存在磁盘上即可。当所输入的块不存在时，AutoCAD 会显示 AutoCAD 提示信息对话框，提示块不存在，是否要重新选择。在多视窗中，wblock 命令只适用于当前窗口。存储后的块可以重复使用，而不需要从提供这个块的原始图形中选取。

wblock 命令操作如下。

保存上一步所定义的块至 D 盘 Temp 文件夹下，名字为“同心圆”。

(1) 打开同心圆图形。

(2) 在命令输入行输入 wblock 后按 Enter 键，打开【写块】对话框。

(3) 选中【源】选项组中的【块】单选按钮，在后面的下拉列表框中选择对应名称。

(4) 在【目标】选项组中【文件名和路径】下的框中输入“D:\Temp\圆”，单击【确定】按钮。

6.1.3 插入块

定义块和保存块是为了使用块，使用插入命令来将块插入到当前的图形中。

图块是 CAD 操作中比较核心的工作，许多程序员与绘图工作者都建立了各种各样的图块。正是由于他们的工作，我们才能像瓦匠使用砖瓦一样使用这些图块。如工程制图中建立各个规格的齿轮与轴承；建筑制图中建立一些门、窗、楼梯、台阶等以便在绘制时方便调用。

当用户插入一个块到图形中，用户必须指定插入的块名、插入点的位置、插入的比例系数以及图块的旋转角度。插入可以分为两类：单块插入和多重插入。下面就分别来讲述这两个插入命令。

1. 单块插入

单块插入的操作方法如下。

(1) 在命令输入行输入 insert 或 ddinsert 后按 Enter 键。

(2) 选择【插入】|【块】菜单命令。

(3) 单击【块】面板中的【插入块】按钮[插入]。

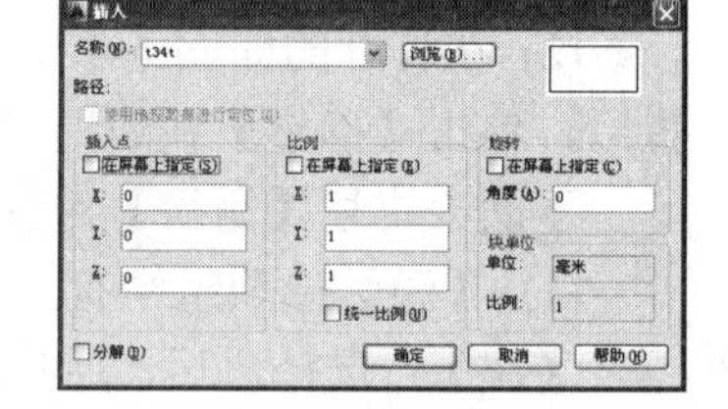

图 6-5 【插入】对话框

打开如图 6-5 所示的【插入】对话框。下面来讲解其中的参数设置。

在【插入】对话框中，在【名称】文本框中输入块名或是单击文本后的【浏览】按钮来浏览文件，从而从中选择块。

在【插入点】选项组中，当用户启用【在屏幕上指定】复选框时，插入点可以用鼠标动态选取；当用户取消启用【在屏幕上指定】复选框时，可以在下面的 X、Y、Z 后的文本框中输入用户所需的坐标值。

在【比例】选项组中，如果用户启用【在屏幕上指定】复选框时，则比例会是在插入时动态缩放；当用户取消启用【在屏幕上指定】复选框时，可以在下面的 X、Y、Z 后的文本框中输入用户所需的比例值。在此处如果用户启用【统一比例】复选框，则只能在 X 后的文本框中输入统一的比例因子表示缩放系数。

在【旋转】选项组中，如果用户启用【在屏幕上指定】复选框时，则旋转角度在插入时确定；当用户禁用【在屏幕上指定】复选框时，可以在下面的【角度】后的文本框中输入图块的旋转角度。

在【块单位】选项组中，显示有关块单位的信息。【单位】指定插入快的单位值。【比例】显示单位比例因子，该比例因子是根据块的单位值和图形单位计算的。

用户可以通过启用它分解块并插入该块的单独部分。

设置完毕后，单击【确定】按钮，完成插入块的操作。

块的插入操作步骤如下。

新建一个图形文件，插入块“同心圆”，插入点为(100，100)，X、Y、Z 方向的比例分别为 2、1、1，旋转角度为 60 度。

(1) 在命令输入行输入 insert 后按 Enter 键。

(2) 在打开的【插入】对话框的【名称】文本框中输入“圆”。

(3) 禁用【插入点】选项组中的【在屏幕上指定】复选框，然后在下面的 X、Y 文本框中均输入 100。

(4)【缩放比例】选项组中的【在屏幕上指定】复选框，然后在下面的 X、Y、Z 的文本框中分别输入 2、1、1。

(5) 禁用【旋转】选项组中的【在屏幕上指定】复选框，在【角度】文本框中输入 60 后，单击【确定】按钮，将块插入图中，插入后的图形如图 6-6 所示。

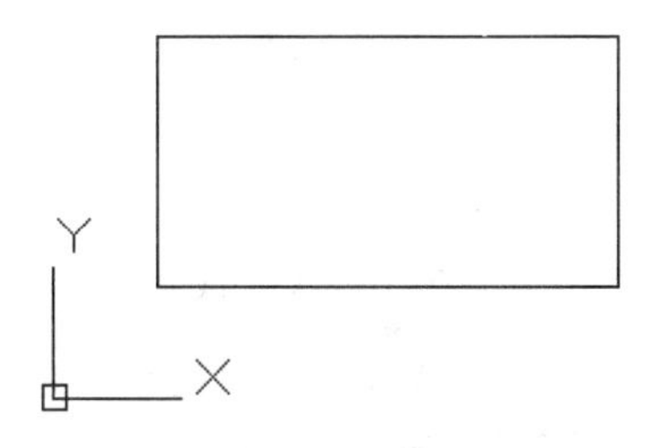

图 6-6　插入后图形

2. 多重插入

有时同一个块在一幅图中要插入多次，并且这种插入有一定的规律性。如阵列方式，这时可以直接采用多重插入命令。这种方法不但能大大节省绘图时间，提高绘图速度，而且能节约磁盘空间。

多重插入的操作步骤如下。

在命令输入行输入 minsert 后按 Enter 键，命令输入行提示如下。

```
命令: _minsert
输入块名或 [?] <新块>:                                    \\输入将要被插入的块名
单位: 毫米    转换:    1.0000
指定插入点或 [基点(B)/比例(S)/X/Y/Z/旋转(R)]:              \\输入插入块的基点
输入 X 比例因子，指定对角点，或 [角点(C)/XYZ(XYZ)] <1>:    \\输入 X 方向的比例
输入 Y 比例因子或 <使用 X 比例因子>:                        \\输入 Y 方向的比例
```

```
指定旋转角度 <0>:                                   \\输入旋转块的角度
输入行数 (---) <1>:                                  \\输入阵列的行数
输入列数 (|||) <1>:                                  \\输入阵列的列数
输入行间距或指定单位单元 (---):                       \\输入行间距
指定列间距 (|||):                                    \\输入列间距
```

按照提示进行相应的操作即可。

6.1.4 分解块

块是作为一个整体被插入到图形实体中的，但是有时要对构成块的单个图形实体进行编辑，这就要求对块进行分解，AutoCAD 提供了块分解的命令。

选择【修改】|【分解】菜单命令，或者单击【修改】面板中的【分解】按钮，或者在命令输入行输入 Explode 后按 Enter 键。命令输入行提示如下。

```
命令: _explode
选择对象:                   \\选择图中的块
选择对象:
```

这样就完成了块的分解操作。

6.1.5 设置基点

要设置当前图形的插入基点，可以选用下列几种方法。

- 单击【块】面板中的【设置基点】按钮。
- 选择【绘图】|【块】|【基点】菜单命令。
- 在命令输入行中输入 base 后按 Enter 键。

命令输入行提示如下。

```
命令: _base
输入基点 <0.0000,0.0000,0.0000>:                \\指定点，按 Enter 键
```

基点是用当前 UCS 中的坐标来表示的。当向其他图形插入当前图形或将当前图形作为其他图形的外部参照时，此基点将被用作插入基点。

6.2 文字格式编辑

6.2.1 单行文字

单行文字一般用于对图形对象的规格说明、标题栏信息和标签等，也可以作为图形的一个有机组成部分。对于这种不需要使用多种字体的简短内容，可以使用【单行文字】命令建立单行文字。

1. 创建单行文字

创建单行文字的几种方法如下。

(1) 在命令输入行中输入 dtext 命令后按 Enter 键。

(2) 在【默认】选项卡的【注释】面板或【注释】选项卡的【文字】面板中单击【单行文

字】按钮[A 单行文字]。

(3) 选择【绘图】|【文字】|【单行文字】菜单命令。

每行文字都是独立的对象，可以重新定位、调整格式或进行其他修改。

创建单行文字时，要指定文字样式并设置对正方式。文字样式设置文字对象的默认特征。对正决定字符的哪一部分与插入点对正。

执行此命令后，命令输入行提示如下。

```
命令: _dtext
当前文字样式: “Standard” 文字高度: 2.5000 注释性: 否
指定文字的起点或 [对正(J)/样式(S)]:
```

此命令行各选项的含义如下。

- 在默认情况下提示用户输入单行文字的起点。
- 【对正】：用来设置文字对齐的方式，AutoCAD 默认的对齐方式为左对齐。由于此项的内容较多，在后面会有详细的说明。
- 【样式】：用来选择文字样式。

在命令输入行中输入 S 并按 Enter 键，执行此命令，AutoCAD 会出现如下信息。

```
输入样式名或 [?] <Standard>:
```

此信息提示用户在输入样式名或 [?] <Standard>后输入一种文字样式的名称(默认值是当前样式名)。

输入样式名称后，AutoCAD 又会出现指定文字的起点或 [对正(J)/样式(S)]的提示，提示用户输入起点位置。输入完起点坐标后按 Enter 键，AutoCAD 会出现如下提示。

```
指定高度 <2.5000>:
```

提示用户指定文字的高度。指定高度后按 Enter 键，命令输入行提示如下。

```
指定文字的旋转角度 <0>:
```

指定角度后按 Enter 键，这时用户就可以输入文字内容。

在指定文字的起点或 [对正(J)/样式(S)]后输入 J 后按 Enter 键，AutoCAD 会在命令输入行出现如下信息。

```
输入选项
[对齐(A)/布满(F)/居中(C)/中间(M)/右对齐(R)/左上(TL)/中上(TC)/右上(TR)/左中(ML)/正中(MC)/右中(MR)/左下(BL)/中下(BC)/右下(BR)]:
```

即用户可以有以上多种对齐方式供选择，各种对齐方式及其说明如表 6-1 所示。

表 6-1　各种对齐方式及其说明

对齐方式	说　明
对齐(A)	提供文字基线的起点和终点，文字在次基线上均匀排列，这时可以调整字高比例以防止字符变形
布满(F)	给定文字基线的起点和终点。文字在此基线上均匀排列，而文字的高度保持不变，这时字型的间距要进行调整
居中(C)	给定一个点的位置，文字在该点为中心水平排列

续表

对齐方式	说　明
中间(M)	指定文字串的中间点
右(R)	指定文字串的右基线点
左上(TL)	指定文字串的顶部左端点与大写字母顶部对齐
中上(TC)	指定文字串的顶部中心点与大写字母顶部为中心点
右上(TR)	指定文字串的顶部右端点与大写字母顶部对齐
左中(ML)	指定文字串的中部左端点与大写字母和文字基线之间的线对齐
正中(MC)	指定文字串的中部中心点与大写字母和文字基线之间的中心线对齐
右中(MR)	指定文字串的中部右端点与大写字母和文字基线之间的一点对齐
左下(BL)	指定文字左侧起始点，与水平线的夹角为字体的选择角，且过该点的直线就是文字中最低字符字底的基线
中下(BC)	指定文字沿排列方向的中心点，最低字符字底基线与 BL 相同
右下(BR)	指定文字串的右端底部是否对齐

提 示

要结束单行输入，在一空白行处按 Enter 键即可。

如图 6-7 所示的即为 4 种对齐方式的示意图，分别为对齐方式、中间方式、右上方式和左下方式。

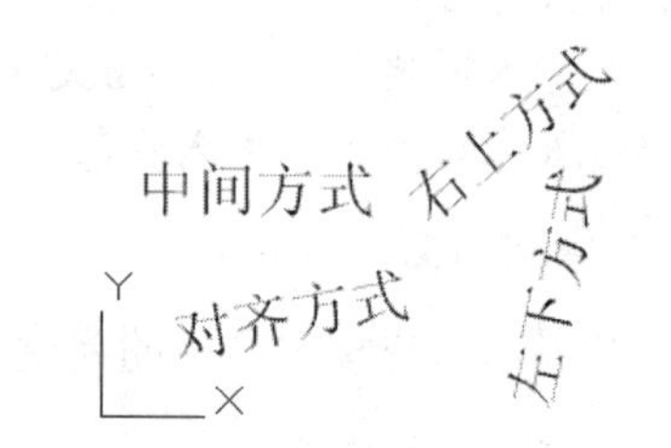

图 6-7　单行文字的 4 种对齐方式

2. 编辑单行文字

与绘图类似的是，在建立文字时，也有可能出现错误操作，这时就需要编辑文字。

编辑单行文字的方法有以下两种。

(1) 在命令输入行中输入 Ddedit 后按 Enter 键。

(2) 双击即可实现编辑单行文字操作。

具体操作为：在命令输入行中输入 Ddedit 后按 Enter 键，出现捕捉标志 □；移动鼠标指针使此捕捉标识至需要编辑的文字位置，然后单击选中文字实体；在其中可以修改的只是单行文字的内容，修改完文字内容后按两次 Enter 键即可。

6.2.2　多行文字

对于较长和较为复杂的内容，可以使用【多行文字】命令来创建多行文字。多行文字可以布满指定的宽度，在垂直方向上无限延伸。用户可以自行设置多行文字对象中的单个字符的格式。

多行文字由任意数目的文字行或段落组成，与单行文字不同的是在一个多行文字编辑任务中创建的所有文字行或段落都被当作同一个多行文字对象。多行文字可以被移动、旋转、删除、复制、镜像、拉伸或比例缩放。

可以将文字高度、对正、行距、旋转、样式和宽度应用到文字对象中或将字符格式应用到特定的字符中。对齐方式要考虑文字边界以决定文字要插入的位置。

与单行文字相比，多行文字具有更多的编辑选项。可以将下划线、字体、颜色和高度变化应用到段落中的单个字符、词语或词组。

单击【默认】选项卡下【注释】面板中【多行文字】按钮，在主窗口会打开【文字编辑器】选项卡，包括如图 6-8 所示的几个面板，如图 6-9 所示的在位文字编辑器以及标尺。

其中，在【多行文字】选项卡中包括【样式】、【设置格式】、【段落】、【插入点】、【选项】、【关闭】6 个面板，可以根据不同的需要对多行文字进行编辑和修改。下面分别进行具体介绍。

1. 【文字编辑器】选项卡

1) 【样式】面板

在【样式】面板中可以选择文字样式，选择或输入文字高度，其中【文字高度】下拉列表如图 6-10 所示。

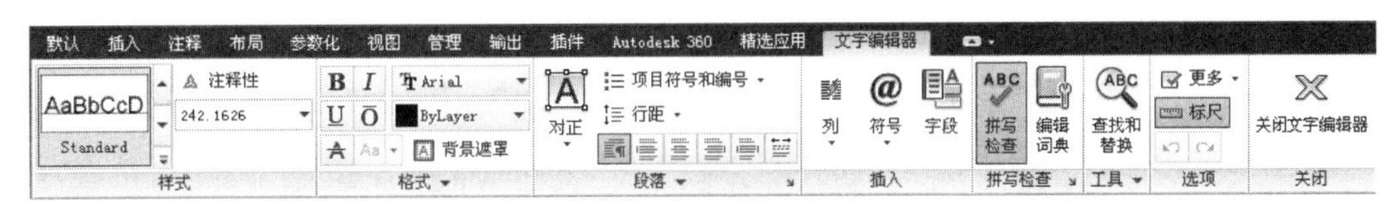

图 6-8 【文字编辑器】选项卡

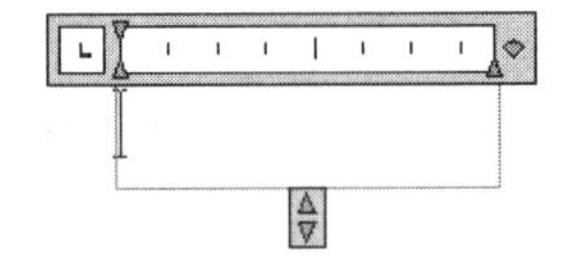

图 6-9 【在位文字编辑器】及其【标尺】

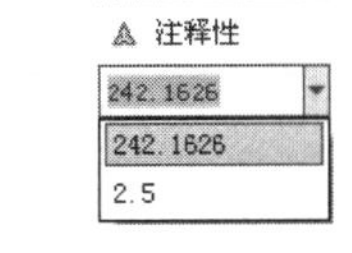

图 6-10 【文字高度】下拉列表

2) 【格式】面板

在【格式】面板中可以对字体进行设置，如可以修改为粗体、斜体等。用户还可以选择自己需要的字体及颜色，其【字体】下拉列表如图 6-11 所示，【颜色】下拉列表如图 6-12 所示。

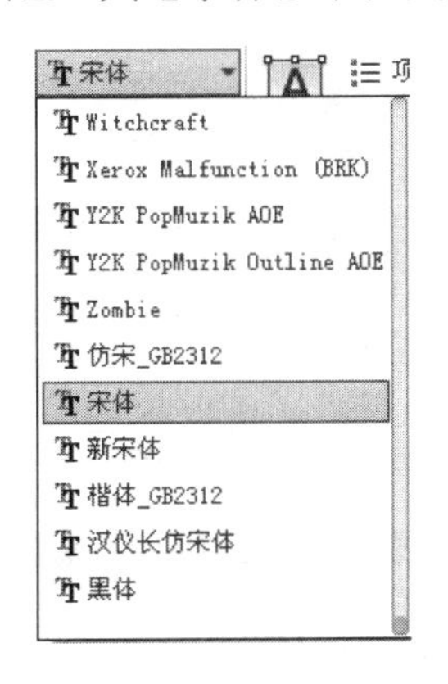

图 6-11 【字体】下拉列表

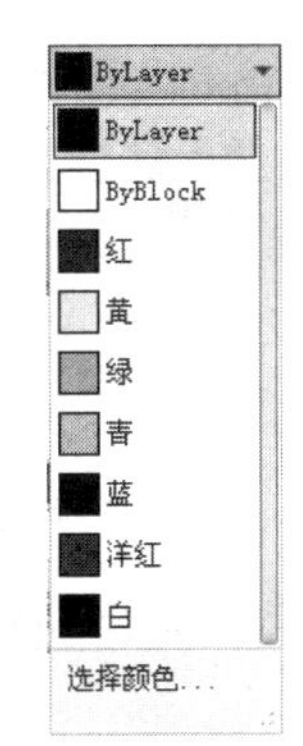

图 6-12 【颜色】下拉列表

3) 【段落】面板

在【段落】面板中可以对段落进行设置，包括对正、编号、分布、对齐等的设置，其中【对正】下拉列表如图 6-13 所示。

4) 【插入】面板

在【插入】面板中可以插入符号、字段，进行分栏设置，其中【符号】下拉列表如图 6-14 所示。

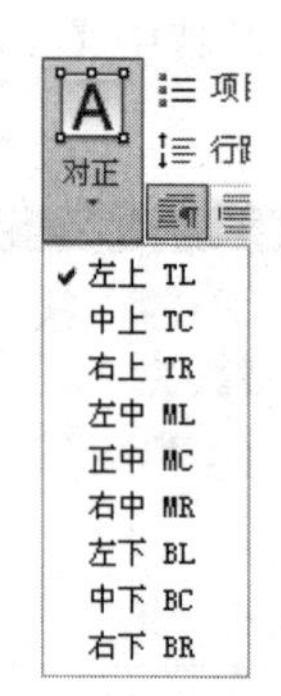

图 6-13 【对正】下拉列表

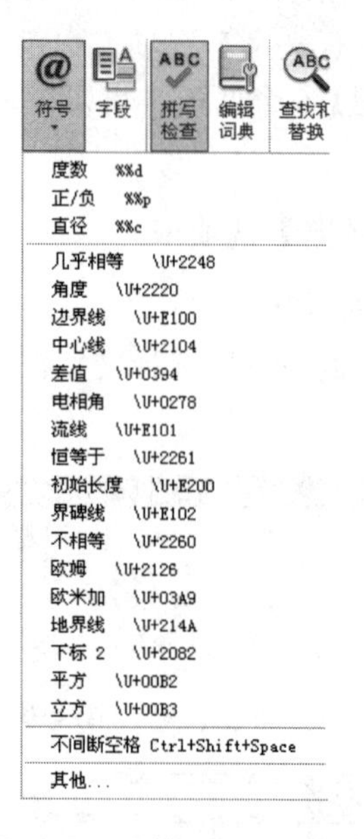

图 6-14 【符号】下拉列表

5) 【选项】面板

在【选项】面板中可以对文字进行查找和替换等操作，其中在【选项】下拉列表中有更完整的功能，如图 6-15 所示，用户可以根据需要进行修改。

选择【选项】|【编辑器设置】|【显示工具栏】菜单命令，如图 6-16 所示，打开如图 6-17 所示的【文字格式】工具栏，也可以用此工具栏中的命令来编辑多行文字，它和【多行文字】选项卡下的几个面板提供的命令是一样的。

图 6-15 【选项】下拉列表

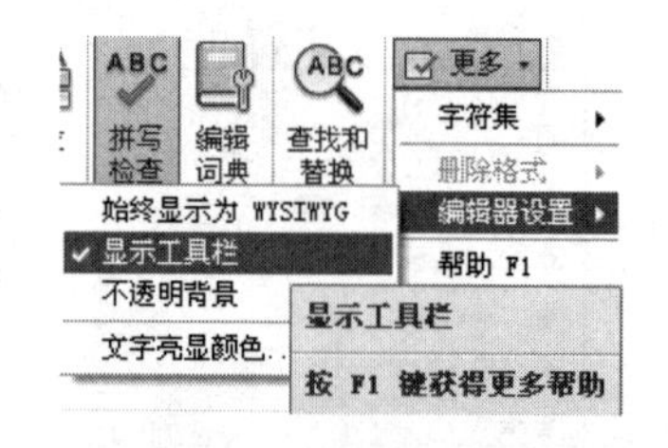

图 6-16 选择的菜单命令

图 6-17 【文字格式】工具栏

6) 【关闭】面板

单击【关闭文字编辑器】按钮可以退回到原来的主窗口，完成多行文字的编辑操作。

2. 创建多行文字

可以通过以下几种方式创建多行文字。

(1) 在【默认】选项卡的【注释】面板或【注释】选项卡的【文字】面板中单击【多行文字】按钮。

(2) 在命令输入行中输入 mtext 后按 Enter 键。

(3) 选择【绘图】|【文字】|【多行文字】菜单命令。

提 示

创建多行文字对象的高度取决于输入的文字总量。

命令输入行提示如下。

```
命令: _mtext 当前文字样式: "Standard"  文字高度:2.5  注释性: 否
指定第一角点:
指定对角点或 [高度(H)/对正(J)/行距(L)/旋转(R)/样式(S)/宽度(W) /栏(C)]: h
指定高度 <2.5>: 60
指定对角点或 [高度(H)/对正(J)/行距(L)/旋转(R)/样式(S)/宽度(W) /栏(C)]: w
指定宽度:500
```

此时绘图区如图 6-18 所示。

图 6-18 选择宽度(W)后绘图区所显示的图形

用【多行文字】命令创建的文字如图 6-19 所示。

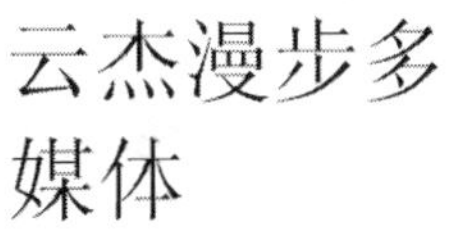

云杰漫步多
媒体

图 6-19 用【多行文字】命令创建的文字

3. 编辑多行文字

编辑多行文字的方法如下。

(1) 在命令输入行中输入 mtedit 后按 Enter 键。

(2) 在【注释】选项卡的【文字】面板中单击【编辑】按钮。

(3) 选择【修改】|【对象】|【文字】|【编辑】菜单命令。

具体操作为：在命令输入行输入 mtedit 后，选择多行文字对象，会重新打开【多行文字】选项卡和在位文字编辑器，可以将原来的文字重新编辑为用户所需要的文字。原来的文字如图 6-20 所示，编辑后的文字如图 6-21 所示。

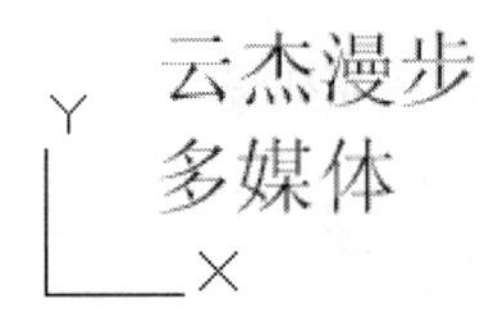

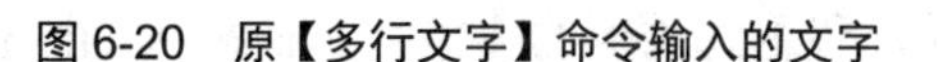
图 6-20 原【多行文字】命令输入的文字

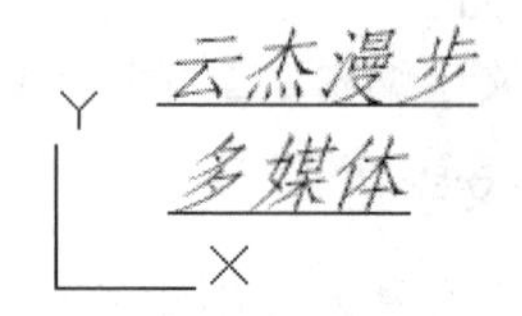

图 6-21 编辑后的文字

6.3 创建和编辑表格

6.3.1 创建表格样式

使用表格可以使信息表达得很有条理，便于阅读，同时表格也具备计算功能。表格在建筑类中经常用于门窗表、钢筋表、原料单和下料单等；在机械类中常用于装配图中零件明细栏、标题栏和技术说明栏等。

选择【格式】|【表格样式】菜单命令，打开如图 6-22 所示的【表格样式】对话框。此对话框可以设置当前表格样式，以及创建、修改和删除表格样式。

下面介绍此对话框中各选项的主要功能。

(1) 【当前表格样式】选项组：显示应用于所创建表格的表格样式的名称。默认表格样式为 Standard。

(2) 【样式】：显示表格样式列表格。当前样式被亮显。

(3) 【列出】：控制【样式】列表格的内容。

(4) 【所有样式】：显示所有表格样式。

(5) 【预览】：显示【样式】列表格中选定样式的预览图像。

(6) 【置为当前】：将【样式】列表格中选定的表格样式设置为当前样式。所有新表格都将使用此表格样式创建。

(7) 【新建】：显示【创建新的表格样式】对话框，从中可以定义新的表格样式。

(8) 【修改】：显示【修改表格样式】对话框，从中可以修改表格样式。

(9) 【删除】：删除【样式】列表格中选定的表格样式。不能删除图形中正在使用的样式。

单击【新建】按钮，出现如图 6-23 所示的【创建新的表格样式】对话框，定义新的表格样式。

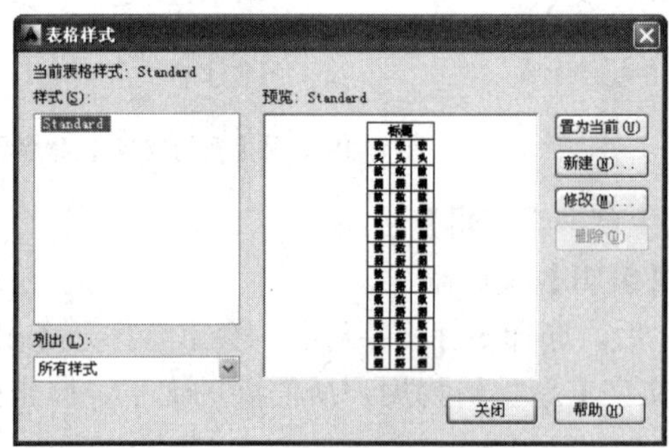

图 6-22 【表格样式】对话框

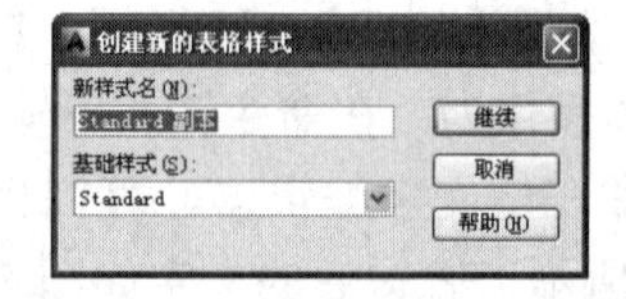

图 6-23 【创建新的表格样式】对话框

在【新样式名】文本框中输入要建立的表格名称，然后单击【继续】按钮，出现如图 6-24 所示的【新建表格样式】对话框，在对话框中通过对起始表格、常规、单元样式等格式设置，完成对表格样式的设置。

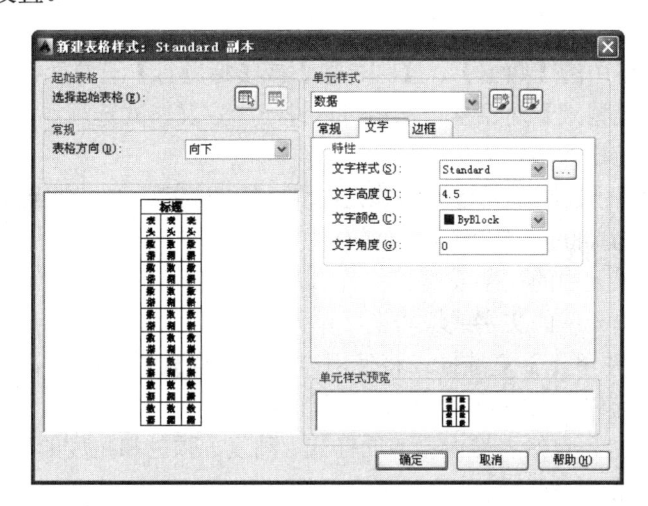

图 6-24 【新建表格样式】对话框

【新建表格样式】对话框中各选项的功能介绍如下。

(1) 【起始表格】选项组：起始表格式图形中用作设置新表格样式格式的样例的表格。一旦选定表格，用户即可指定要从此表格复制到表格样式的结构和内容。创建新的表格样式时，可以指定一个起始表格，也可以从表格样式中删除起始表格。

(2) 【常规】选项组：可以完成对表格方向的设置。

【表格方向】：设置表格方向。【向下】将创建由上而下读取的表格。【向上】将创建由下而上读取的表格。

【向下】：标题行和列标题行位于表格的顶部。

【向上】：标题行和列标题行位于表格的底部。

如图 6-25 所示为表格方式设置的方法和表格样式预览窗口的变化。

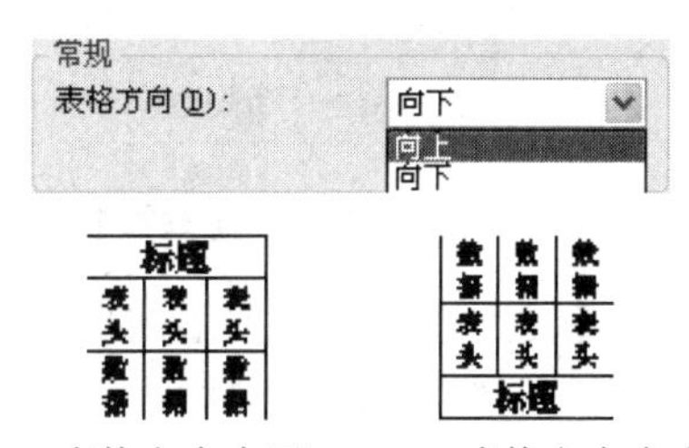

(a) 表格方向向下　　(b) 表格方向向上

图 6-25 【表格方向】选项

(3) 【单元样式】选项组：定义新的单元样式或修改现有单元样式。可以创建任意数量的单元样式。

【单元样式】下拉列表：显示表格中的单元样式。

【创建新单元样式】按钮：打开【创建新单元样式】对话框。

【管理单元样式】按钮：打开【管理单元样式】对话框。

【单元样式】：设置数据单元、单元文字和单元边界的外观，取决于处于活动状态的选项卡，如【常规】选项卡、【文字】选项卡或【边框】选项卡。

① 【常规】选项卡：包括【特性】、【页边距】选项组和【创建行/列时合并单元】复选框的设置，如图 6-26 所示。

【特性】选项组介绍如下。

【填充颜色】：指定单元的背景色。默认值为【无】，可以选择【选择颜色】以显示【选择颜色】对话框。

【对齐】：设置表格单元中文字的对正和对齐方式。文字相对于单元的顶部边框和底部边框进行居中对齐、上对齐或下对齐。文字相对于单元的左边框和右边框进行居中对正、左对正或右对正。

【格式】：为表格中的【数据】、【列标题】或【标题行】设置数据类型和格式。单击该按钮将显示【表格单元格式】对话框，从中可以进一步定义格式选项。

【类型】：将单元样式指定为标签或数据。

【页边距】选项组：控制单元边界和单元内容之间的间距。单元边距设置应用于表格中的所有单元。默认设置为 0.06(英制)和 1.5(公制)。

【水平】：设置单元中的文字或块与左右单元边界之间的距离。

【垂直】：设置单元中的文字或块与上下单元边界之间的距离。

【创建行/列时合并单元】复选框：将使用当前单元样式创建的所有新行或新列合并为一个单元。可以使用此选项在表格的顶部创建标题行。

② 【文字】选项卡：包括表格内文字的样式、高度、颜色和角度的设置，如图 6-27 所示。

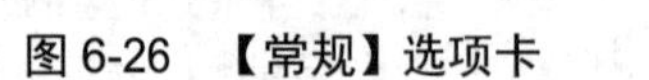

图 6-26 【常规】选项卡

图 6-27 【文字】选项卡

【文字样式】：列出图形中的所有文字样式。单击按钮⋯将显示【文字样式】对话框，从中可以创建新的文字样式。

【文字高度】：设置文字高度。数据和列标题单元的默认文字高度为 0.1800。表标题的默认文字高度为 0.25。

【文字颜色】：指定文字颜色。选择列表底部的【选择颜色】可显示【选择颜色】对话框。

【文字角度】：设置文字角度。默认的文字角度为 0 度。可以输入-359°～+359°之间的任意角度。

③ 【边框】选项卡：包括表格边框的线宽、线型和边框的颜色，还可以将表格内的线设置成双线形式，单击表格边框按钮可以将选定的特性应用到边框，如图 6-28 所示。

图 6-28 【边框】选项卡

【线宽】：通过单击边框按钮，设置将要应用于指定边界的线宽。如果使用粗线宽，可能必须增加单元边距。

【线型】：通过单击边框按钮，设置将要应用于指定边界的线型。将显示标准线型随块、随层和连续，或者可以选择“其他”加载自定义线型。

【颜色】：通过单击边框按钮，设置将要应用于指定边界的颜色。选择【选择颜色】可显示【选择颜色】对话框。

【双线】：将表格边框显示为双线。

【间距】：确定双线边框的间距。默认间距为 0.1800。

边界按钮：控制单元边界的外观。边框特性包括栅格线的线宽和颜色。

【所有边框】按钮：将边框特性设置应用到指定单元样式的所有边框。

【外部边框】按钮：将边框特性设置应用到指定单元样式的外部边框。

【内部边框】按钮：将边框特性设置应用到指定单元样式的内部边框。

【底部边框】按钮：将边框特性设置应用到指定单元样式的底部边框。

【左边框】按钮：将边框特性设置应用到指定单元样式的左边框。

【上边框】按钮：将边框特性设置应用到指定单元样式的上边框。

【右边框】按钮：将边框特性设置应用到指定单元样式的右边框。

【无边框】按钮：隐藏指定单元样式的边框。

④ 【单元样式预览】：显示当前表格样式设置效果的样例。

注 意

边框设置好后一定要单击表格边框按钮应用选定的特征，如不应用，表格中的边框线在打印和预览时都看不见。

6.3.2 绘制及编辑表格

1. 绘制表格

创建表格样式的最终目的是绘制表格，以下将详细介绍按照表格样式绘制表格的方法。

选择【绘图】|【表格】菜单命令或在命令输入行中输入 Table，按 Enter 键，都可出现如图 6-29 所示的【插入表格】对话框。

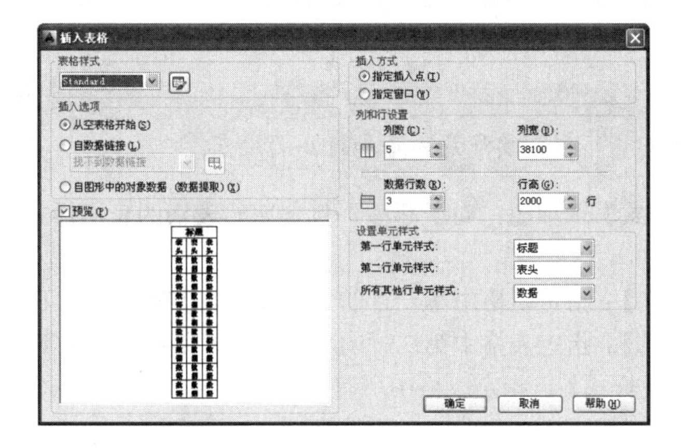

图 6-29 【插入表格】对话框

下面介绍【插入表格】对话框中各选项的功能。

(1) 【表格样式】选项组：在要从中创建表格的当前图形中选择表格样式。 通过单击下拉列表旁边的按钮，用户可以创建新的表格样式。

(2) 【插入选项】选项组：指定插入表格的方式。

【从空表格开始】单选按钮：创建可以手动填充数据的空表格。

【自数据链接】单选按钮：从外部电子表格中的数据创建表格。

【自图形中的对象数据(数据提取)】：启动“数据提取”向导。

(3) 【预览】：显示当前表格样式的样例。

(4) 【插入方式】选项组：指定表格位置。

【指定插入点】单选按钮：指定表格左上角的位置。可以使用定点设备，也可以在命令提示下输入坐标值。如果表格样式将表格的方向设置为由下而上读取，则插入点位于表格的左下角。

【指定窗口】单选按钮：指定表格的大小和位置。可以使用定点设备，也可以在命令提示下输入坐标值。 选定此选项时，行数、列数、列宽和行高取决于窗口的大小以及列和行设置。

(5) 【列和行设置】选项组：设置列和行的数目和大小。

▥图标：表示列。

▤图标：表示行。

【列数】：指定列数。选中【指定窗口】单选按钮并指定列宽时，【自动】选项将被选定，且列数由表格的宽度控制。如果已指定包含起始表格的表格样式，则可以选择要添加到此起始表格的其他列的数量。

【列宽】：指定列的宽度。选中【指定窗口】单选按钮并指定列数时，则选定了【自动】选项，且列宽由表格的宽度控制。最小列宽为一个字符。

【数据行数】：指定行数。选中【指定窗口】单选按钮并指定行高时，则选定了【自动】选项，且行数由表格的高度控制。带有标题行和表格头行的表格样式最少应有三行。最小行高为一个文字行。如果已指定包含起始表格的表格样式，则可以选择要添加到此起始表格的其他数据行的数量。

【行高】：按照行数指定行高。文字行高基于文字高度和单元边距，这两项均在表格样式中设置。选中【指定窗口】单选按钮并指定行数时，则选定了【自动】选项，且行高由表格的高度控制。

注 意

在【插入表格】对话框中，要注意列宽和行高的设置。

(6) 【设置单元样式】选项组：对于那些不包含起始表格的表格样式，请指定新表格中行的单元格式。

【第一行单元样式】：指定表格中第一行的单元样式。在默认情况下，使用标题单元样式。

【第二行单元样式】：指定表格中第二行的单元样式。在默认情况下，使用表头单元样式。

【所有其他行单元样式】：指定表格中所有其他行的单元样式。在默认情况下，使用数据单元样式。

2. 编辑表格

通常在创建表格之后，需要对表格的内容进行修改，修改编辑表格的方法包括合并单元格和增删表格内容，利用夹点修改表格。

1) 合并单元格

选择要合并的单元格并右击，在弹出的快捷菜单中选择【合并】命令，如图 6-30 所示，其包含了【全部】、【按行】、【按列】3 个命令。

图 6-30 【合并】快捷菜单命令

2) 增删表格内容

在表格内，如果想增删内容，比如增加列。可执行以下步骤：

单击想要添加的单元格，右击，在弹出的快捷菜单中选择【列】命令，其包含了【在左侧插入】、【在右侧插入】、【删除】3 个命令，可按需要完成增加列、删除列。

6.3.3 填写表格

表格内容的填写包括输入文字、单元格内插入块、插入公式和直接插入块等内容，下面将详细介绍。

1. 使用文字输入

打开一个表格，填写“标题”。双击绘图栏中要输入文字的单元格，出现如图 6-31 所示【文字格式】对话框。

图 6-31 【文字格式】对话框

【文字格式】对话框用于控制多行文字对象的文字样式和选定文字的字符格式和段落格式。下面介绍此对话框中各选项的主要功能。

注 意

从其他文字处理应用程序(例如 Microsoft Word)中粘贴的文字将保留其大部分格式。使用【选择性粘贴】中的选项，可以清除已粘贴文字的段落格式，例如段落对齐或字符格式。

【样式】下拉列表框：向多行文字对象应用文字样式。当前样式保存在 TEXTSTYLE 系统变量中。

如果将新样式应用到现有的多行文字对象中，用于字体、高度和粗体或斜体属性的字符格式将被替代。堆叠、下划线和颜色属性将保留在应用了新样式的字符中。

不应用具有反向或倒置效果的样式。如果在 SHX 字体中应用定义为垂直效果的样式，这些文字将在在位文字编辑器中水平显示。

【字体】下拉列表框：为新输入的文字指定字体或改变选定文字的字体。TrueType 字体按字体族的名称列出。AutoCAD 编译的形 (SHX) 字体按字体所在文件的名称列出。自定义字体和第三方字体在编辑器中显示为 Autodesk 提供的代理字体。

Sample 目录中提供了一个样例图形 (TrueType.dwg)，其中显示了每种字体。

【注释性】：打开或关闭当前多行文字对象的“注释性”。

【文字高度】下拉列表框：按图形单位设置新文字的字符高度或修改选定文字的高度。如果当前文字样式没有固定高度，则文字高度是 TEXTSIZE 系统变量中存储的值。多行文字对象可以包含不同高度的字符。

【放弃】选项：在在位文字编辑器中放弃操作，包括对文字内容或文字格式所做的修改。也可以使用 Ctrl+Z 组合键。

【重做】选项：在在位文字编辑器中重做操作，包括对文字内容或文字格式所做的修改。也可以使用 Ctrl+Y 组合键。

【堆叠】选项：如果选定文字中包含堆叠字符，则创建堆叠文字(例如分数)。如果选定堆叠文字，则取消堆叠。使用堆叠字符、插入符(^)、正向斜杠(/)和磅符号(#)时，堆叠字符左侧的文字将堆叠在字符右侧的文字之上。

在默认情况下，包含插入符的文字转换为左对正的公差值。包含正斜杠(/)的文字转换为居中对正的分数值，斜杠被转换为一条同较长的字符串长度相同的水平线。包含磅符号(#)的文字转换为被斜线(高度与两个字符串高度相同)分开的分数。斜线上方的文字向右下对齐，斜线下方的文字向左上对齐。

【文字颜色】选项：指定新文字的颜色或更改选定文字的颜色。可以为文字指定与被打开的图层相关联的颜色(随层)或所在的块的颜色(随块)。也可以从颜色列表中选择一种颜色，或单击【其他】打开【选择颜色】对话框。

【标尺】选项：按钮在编辑器顶部显示标尺。

在编辑器顶部显示标尺。拖曳标尺末尾的箭头可更改多行文字对象的宽度。列模式处于活动状态时，还显示高度和列夹点。

也可以从标尺中选择制表符。单击【制表符选择】按钮将更改制表符样式：左对齐、居中、右对齐和小数点对齐。进行选择后，可以在标尺或【段落】对话框中调整相应的制表符。

【确定】按钮：关闭编辑器并保存所做的所有更改。

【选项】按钮：显示其他文字选项列表。

【栏数】选项：显示栏弹出菜单，该菜单提供 3 个栏选项：【不分栏】、【静态栏】和【动态栏】。

【多行文字对正】选项：为显示【多行文字对正】菜单。并且有 9 个对齐选项可用。【左上】为默认。

【段落】选项：按钮显示【段落】对话框。

【左对齐、居中、右对齐、两端对齐和分散对齐】选项：设置当前段落或选定段落的左、中或右文字边界的对正和对齐方式。包含在一行的末尾输入的空格，并且这些空格会影响行的对正。

【行距】选项：显示建议的行距选项或【段落】对话框。在当前段落或选定段落中设置行距。注意行距是多行段落中文字的上一行底部和下一行顶部之间的距离。

【编号】选项：显示【项目符号和编号】菜单。显示用于创建列表的选项。(表格单元不能使用此选项。) 缩进列表以与第一个选定的段落对齐。

【插入字段】选项：显示【字段】对话框，从中可以选择要插入到文字中的字段。关闭该对话框后，字段的当前值将显示在文字中。

【符号】选项：在光标位置插入符号或不间断空格。也可以手动插入符号。

子菜单中列出了常用符号及其控制代码或 Unicode 字符串。单击【其他】将显示【字符映射表】对话框，其中包含了系统中每种可用字体的整个字符集。选择一个字符，然后单击【选定】将其放入【复制字符】框中。选中所有要使用的字符后，单击【复制】关闭对话框。在编辑器中，右击并单击【粘贴】。

不支持在垂直文字中使用符号。

【倾斜角度】选项：确定文字是向前倾斜还是向后倾斜。倾斜角度表示的是相对于 90 度角方向的偏移角度。输入一个-85～85 之间的数值使文字倾斜。倾斜角度的值为正时文字向右倾斜。倾斜角度的值为负时文字向左倾斜。

【追踪】选项：增大或减小选定字符之间的空间。1.0 设置是常规间距。设置为大于 1.0 可增大间距，设置为小于 1.0 可减小间距。

【宽度因子】选项：扩展或收缩选定字符。1.0 设置代表此字体中字母的常规宽度。可以增大该宽度(例如，使用宽度因子 2 使宽度加倍)或减小该宽度(例如，使用宽度因子 0.5 将宽度减半)。

注 意

根据正在编辑的内容，有些选项可能不可用。

2. 单元格内插入块

选择任一单元格并右击，在弹出的快捷菜单中选择【插入点】|【块】命令，打开如图 6-32 所示的【在表格单元中插入块】对话框。

下面介绍此对话框中部分选项的主要功能。

【浏览】按钮：在【插入】对话框中，从图形的块列表格中选择块，或单击【浏览】按钮查找其他图形中的块。

【比例】：指定块参照的比例。输入值或启用【自动调整】复选框缩放块以适应选定的单元。

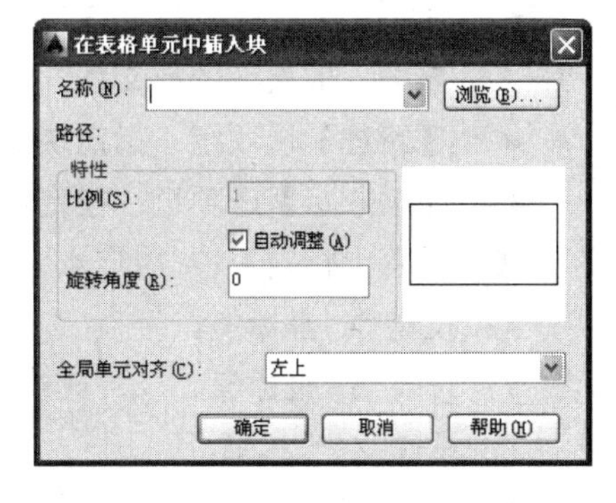

图 6-32 【在表格单元中插入块】对话框

【旋转角度】：指定块的旋转角度。

【全局单元对齐】：指定块在表格单元中的对齐方式。块相对于上、下单元边框居中对齐、上对齐或下对齐；相对于左、右单元边框居中对齐、左对齐或右对齐。

3. 插入公式

任意选择一单元格并右击，弹出如图 6-33 所示的快捷菜单。

在快捷菜单中选择【插入点】|【公式】|【方程式】命令，在单元格内输入公式，完成输入后，单击【文字格式】对话框中【确定】按钮，完成公式的输入。

4. 直接插入块

(1) 注释性快的插入。注释性块是 AutoCAD【块】，选择【插入】|【块】菜单命令，打开【插入】对话框来完成块的插入，如图 6-34 所示。

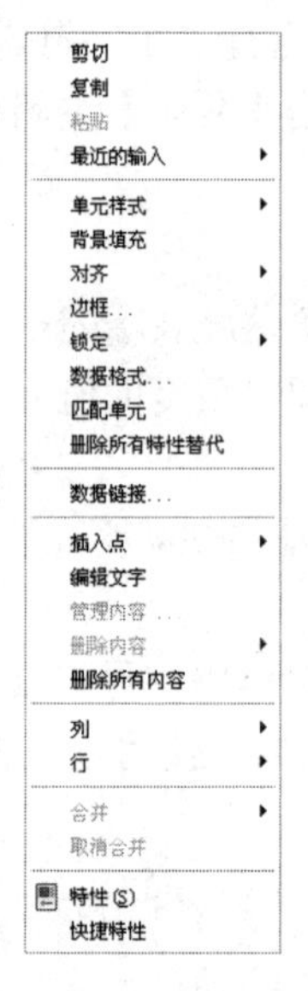

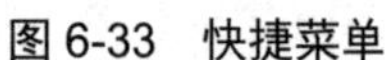
图 6-33　快捷菜单

图 6-34　【插入】对话框

- 【名称】：指定要插入块的名称，或指定要作为块插入的文件的名称。
- 【浏览】按钮：打开【选择图形文件】对话框(标准文件选择对话框)，从中可以选择要插入的块或图形文件。
- 【路径】选项组：指定块的路径。
- 【插入点】选项组：指定块的插入点。

【在屏幕上指定】：　用定点设备指定块的插入点。

X：设置 X 坐标值。

Y：设置 Y 坐标值。

Z：设置 Z 坐标值。

- 【比例】选项组：指定插入块的缩放比例。如果指定负的 X、Y 和 Z 缩放比例因子，则插入块的镜像图像。

【在屏幕上指定】：用定点设备指定块的比例。

X：设置 X 比例因子。

Y：设置 Y 比例因子。

Z：设置 Z 比例因子。

【统一比例】复选框：为 X、Y 和 Z 坐标指定单一的比例值。为 X 指定的值也反映在 Y 和 Z 的值中。

- 【旋转】选项组：在当前 UCS 中指定插入块的旋转角度。

  【在屏幕上指定】：用定点设备指定块的旋转角度。

  【角度】：设置插入块的旋转角度。

- 【块单位】选项组：显示有关块单位的信息。

  【单位】：指定插入块的 INSUNITS 值。

【比例】：显示单位比例因子，该比例因子是根据块的 INSUNITS 值和图形单位计算的。

- 【分解】复选框：分解块并插入该块的各个部分。启用【分解】复选框时，只可以指定统一比例因子。在图层 0 上绘制的块的部件对象仍保留在图层 0 上。颜色为随层的对象为白色。线型为随块的对象具有 CONTINUOUS 线型。

注 意

直接插入的块，不能保证块在表格中的位置，但直接插入的块与表格不是一个整体，以后可对块单独进行编辑。而在单元格内插入块，能准确保证块的对齐方式，但不能在表格中对块进行直接编辑。

(2) 动态属性块的插入。动态属性块的设置可以给操作带来很多方便。可以发现，在插入表格之后，动态属性块已经不具有动态性，不能被编辑了，因此动态属性块的插入(如需编辑)也应采用直接插入块的方法。

(3) 滚动轴承注释性动态块的插入。注释性动态块与注释性块一样不能插入表格。

6.4 设计范例——图块、文字、表格的创建

本范例源文件：\06\6-1.dwg

本范例完成文件：\06\6-2.dwg

多媒体教学路径：光盘→多媒体教学→第 6 章

6.4.1 实例介绍与展示

本章范例使用基本完成的图纸讲解图块、文字和表格的修改创建过程，通过学习，读者可以基本掌握这 3 种命令的使用方法。完成的范例如图 6-35 所示。

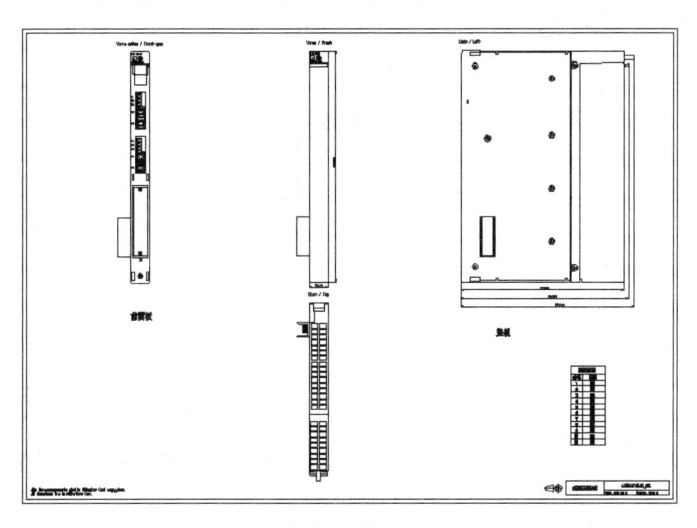

图 6-35 完成文件图形

6.4.2 使用图块

步骤01 打开“6-1.dwg”文件

打开“6-1.dwg”文件，如图 6-36 所示。

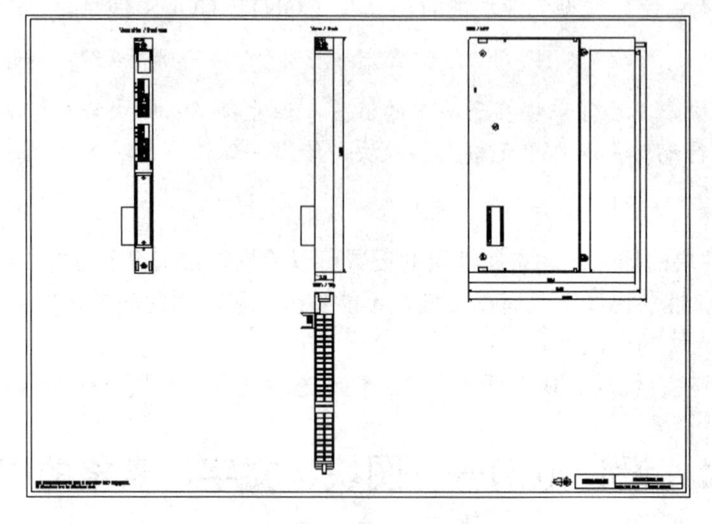

图 6-36 打开的图形

步骤02 创建块

单击【默认】选项卡【块】面板上的【创建】按钮，打开【块定义】对话框，如图 6-37 所示，在【名称】文本框输入“螺钉”，单击【对象】选项组【选择对象】按钮，在绘图区选择要作为块的图形部分，如图 6-38 所示。

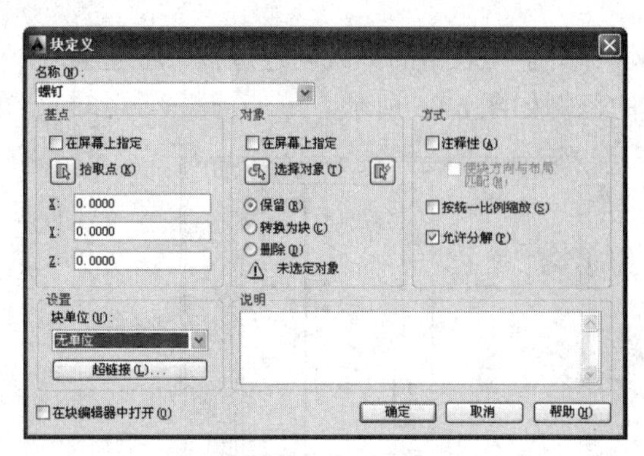

图 6-37 【块定义】对话框

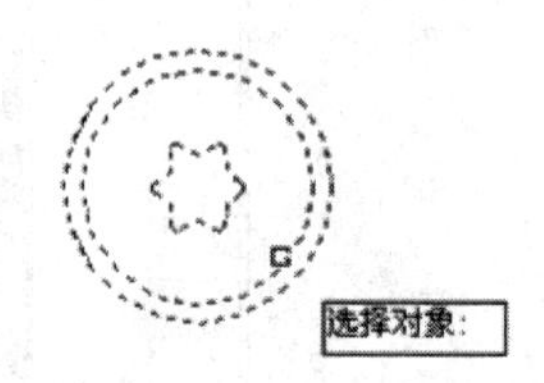

图 6-38 选择对象

步骤03 插入块

① 按 Enter 键，返回到【块定义】对话框。单击【确定】按钮。单击【默认】选项卡【块】面板上的【插入】按钮，弹出【插入】对话框，如图 6-39 所示，一般情况下系统会自动找到刚创建的块，如需选用其他的块，则单击【浏览】按钮进行选择。

图 6-39 【插入】对话框

②在【插入】对话框中启用【在屏幕上指定】复选框，则可以直接在绘图区选择合适位置，其他参数设置按照图 6-39 所示，单击【确定】按钮，在绘图区选择合适的位置单击，如图 6-40 所示，如果找不到显示的块，可以缩小视图。

③放置好块后，如果位置不合适可以使用【移动】命令进行移动，如图 6-41 所示为修改完成的图块。

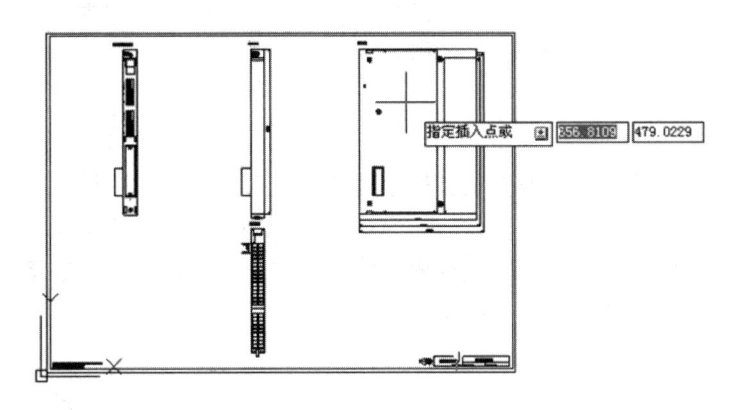

图 6-40 指定放置点

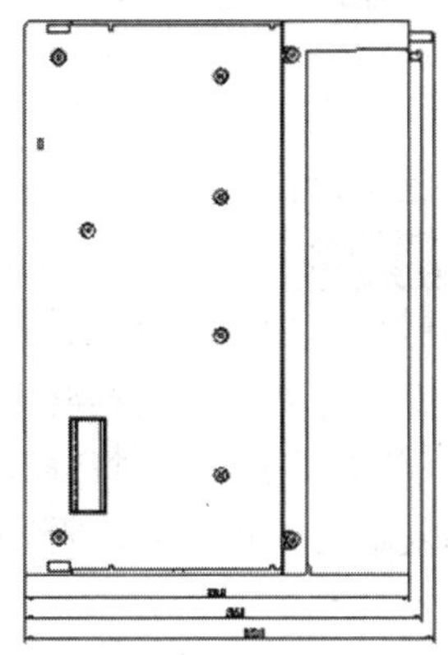

图 6-41 修改完成的图块

6.4.3 添加文字

步骤01 绘制文字

①单击【默认】选项卡【注释】面板【多行文字】按钮，在合适的位置拖曳出一个矩形，如图 6-42 所示。

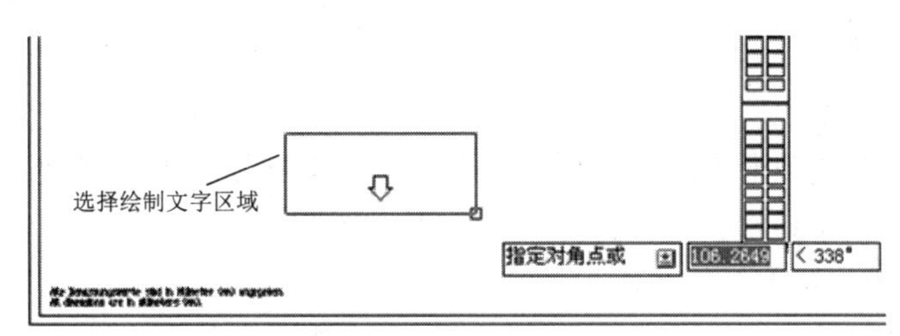

图 6-42 确定文字位置

②系统同时弹出【文字编辑器】选项卡和【文字格式】对话框，如图 6-43 和图 6-44 所示，在其中设置文字参数，并且输入相关文字后，单击【文字编辑器】选项卡中的【关闭文字编辑器】按钮即可完成文字创建。命令输入行提示如下。

命令: _mtext 当前文字样式: "STANDARD" 文字高度: 0.2000 注释性: 否
指定第一角点: \\指定角点
指定对角点或 [高度(H)/对正(J)/行距(L)/旋转(R)/样式(S)/宽度(W)/栏(C)]: \\指定角点，输入文字

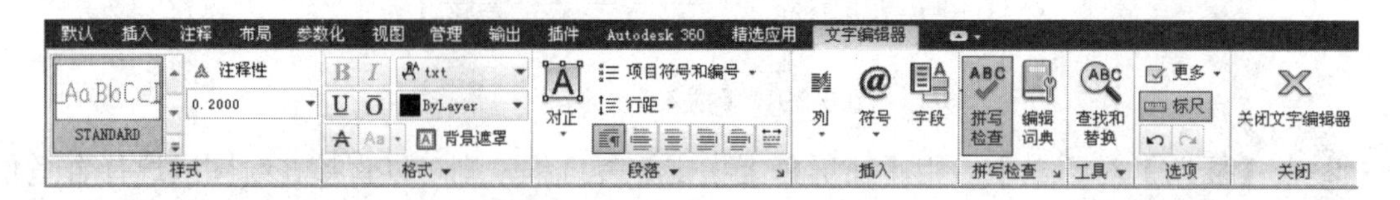

图 6-43 【文字编辑器】选项卡

图 6-44 【文字格式】对话框

③添加好的文字如图 6-45 所示。

步骤02 复制文字并更改内容

①在绘图区选择刚创建的文字，单击【修改】工具栏中的【复制】按钮，可以将文字进行复制移动，如图 6-46 所示。

②将文字移动到合适位置后，可以双击该文字进行内容修改，这里需要注意，文字格式是和复制对象相同的，同时也可以更改，如图 6-47 所示。

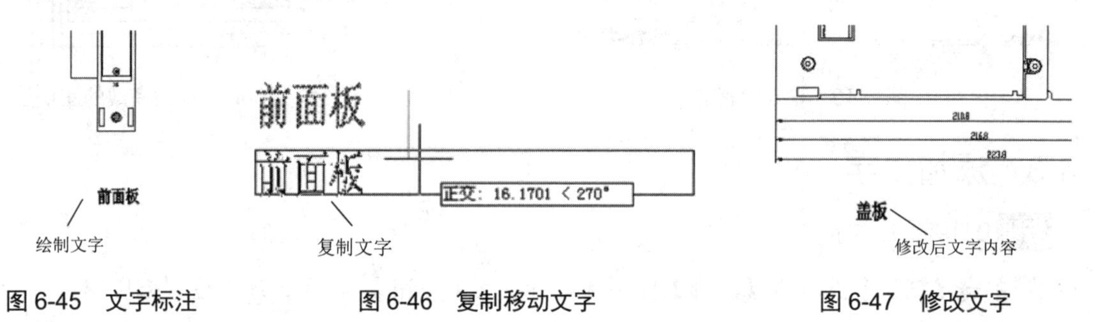

图 6-45 文字标注 图 6-46 复制移动文字 图 6-47 修改文字

6.4.4 添加表格

步骤01 绘制表格

①单击【默认】选项卡【注释】面板中的【表格】按钮，弹出【插入表格】对话框，设置【列数】为“3”、【列宽】为“15”、【数据行数】为“11”、【行高】为“30”，其他保持默认设置，如图 6-48 所示，单击【确定】按钮。

②在绘图区会出现选择【指定插入点】的提示，如图 6-49 所示，找到合适的位置单击，就可以放置表格，如果位置不合适，可以使用【移动】命令进行移动，这里不再赘述。

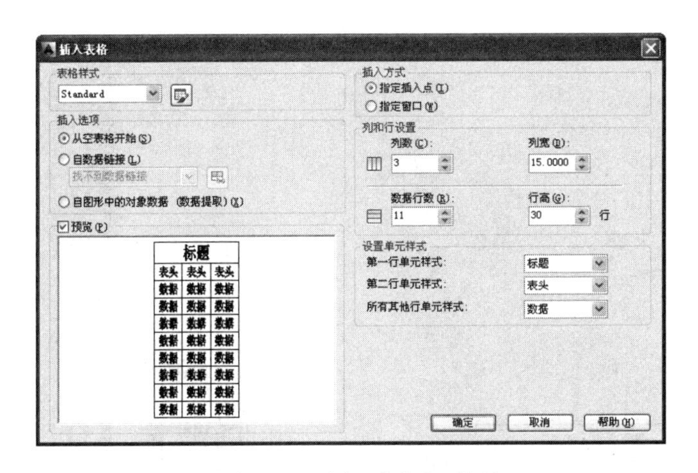

图 6-48 【插入表格】对话框

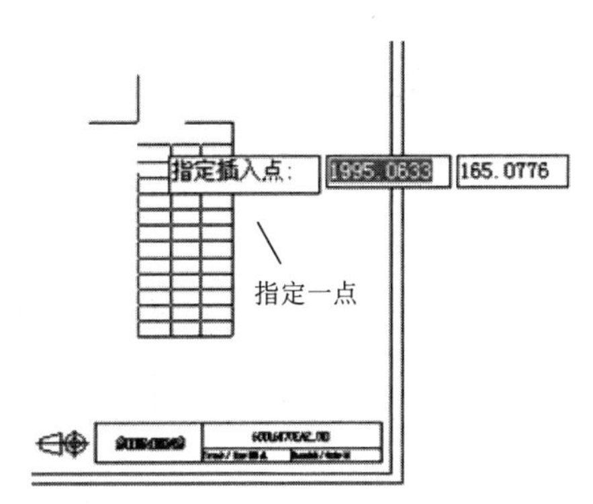

图 6-49 放置表格

③放置好表格后，系统会提示进行文字输入，如图 6-50 所示，按照顺序依次输入，输入完成后就是一个完整的表格了，如图 6-51 所示。

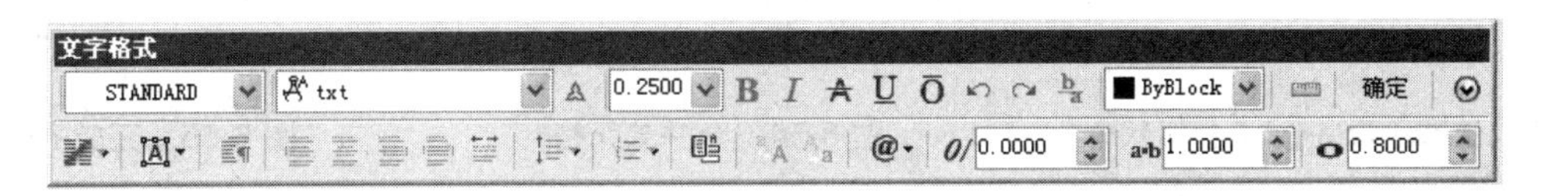

图 6-50 输入文字

步骤02 修改表格添加文字

①如果要修改表格样式，可以进行以下操作。选择需要合并的表格并右击，在弹出的快捷菜单中选择【合并】|【全部】命令，即可完成合并，如图 6-52～图 6-54 所示。

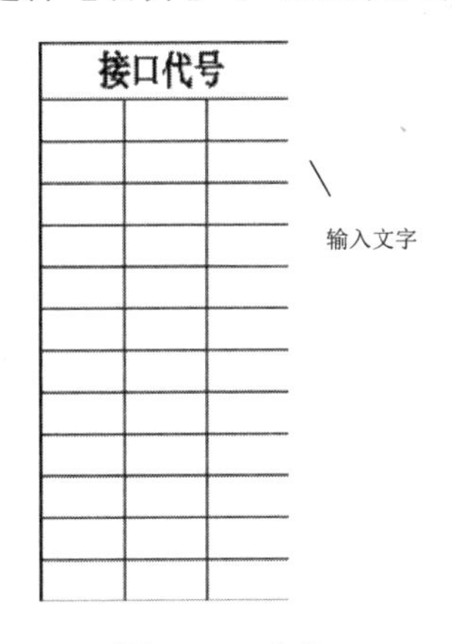

图 6-51 表格

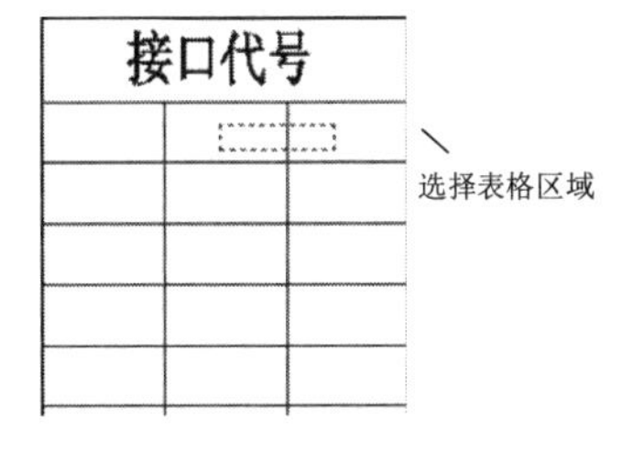

图 6-52 选择表格区域

②修改单元格并使用【单行文字】命令添加文字后，完成的表格如图 6-55 所示。

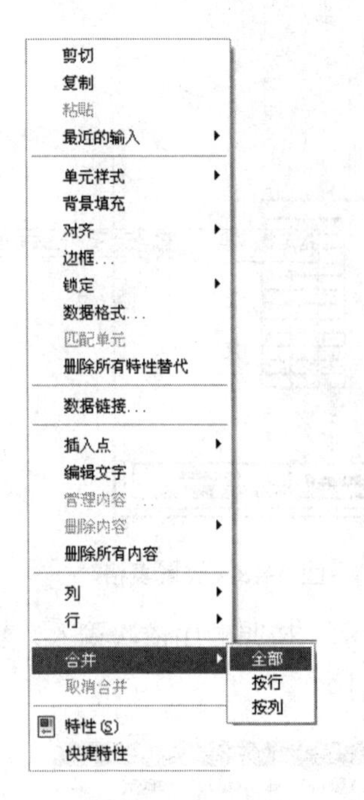

图 6-53　选择【合并】|【全部】命令

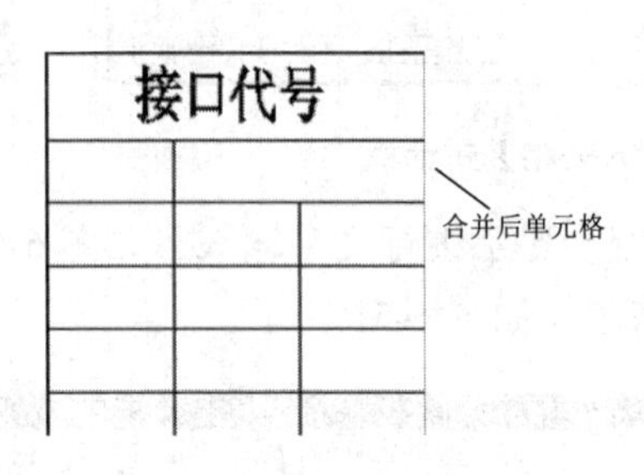

图 6-54　合并单元格

接口代号	
序号	名称
1	H1
2	H2
3	H3
4	X2
5	X3
6	H4
7	H5
8	H6
9	X4
10	X5
11	X6

图 6-55　完成的表格

6.5　本 章 小 结

本章主要介绍了图块、文字和表格的使用方法。这些是 AutoCAD 绘图的基础，在以后的绘图中会经常用到，读者可以结合范例进行学习。

第 7 章

图纸的打印和输出

本章导读：

图纸的打印和输出是在完成电路图出图时必需的步骤。本章将详细讲解图纸的页面设置、图纸设置和打印输出设置。

7.1 创建绘图空间

布局是一种图纸空间环境，它模拟图纸页面，提供直观的打印设置。在布局中可以创建并放置视口对象，还可以添加标题栏或其他几何图形。可以在图形中创建多个布局以显示不同视图，每个布局可以包含不同的打印比例和图纸尺寸。布局显示的图形与图纸页面上打印出来的图形完全一样。

7.1.1 模型空间和图纸空间

AutoCAD 最有用的功能之一就是在两个环境中完成绘图和设计工作，即“模拟空间”和“图纸空间”。模拟空间又可以分为平铺式的模拟空间和浮动式的模拟空间。大部分设计和绘图工作都是在平铺式模拟空间中完成的。而图纸空间是模拟手工绘图的空间，它是为绘图平面图而准备的一张虚拟图纸，是一个二维空间的工作环境。从某种意义上来说，图纸空间就是布局图面、打印出图而设计的，还可在其中添加诸如边框、注释、标题和尺寸标注等内容。

在状态栏中，单击【快速查看布局】按钮，出现【模型】选项卡以及一个或多个【布局】选项卡，如图 7-1 所示。

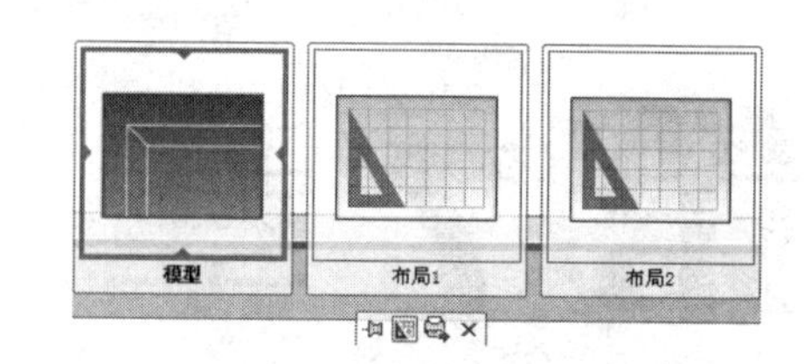

图 7-1 【模型】选项卡和【布局】选项卡

在模型空间和图纸空间都可以进行输出设置，而且它们之间的转换也非常简单，单击【模型】选项卡或【布局】选项卡就可以在它们之间进行切换，如图 7-2 所示。

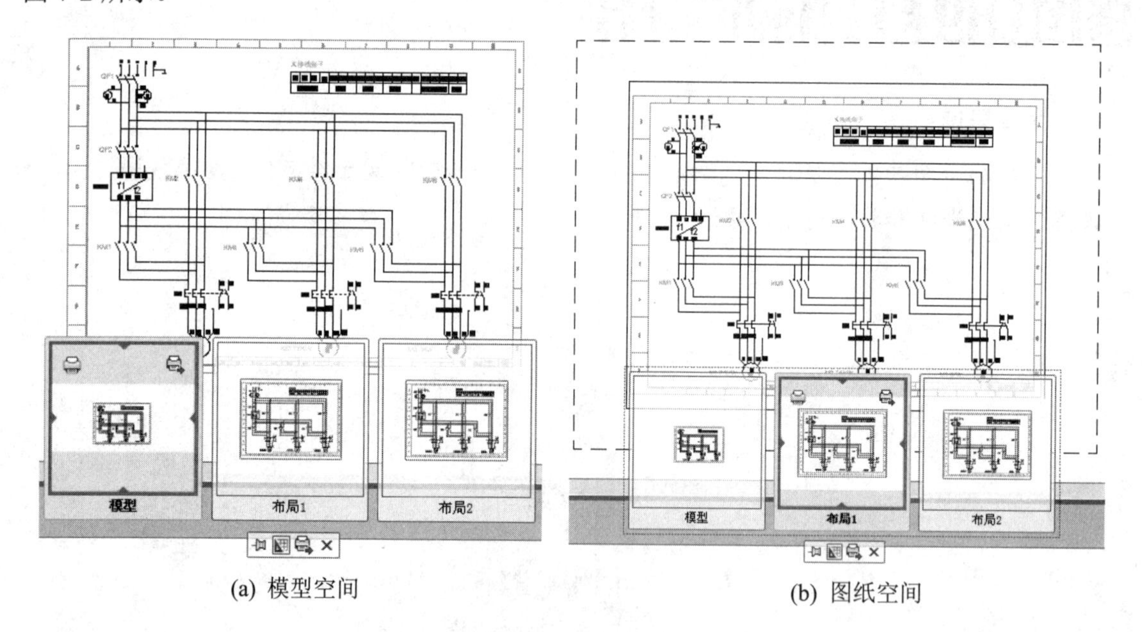

(a) 模型空间　　(b) 图纸空间

图 7-2 模型空间和图纸空间的切换

可以根据坐标标志来区分模型空间和图纸空间，当处于模型空间时，屏幕显示 UCS 标志；当处于图纸空间时，屏幕显示图纸空间标志，即一个直角三角形，所以旧的版本将图纸空间又称作“三角视图”。

注 意

模型空间和图纸空间是两种不同的制图空间，在同一个图形中是无法同时在这两个环境中工作的。

7.1.2 在图纸空间中创建布局

在 AutoCAD 中，可以用“布局向导”命令来创建新布局，也可以用 LAYOUT 命令以模板的方式来创建新布局，这里将主要介绍以向导方式创建布局的过程。

(1) 选择【插入】|【布局】|【创建布局向导】命令。

(2) 在命令输入行中输入 block 后按 Enter 键。

执行上述任意一种操作后，AutoCAD 会打开如图 7-3 所示的【创建布局-开始】对话框。

该对话框用于为新布局命名。左边一列项目是创建中要进行的 8 个步骤，前面标有三角符号的是当前步骤。在【输入新布局的名称】文本框中输入名称。

单击【下一步】按钮，出现如图 7-4 所示的【创建布局-打印机】对话框。

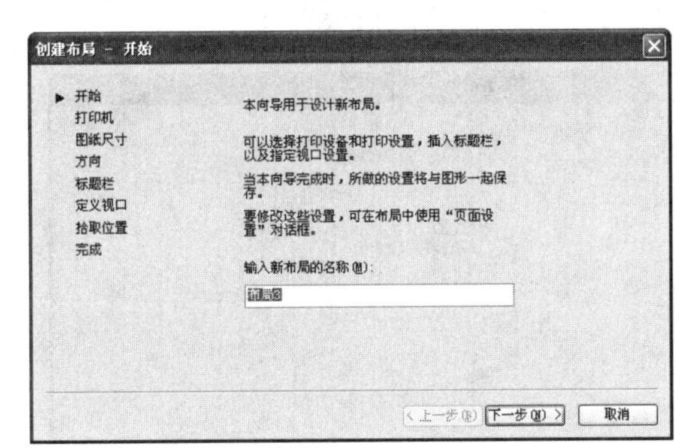

图 7-3 【创建布局-开始】对话框

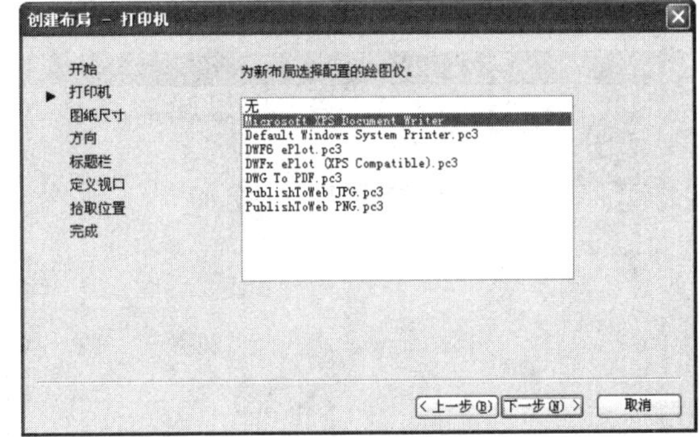

图 7-4 【创建布局-打印机】对话框

如图 7-4 所示对话框用于选择打印机，在列表中列出了本机可用的打印机设备，从中选择一种打印机作为输出设备。完成选择后单击【下一步】按钮，出现如图 7-5 所示的【创建布局-图纸尺寸】对话框。

如图 7-5 所示的对话框用于选择打印图纸的大小和所用的单位。对话框的下拉列表框中列出了可用的各种格式的图纸，它由选择的打印设备所决定，可从中选择一种格式。

- 【图形单位】：用于控制图形单位，可以选择毫米、英寸或像素。
- 【图纸尺寸】：当图形单位有所变化时，图形尺寸也相应变化。

单击【下一步】按钮，出现如图 7-6 所示的【创建布局-方向】对话框。

此对话框用于设置打印的方向，两个单选按钮分别表示不同的打印方向。

- 【横向】：表示按横向打印。
- 【纵向】：表示按纵向打印。

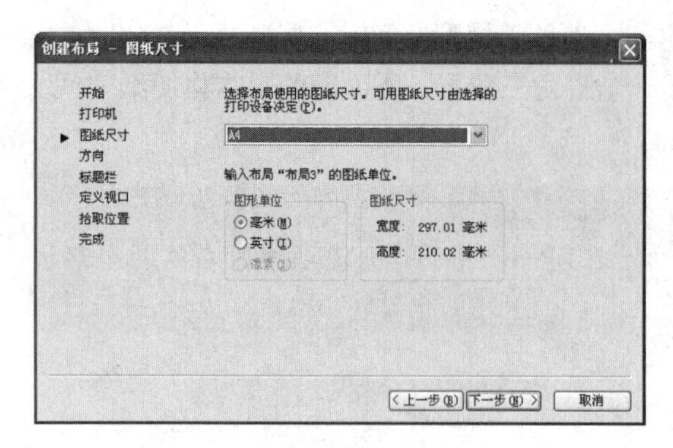

图 7-5 【创建布局-图纸尺寸】对话框

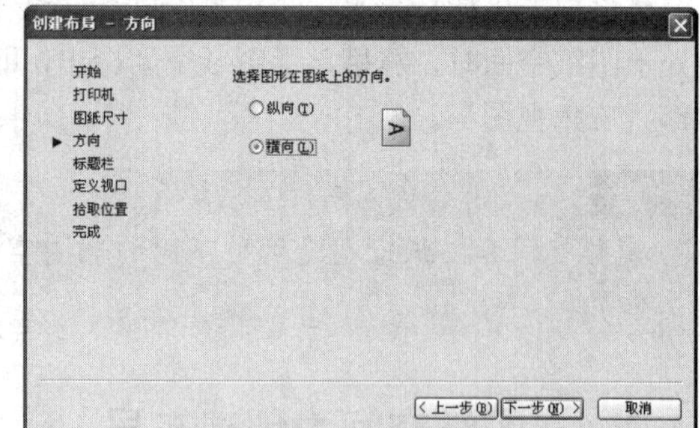

图 7-6 【创建布局-方向】对话框

完成打印方向设置后，单击【下一步】按钮，出现如图 7-7 所示的【创建布局-标题栏】对话框。

此对话框用于选择图纸的边框和标题栏的样式。

- 【路径】：列出了当前可用的样式，可从中选择一种。
- 【预览】：显示所选样式的预览图像。
- 【类型】：可指定所选择的标题栏图形文件是作为【块】还是作为【外部参照】插入到当前图形中。

单击【下一步】按钮，出现如图 7-8 所示的【创建布局-定义视口】对话框。

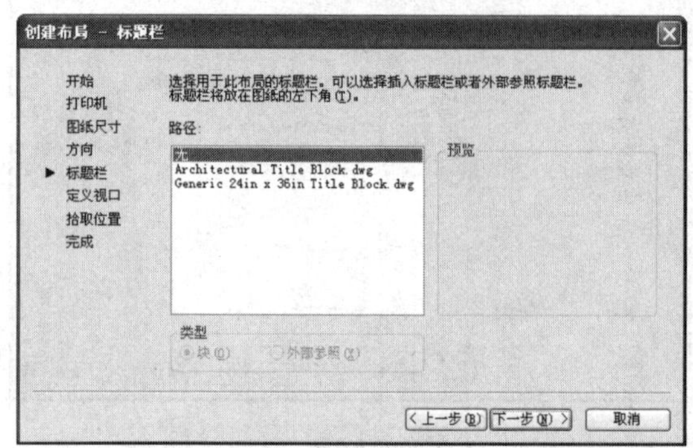

图 7-7 【创建布局-标题栏】对话框

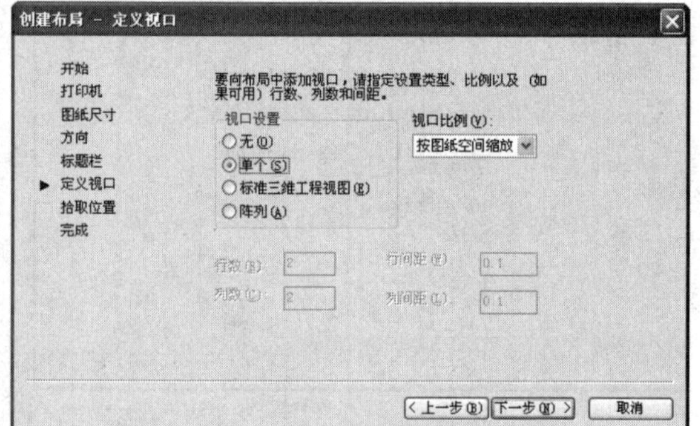

图 7-8 【创建布局-定义视口】对话框

此对话框可指定新创建的布局默认视口设置和比例等，分以下两组设置。

- 【视口设置】：用于设置当前布局定义视口数。
- 【视口比例】：用于设置视口的比例。

选中【阵列】单选按钮，则下面的文本框变为可用，分别输入视口的【行数】和【列数】，以及视口的行间距和列间距。

单击【下一步】按钮，出现如图 7-9 所示的【创建布局-拾取位置】对话框。

此对话框用于设定视口的大小和位置。单击【选择位置】按钮，系统将暂时关闭该对话框，返回到图形窗口，从中设定视口的大小和位置。选择恰当的视口大小和位置以后，出现如图 7-10 所示的【创建布局-完成】对话框。

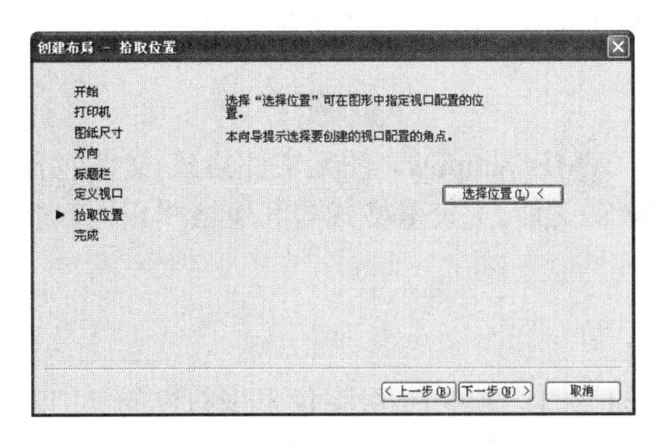

图 7-9 【创建布局-拾取位置】对话框

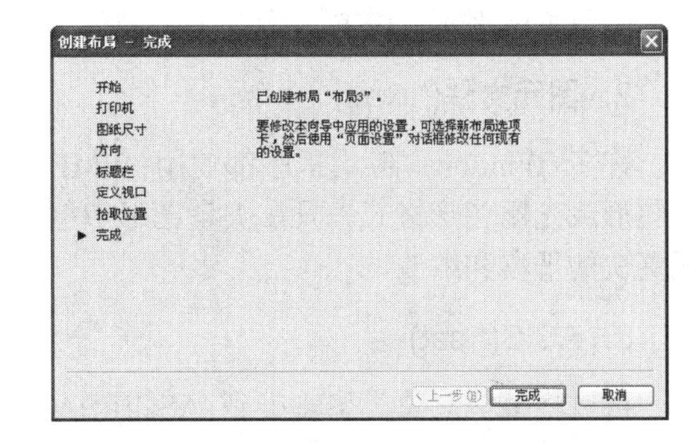

图 7-10 【创建布局-完成】对话框

如果对当前的设置都很满意，单击【完成】按钮完成新布局的创建，系统自动返回到布局空间，显示新创建的布局。

除了可使用上面的导向创建新的布局外，还可以使用 LAYOUT 命令在命令行创建布局。用该命令能以多种方式创建新布局，如从已有的模板开始创建、从已有的布局开始创建或从头开始创建。另外，还可以用该命令管理已创建的布局，如删除、重命名、保存以及设置等。

7.2 图 形 输 出

AutoCAD 可以将图形输出到各种格式的文件，以方便用户将 AutoCAD 中绘制好的图形文件在其他软件中继续进行编辑或修改。

输出的文件类型有：三维 DWF(*.dwf)、图元文件(*.wmf)、ACIS(*.sat)、平板印刷(*.stl)、封装 PS(*.eps)、DXX 提取(*.dxx)、位图(*.bmp)、块(*.dwg)、V8 DGN(*.dgn)等，如图 7-11 所示。

图 7-11 【输出数据】对话框

下面将介绍部分文件格式的概念。

1. 三维 DWF(*.dwf)

可以生成三维模型的 DWF 文件，它的视觉逼真度几乎与原始 DWG 文件相同。可以创建一个单页或多页 DWF 文件，该文件可以包含二维和三维模型空间对象。

2．图元文件(*.wmf)

许多 Windows 应用程序都使用 WMF 格式。WMF(Windows 图元文件格式)文件包含矢量图形或光栅图形格式。只在矢量图形中创建 WMF 文件。 矢量格式与其他格式相比，能实现更快的平移和缩放。

3．ACIS(*.sat)

可以将某些对象类型输出到 ASCII(SAT)格式的 ACIS 文件中。可将代表修剪过的 NURBS 曲面、面域和实体的 ShapeManager 对象输出到 ASCII (SAT)格式的 ACIS 文件中。其他一些对象，例如线和圆弧，将被忽略。

4．平板印刷(*.stl)

可以使用与平板印刷设备(SAT)兼容的文件格式写入实体对象。实体数据以三角形网格面的形式转换为 SLA。SLA 工作站使用该数据来定义代表部件的一系列图层。

5．封装 PS(*.eps)

可以将图形文件转换为 PostScript 文件，很多桌面发布应用程序都使用该文件格式。其高分辨率的打印能力使其更适用于光栅格式，例如 GIF、PCX 和 TIFF。将图形转换为 PostScript 格式后，也可以使用 PostScript 字体。

7.3 页 面 设 置

通过指定页面设置准备要打印或发布的图形。这些设置连同布局都保存在图形文件中。 建立布局后，可以修改页面设置中的设置或应用其他页面设置。用户可以通过以下步骤设置页面。

选择【文件】|【页面设置管理器】菜单命令或在命令输入行中输入 pagesetup 后按 Enter 键。然后 AutoCAD 会自动打开如图 7-12 所示的【页面设置管理器】对话框。

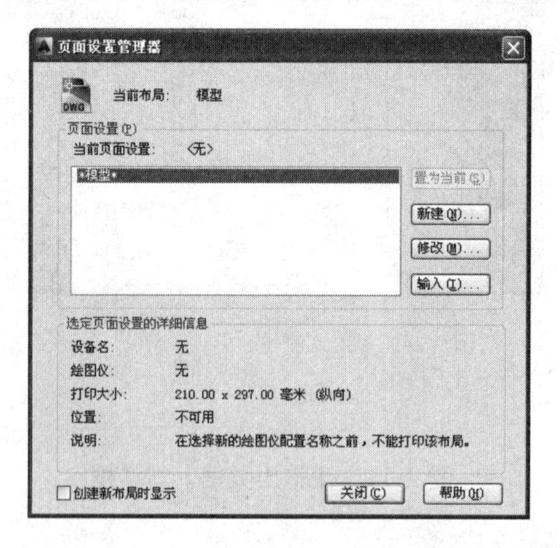

图 7-12 【页面设置管理器】对话框

【页面设置管理器】可以为当前布局或图纸指定页面设置。也可以创建命名页面设置、修改现有页面设置，或从其他图纸中输入页面设置。

(1) 【当前布局】：列出要应用页面设置的当前布局。如果从图纸集管理器打开页面设置管理器，则显示当前图纸集的名称。如果从某个布局打开页面设置管理器，则显示当前布局的名称。

(2) 【页面设置】选项组介绍如下。

① 【当前页面设置】：显示应用于当前布局的页面设置。由于在创建整个图纸集后，不能再对其应用页面设置，因此，如果从【图纸集管理器】中打开【页面设置管理器】，将显示“不适用”。

②【页面设置列表】：列出可应用于当前布局的页面设置，或列出发布图纸集时可用的页面设置。

如果从某个布局打开【页面设置管理器】，则默认选择当前页面设置。列表包括可在图纸中应用的命名页面设置和布局。已应用命名页面设置的布局括在星号内，所应用的命名页面设置括在括号内，例如，*Layout 1 (System Scale-to-fit)*。可以双击此列表中的某个页面设置，将其设置为当前布局的当前页面设置。

如果从图纸集管理器打开【页面设置管理器】，将只列出其【打印区域】被设置为【布局】或【范围】的页面设置替代文件(图形样板 [.dwt] 文件)中的命名页面设置。在默认情况下，选择列表中的第一个页面设置。PUBLISH 操作可以临时应用这些页面设置中的任一种设置。

快捷菜单也提供了删除和重命名页面设置的选项。

③ 【置为当前】：将所选页面设置设置为当前布局的当前页面设置。不能将当前布局设置为当前页面设置。【置为当前】对图纸集不可用。

④ 【新建】：单击【新建】按钮，显示【新建页面设置】对话框，如图 7-13 所示，从中可以为新建页面设置输入名称，并指定要使用的基础页面设置。

【新页面设置名】：指定新建页面设置的名称。

【基础样式】：指定新建页面设置要使用的基础页面设置。单击【确定】按钮，将显示【页面设置】对话框以及所选页面设置的设置，必要时可以修改这些设置。

如果从图纸集管理器打开【新建页面设置】对话框，将只列出页面设置替代文件中的命名页面设置。

【<无>】：指定不使用任何基础页面设置。可以修改【页面设置】对话框中显示的默认设置。

【<默认输出设备>】：指定将【选项】对话框的【打印和发布】选项卡中指定的默认输出设备设置为新建页面设置的打印机。

【*模型*】：指定新建页面设置使用上一个打印作业中指定的设置。

⑤ 【修改】：单击【修改】按钮，显示【页面设置-模型】对话框，如图 7-14 所示，从中可以编辑所选页面的设置。

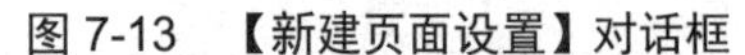
图 7-13 【新建页面设置】对话框

图 7-14 【页面设置-模型】对话框

在【页面设置-模型】对话框中将为用户介绍部分选项的含义。

【图纸尺寸】：显示所选打印设备可用的标准图纸尺寸。例如：A4、A3、A2、A1、B5、B4……，如图 7-15 所示为【图纸尺寸】下拉列表框，如果未选择绘图仪，将显示全部标准图纸尺寸的列表以供选择。

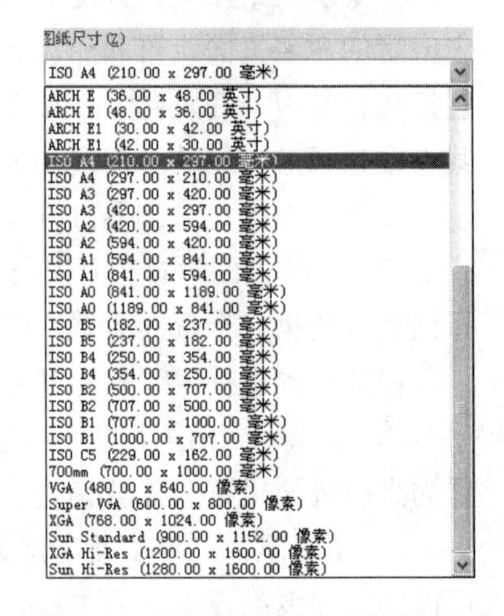

图 7-15 【图纸尺寸】下拉列表框

如果所选绘图仪不支持布局中选定的图纸尺寸，将显示警告，用户可以选择绘图仪的默认图纸尺寸或自定义图纸尺寸。

使用【添加绘图仪】向导创建 PC3 文件时，将为打印设备设置默认的图纸尺寸。在【页面设置】对话框中选择的图纸尺寸将随布局一起保存，并将替代 PC3 文件设置。

页面的实际可打印区域(取决于所选打印设备和图纸尺寸)在布局中由虚线表示。

如果打印的是光栅图像(如 BMP 或 TIFF 文件)，打印区域大小的指定将以像素为单位而不是英寸或毫米。

【打印区域】：指定要打印的图形区域。在【打印范围】下列表框中可以选择要打印的图形区域。如图 7-16 所示为【打印范围】下拉列表框。

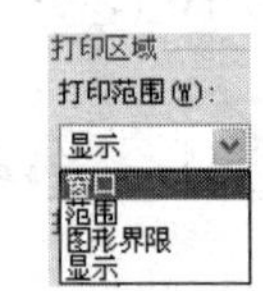

图 7-16 【打印范围】下拉列表框

- 【窗口】：打印指定的图形部分。指定要打印区域的两个角点时，【窗口】按钮才可用。

  单击【窗口】按钮以使用定点设备指定要打印区域的两个角点，或输入坐标值。

- 【范围】：打印包含对象的图形的部分当前空间。当前空间内的所有几何图形都将被打印。打印之前，可能会重新生成图形以重新计算范围。
- 【图形界限】：打印布局时，将打印指定图纸尺寸的可打印区域内的所有内容，其原点从布局中的 0,0 点计算得出。

从【模型】选项卡打印时，将打印栅格界限定义的整个图形区域。如果当前视口不显示平面视图，该选项与【范围】选项效果相同。

- 【显示】：打印【模型】选项卡当前视口中的视图或布局选项卡上当前图纸空间视图中的视图。

【打印偏移】：根据【指定打印偏移时相对于】选项(【选项】对话框，【打印和发布】选项卡)中的设置，指定打印区域相对于可打印区域左下角或图纸边界的偏移。【页面设置】对话框的【打印偏移】区域在括号中显示指定的打印偏移选项。

图纸的可打印区域由所选输出设备决定，在布局中以虚线表示。修改为其他输出设备时，可能会修改可打印区域。

通过在 X 偏移和 Y 偏移文本框中输入正值或负值，可以偏移图纸上的几何图形。图纸中的绘图仪单位为英寸或毫米。

【居中打印】：自动计算 X 偏移和 Y 偏移值，在图纸上居中打印。当【打印区域】设置为【布局】时，此选项不可用。

X：相对于【打印偏移定义】选项中的设置指定 X 方向上的打印原点。

Y：相对于【打印偏移定义】选项中的设置指定 Y 方向上的打印原点。

【打印比例】：控制图形单位与打印单位之间的相对尺寸。打印布局时，默认缩放比例设置为 1∶1。从【模型】选项卡打印时，默认设置为【布满图纸】。如图 7-17 所示为【打印比例】下拉列表框。

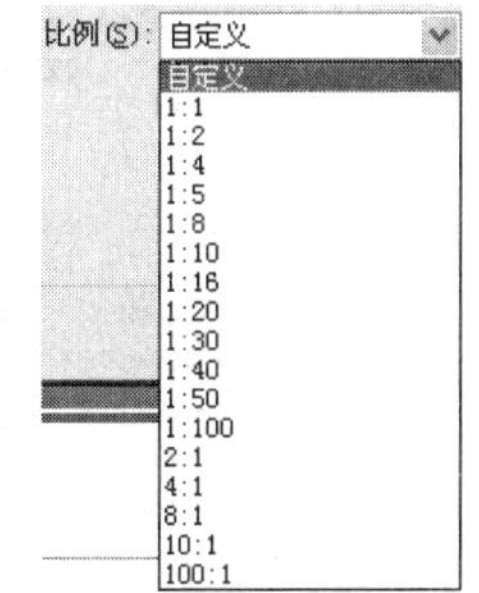

图 7-17 【打印比例】下拉列表框

注 意

如果在【打印区域】中指定了【布局】选项，则无论在【比例】中指定了何种设置，都将以 1:1 的比例打印布局。

【布满图纸】：缩放打印图形以布满所选图纸尺寸，并在【比例】、【英寸/毫米】和【单位】框中显示自定义的缩放比例因子。

【比例】：定义打印的精确比例。【自定义】选项可定义用户定义的比例。可以通过输入与图形单位数等价的英寸(或毫米)数来创建自定义比例。

注 意

可以使用 SCALELISTEDIT 修改比例列表。

【英寸/毫米】：指定与指定的单位数等价的英寸数或毫米数。

【单位】：指定与指定的英寸数、毫米数或像素数等价的单位数。

【缩放线宽】：与打印比例成正比缩放线宽。线宽通常指定打印对象的线的宽度并按线宽尺寸打印，而不考虑打印比例。

【着色视口选项】：指定着色和渲染视口的打印方式，并确定它们的分辨率大小和每英寸点数(DPI)。

【着色打印】：指定视图的打印方式。要为【布局】选项卡上的视口指定此设置，可以选择该视口，然后在【工具】菜单中单击【特性】。

在【着色打印】下拉列表框(见图 7-18)中，可以选择以下选项。

【按显示】：按对象在屏幕上的显示方式打印。

【传统线框】：在线框中打印对象，不考虑其在屏幕上的显示方式。

【传统隐藏】：打印对象时消除隐藏线，不考虑其在屏幕上的显示方式。

【概念】：打印对象时应用“概念”视觉样式，不考虑其在屏幕上的显示方式。

【真实】：打印对象时应用“真实”视觉样式，不考虑其在屏幕上的显示方式。

【渲染】：按渲染的方式打印对象，不考虑其在屏幕上的显示方式。

其他项目不再赘述。

【质量】：指定着色和渲染视口的打印分辨率。如图 7-19 所示为【质量】下拉列表框。

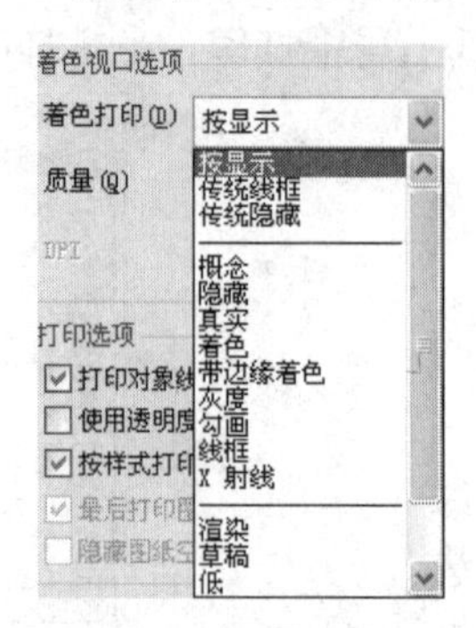

图 7-18 【着色打印】下拉列表

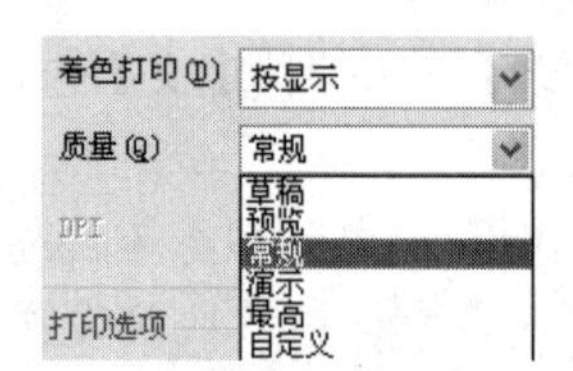

图 7-19 【质量】下拉列表

可从下列选项中选择。

【草稿】：将渲染和着色模型空间视图设置为线框打印。

【预览】：将渲染模型和着色模型空间视图的打印分辨率设置为当前设备分辨率的四分之一，最大值为 150 DPI。

【常规】：将渲染模型和着色模型空间视图的打印分辨率设置为当前设备分辨率的二分之一，最大值为 300 DPI。

【演示】：将渲染模型和着色模型空间视图的打印分辨率设置为当前设备的分辨率，最大值为 600 DPI。

【最高】：将渲染模型和着色模型空间视图的打印分辨率设置为当前设备的分辨率，无最大值。

【自定义】：将渲染模型和着色模型空间视图的打印分辨率设置为 DPI 框中指定的分辨率设置，最大可为当前设备的分辨率。

DPI：指定渲染和着色视图的每英寸点数，最大可为当前打印设备的最大分辨率。只有在【质量】下拉列表框中选择了【自定义】选项后，此选项才可用。

【打印选项】：指定线宽、打印样式、着色打印和对象的打印次序等选项。

【打印对象线宽】：指定是否打印为对象或图层指定的线宽。

【按样式打印】：指定是否打印应用于对象和图层的打印样式。如果选择该选项，也将自动选择【打印对象线宽】。

【最后打印图纸空间】：首先打印模型空间几何图形。通常先打印图纸空间几何图形，然后再打印模型空间几何图形。

【隐藏图纸空间对象】：指定 HIDE 操作是否应用于图纸空间视口中的对象。此选项仅在布局选项卡中可用。此设置的效果反映在打印预览中，而不反映在布局中。

【图形方向】：为支持纵向或横向的绘图仪指定图形在图纸上的打印方向。

【纵向】：放置并打印图形，使图纸的短边位于图形页面的顶部，如图 7-20 所示。

【横向】：放置并打印图形，使图纸的长边位于图形页面的顶部，如图 7-21 所示。

【上下颠倒打印】：上下颠倒地放置并打印图形，如图 7-22 所示。

图 7-20　图形方向为纵向时的效果

图 7-21　图形方向为横向时的效果

图 7-22　图形方向为上下颠倒打印时的效果

⑥ 【输入】：单击弹出【从文件选择页面设置】对话框(标准文件选择对话框)，从中可以选择图形格式(DWG)、DWT 或图形交换格式(DXF)™ 文件，从这些文件中输入一个或多个页面设置。如果选择 DWT 文件类型，从【从文件选择页面设置】对话框中将自动打开 Template 文件夹。

(3)【选定页面设置的详细信息】：显示所选页面设置的信息。

【设备名】：显示当前所选页面设置中指定的打印设备的名称。

【绘图仪】：显示当前所选页面设置中指定的打印设备的类型。

【打印大小】：显示当前所选页面设置中指定的打印大小和方向。

【位置】：显示当前所选页面设置中指定的输出设备的物理位置。

【说明】：显示当前所选页面设置中指定的输出设备的说明文字。

(4) 【创建新布局时显示】：指定当选中新的布局选项卡或创建新的布局时，显示【页面设置】对话框。要重置此功能，则在【选项】对话框的【显示】选项卡上选中新建布局时显示【页面设置】对话框选项。

7.4　打 印 设 置

打印是将绘制好的图形用打印机或绘图仪绘制出来。通过本节的学习，读者应该掌握如何添加与配置绘图设备、如何配置打印样式、如何设置页面，以及如何打印绘图文件。

在用户设置好所有的配置，单击【输出】选项卡【打印】面板上的【打印】按钮或在命令输入行中输入 plot 后按 Enter 键或按 Ctrl+P 组合键，或选择【文件】|【打印】菜单命令后，打开如图 7-23 所示的【打印−模型】对话框。在该对话框中，显示了用户最近设置的一些选项，用户还可以更改这些选项，如果用户认为设置符合用户的要求，则单击【确定】按钮，AutoCAD 即会自动开始打印。

图 7-23 【打印-模型】对话框

7.4.1 打印预览

在将图形发送到打印机或绘图仪之前，最好先生成打印图形的预览。生成预览可以节约时间和材料。

用户可以从对话框预览图形。预览显示图形在打印时的确切外观，包括线宽、填充图案和其他打印样式选项。

预览图形时，将隐藏活动工具栏和工具选项板，并显示临时的【预览】工具栏，其中提供打印、平移和缩放图形的按钮。

在【打印】和【页面设置】对话框中，缩微预览还在页面上显示可打印区域和图形的位置。

预览打印的具体操作步骤如下。

(1) 选择【文件】|【打印】菜单命令，打开【打印】对话框。

(2) 在【打印】对话框中，单击【预览】按钮。

(3) 将打开【预览】窗口，光标将改变为实时缩放光标。

(4) 右击可显示包含以下选项的快捷菜单：【打印】、【平移】、【缩放】、【缩放窗口】或【缩放为原窗口】(缩放至原来的预览比例)。

(5) 按 Esc 键退出预览并返回到【打印】对话框。

(6) 如果需要，继续调整其他打印设置，然后再次预览打印图形。

(7) 设置正确之后，单击【确定】按钮即可打印图形。

7.4.2 打印图形

绘制图形后，可以使用多种方法输出。可以将图形打印在图纸上，也可以创建成文件以供其他应用程序使用。以上两种情况都需要进行打印设置。

打印图形的具体操作步骤如下。

(1) 选择【文件】|【打印】菜单命令，打开【打印】对话框。

(2) 在【打印】对话框的【打印机/绘图仪】选项组中，从【名称】下拉列表框中选择一种绘图仪，如图 7-24 所示。

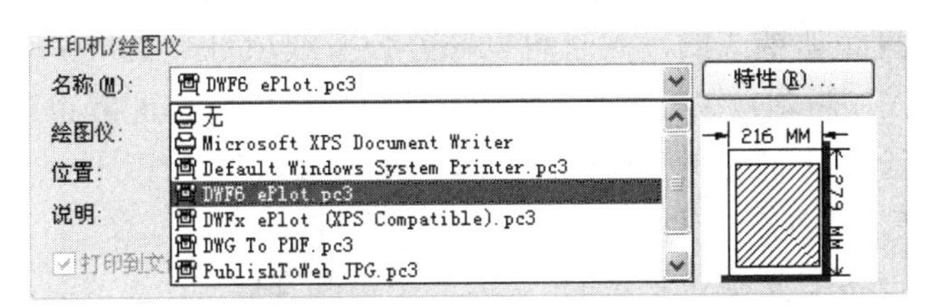

图 7-24 【名称】下拉列表框

(3) 在【图纸尺寸】下拉列表框中选择图纸尺寸。在【打印份数】微调框中输入要打印的份数。在【打印区域】选项组中，指定图形中要打印的部分。在【打印比例】选项组中，从【比例】下拉列表框中选择缩放比例。

(4) 有关其他选项的信息，单击【更多选项】按钮，如图 7-25 所示。如不需要则可单击【更少选项】按钮。

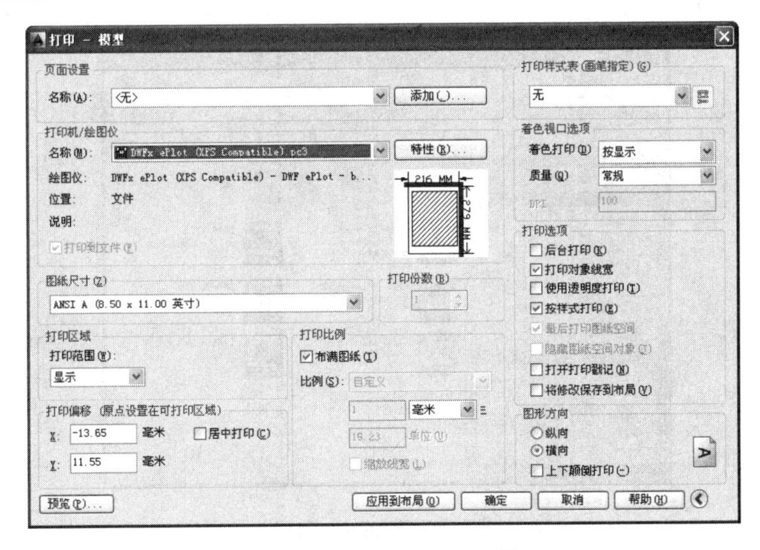

图 7-25 单击【更多选项】按钮后的图示

(5) 在【打印样式表(画笔指定)】下拉列表框中选择打印样式表。在【着色视口选项】和【打印选项】选项组中，选择适当的设置。在【图形方向】选项组中，选择一种方向。

注 意

打印戳记只在打印时出现，不与图形一起保存。

(6) 单击【确定】按钮即可进行最终的打印。

7.4.3 设置绘图设备

AutoCAD 支持多种打印机和绘图仪，还可将图形输出到各种格式的文件。

AutoCAD 将有关介质和打印设备的相关信息保存在打印机配置文件中，该文件以 PC3 为文件扩展名。打印配置是便携式的，并且可以在办公室或项目组中共享(只要它们用于相同的驱动器、型号和驱动程序版本)。Windows 系统打印机共享的打印配置也需要相同的 Windows 版本。如果校准一台绘图仪，校准信息存储在打印模型参数(PMP)文件中，此文件可附加到任何为校准绘图仪而创建的 PC3 文件中。

用户可以为多个设备配置 AutoCAD，并为一个设备存储多个配置。每个绘图仪配置中都包含以下信息：设备驱动程序和型号、设备所连接的输出端口以及设备特有的各种设置等。可以为相同绘图仪创建多个具有不同输出选项的 PC3 文件。创建 PC3 文件后，该 PC3 文件将显示在【打印】对话框的绘图仪配置名称列表中。

用户可以通过以下方式创建 PC3 文件。

(1) 在命令输入行中输入 plottermanager 后按 Enter 键，或选择【文件】|【绘图仪管理器】菜单命令，或在【输出】选项卡【打印】面板上单击【绘图仪管理器】按钮。打开如图 7-26 所示的 Plotters 窗口。

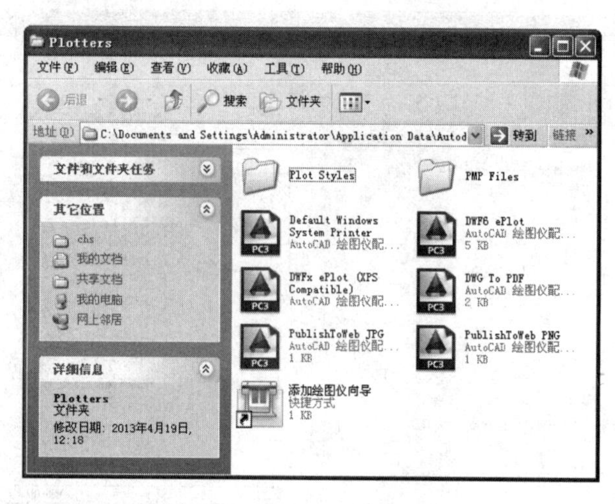

图 7-26 Plotters 窗口

(2) 在打开的窗口中双击【添加绘图仪向导】图标，打开如图 7-27 所示的【添加绘图仪-简介】对话框。

(3) 阅读完其中的信息后单击【下一步】按钮，打开【添加绘图仪-开始】对话框，如图 7-28 所示。

(4) 在其中选中【系统打印机】单选按钮，单击【下一步】按钮，打开如图 7-29 所示的【添加绘图仪-系统打印机】对话框。

(5) 在右侧的列表框中选择要配置的系统打印机，单击【下一步】按钮，打开如图 7-30 所示的【添加绘图仪-输入 PCP 或 PC2】对话框(注：右侧列表框中列出了当前操作系统能够识别的所有打印机，如果列表中没有要配置的打印机，则用户必须添加打印机)。

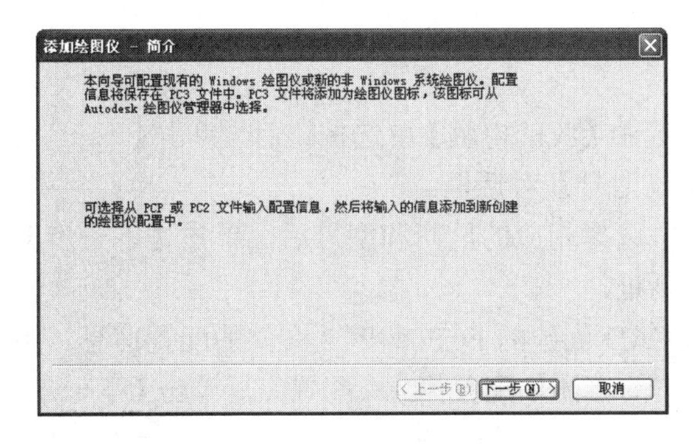

图 7-27　【添加绘图仪-简介】对话框

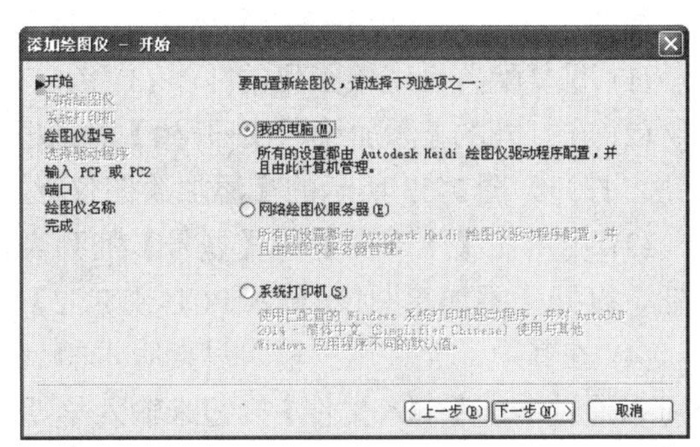

图 7-28　【添加绘图仪-开始】对话框

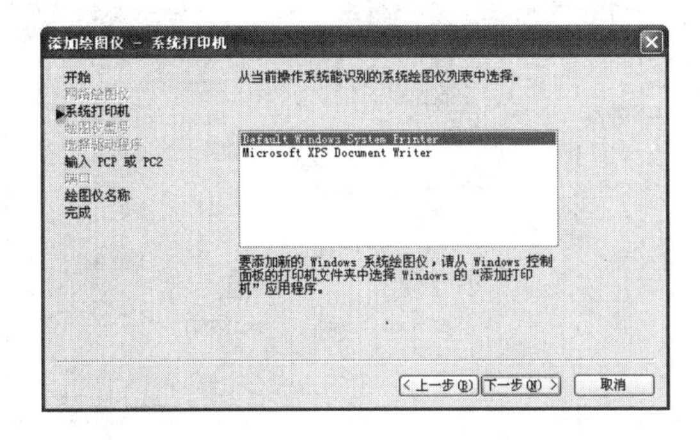

图 7-29　【添加绘图仪-系统打印机】对话框　　图 7-30　【添加绘图仪-输入 PCP 或 PC2】对话框

(6) 在其中允许用户输入早期版本的 AutoCAD 创建的 PCP 或 PC2 文件的配置信息。用户可以通过单击【输入文件】按钮输入早期版本的打印机配置信息。

(7) 单击【下一步】按钮，打开如图 7-31 所示的【添加绘图仪-绘图仪名称】对话框，在【绘图仪名称】文本框中输入绘图仪的名称，然后单击【下一步】按钮，打开如图 7-32 所示的【添加绘图仪-完成】对话框。

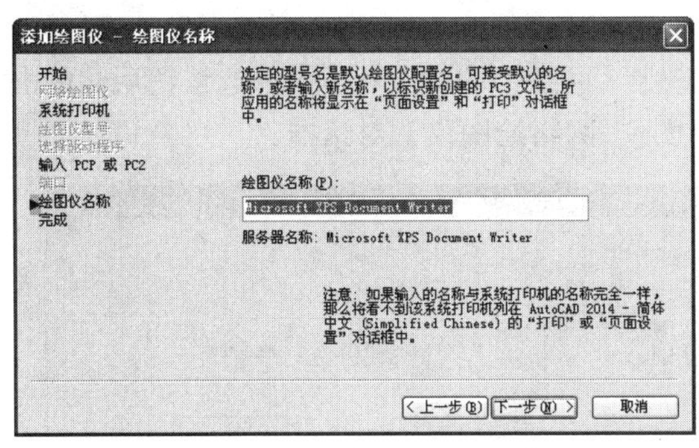

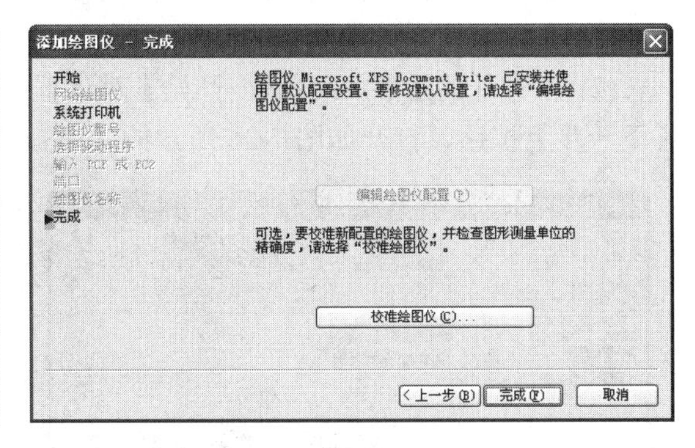

图 7-31　【添加绘图仪-绘图仪名称】对话框　　图 7-32　【添加绘图仪-完成】对话框

(8) 在其中，单击【完成】按钮退出【添加绘图仪向导】。

新配置的绘图仪的 PC3 文件显示在 Plotters 窗口中，在设备列表中将显示可用的绘图仪。

在【添加绘图仪-完成】对话框中，用户还可以单击【编辑绘图仪配置】按钮来修改绘图仪的默认配置。也可以单击【校准绘图仪】按钮对新配置的绘图仪进行校准测试。

配置本地非系统绘图仪的具体操作步骤如下。

(1) 重复配置系统绘图仪的(1)～(3)步。

(2) 在打开的【添加绘图仪-开始】对话框中选中【我的电脑】单选按钮后，单击【下一步】按钮，打开如图 7-33 所示的【添加绘图仪-绘图仪型号】对话框。

(3) 用户在【生产商】和【型号】的列表框中选择相应的厂商和型号后，单击【下一步】按钮，打开【添加绘图仪-输入 PCP 或 PC2】对话框。

(4) 在其中，允许用户输入早期版本的 AutoCAD 创建的 PCP 或 PC2 文件的配置信息。用户可以通过单击【输入文件】按钮来输入早期版本的绘图仪配置信息，配置完后单击【下一步】按钮，打开如图 7-34 所示的【添加绘图仪-端口】对话框。

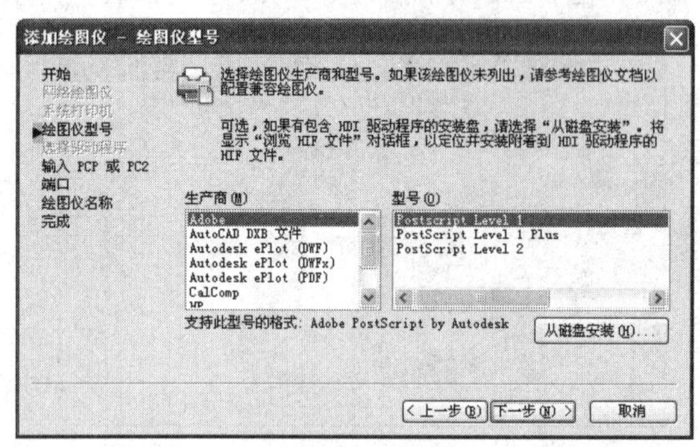

图 7-33　【添加绘图仪-绘图仪型号】对话框

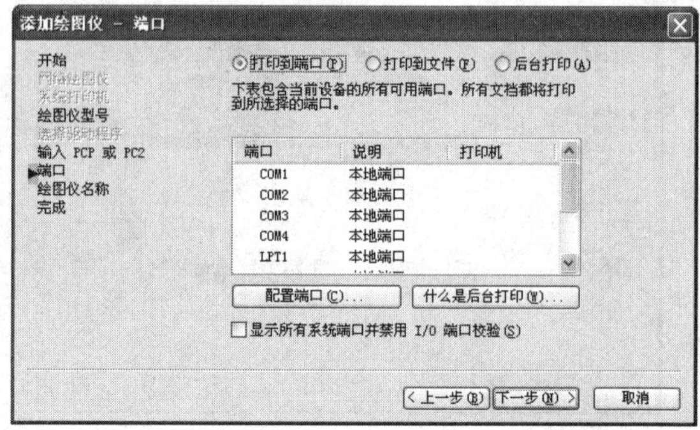

图 7-34　【添加绘图仪-端口】对话框

(5) 在其中，选择绘图仪使用的端口。然后单击【下一步】按钮，打开如图 7-35 所示的【添加绘图仪-绘图仪名称】对话框。

(6) 在其中输入绘图仪的名称后，单击【下一步】按钮，打开【添加绘图仪-完成】对话框。

(7) 在其中，单击【完成】按钮，退出【添加绘图仪向导】。

配置网络非系统绘图仪的具体操作步骤如下。

(1) 重复配置系统绘图仪的(1)～(3)步。

(2) 在打开的【添加绘图仪-开始】对话框中选中【网络绘图仪服务器】单选按钮后，单击【下一步】按钮，打开如图 7-36 所示的【添加绘图仪-网络绘图仪】对话框。

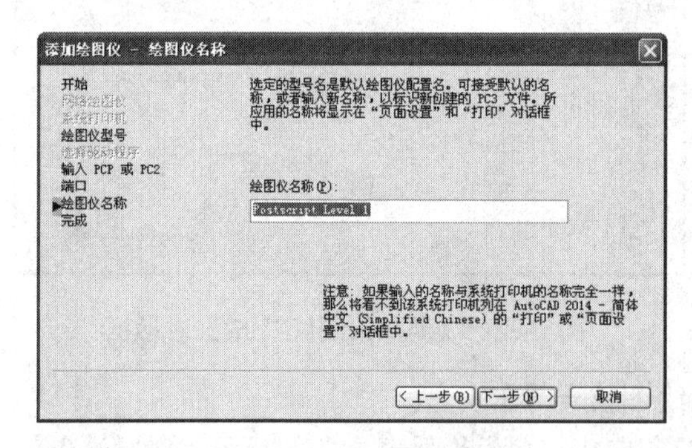

图 7-35　【添加绘图仪-绘图仪名称】对话框

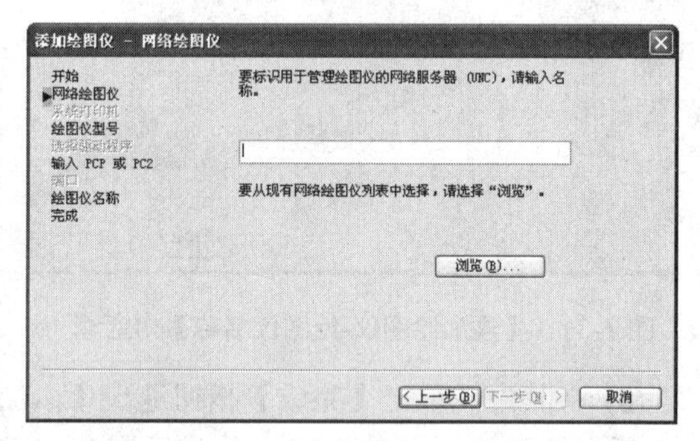

图 7-36　【添加绘图仪-网络绘图仪】对话框

(3) 在其中的文本框中输入要使用的网络绘图仪服务器的共享名后单击【下一步】按钮，打开【添加绘图仪-绘图仪型号】对话框。

(4) 用户在【生产商】和【型号】列表框中选择相应的厂商和型号后单击【下一步】按钮，打开【添加绘图仪-输入 PCP 或 PC2】对话框。

(5) 在其中，允许用户输入早期版本的 AutoCAD 创建的 PCP 或 PC2 文件的配置信息。用户可以通过单击【输入文件】按钮来输入早期版本的绘图仪配置信息，配置完后单击【下一步】按钮，打开【添加绘图仪-绘图仪名称】对话框。

(6) 在其中输入绘图仪的名称，单击【下一步】按钮，打开【添加绘图仪-完成】对话框。

(7) 单击【完成】按钮退出添加绘图仪向导。

至此，绘图仪的配置完毕。

如果用户有早期使用的绘图仪配置文件，在配置当前的绘图仪配置文件时可以输入早期的 PCP 或 PC3 文件。

从 PCP 或 PC3 文件中输入信息的步骤如下。

(1) 按以上配置绘图仪的步骤一步步运行，直到打开【添加绘图仪-输入 PCP 或 PC2】对话框，在此单击【输入文件】按钮，则打开如图 7-37 所示的【输入】对话框。

图 7-37 【输入】对话框

(2) 在其中，用户选择输入文件后单击【输入】按钮，返回到上一级对话框。

(3) 查看【输入数据信息】对话框显示的最终结果。

7.5 设计范例——图纸的打印和输出

本范例完成文件：\07\7-1.dwg

多媒体教学路径：光盘→多媒体教学→第 7 章

7.5.1 实例介绍与展示

本章范例使用一张完成的图纸来进行图纸输出的讲解，使读者对图纸如何打印和输出以及图纸设置有一个更深的了解。如图 7-38 所示为打开的图纸。

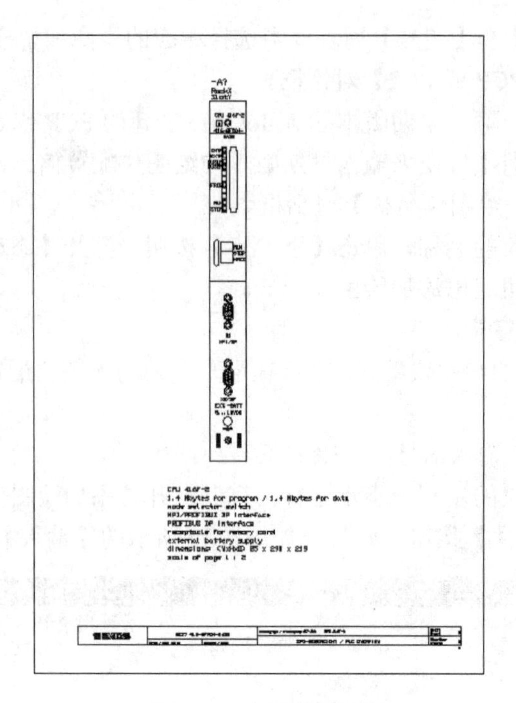

图 7-38　打开的图纸

7.5.2　图形输出

步骤 01　打开“7-1.dwg”文件

打开“7-1.dwg”文件，打开后的效果如图 7-38 所示，如图 7-39 所示为局部放大图。AutoCAD 2014 除了可以保存常见的 CAD 格式文件之外，还可以以各种形式保存图纸文件，下面进行具体介绍。

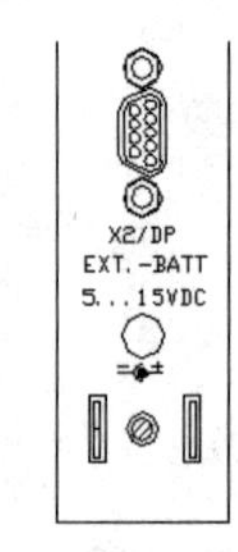

图 7-39　局部放大图

步骤 02　输出文件

①选择【文件】|【输出】菜单命令，系统弹出【输出数据】对话框，如图 7-40 所示，在【文件类型】下拉列表框中，可以看到有多种的保存格式，如图 7-41 所示，选择需要的格式，单击【保存】按钮。

图 7-40　【输出数据】对话框

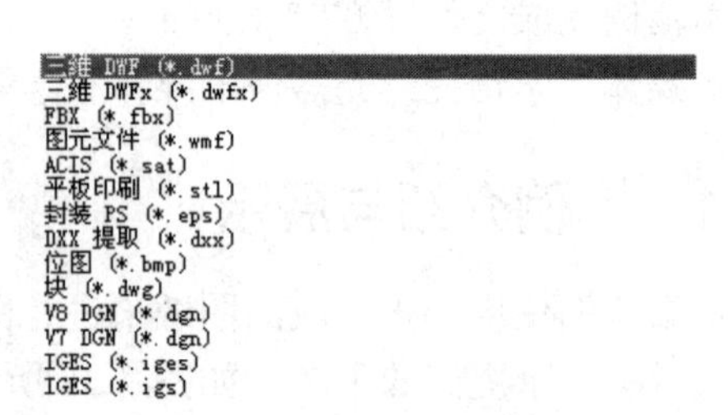

图 7-41　选择保存格式

②AutoCAD 2014 还提供了 PDF 文档的输出类型，单击【输出】选项卡【输出为 DWF/PDF】面板中的 PDF 按钮，弹出【另存为 PDF】对话框，如图 7-42 所示。如果要对输出的 PDF 文件进行设置，单击【选项】按钮，打开【输出为 DWF/PDF 选项】对话框，如图 7-43 所示。根据需要设置各个选项，如设置精度，在【替代精度】下拉列表框(见图 7-44)中选择相应选项即可，完成后单击【确认】按钮。

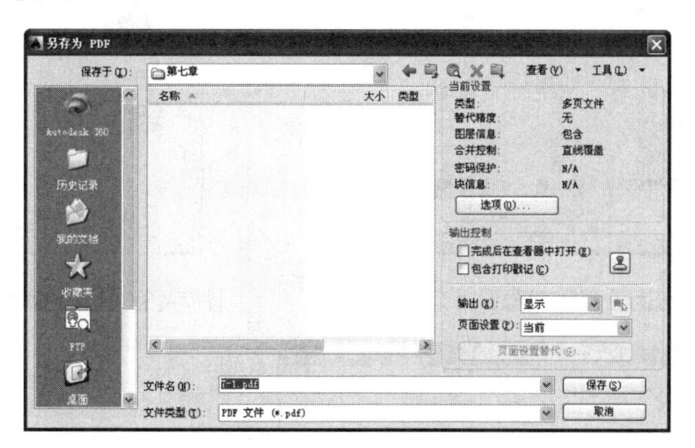

图 7-42 【另存为 PDF】对话框

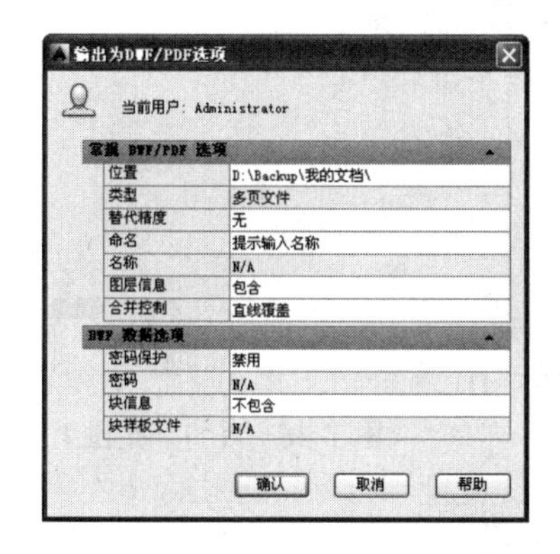

图 7-43 【输出为 DWF/PDF 选项】对话框

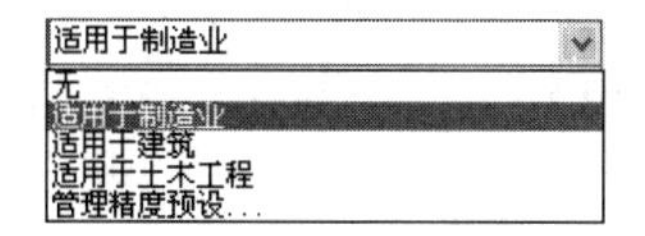

图 7-44 选择精度选项

7.5.3 页面设置

①单击【输出】选项卡【打印】面板中的【页面设置管理器】按钮，弹出【页面设置管理器】对话框，如图 7-45 所示。【页面设置】列表框显示当前的页面设置，也可以进行新建，单击【新建】按钮，弹出【新建页面设置】对话框，在【新页面设置名】文本框中输入名称“设置 1”，如图 7-46 所示，单击【确定】按钮。

②选择刚创建的新的页面设置，单击【页面设置管理器】对话框中的【修改】按钮，弹出【页面设置-设置 1】对话框，如图 7-47 所示，这里可以选择设置【打印机】、【图纸尺寸】、【打印样式表】、【图形方向】等选项。

③在【打印范围】下拉列表框中选择【窗口】选项，如图 7-48 所示，在绘图区选择要打印显示的部分，如图 7-49 所示。

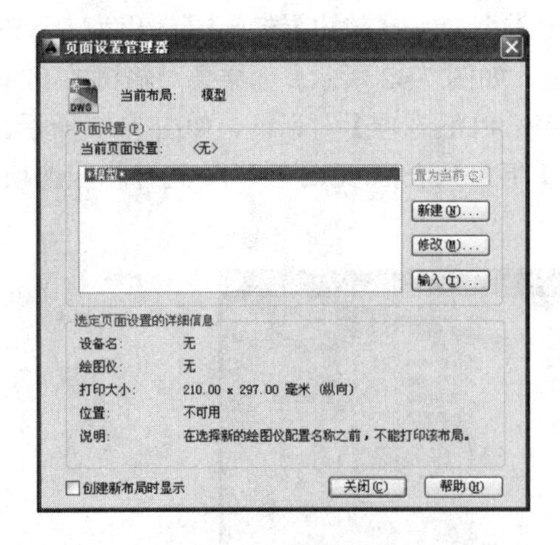

图 7-45 【页面设置管理器】对话框

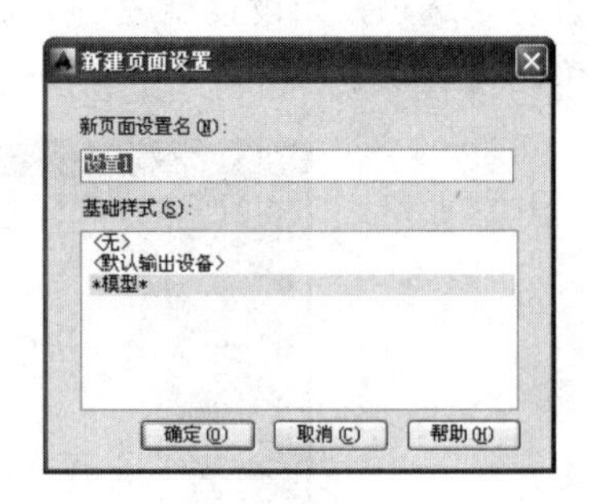

图 7-46 【新建页面设置】对话框

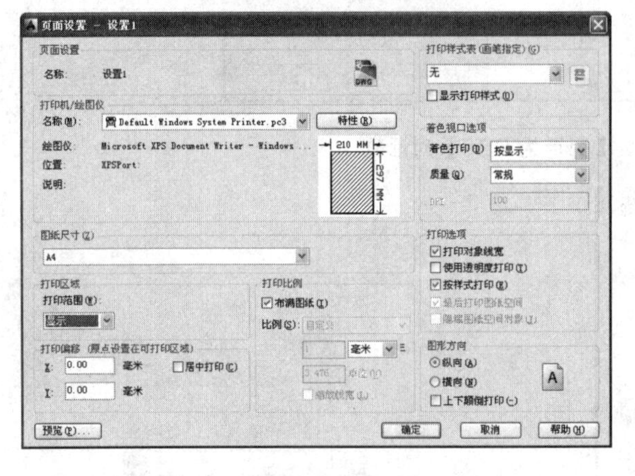

图 7-47 【页面设置-设置 1】对话框

图 7-48 【打印范围】下拉列表框

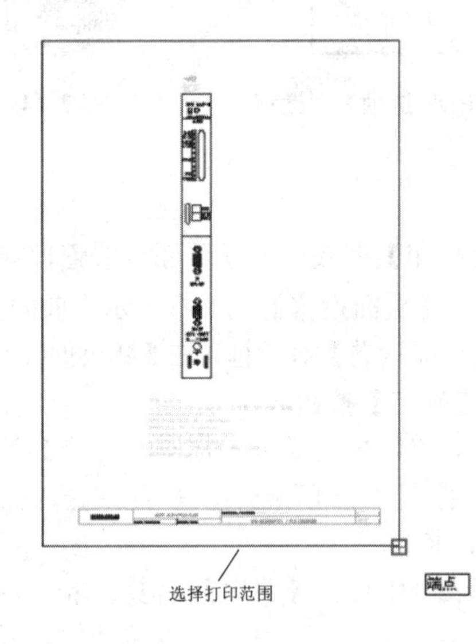

图 7-49 选择打印范围

④选择打印范围完成后，返回【页面设置-设置 1】对话框，如图 7-50 所示，选中【纵向】单选按钮，完成设置。单击【预览】按钮进行打印预览，如图 7-51 所示。确认无误后，按 Esc 键退出，单击【页面设置-设置 1】对话框中的【确定】按钮。返回到【页面设置管理器】对话框，选择【设置 1】选项，再单击【置为当前】按钮，最后单击【关闭】按钮。

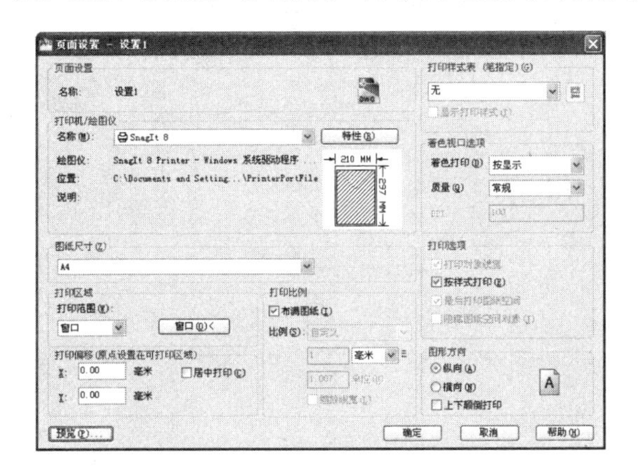

图 7-50 【页面设置-设置 1】对话框

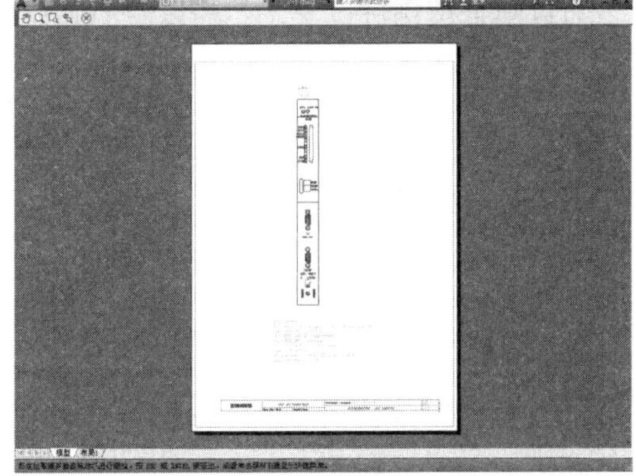

图 7-51 打印预览

7.5.4 打印设置

①单击【输出】选项卡【打印】面板中的【打印】按钮，弹出【打印-模型】对话框，如图 7-52 所示。这里默认打印的页面设置就是【设置 1】的设置，单击【更多选项】按钮，进行查看，如图 7-53 所示。

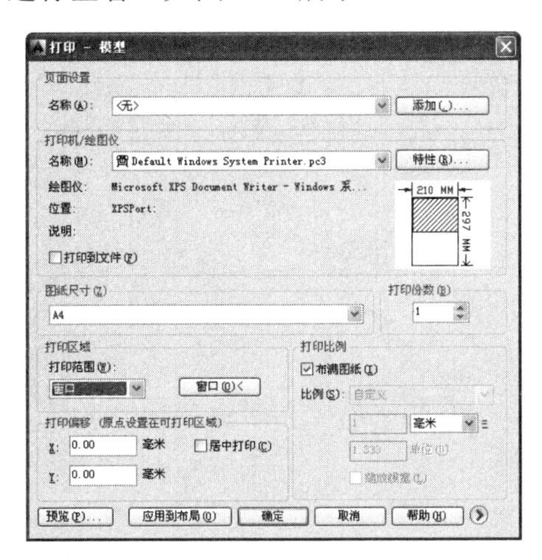

图 7-52 【打印-模型】对话框

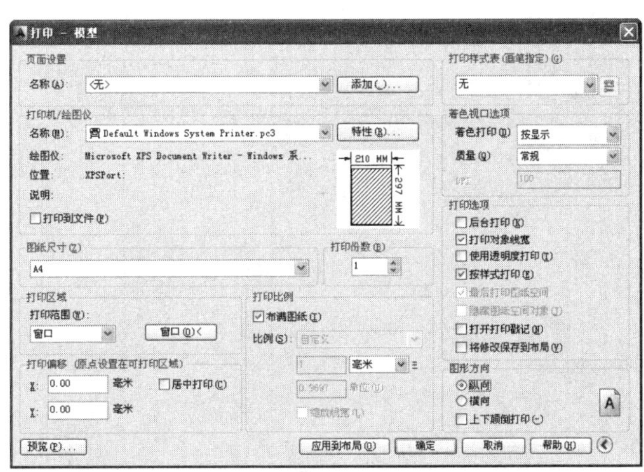

图 7-53 【打印-模型】对话框中的更多选项

②单击【预览】按钮，可以再次进行预览，如不满意则可以返回【打印-模型】对话框进行修改，确认无误后，在【打印份数】微调框中输入打印份数，单击【确定】按钮，就可以进行打印出图了。

7.6 本章小结

图纸的打印和输出是 AutoCAD 的重要部分。本章基本讲解了图纸打印输出的一般内容，读者可以结合范例进行学习。在以后的工作和学习当中读者可以进一步学习和提高。

第 8 章

绘制常用电子电气元件

本章导读：

电子线路主要由电阻、电容、电感和晶体管等电子元器件构成，在现代控制和通信等领域起着非常重要的作用。本章在介绍了常用电子元件的基本知识后，通过实例重点讲述电子元件的绘制方法和绘制技巧。

8.1 绘制常用电子元件

为了使读者在绘制电子电气元件之前对常见的电子元件的基本概念有所了解，本节介绍电阻器、电感器、变压器、半导体二极管及半导体三极管等一些常见电子元件的类别、型号和使用范围等。

8.1.1 电阻器

电阻器是电子设备中应用最广泛的元件之一，在电路中起限流、分流、降压、分压、负载、与电容配合作为滤波器及阻抗匹配等作用。

导电体对电流的阻碍作用称为电阻，用符号 R 表示。电阻的单位为欧姆、千欧和兆欧，分别用Ω、kΩ和 MΩ表示。

1. 电阻器的分类

电阻器的种类繁多，若根据电阻器的电阻值在电路中的特性来分，可分为固定电阻器、电位器(可变电阻器)和敏感电阻器三大类。

1) 固定电阻器

固定电阻器按组成材料可分为非线绕电阻器和线绕电阻器两大类。非线绕电阻器可分为薄膜电阻器、实芯型电阻器和金属玻璃釉电阻器等，其中薄膜电阻器又可分为碳膜电阻和金属膜电阻两类。按用途进行分类，电阻器可分为普通型(通用型)、精密刮、功率型、高压型和高阻型等。按形状不同，电阻器可分为圆柱状、管状、片状、纽扣状、块状和马蹄状等。

固定电阻器的符号如图 8-1 所示。

2) 电位器(可变电阻器)

电位器是靠一个电刷(运动接点)在电阻上移动而获得变化的电阻值，其阻值可在一定范围内连续可调。

电位器是一种机电元件，可以把机械位移变换成电压变化。电位器的分类有以下几种：按电阻体材料可分为薄膜(非线绕)电位器和线绕电位器两种；按结构可分为单圈电位器、多圈电位器、单联电位器、双联电位器和多联电位器等；按有无开关可分为带开关电位器和不带开关电位器，其中开关形式有旋转式、推拉式和按键式等；按调节活动机构的运动方式可分为旋转式电位器和直滑式电位器；按用途又可分为普通电位器、精密电位器、功率电位器、微调电位器和专用电位器等。

电位器的图形符号如图 8-2 所示。

图 8-1 固定电阻器符号　　图 8-2 电位器符号

3) 敏感电阻器

敏感电阻器的电特性(例如电阻率)对温度、光和机械力等物理量表现敏感，如光敏电阻器、热敏电阻器、压敏电阻器和气敏电阻器等。由于此类电阻器基本都是用半导体材料制成，因此也叫作半导体电阻器。

热敏电阻器和压敏电阻器的图形符号如图 8-3 所示。

图 8-3　热敏电阻器和压敏电阻器符号

2. 电阻器型号的命名方法

根据国家标准 2470—1981《电子设备用电阻器、电容器型号命名法》的规定，电阻器和电位器的型号由以下 4 个部分组成。

第一部分：主称，用字母表示，表示产品的名字。如 R 表示电阻，W 表示电位器。

第二部分：材料，用字母表示，表示电阻体由什么材料制成。

第三部分：分类，一般用数字表示，个别类型用字母表示。

第四部分：序号，用数字表示，表示同类产品中的不同品种，以区分产品的外形尺寸和性能指标等。

例如 RT11 型表示普通碳膜电阻。

8.1.2　电容器

电容器是由两个金属电极中间夹一层电介质构成。在两个电极之间加上电压时，电极上就储存电荷，因此说电容器是一种储能元件。它是各种电子产品中不可缺少的基本元件，具有隔直流、通交流、通高频和阻低频的特性，在电路中用于调谐、滤波和能量转换等。

电容符号用 C 表示，单位有法拉(F)、微法拉(μF)和皮法拉(pF)。

1. 电容器的分类

电容器的种类很多。按介质不同，可分为空气介质电容器、纸质电容器、有机薄膜电容器、瓷介电容器、玻璃釉电容器、云母电容器和电解电容器等。按结构不同，可分为固定电容器、半可变电容器和可变电容器等。

1) 固定电容器

固定电容器的容量是不可调的，常用的固定电容器的图形符号如图 8-4 所示。

2) 半可变电容器

半可变电容器又称微调电容器或补偿电容器，其特点是容量可在小范围内变化可变容量通常在几 pF 或几十 pF 之间，最高可达 100pF(陶瓷介质时)。半可变电容器通常用于整机调整后电容量不需经常改变的场合。

半可变电容器的符号如图 8-5 所示。

图 8-4　电容器符号　　图 8-5　半可变电容器符号

3) 可变电容器

可变电容器的容量可在一定范围内连续变化，它由若干片形状相同的金属片并接成一组(或几组)定片和一组(或几组)动片。动片可以通过转轴转动来改变动片插入定片的面积，从而改变电容量。其介质有空气、有机薄膜等。

可变电容器可分为“单联”、“双联”和“三联”3 种，符号如图 8-6 和图 8-7 所示。

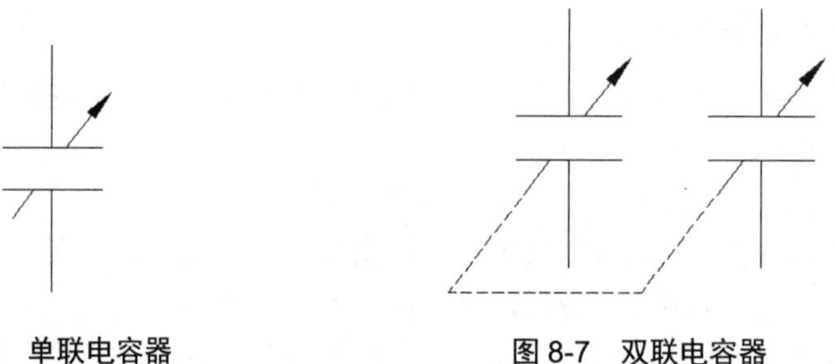

图 8-6　单联电容器　　图 8-7　双联电容器

2. 电容器的型号命名方法

电容器的型号一般由 4 个部分组成(不适用于压敏、可变和真空电容器)，依次分别代表主称、材料、分类和序号。

例如 CCWl 表示圆片形微调高频瓷介质电容器，符号含义如图 8-8 所示。

图 8-8　代号意义

8.1.3　电感器

电感器又称电感线圈，是用漆包线在绝缘骨架上绕制而成的一种能存储磁场能的电子元器件，它在电路中具有阻交流通直流、阻高频通低频的特性。

电感用 L 表示，单位有亨利(H)、毫亨利(mH)和微亨利(μH)。

电感器的种类很多。根据电感器的电感量是否可调，分为固定电感器、可变电感器和微调电感器等；根据导磁体性质，可分为带磁芯的电感器和不带磁芯的电感器；根据绕线可分为单层线圈、多层线圈和蜂房式线圈等。

常用电感器的符号如 8-9 图所示。

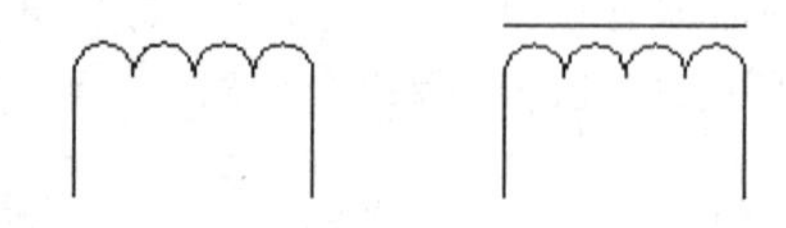

图 8-9　电感器和带磁芯电感器符号

8.1.4 变压器

变压器在电路中可以变换电压、电流和阻抗，起传输能量和传递交流信号的作用。变压器是利用互感原理制成的。

变压器的种类很多，在电子电路中一般按用途把变压器分为调压变压器、电源变压器、低频变压器、中频变压器、高频变压器和脉冲变压器等。常见的高频变压器包括电视接收机中的天线阻抗变压器、收音机中的天线线圈和振荡线圈。常见的中频变压器包括超外差式收音机中频放大电路用的变压器、电视机中的音频放大电路用的变压器。常见的低频变压器包括输入变压器、输出变压器、线圈变压器和耦合变压器等。

电子电路中常见变压器的图形符号如图 8-10 所示。

图 8-10　高频和低频变压器

8.1.5 半导体

半导体材料是指电阻率介于金属和绝缘体之间并有负的电阻温度系数的物质。半导体的电阻率随着温度的升高而减小。用半导体材料制成的具有一定功能的器件，统称半导体。

1. 我国半导体器件型号命名方法

半导体器件型号由 5 个部分组成，其中场效应器件、半导体特殊器件、复合管、PIN 型管和激光器件的型号命名只有第 3、第 4 和第 5 部分。5 个部分含义如下。

第 1 部分：用阿拉伯数字表示器件的有效电极数目。

第 2 部分：用汉语拼音字母表示器件的极性和材料。

第 3 部分：用汉语拼音字母表示器件的类型。

第 4 部分：用阿拉伯数字表示器件的序号。

第 5 部分：用汉语拼音字母表示规格。

比如：2AP10 表示 N 型锗材料的普通二极管，如图 8-11 所示；CS2B 表示场效应器件，如图 8-12 所示。

2. 半导体二极管

半导体二极管又称晶体二极管，简称二极管。由一个 PN 结加上引线及管壳构成。二极管具有单向导电性。

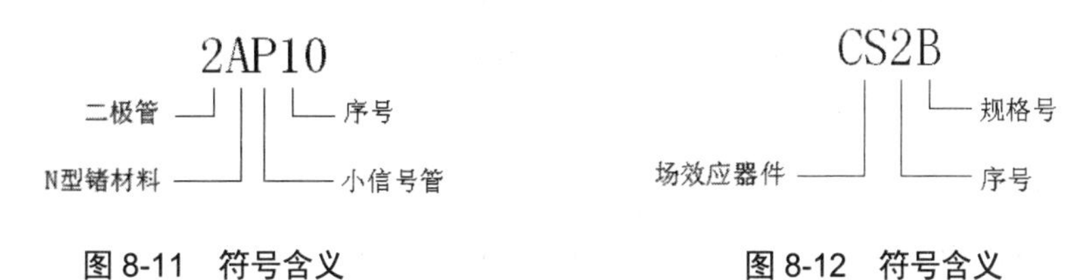

图 8-11　符号含义　　图 8-12　符号含义

二极管的种类很多。按制作材料不同，可分为锗二极管和硅二极管；按制作的工艺，可分为点接触型二极管和面接触型二极管，点接触型二极管用于小电流的整流、检测、限幅及开关等电路中，面接触型二极管主要起整流作用；按用途不同，可分为整流二极管、检波二极管、稳压二极管、变容二极管和光敏二极管等。

常用二极管的图形符号如图 8-13 所示。

3. 半导体三极管

半导体三极管又称双极型晶体管和晶体三极管，简称三极管，是一种电流控制电流的半导体器件。它的基本作用是把微弱的电信号转换成幅度较大的电信号。此外，它可以作为无触点开关。由于三极管具有结构牢固、寿命长、体积小及耗电省等特点，所以被广泛应用于各种电子设备中。

三极管的种类很多。按所用的半导体材料不同，可分为硅管和锗管；按结构不同，可分为 NPN 管和 PNP 管；按用途不同，可分为低频管、中频管、超高频管、大功率管、小功率管和开关管等；按封装方式不同，可分为玻璃壳封装管、金属壳封装管和塑料封装管等。

三极管的结构图和符号图分别如图 8-14 所示。

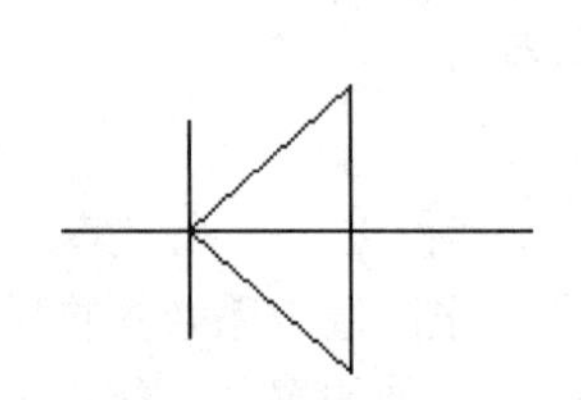

图 8-13　二极管图形符号

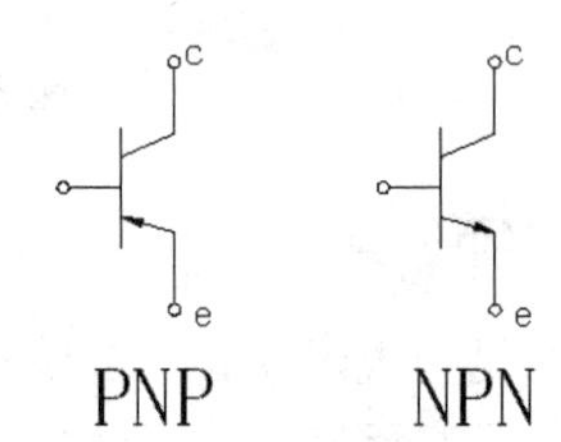

图 8-14　三极管符号图

8.1.6 电桥

电桥是将电阻、电感和电容等参数的变化变为电压或电流输出的一种转换电路。其输出既可以用指示仪表直接测量，也可以用放大器放大。

电桥电路的结构简单，且具有较高的精确度和灵敏度，能预调平衡，易消除温度和环境影响，因此在测量装置中被广泛应用。按照电桥采用的电源不同，可分为直流电桥和交流电桥；按照输出测量的方式不同，可分为不平衡电桥和平衡电桥。

1. 直流电桥

直流电桥是采用直流电源供电的桥式电路。

直流电桥有以下优点。

(1) 比较容易获得所需要的高稳定度直流电，且输出的直流电可以用直流仪表测量。

(2) 对从传感器到测量仪表的连接导线的要求较低。

(3) 电桥的平衡电路简单。

其缺点是直流放大器比较复杂，容易受零漂(零点漂移，指输入电压为零，输出电压偏离零值的变化)和接地电位的影响。

2. 交流电桥

交流电桥是采用交流电源供电的桥式电路。电桥的 4 个臂可以是电感、电容、电阻或其组合。交流电桥的供桥电源除了应有足够的功率外，还必须具有良好的电压波形和频率稳定度。若电压电源波形畸变，则高次谐波不但会造成测量误差，而且会扰乱电桥的平衡。

3. 带感应耦合臂的电桥

带感应耦合臂的电桥实质上是交流电感或电容电桥，是由感应耦合的一对绕组作为桥臂构成的。带感应耦合臂的电桥具有较高的精度和灵敏度，且性能稳定、频率范围广，近年来得到了广泛的应用。

8.2 绘制常用电气元件

本章在介绍了常用电气元件的基本知识后，将通过实例重点讲述电气元件的绘制方法和绘制技巧。通过常用电气元件符号的绘制，用户应熟悉并掌握 AutoCAD 的基本绘图命令。

为了使读者在绘制电气元器件之前对常用的电气元件的基本概念有所了解，本节将介绍开关、接触器、继电器和三相异步电动机等一些常见的电气元器件。

8.2.1 开关

所谓开关，就是指能够通过手动方式进行电路切换或控制的元件。常用的开关元件有按钮开关、行程开关和接近开关等。

1. 按钮开关

按钮开关是一种广泛应用的主令电器，用于短时接通或断开小电流的控制电路。

按钮开关一般由按钮帽、复位弹簧、触头元件和外壳等组成。按钮开关外形如图 8-15 所示。

按钮开关的一般图形符号表示方法如图 8-16 所示。

图 8-15 按钮开关

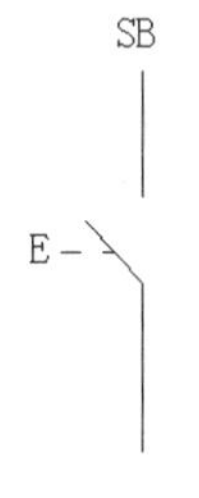

图 8-16 按钮开关符号

2. 行程开关

行程开关又称限位开关，是一种根据运动部件的行程位置而切换电路的主令电器。行程开关可实现对行程的控制和对极限位置的保护。

行程开关的结构原理与按钮相似，但行程开关的动作是通过机械运动部件上的撞块或其他部件的机械作用进行操作的。

行程开关按其结构可分为按钮式(直动式)、滚轮式和微动式 3 种。

1) 按钮式行程开关

这种行程开关的动作情况与按钮开关一样，即当撞块压下推杆时，其常闭触点打开，而常开触点闭合；当撞块离开推杆时，触点在弹簧力的作用下恢复原状。这种行程开关的结构简单、价格便宜。其缺点是触点的通断速度与撞块的移动速度有关，当撞块的移动速度较慢时，触点断开也缓慢，电弧容易使触点烧损，因此它不宜用在移动速度低于 0.4m / min 的场合，如图 8-17 所示。

2) 滚轮式行程开关

滚轮式行程开关分为单滚轮自动复位与双滚轮非自动复位两种形式。滚轮式行程开关的优点是触点的通断速度不受运动部件速度的影响，且动作快。其缺点是结构复杂，价格比按钮式行程开关高，如图 8-18 所示。

图 8-17　按钮式行程开关

图 8-18　滚轮式行程开关

3) 微动开关

微动开关是由撞块压动推杆，使片状弹簧变形，从而使触点运动。当撞块离开推杆后，片状弹簧恢复原状，触点复位。微动开关的外形如图 8-19 所示。

微动开关的特点是外形尺寸小、重量轻、推杆的动作行程小以及推杆动作压力小，缺点是不耐用。

行程开关的图形符号和文字符号如图 8-20 所示。

3．接近开关

接近开关是一种非接触式的行程开关，其特点是挡块不需要与开关部件接触即可发出电信号。接近开关以其寿命长、操作频率高及动作迅速可靠的特点得到了广泛的应用。接近开关的图形符号和文字符号如图 8-21 所示。

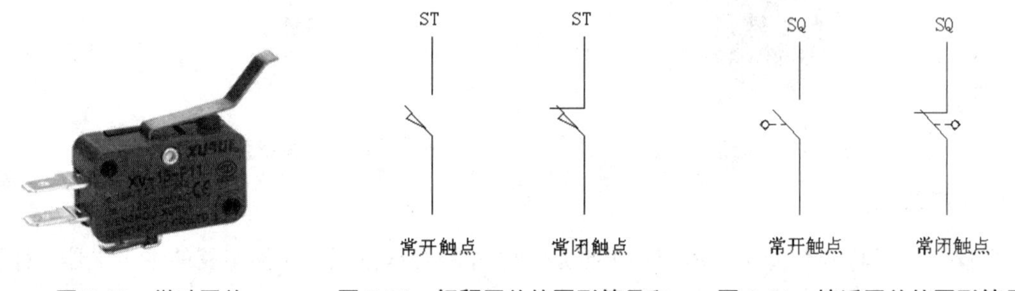

图 8-19　微动开关　　图 8-20　行程开关的图形符号和文字符号　　图 8-21　接近开关的图形符号和文字符号

8.2.2　接触器

接触器是一种用来接通或断开电动机或其他负载主回路的自动切换电器。接触器因具有控制容量大的特点而适用于频繁操作和远距离控制的电路中。其工作可靠、寿命长，是继电器—

接触器控制系统中重要的元件之一。

接触器分为交流接触器和直流接触器两种。如图 8-22 所示为交流接触器的结构图。

接触器的动作原理是：在接触器的吸引线圈处于断电状态下，接触器为释放状态，这时在复位弹簧的作用下，动铁芯通过绝缘支架将动触桥推向最上端，使常开触头打开，常闭触头闭合，当吸引线圈接通电源时，流过线圈内的电流在铁芯中产生磁通，此磁通使静铁芯与动铁芯之间产生足够的吸力，以克服弹簧的反力，将动铁芯向下吸合，这时动触桥也被拉向下端，因此原来闭合的常闭触头就被分断，而原来处于分断的常开触头就转为闭合，从而控制吸引线圈的通电和断电，使接触器的触头由分断转为闭合，或由闭合转为分断的状态，最终达到控制电路通断的目的。

接触器的图形符号和文字符号如图 8-23 所示。

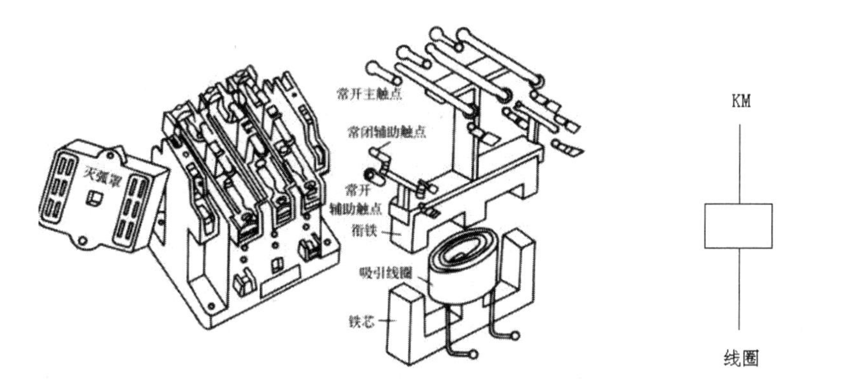

图 8-22　交流接触器的结构图　　　图 8-23　接触器的图形符号和文字符号

8.2.3　继电器

继电器是一种根据特定形式的输入信号(如电流、电压、转速、时间和温度等)的变化而发生动作的自动控制电器。它与接触器不同的是，继电器主要用于反映控制信号，其触点通常接在控制电路中。

1. 中间继电器

中间继电器本质上是电压继电器，具有触头多(6 对或更多)、触头能承受的电流大(额定电流 5～10A)、动作灵敏(动作时间小于 0.05s)等特点。

中间继电器因其具有触点对数比较多的特点而主要用于进行电路的逻辑控制或实现触点转换与扩展的电路中。

中间继电器的图形符号和文字符号如图 8-24 所示。

2. 时间继电器

时间继电器是一种在电路中起着控制动作时间的继电器。当时间继电器的敏感元件获得信号后，要经过一段时间，其执行元件才会动作并输出信号。

时间继电器按其动作原理与构造的不同，可分为电磁式、空气阻尼式、电动式和晶体管式等类型。

时间继电器的图形符号和文字符号如图 8-25 所示。

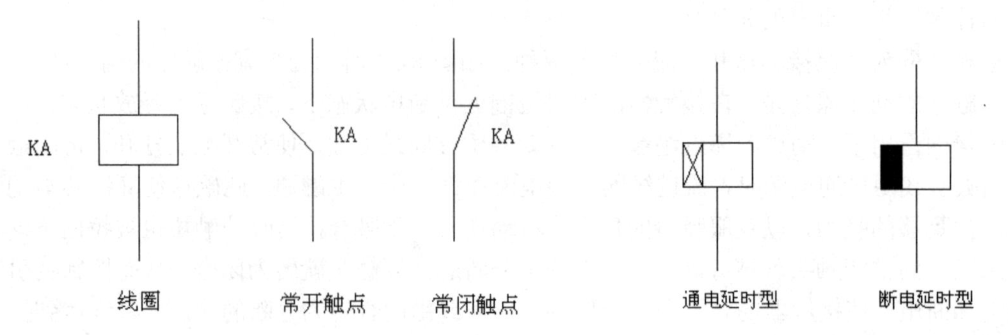

图 8-24　中间继电器的图形符号和文字符号　　图 8-25　时间继电器的图形符号和文字符号

8.2.4　三相异步电动机

三相异步电动机又称三相感应电动机，主要由静止部分——定子和旋转部分——转子两大部分组成。转子装在定子当中，相互间留有一定的空隙。

三相异步电动机按转子结构的不同分成线绕式和鼠笼式两种基本类型。二者定子相同，转子不同。

鼠笼式和线绕式异步电动机的定子构造都是由定子铁芯和定子三相绕组等构成的。机座由铸铁铸成，机座内装有 0.5mm 厚的硅钢片迭成的定子铁芯，定子铁芯内圆周表面上均匀地分布着许多与轴平行的槽，槽内嵌放绕组，绕组与铁芯之间相互绝缘。

鼠笼式转子绕组是在转子铁芯槽内放入裸铜条，两端由两个铜环焊接成通路，也可在转子铁芯槽中铸铝。线绕式转子绕组和定子绕组相似，但三相绕组固定为星形连接，三根端线连接到电机轴一端的铜环上环与环之间，滑环与轴之间相互绝缘。

8.3　常用电子电气元件的绘制步骤

常用电子电气元件绘制的一般步骤为：设置绘图环境→绘制图形→保存文件。绘图环境的设置包括绘图界限的设置及图层的设置。

8.3.1　设置绘图界限

绘图界限用来标明用户的工作区域和图纸的边界，以防止用户绘制的图形超出该边界。

在 AutoCAD 中，用户可以通过以下两种方式设置绘图界限。

(1) 下拉菜单方式。选择【格式】|【图形界限】菜单命令。

(2) 命令行方式。在命令输入行中输入 limits，按 Enter 键。

执行上述两种方式中的任意一种后，可通过下述操作来设置绘图界限。

命令：limits
重新设置模型空间界限：
指定左上角点或[开(ON)/关(OFF)]<0. 0000，0. 0000>：在绘图区域内合适位置单击或输入图形边界左下角的坐标，如"0"，按 Enter 键确认.　　\\指定左上角点
指定右上角点<420. 0000，297. 0000>：在绘图区域内合适位置单击或输入图形边界右上角的坐标，如"500，500"，按 Enter 键确认.　　\\指定右上角点

8.3.2 设置图层

图层是 AutoCAD 提供的一个管理图形对象的工具。图层可以使 AutoCAD 图形看起来好像是由多张透明的图纸重叠在一起组成的，可以通过图层来对图形几何对象、文字及标注等元素进行归类处理。调用【图层特征管理器】的常用方法有以下 3 种。

(1) 下拉菜单方式。选择【格式】|【图层】菜单命令。

(2) 工具栏方式。在【图层】工具栏中单击【图层特性管理器】按钮。

(3) 命令行方式。在命令输入行中输入 layer 或命令的缩写形式 LA，然后按 Enter 键。

按上述任意一种方式操作后，即可弹出【图层特性管理器】对话框。

在【图层特性管理器】对话框中，用户可以进行创建图层、删除图层及其他属性的设置，具体的设置方法请参阅本书第 5 章关于图层的有关说明。

8.3.3 绘制图形

使用相关的绘图命令绘制元件图形。

8.3.4 保存文件

选择【文件】|【保存】菜单命令，或者在命令输入行中输入 qsave，按 Enter 键。

8.4 设计范例——绘制典型电子电气元件

本范例完成文件：\08\8-1.dwg

多媒体教学路径：光盘→多媒体教学→第 8 章

8.4.1 实例介绍与展示

本章范例将详细讲解一些典型的电子电气元件的绘制方法。下面逐一进行介绍，如图 8-26～图 8-30 所示。

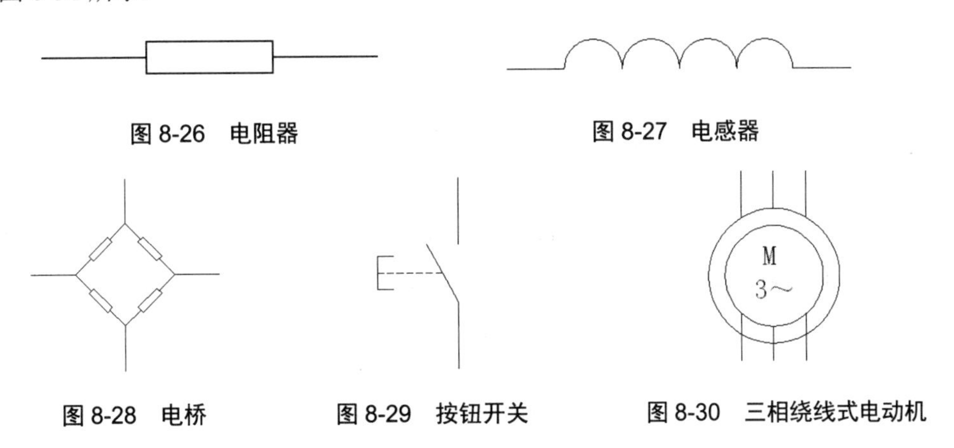

图 8-26 电阻器

图 8-27 电感器

图 8-28 电桥

图 8-29 按钮开关

图 8-30 三相绕线式电动机

8.4.2 电阻器的绘制

步骤 01 绘图环境设置

①打开 AutoCAD 2014，在命令输入行中输入 limits，按 Enter 键。命令输入行提示如下。

```
命令: limits
重新设置模型空间界限:
指定左下角点或 [开(ON)/关(OFF)] <0.0000,0.0000>:          \\指定左下角点
指定右上角点 <12.0000,9.0000>:                           \\指定右上角点
```

②在【默认】选项卡【特性】面板中单击【线型】下拉菜单，选择 Bylayer 选项，作为当前图层。

步骤 02 绘制矩形

单击【绘图】工具栏中的【矩形】按钮，绘制一个矩形，如图 8-31 所示。命令输入行提示如下。

```
命令: _rectang
指定第一个角点或 [倒角(C)/标高(E)/圆角(F)/厚度(T)/宽度(W)]:      \\指定第一点
指定另一个角点或 [面积(A)/尺寸(D)/旋转(R)]: d                  \\输入 d
指定矩形的长度 <10.0000>: 6                                    \\输入长度
指定矩形的宽度 <10.0000>: 1.5                                  \\输入宽度
指定另一个角点或 [面积(A)/尺寸(D)/旋转(R)]:                    \\指定第二个角点
需要二维角点或选项关键字。
指定另一个角点或 [面积(A)/尺寸(D)/旋转(R)]:
```

步骤 03 绘制直线

①单击【绘图】工具栏中的【直线】按钮，移动鼠标指针到矩形的左侧，显示绿色三角形时即表示锁定中点，如图 8-32 所示，单击，然后向左平移，如图 8-33 所示。在命令输入行中输入 5 后，按 Enter 键，按 Esc 键退出。命令输入行提示如下。

```
命令: _line 指定第一点:
指定下一点或 [放弃(U)]: 5                 \\指定一点，输入距离
指定下一点或 [放弃(U)]: *取消*            \\取消命令
```

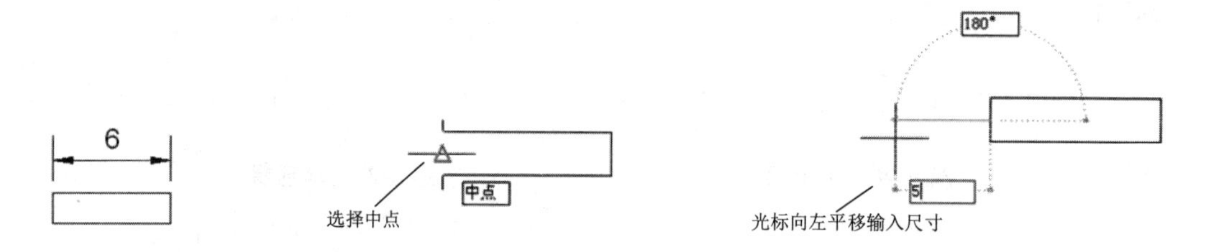

图 8-31 绘制矩形　　图 8-32 锁定中点　　图 8-33 鼠标指针向左平移

②使用同样的方法在另一边绘制直线，完成电阻的绘制，如图 8-34 所示。

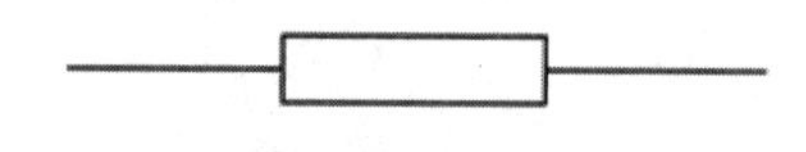

图 8-34 完成的电阻

③单击快速访问工具栏中的【保存】按钮，即可保存。

8.4.3 电感器的绘制

步骤 01 绘制直线

①使用 limits 命令，设置绘图环境。

②单击【绘图】工具栏中的【直线】按钮，绘制一段长度为 5 的直线，如图 8-35 所示。命令输入行提示如下。

```
命令: _line 指定第一点:
指定下一点或 [放弃(U)]: 5                    \\指定点和长度
指定下一点或 [放弃(U)]: *取消*                \\取消命令
```

步骤 02 绘制圆弧

单击【绘图】工具栏中的【圆弧】按钮，单击直线端点，如图 8-36 所示。绘制弧度为 180 的圆弧，如图 8-37 所示。命令输入行提示如下。

```
命令: _arc
圆弧创建方向: 逆时针(按住 Ctrl 键可切换方向)。
指定圆弧的起点或 [圆心(C)]: c                       \\指定圆心
指定圆弧的圆心: 2.5
指定圆弧的起点:                                     \\指定圆弧端点
指定圆弧的端点或 [角度(A)/弦长(L)]: a
指定包含角: 180                                     \\输入圆弧弧度
```

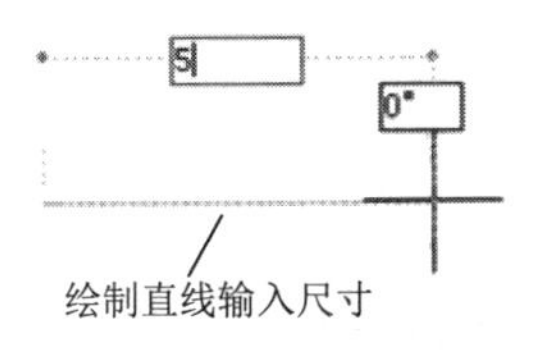
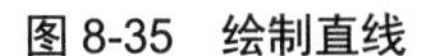

图 8-35 绘制直线

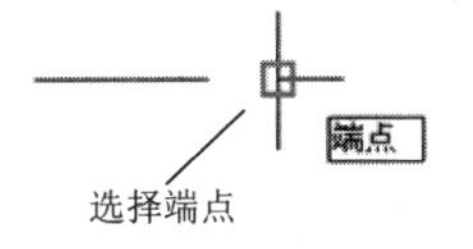

图 8-36 选择端点

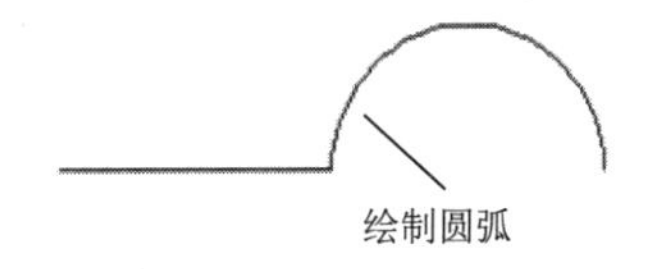

图 8-37 绘制圆弧

步骤 03 复制圆弧

①单击选中圆弧，单击【修改】工具栏中的【复制】按钮，单击圆弧左端，如图 8-38 所示，再单击圆弧右端，完成一个复制，多次单击即可复制多个圆弧，如图 8-39 所示。命令输入行提示如下。

```
命令: _copy 找到 1 个
当前设置: 复制模式 = 多个
指定基点或 [位移(D)/模式(O)] <位移>: 指定第二个点或 <使用第一个点作为位移>:
指定第二个点或 [退出(E)/放弃(U)] <退出>:
指定第二个点或 [退出(E)/放弃(U)] <退出>:
指定第二个点或 [退出(E)/放弃(U)] <退出>: *取消*
```

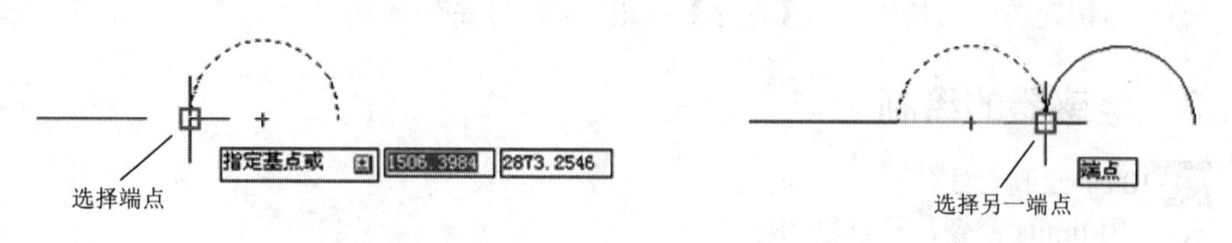

图 8-38　选择端点　　图 8-39　选择另一端点

②复制完成的圆弧如图 8-40 所示。

步骤 04　绘制直线

使用【直线】命令绘制另一段的直线，完成电感器的绘制，如图 8-41 所示。

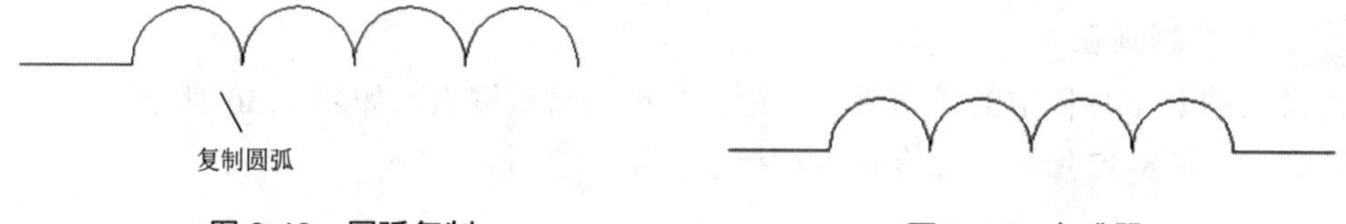

图 8-40　圆弧复制　　图 8-41　电感器

8.4.4　电桥的绘制

步骤 01　绘制电阻器

①设置绘图环境。

②绘制一个电阻器，如图 8-42 所示，绘制方法与 8.4.2 小节介绍的相同。

步骤 02　复制电阻器

①在绘图区选择电阻，如图 8-43 所示。

图 8-42　电阻　　图 8-43　选中电阻

②单击【修改】工具栏中的【复制】按钮，单击一个端点，如图 8-44 所示，再向下平移鼠标指针，如图 8-45 所示。在命令输入行中输入 16，按 Enter 键。

```
命令: _copy 找到 3 个
当前设置:  复制模式 = 多个
指定基点或 [位移(D)/模式(O)] <位移>: 指定第二个点或 <使用第一个点作为位移>: 16
                                                    \\输入移动距离
指定第二个点或 [退出(E)/放弃(U)] <退出>:  *取消*
```

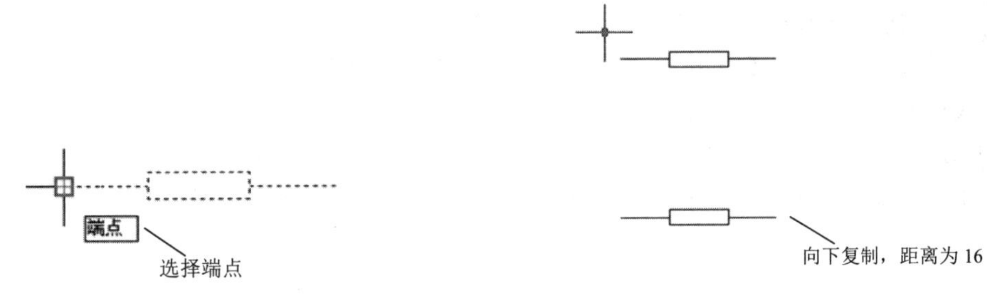

图 8-44　选择端点　　　　图 8-45　向下平移

步骤 03　旋转电阻器

❶选择一个电阻，如图 8-46 所示。

❷单击【修改】工具栏中的【旋转】按钮，选择一个端点，如图 8-47 所示，再输入旋转角度为“-90°”，按 Enter 键，旋转结果如图 8-48 所示。命令输入行提示如下。

```
命令: _rotate
UCS 当前的正角方向:  ANGDIR=逆时针    ANGBASE=0.00
找到 3 个
指定基点:                                                   \\指定基点
指定旋转角度，或 [复制(C)/参照(R)] <0.00>:  -90              \\输入旋转角度
```

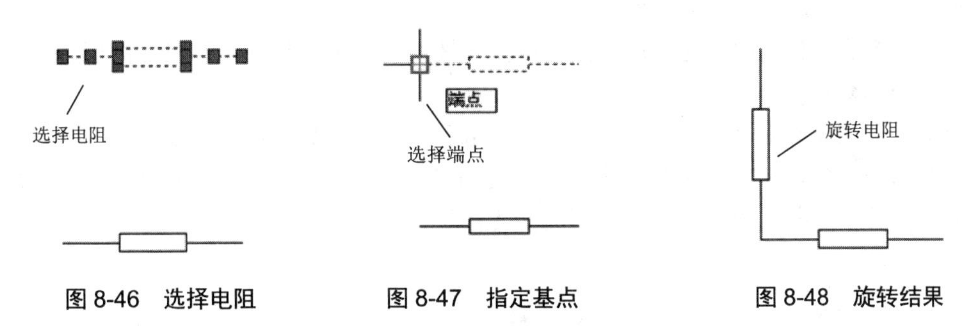

图 8-46　选择电阻　　　　图 8-47　指定基点　　　　图 8-48　旋转结果

步骤 04　镜像电阻器

选中两个电阻，单击【修改】工具栏中的【镜像】按钮，分别单击两个镜像端点，如图 8-49 和图 8-50 所示。右击，在弹出的快捷菜单中选择【确定】命令。命令输入行提示如下。

```
命令: _mirror 找到 6 个
指定镜像线的第一点: 指定镜像线的第二点:                  \\指定镜像点
要删除源对象吗? [是(Y)/否(N)] <N>:
```

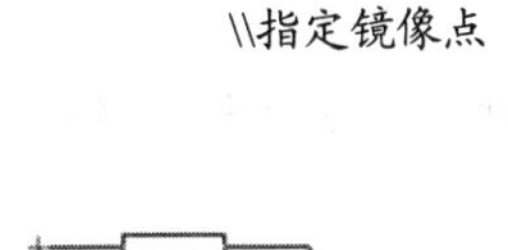

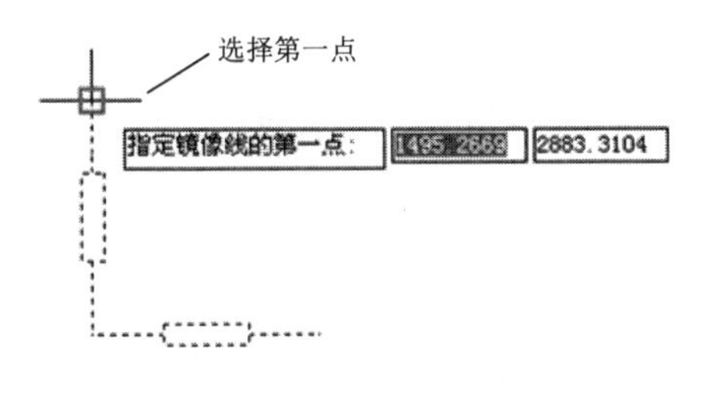

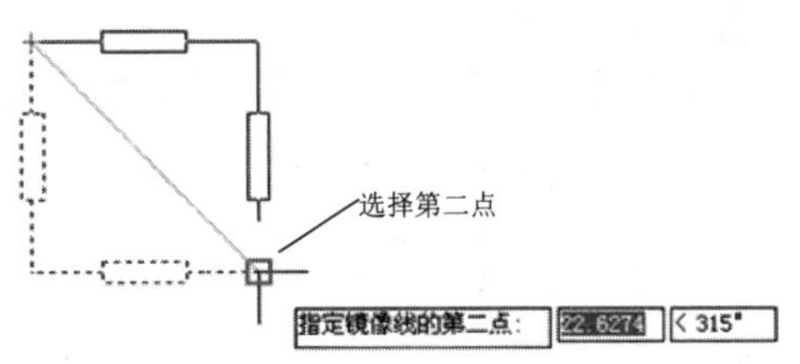

图 8-49　指定第一点　　　　图 8-50　指定第二点

步骤05 旋转电阻器

选中 4 个电阻，单击【修改】工具栏中的【旋转】按钮，指定一个基点，如图 8-51 所示，再输入旋转角度，按 Enter 键即可完成旋转，如图 8-52 所示。命令输入行提示如下。

步骤06 绘制直线

使用【直线】命令添加 4 条直线，长度为 10。完成绘制的电桥如图 8-53 所示。

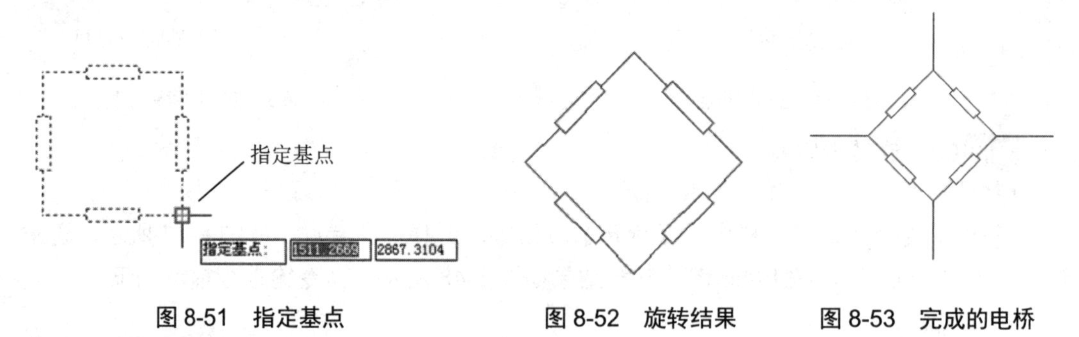

图 8-51 指定基点　　图 8-52 旋转结果　　图 8-53 完成的电桥

8.4.5 按钮开关的绘制

步骤01 图层设置

① 使用 limits 命令，设置绘图环境。

② 单击【默认】选项卡【图层】面板中的【图层特性】按钮，弹出【图层特性管理器】面板，如图 8-54 所示。

③ 在【图层特性管理器】对话框中，单击【新建图层】按钮，新建一个名称为“虚线”的图层，再单击该图层【线型】列，弹出【选择线型】对话框，选择 DASHED 选项，如图 8-55 所示，单击【确定】按钮。再关闭【图层特性管理器】对话框。

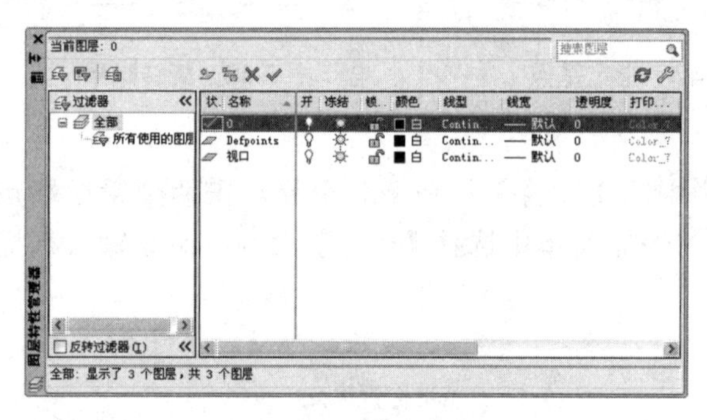

图 8-54 【图层特性管理器】面板

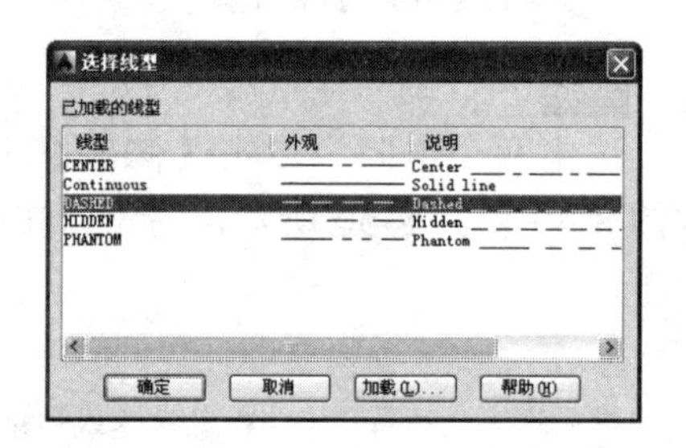

图 8-55 【选择线型】对话框

步骤02 绘制直线

① 使用【直线】命令绘制一段长为 5 的垂直直线，如图 8-56 所示。命令输入行提示如下。

```
命令: _line 指定第一点:
指定下一点或 [放弃(U)]: 5                    \\指定距离
指定下一点或 [放弃(U)]: *取消*
```

② 使用【直线】命令，绘制一段长为 5 的直线与上一直线角度不超过 120°，如图 8-57 所示。

③使用【直线】命令绘制一段长为 5 的垂直直线，如图 8-58 所示。

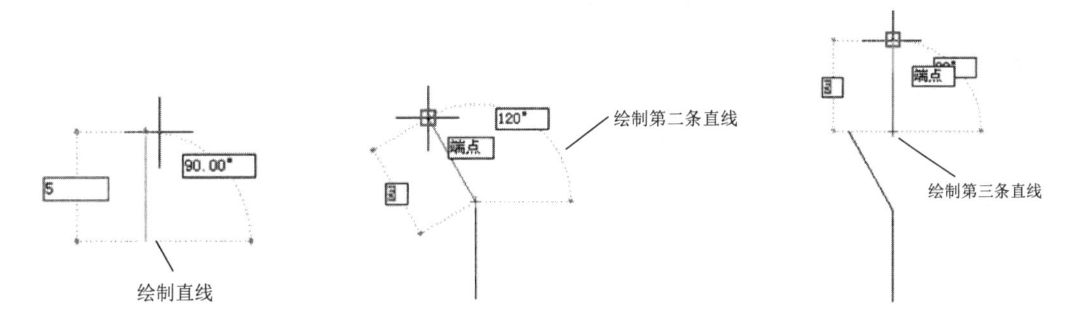

图 8-56 绘制第一条直线　　图 8-57 绘制第二条直线　　图 8-58 绘制第三条直线

步骤 03 更改图层绘制直线

①单击【默认】选项卡【图层】面板中的【图层】下拉列表框，如图 8-59 示，选择【虚线】选项。

②使用【直线】命令绘制一段长为 5 的水平虚线，如图 8-60 所示。

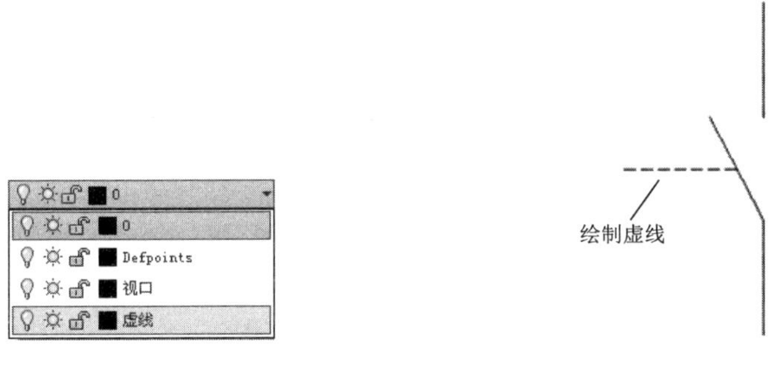

图 8-59 选择【虚线】选项　　图 8-60 绘制水平虚线

③在【图层】面板选择 0 图层，使用【直线】命令绘制一段长为 1.25 的水平直线和一段垂直直线，如图 8-61 所示。

步骤 04 镜像命令

使用【镜像】命令，镜像刚绘制的两条直线，完成按钮开关的绘制，如图 8-62 所示。

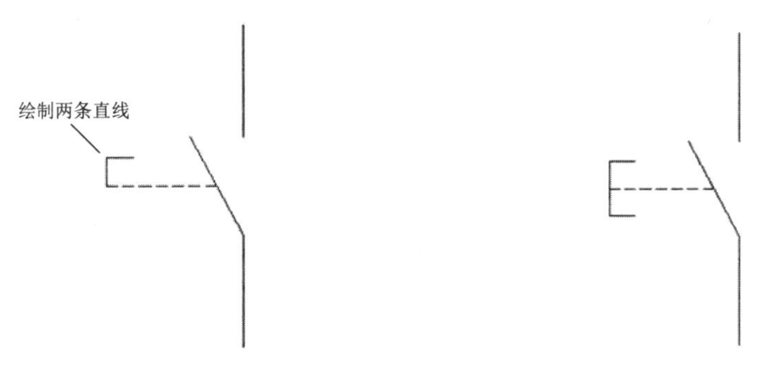

图 8-61 绘制两条直线　　图 8-62 完成的按钮开关

8.4.6 三相绕线式电动机的绘制

步骤01 绘制圆

①单击【绘图】工具栏中的【圆】按钮，绘制一个半径为7.5的圆，如图8-63所示。命令输入行提示如下。

```
命令: _circle 指定圆的圆心或 [三点(3P)/两点(2P)/切点、切点、半径(T)]:        \\确定圆心
指定圆的半径或 [直径(D)]: 7.5                                            \\输入半径
```

②单击【绘图】工具栏中的【圆】按钮，绘制一个半径为10的圆，与第一个圆同圆心，如图8-64所示。

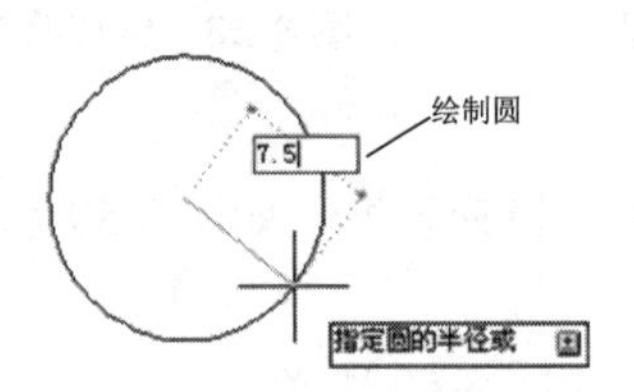

图8-63 绘制圆

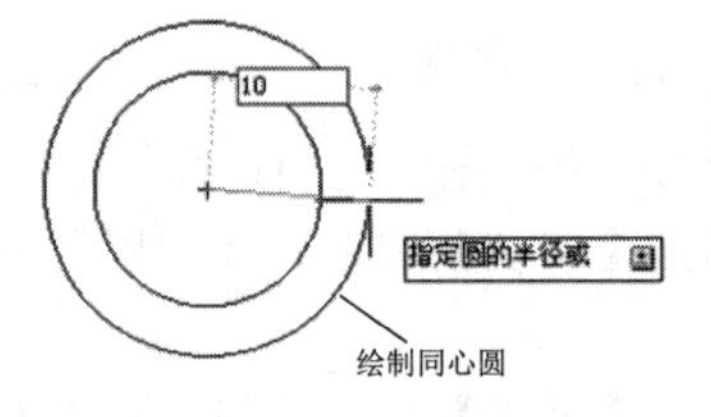

图8-64 绘制同心圆

步骤02 绘制直线

使用【直线】命令绘制一段长为8的垂直直线，与第一个圆相交于圆上，如图8-65所示。命令输入行提示如下。

```
命令: _line 指定第一点:
指定下一点或 [放弃(U)]: 8                                                \\指定距离
指定下一点或 [放弃(U)]: *取消*
```

步骤03 偏移直线

选中直线，单击【修改】工具栏中的【偏移】按钮，输入偏移距离为5，指定偏移方向，如图8-66所示，单击确定。再次单击第一条直线，再次单击另一边，完成偏移，如图8-67所示。命令输入行提示如下。

```
命令: _offset
当前设置: 删除源=否  图层=源  OFFSETGAPTYPE=0
指定偏移距离或 [通过(T)/删除(E)/图层(L)] <通过>:  5                          \\偏移距离
指定要偏移的那一侧上的点，或 [退出(E)/多个(M)/放弃(U)] <退出>:               \\指定偏移点
选择要偏移的对象，或 [退出(E)/放弃(U)] <退出>:
指定要偏移的那一侧上的点，或 [退出(E)/多个(M)/放弃(U)] <退出>:               \\指定偏移点
选择要偏移的对象，或 [退出(E)/放弃(U)] <退出>:  *取消*
```

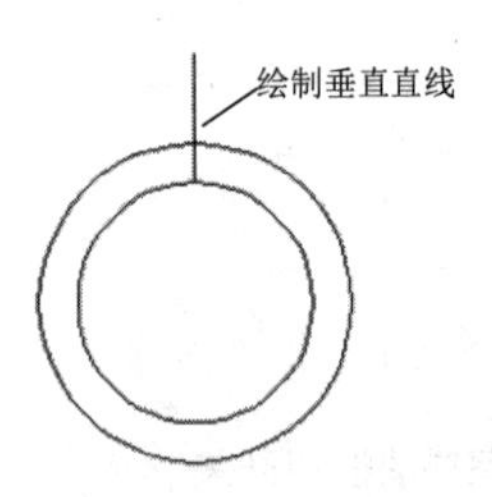

图8-65 绘制垂直直线

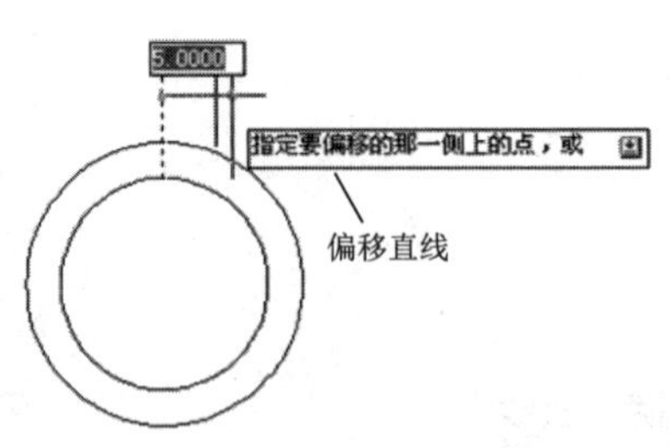

图8-66 指定偏移边

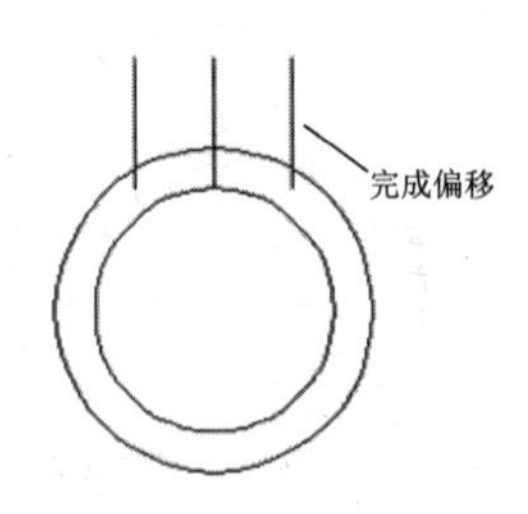

图8-67 完成的偏移

步骤 04 修剪线条

单击【修改】工具栏中的【修剪】按钮，右击，依次单击需要修剪的部分，如图 8-68 所示，完成的修剪如图 8-69 所示。命令输入行提示如下。

```
命令: _trim
当前设置:投影=UCS，边=无
选择剪切边...
选择对象或 <全部选择>:                                              \\选择对象
选择要修剪的对象，或按住 Shift 键选择要延伸的对象，或
[栏选(F)/窗交(C)/投影(P)/边(E)/删除(R)/放弃(U)]:
选择要修剪的对象，或按住 Shift 键选择要延伸的对象，或
[栏选(F)/窗交(C)/投影(P)/边(E)/删除(R)/放弃(U)]:
选择要修剪的对象，或按住 Shift 键选择要延伸的对象，或
[栏选(F)/窗交(C)/投影(P)/边(E)/删除(R)/放弃(U)]:  *取消*
```

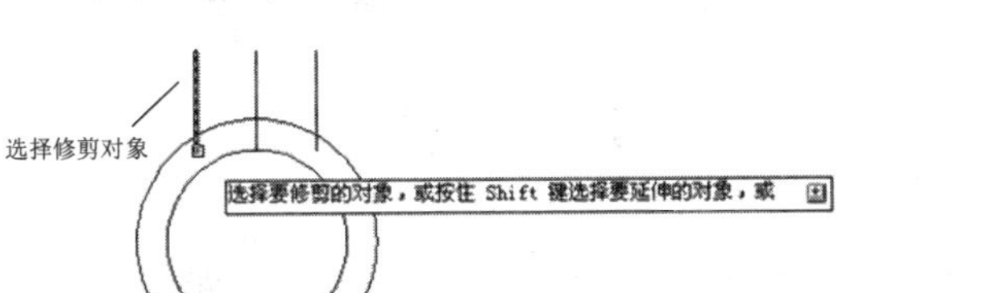

图 8-68　选择修剪部分

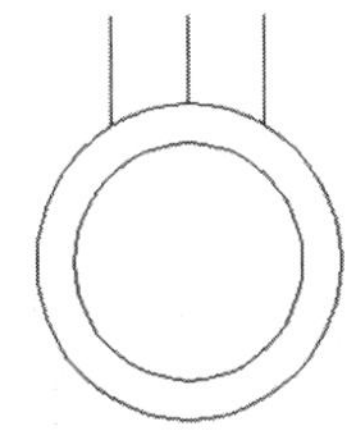

图 8-69　完成的修剪

步骤 05 绘制直线

运用相同的办法绘制另外 3 条直线，相交圆为内圆，如图 8-70 所示。

步骤 06 延伸直线

单击【修改】工具栏中的【延伸】按钮，依次选择延伸边和延伸界限，如图 8-71 所示，按 Enter 键，依次单击要延伸的部分，如图 8-72 所示，完成后按 Esc 键。命令输入行提示如下。

```
命令: _extend
当前设置:投影=UCS，边=无
选择边界的边...
选择对象或 <全部选择>:  找到 1 个
选择对象: 找到 1 个，总计 2 个
选择对象: 找到 1 个，总计 3 个                                  \\选择延伸对象
选择对象:
选择要延伸的对象，或按住 Shift 键选择要修剪的对象，或           \\选择延伸部分
[栏选(F)/窗交(C)/投影(P)/边(E)/放弃(U)]:
选择要延伸的对象，或按住 Shift 键选择要修剪的对象，或           \\选择延伸部分
[栏选(F)/窗交(C)/投影(P)/边(E)/放弃(U)]:
```

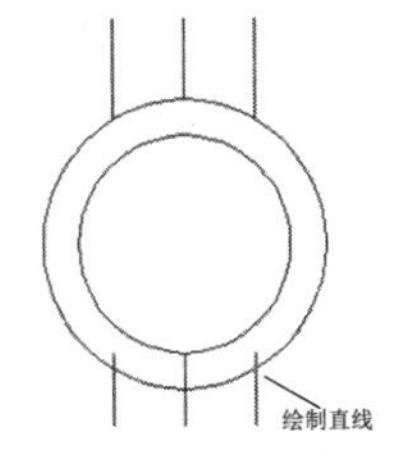

图 8-70　绘制直线

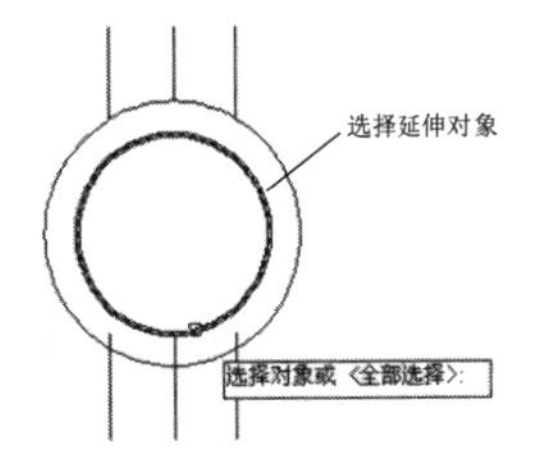

图 8-71　选择延伸对象

步骤07 绘制文字

使用【多行文字】命令，添加文字标识，完成三相绕线式电动机的绘制，如图 8-73 所示。

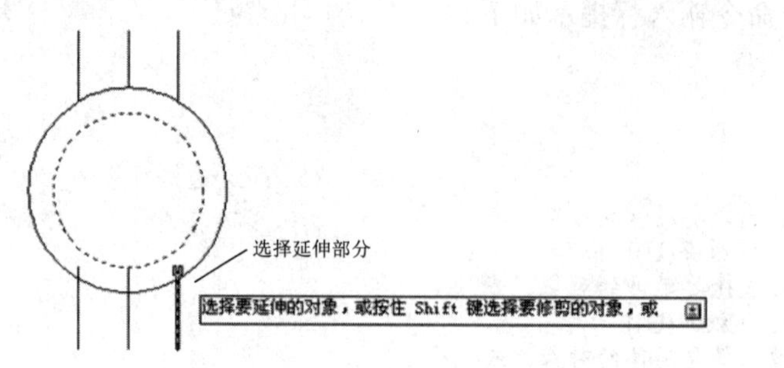

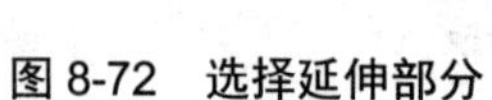

图 8-72　选择延伸部分

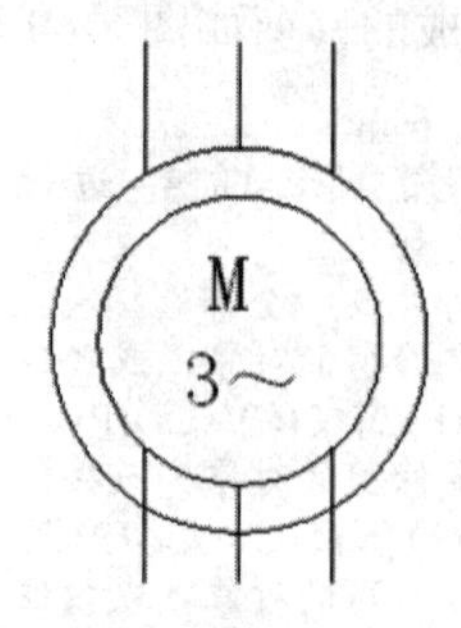

图 8-73　完成的三相绕线式电动机

8.5　本 章 小 结

通过对本章的学习，可以进一步丰富 AutoCAD 2014 平面绘图和编辑的方法与技巧，完成电子元件的绘制，从而为绘制更加复杂的图形打下坚实的基础。

第 9 章

绘制三维电气元件

本章导读：

三维立体是一个直观的立体的表现方式，但要在平面的基础上表示三维图形，则需要有一些三维知识，并且对平面的立体图形有所认识。本章详细介绍了三维物体的绘制原理，读者可以根据范例具体学习。

9.1 三维界面和坐标系

在 AutoCAD 2014 中包含三维绘图的界面，更加适合三维绘图的习惯。另外要进行三维绘图，首先要了解用户坐标。下面来认识一下三维建模界面和用户坐标系统，并了解用户坐标系统的一些基本操作。

9.1.1 三维建模界面介绍

【三维建模】界面是 AutoCAD 2014 中的一种界面形式，启动【三维建模】界面比较简单，在【状态栏】中单击【工作空间设置】按钮，打开菜单后选择【三维建模】选项，如图 9-1 所示，即可启动【三维建模】界面，界面如图 9-2 所示。下面对其进行简单的介绍。

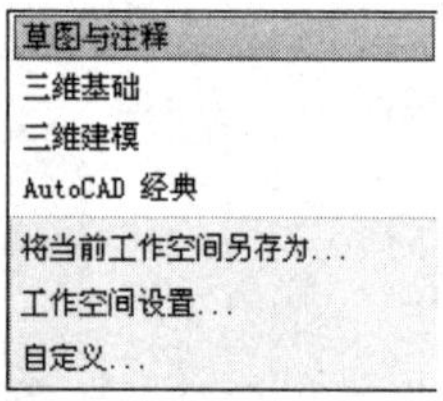

草图与注释
三维基础
三维建模
AutoCAD 经典
将当前工作空间另存为...
工作空间设置...
自定义...

图 9-1 切换工作空间

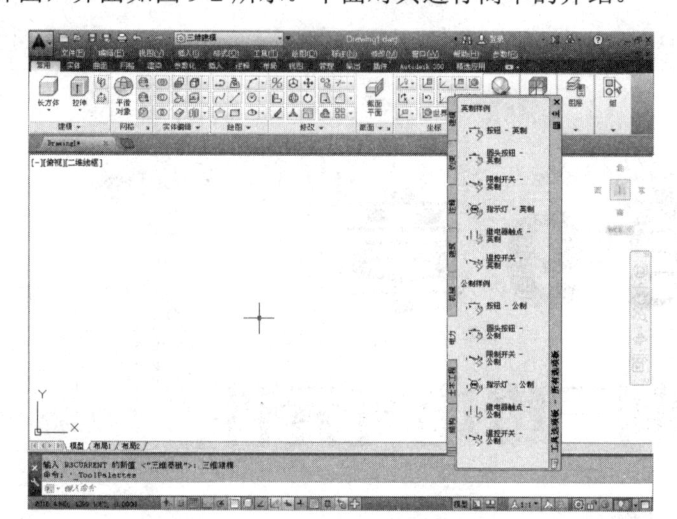

图 9-2 【三维建模】界面

该界面和普通界面的结构基本相同，但是其面板区变为了三维面板，主要包括【建模】、【绘图】、【实体编辑】、【修改】和【视图】等面板，集成了多个工具按钮，方便了三维绘图的使用。

9.1.2 用户坐标系统(UCS)介绍

读者在前面第一章已经了解了坐标系，下面介绍一下用户坐标系。

用户坐标系(UCS)是用于创建坐标、操作平面和观察的一种可移动的坐标系统。用户坐标系统由用户来指定，它可以在任意平面上定义 XY 平面，并根据这个平面，垂直拉伸出 Z 轴，组成坐标系统。它大大方便了三维物体绘制时坐标的定位。

打开【视图】选项卡，常用的关于坐标系的命令就放在如图 9-3 所示的【坐标】面板里，用户只要单击其中的按钮即可启动对应的坐标系命令。UCS 即“用户坐标系”的英文的第一个字母组合。也可以使用菜单栏中【工具】菜单的【新建 UCS】和【命名 UCS】命令，【新建

UCS】的下级菜单如图 9-4 所示。

图 9-3 【坐标】面板

图 9-4 【新建 UCS】的下级菜单

AutoCAD 的大多数几何编辑命令取决于 UCS 的位置和方向，图形将绘制在当前 UCS 的 XY 平面上。UCS 命令设置用户坐标系在三维空间中的方向。它定义二维对象的方向和 THICKNESS 系统变量的拉伸方向。它也提供 ROTATE(旋转)命令的旋转轴，并为指定点提供默认的投影平面。当使用定点设备定义点时，定义的点通常置于 XY 平面上。如果 UCS 旋转使 Z 轴位于与观察平面平行的平面上(XY 平面对观察者来说显示为一条边)，那么可能很难查看该点的位置。在这种情况下，将把该点定位在与观察平面平行的包含 UCS 原点的平面上。例如，如果观察方向沿着 X 轴，那么用定点设备指定的坐标将定义在包含 UCS 原点的 YZ 平面上。不同的对象新建的 UCS 也有所不同，如表 9-1 所示。

表 9-1 不同对象新建 UCS 的情况

对 象	确定 UCS 的情况
圆弧	圆弧的圆心成为新 UCS 的原点，X 轴通过距离选择点最近的圆弧端点
圆	圆的圆心成为新 UCS 的原点，X 轴通过选择点
直线	距离选择点最近的端点成为新 UCS 的原点，选择新 X 轴，直线位于新 UCS 的 XZ 平面上。直线第二个端点在新系统中的 Y 坐标为 0
二维多段线	多段线的起点为新 UCS 的原点，X 轴沿从起点到下一个顶点的线段延伸

9.1.3 新建 UCS

启动新建 UCS 可以执行下面两种操作之一。

(1) 单击【视图】选项卡中【坐标】面板中的 UCS 按钮。

(2) 在命令输入行中输入 UCS，按 Enter 键。

在命令输入行将会出现如下选择命令提示。

```
命令: UCS
当前 UCS 名称: *世界*
指定 UCS 的原点或 [面(F)/命名(NA)/对象(OB)/上一个(P)/视图(V)/世界(W)/X/Y/Z/Z 轴(ZA)] <世界>:
```

提 示

该命令不能选择下列对象：三维实体、三维多段线、三维网络、视窗、多线、面、样条曲线、椭圆、射线、构造线、引线、多行文字。

1．新建(N)

新建用户坐标系(UCS)，输入 N(新建)时，命令输入行有如下提示，提示用户选择新建用户坐标系的方法。

```
指定 UCS 的原点或 [面(F)/命名(NA)/对象(OB)/上一个(P)/视图(V)/世界(W)/X/Y/Z/Z 轴(ZA)] <世界>:N
指定新 UCS 的原点或 [Z 轴(ZA)/三点(3)/对象(OB)/面(F)/视图(V)/X/Y/Z] <0,0,0>:
```

通过下列 7 种方法可以建立新坐标。

1) 原点

通过指定当前用户坐标系 UCS 的新原点，保持其 X、Y 和 Z 轴方向不变，从而定义新的 UCS，如图 9-5 所示。命令输入行提示如下。

```
指定新 UCS 的原点或 [Z 轴(ZA)/三点(3)/对象(OB)/面(F)/视图(V)/X/Y/Z] <0,0,0>:        // 指定点
```

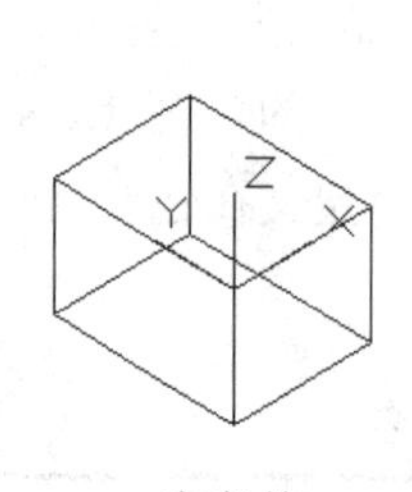

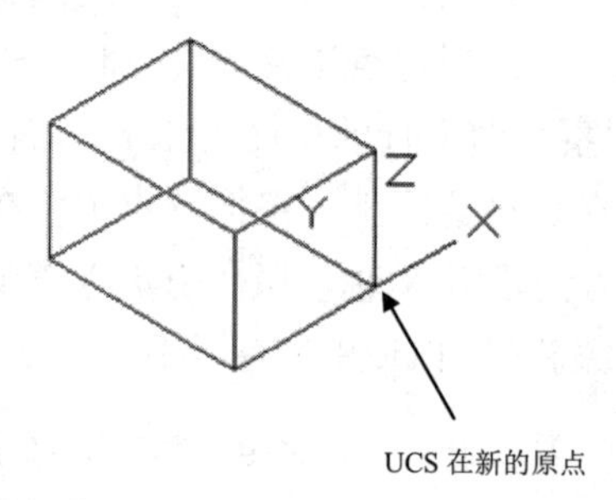

定义前 定义后

图 9-5 自定原点定义坐标系

2) Z 轴(ZA)

用特定的 Z 轴正半轴定义 UCS。命令输入行提示如下。

```
指定新 UCS 的原点或 [Z 轴(ZA)/三点(3)/对象(OB)/面(F)/视图(V)/X/Y/Z] <0,0,0>: ZA
指定新原点 <0，0，0>:                          //指定点
在正 Z 轴的半轴指定点:                          //指定点
```

指定新原点和位于新建 Z 轴正半轴上的点。“Z 轴”选项使 XY 平面倾斜，如图 9-6 所示。

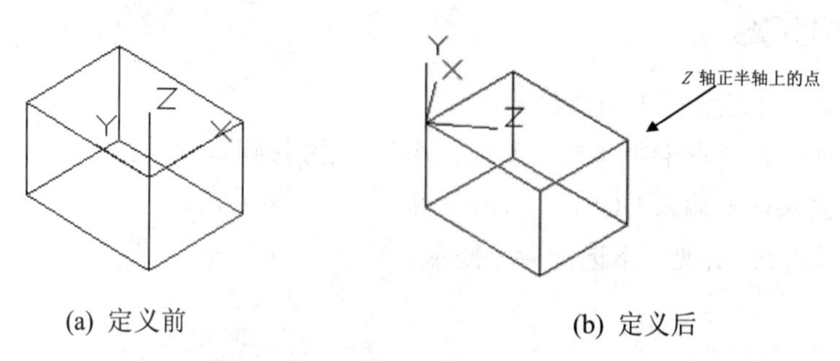

(a) 定义前 (b) 定义后

图 9-6 自定 Z 轴定义坐标系

3) 三点(3)

指定新 UCS 原点及其 X 轴和 Y 轴的正方向。Z 轴由右手螺旋定则确定。可以使用此选项指定任意可能的坐标系。也可以在 UCS 面板中单击【3 点】按钮。命令输入行提示如下。

```
命令: _ucs
当前 UCS 名称: *俯视*
指定 UCS 的原点或 [面(F)/命名(NA)/对象(OB)/上一个(P)/视图(V)/世界(W)/X/Y/Z/Z 轴(ZA)] <世界>:
_3
指定新原点 <0,0,0>: _near                                        //捕捉如图 9-7(a)所示的最近点
在正 X 轴范围上指定点 <1.0000,-106.9343,0.0000>: @0,10,0          //按相对坐标确定 X 轴通过的点
在 UCS XY 平面的正 Y 轴范围上指定点 <-1.0000,-106.9343,0.0000>: @-10,0,0        //按相对坐标确定 Y 轴通过的点
```

效果如图 9-7(b)所示。

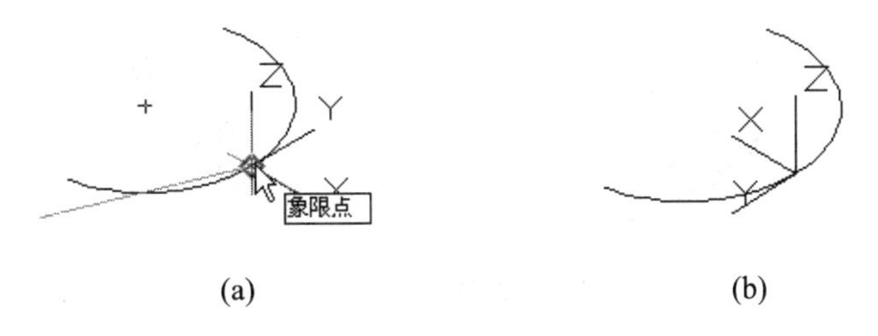

(a)　　(b)

图 9-7　3 点确定 UCS

第一点指定新 UCS 的原点。第二点定义了 X 轴的正方向。第三点定义了 Y 轴的正方向。第三点可以位于新 UCS 的 XY 平面 Y 轴正半轴上的任何位置。

4) 对象(OB)

根据选定三维对象定义新的坐标系。新坐标系 UCS 的 Z 轴正方向为选定对象的拉伸方向，如图 9-8 所示，其中圆为选定对象。命令输入行提示如下。

```
指定 UCS 的原点或 [面(F)/命名(NA)/对象(OB)/上一个(P)/视图(V)/世界(W)/X/Y/Z/Z 轴(ZA)] <世界>:
_ob
选择对齐 UCS 的对象:                                   //选择对象
```

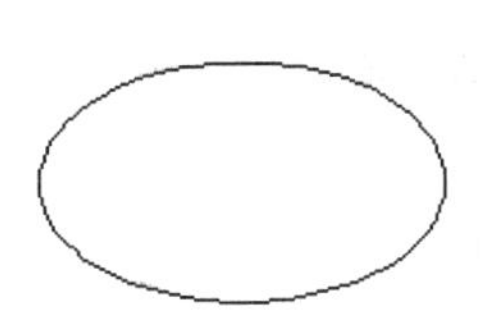

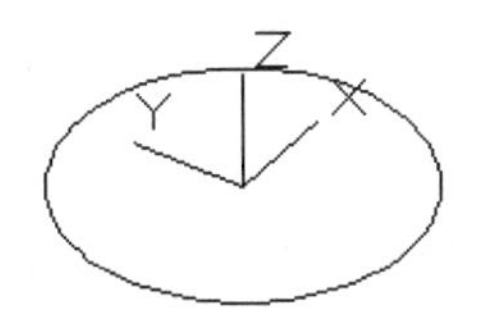

图 9-8　选择对象定义坐标系

此选项不能用于下列对象：三维实体、三维多段线、三维网格、面域、样条曲线、椭圆、射线、参照线、引线、多行文字等不能拉伸的图形对象。

对于非三维面的对象，新 UCS 的 XY 平面与当绘制该对象时生效的 XY 平面平行。但 X 和 Y 轴可作不同的旋转。

5) 面(F)

将 UCS 与实体对象的选定面对齐。要选择一个面，请在此面的边界内或面的边上单击，

被选中的面将亮显，UCS 的 X 轴将与找到的第一个面上的最近的边对齐。命令输入行提示如下。

```
指定新 UCS 的原点或 [Z 轴(ZA)/三点(3)/对象(OB)/面(F)/视图(V)/X/Y/Z] <0,0,0>:F
选择实体对象的面:
输入选项 [下一个(N)/X 轴反向(X)/Y 轴反向(Y)] <接受>:
```

下一个：将 UCS 定位于邻接的面或选定边的后向面。

X 轴反向：将 UCS 绕 X 轴旋转 180°。

Y 轴反向：将 UCS 绕 Y 轴旋转 180°。

接受：如果按 Enter 键，则接受该位置；否则将重复出现提示，直到接受位置为止，如图 9-9 所示。

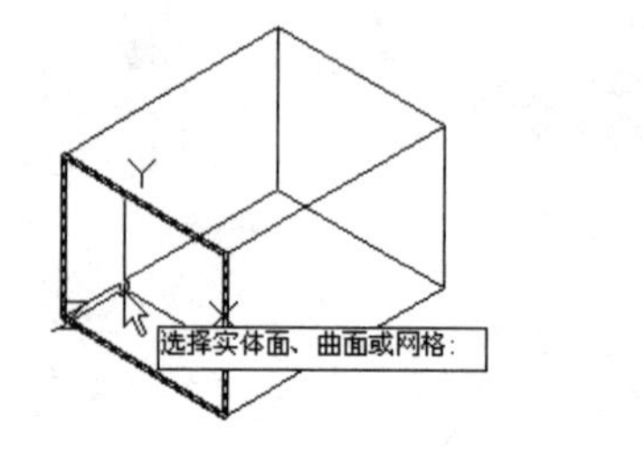

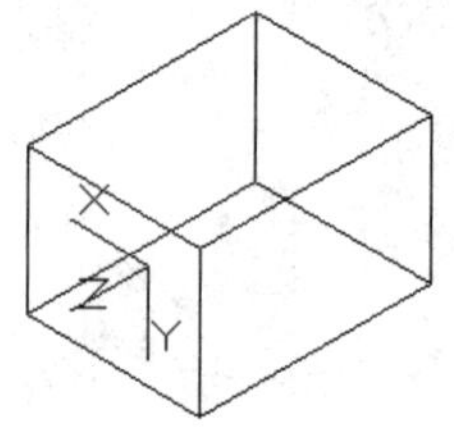

图 9-9　选择面定义坐标系

6) 视图(V)

以垂直于观察方向(平行于屏幕)的平面为 XY 平面，建立新的坐标系。UCS 原点保持不变，如图 9-10 所示。

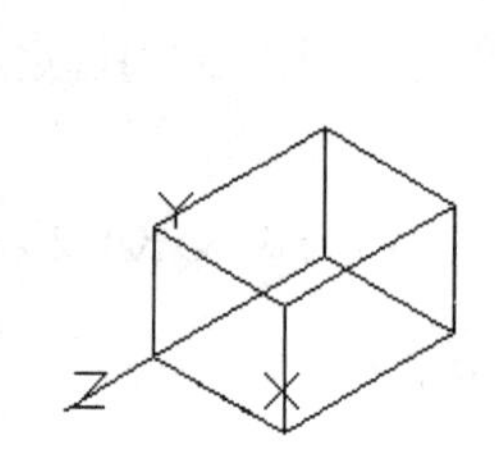

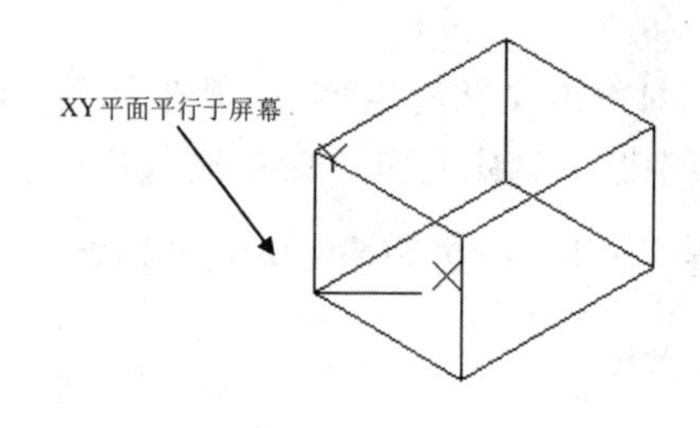

图 9-10　用视图方法定义坐标系

7) X/Y/Z 轴

绕指定轴旋转当前 UCS。命令输入行提示如下。

```
指定新 UCS 的原点或 [Z 轴(ZA)/三点(32)/对象(OB)/面(F)/视图(V)/X/Y/Z] <0,0,0>:X    //指定视图
指定绕 X 轴、Y 轴或 Z 轴的旋转角度 <0>:                                          //指定角度
```

输入正或负的角度以旋转 UCS。AutoCAD 用右手定则来确定绕该轴旋转的正方向。通过指定原点和一个或多个绕 X、Y 或 Z 轴的旋转，可以定义任意的 UCS，如图 9-11 所示。也可以通过 UCS 面板上的【绕 X 轴旋转用户坐标系】按钮、【绕 Y 轴旋转用户坐标系】按钮、【绕 Z 轴旋转用户坐标系】按钮来实现。

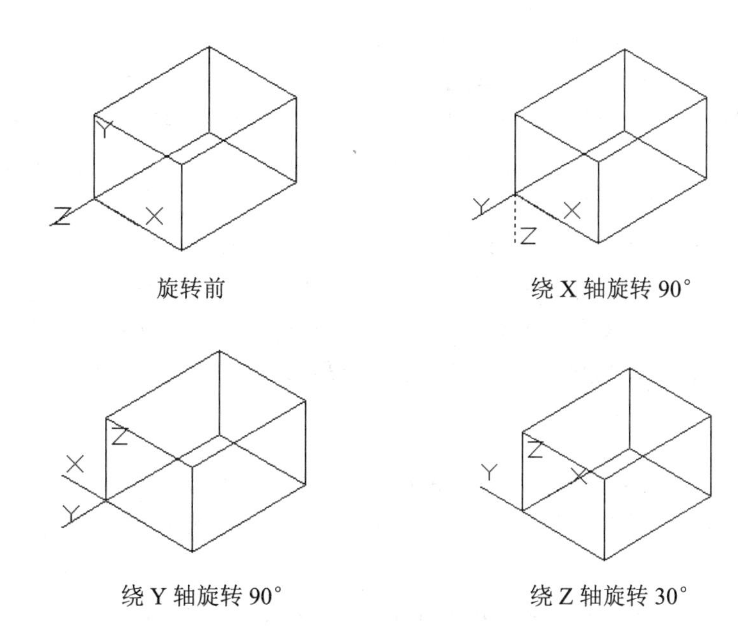

图 9-11　坐标系绕坐标轴旋转

2. 移动(M)

通过平移当前 UCS 的原点或修改其 Z 轴深度来重新定义 UCS，但保留其 XY 平面的方向不变。修改 Z 轴深度将使 UCS 相对于当前原点沿自身 Z 轴的正方向或负方向移动。命令输入行提示如下。

```
指定 UCS 的原点或 [面(F)/命名(NA)/对象(OB)/上一个(P)/视图(V)/世界(W)/X/Y/Z/Z 轴(ZA)] <世界>:M
指定新原点或 [Z 向深度(Z)] <0，0，0>:                    //指定或输入 z
```

(1) 新原点：修改 UCS 的原点位置。

(2) Z 向深度(Z)：指定 UCS 原点在 Z 轴上移动的距离。命令输入行提示如下。

```
指定 Z 向深度 <0>:                                  //输入距离
```

如果有多个活动视窗，且改变视窗来指定新原点或 Z 向深度时，那么所作修改将被应用到命令开始执行时的当前视窗中的 UCS 上，且命令结束后此视图被置为当前视图。

3. 正交(G)

指定 AutoCAD 提供的 6 个正交 UCS 之一。这些 UCS 设置通常用于查看和编辑三维模型。命令输入行提示如下。

```
指定 UCS 的原点或 [面(F)/命名(NA)/对象(OB)/上一个(P)/视图(V)/世界(W)/X/Y/Z/Z 轴(ZA)] <世界>:G
输入选项 [俯视(T)/仰视(B)/主视(F)/后视(BA)/左视(L)/右视(R)]：        //输入选项
```

在默认情况下，正交 UCS 设置将相对于世界坐标系(WCS)的原点和方向确定当前 UCS 的方向。UCSBASE 系统变量控制 UCS，这个 UCS 是正交设置的基础。使用 UCS 命令的移动选项可修改正交 UCS 设置中的原点或 Z 向深度。

4. 上一个(P)

要恢复前一个 UCS，可以选择【工具】|【新建 UCS】|【上一个】菜单命令来实现。

AutoCAD 保存在图纸空间中创建的最后10个坐标系和在模型空间中创建的最后10个坐标系。重复【上一个】选项将逐步返回一个集或其他集，这取决于哪一空间是当前空间。

如果在单独视窗中已保存不同的 UCS 设置并在视窗之间切换，那么 AutoCAD 不在【上一个】列表中保留不同的 UCS。但是，如果在一个视窗中修改 UCS 设置，AutoCAD 将在【上一个】列表中保留最后的 UCS 设置。

例如，将 UCS 从“世界”修改为 UCS1 时，AutoCAD 将把“世界”保留在【上一个】列表的顶部。如果切换视窗，使“主视图”成为当前 UCS，接着又将 UCS 修改为“右视图”，则“主视图”UCS 保留在【上一个】列表的顶部。这时如果在当前视窗中选择 UCS、【上一个】选项两次，那么第一次返回“主视图”UCS 设置，第二次返回“世界”坐标系。

5. 保存(S)

把当前 UCS 按指定名称保存。该名称最多可以包含 255 个字符，并可包括字母、数字、空格和任何未被 Microsoft Windows 和 AutoCAD 用作其他用途的特殊字符。命令输入行提示如下。

```
指定 UCS 的原点或 [面(F)/命名(NA)/对象(OB)/上一个(P)/视图(V)/世界(W)/X/Y/Z/Z 轴(ZA)] <世界>:S
输入保存当前 UCS 的名称或 [?]:                    //输入名称保存当前 UCS
```

6. 删除(D)

从已保存的用户坐标系列表中删除指定的 UCS。命令输入行提示如下。

```
指定 UCS 的原点或 [面(F)/命名(NA)/对象(OB)/上一个(P)/视图(V)/世界(W)/X/Y/Z/Z 轴(ZA)] <世界>:D
输入要删除的 UCS 名称 <无>:                       //输入名称列表或按 Enter 键
```

AutoCAD 删除用户输入的已命名 UCS。如果删除的已命名 UCS 为当前 UCS，AutoCAD 将重命名当前 UCS 为“未命名”。

7. 应用(A)

其他视窗保存有不同的 UCS 时将当前 UCS 设置应用到指定的视窗或所有活动视窗。命令输入行提示如下。

```
指定 UCS 的原点或 [面(F)/命名(NA)/对象(OB)/上一个(P)/视图(V)/世界(W)/X/Y/Z/Z 轴(ZA)] <世界>:A
拾取要应用当前 UCS 的视口或 [所有(A)] <当前>://单击视窗内部指定视窗、输入 A 或按 Enter 键
```

8. 世界(W)

单击【世界】按钮可以使处于任何状态的坐标系恢复到世界 UCS 状态。WCS 是所有用户坐标系的基准，不能被重新定义。

在三维空间中图形对象的方位比二维平面中要复杂、丰富得多，因此，在 AutoCAD 2014 的绘图中，依靠一个固定坐标系如世界坐标系 WCS(World Coordinate System)是不够的。因此，可以建立用户坐标系统 UCS 来对三维物体辅助定位。

9.1.4 命名 UCS

新建了 UCS 后，还可以对 UCS 进行命名。

用户可以使用下面的方法启动 UCS 命名工具。

(1) 在命令输入行中输入命令 dducs。

(2) 选择【工具】|【命名 UCS】菜单命令。

这时会打开 UCS 对话框，如图 9-12 所示。

UCS 对话框的参数用来设置和管理 UCS 坐标，下面分别对这些参数设置进行讲解。

1. 【命名 UCS】选项卡

该选项卡如图 9-12 所示，在其中列出了已有的 UCS。

在列表中选取一个 UCS，然后单击【置为当前】按钮，则将该 UCS 坐标设置为当前坐标系。

再在列表中选取一个 UCS，单击【详细信息】按钮，则打开【UCS 详细信息】对话框，如图 9-13 所示，在这个对话框中详细列出了该 UCS 坐标系的原点坐标，X、Y、Z 轴的方向。

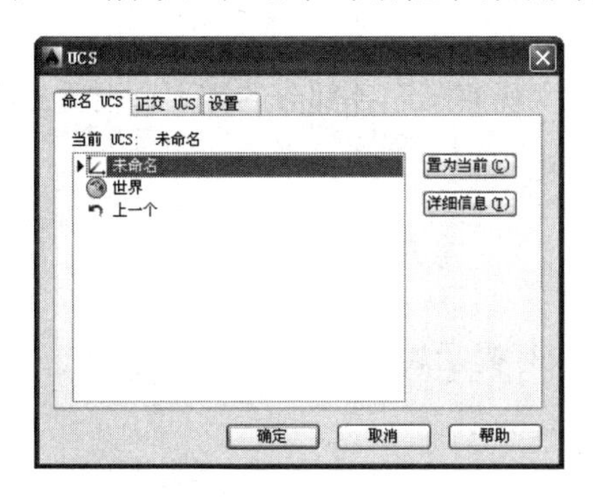

图 9-12 UCS 对话框

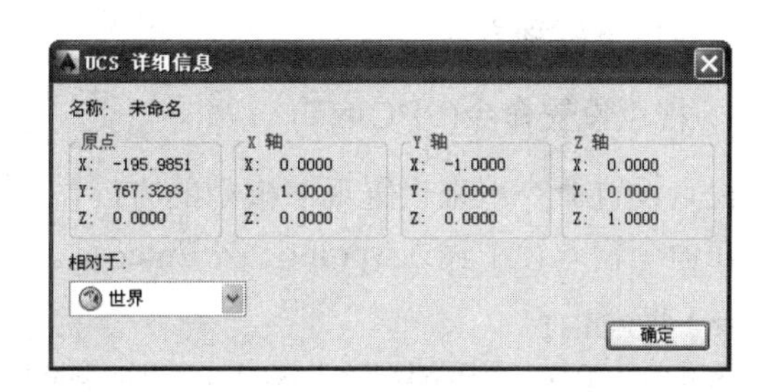

图 9-13 【UCS 详细信息】对话框

2. 【正交 UCS】选项卡

【正交 UCS】选项卡如图 9-14 所示，在列表中有【俯视】、【仰视】、【主视】、【后视】、【左视】和【右视】6 种在当前图形中的正投影类型。

3. 【设置】选项卡

【设置】选项卡如图 9-15 所示。下面介绍一下各项参数设置。

图 9-14 【正交 UCS】选项卡

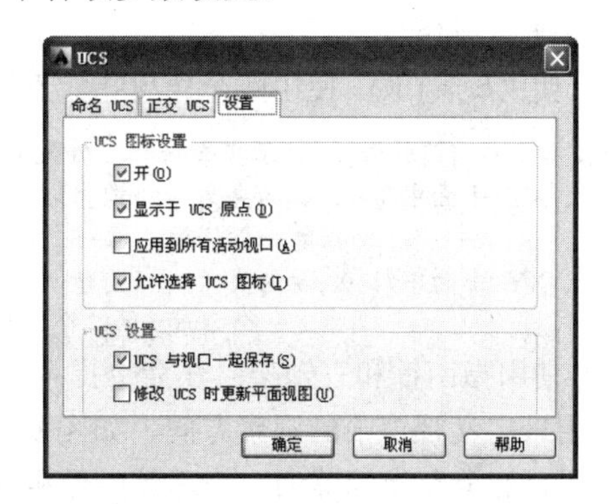

图 9-15 【设置】选项卡

在【UCS 图标设置】选项组中，启用【开】复选框，则在当前视图中显示用户坐标系的图标；启用【显示于 UCS 原点】复选框，在用户坐标系的起点显示图标；启用【应用到所有活动视口】复选框，在当前图形的所有活动窗口显示图标。

在【UCS 设置】选项组中，启用【UCS 与视口一起保存】复选框，就与当前视口一起保存坐标系，该选项由系统变量 UCSVP 控制；启用【修改 UCS 时更新平面视图】复选框，则当窗口的坐标系改变时，保存平面视图。

9.2 设置三维视点

视点是指用户在三维空间中观察三维模型的位置。视点的 X、Y、Z 坐标确定了一个由原点发出的矢量，这个矢量就是观察方向。由视点沿矢量方向原点看去所见到的图形称为视图。

9.2.1 设置三维视点的命令

绘制三维图形时常需要改变视点，以满足从不同角度观察图形各部分的需要。设置三维视点主要有以下两种方法。

1. 视点设置命令(VPOINT)

视点设置命令用来设置观察模型的方向。

在命令输入行中输入 vpoint，按 Enter 键。命令输入行提示如下。

```
命令: VPOINT
当前视图方向:  VIEWDIR=-1.0000,-1.0000,1.0000
指定视点或 [旋转(R)] <显示指南针和三轴架>:
```

这里有几种方法可以设置视点。

(1) 使用输入的 X、Y 和 Z 坐标定义视点，创建定义观察视图的方向的矢量。定义的视图如同是观察者在该点向原点(0,0,0)方向观察。命令输入行提示如下。

```
命令: VPOINT
当前视图方向:  VIEWDIR=0.0000,0.0000,1.0000
指定视点或 [旋转(R)] <显示指南针和三轴架>:0,1,0
```

正在重生成模型。

(2) 使用旋转(R): 使用两个角度指定新的观察方向。命令输入行提示如下。

```
指定视点或 [旋转(R)] <显示指南针和三轴架>: R
输入 XY 平面中与 X 轴的夹角 <当前值>:
                    //指定一个角度，第一个角度指定为在 XY 平面中与 X 轴的夹角。
输入 XY 平面中与 X 轴的夹角 <当前值>:
                    //指定一个角度，第二个角度指定为与 XY 平面的夹角，位于 XY 平面的上方或下方。
```

(3) 使用指南针和三轴架：在命令提示行直接按 Enter 键，则按默认选项显示指南针和三轴架，用来定义视窗中的观察方向，如图 9-16 所示。

这里，右上角坐标球为一个球体的俯视图，十字光标代表视点的位置。拖曳鼠标，使十字光标在坐标球范围内移动，光标位于小圆环内表示视点在 Z 轴正方向，光标位于两个圆环之间表示视点在 Z 轴负方向，移动光标，就可以设置视点。如图 9-17 所示为不同坐标球和三轴架设置时不同的视点位置。

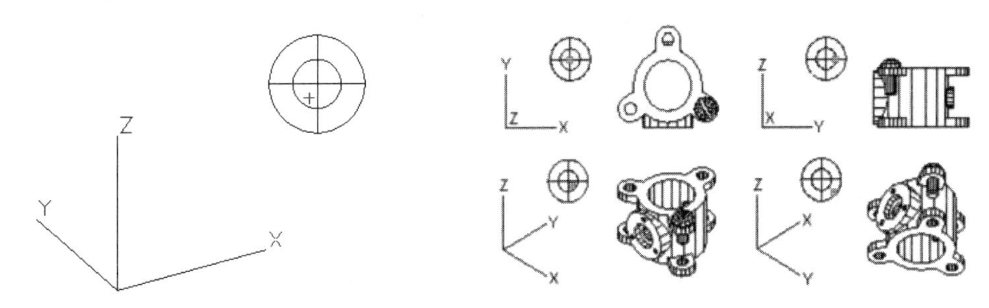

图 9-16　使用坐标球和三轴架　　　　图 9-17　不同的视点设置

2. 用【视点预设】对话框选择视点

还可以用对话框的方式选择视点。其操作步骤如下。

选择【视图】|【三维视图】|【视点预设】菜单命令(或者在命令输入行中输入 Ddvpoint，按 Enter 键)，打开【视点预设】对话框，如图 9-18 所示。其中各参数设置方法如下。

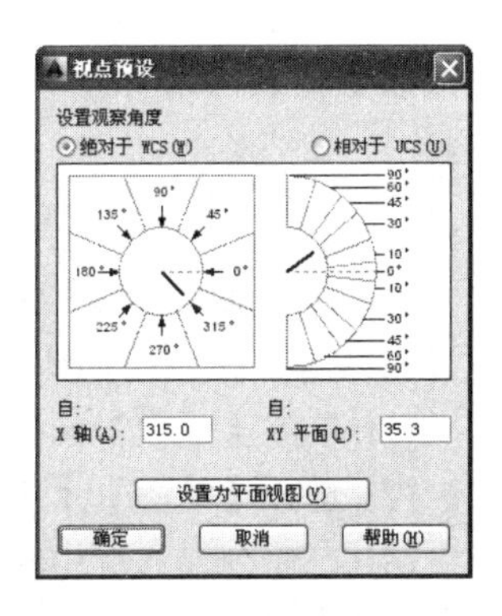

图 9-18　【视点预设】对话框

- 【绝对于 WCS】：所设置的坐标系基于世界坐标系。
- 【相对于 UCS】：所设置的坐标系相对于当前用户坐标系。
- 左半部分方形分度盘表示观察点在 XY 平面投影与 X 轴夹角。有 8 个位置可选。
- 右半部分半圆分度盘表示观察点与原点连线与 XY 平面夹角。有 9 个位置可选。
- 【X 轴】文本框：可输入 360 度以内任意值设置观察方向与 X 轴的夹角。
- 【XY 平面】文本框：可输入以±90 度内任意值设置观察方向与 XY 平面的夹角。
- 【设置为平面视图】按钮：单击该按钮，则取标准值，与 X 轴夹角为 270 度，与 XY 平面夹角为 90 度。

9.2.2　其他特殊视图

在视点摄制过程中，还可以选取预定义标准观察点，可以从 AutoCAD 中预定义的 10 个标准视图中直接选取。

选择【视图】|【三维视图】子菜单中两部分的 10 个标准命令, 如图 9-19 所示，即可定义观察点。这些标准视图包括：俯视图、仰视图、左视图、右视图、主视图、后视图、西南等轴测视图、东南等轴测视图、东北等轴测视图和西北等轴侧视图。

图 9-19　三维视图菜单

9.2.3　三维动态观察器

应用三维动态可视化工具，用户可以从不同视点动态观察各种三维图形。

选择【视图】|【动态观察】菜单命令，如图 9-20 所示，可以启动这三种观察工具。

启动【自由动态观察】选项后，如图 9-21 所示。按住左键不放，移动光标，坐标系原点、观察对象相应转动，实现动态观察，对象呈现不同观察状态。释放左键，画面定位。

受约束的动态观察(C)
自由动态观察(F)
连续动态观察(O)

图 9-20 【动态观察】子菜单

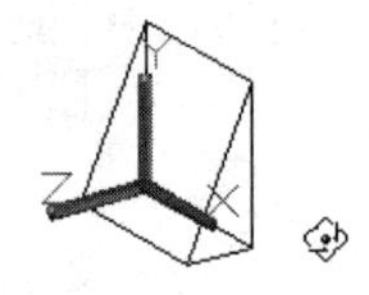

图 9-21 三维动态观察

9.3 三 维 操 作

设置好坐标系后就要进行三维物体的建模和相应的三维操作了，下面进行具体介绍。

9.3.1 拉伸生成实体

【拉伸】命令用来拉伸二维对象生成三维实体，二维对象可以是多边形、圆、椭圆、样条封闭曲线等。绘制拉伸体命令调用方法如下。

(1) 单击【建模】面板中的【拉伸】按钮。

(2) 选择【绘图】|【建模】|【拉伸】菜单命令。

(3) 在命令输入行中输入命令：extrude。

命令输入行提示如下。

```
命令: _extrude
当前线框密度:  ISOLINES=8
选择要拉伸的对象:                                          //选择一个图形对象
选择要拉伸的对象:
指定拉伸的高度或 [方向(D)/路径(P)/倾斜角(T)]: P           //则沿路径进行拉伸
选择拉伸路径或 [倾斜角(T)]:                                //选择作为路径的对象
路径已移动到轮廓中心。
```

提 示

可以选取直线、圆、圆弧、椭圆、多段线等作为拉伸路径的对象。

绘制完成的拉伸实体如图 9-22 所示。

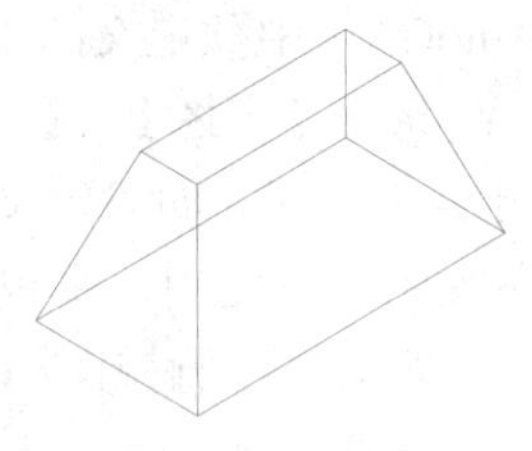

图 9-22 拉伸实体

9.3.2 旋转生成实体

旋转是将闭合曲线绕一条旋转轴旋转生成回转三维实体。绘制旋转体命令调用方法如下。

(1) 单击【建模】面板中的【旋转】按钮。

(2) 选择【绘图】|【建模】|【旋转】菜单命令。

(3) 在命令输入行中输入命令：revolve。

命令输入行提示如下。

命令: revolve
当前线框密度: ISOLINES=10
选择要旋转的对象: // 选择旋转对象
选择要旋转的对象:
定轴起点或根据以下选项之一定义轴 [对象(O)/X/Y/Z] <对象>: // 选择轴起点
指定轴端点: // 选择轴端点
指定旋转角度或 [起点角度(ST)] <360>:

绘制完成的旋转实体如图 9-23 所示。

注 意

执行此命令，要事先准备好选择对象。

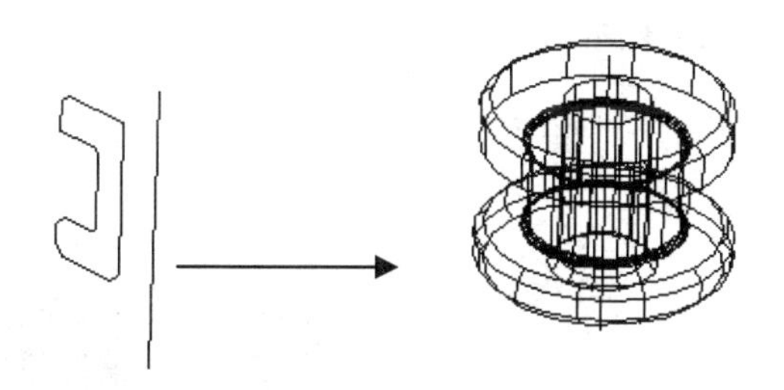

图 9-23　旋转实体

9.3.3　扫掠生成实体

扫掠是将闭合曲线绕一条旋转轴旋转生成回转三维实体。绘制旋转体命令调用方法如下。

(1) 单击【建模】面板中的【扫掠】按钮。

(2) 选择【绘图】|【建模】|【扫掠】菜单命令。

(3) 在命令输入行中输入命令：sweep。

命令输入行提示如下。

命令: _sweep
当前线框密度: ISOLINES=4
选择要扫掠的对象: 找到 1 个 //选择圆作为扫掠对象
选择要扫掠的对象:
选择扫掠路径或 [对齐(A)/基点(B)/比例(S)/扭曲(T)]: //选择螺旋线作为扫掠路径

绘制完成的扫掠实体如图 9-24 所示。

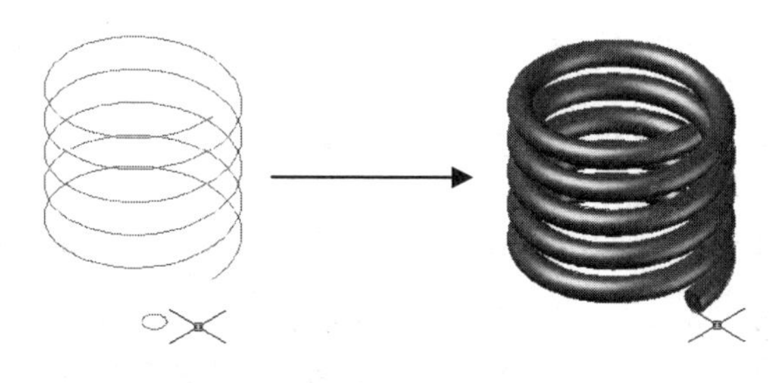

图 9-24　扫掠实体

9.3.4 放样生成实体

放样是将闭合曲线绕一条旋转轴旋转生成回转三维实体。绘制旋转体命令调用方法如下。

(1) 单击【建模】面板中的【放样】按钮。

(2) 选择【绘图】|【建模】|【放样】菜单命令。

(3) 在命令输入行中输入命令：loft。

命令输入行提示如下。

```
命令: _loft
按放样次序选择横截面: 找到 1 个                    //选择放样图形
按放样次序选择横截面: 找到 1 个, 总计 2 个
按放样次序选择横截面:
输入选项 [导向(G)/路径(P)/仅横截面(C)] <仅横截面>: C
```

绘制完成的放样实体如图 9-25 所示。

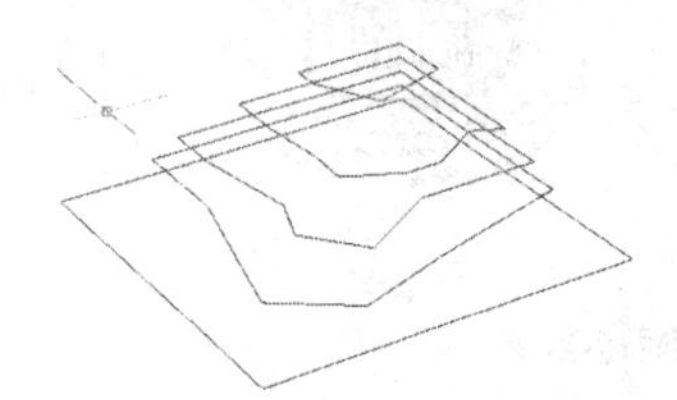
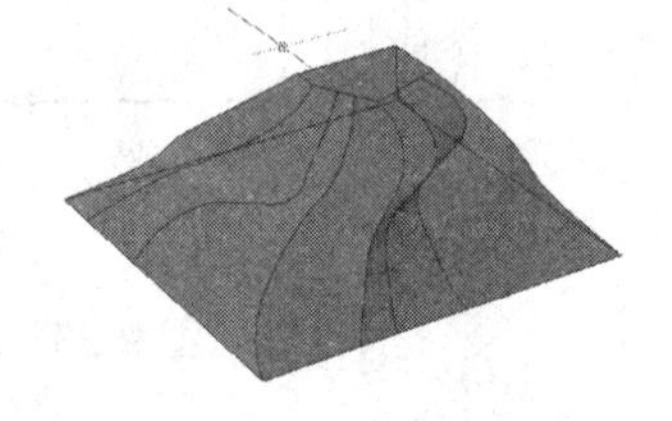

图 9-25　放样实体

在三维图形的绘制中，有许多专用于三维对象的编辑命令，如倒角、三维阵列、三维镜像、三维旋转等编辑命令，从而使三维对象的绘制和编辑更加方便、简捷。这些命令主要集中在【修改】菜单的【三维操作】子菜单中，如图 9-26 所示。

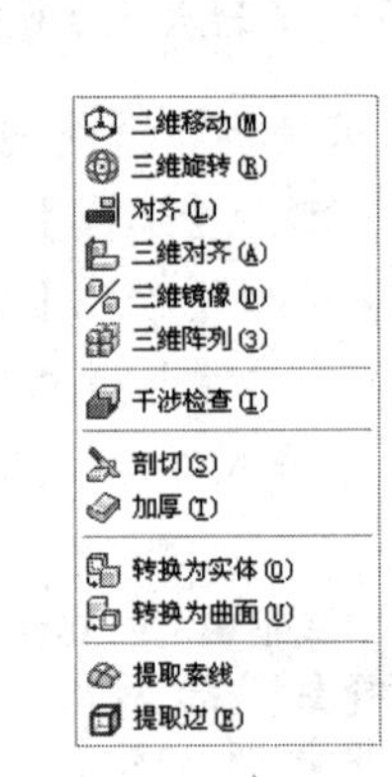

图 9-26　【三维操作】子菜单

9.3.5 剖切实体

AutoCAD 2014 提供了对三维实体进行剖切的功能，用户可以利用这个功能很方便地绘制实体的剖切面。【剖切】命令调用方法如下。

(1) 选择【修改】|【三维操作】|【剖切】菜单命令。

(2) 在命令输入行中输入命令：slice。

命令输入行提示如下。

```
命令: slice
选择要剖切的对象: 找到 1 个                //选择剖切对象
选择要剖切的对象:
指定 切面 的起点或 [平面对象(O)/曲面(S)/Z 轴(Z)/视图(V)/XY(XY)/YZ(YZ)/ZX(ZX)/三点(3)] <三点>:
                                          //选择点 1, 如图 9-27 所示
指定平面上的第二个点:                      //选择点 2, 如图 9-27 所示
指定平面上的第三个点:                      //选择点 3, 如图 9-27 所示
在所需的侧面上指定点或 [保留两个侧面(B)] <保留两个侧面>:B        //输入 B 则两侧都保留
```

剖切后的实体如图 9-27 所示。

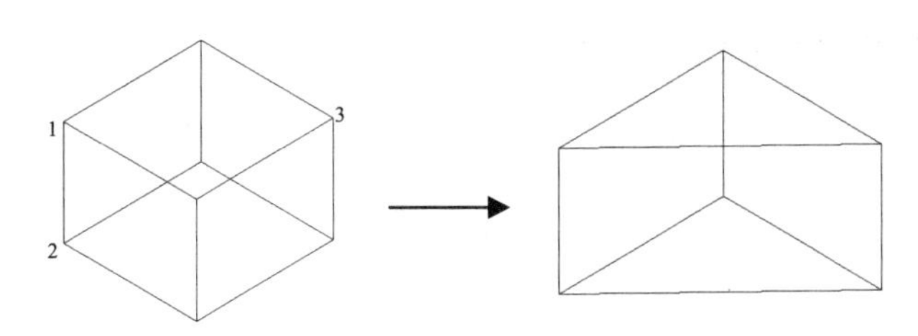

图 9-27　剖切实体

9.3.6　加厚实体

在 AutoCAD 2014 中，还可以对实体进行加厚操作，从而将曲面加厚为实体。

(1) 选择【修改】|【三维操作】|【加厚】菜单命令。

(2) 在命令输入行中输入命令：thicken。

命令输入行提示如下。

```
命令: _Thicken
选择要加厚的曲面: 找到 1 个                    //选择要加厚的曲面
选择要加厚的曲面:
指定厚度 <0.0000>: 10                          //输入厚度为 10
```

绘制完成的加厚实体如图 9-28 所示。

图 9-28　加厚实体

9.3.7　三维阵列

【三维阵列】命令用于在三维空间创建对象的矩形和环形阵列，【三维阵列】命令调用方法如下。

(1) 选择【修改】|【三维操作】|【三维阵列】菜单命令。

(2) 在命令输入行中输入命令：3darray。

命令输入行提示如下。

```
命令: 3darray
正在初始化... 已加载 3DARRAY。
选择对象:                                      //选择要阵列的对象
选择对象:
输入阵列类型 [矩形(R)/环形(P)] <矩形>:
```

这里有两种阵列方式：矩形和环形，下面分别进行介绍。

1. 矩形阵列

在行(X 轴)、列(Y 轴)和层(Z 轴)矩阵中复制对象。一个阵列必须具有至少两个行、列或层。命令输入行提示如下。

```
输入阵列类型 [矩形(R)/环形(P)] <矩形>:R
输入行数 (---) <1>:
输入列数 (|||) <1>:
输入层数 (...) <1>:
指定行间距 (---):
指定列间距 (|||):
指定层间距 (...):
```

输入正值将沿 X、Y、Z 轴的正向生成阵列。输入负值将沿 X、Y、Z 轴的负向生成阵列。矩形阵列得到的图形如图 9-29 所示。

2. 环形阵列

环形阵列是指绕旋转轴复制对象。命令输入行提示如下。

```
输入阵列类型 [矩形(R)/环形(P)] <矩形>:P
输入阵列中的项目数目:                        //输入要阵列的数目
指定要填充的角度 (+=逆时针, -=顺时针) <360>:
旋转阵列对象？ [是(Y)/否(N)] <是>:
指定阵列的中心点:
指定旋转轴上的第二点:
```

环形阵列得到的图形如图 9-30 所示。

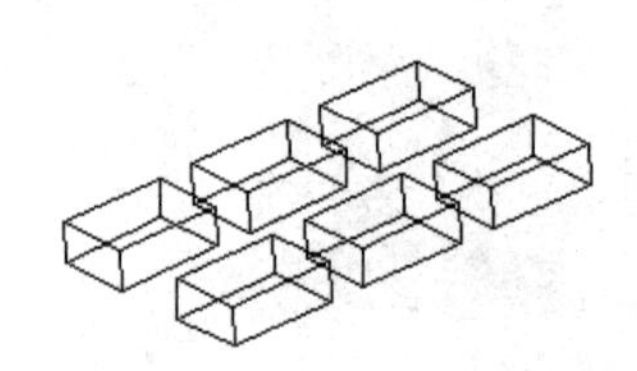

图 9-29　矩形阵列

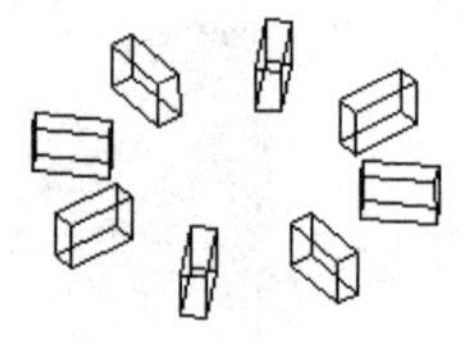

图 9-30　环形阵列

9.3.8　三维旋转

【三维旋转】命令用来在三维空间内旋转三维对象。【三维旋转】命令调用方法如下。

(1) 选择【修改】|【三维操作】|【三维旋转】菜单命令。

(2) 命令输入行输入命令：3drotate。

命令输入行提示如下。

```
命令: 3drotate
UCS 当前的正角方向:  ANGDIR=逆时针   ANGBASE=0
选择对象:                                    //选择要旋转的对象
选择对象:
指定轴上的第一个点或定义轴依据
  [对象(O)/最近的(L)/视图(V)/X 轴(X)/Y 轴(Y)/Z 轴(Z)/两点(2)]:
```

下面对命令输入行中各选项进行说明。

(1) 对象(O)：将旋转轴与现有对象对齐。命令输入行提示如下。

选择直线、圆、圆弧或二维多段线线段:

(2) 最近的(L)：使用最近的旋转轴。

指定旋转角度或 [参照(R)]:

(3) 视图(V)：将旋转轴与通过选定点的当前视图的观察方向对齐。命令输入行提示如下。

指定视图方向轴上的点 <0,0,0>:
指定旋转角度或 [参照(R)]:

(4) X 轴(X)/Y 轴(Y)/Z 轴(Z)：将旋转轴与通过选定点的轴(X、Y 或 Z)对齐。命令输入行提示如下。

指定 X/Y/Z 轴上的点 <0,0,0>:
指定旋转角度或 [参照(R)]:

(5) 两点(2)：使用两个点定义旋转轴。命令输入行提示如下。

指定轴上的第一点:
指定轴上的第二点:
指定旋转角度或 [参照(R)]:

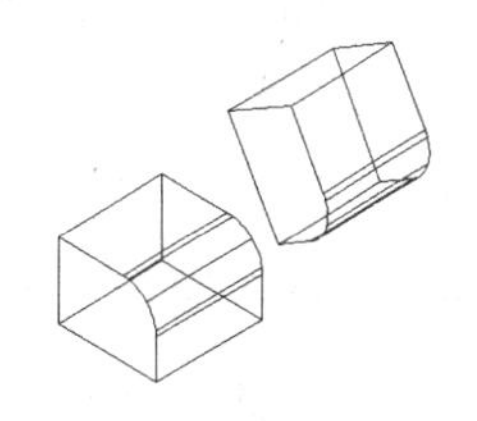

图 9-31　三维实体旋转前后的效果

如图 9-31 所示为实体旋转前后的效果。

9.3.9　三维镜像

【三维镜像】命令用来沿指定的镜像平面创建三维镜像。【三维镜像】命令的调用方法如下。

(1) 选择【修改】|【三维操作】|【三维镜像】菜单命令。

(2) 在命令输入行中输入命令：mirror3d。

命令输入行提示如下。

命令: _mirror3d
选择对象:　　//选择要镜像的图形
选择对象:
指定镜像平面 (三点) 的第一个点或
[对象(O)/最近的(L)/Z 轴(Z)/视图(V)/XY 平面(XY)/YZ 平面(YZ)/ZX 平面(ZX)/三点(3)] <三点>:

命令输入行中各选项的说明如下。

(1) 对象(O)：使用选定平面对象的平面作为镜像平面。

选择圆、圆弧或二维多段线线段:
是否删除源对象？[是(Y)/否(N)] <否>:

如果输入 y，AutoCAD 将把被镜像的对象放到图形中并删除原始对象。如果输入 n 或按 Enter 键，AutoCAD 将把被镜像的对象放到图形中并保留原始对象。

(2) 最近的(L)：相对于最后定义的镜像平面对选定的对象进行镜像处理。

是否删除源对象？[是(Y)/否(N)] <否>:

(3) Z 轴(Z)：根据平面上的一个点和平面法线上的一个点定义镜像平面。

```
在镜像平面上指定点:
在镜像平面的 Z 轴 (法向) 上指定点:
是否删除源对象? [是(Y)/否(N)] <否>:
```

如果输入 y，AutoCAD 将把被镜像的对象放到图形中并删除原始对象。如果输入 n 或按 Enter 键，AutoCAD 将把被镜像的对象放到图形中并保留原始对象。

(4) 视图(V)：将镜像平面与当前视窗中通过指定点的视图平面对齐。

```
在视图平面上指定点 <0,0,0>:                //指定点或按 Enter 键
是否删除源对象? [是(Y)/否(N)] <否>:        //输入 y 或 n 或按 Enter 键
```

如果输入 y，AutoCAD 将把被镜像的对象放到图形中并删除原始对象。如果输入 n 或按 Enter 键，AutoCAD 将把被镜像的对象放到图形中并保留原始对象。

(5) XY 平面(XY)、YZ 平面(YZ)、ZX 平面(ZX)：将镜像平面与一个通过指定点的标准平面(XY、YZ 或 ZX)对齐。

```
指定 (XY,YZ,ZX) 平面上的点 <0,0,0>:
```

(6) 三点(3)：通过三个点定义镜像平面。如果通过指定一点指定此选项，则 AutoCAD 将不再显示“在镜像平面上指定第一点”提示。

```
在镜像平面上指定第一点:
在镜像平面上指定第二点:
在镜像平面上指定第三点:
是否删除源对象? [是(Y)/否(N)] <N>:
```

三维镜像得到的图形如图 9-32 所示。

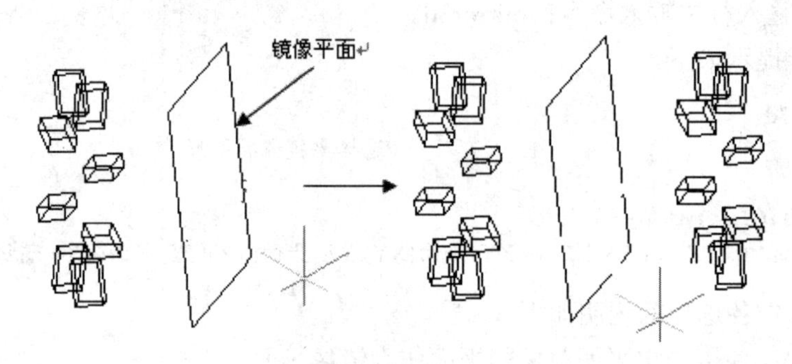

图 9-32　三维镜像

9.4　编辑三维实体

下面介绍针对三维实体所进行的编辑，使用这些编辑可以进一步绘制更复杂的三维图形。这些操作包括布尔运算、面编辑和体编辑等命令，主要集中在【修改】菜单的【实体编辑】子菜单和【实体编辑】面板中，如图 9-33 所示。

图 9-33 【实体编辑】子菜单和【实体编辑】面板

9.4.1 布尔运算

三维实体模型的一个重要功能是可以在两个以上的模型之间执行布尔运算命令，组合成新的复杂的实体模型。布尔运算包括并集、交集和差集 3 种运算命令，下面将详细介绍这几种命令的用法。

1. 并集(UNION)

并集运算是将两个以上三维实体合为一体。【并集】命令调用方法如下。

(1) 单击【实体编辑】面板中的【实体，并集】按钮。

(2) 选择【修改】|【实体编辑】|【并集】菜单命令。

(3) 在命令输入行中输入命令：union。

命令输入行提示如下。

```
命令: union
选择对象:                     //选择第 1 个实体
选择对象:                     //选择第 2 个实体
选择对象:
```

实体并集运算后的结果如图 9-34 所示。

2. 交集(INTERSECT)

交集运算是将几个实体相交的公共部分保留。【交集】命令调用方法如下。

(1) 单击【实体编辑】面板中的【实体，交集】按钮。

(2) 选择【修改】|【实体编辑】|【交集】菜单命令。

(3) 在命令输入行中输入命令：intersect。

命令输入行提示如下。

```
命令: _intersect
选择对象:                     //选择第 1 个实体
```

```
选择对象:                    //选择第 2 个实体
```

实体进行交集运算的结果如图 9-35 所示。

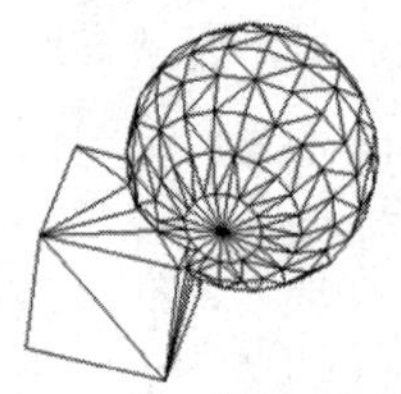

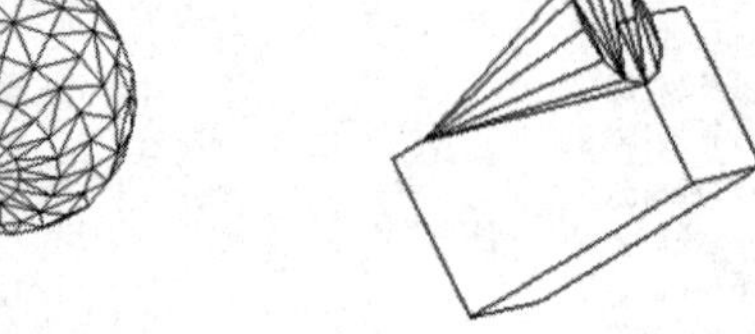

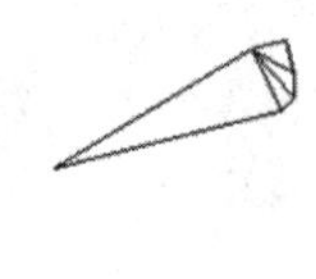

图 9-34　并集后的物体　　　　图 9-35　进行交集运算

3. 差集(SUBTRACT)

差集运算是从一个三维实体中去除与其他实体的公共部分。【差集】命令调用方法如下。

(1) 单击【实体编辑】面板中的【实体，差集】按钮。

(2) 选择【修改】|【实体编辑】|【差集】菜单命令。

(3) 在命令输入行中输入命令：subtract。

命令输入行提示如下。

```
命令: _subtract
选择要从中减去的实体或面域...
选择对象:                              //选择被减去的实体
选择要减去的实体或面域 ..
选择对象:                              //选择减去的实体
```

实体进行差集运算的结果如图 9-36 所示。

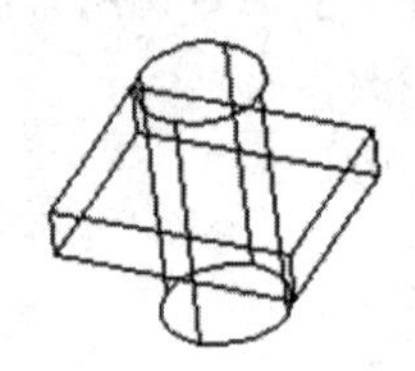

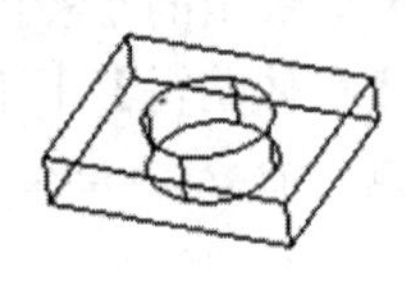

图 9-36　差集运算

9.4.2　拉伸面

拉伸面主要用于对实体的某个面进行拉伸处理，从而形成新的实体。选择【修改】|【实体编辑】|【拉伸面】菜单命令，或者单击【实体编辑】面板中的【拉伸面】按钮，即可进行拉伸面操作。命令输入行提示如下。

```
命令: _solidedit
实体编辑自动检查:  SOLIDCHECK=1
输入实体编辑选项 [面(F)/边(E)/体(B)/放弃(U)/退出(X)] <退出>: _face
输入面编辑选项
[拉伸(E)/移动(M)/旋转(R)/偏移(O)/倾斜(T)/删除(D)/复制(C)/颜色(L)/材质(A)/放弃(U)/退出(X)] <退出>:
_extrude
选择面或 [放弃(U)/删除(R)]:                          //选择实体上的面
选择面或 [放弃(U)/删除(R)/全部(ALL)]:
```

指定拉伸高度或 [路径(P)]: //输入 P 则选择拉伸路径
指定拉伸的倾斜角度 <0>:
已开始实体校验。

实体经过拉伸面操作后的结果如图 9-37 所示。

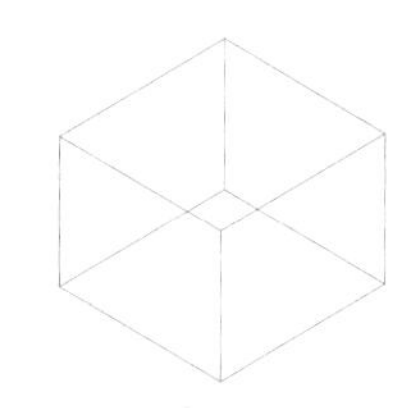
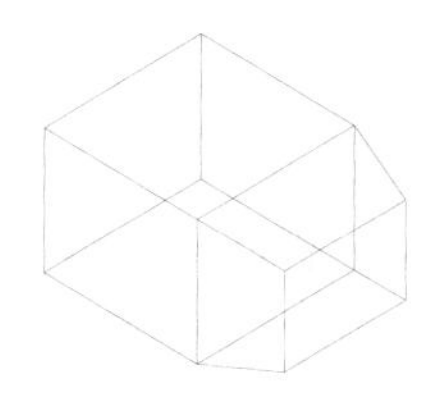

图 9-37 拉伸面操作

9.4.3 移动面

移动面主要用于对实体的某个面进行移动处理，从而形成新的实体。选择【修改】|【实体编辑】|【移动面】菜单命令，或者单击【实体编辑】面板中的【移动面】按钮，即可进行移动面操作。命令输入行提示如下。

命令: _solidedit
实体编辑自动检查: SOLIDCHECK=1
输入实体编辑选项 [面(F)/边(E)/体(B)/放弃(U)/退出(X)] <退出>: _face
输入面编辑选项
[拉伸(E)/移动(M)/旋转(R)/偏移(O)/倾斜(T)/删除(D)/复制(C)/着色(L)/放弃(U)/退出(X)] <退出>: _move
选择面或 [放弃(U)/删除(R)]: //选择实体上的面
选择面或 [放弃(U)/删除(R)/全部(ALL)]:
指定基点或位移: //指定一点
指定位移的第二点: //指定第 2 点
已开始实体校验。

实体经过移动面操作后的结果如图 9-38 所示。

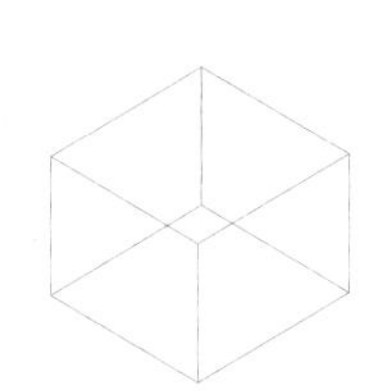
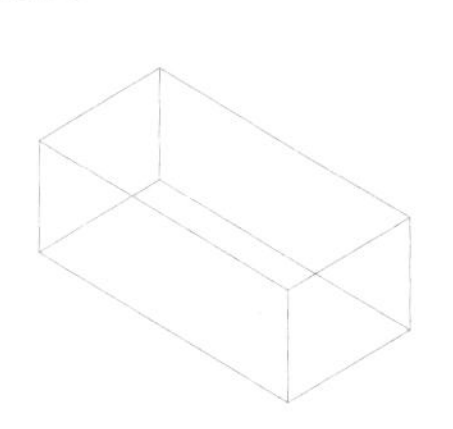

图 9-38 移动面操作

9.4.4 旋转面

旋转面主要用于对实体的某个面进行旋转处理，从而形成新的实体。选择【修改】|【实体编辑】|【旋转面】菜单命令，或者单击【实体编辑】面板中的【旋转面】按钮，即可进行旋转面操作。命令输入行提示如下。

命令: _solidedit
实体编辑自动检查: SOLIDCHECK=1
输入实体编辑选项 [面(F)/边(E)/体(B)/放弃(U)/退出(X)] <退出>: _face

```
输入面编辑选项
[拉伸(E)/移动(M)/旋转(R)/偏移(O)/倾斜(T)/删除(D)/复制(C)/着色(L)/放弃(U)/退出(X)] <退出>: _rotate
选择面或 [放弃(U)/删除(R)]:                                      //选择实体上的面
选择面或 [放弃(U)/删除(R)/全部(ALL)]:
指定轴点或 [经过对象的轴(A)/视图(V)/X 轴(X)/Y 轴(Y)/Z 轴(Z)] <两点>:
指定旋转原点 <0,0,0>:
指定旋转角度或 [参照(R)]:
已开始实体校验。
```

实体经过旋转面操作后的结果如图 9-39 所示。

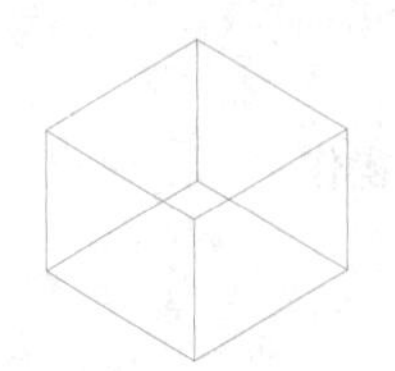
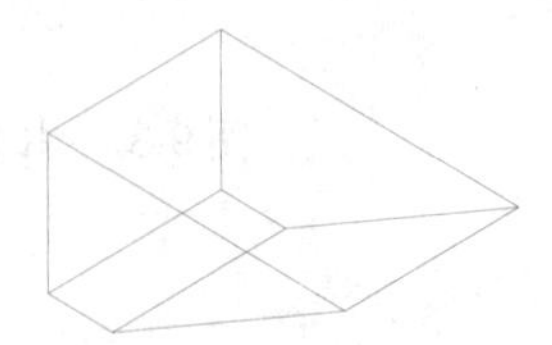

图 9-39　旋转面操作

9.4.5　倾斜面

倾斜面主要用于对实体的某个面进行旋转处理，从而形成新的实体。选择【修改】|【实体编辑】|【倾斜面】菜单命令，或者单击【实体编辑】面板中的【倾斜面】按钮，即可进行倾斜面操作。命令输入行提示如下。

```
命令: _solidedit
实体编辑自动检查:  SOLIDCHECK=1
输入实体编辑选项 [面(F)/边(E)/体(B)/放弃(U)/退出(X)] <退出>: _face
输入面编辑选项
[拉伸(E)/移动(M)/旋转(R)/偏移(O)/倾斜(T)/删除(D)/复制(C)/着色(L)/放弃(U)/退出(X)] <退出>: _taper
选择面或 [放弃(U)/删除(R)]:                              //选择实体上的面
选择面或 [放弃(U)/删除(R)/全部(ALL)]:
指定基点:                                                //指定一个点
指定沿倾斜轴的另一个点:                                  //指定另一个点
指定倾斜角度:
已开始实体校验。
```

实体经过倾斜面操作后的结果如图 9-40 所示。

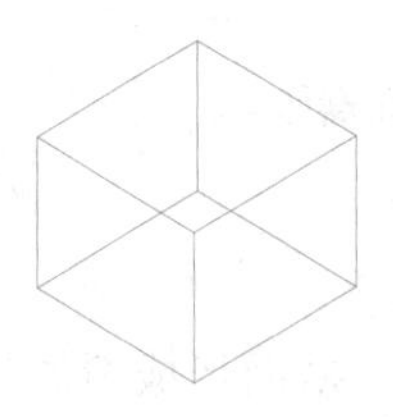
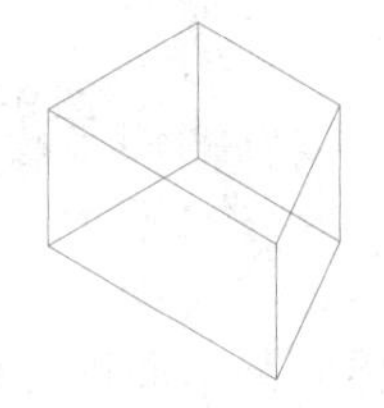

图 9-40　倾斜面操作

9.4.6　抽壳

抽壳常用于绘制中空的三维壳体类实体，主要是将实体进行内部去除脱壳处理。选择【修

改】|【实体编辑】|【抽壳】菜单命令，或者单击【实体编辑】面板中的【抽壳】按钮，即可进行抽壳操作。命令输入行提示如下。

```
命令: _solidedit
实体编辑自动检查:  SOLIDCHECK=1
输入实体编辑选项 [面(F)/边(E)/体(B)/放弃(U)/退出(X)] <退出>: _body
输入体编辑选项
[压印(I)/分割实体(P)/抽壳(S)/清除(L)/检查(C)/放弃(U)/退出(X)] <退出>: _shell
选择三维实体:                                      //选择实体
删除面或 [放弃(U)/添加(A)/全部(ALL)]:              //选择要删除的实体上的面
删除面或 [放弃(U)/添加(A)/全部(ALL)]:
输入抽壳偏移距离:
已开始实体校验。
```

实体经过抽壳操作后的结果如图 9-41 所示。

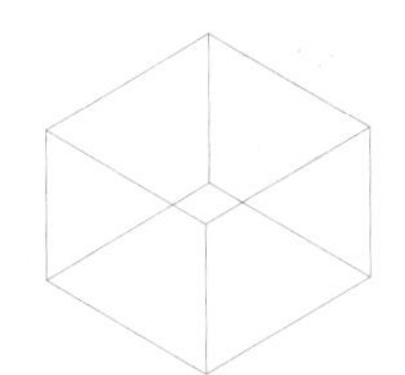
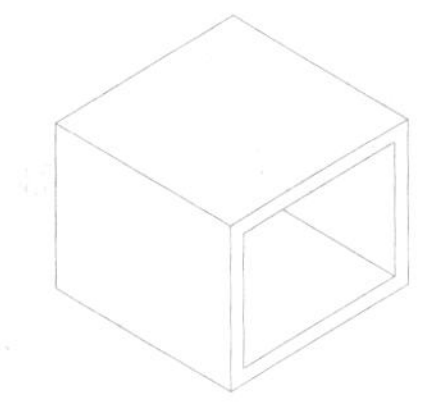

图 9-41　抽壳操作

9.5　设计范例——绘制拉线开关座

本范例完成文件：\09\9-1.dwg

多媒体教学路径：光盘→多媒体教学→第 9 章

9.5.1　实例介绍与展示

本章介绍一个电气元件的设计实例——拉线开关座，使读者熟悉 AutoCAD 2014 的三维设计功能。

拉线开关座是传统的开关设备之一，广泛应用于民用照明电路中。它的电气器件全部安装在拉线开关座中，下面首先绘制拉线开关座的基本形体，再绘制拉线孔，最后绘制主螺栓座和电气螺栓座。其效果如图 9-42 所示。

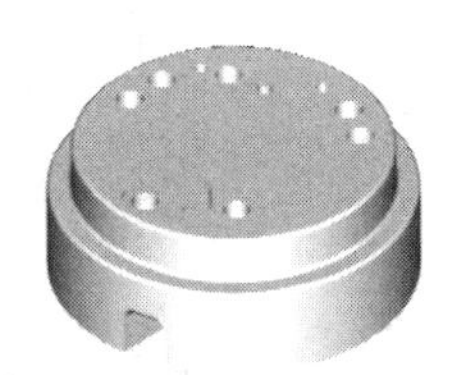

图 9-42　拉线开关座

9.5.2　绘制基本形体

步骤 01　绘制基本轮廓

① 首先绘制基本轮廓。单击【建模】面板中的【圆柱体】按钮，以原点为底面圆心绘制圆柱体 ϕ 80×30。效果如图 9-43 所示。命令输入行提示如下。

```
命令: _cylinder                                                \\使用圆柱体命令
指定底面的中心点或 [三点(3P)/两点(2P)/切点、切点、半径(T)/椭圆(E)]:  \\指定原点
```

```
指定底面半径或 [直径(D)]: 40                                    \\输入半径距离
指定高度或 [两点(2P)/轴端点(A)]: 30                             \\输入高度距离
```

②单击【建模】面板中的【圆柱体】按钮，以圆柱体ϕ80×30的上底面圆心为底面圆心绘制圆柱体ϕ90×(−10)。效果如图9-44所示。

③单击【建模】面板中的【圆柱体】按钮，以圆柱体ϕ90×(−10)的上底面圆心为底面圆心绘制圆柱体ϕ70×(−10)。效果如图9-45所示。

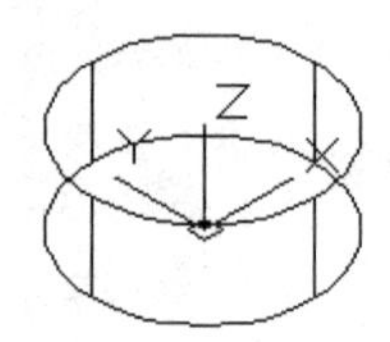

图9-43　绘制第一个圆柱体

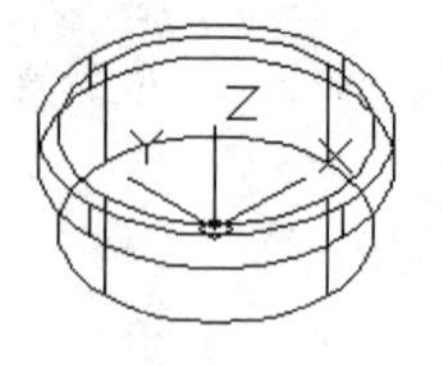

图9-44　绘制第二个圆柱体

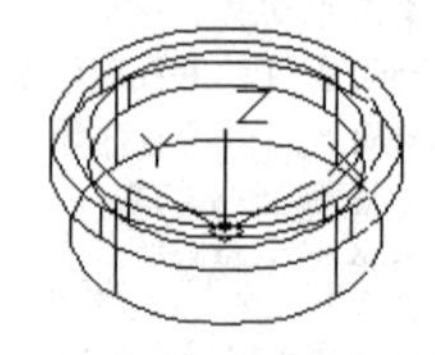

图9-45　绘制第三个圆柱体

④单击【实体编辑】面板中的【实体，差集】按钮，使用圆柱体ϕ90×(−10)减切圆柱体ϕ70×(−10)。效果如图9-46虚线所示。命令输入行提示如下。

```
命令: _subtract                                  \\使用实体，差集命令
选择要从中减去的实体、曲面和面域...              \\选择对象
选择对象: 找到 1 个                              \\系统提示
选择对象:                                        \\按 Enter 键
选择要减去的实体、曲面和面域...                  \\选择对象
选择对象: 找到 1 个                              \\系统提示
选择对象:                                        \\按 Enter 键
```

⑤单击【实体编辑】面板中的【实体，差集】按钮，使用圆柱体ϕ80×30减切方圆环。效果如图9-47所示。

⑥单击【建模】面板中的【圆柱体】按钮，以原点为底面圆心绘制圆柱体ϕ70×15。效果如图9-48所示。

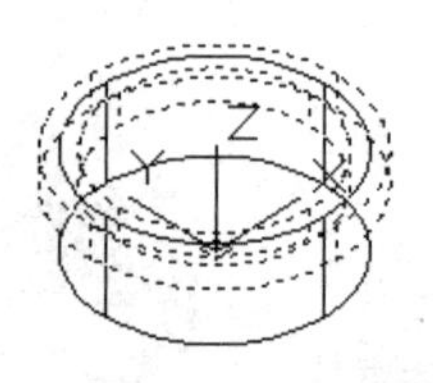

图9-46　创建方圆环

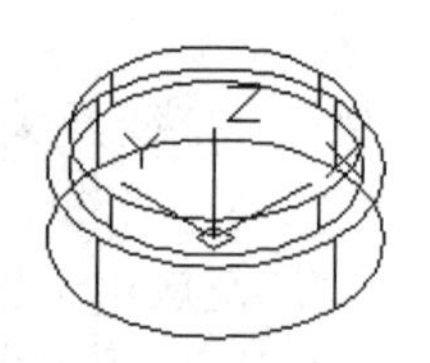

图9-47　减切方圆环

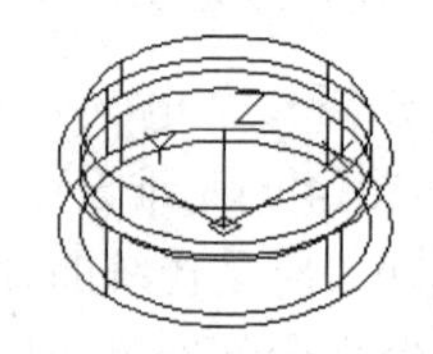

图9-48　绘制圆柱体

⑦单击【建模】面板中的【圆柱体】按钮，以原点为底面圆心绘制圆柱体ϕ40×15。效果如图9-49所示。

⑧单击【实体编辑】面板中的【实体，差集】按钮，使用圆柱体ϕ70×15减切圆柱体ϕ40×15。效果如图9-50虚线所示。

⑨为了观察差集效果，可以选择【视图】|【动态观察】|【受约束的动态观察】菜单命令，适当旋转造型，露出底部。效果如图9-51所示。

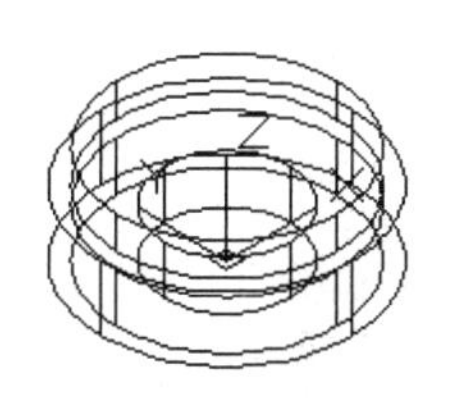

图 9-49　绘制圆柱体

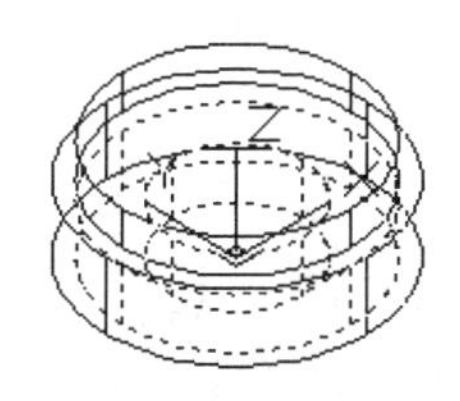

图 9-50　减切圆柱体

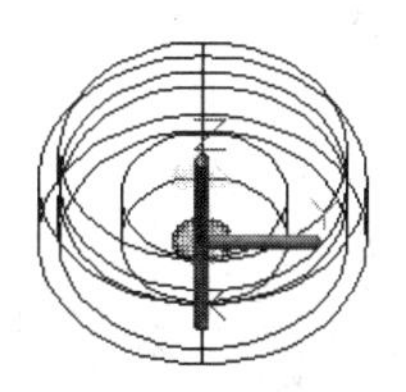

图 9-51　旋转造型

⑩为了观察造型效果，选择【视图】|【消隐】菜单命令，创建底部的消隐效果图。效果如图 9-52 所示。命令输入行提示如下。

```
命令: _hide                                        \\使用消隐命令
正在重生成模型。                                    \\系统提示
```

步骤 02　绘制中间的方坑

①然后绘制中间的方坑。单击【建模】面板中的【长方体】按钮，以造型的上底面圆心为起点，绘制长方体 13×13×(−25)。效果如图 9-53 所示。

```
命令: _box                                         \\使用长方体命令
指定第一个角点或 [中心(C)]:                          \\指定一点
指定其他角点或 [立方体(C)/长度(L)]: l                \\输入 L
指定长度: 13                                        \\输入长度距离
指定宽度: 13                                        \\输入宽度距离
指定高度或 [两点(2P)] <30.0000>: 25                  \\输入高度距离，按 Enter 键结束
```

②单击【修改】面板中的【环形阵列】按钮，以原点为阵列中心，把长方体 13×13×(−25)环形阵列 4 个。效果如图 9-54 所示。命令输入行提示如下。

```
命令: _arraypolar                                  \\使用环形阵列命令
选择对象: 找到 1 个                                  \\选择对象
选择对象:                                           \\按 Enter 键
类型 = 极轴  关联 = 是                               \\系统提示
指定阵列的中心点或 [基点(B)/旋转轴(A)]:               \\指定中心点
选择夹点以编辑阵列或 [关联(AS)/基点(B)/项目(I)/项目间角度(A)/填充角度(F)/行(ROW)/层(L)/旋转项目
(ROT)/退出(X)] <退出>:                              \\按 Enter 键结束
```

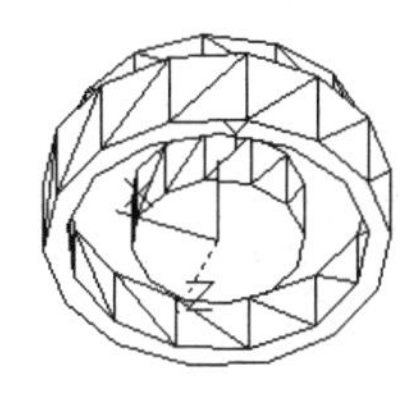

图 9-52　消隐效果图

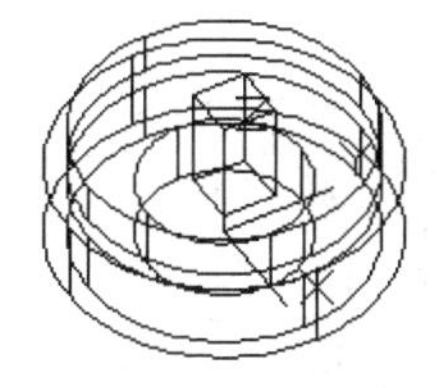

图 9-53　绘制长方体

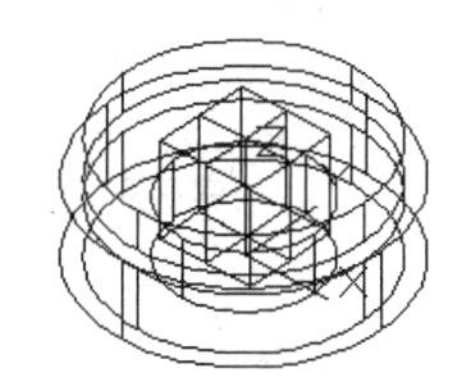

图 9-54　环形阵列长方体

③单击【实体编辑】面板中的【实体，差集】按钮，减切 4 个长方体 13×13×(−25)。消隐效果如图 9-55 所示。

步骤 03　绘制安装转子的凹槽

①现在绘制安装转子的凹槽。单击【建模】面板中的【长方体】按钮，以如图 9-56 所

示中点为起点，绘制长方体 1.5×1.5×(−15)。效果如图 9-57 所示。

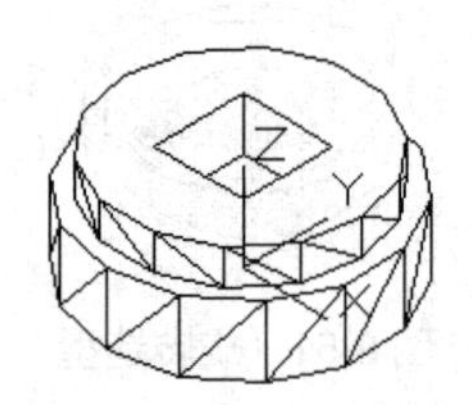

图 9-55　减切 4 个长方体

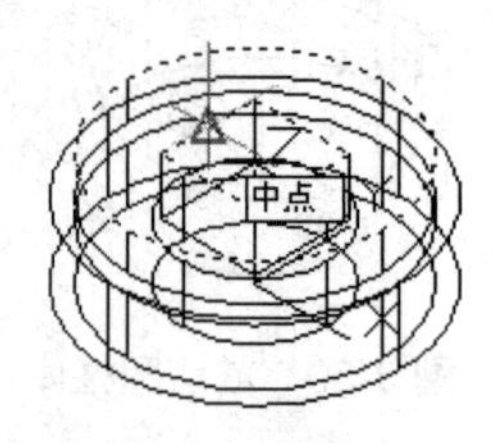

图 9-56　捕捉中点

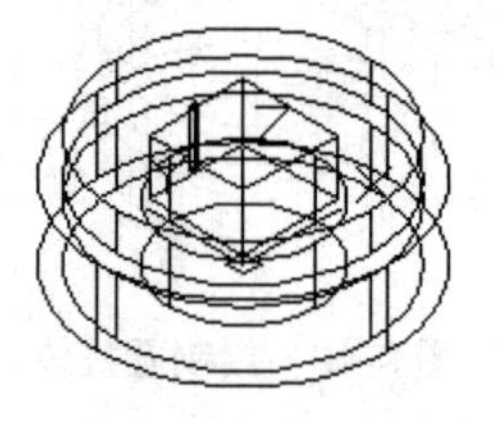

图 9-57　绘制长方体

②单击【修改】面板中的【镜像】按钮，以 y 轴为对称轴，把长方体 1.5×1.5×(−15)对称复制一份。效果如图 9-58 所示。命令输入行提示如下。

```
命令: _mirror                                   \\使用镜像命令
选择对象: 找到 1 个                              \\选择对象
选择对象:                                        \\按 Enter 键
指定镜像线的第一点:                              \\指定一点
指定镜像线的第二点:                              \\指定一点
要删除源对象吗? [是(Y)/否(N)] <N>:               \\不删除源对象
```

③单击【坐标】面板中的【绕 X 轴旋转用户坐标系】按钮，把坐标系绕 X 轴旋转 90°。效果如图 9-59 所示。

④单击【建模】面板中的【圆柱体】按钮，以如图 9-60 所示端点为底面圆心绘制圆柱体ϕ3×(−1.5)。效果如图 9-61 所示。

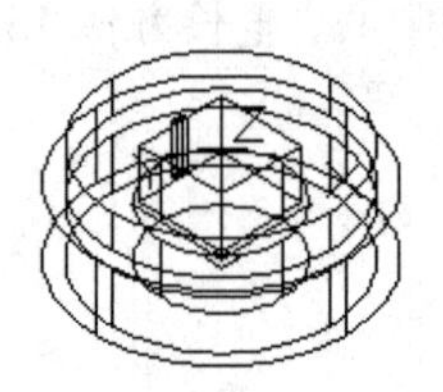

图 9-58　对称复制长方体

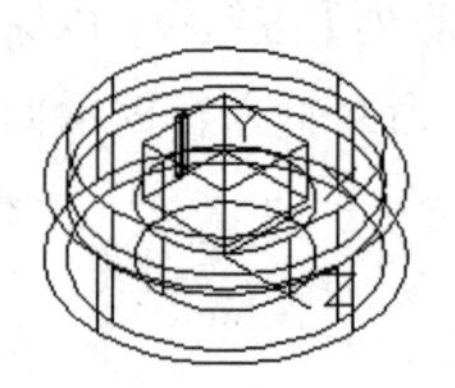

图 9-59　旋转坐标系

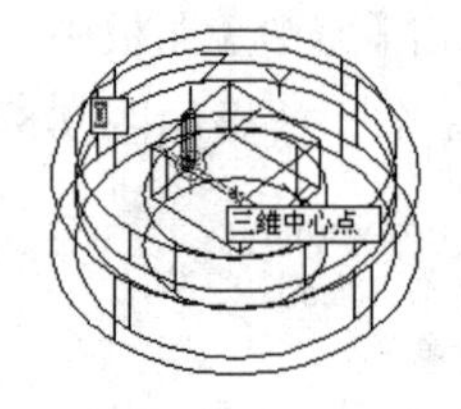

图 9-60　捕捉端点

⑤单击【修改】面板中的【复制】按钮，以如图 9-62 所示端点为复制基准点，如图 9-63 所示垂足为复制目标点，把虚线所示的图形向前复制一份。效果如图 9-64 所示。

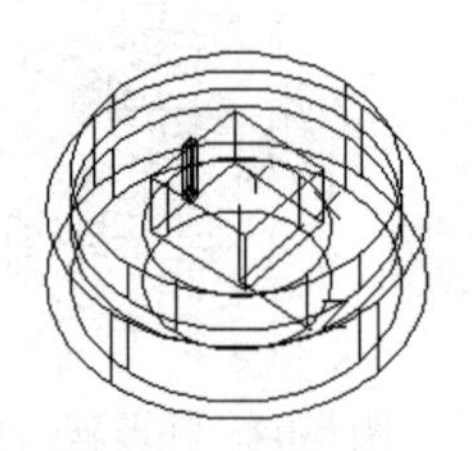

图 9-61　绘制圆柱体

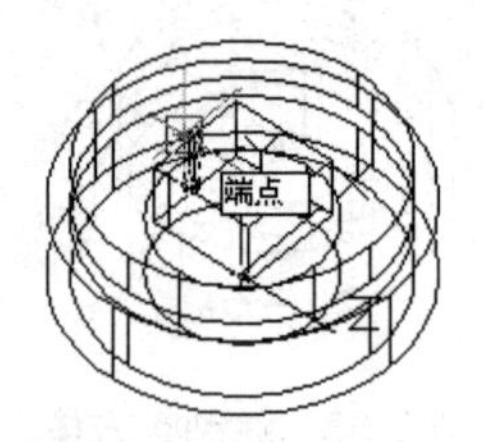

图 9-62　捕捉端点

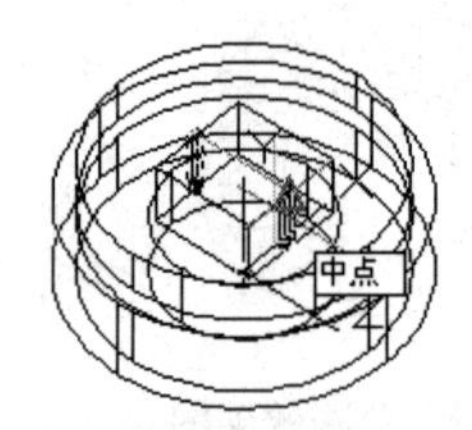

图 9-63　捕捉垂足

⑥单击【实体编辑】面板中的【实体，差集】按钮，减切 4 个长方体 1.5×1.5×(−15)和 2 个圆柱体ϕ3×(−15)。效果如图 9-65 所示。

⑦单击【坐标】面板中的【世界】按钮，恢复坐标系。效果如图 9-66 所示。

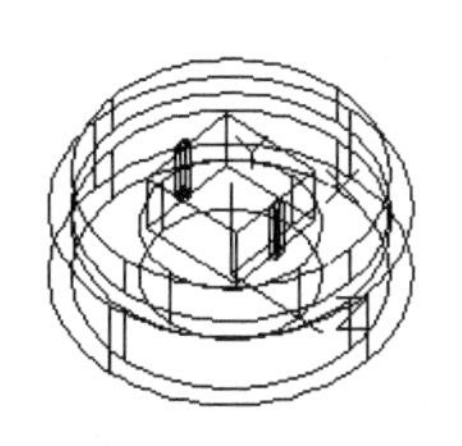

图 9-64　复制图形

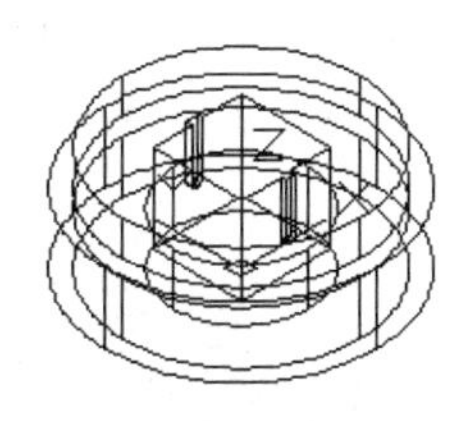

图 9-65　减切图形

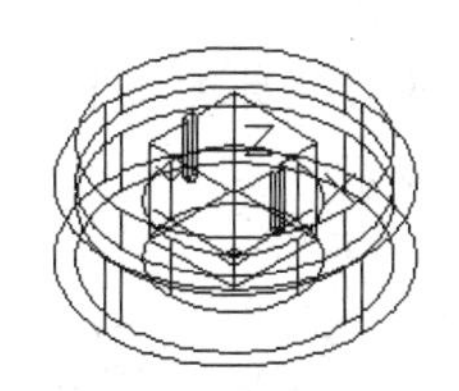

图 9-66　恢复坐标系

步骤 04　绘制凹槽旁边的凸起

① 现在绘制凹槽旁边的凸起。单击【建模】面板中的【长方体】按钮，以如图 9-67 所示端点为起点，绘制长方体-2×2×(-25)。效果如图 9-68 所示。

② 单击【修改】面板中的【移动】按钮，把长方体-2×2×(-25)沿 X 轴方向移动，移动距离为-1。效果如图 9-69 所示。

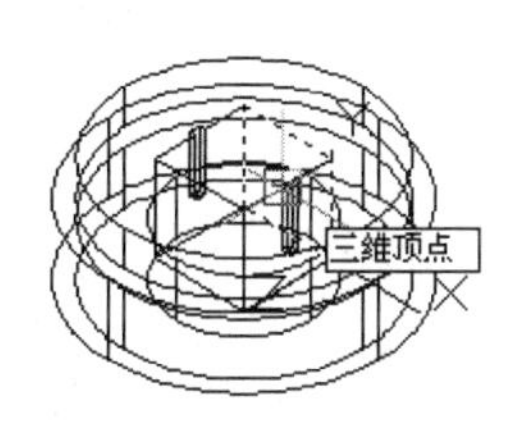

图 9-67　捕捉端点

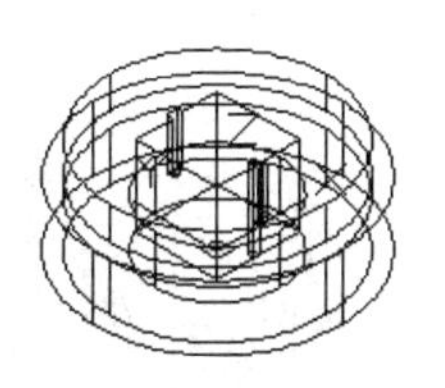

图 9-68　绘制长方体

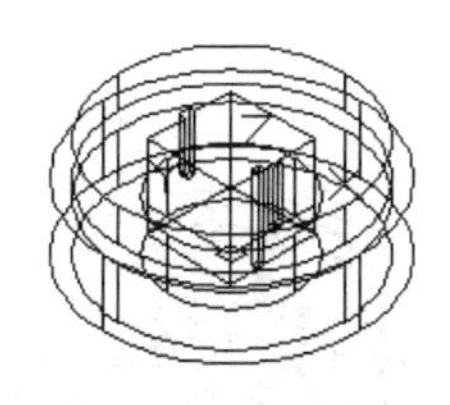

图 9-69　移动长方体

③ 单击【修改】面板中的【镜像】按钮，以 Y 轴为对称轴，把长方体-2×2×(-25)对称复制一份。效果如图 9-70 所示。

④ 单击【实体编辑】面板中的【实体，并集】按钮，合并所有实体。消隐效果如图 9-71 所示。

```
命令: _union                                  \\使用实体，并集命令
选择对象: 指定对角点: 找到 4 个                 \\选择对象
选择对象:                                     \\按 Enter 键结束
```

⑤ 选择【视图】|【三维视图】|【东北等轴测视图】菜单命令，查看这个视角的造型。效果如图 9-72 所示。

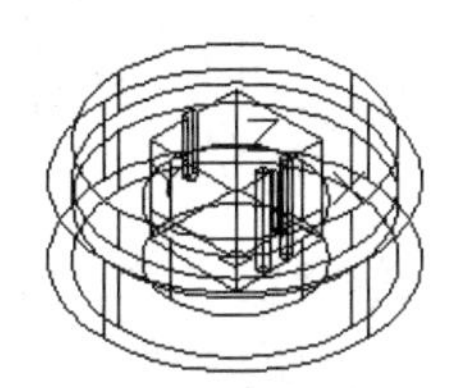

图 9-70　对称复制长方体

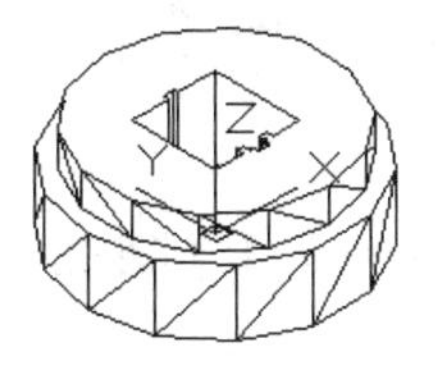

图 9-71　合并造型

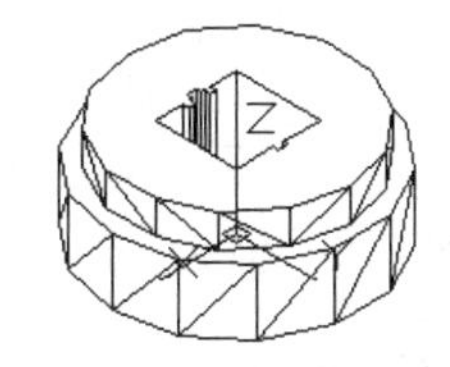

图 9-72　东北等轴测视图

9.5.3　绘制拉线孔

步骤 01　绘制方坑边缘的方缺口

① 首先绘制方坑边缘的方缺口，它用于卡紧簧片。单击【建模】面板中的【长方体】按

钮，以如图 9-73 所示端点为起点，绘制长方体 1×10×(−2)。效果如图 9-74 所示。

②单击【实体编辑】面板中的【实体，差集】按钮，减切长方体 1×10×(−2)。消隐效果如图 9-75 所示。

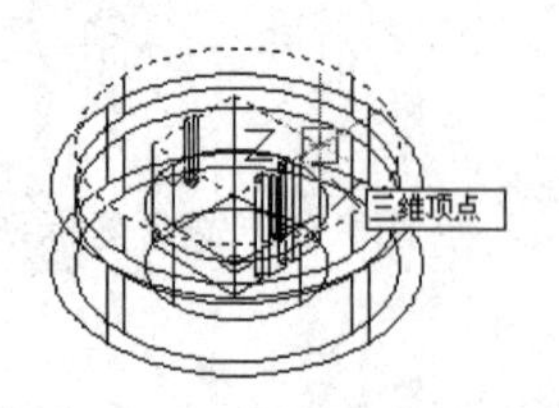

图 9-73　捕捉端点

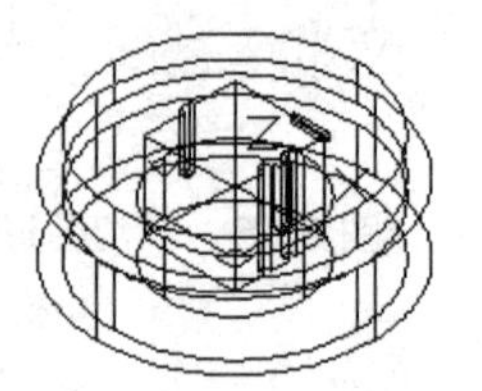
图 9-74　绘制长方体

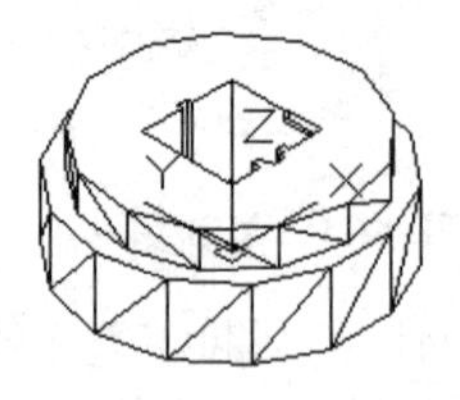
图 9-75　减切长方体

③单击【建模】面板中的【长方体】按钮，以如图 9-76 所示端点为起点，绘制长方体 −10×5×(−10)。效果如图 9-77 所示。

④单击【实体编辑】面板中的【实体，差集】按钮，减切长方体−10×5×(−10)。消隐效果如图 9-78 所示。

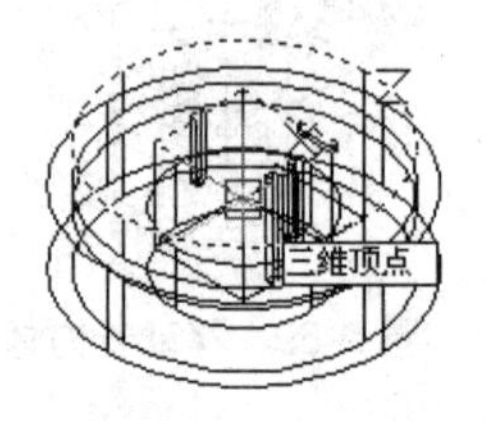

图 9-76　捕捉端点

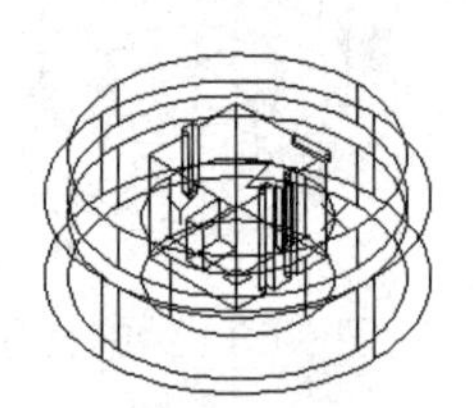
图 9-77　绘制长方体

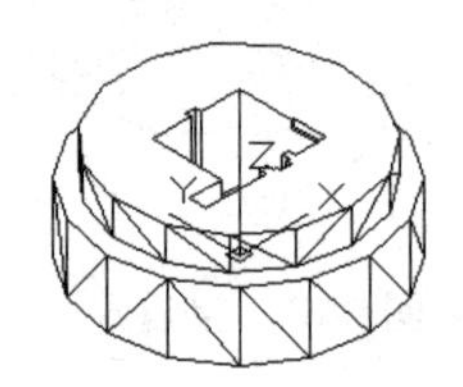
图 9-78　减切长方体

步骤 02　绘制拉线孔上部的圆角缘

①现在绘制拉线孔上部的圆角缘。单击【建模】面板中的【圆柱体】按钮，以如图 9-79 所示中点为底面圆心绘制圆柱体 ϕ 5×(−10)。效果如图 9-80 所示。

②单击【实体编辑】面板中的【实体，差集】按钮，减切圆柱体 ϕ 5×(−10)。消隐效果如图 9-81 所示。

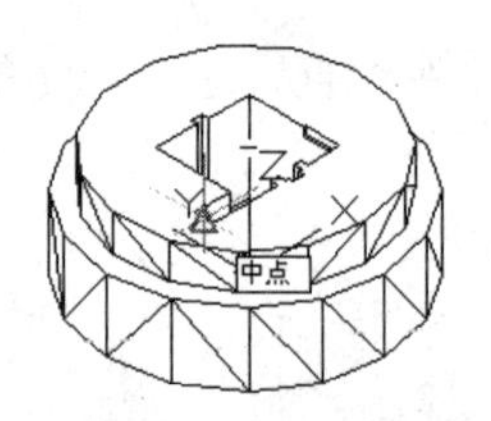

图 9-79　捕捉中点

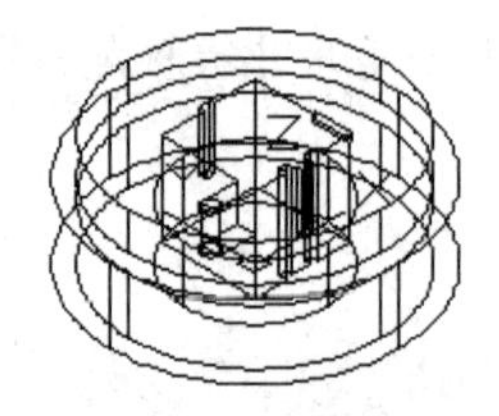
图 9-80　绘制圆柱体

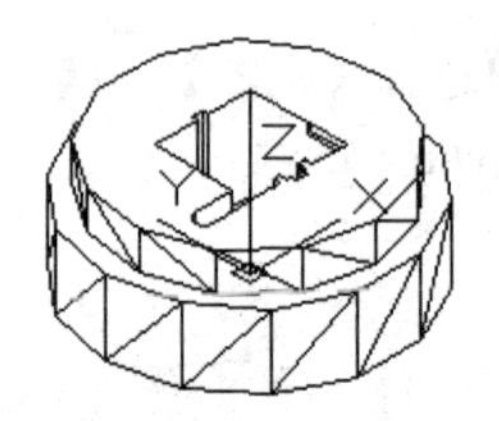
图 9-81　减切圆柱体

步骤 03　绘制拉线孔

①现在绘制拉线孔。单击【建模】面板中的【圆柱体】按钮，以如图 9-79 所示中点为底面圆心绘制圆柱体 ϕ 3×(−30)。效果如图 9-82 所示。

②单击【实体编辑】面板中的【实体，差集】按钮，减切圆柱体 ϕ 3×(−30)。效果如图 9-83 所示。

步骤 04　绘制拉线孔边缘圆角化

①现在把拉线孔边缘圆角化，以免割伤拉线。单击【修改】面板中的【圆角】按钮，

把上一步骤创建的圆孔上边缘倒圆角 R3。效果如图 9-84 所示。

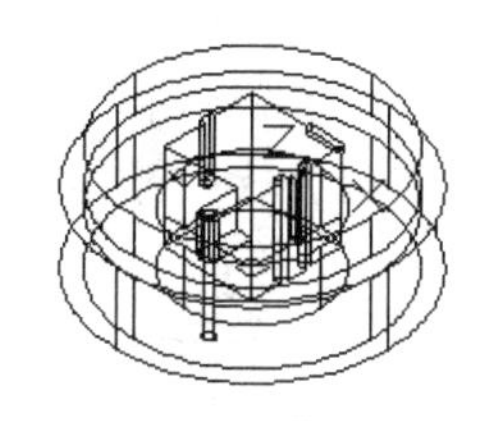

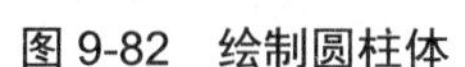

图 9-82　绘制圆柱体

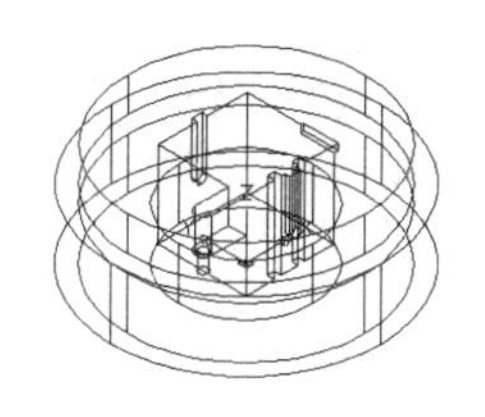

图 9-83　减切圆柱体

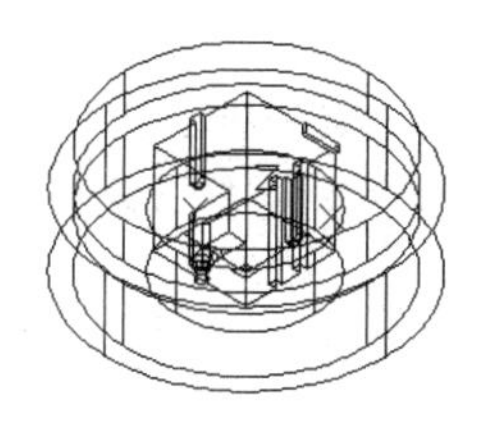

图 9-84　孔缘倒圆角

② 单击【修改】面板中的【圆角】按钮，把如图 9-85 虚线所示边缘线倒圆角 R3。效果如图 9-86 所示。

步骤 05　绘制拉线孔的下部

① 现在绘制拉线孔的下部。单击【建模】面板中的【圆柱体】按钮，以如图 9-87 所示孔的下底圆心为底面圆心绘制圆柱体ϕ12×(−15)。效果如图 9-88 所示。

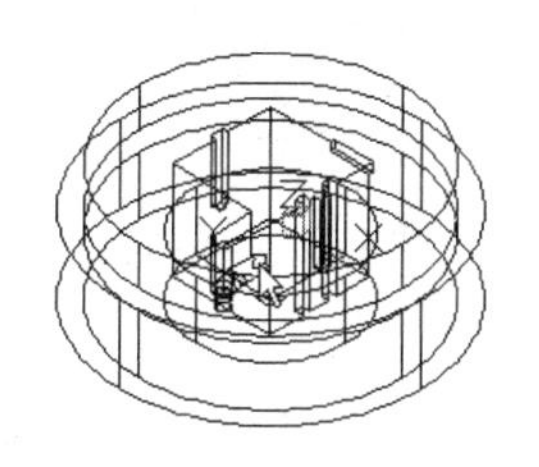

图 9-85　捕捉边

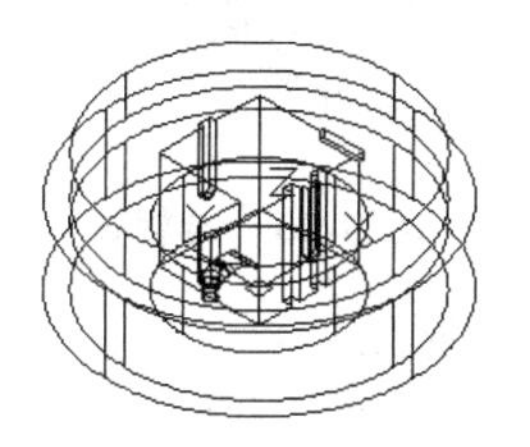

图 9-86　边倒圆角

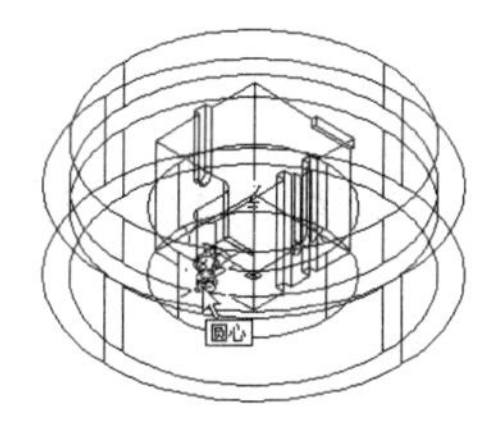

图 9-87　捕捉圆心

② 单击【建模】面板中的【长方体】按钮，以如图 9-89 所示象限点为起点，绘制长方体−13×12×15。效果如图 9-90 所示。

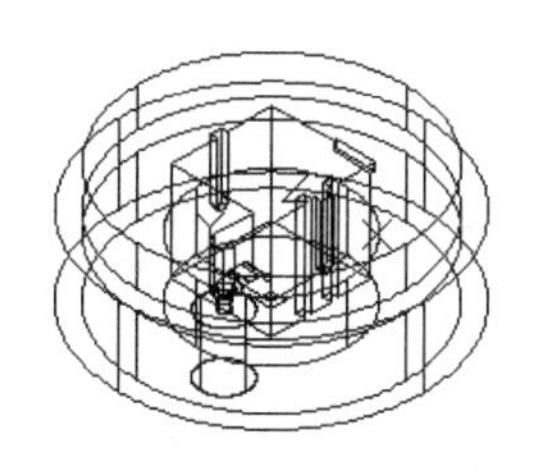

图 9-88　绘制圆柱体

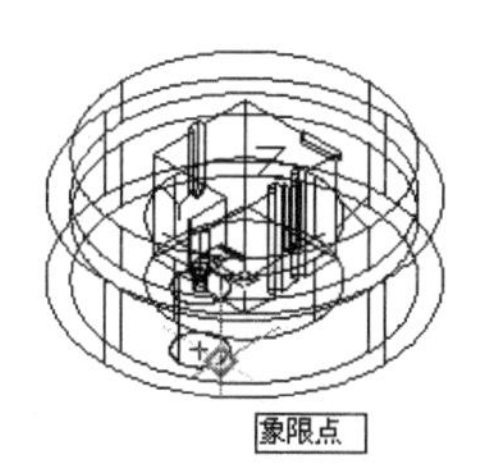

图 9-89　捕捉象限点

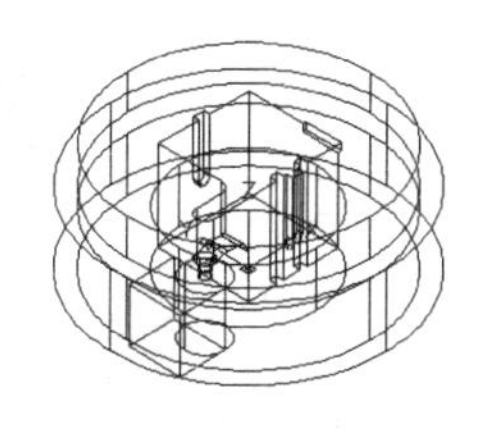

图 9-90　绘制长方体

③ 单击【实体编辑】面板中的【实体，并集】按钮，合并所有实体。效果如图 9-91 所示。

④ 单击【建模】面板中的【圆柱体】按钮，以如图 9-92 所示圆心为底面圆心绘制圆柱体ϕ3×30。效果如图 9-93 所示。

⑤ 单击【建模】面板中的【圆柱体】按钮，以如图 9-92 所示圆心为底面圆心绘制圆柱体ϕ10×15。效果如图 9-94 所示。

⑥ 单击【建模】面板中的【长方体】按钮，以圆柱体ϕ10×15 的前下边象限点为起点，绘制长方体−20×10×10。效果如图 9-95 所示。

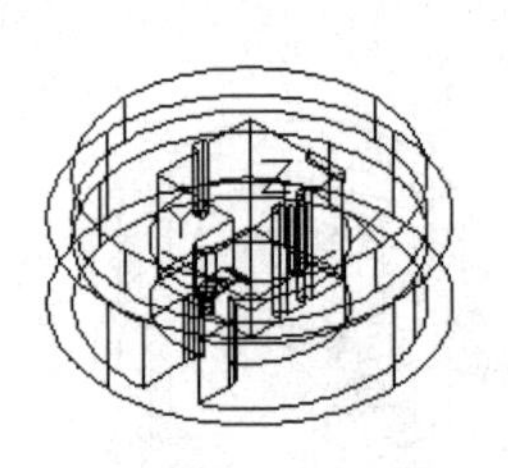

图 9-91　合并实体

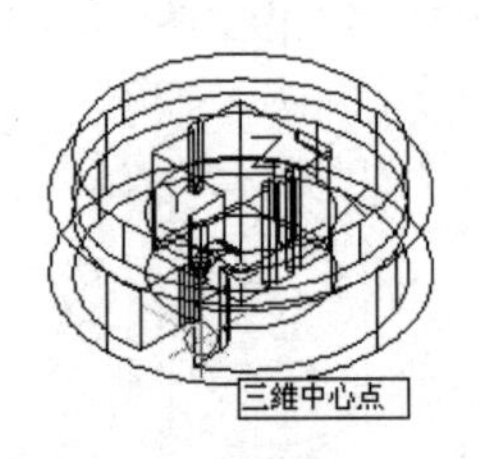

图 9-92　捕捉圆心

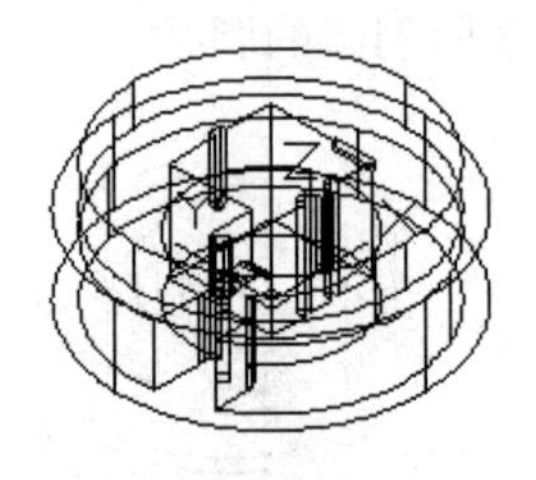

图 9-93　绘制圆柱体

⑦单击【实体编辑】面板中的【实体，差集】按钮，减切圆柱体ϕ3×30、圆柱体ϕ10×15和长方体-20×10×10。效果如图 9-96 所示。

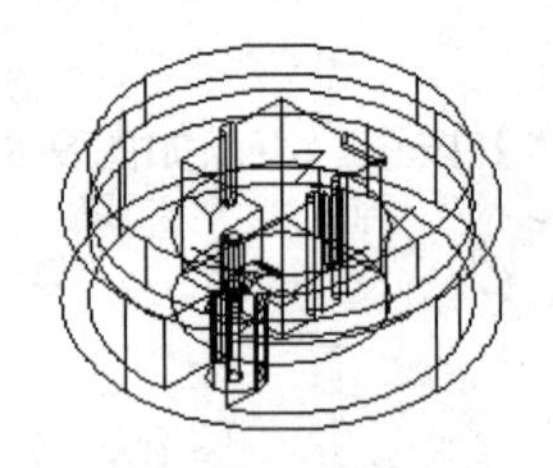

图 9-94　绘制圆柱体

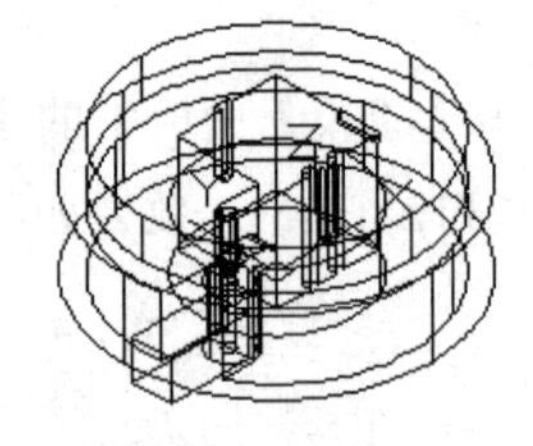

图 9-95　绘制长方体

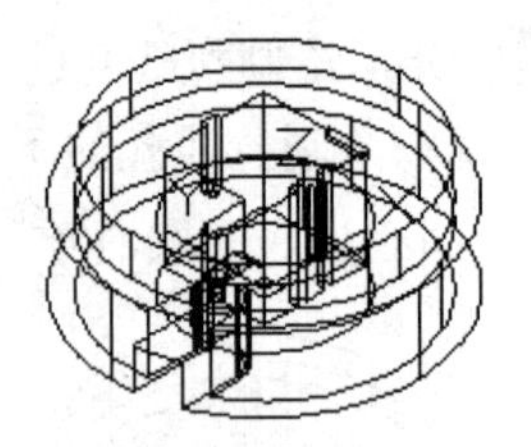

图 9-96　减切实体

步骤 06　绘制拉线孔的下部边缘圆角化

①接着把拉线孔下部边缘圆角化，以免割伤拉线。选择【视图】|【缩放】|【窗口】菜单命令，局部放大如图 9-97 所示造型，预备下一步操作。效果如图 9-98 所示。

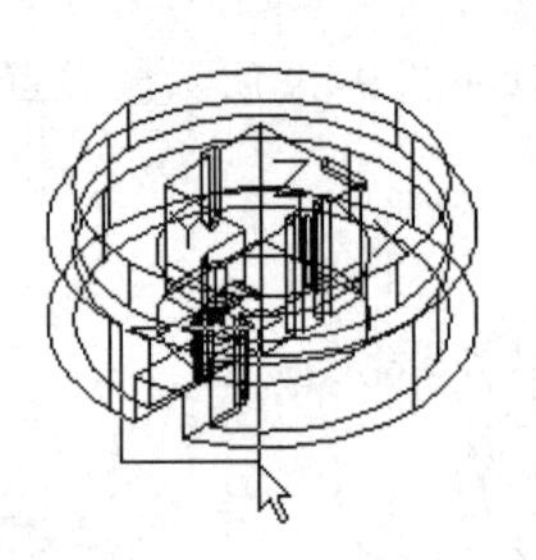

图 9-97　选择造型

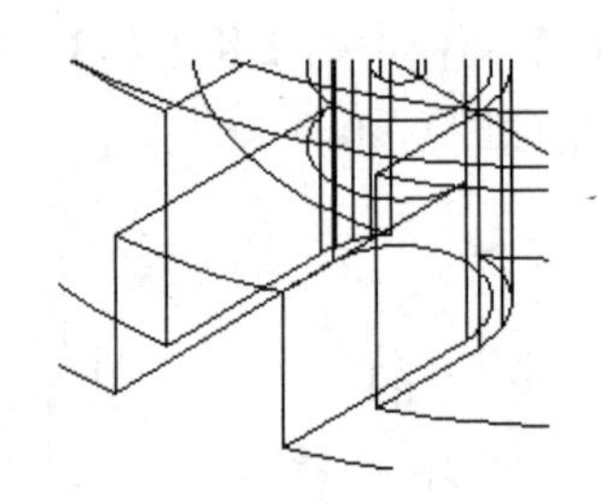

图 9-98　局部放大

②单击【修改】面板中的【圆角】按钮，把如图 9-99 中虚线所示边相互倒圆角 R2。效果如图 9-100 所示。

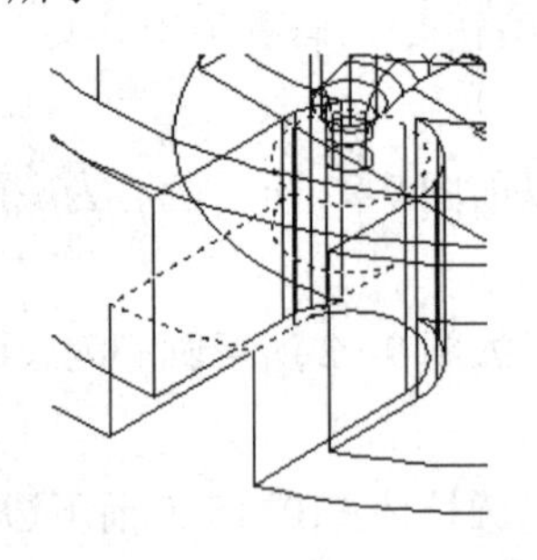

图 9-99　选择边

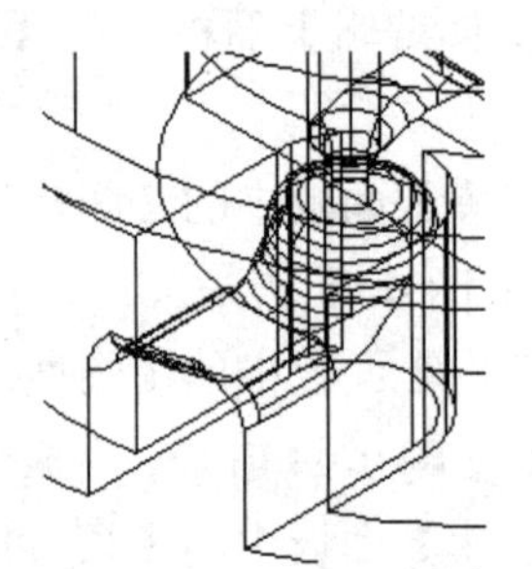

图 9-100　边倒圆角

步骤07 视图控制

①选择【视图】|【缩放】|【上一步】菜单命令，恢复视图。效果如图 9-101 所示。

②选择【视图】|【三维视图】|【俯视】菜单命令，把当前视图转换为俯视图，查看造型的位置是否适当。消隐效果如图 9-102 所示。

③为了清晰地观察沉孔结构，可以选择【视图】|【动态观察】|【受约束的动态观察】菜单命令，适当旋转造型，露出背面。渲染效果如图 9-103 所示。

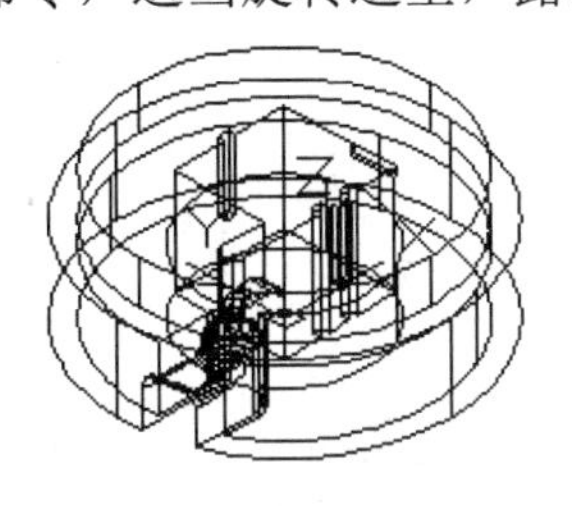

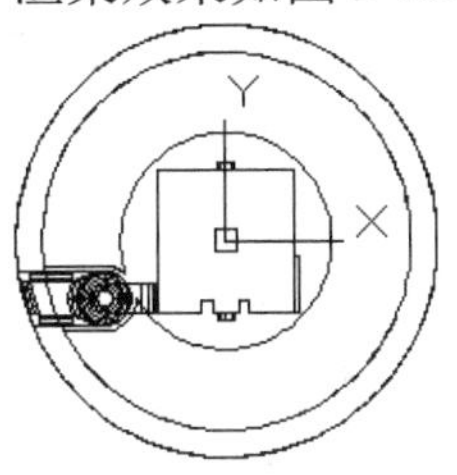

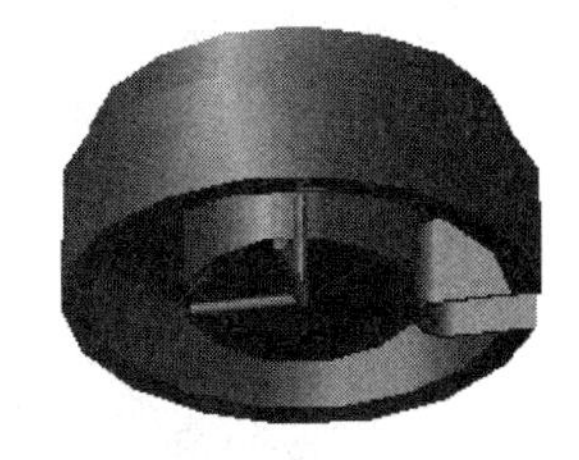

图 9-101　恢复视图　　图 9-102　俯视图　　图 9-103　适当旋转造型

9.5.4　绘制主螺栓座

步骤01 绘制螺栓座座体

①首先创建螺栓座座体。单击【建模】面板中的【圆柱体】按钮，绘制圆柱体$\phi 6\times15$，然后以圆柱体$\phi 6\times15$ 的上底面圆心为底面圆心绘制圆柱体$\phi 8\times(-12)$。效果如图 9-104 所示。

②单击【实体编辑】面板中的【实体，并集】按钮，合并两个圆柱体。效果如图 9-105 所示。

③单击【修改】面板中的【移动】按钮，把合并的实体以如图 9-106 所示象限点为移动基准点，如图 9-107 所示象限点为移动目标点移动。效果如图 9-108 所示。

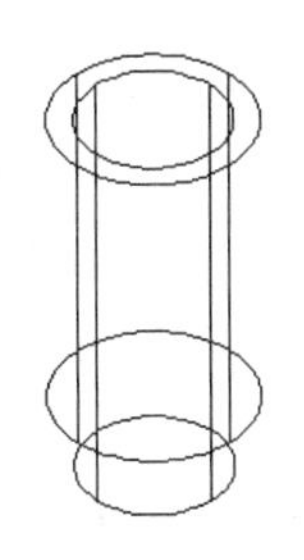

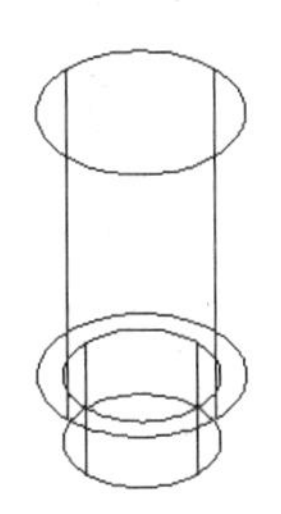

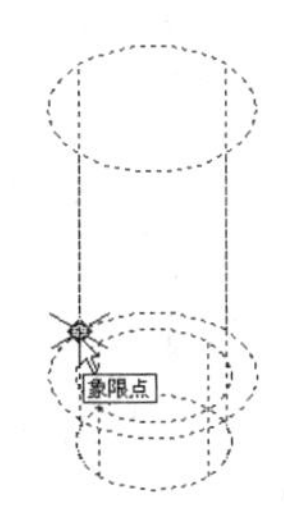

图 9-104　俯视图　　图 9-105　合并造型　　图 9-106　捕捉移动基准点

④单击【修改】面板中的【移动】按钮，把移动过来的实体向上移动，移动距离为 3。效果如图 9-109 所示。

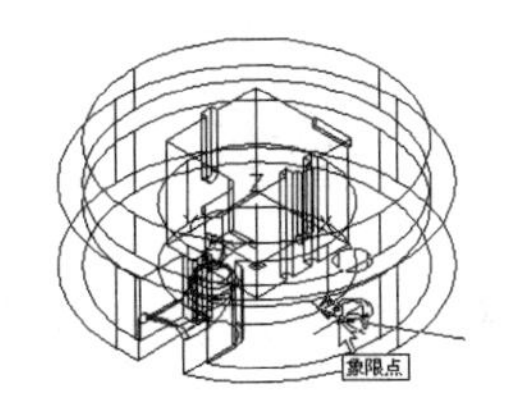

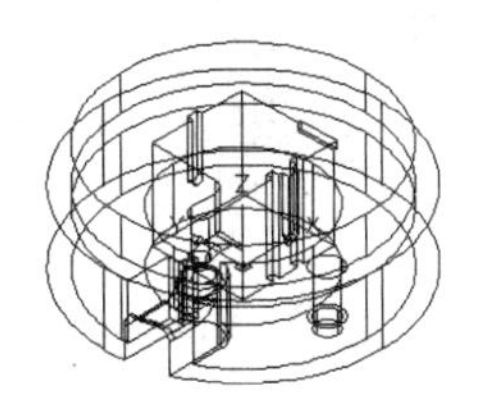

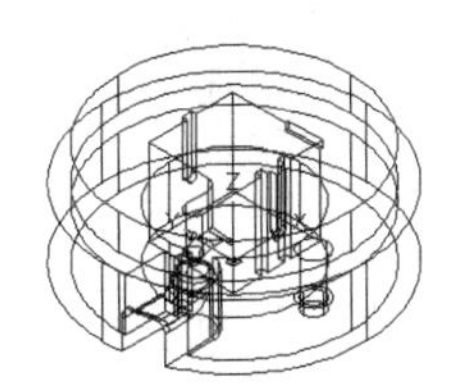

图 9-107　捕捉移动目标点　　图 9-108　定位造型　　图 9-109　移动造型

⑤单击【修改】面板中的【旋转】按钮，以原点为旋转中心，把刚才移动的造型旋转−43°。效果如图 9-110 所示。

⑥单击【修改】面板中的【矩形阵列】按钮，以原点为阵列中心，把刚才旋转的造型环形阵列 2 个。效果如图 9-111 所示。

⑦单击【实体编辑】面板中的【实体，并集】按钮，合并所有实体。

步骤02 绘制螺栓座上的孔

①创建螺栓座上的孔。单击【建模】面板中的【圆柱体】按钮，以如图 9-112 所示圆心为底面圆心绘制圆柱体ϕ4×40。效果如图 9-113 所示。

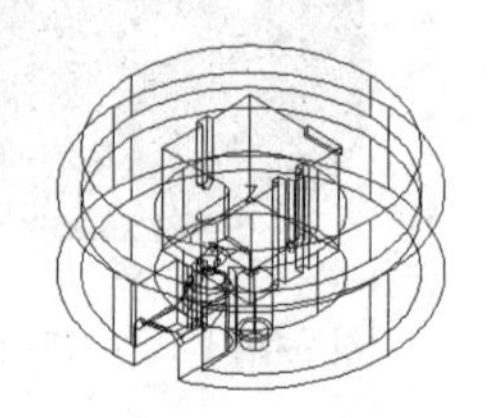
图 9-110　旋转造型

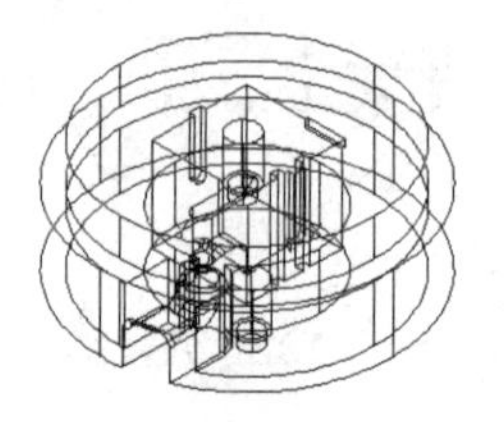
图 9-111　阵列造型

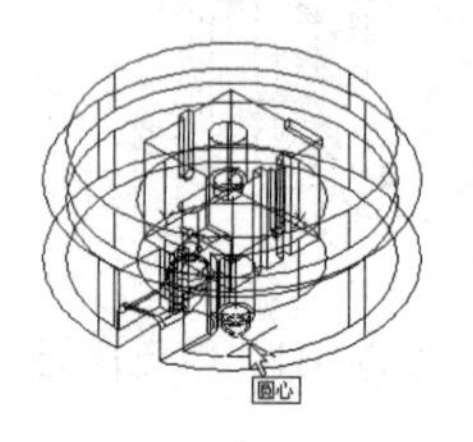

图 9-112　捕捉圆心

②单击【建模】面板中的【圆柱体】按钮，类似地在后边一个螺栓座上绘制圆柱体ϕ4×40。效果如图 9-114 所示。

③单击【实体编辑】面板中的【实体，差集】按钮，减切两个圆柱体ϕ 4×40。效果如图 9-115 所示。

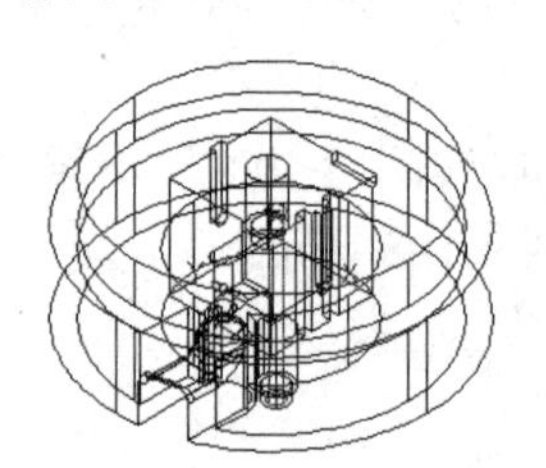
图 9-113　绘制圆柱体

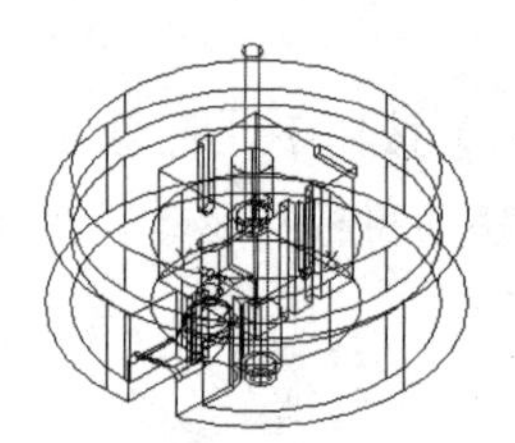
图 9-114　绘制另一个圆柱体

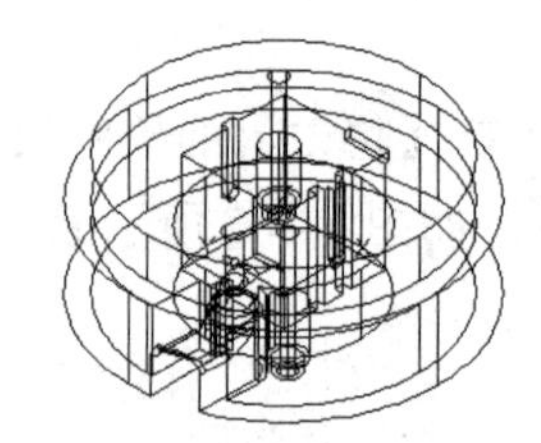
图 9-115　减切两个圆柱体

④单击【建模】面板中的【圆柱体】按钮，以如图 9-116 所示圆心为底面圆心绘制圆柱体ϕ6×(−26)。效果如图 9-117 所示。

⑤单击【建模】面板中的【圆柱体】按钮，类似地在前边一个螺栓座上绘制圆柱体ϕ6×(−26)。效果如图 9-118 所示。

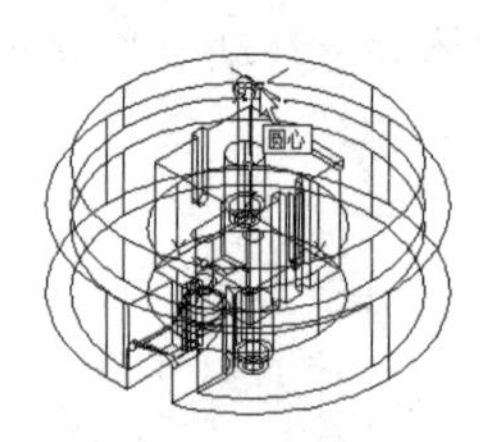

图 9-116　捕捉圆心

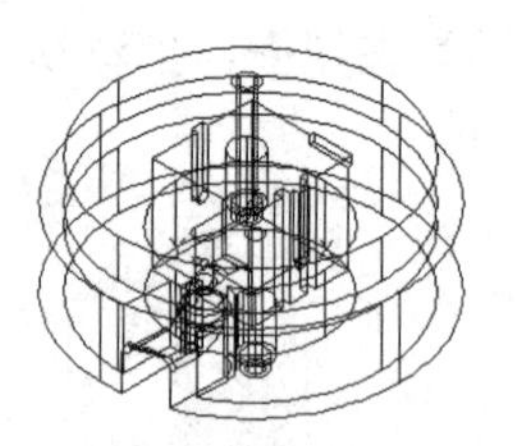
图 9-117　绘制圆柱体

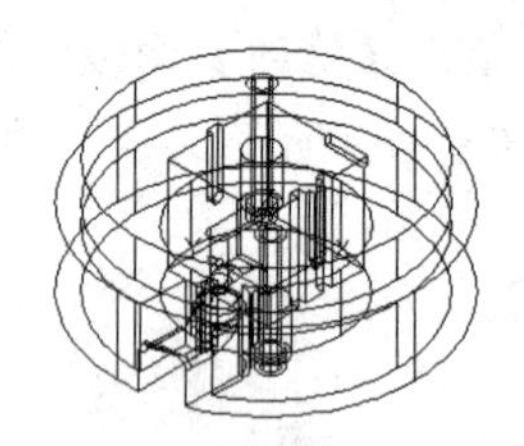
图 9-118　绘制另一个圆柱体

⑥单击【实体编辑】面板中的【实体，差集】按钮，减切两个圆柱体ϕ 6×(−26)。效果如图 9-119 所示。

9.5.5 绘制电气螺栓座

步骤 01 绘制卡紧簧片的孔

下面创建卡紧簧片的孔。单击【建模】面板中的【圆柱体】按钮，以点(27.5，0)为底面圆心绘制圆柱体ϕ3×30。效果如图 9-120 所示。

步骤 02 绘制进出电线的孔

①接着创建进出电线的孔。单击【建模】面板中的【圆柱体】按钮，以圆柱体ϕ 3×30 的上表面圆心为底面圆心绘制圆柱体ϕ6×(−10)。效果如图 9-121 所示。

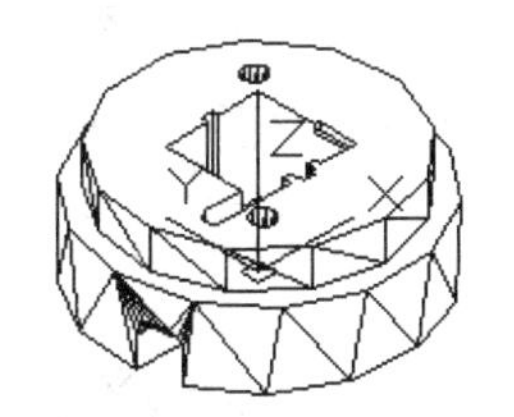

图 9-119 减切两个圆柱体

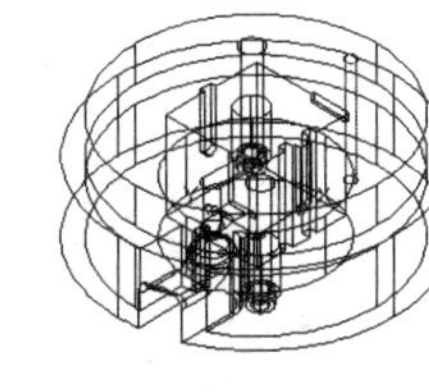

图 9-120 绘制圆柱体

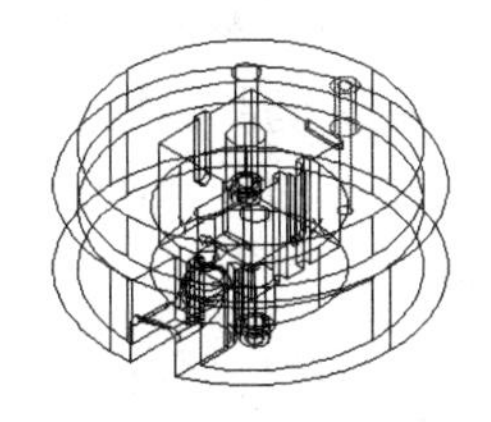

图 9-121 绘制圆柱体

②单击【修改】面板中的【旋转】按钮，以原点为旋转中心，把圆柱体ϕ 6×(−10)旋转 20°。效果如图 9-122 所示。

步骤 03 绘制安装电线螺钉的孔

①创建安装电线螺钉的孔。单击【建模】面板中的【圆柱体】按钮，以圆柱体ϕ6×(−10)的上表面圆心为底面圆心绘制圆柱体ϕ6×(−30)。效果如图 9-123 所示。

②单击【修改】面板中的【旋转】按钮，以原点为旋转中心，把圆柱体ϕ 6×(−30)旋转 20°。效果如图 9-124 所示。

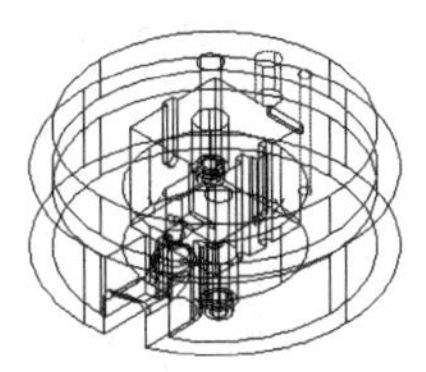

图 9-122 旋转圆柱体

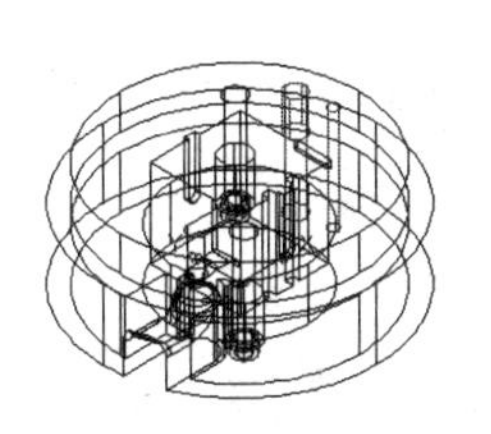

图 9-123 绘制圆柱体

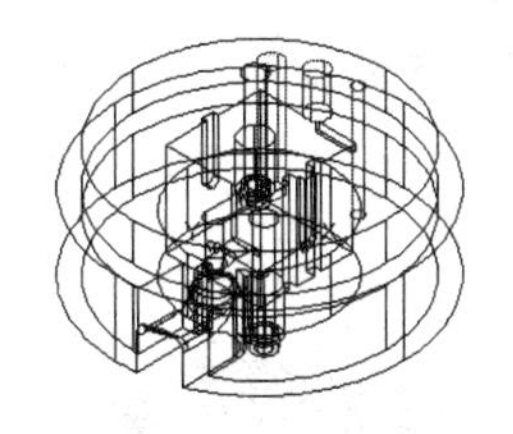

图 9-124 旋转圆柱体

③单击【修改】面板中的【旋转】按钮，以原点为旋转中心，把 3 个圆柱体旋转 60°。效果如图 9-125 所示。

步骤 04 绘制导线的安装结构

①因为导线应该有两相，现在创建另一根导线的安装结构。单击【修改】面板中的【镜像】按钮，以 X 轴为对称轴，把 3 个圆柱体对称复制一份。效果如图 9-126 所示。

②单击【修改】面板中的【旋转】按钮，以原点为旋转中心，把复制出来的 3 个圆柱体旋转 60°。效果如图 9-127 所示。

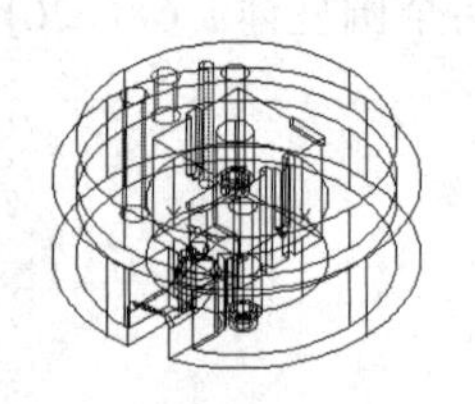

图 9-125　旋转 3 个圆柱体

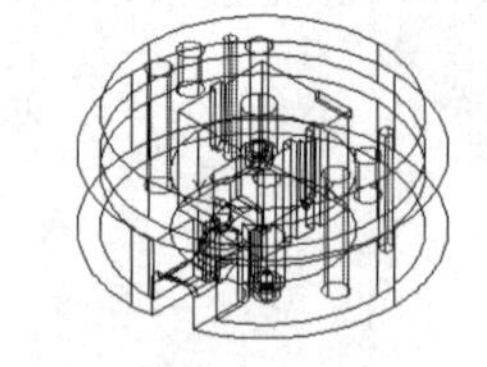

图 9-126　对称复制实体

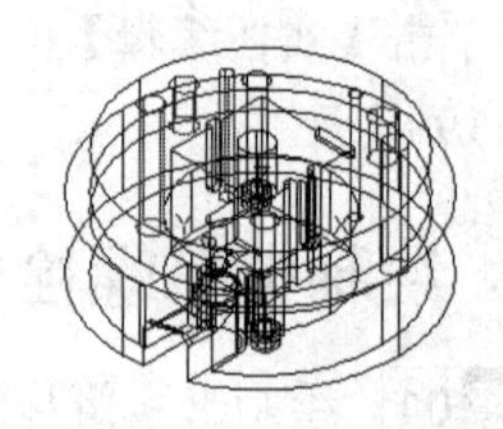

图 9-127　旋转实体

③单击【实体编辑】面板中的【实体，差集】按钮，减切 6 个圆柱体。效果如图 9-128 所示。

步骤 05　绘制压紧转子的簧片的安装结构

①现在创建压紧转子的簧片的安装结构。单击【坐标】面板中的【原点 UCS】按钮，把坐标系向上移动，移动距离为 30。效果如图 9-129 所示。

②单击【建模】面板中的【圆柱体】按钮，以点(−27.5，0)为底面圆心绘制圆柱体 ϕ6×(−5)。效果如图 9-130 所示。

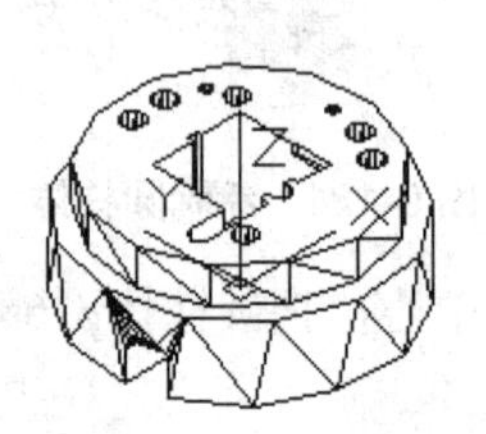

图 9-128　减切 6 个圆柱体

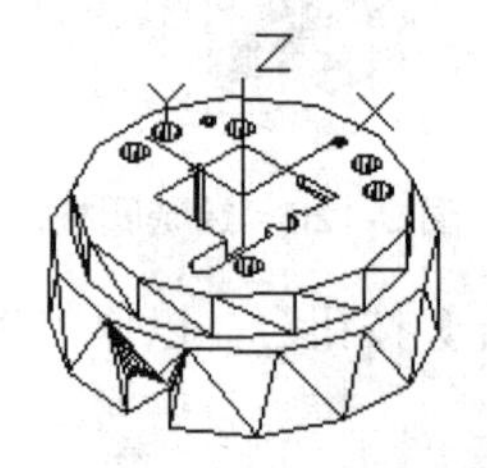

图 9-129　移动坐标系

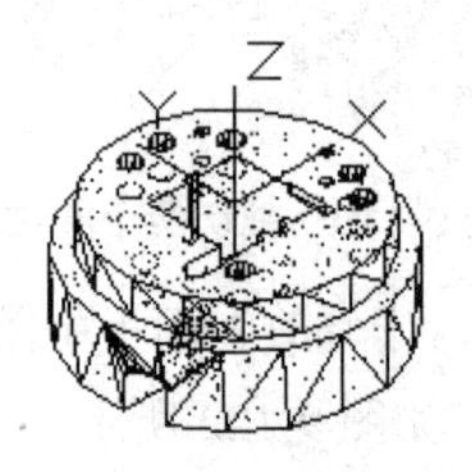

图 9-130　绘制圆柱体

③单击【建模】面板中的【圆柱体】按钮，以圆柱体 ϕ6×(−5)的上表面圆心为底面圆心绘制圆柱体 ϕ10×(−1)。效果如图 9-131 所示。

④单击【实体编辑】面板中的【实体，差集】按钮，减切 2 个圆柱体。消隐效果如图 9-132 所示。

⑤单击【建模】面板中的【长方体】按钮，以如图 9-133 所示象限点为起点，绘制长方体 15×(−10)×(−1)。效果如图 9-134 所示。

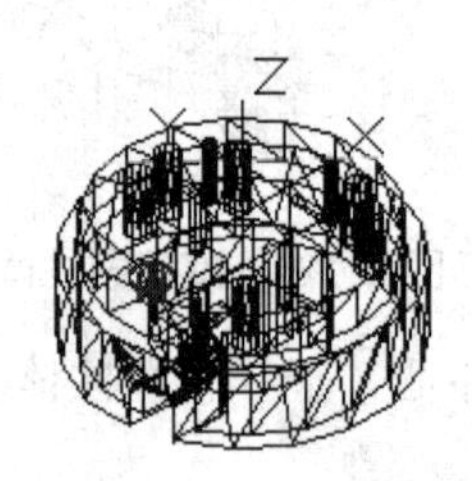

图 9-131　绘制圆柱体

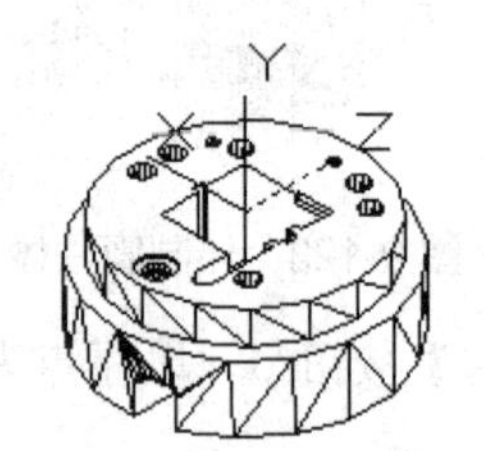

图 9-132　减切 2 个圆柱体

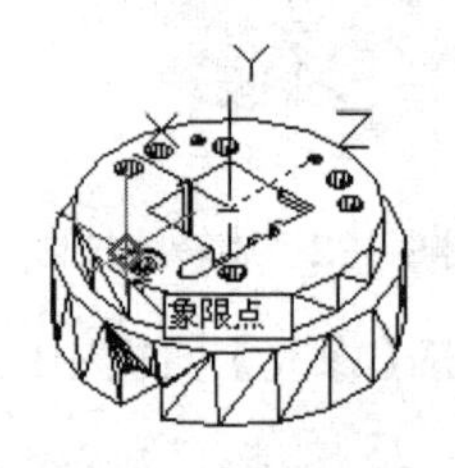

图 9-133　捕捉象限点

⑥单击【实体编辑】面板中的【实体，差集】按钮，减切长方体 15×(−10)×(−1)。消隐效果如图 9-135 所示。

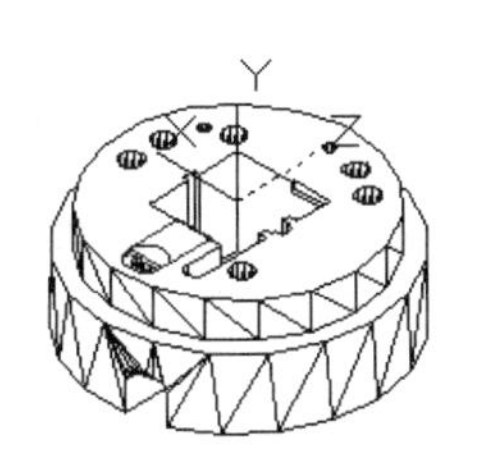

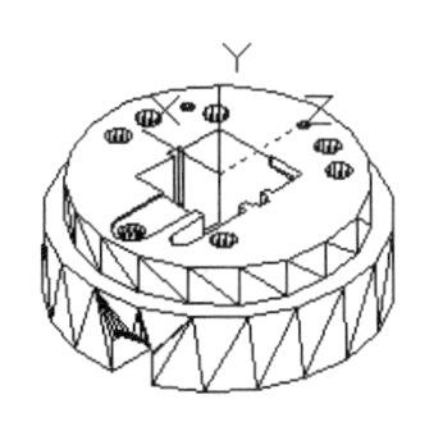

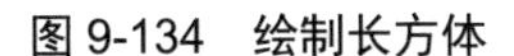

图 9-134　绘制长方体　　　　图 9-135　减切长方体

⑦单击【建模】面板中的【圆柱体】按钮，以如图 9-136 所示端点为底面圆心绘制圆柱体ϕ3×2。效果如图 9-137 所示。

⑧单击【修改】面板中的【移动】按钮，把圆柱体ϕ3×2 以相对坐标@5, −5 移动。效果如图 9-138 所示。

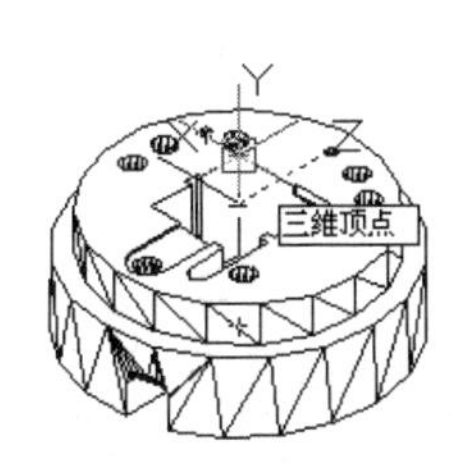

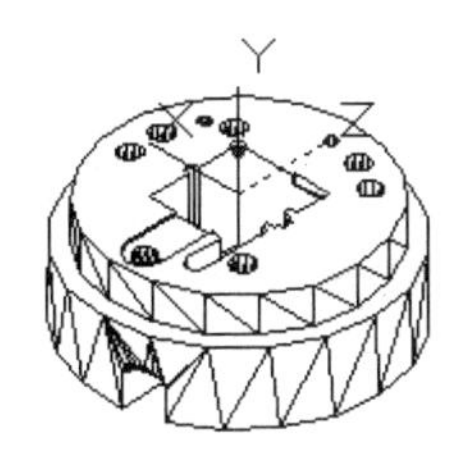

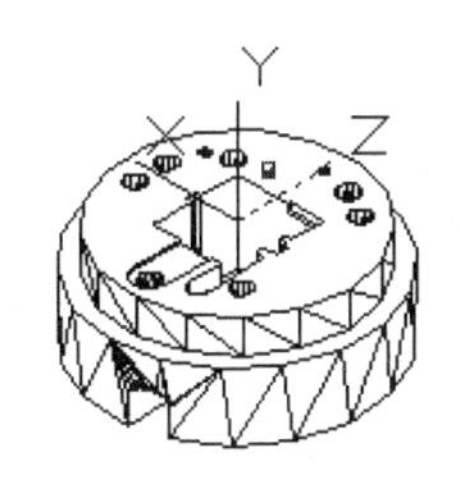

图 9-136　捕捉端点　　　　图 9-137　绘制圆柱体　　　　图 9-138　移动圆柱体

⑨单击【实体编辑】面板中的【实体，并集】按钮，合并所有实体。消隐效果如图 9-139 所示，渲染效果如图 9-140 所示。

⑩选择【视图】|【动态观察】|【受约束的动态观察】菜单命令，适当旋转造型，以便观察造型底面。消隐效果如图 9-141 所示。

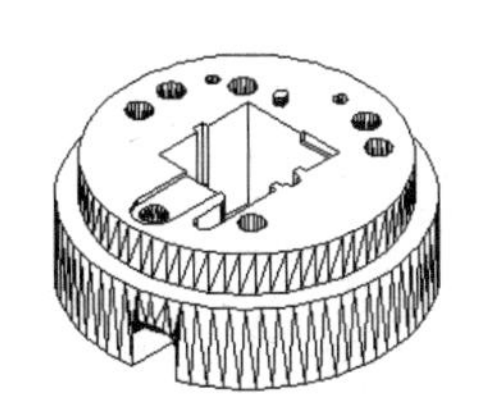

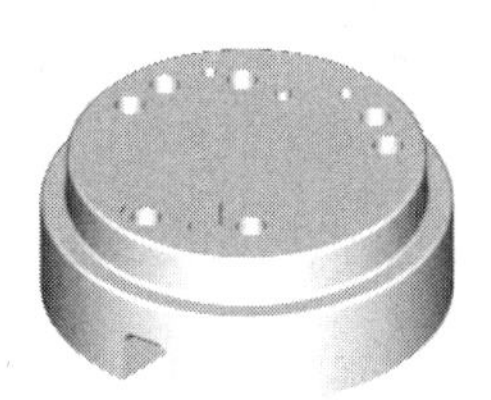

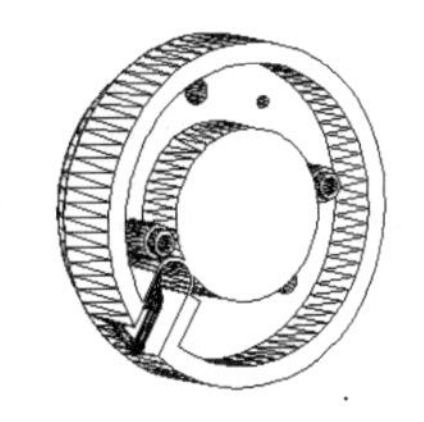

图 9-139　合并所有实体　　　　图 9-140　渲染效果　　　　图 9-141　底面消隐效果

9.6　本章小结

本章主要讲解了三维物体的绘制基础知识。通过本章的学习，读者应该能够掌握三维零件的基本绘制方法，对三维零件的绘制有一个初步的认识。读者可以通过范例，深刻领会三维零件的制作过程和步骤。

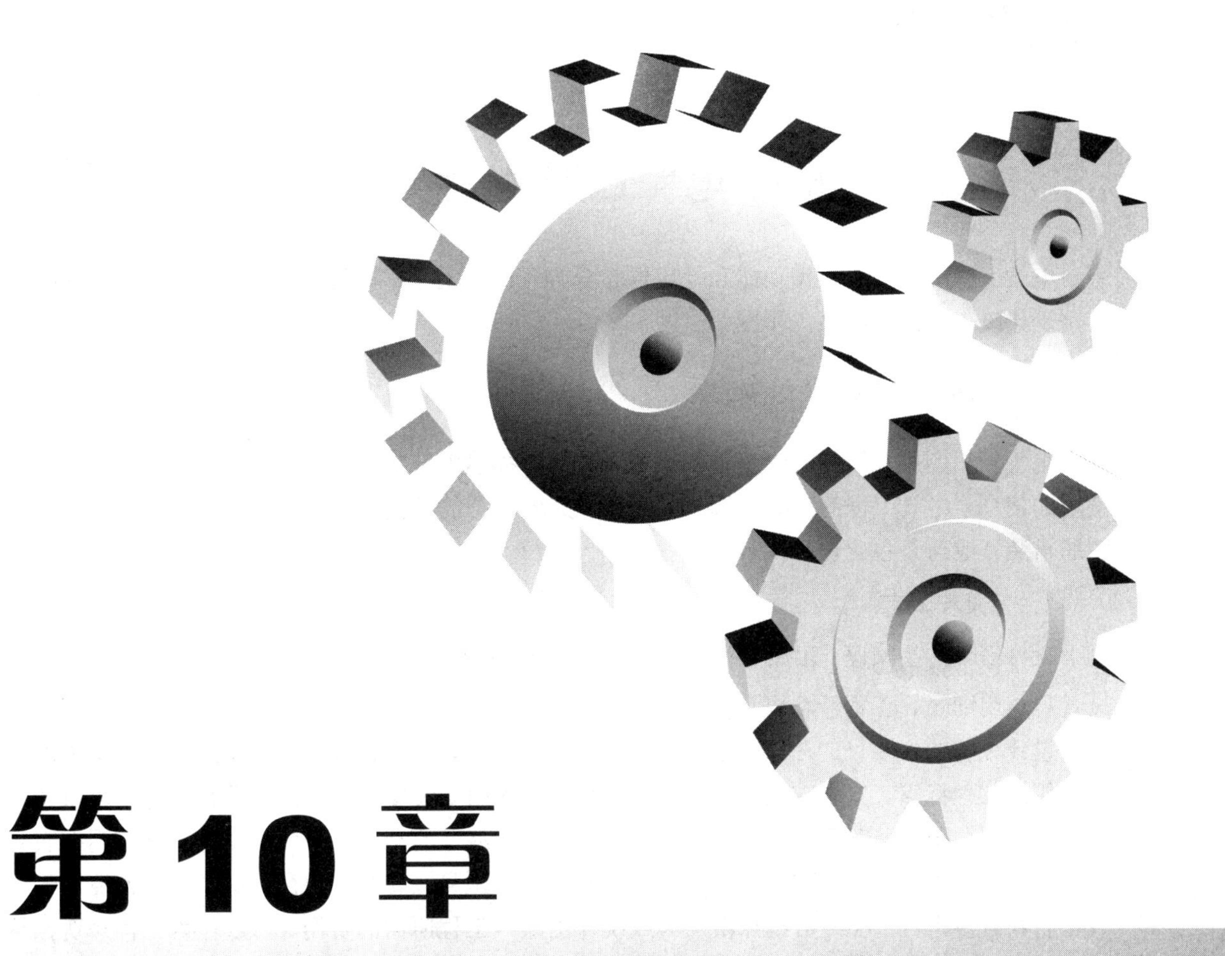

第 10 章

绘制电路图

本章导读：

本章主要介绍电气工程图的基本知识，包括电气工程图的种类及特点、电气工程CAD制图的规范、电气图形符号的构成。正是因为电气工程图是规范的，所以设计人员就可以大量借鉴以前的工作成果，将旧图样中使用的标题栏、表格、元件符号，甚至经典线路照搬到新图样中，稍加修改即可使用。为此本章最后请读者绘制若干简单的电气工程图，供以后的章节使用。

10.1 电气工程图的种类及特点

电气工程图既可以根据功能和使用场合分为不同的类别，也具有某些共同的特点，这些都有别于建筑工程图和机械工程图。

10.1.1 电气工程图的种类

电气工程图用来阐述电气工程的构成和功能，描述电气装置的工作原理，提供安装和维护使用的信息。电气工程的规模不同，该项工程的电气图的种类和数量也不同。一项工程的电气图通常装订成册，包含以下内容。

1. 目录和前言

目录便于检索图样，由序号、图样名称、编号、张数等构成。前言中包括设计说明、图例、设备材料明细表、工程经费概算等。

设计说明的主要目的在于阐述电气工程设计的依据、基本指导思想与原则，图样中未能清楚表明的工程特点、安装方法、工艺要求、特殊设备的安装使用说明，以及有关的注意事项等的补充说明。图例即图形符号，一般只列出本套图样涉及的一些特殊图例。设备材料明细表列出该项电气工程所需的主要电气设备和材料的名称、型号、规格和数量，可供经费预算和购置设备材料时参考。工程经费概算用于大致统计出电气工程所需的费用，可以作为工程经费预算和决算的重要依据。

2. 电气系统图

电气系统图用于表示整个工程或该工程中某一项目的供电方式和电能输送的关系，也可表示某一装置各主要组成部分的关系。例如，一个电动机的供电关系，则可采用如图 10-1 所示的电气系统图。该电气系统由电源 L1、L2、L3、熔断器 FU、交流接触器 KM、热继电器 K、电动机 M 构成，并通过连线表示如何连接这些元件。

3. 电路图

电路图主要表示一系统或装置的电气工作原理，又称为电气原理图。例如，为了描述如图 10-1 所示电动机的控制原理，要使用如图 10-2 所示的电路图清楚地表示其工作原理。按钮 S1 用于起动电动机，按下它可让交流接触器 KM 的电磁线圈通电，闭合交流接触器 KM 的主触头，电动机运转；按钮 S2 用于使电动机停止运转，按下它，电动机就停转。

4. 接线图

接线图主要用于表示电气装置内部各元件之间及其与外部其他装置之间的连接关系，有单元接线图、互连接线圈端子接线图、电线电缆配置图等类型。如图 10-3 所示接线图清楚地表示了各元件之间的实际位置和连接关系。图中，电源(L1、L2、L3)由型号为 BX-3×6 的导线，顺序接至端子排 X、熔断器 FU、交流接触器 KM 的主触头，再经热继电器 K 的热元件，接至电动机 M 的接线端子 U、V、W。这幅图与实际电路是完全对应的。

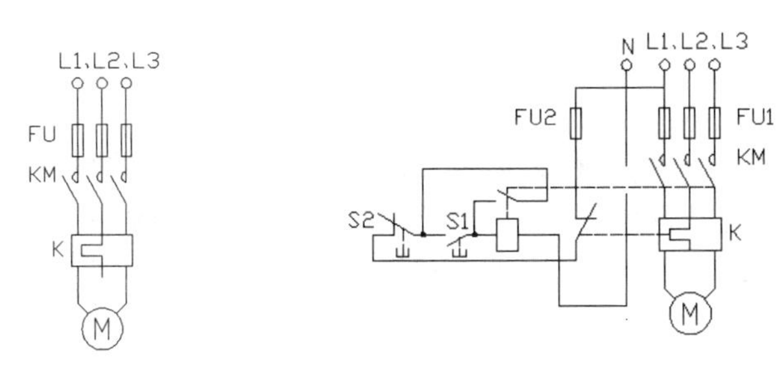

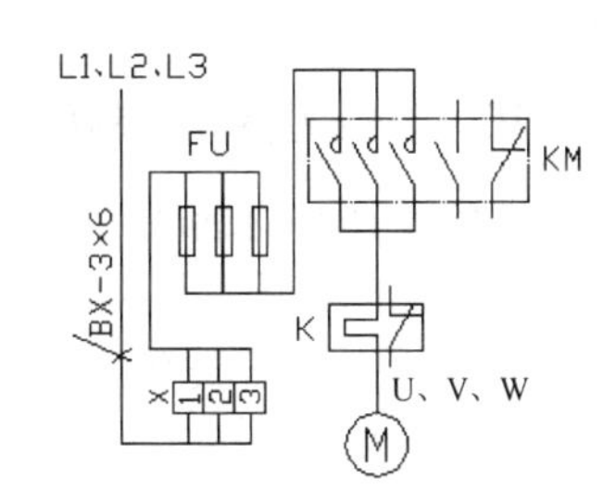

图 10-1　电动机电气系统图　　图 10-2　电动机控制电路原理图　　图 10-3　电动机主回路接线图

5．电气平面图

电气平面图表示电气工程中电气设备、装置和线路的平面布置，一般在建筑平面图中绘制出来。根据用途不同，电气工程平面图可分为线路平面图、变电所平面图、动力平面图、照明平面图、弱电系统平面图、防雷与接地平面图等。如图 10-4 所示为一个车间的电气平面布置图。图中从配电柜引出导线接到上下两组配电箱，各个配电箱再分别连接电动机。

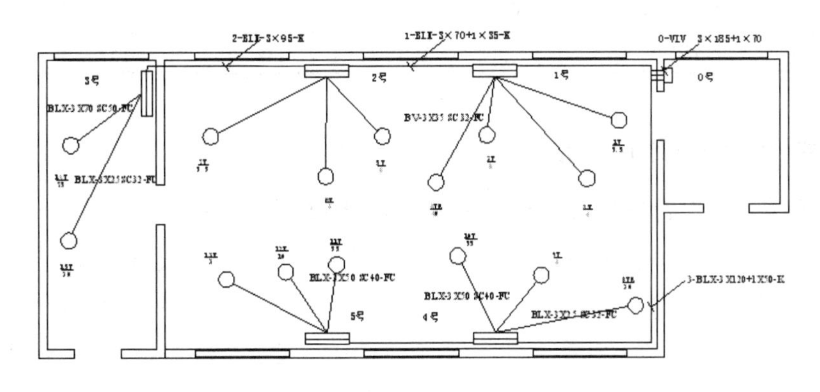

图 10-4　电气平面图示例

6．设备布置图

设备布置图主要表示各种电气设备和装置的布置形式、安装方式及相互位置之间的尺寸关系，通常由平面图、立面图、断面图、剖面图等组成。

7．大样图

大样图用于表示电气工程某一部件、构件的结构，用于指导加工与安装，部分大样图为国家标准图。

8．产品使用说明书用电气图

厂家往往在产品使用说明书中附上电气工程中选用的设备和装置电气图。

9．其他电气图

电气系统图、电路图、接线图、平面图是最主要的电气工程图。但在一些较复杂的电气工程中，为了补充和详细说明某一局部工程，还需要使用一些特殊的电气图，如功能图、逻辑图、印制板电路图、曲线图、表格等。

10．设备元件和材料明细表

设备元件和材料明细表是把电气工程所需主要设备、元件、材料和有关的数据列成表格，表示其名称、符号、型号、规格、数量。这种表格主要用于说明图上符号所对应的元件名称和有关数据，应与图联系起来阅读。以如图 10-2 所示的电路图为例，可列出如表 10-1 所示的设备材料明细表。

表 10-1　设备材料明细表

设备材料明细表							
序　号	符　号	名　称	型　号	规　格	单　位	数　量	备　注
1	M	异步电动机	Y	380V，15kW	台	1	
2	KM	交流接触器	CJ10	380V，40A	个	1	
3	FU2	熔断器	RT18	250V，1A	个	1	配熔芯 1A
4	FU1	熔断器	RT0	380V，40A	个	3	配熔芯 32A
5	KR	热继电器	JR3	40A	个	1	整定值 25A
6	S1　S2	按钮	LA2	250V，3A	个	2	-常开、-常闭触点

10.1.2　电气工程图的一般特点

1．图形符号、文字符号和项目代号是构成电气图的基本要素

图形符号、文字符号和项目代号是电气图的基本要素，一些技术数据也是电气图的主要内容。电气系统、设备或装置通常由许多部件、组件、功能单元等组成。一般是用一种图形符号描述和区分这些项目的名称、功能、状态、特征、相互关系、安装位置、电气连接等，不必画出它们的外形结构。

在一张图上，一类设备只用一种图形符号。比如各种熔断器都用同一个符号表示。为了区别同一类设备中不同元件的名称、功能、状态、特征以及安装位置，还必须在符号旁边标注文字符号。例如，不同功能，不同规格的熔断器分别标注为 FUl、FU2、FU3、FU4。为了更具体地区分，除了标注文字符号、项目代号外，有时还要标注一些技术数据，如图中熔断器的有关技术数据，如 RL-15 / 15A 等。

2．简图是电气工程图的主要形式

简图是用图形符号、带注释的围框或简化外形表示系统或设备中各组成部分之间相互关系的一种图。电气工程图绝大多数都采用简图这种形式。

简图并不是指内容“简单”，而是指形式的“简化”，它是相对于严格按几何尺寸、绝对位置等绘制的机械图而言的。电气工程图中的系统图、电路图、接线图、平面布置图等都是简图。

3．元件和连接线是电气图描述的主要内容

一种电气装置主要由电气元件和电气连接线构成。因此，无论是说明电气工作原理的电路

原理图，表示供电关系的电气系统图，还是表明安装位置和接线关系的平面图和接线图等，都是以电气元件和连接线作为描述的主要内容。也因为对元件和连接线描述方法不同，构成了电气图的多样性。

连接线在电路图中通常有多线表示法、单线表示法和混合表示法。每根连接线或导线各用一条图线表示的方法，称为多线表示法；两根或两根以上的连接线只用一条图线表示的方法，称为单线表示法；在同一图中，单线和多线同时使用的方法称为混合表示法。

4．电气元件在电路图中的三种表示方法

用于电气元件的表示方法可分别采用集中表示法、半集中表示法、分开表示法。

集中表示法是把一个元件各组成部分的图形符号绘制在一起的方法。比如可以把交流接触器的主触头和辅助触头、热继电器的热元件和触点集中绘制在一起。

半集中表示法是介于集中表示法和分开表示法之间的一种表示法。其特点是，在图中把一个项目的某些部分的图形符号分开布置，并用机械连接线表示出项目中各部分的关系。其目的是得到清晰的电路布局。在这里，机械连接线可以是直线，也可以是折弯、分支或交叉。

分开表示法是把一个元件的各组成部分分开布置；对同一个交流接触器，驱动线圈、主触头、辅助触头、热继电器的热元件、触点分别画在不同的电路中，用同一个符号 KM 或 K 将各部分联系起来。

5．表示连接线去向的两种方法

在接线图和某些电路图中，通常要求表示连接线的两端各引向何处。表示连接线去向一般有连续线表示法和中断线表示法。

表示两接线端子(或连接点)之间导线的线条是连续的方法，称为连续线表示法；表示两接线端子或连接点之间导线的线条中断的方法，称为中断线表示法。

6．功能布局法和位置布局法是电气工程图两种基本的布局方法

功能布局法是指电气图中元件符号的布置，只考虑便于看出它们所表示的元件之间功能关系而不考虑实际位置的一种布局方法。电气工程图中的系统图，电路原理图都是采用这种布局方法。例如图 10-1 中，各元件按供电顺序(电源——负载)排列，如图 10-2 中，各元件按动作原理排列，至于这些元件的实际位置怎样布置则不表示。这样的图就是按功能布局法绘制的图。

位置布局法是指电气图中元件符号的布置对应于该元件实际位置的布局方法。电气工程图中的接线图、平面图通常采用这种布局方法。例如图 10-3 中，控制箱内各元件基本上都是按元件的实际相对位置布置和接线的。如图 10-4 所示的平面图中，配电箱、电动机及其连接导线是按实际位置布置的。这样的图就是按位置布局法绘制的图。

7．对能量流、信息流、逻辑流、功能流的不同描述方法，构成了电气图的多样性

在某一个电气系统或电气装置中，各种元件、设备、装置之间，从不同角度，不同侧面去考察，存在着不同的关系，构成以下 4 种物理流。

(1) 能量流——电能的流向和传递。

(2) 信息流——信号的流向、传递和反馈。

(3) 逻辑流——表征相互间的逻辑关系。

(4) 功能流——表征相互间的功能关系。

物理流有的是实有的或有形的，如能量流、信息流等；有的则是抽象的，表示的是某种概念，如逻辑流、功能流等。

在电气技术领域内，往往需要从不同的目的出发，对上述 4 种物理流进行研究和描述，而作为描述这些物理流的工具之一，电气图当然也需要采用不同的形式。这些不同的形式，从本质上揭示了各种电气图内在的特征和规律。实际上将电气图分成若干种类，从而构成了电气图的多样性。

例如：描述能量流和信息流的电气图，有系统图、框图、电路图、接线图等；描述逻辑流的电气图有逻辑图等；描述功能流的有功能表图、程序图、电气系统说明书用图等。

10.2 电气工程 CAD 制图的规范

电气工程设计部门设计、绘制图样，施工单位按图样组织工程施工，所以图样必须有设计和施工等部门共同遵守的一定的格式和一些基本规定、要求。这些规定包括建筑电气工程图自身的规定和机械制图、建筑制图等方面的有关规定。

1. 图纸的格式与幅面尺寸

1) 图纸的格式

一张图纸的完整图面是由边框线、图框线、标题栏、会签栏组成，其格式如图 10-5 所示。

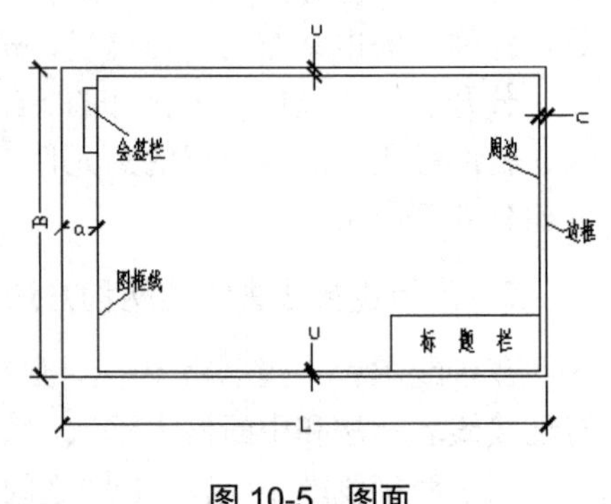

图 10-5 图面

2) 幅面尺寸

图纸的幅面就是由边框线所围成的图面。幅面尺寸共分五等：A0～A4，具体的尺寸要求如表 10-2 所示。

表 10-2 基本幅面尺寸　　　单位：mm

幅面代号	A0	A1	A2	A3	A4
宽×长(B×L)	841×1189	594×841	420×594	297×420	297×210
边宽(C)	10			5	
装订侧边宽	25				

2. 标题栏

标题栏是用来确定图样的名称、图号、张次、更改和有关人员签署等内容的栏目，位于图样的下方或右下方。图中的说明、符号均应以标题栏的文字方向为准。

目前我国尚没有统一规定标题栏的格式，各设计部门标题栏格式不一定相同。通常采用的标题栏格式应有以下内容：设计单位名称、工程名称、项目名称、图名、图别、图号等，如图 10-6 所示为一种标题栏格式，可供读者借鉴。

设计单位名称				工程名称	设计号	
					图号	
总工程师		主要设计人		项目名称		
设计总工程师		技 核				
专业工程师	制图					
组长		描 图		图 名		
日期	比例					

图 10-6 标题栏格式

3. 图幅分区

如果电气图上的内容很多，尤其是一些幅面大、内容复杂的图，要进行分区，以便在读图或更改图的过程中，迅速找到相应的部分。

图幅分区的方法是等分图纸相互垂直的两边。分区的数目视图的复杂程度而定，但要求每边必须为偶数。每一分区的长度一般不小于 25mm、不大于 75mm。分区代号，竖向方向用大写拉丁字母从上到下编号，横向方向用阿拉伯数字从左往右编号，如图 10-7 所示。分区代号用字母和数字表示，字母在前，数字在后，如 B2、C3 等。

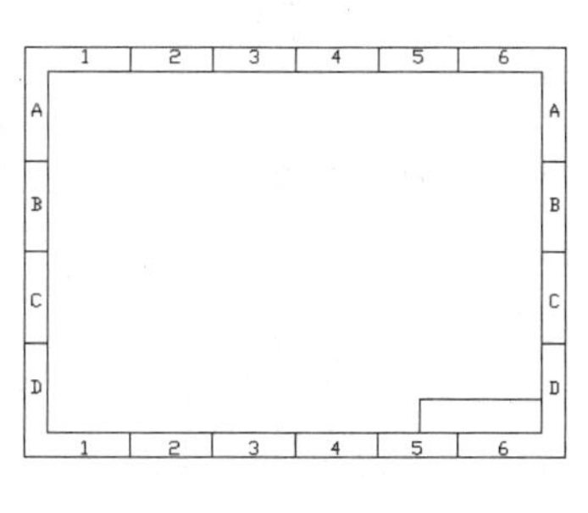

图 10-7 图幅分区

4. 图线

图线是绘制电气图所用的各种线条的统称，常用的图线如表 10-3 所示。

表 10-3 图线形式与应用

图线名称	图线形式	图线应用	图线名称	图线形式	图线应用
粗实线		电气线路，一次线路	点划线		控制线，信号线，围框线
细实线		二次线路，一般线路	点划线，双点划线		辅助围框线
虚 线		屏蔽线，机械连线	双点划线		辅助围框线，36V 以下线路

5. 字体

电气图中的字体必须符合标准，一般汉字常用仿宋体、宋体，字母、数字用正体、罗马字体。字体的大小一般为 2.5～10.0，也可以根据不同的场合使用更大的字体，根据文字所代表的内容不同应用不同大小的字体。一般来说，电气器件触点号最小，线号次之，器件名称号最大。具体也要根据实际调整。

6. 比例

由于图幅有限，而实际的设备尺寸大小不同，需要按照不同的比例绘制才能安置在图中。图形与实物尺寸的比值称为比例。大部分电气工程图是不按比例绘制的，某些位置图则按比例

绘制或部分按比例绘制。

电气工程图采用的比例一般为1∶10、1∶20、1∶50、1∶100、1∶200、1∶500。例如，图样比例为1∶100，图样上某段线路为15cm，则实际长度为15cm×100=1500cm。

7. 方位

一般来说，电气平面图按上北下南、左西右东来表示建筑物和设备的位置和朝向。但外电总平面图中用方位标记(指北针方向)来表示朝向。这是因为外电总平面图表现的图形不能总是刚好符合某规格的图样幅面，需要旋转一个角度才行。

8. 安装标高

在电气平面图中，电气设备和线路的安装高度是用标高来表示的，这与建筑制图类似。标高有绝对标高和相对标高两种表示方法。绝对标高是我国的一种高度表示方法，又称为海拔高度。相对标高是选定某一参考面为零点而确定的高度尺寸。建筑工程图上采用的相对标高，一般是选定建筑物室外地平面为0.00m，标注方法为根据这个高度标注出相对高度。

在电气平面图中，也可以选择每一层地平面或楼面为参考面，电气设备和线路安装，敷设位置高度以该层地平面为基准，一般称为敷设标高。

9. 定位轴线

电力、照明和电信平面布置图通常是在建筑物平面图上完成的。由于在建筑平面图中，建筑物都标有定位轴线，因此电气平面布置图也带有轴线。定位轴线编号的原则是：在水平方向采用阿拉伯数字，由左向右注写；在垂直方向采用拉丁字母(其中I、O、Z不用)，由下往上注写，数字和字母分别用点划线引出。通过定位轴线可以帮助人们了解电气设备和其他设备的具体安装位置，使用定位轴线，可以很容易找到设备的位置，对修改、设计变更图样有利。

10. 详图

电气设备中某些零部件、连接点等的结构、作法、安装工艺要求，有时需要将这些部分单独放大、详细表示，这种图称为详图。

电气设备的某些部分的详图可以画在同一张图样上，也可画在另一张图样上。为了将它们联系起来，需要使用一个统一的标记。标注在总图某位置上的标记称详图索引标志；标注在详图位置上的标记称详图标志。

10.3 电气图形符号的构成和分类

按简图形式绘制的电气工程图中，元件、设备、装置、线路及其安装方法等都是借用图形符号、文字符号和项目代号来表达的；分析电气工程图，首先要明了这些符号的形式、内容、含义以及它们之间的相互关系。

10.3.1 电气图形符号的构成

电气图形符号包括一般符号、符号要素、限定符号和方框符号。

1．一般符号

一般符号是用来表示一类产品或此类产品特征的简单符号，如电阻、开关、电容等。

2．符号要素

符号要素是一种具有确定意义的简单图形，必须同其他图形组合构成一个设备或概念的完整符号。例如，真空二极管是由外壳、阴极、阳极和灯丝 4 个符号要素组成的。符号要素一般不能单独使用，只有按照一定方式组合起来才能构成完整的符号。符号要素的不同组合可以构成不同的符号。

3．限定符号

一种用以提供附加信息的加在其他符号上的符号，称为限定符号。限定符号一般不代表独立的设备、器件和元件，仅用来说明某些特征、功能和作用等。限定符号一般不单独使用，当一般符号加上不同的限定符号，可得到不同的专用符号。例如，在开关的一般符号上加不同的限定符号可分别得到隔离开关、断路器、接触器、按钮开关、转换开关。

限定符号通常不能单独使用，但一般符号有时也可用作限定符号，如电容器的一般符号加到传声器符号上，即可构成电容式传声器的符号。

4．方框符号

用以表示元件、设备等的组合及其功能，既不给出元件、设备的细节，也不考虑所有连接的一种简单的图形符号。

方框符号在框图中使用最多。电路图中的外购件、不可修理件也可用方框符号表示。

10.3.2 电气图形符号的分类

新的《电气图用图形符号　总则》国家标准代号为 GB/T4728.1—1985，采用国际电工委员会(IEC)标准，在国际上具有通用性，有利于对外技术交流。GB/T4728 电气图用图形符号共分 13 部分。

1．总则

有本标准内容提要、名词术语、符号的绘制、编号使用及其他规定。

2．符号要素、限定符号和其他常用符号

内容包括轮廓和外壳、电流和电压的种类、可变性、力或运动的方向、流动方向、材料的类型、效应或相关性、辐射、信号波形、机械控制、操作件和操作方法、非电量控制、接地、接机壳和等电位、理想电路元件等。

3．导体和连接件

内容包括电线、屏蔽或绞合导线、同轴电缆、端子与导线连接、插头和插座、电缆终端头等。

4．基本无源元件

内容包括电阻器、电容器、电感器、铁氧体磁心、压电晶体等。

5．半导体管和电子管

如二极管、三极管、晶闸管、电子管等。

6．电能的发生与转换

内容包括绕组、发电机、变压器等。

7．开关、控制和保护器件

内容包括触点、开关、开关装置、控制装置、起动器、继电器、接触器和保护器件等。

8．测量仪表、灯和信号器件

内容包括指示仪表、记录仪表、热电偶，遥测装置、传感器、灯、电铃、蜂鸣器、喇叭等。

9．电信：交换和外围设备

内容包括交换系统、选择器、电话机、电报和数据处理设备、传真机等。

10．电信：传输

内容包括通信电路、天线、波导管器件、信号发生器、激光器、调制器、解调器、光纤传输线路等。

11．建筑安装平面布置图

内容包括发电站、变电所、网络、音响和电视的分配系统、建筑用设备、露天设备。

12．二进制逻辑元件

内容包括计数器、存储器等。

13．模拟元件

内容包括放大器、函数器、电子开关等。

10.4 设计范例——数字电路和模拟电路设计

本范例源文件：\10\10-1.dwg
本范例完成文件：\10\10-2.dwg，10-3.dwg
多媒体教学路径：光盘→多媒体教学→第 10 章

10.4.1 实例介绍与展示

外接数字显示器的数字电路作为本章范例的数字电路实例来讲解，电动机供电线路作为模拟电路讲解，其中电动机供电线路是基本的动力供电线路，它既可以绘制成单线的，也可以绘制成三相线的。绘制好的图纸如图 10-8 和图 10-9 所示。

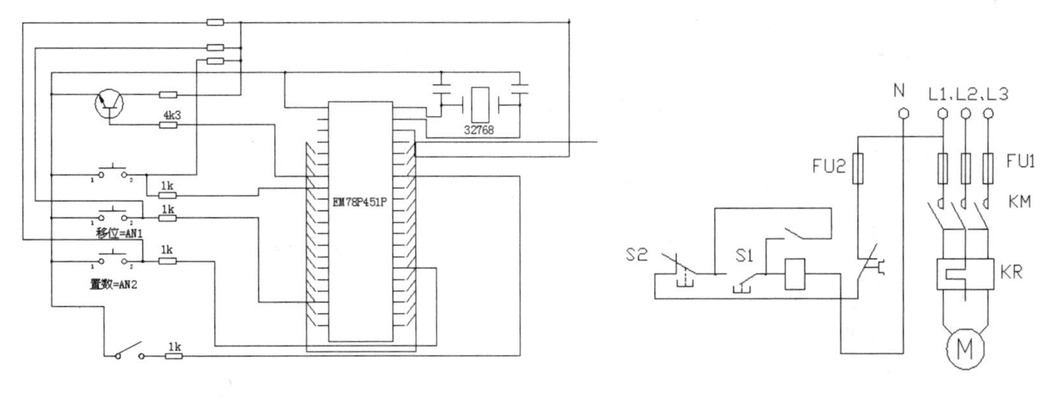

图 10-8　数字电路

图 10-9　模拟电路

10.4.2　数字电路设计

步骤 01　新建二维草图零件

❶单击快速访问工具栏中的【新建】按钮，新建一个二维草图零件。

❷选择【工具】|【选项板】|【工具选项板】菜单命令，弹出已先设置好的【电力-电气工程】选项板，如图 10-10 所示。

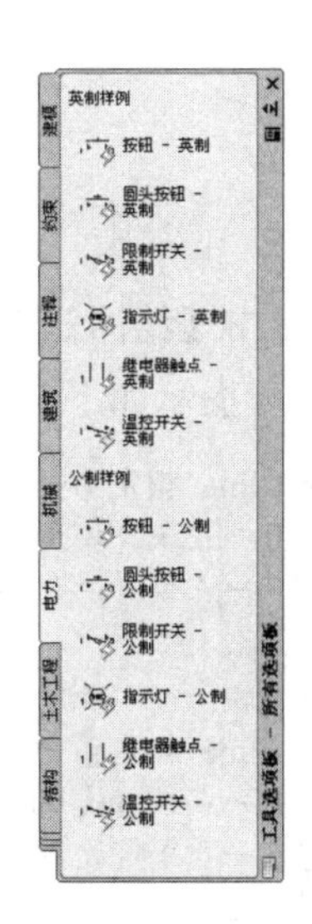

图 10-10　【电力-电气工程】选项板

❸这里要用到公制按钮的符号，单击【按钮-公制】选项，在绘图区选择合适的位置单击放置，弹出【编辑属性】对话框，这里暂不设置，关闭对话框。完成的按钮符号如图 10-11 所示。

❹选中按钮图形，单击【修改】工具栏中的【复制】按钮，复制另外两个按钮，如图 10-12 所示。命令输入行提示如下。

```
命令: _copy 找到 1 个
当前设置:  复制模式 = 多个
指定基点或 [位移(D)/模式(O)] <位移>: 指定第二个点或 <使用第一个点作为位移>:        //指定基点
指定第二个点或 [退出(E)/放弃(U)] <退出>:                                          //复制第 2 个
指定第二个点或 [退出(E)/放弃(U)] <退出>:  *取消*
```

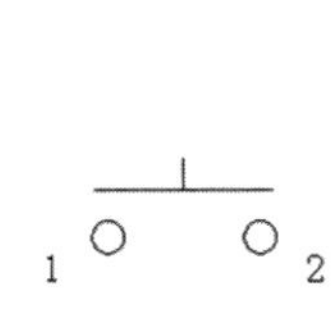

图 10-11　按钮符号

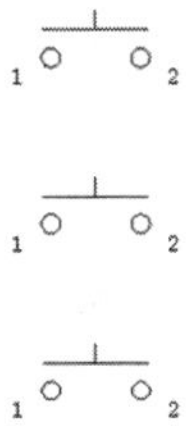

图 10-12　复制按钮

步骤 02 绘制 NPN 型三极管

①接下来绘制 NPN 型三极管，单击【绘图】工具栏中的【圆】按钮，绘制一个半径为 5 的圆，如图 10-13 所示。命令输入行提示如下。

```
命令: _circle 指定圆的圆心或 [三点(3P)/两点(2P)/切点、切点、半径(T)]:        //使用圆命令
指定圆的半径或 [直径(D)]: 5                                               //输入半径为 5
```

②单击【绘图】工具栏中的【直线】按钮，在圆的内部绘制一个长度为 5 的线段，如图 10-14 所示。命令输入行提示如下。

```
命令: _line 指定第一点:
指定下一点或 [放弃(U)]: 5                                                 //输入直线长度
指定下一点或 [放弃(U)]: *取消*
```

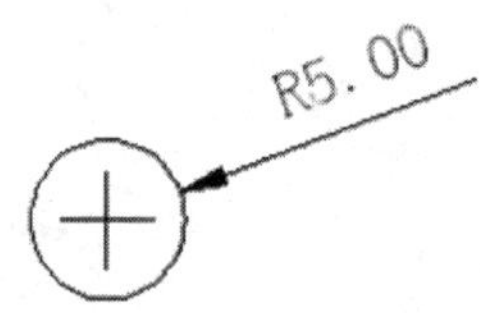

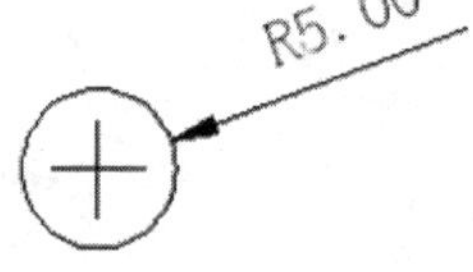

图 10-13　绘制圆

图 10-14　绘制直线

③单击【绘图】工具栏中的【直线】按钮，继续绘制三极管的引脚，如图 10-15 所示。命令输入行提示如下。

```
命令: _line 指定第一点:
指定下一点或 [放弃(U)]: 6                              //输入线长度
指定下一点或 [放弃(U)]: *取消*
命令:
命令:
命令: _line 指定第一点: 2
指定下一点或 [放弃(U)]:  <正交 开> 5
指定下一点或 [放弃(U)]: *取消*
```

④选中圆内部的竖直直线，单击【修改】工具栏中的【旋转】按钮，将竖直直线顺时针旋转 30°。命令输入行提示如下。

```
命令: _rotate
UCS 当前的正角方向:  ANGDIR=逆时针   ANGBASE=0
选择对象: 指定对角点: 找到 1 个
选择对象:
指定基点:
指定旋转角度，或 [复制(C)/参照(R)] <330>: -30          //旋转角度
```

⑤单击【修改】工具栏中的【修剪】按钮，修剪直线与圆相交的部分，旋转修剪后的效果如图 10-16 所示。命令输入行提示如下。

```
命令: _trim
当前设置:投影=UCS，边=无
选择剪切边...
选择对象或 <全部选择>:
选择要修剪的对象，或按住 Shift 键选择要延伸的对象，或
```

```
[栏选(F)/窗交(C)/投影(P)/边(E)/删除(R)/放弃(U)]:
选择要修剪的对象，或按住 Shift 键选择要延伸的对象，或
[栏选(F)/窗交(C)/投影(P)/边(E)/删除(R)/放弃(U)]:  *取消*
```

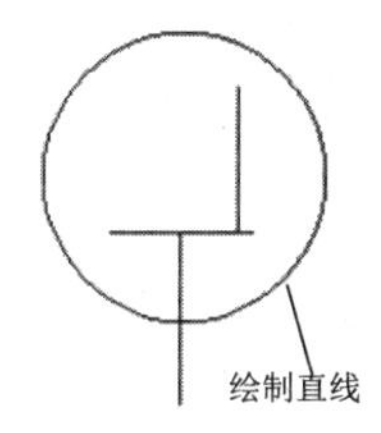

图 10-15 绘制引脚

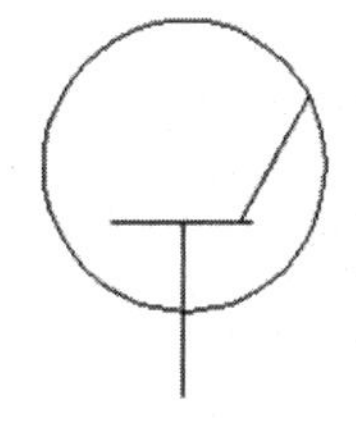

图 10-16 旋转及修剪后图形

⑥单击【默认】选项卡【注释】面板中的【多重引线】按钮，绘制一个箭头，此处无须输入文字注释。命令输入行提示如下。

```
命令: _mleader
指定引线箭头的位置或 [引线基线优先(L)/内容优先(C)/选项(O)] <选项>:     //指定箭头位置
指定引线基线的位置:                                                  //指定基线位置
```

⑦多余的部分可以进行删除。选中箭头，单击【修改】工具栏中的【分解】按钮，将箭头分解，再单击【删除】按钮，删除不必要的部分，如图 10-17 所示。命令输入行提示如下。

```
命令: _explode 找到 1 个                //使用删除命令
命令: 指定对角点:
命令:
命令:
命令: _erase 找到 1 个                  //删除目录
```

⑧使用【绘图】工具栏中的【直线】按钮，绘制元件左边部分的线路，如图 10-18 所示。

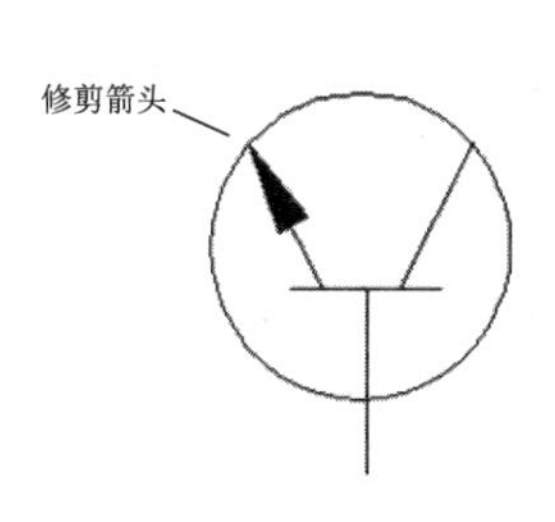

图 10-17 修改箭头

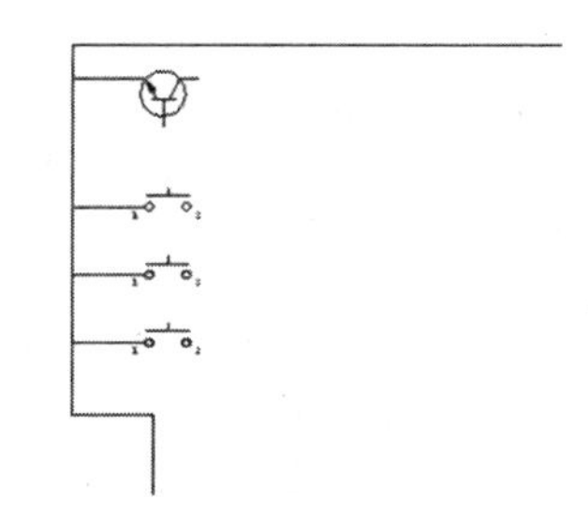

图 10-18 绘制左边部分线路

步骤 03 绘制电阻

①单击【绘图】工具栏中的【矩形】按钮，绘制电阻，尺寸为 6×2，并使用【修改】工具栏中的【复制】按钮进行复制，复制完成的电阻如图 10-19 所示。命令输入行提示如下。

```
命令: _rectang
指定第一个角点或 [倒角(C)/标高(E)/圆角(F)/厚度(T)/宽度(W)]:
指定另一个角点或 [面积(A)/尺寸(D)/旋转(R)]: d                  //输入尺寸
指定矩形的长度 <10.0000>: 6
指定矩形的宽度 <10.0000>: 2

指定另一个角点或 [面积(A)/尺寸(D)/旋转(R)]:
```

```
命令: 指定对角点:
命令:
命令:
命令: _copy 找到 1 个
当前设置:  复制模式 = 多个
指定基点或 [位移(D)/模式(O)] <位移>: 指定第二个点或 <使用第一个点作为位移>:        //指定基点
指定第二个点或 [退出(E)/放弃(U)] <退出>:                                          //复制
指定第二个点或 [退出(E)/放弃(U)] <退出>:
指定第二个点或 [退出(E)/放弃(U)] <退出>:
指定第二个点或 [退出(E)/放弃(U)] <退出>:
指定第二个点或 [退出(E)/放弃(U)] <退出>:  *取消*
```

②单击【绘图】工具栏中的【直线】按钮，绘制右边部分的线路，在最下方电阻的线路上绘制一个开关，如图 10-20 所示。

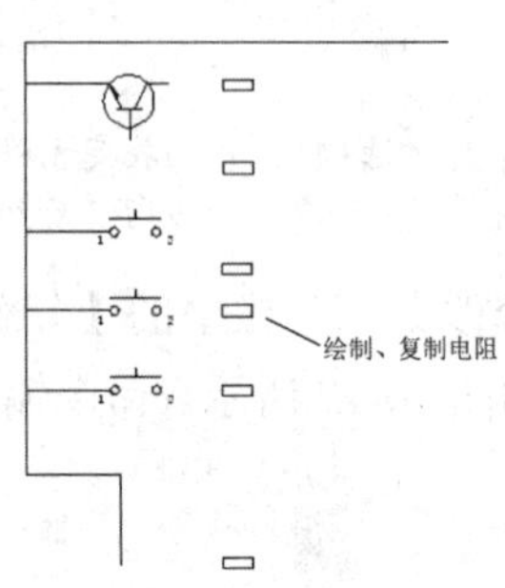

图 10-19　绘制、复制电阻

图 10-20　绘制右边线路和开关

③单击【修改】工具栏中的【复制】按钮，复制另外的电阻，如图 10-21 所示。命令输入行提示如下。

```
命令: _copy 找到 1 个
当前设置:  复制模式 = 多个
指定基点或 [位移(D)/模式(O)] <位移>: 指定第二个点或 <使用第一个点作为位移>:        //指定基点
指定第二个点或 [退出(E)/放弃(U)] <退出>:                                          //复制
指定第二个点或 [退出(E)/放弃(U)] <退出>:  *取消*
```

④单击【绘图】工具栏中的【直线】按钮，绘制与 3 个电阻相连的线路，如图 10-22 所示。

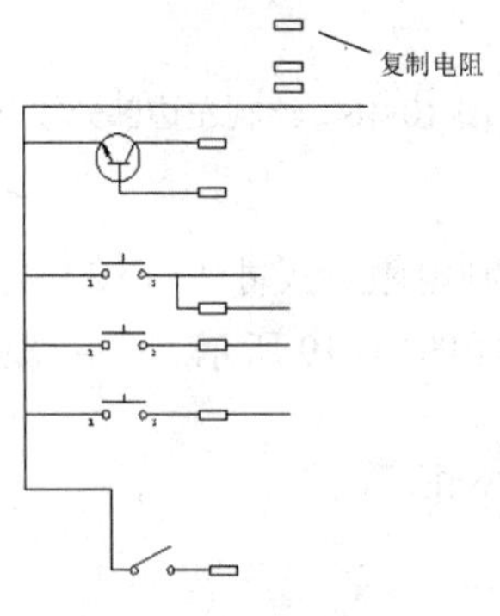

图 10-21　复制电阻

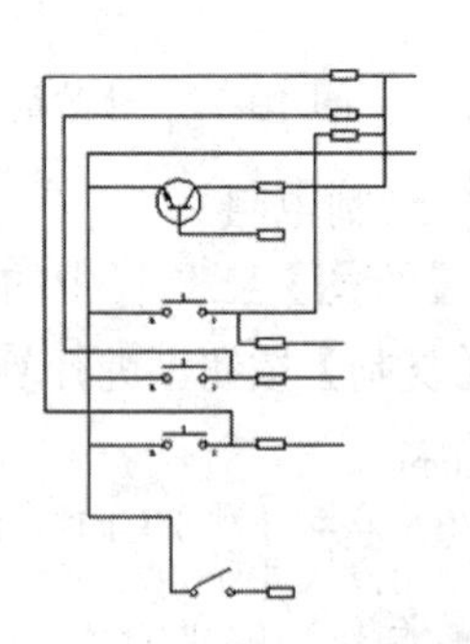

图 10-22　连接线路

步骤04 绘制电容

①单击【绘图】工具栏中的【直线】按钮，在右端线路添加一个电容，如图 10-23 所示。

②单击【修改】工具栏中的【复制】按钮，复制另一个电容，如图 10-24 所示。

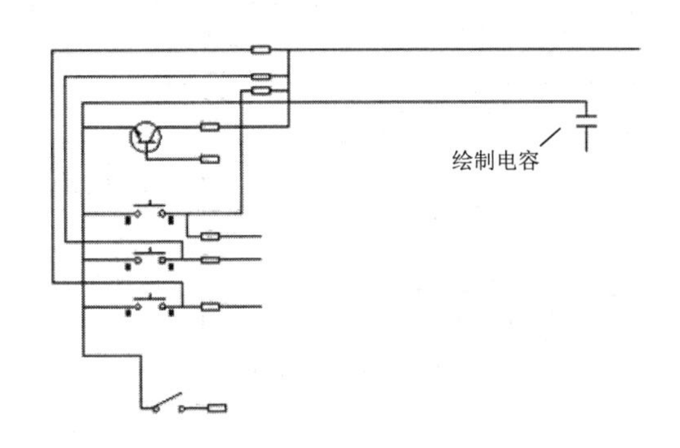

图 10-23 绘制电容

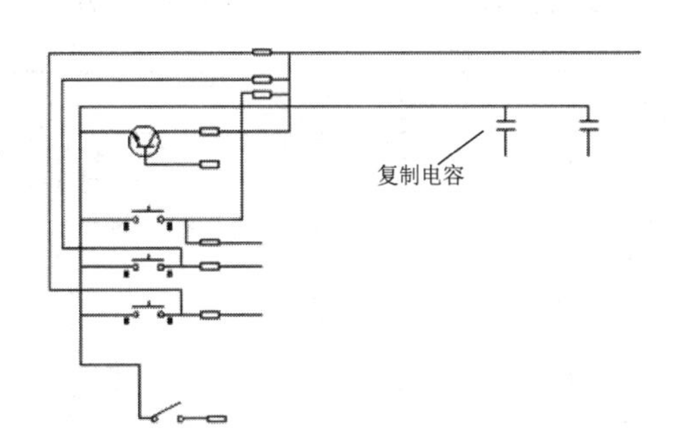

图 10-24 复制电容

③单击【绘图】工具栏中的【直线】按钮，绘制电容中间部分，如图 10-25 所示。

步骤05 绘制矩形

单击【绘图】工具栏中的【矩形】按钮，绘制一个尺寸为 12.29×6.32 的矩形，如图 10-26 所示。

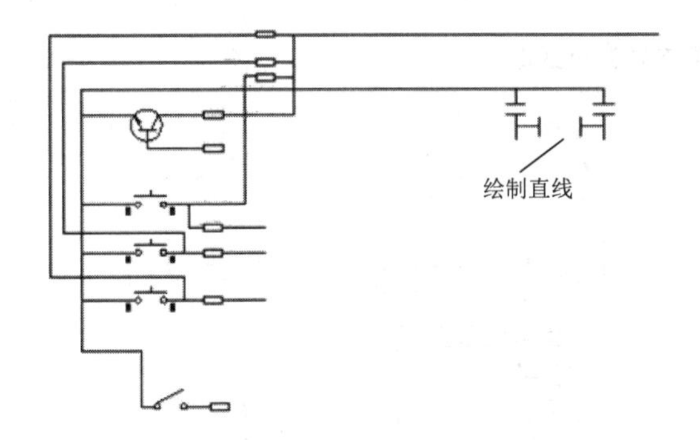

图 10-25 绘制电容中间部分

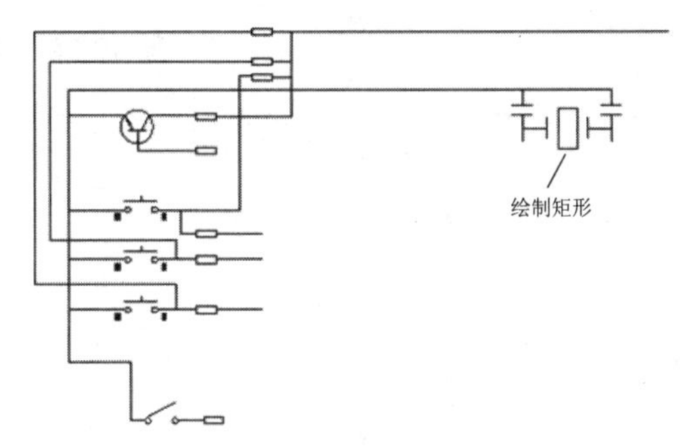

图 10-26 绘制矩形

步骤06 绘制直线线路

单击【绘图】工具栏中的【直线】按钮，添加其他的电阻和线路，如图 10-27 所示。

步骤07 绘制数字模块

①接下来添加数字模块，可以使用矩形和阵列命令。单击【绘图】工具栏中的【矩形】按钮，先绘制好轮廓，如图 10-28 所示。

②添加数字模块的输出部分，单击【绘图】工具栏中的【直线】按钮，先绘制一个线段，之后选中，单击【修改】工具栏或【修改】面板中的【矩形阵列】按钮，弹出【阵列】对话框，如图 10-29 所示，设置相关参数，完成阵列后的效果如图 10-30 所示。命令输入行提示如下。

```
命令: _line 指定第一点:
指定下一点或 [放弃(U)]: 4                    //直线长度
指定下一点或 [放弃(U)]: *取消*
```

```
命令: 指定对角点:
命令:
命令:
命令: _arrayrect                                          //阵列命令
选择对象: 找到 1 个
```

③同样建立另一边的阵列特征，并将线路进行连接，如图 10-31 所示。

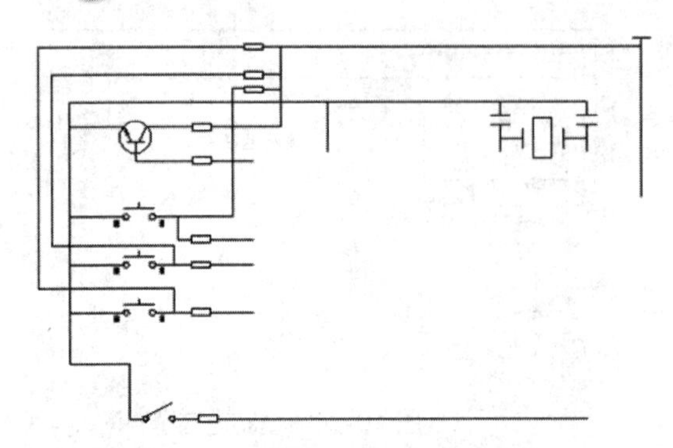

图 10-27　添加其他线路及元件

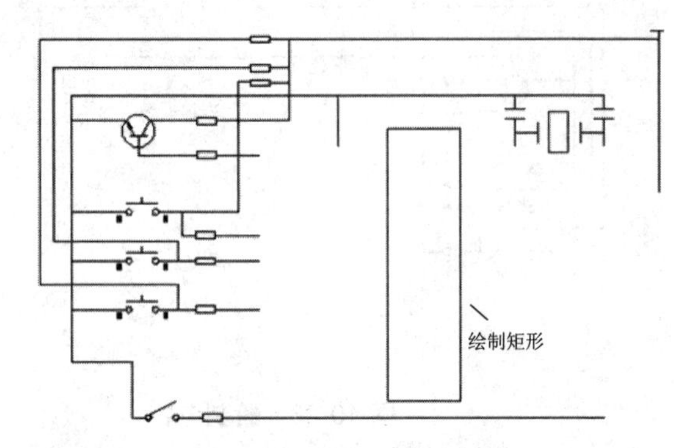

图 10-28　绘制数字模块

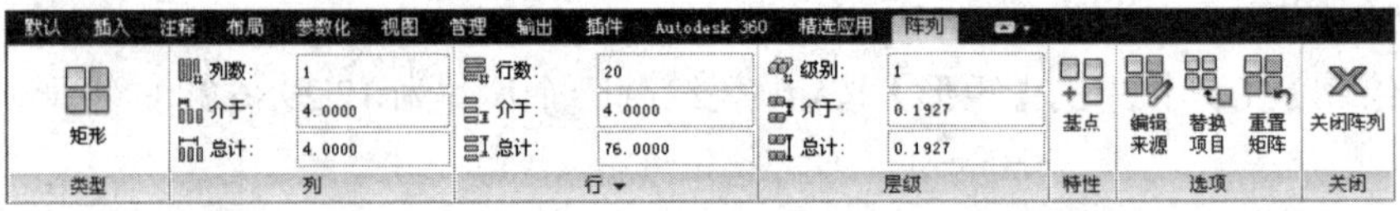

图 10-29　【阵列】对话框

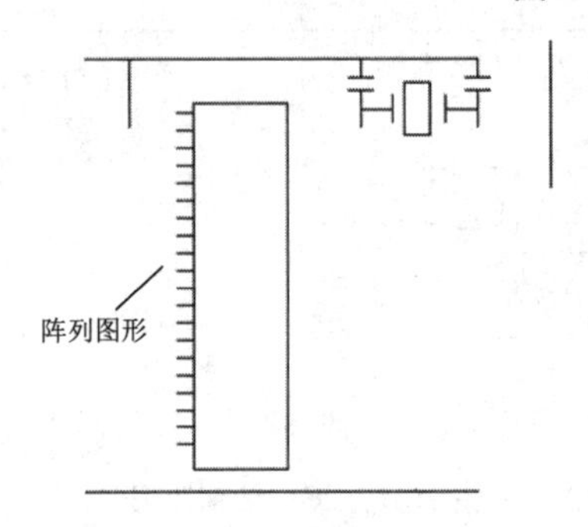

图 10-30　阵列特征

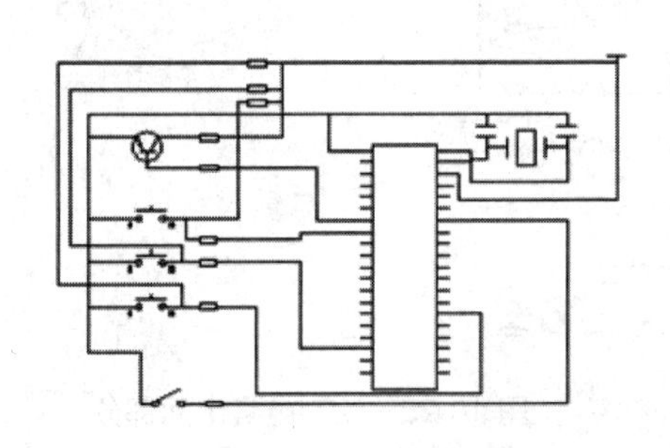

图 10-31　连接线路

步骤 08　绘制显示器

①建立显示器，单击【绘图】工具栏中的【直线】按钮和【矩形】按钮，绘制一个矩形和线段，如图 10-32 所示。

②单击【修改】工具栏中的【矩形阵列】按钮，阵列线段，如图 10-33 所示。

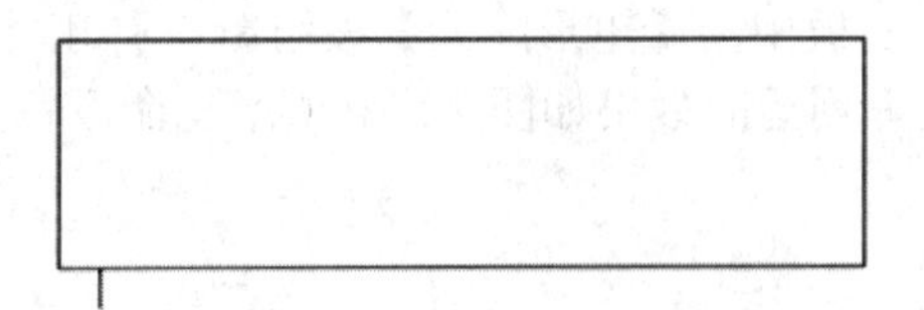

图 10-32　绘制图形

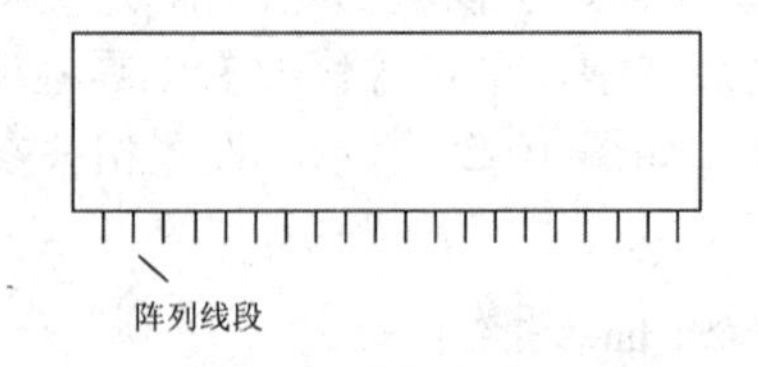

图 10-33　阵列线段

③单击【绘图】工具栏中的【多行文字】按钮A，添加文字，如图 10-34 所示。命令输入行提示如下。

```
命令: _mtext 当前文字样式: "说明" 文字高度: 20.0000 注释性: 是
指定第一角点:
指定对角点或 [高度(H)/对正(J)/行距(L)/旋转(R)/样式(S)/宽度(W)/栏(C)]:
```

④单击【绘图】工具栏中的【直线】按钮和【修改】工具栏中的【矩形阵列】按钮，绘制显示器下半部分，如图 10-35 所示。

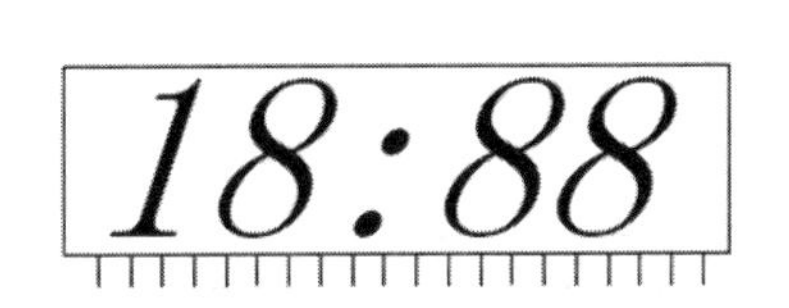

图 10-34　添加文字

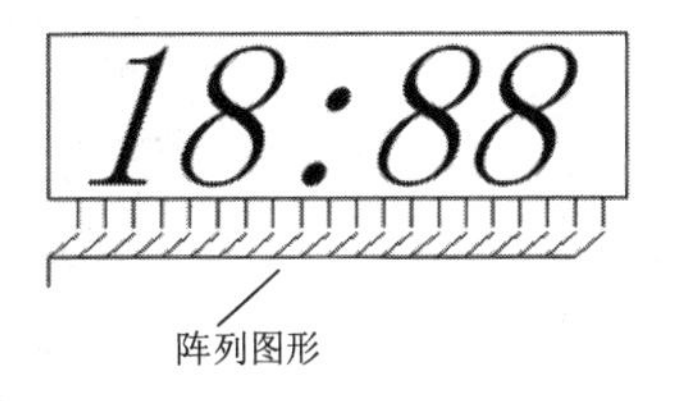

图 10-35　绘制图形

⑤将显示器和电路部分进行连接，如图 10-36 所示。

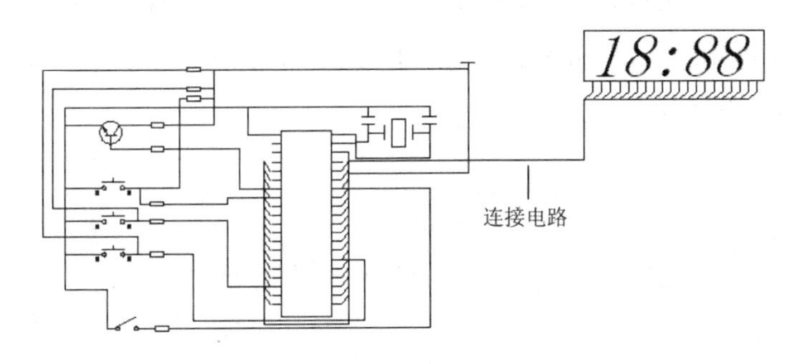

图 10-36　连接电路和显示器

步骤 09　绘制线路交叉点

①单击【绘图】工具栏中的【圆】按钮，绘制半径为 0.3 的圆，绘制线路交叉点，如图 10-37 所示。

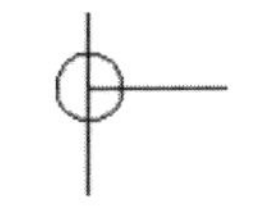

图 10-37　绘制圆及线路交叉点

②下一步填充圆，使线路交叉点显示为实心。单击【默认】选项卡中【绘图】面板上的【图案填充】按钮，弹出【图案填充创建】选项卡，在其【选项】面板中单击【图案填充设置】按钮，打开【图案填充和渐变色】对话框，如图 10-38 所示，在【图案】下拉列表框中选择 SOLID 选项并选择合适的位置，单击【确定】按钮。完成的节点如图 10-39 所示。命令输入行提示如下。

```
命令: _bhatch
拾取内部点或 [选择对象(S)/删除边界(B)]:  正在选择所有对象...
正在选择所有可见对象...
正在分析所选数据...
正在分析内部孤岛...
拾取内部点或 [选择对象(S)/删除边界(B)]:                    //拾取填充图形内部点
```

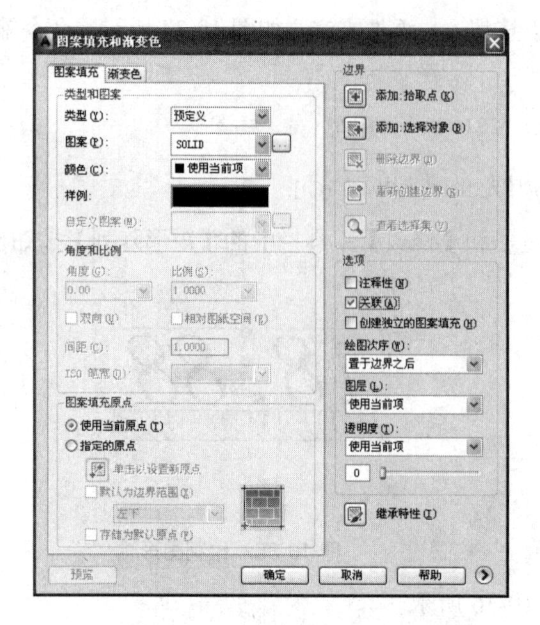

图 10-38 【图案填充和渐变色】对话框

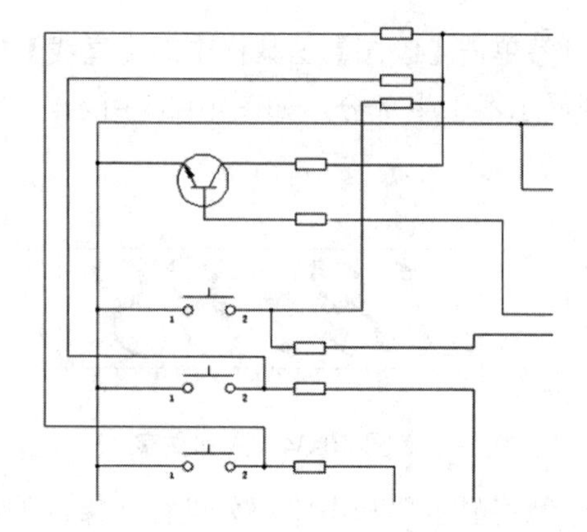

图 10-39 添加节点

③单击【绘图】工具栏中的【多行文字】按钮A，添加文字，外接数字显示器的数字电路设计完成，如图 10-40 所示。

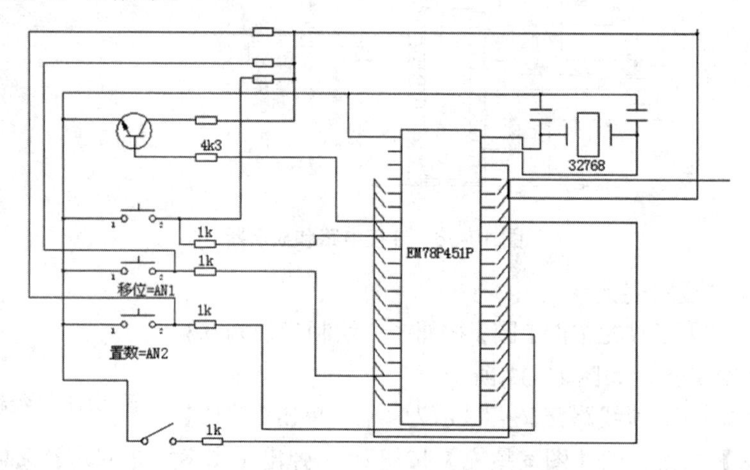

图 10-40 添加文字

10.4.3 模拟电路设计

步骤01 打开“10-1.dwg”文件并修改

本节模拟电路以电动机控制电路图为例进行介绍，它是由在电动机供电线路图上添加控制电路构成的。下面进行具体绘制。

①打开“10-1.dwg”文件，如图 10-41 所示。

②双击“FU”文字，弹出【文字编辑器】选项卡，把文字“FU”改成“FU1”。效果如图 10-42 所示。

步骤02 复制线条

绘制中性线。单击【默认】选项卡【修改】面板中的【复制】按钮，把如图 10-43 中虚线所示图形向左复制一份。效果如图 10-44 所示。命令输入行提示如下。

```
命令: _copy
选择对象: 指定对角点: 找到 1 个                                    //选择对象
选择对象:
当前设置:  复制模式 = 多个
指定基点或 [位移(D)/模式(O)] <位移>: 指定第二个点或 <使用第一个点作为位移>:  //指定基点
指定第二个点或 [退出(E)/放弃(U)] <退出>:  *取消*
```

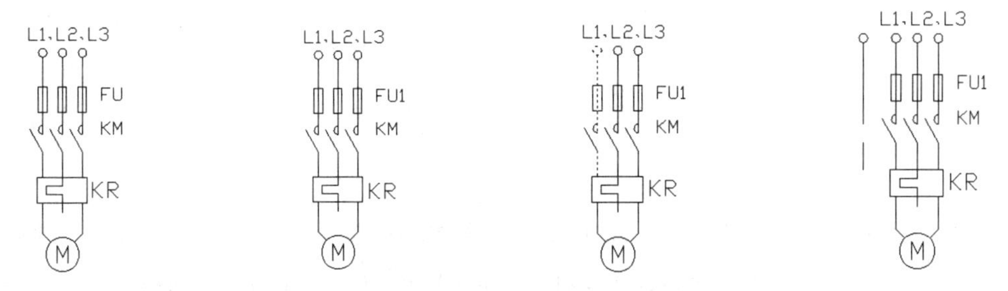

图 10-41 移动符号　　图 10-42 修改文字　　图 10-43 选择线条　　图 10-44 复制图形

步骤03 延伸线条

单击【默认】选项卡【修改】面板中的【延伸】按钮，把图 10-45 中选择的直线垂直向下拉长。效果如图 10-46 所示。命令输入行提示如下。

```
命令: _extend
当前设置:投影=UCS，边=无
选择边界的边...
选择对象或 <全部选择>:  找到 1 个
选择对象: 找到 1 个，总计 2 个
选择对象:
选择要延伸的对象，或按住 Shift 键选择要修剪的对象，或
[栏选(F)/窗交(C)/投影(P)/边(E)/放弃(U)]:
选择要延伸的对象，或按住 Shift 键选择要修剪的对象，或
[栏选(F)/窗交(C)/投影(P)/边(E)/放弃(U)]:
```

步骤04 复制线条

现在绘制控制线路的引入线。单击【默认】选项卡【修改】面板中的【复制】按钮，把如图 10-47 中虚线所示图形向左复制一份。效果如图 10-48 所示。

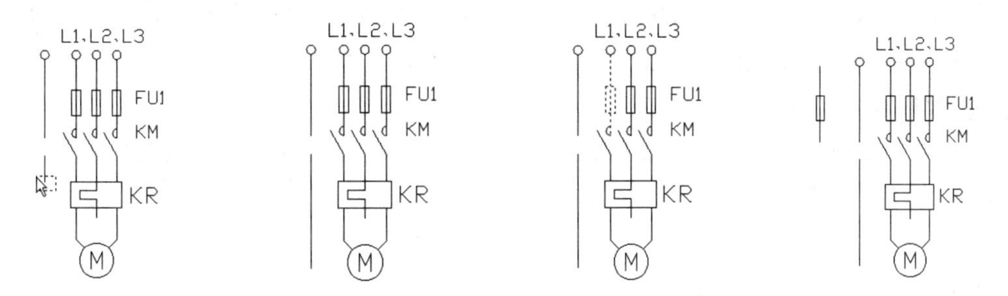

图 10-45 选择图形　　图 10-46 拉长直线　　图 10-47 选择图形　　图 10-48 复制图形

步骤05 延伸线条

单击【默认】选项卡【修改】面板中的【延伸】按钮，把如图10-49中虚线所示的直线以端点为拉长起点，以如图10-50所示垂足为拉长终点垂直向下拉长。效果如图10-51所示。

步骤06 绘制直线

①绘制第一个开关符号。单击【默认】选项卡【绘图】面板中的【直线】按钮，以如图10-52所示端点为起点，绘制水平向右、长度为10的直线。效果如图10-53所示。

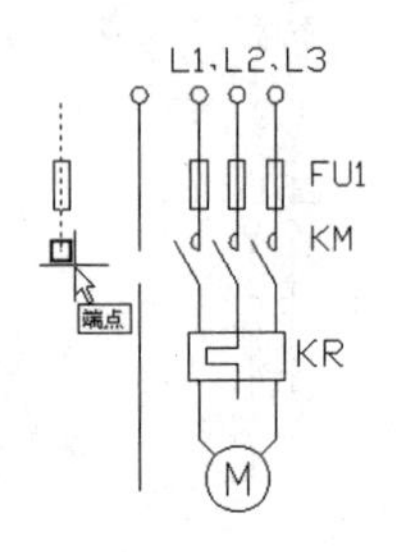

图10-49 捕捉端点

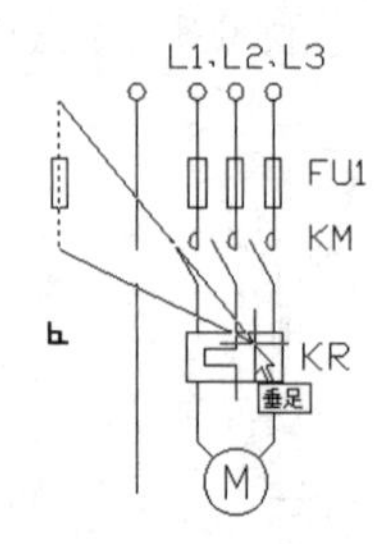

图10-50 捕捉垂足

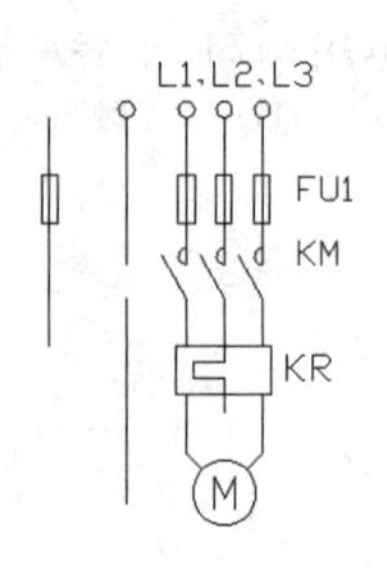

图10-51 拉长直线

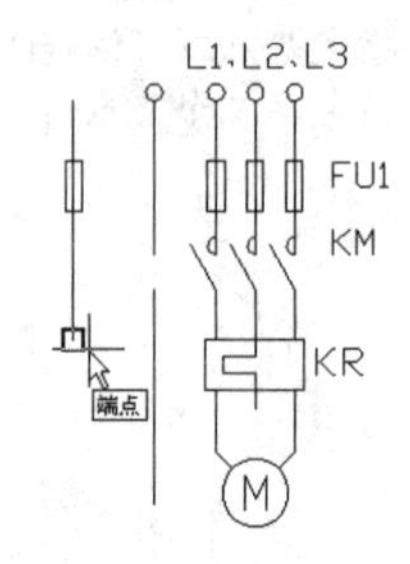

图10-52 捕捉端点

②单击【绘图】面板中的【直线】按钮，从如图10-54所示的起点开始绘制折线。效果如图10-55所示。命令输入行提示如下。

```
命令: _line 指定第一点:                    \\选择图10-54中所示的点
指定下一点或 [放弃(U)]: @0,-10
指定下一点或 [闭合(C)/放弃(U)]: @-70,0
指定下一点或 [闭合(C)/放弃(U)]:
```

③单击【绘图】面板中的【直线】按钮，绘制直线，起点如图10-56所示，终点如图10-57所示。

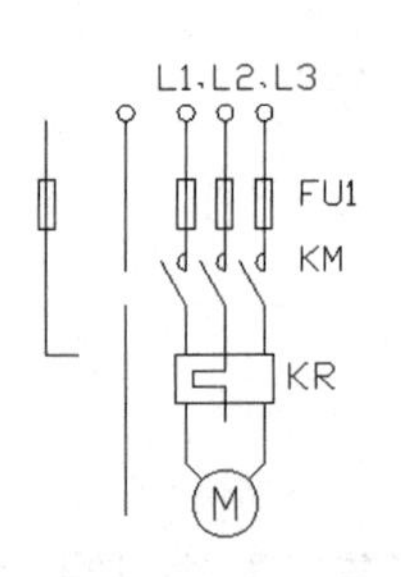

图10-53 绘制水平直线

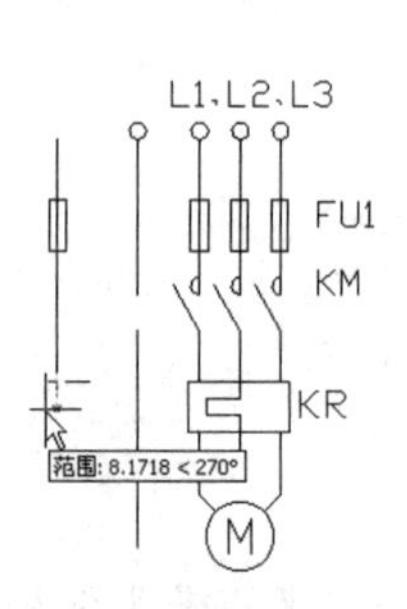

图10-54 选择起点

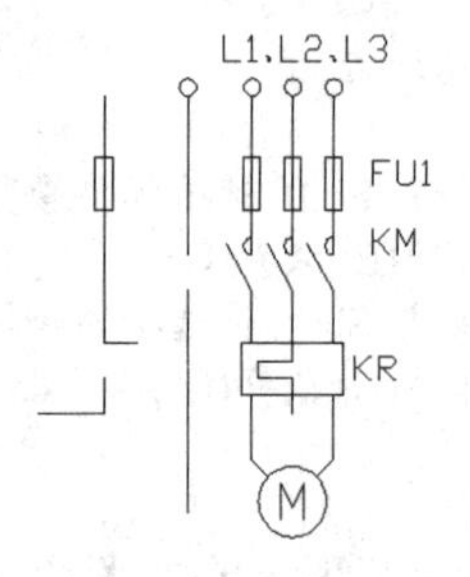

图10-55 绘制折线

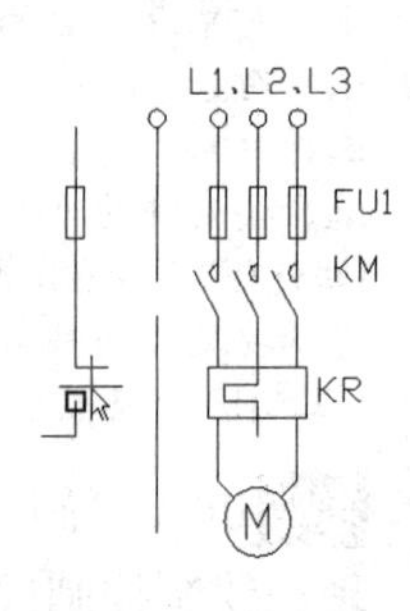

图10-56 捕捉端点

④绘制控制线路与主电路的接线。单击【绘图】面板中的【直线】按钮，绘制如图10-58、图10-59所示最近点和垂足的连线。效果如图10-60所示。

步骤07 修剪线条

单击【修改】面板中的【修剪】按钮，以如图10-61中虚线所示直线为修剪边，修剪掉光标所示的线头。结果如图10-62所示。

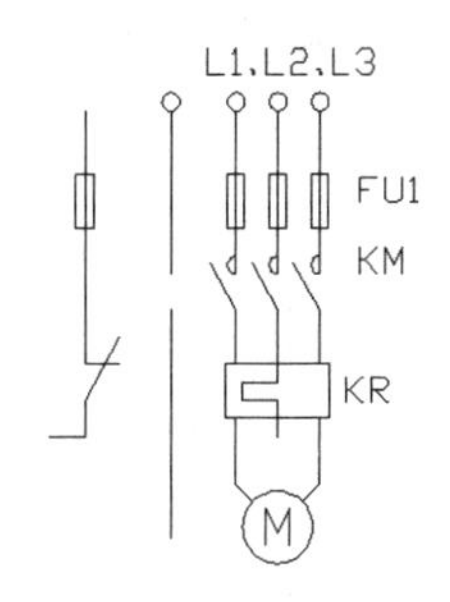

图 10-57　绘制斜线

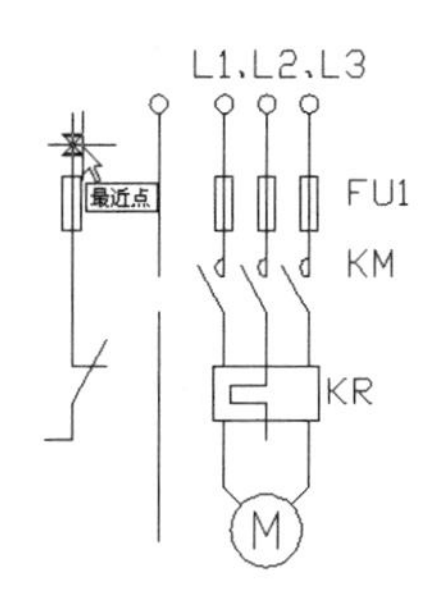

图 10-58　捕捉最近点

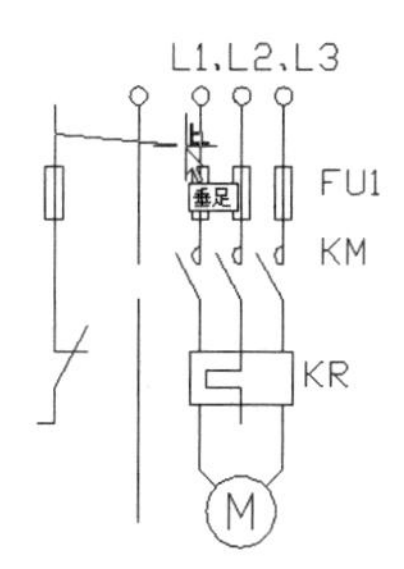

图 10-59　捕捉垂足

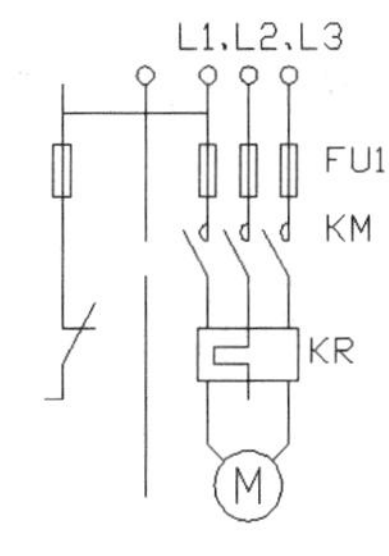

图 10-60　绘制直线

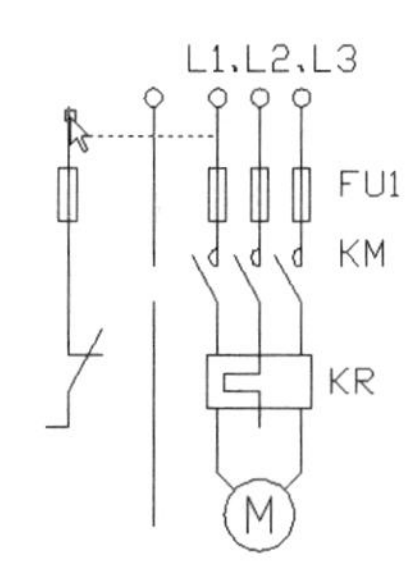

图 10-61　指示修剪边

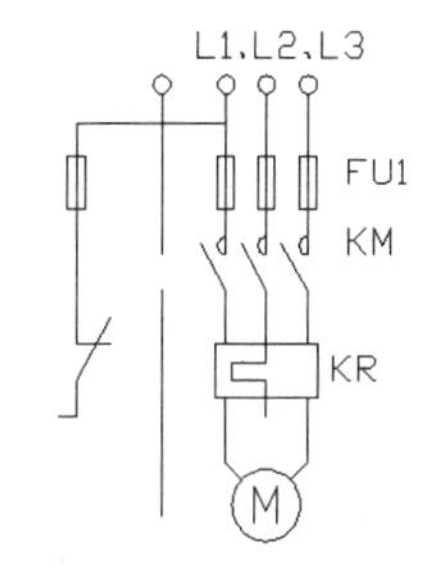

图 10-62　修剪线头

步骤 08　绘制关联线

①绘制关联线。单击【默认】选项卡【图层】面板中的【图层特性】按钮，设置如图 10-63 所示使用蓝色点划线的图层“1”，然后单击【置为当前】按钮，使其变成为当前绘制图层。

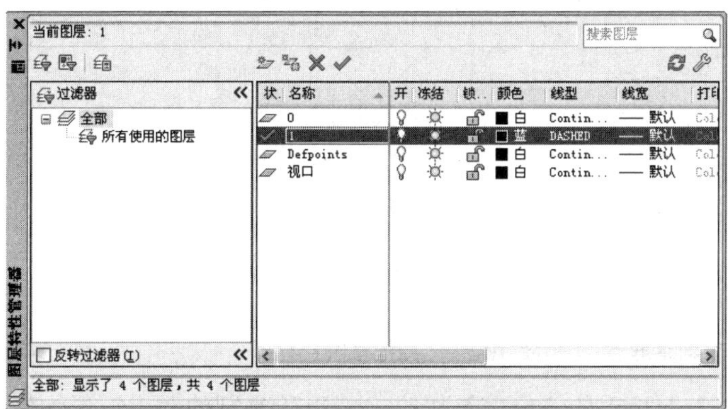

图 10-63　设置图层

②单击【绘图】面板中的【直线】按钮，按命令输入行的提示绘制直线，起点和终点如图 10-64 和图 10-65 所示。结果如图 10-66 所示。命令输入行提示如下。

```
命令: _line 指定第一点:             \\捕捉如图 10-64 所示的点
指定下一点或 [放弃(U)]:             \\捕捉如图 10-65 所示的点
指定下一点或 [闭合(C)/放弃(U)]:
```

步骤 09　绘制线圈符号

①现在绘制线圈符号。单击【修改】面板中的【复制】按钮，以如图 10-67 所示端点

为复制基准点，以如图 10-68 所示端点为复制目标点，复制一个虚线所示的矩形。效果如图 10-69 所示。

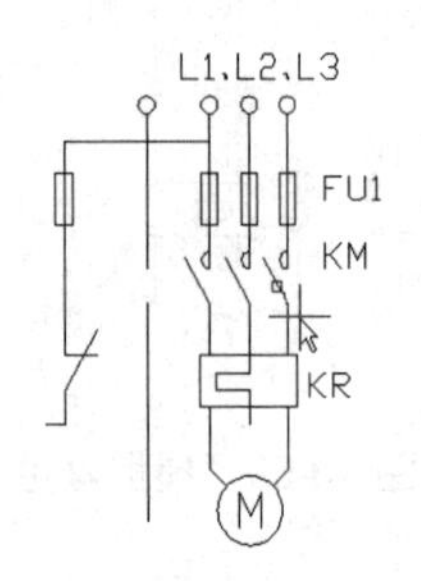

图 10-64　捕捉端点

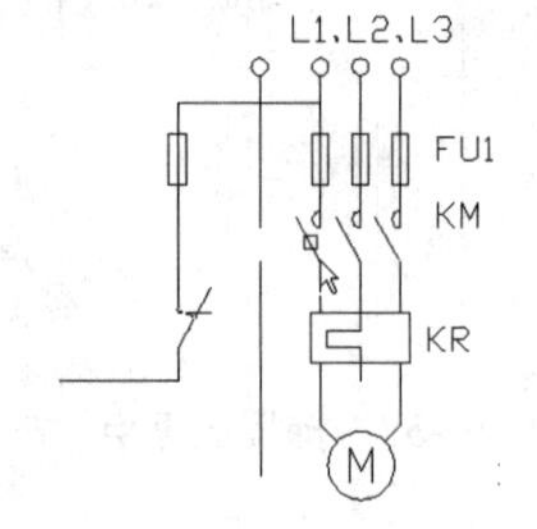

图 10-65　捕捉终点

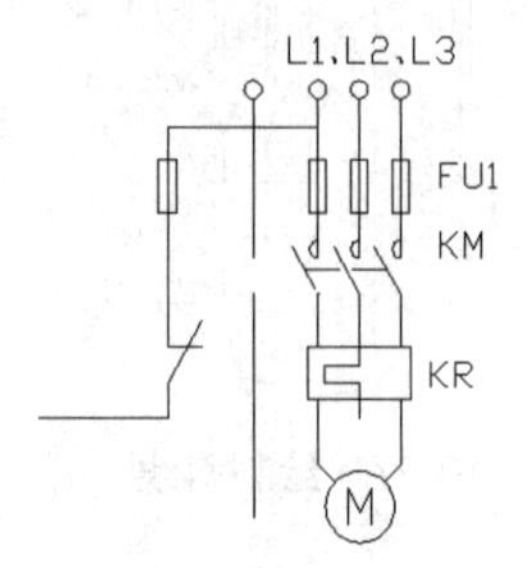

图 10-66　绘制直线

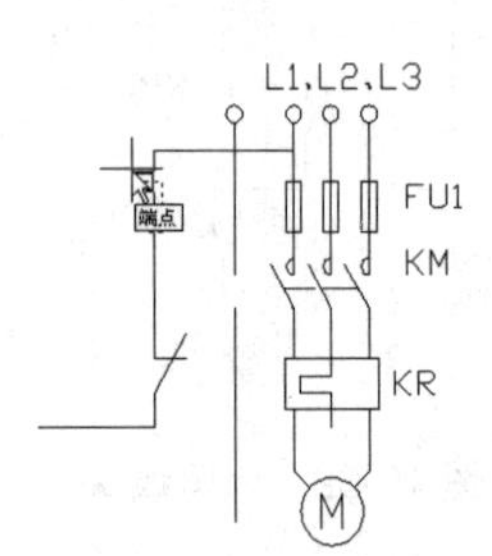

图 10-67　捕捉复制基准点

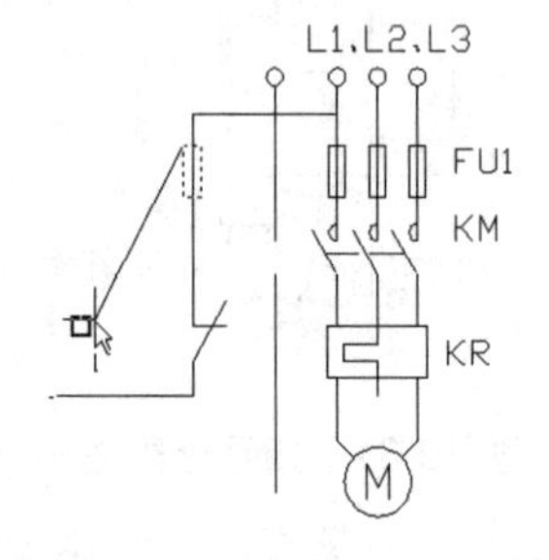

图 10-68　捕捉复制目标点

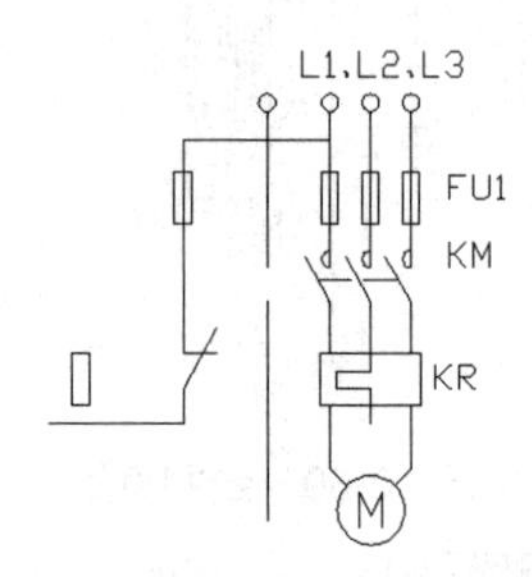

图 10-69　复制矩形

②单击【修改】面板中的【复制】按钮，以如图 10-70 所示端点为复制基准点，以如图 10-71 所示端点为复制目标点，复制一个虚线所示的矩形。效果如图 10-72 所示。

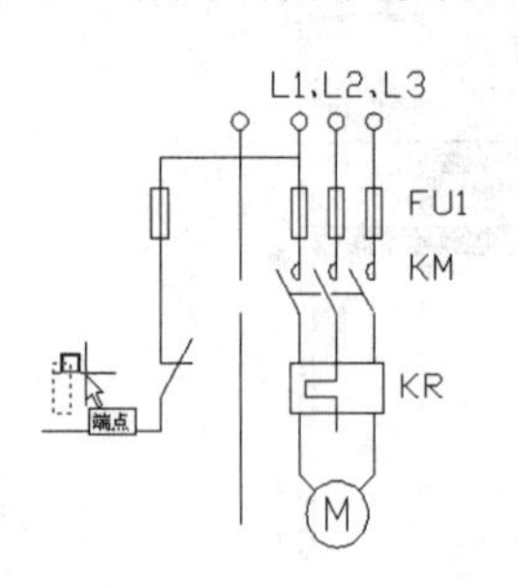

图 10-70　捕捉复制基准点

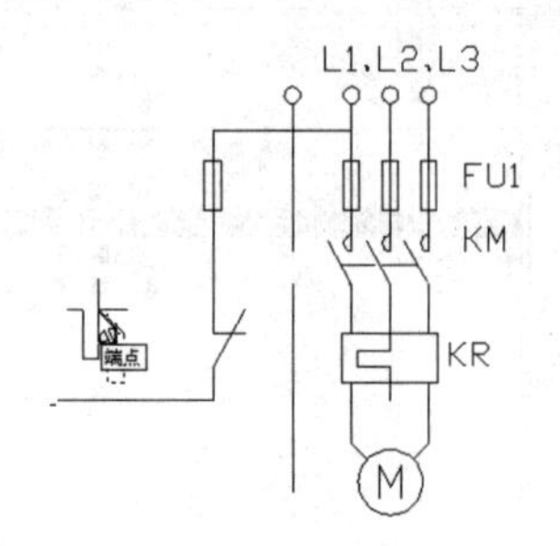

图 10-71　捕捉复制目标点

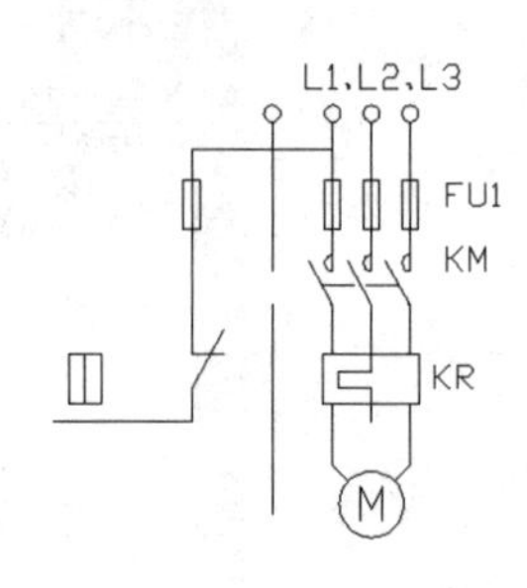

图 10-72　复制矩形

③单击【修改】面板中的【修剪】按钮，以所复制的两个矩形为修剪边，修剪掉它们重合的边。结果如图 10-73 所示。

④单击【绘图】面板中的【直线】按钮，在如图 10-74 所示的开关处，绘制如图 10-75 所示的直线、如图 10-76 所示的折线，完成开关的绘制。

⑤绘制线圈的接入线。如图 10-77 所示，在【图层】面板中的【图层控制】下拉列表框中选择 0 图层，使其成为当前图层。

⑥单击【绘图】面板中的【直线】按钮，绘制过如图 10-78 所示中点的直线，效果如图 10-79 所示，适当调整直线的位置，效果如图 10-80 所示。

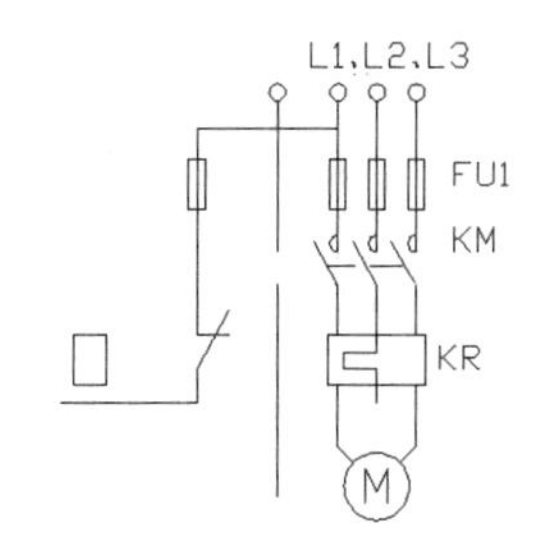

图 10-73　剪去矩形的边

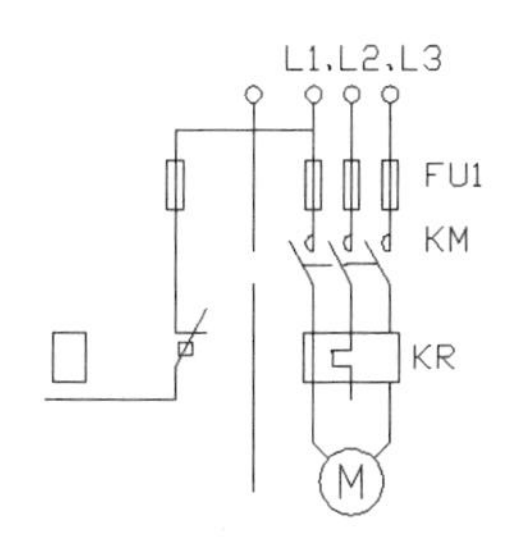

图 10-74　选择的开关

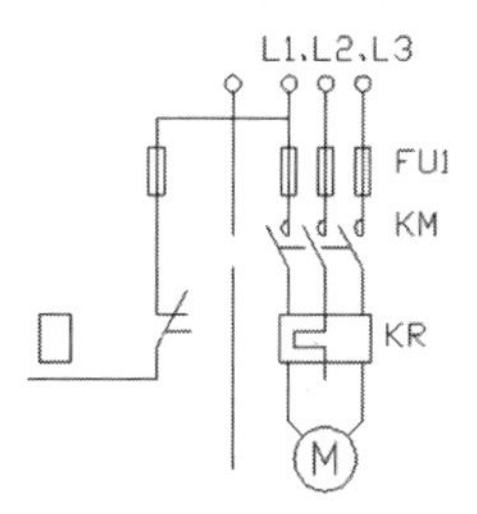

图 10-75　绘制的直线

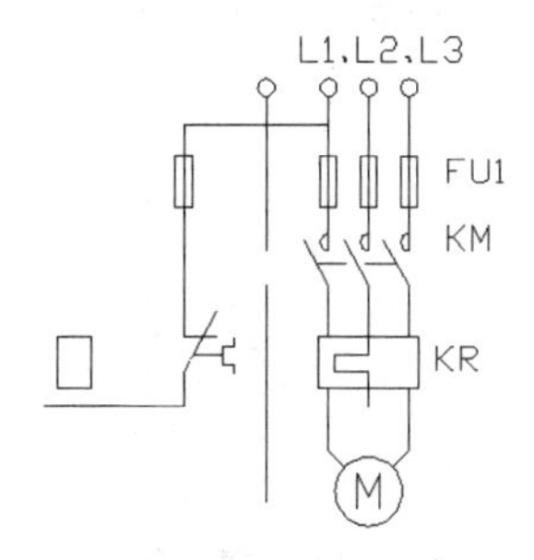

图 10-76　绘制开关

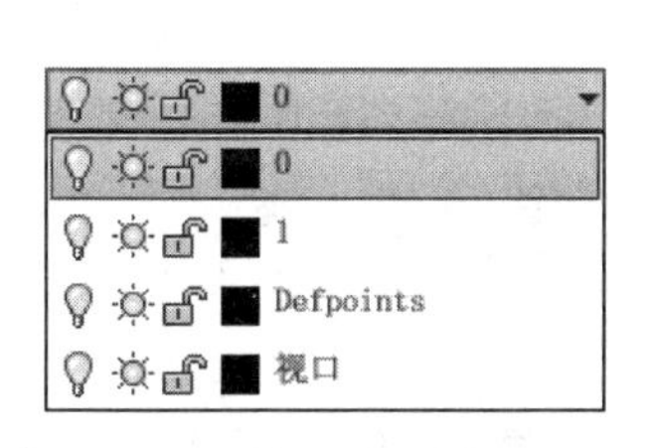

图 10-77　选择 0 图层

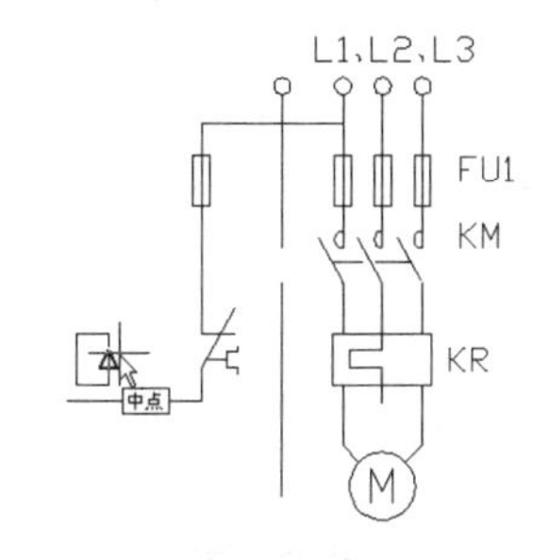

图 10-78　捕捉中点

步骤 10　绘制常开开关

①绘制线圈左边的常开开关。单击【绘图】面板中的【直线】按钮，按命令输入行的提示绘制折线。命令输入行提示如下。

```
命令: _line 指定第一点:                    \\捕捉如图 10-81 所示的中点
指定下一点或 [放弃(U)]: @-15,0
指定下一点或 [放弃(U)]: @10<210
指定下一点或 [闭合(C)/放弃(U)]:
```

结果如图 10-82 所示。

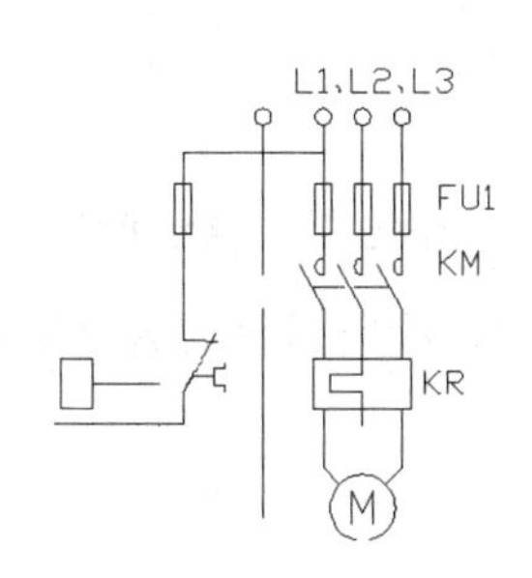

图 10-79　绘制直线

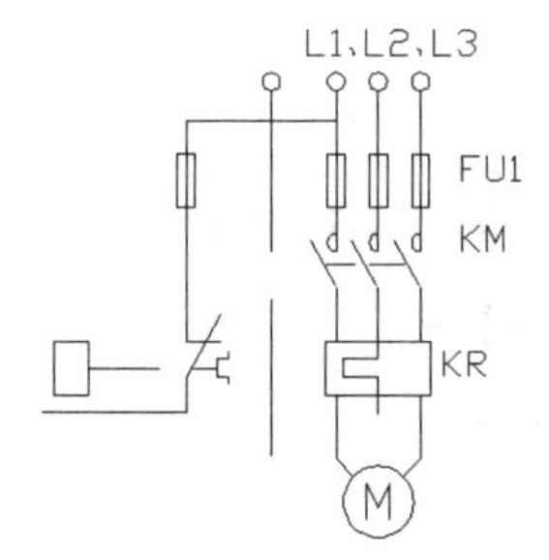

图 10-80　调整直线后的位置

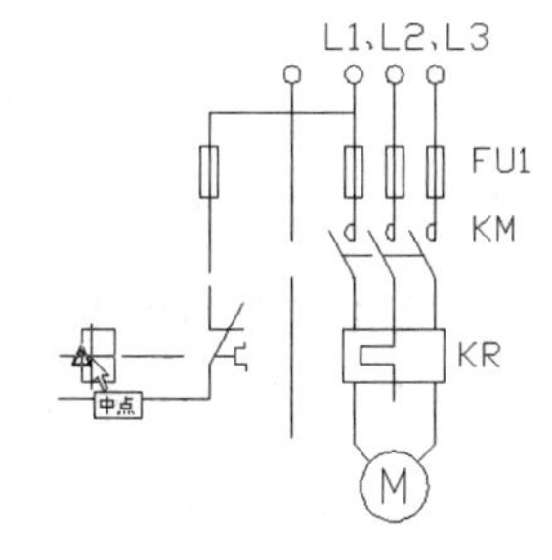

图 10-81　捕捉中点

②单击【绘图】面板中的【直线】按钮，以如图 10-83 所示向左延长线上距离为 10 的点为起点，绘制长度为 15 的直线。结果如图 10-84 所示。

步骤 11　绘制常闭开关

①绘制另外一个常闭开关。单击【修改】面板中的【复制】按钮，以如图 10-85 所示端点为复制基准点，以如图 10-86 所示端点为复制目标点，把虚线所示的图形向左复制一份。

效果如图 10-87 所示。

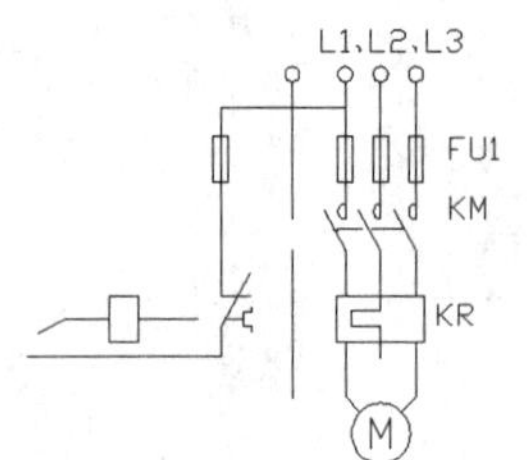

图 10-82　绘制折线

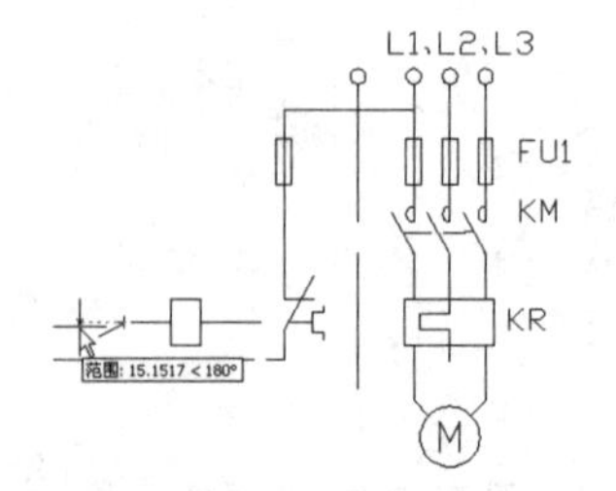

图 10-83　绘制直线起点的位置

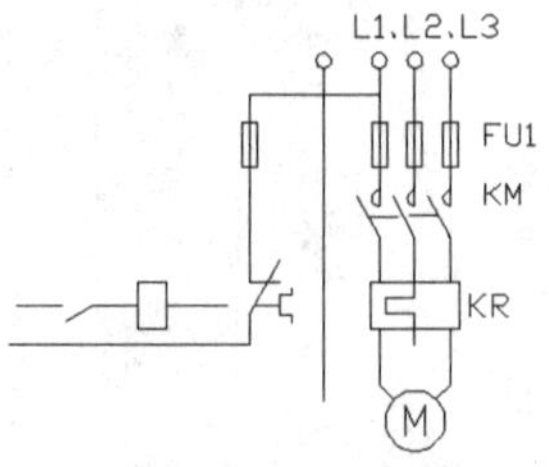

图 10-84　绘制直线

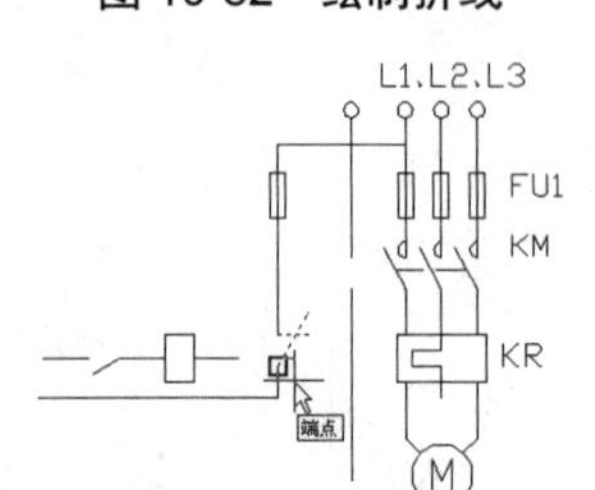

图 10-85　捕捉复制基准点

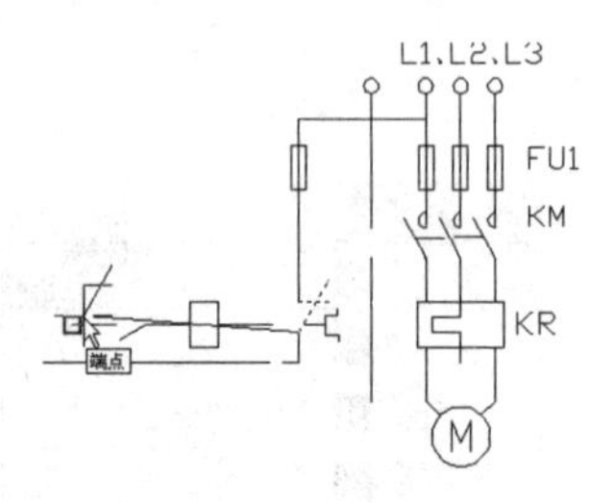

图 10-86　捕捉复制目标点

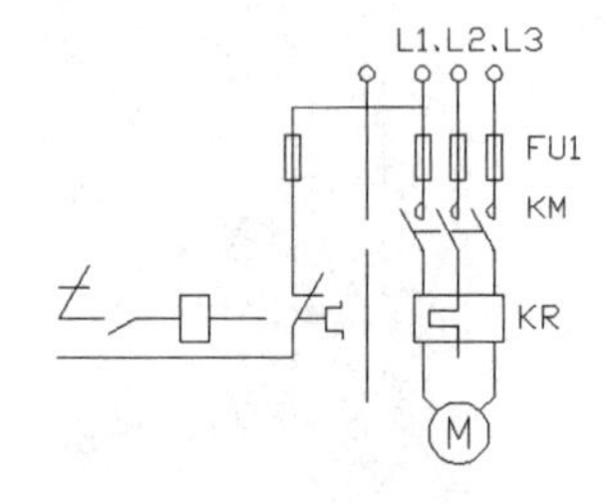

图 10-87　复制图形

②单击【修改】面板中的【旋转】按钮，以如图 10-86 所示端点为旋转中心，把复制得到的图形逆时针旋转 90°。效果如图 10-88 所示。

步骤 12　绘制开关之间的连线

①绘制开关之间的连线。单击【绘图】面板中的【直线】按钮，绘制如图 10-89 所示端点和如图 10-90 所示垂足之间由水平直线和垂直直线组成的折线。效果如图 10-91 所示。

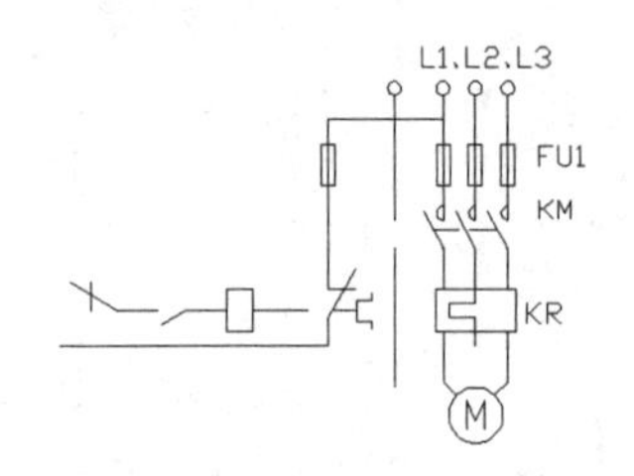

图 10-88　旋转图形

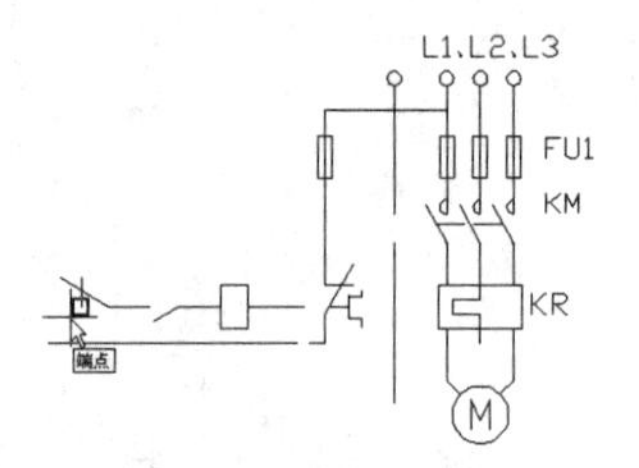

图 10-89　捕捉端点

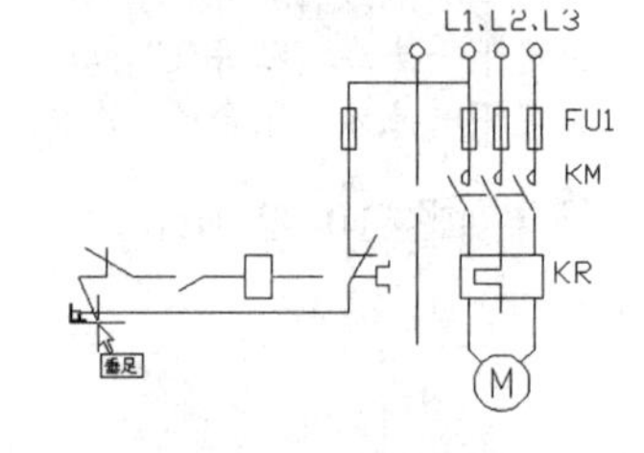

图 10-90　捕捉垂足

②单击【修改】面板中的【修剪】按钮，以如图 10-92 中虚线所示直线为修剪边，修剪掉光标所示的线头。结果如图 10-93 所示。

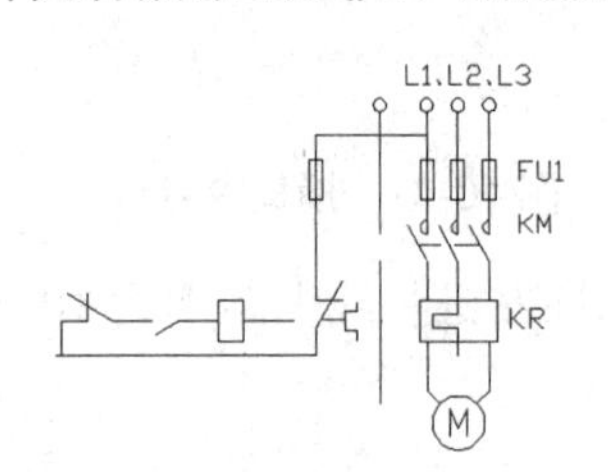

图 10-91　绘制折线

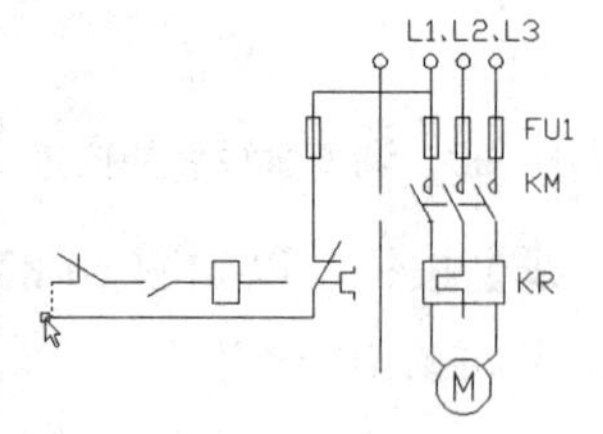

图 10-92　捕捉修剪边

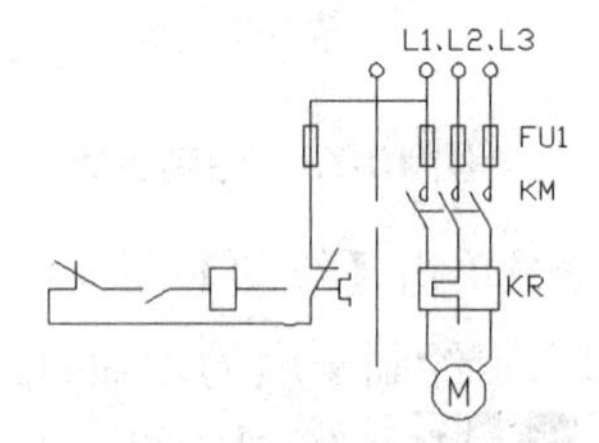

图 10-93　修剪图形

步骤 13 绘制常开开关

①再设置一个常开开关。单击【修改】面板中的【复制】按钮，把如图 10-94 中虚线所示图形向右上角复制一份。效果如图 10-95 所示。

②单击【修改】面板中的【镜像】按钮，以所复制的水平直线为对称轴，对称复制一条如图 10-96 光标所示的斜线，并删除源对象。效果如图 10-97 所示。

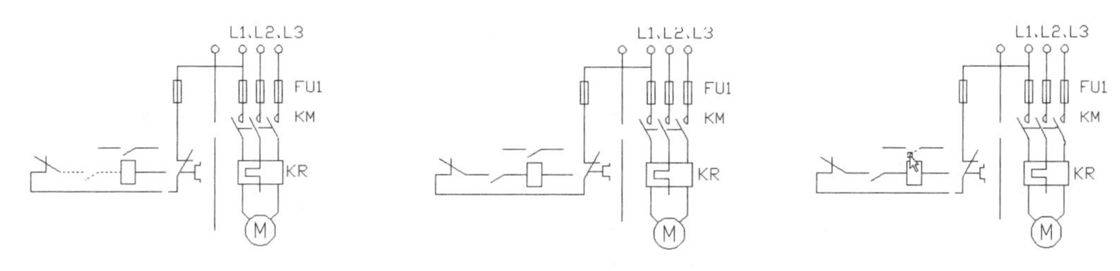

图 10-94 指示图形　　图 10-95 复制图形　　图 10-96 选择图形

步骤 14 绘制直线

①单击【绘图】面板中的【直线】按钮，绘制如图 10-98 所示端点和如图 10-99 所示垂足之间由水平直线和垂直直线组成的折线。按命令行的提示操作。

```
命令: _line 指定第一点:                \\捕捉端点
指定下一点或 [放弃(U)]: @0,15
指定下一点或 [放弃(U)]: @-60,0
指定下一点或 [闭合(C)/放弃(U)]:        \\捕捉垂足
```

效果如图 10-100 所示。

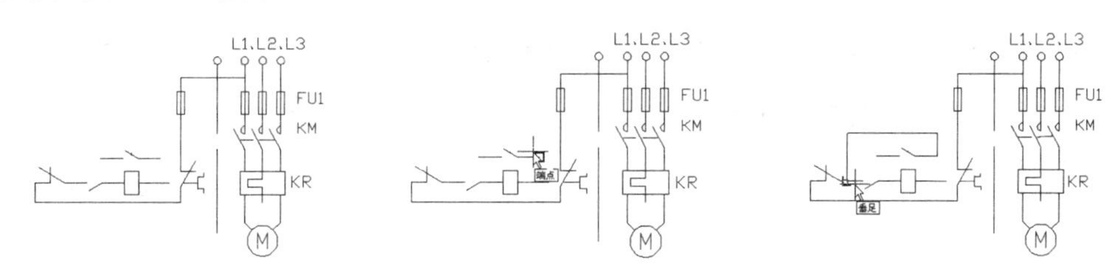

图 10-97 对称复制图形　　图 10-98 选择端点　　图 10-99 选择垂足

②单击【绘图】面板中的【直线】按钮，绘制如图 10-101 所示最近点和如图 10-102 所示垂足之间的连线。效果如图 10-103 所示。

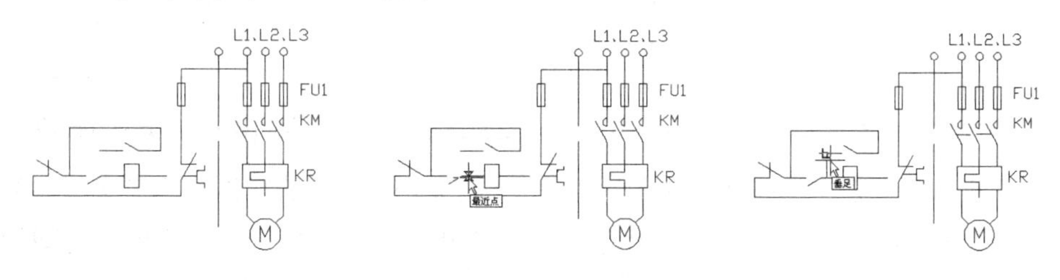

图 10-100 绘制折线　　图 10-101 捕捉起点　　图 10-102 捕捉垂足

步骤 15 修剪线条

单击【修改】面板中的【修剪】按钮，以如图 10-104 中虚线所示直线为修剪边，修剪光

标所示的线头。结果如图 10-105 所示。

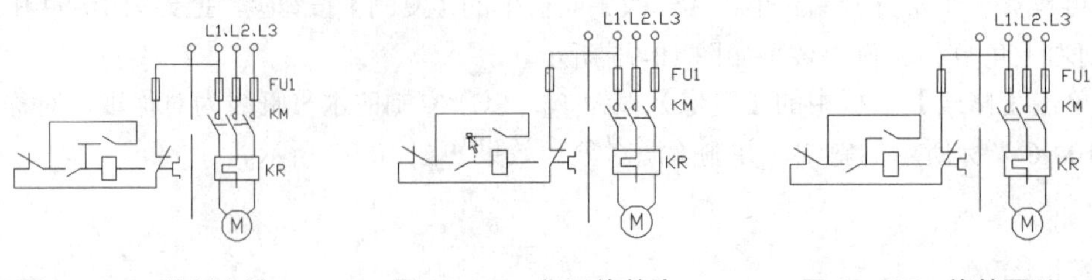

图 10-103　绘制直线　　图 10-104　指示修剪边　　图 10-105　修剪图形

步骤 16 绘制按钮头

现在绘制按钮的触点符号。单击【绘图】面板中的【直线】按钮，在图 10-106 中十字光标所示位置绘制按钮头，效果如图 10-107 所示。

步骤 17 绘制直线并复制

① 单击【绘图】面板中的【直线】按钮，以如图 10-108 所示的端点为起点，绘制接触器线圈到中性线的折线。效果如图 10-109 所示。

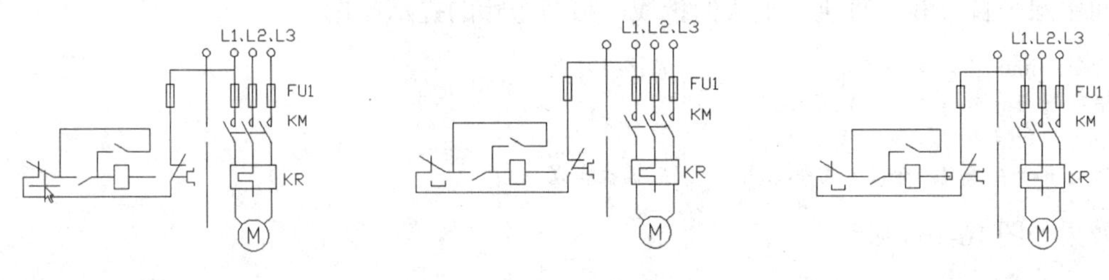

图 10-106　绘制按钮头位置　　图 10-107　绘制按钮头　　图 10-108　捕捉端点

② 单击【修改】面板中的【复制】按钮，把按钮头符号向右复制到另一个按钮符号下边。效果如图 10-110 所示。

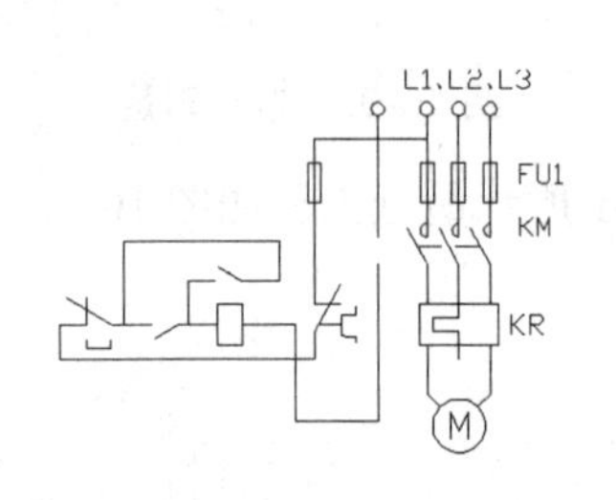

图 10-109　绘制中性线连线

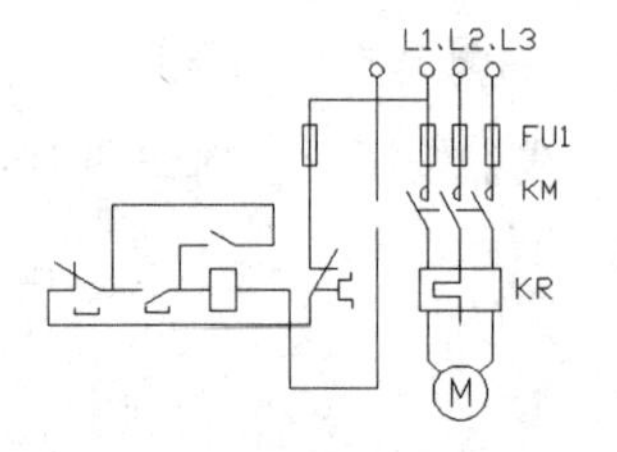

图 10-110　复制按钮头

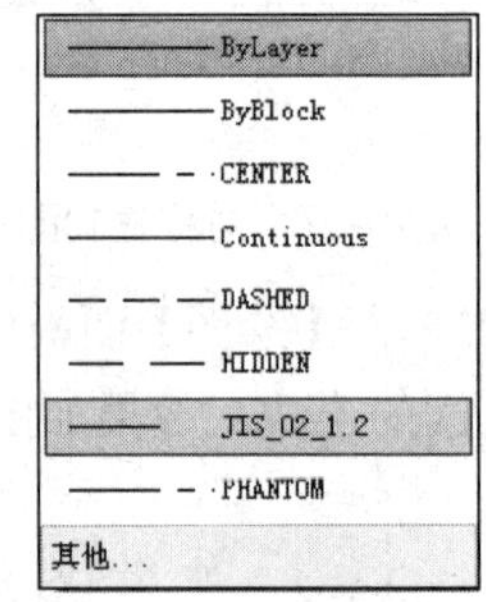

图 10-111　选择的颜色和线型

③ 在【特性】面板中选择【蓝色】，选择如图 10-111 所示的线型，单击【绘图】面板中的【直线】按钮，绘制如图 10-112 所示光标的点和如图 10-113 所示的光标的点之间的连线。效果如图 10-114 所示。

④ 单击【绘图】面板中的【直线】按钮，参照上一步骤绘制右边按钮符号下的连线。效果如图 10-115 所示。

步骤 18 绘制圆

①设置连线上的连接点。返回到原先的图层，单击【绘图】面板中的【圆】按钮，绘制圆心在如图 10-116 所示交点的圆ϕ0.5。效果如图 10-117 所示。

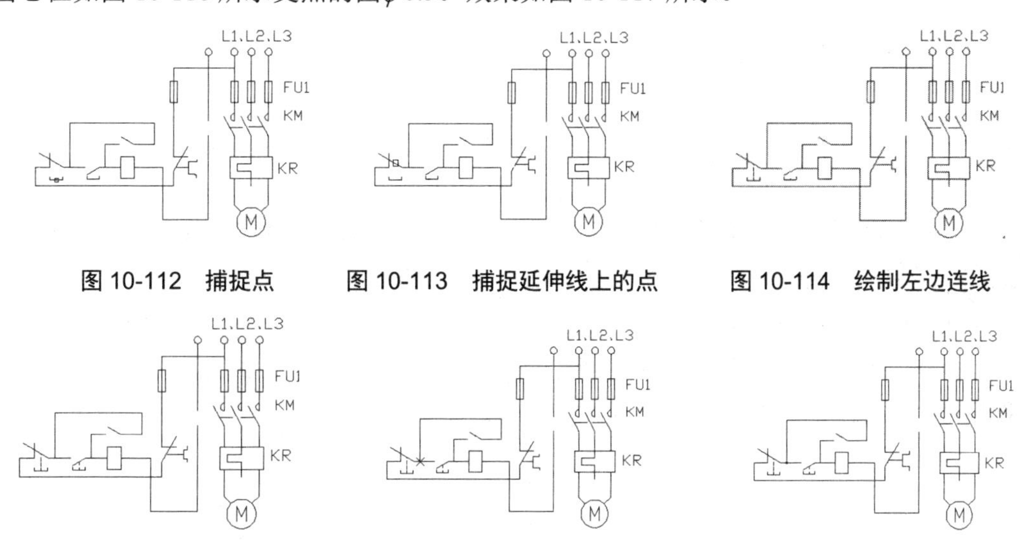

图 10-112 捕捉点　　图 10-113 捕捉延伸线上的点　　图 10-114 绘制左边连线

图 10-115 绘制右边连线　　图 10-116 指示交点　　图 10-117 绘制节点圆

②单击【绘图】面板中的【圆】按钮，绘制直径为 0.5、圆心在如图 10-118 所示交点的圆。效果如图 10-119 所示。

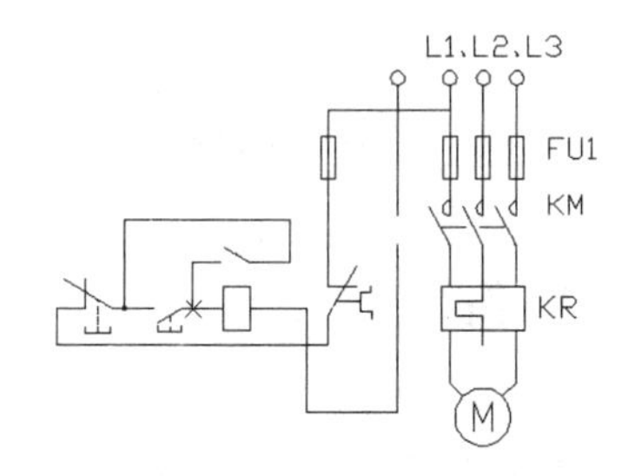

图 10-118 再次指示交点

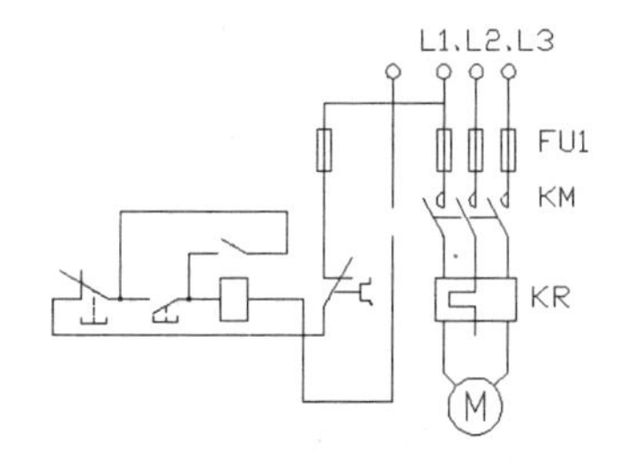

图 10-119 再次绘制节点圆

步骤 19 填充图案

单击【默认】选项卡中【绘图】面板上的【图案填充】按钮，弹出【图案填充创建】选项卡，在其【选项】面板中单击【图案填充设置】按钮，打开【图案填充和渐变色】对话框，设置如图 10-120 所示参数，将两个节点圆进行填充。效果如图 10-121 所示(放大效果)。

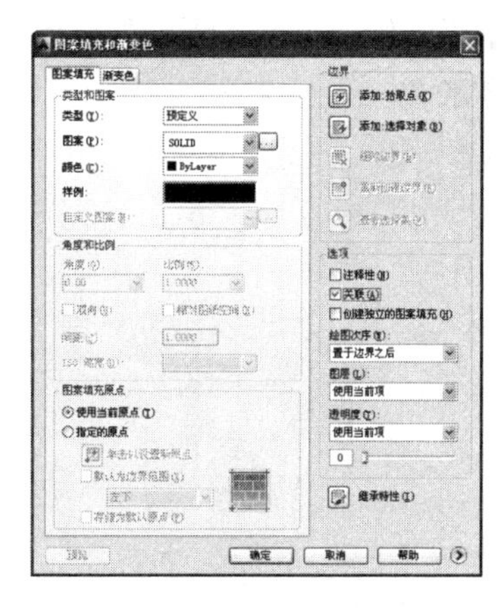

图 10-120 【图案填充和渐变色】对话框

步骤 20 修整线头

最后修整线头。单击【绘图】面板中的【直线】按钮，把如图 10-122 中光标所示位置以上的线头连接。效果如图 10-123 所示。

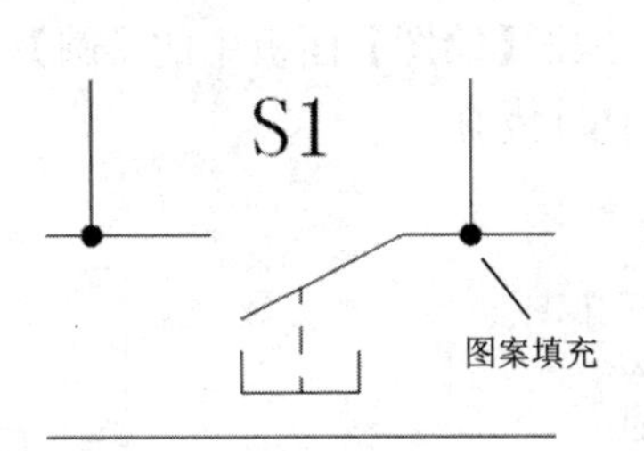

图 10-121　填充节点圆

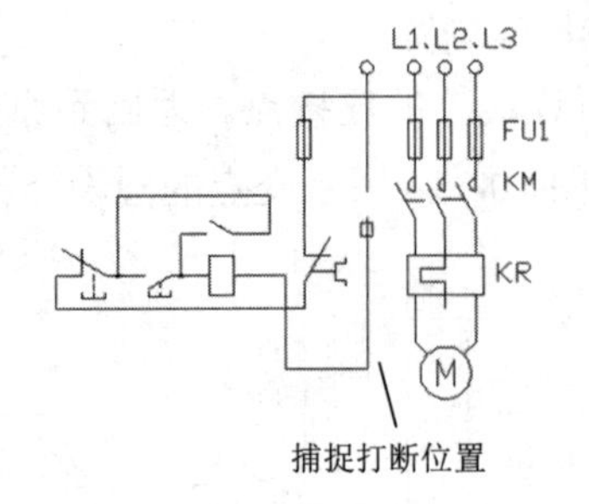

图 10-122　捕捉打断位置

步骤21 添加文字

单击【注释】面板中的【多行文字】按钮，在左边熔断器旁边撰写符号“FU2”，在常闭按钮旁边标注注释“S2”，在常开按钮旁边标注注释“S1”，在中性线上面标注注释“N”。完成模拟电路设计，效果如图 10-124 所示。

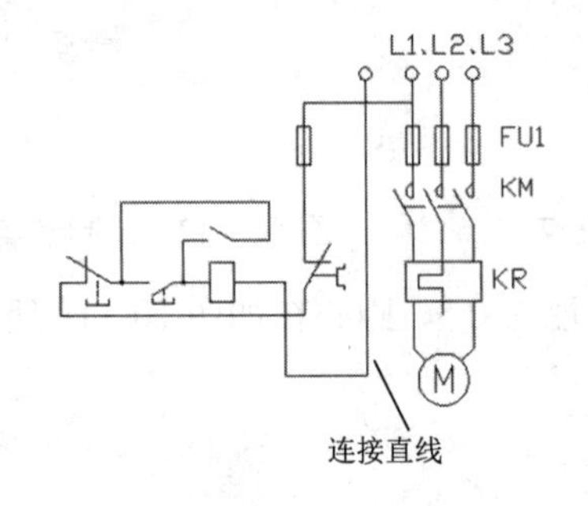

图 10-123　连接直线

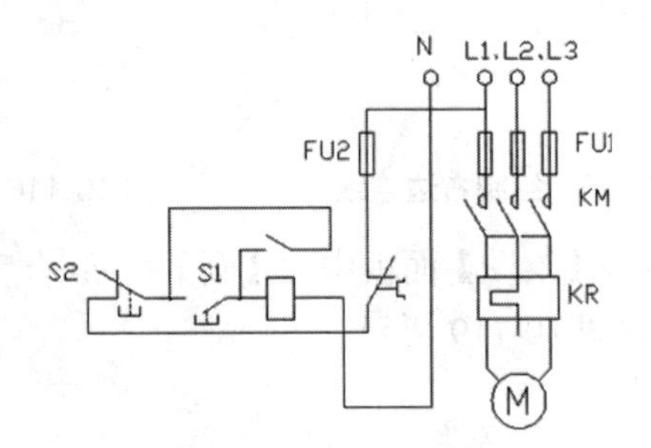

图 10-124　撰写文字

10.5　本 章 小 结

本章主要介绍电气工程图的基本知识，包括电气工程图的种类及特点、电气工程 CAD 制图的规范、电气图形符号的构成。绘制电气工程图需要遵循众多的规范，但这不应该被读者看成是学习绘制电气工程图的障碍。通过本章的学习，读者应该能够掌握电气工程图的绘制规范和方法。

第11章

电气控制设计

本章导读：

在日常的生产生活中，绝大部分消耗的电能都是由各种电机消耗的。不管是直流电机也好，还是交流电机也好，都是靠把电能转化为机械能进行工作的。如果没有电机进行这种能量形式的转化，那么，将会给生产生活带来极大不便。鉴于电机的地位如此重要，我们把电机控制的 CAD 制图单独列为一章，并结合 AutoCAD 2014 的强大绘图功能，使读者可以快速掌握电机控制 CAD 绘图的一般应用。

11.1 电气控制设计基础

11.1.1 电气控制介绍

在电机的两大类型之中，尤以交流电机的数量为多，远远超过直流电机的数量，并且交流电机是未来电机控制的发展方向，所以本章所绘图纸为交流电机的控制。应用到直流电机时，控制原理不变，只需把供电方式改变即可。

电机控制电路由继电器—接触器控制电路构成，而任何一种继电器—接触器控制电路都是由一些基本控制环节组成的。因此在设计控制系统时应熟悉并经常用到电机控制的一些基本控制环节，如电动机的启动及运行控制、电动机的变速控制、电动机的制动控制等。

在设计电机传动系统时应合理地组合运用各个基本控制环节，设计出稳定可靠的系统。

对电机的启动电流若不进行控制，会对电网带来不利的影响，因此现在电机启动有很多方法，如绕线式异步电动机可采取转子串频敏电阻器进行启动的方法，可实现无级平滑启动。

11.1.2 电路图绘制步骤和方法

首先对 CAD 绘图环境进行必要的预设置。选择基础图形，以使控制图的绘制符合专业制图标准要求，然后在基础图形的基础上完成系统图的绘制、编辑及注释。这样可以减少大量烦琐的重复工作量，提高绘图的效率。

11.2 设计范例——绘制单个电机的启动/停止控制原理图

本范例完成文件：\11\11-1.dwg

多媒体教学路径：光盘→多媒体教学→第 11 章

11.2.1 实例介绍与展示

本章介绍单个电机的启动/停止控制原理图，它是交流电机控制图纸的基础，同时也是最简单、最基本的电机控制线路，学好本节将会为后面的学习打下良好基础。我们首先绘制主供电电路，然后绘制控制电路。如图 11-1 所示为完成后的电路图。

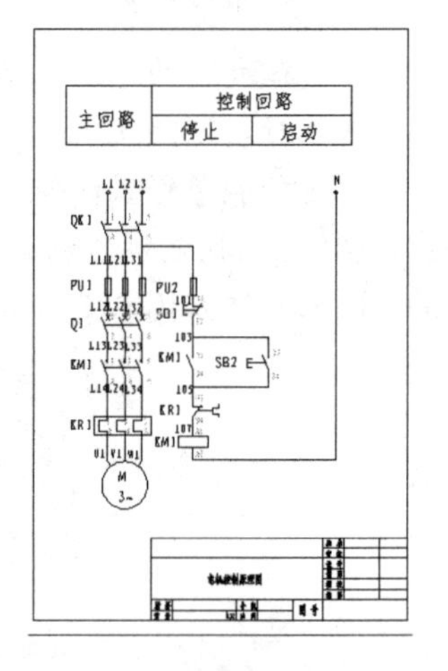

图 11-1　电路图

11.2.2 主电路绘制

本图的第一个环节是主供电回路，它给电机提供工作电源。绘制步骤如下。

步骤01 绘制单相断路器符号

单击【绘图】工具栏中的【直线】按钮，绘制单相断路器符号，效果如图 11-2 所示。命令输入行提示如下。

```
命令: _line 指定第一点:
指定下一点或 [放弃(U)]:                    //指定下一点
指定下一点或 [放弃(U)]:
指定下一点或 [放弃(U)]:
命令: _line 指定第一点:                    //使用直线命令
指定下一点或 [放弃(U)]:                    //指定下一点
```

步骤02 绘制三相断路器符号

①单击【修改】工具栏中的【复制】按钮，把单相断路器符号向右复制两份，距离相等，形成三相断路器。效果如图 11-3 所示。命令输入行提示如下。

```
命令: _copy                                                              //使用复制命令
选择对象: 指定对角点: 找到 1 个                                           //选择对象
选择对象:
当前设置: 复制模式 = 多个
指定基点或 [位移(D)/模式(O)] <位移>: 指定第二个点或 <使用第一个点作为位移>:  //指定基点
指定第二个点或 [退出(E)/放弃(U)] <退出>: *取消*
```

②在【默认】选项卡【特性】面板中选取虚线线型 DASHED，单击【绘图】工具栏中的【直线】按钮，绘制三相断路器开关连线，以示此断路器为三相断路器。效果如图 11-4 所示。

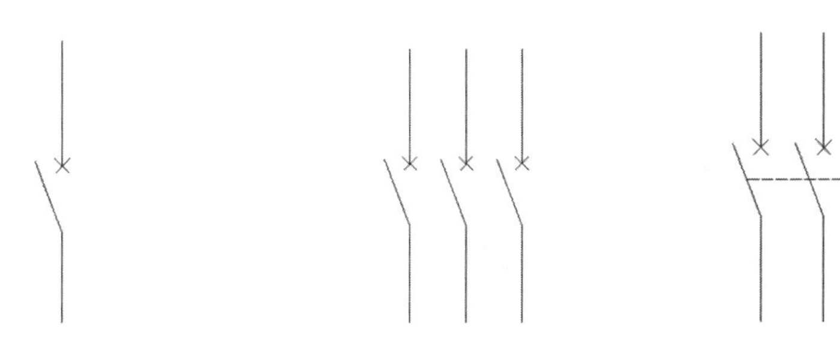

图 11-2 单相断路器　　图 11-3 三相断路器　　图 11-4 绘制连线

③单击【修改】工具栏中的【复制】按钮，把如图 11-5 所示虚线方框中的图形向上复制一份。效果如图 11-6 所示。

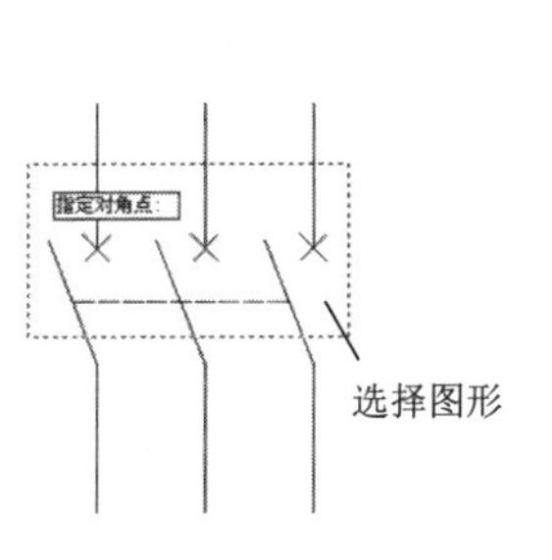

图 11-5 选择图形

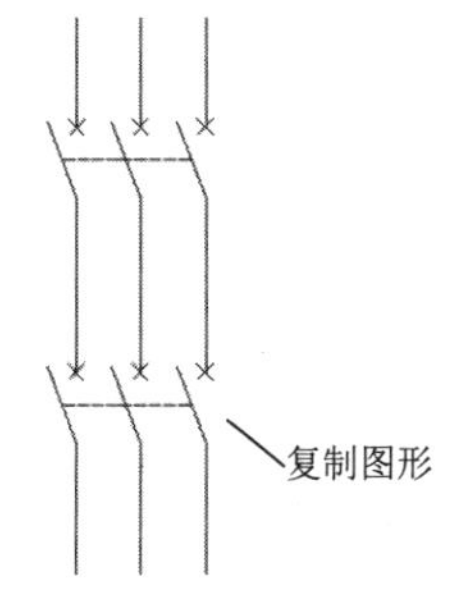

图 11-6 复制图形

④单击【修改】工具栏中的【删除】按钮，删除复制图形上的交叉。效果如图 11-7 所

示。命令输入行提示如下。

```
命令: _erase
选择对象: 找到 1 个                    //选择对象
选择对象:
```

步骤03 绘制隔离开关符号

单击【绘图】工具栏中的【直线】按钮，绘制隔离开关符号。效果如图 11-8 所示。

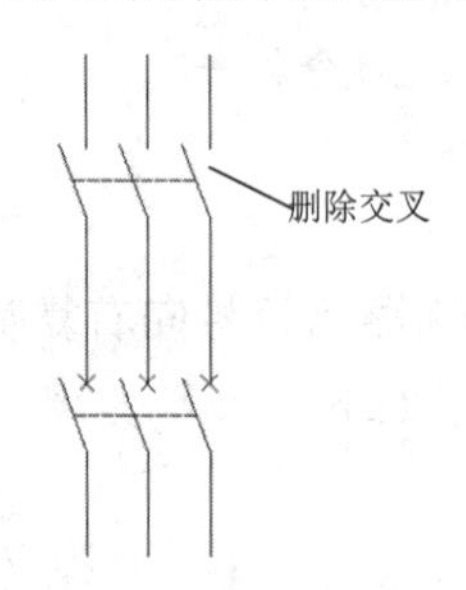

图 11-7　删除交叉

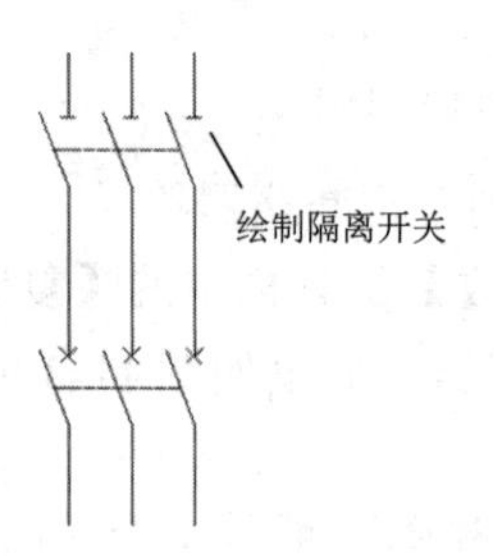

图 11-8　绘制隔离开关

步骤04 绘制熔断器符号

单击【绘图】工具栏中的【矩形】按钮，绘制熔断器符号。效果如图 11-9 所示。命令输入行提示如下。

```
命令: _rectang
指定第一个角点或 [倒角(C)/标高(E)/圆角(F)/厚度(T)/宽度(W)]:
指定另一个角点或 [面积(A)/尺寸(D)/旋转(R)]: d                //指定尺寸
指定矩形的长度 <10.0000>: 6
指定矩形的宽度 <10.0000>: 2
指定另一个角点或 [面积(A)/尺寸(D)/旋转(R)]:                  //放置方向
```

步骤05 绘制进线端子

单击【绘图】工具栏中的【圆】按钮，绘制圆，作为进线端子。效果如图 11-10 所示。命令输入行提示如下。

```
命令: _circle 指定圆的圆心或 [三点(3P)/两点(2P)/切点、切点、半径(T)]:
指定圆的半径或 [直径(D)] <7.5284>:   0.5                        //指定半径
```

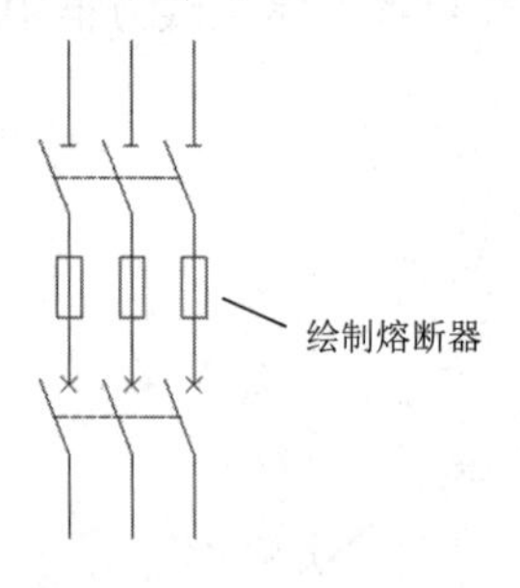

图 11-9　绘制熔断器

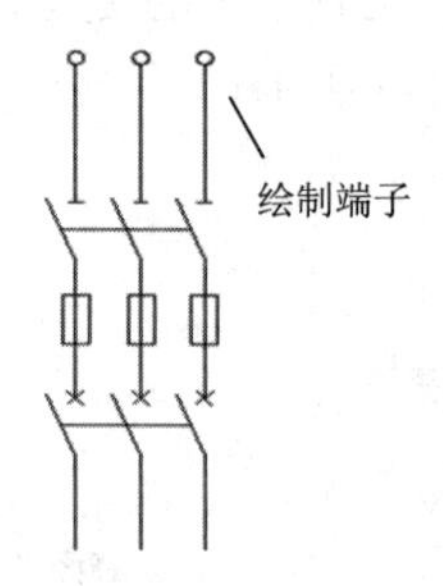

图 11-10　绘制端子

步骤06 复制图形

单击【修改】工具栏中的【复制】按钮，把如图 11-11 所示方框中的图形向下复制一份。效果如图 11-12 所示。命令输入行提示如下。

命令: _copy
选择对象: 指定对角点: 找到 1 个　　//选择对象
选择对象:
当前设置: 复制模式 = 多个
指定基点或 [位移(D)/模式(O)] <位移>: 指定第二个点或 <使用第一个点作为位移>: //指定基点
指定第二个点或 [退出(E)/放弃(U)] <退出>: *取消*

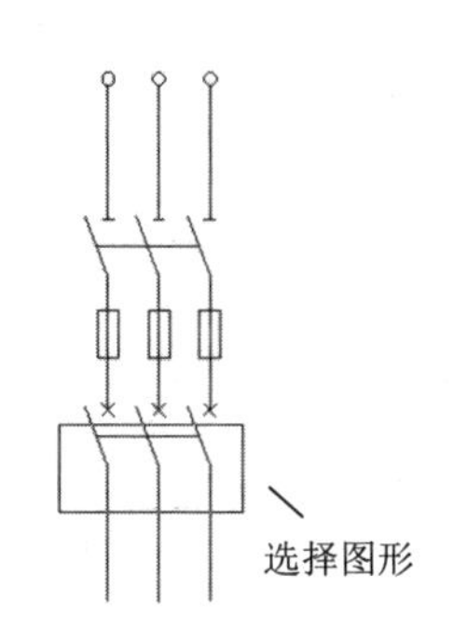

图 11-11　选择图形

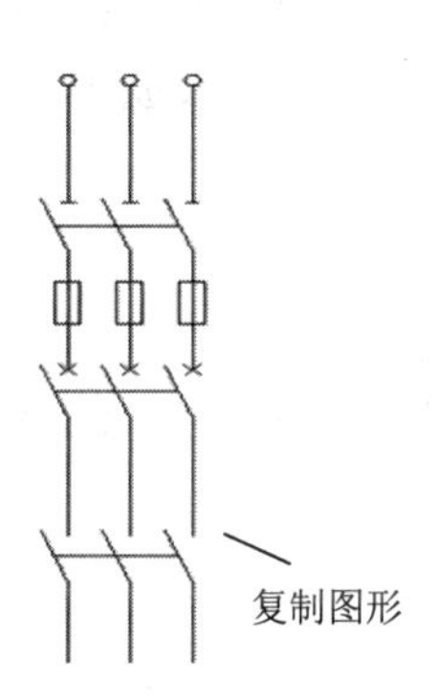

图 11-12　复制图形

步骤 07　绘制接触器触电

单击【绘图】工具栏中的【圆】按钮，在如图 11-13 所示的鼠标点绘制圆。效果如图 11-14 所示。然后单击【修改】工具栏中的【修剪】按钮，以如图 11-15 虚线所示直线为修剪边，修剪掉直线右面的半圆。结果如图 11-16 所示，即是接触器触点。命令输入行提示如下。

命令: _circle 指定圆的圆心或 [三点(3P)/两点(2P)/切点、切点、半径(T)]:
指定圆的半径或 [直径(D)] <7.5284>: 0.5　　//指定半径
命令: _trim
当前设置:投影=UCS，边=无
选择剪切边...
选择对象或 <全部选择>:　　//选择对象
选择要修剪的对象，或按住 Shift 键选择要延伸的对象，或　　//选择修剪对象
[栏选(F)/窗交(C)/投影(P)/边(E)/删除(R)/放弃(U)]:
选择要修剪的对象，或按住 Shift 键选择要延伸的对象，或
[栏选(F)/窗交(C)/投影(P)/边(E)/删除(R)/放弃(U)]: *取消*

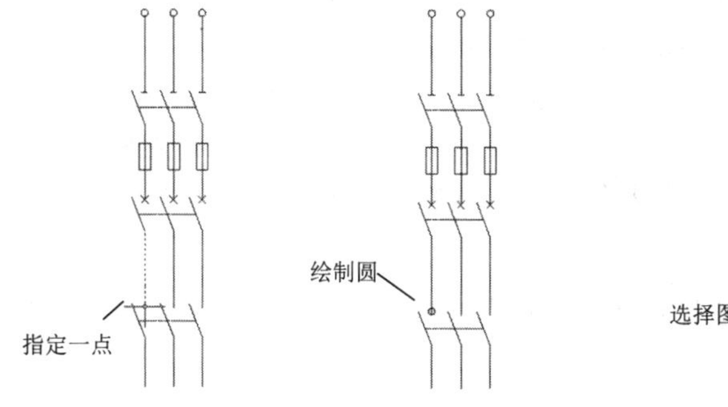

图 11-13　取点　　图 11-14　绘制圆

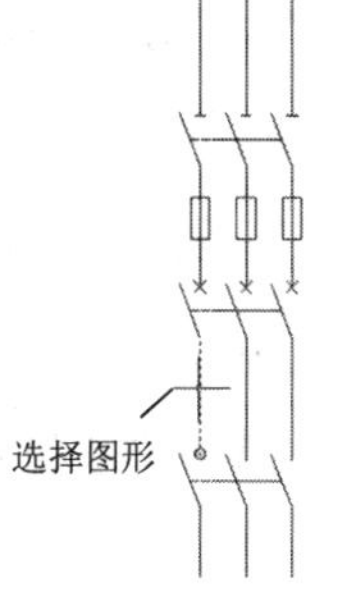

图 11-15　选择修剪边

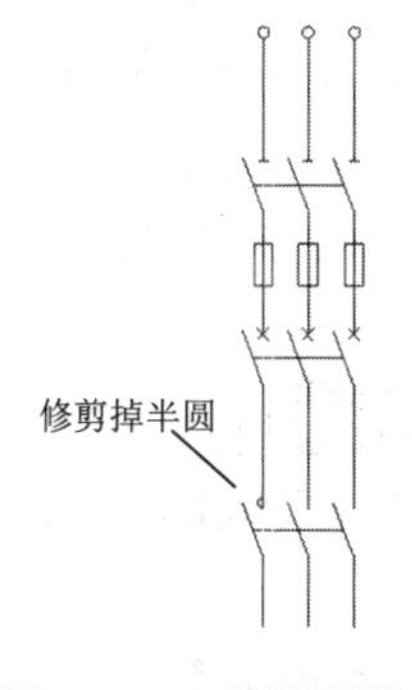

图 11-16　接触器触点

步骤 08　绘制三相接触器

单击【修改】工具栏中的【复制】按钮，把刚才所绘制的触点向右复制。效果如图 11-17

所示即为三相接触器。

步骤09 绘制热继电器符号

①单击【修改】工具栏中的【复制】按钮，把图 11-17 选择图形向下复制。效果如图 11-18 所示。

②单击【修改】工具栏中的【删除】按钮，删除刚才复制图形上的常开符号。效果如图 11-19 所示。命令输入行提示如下。

```
命令: _erase
选择对象: 找到 1 个                    //选择对象
选择对象:
```

③单击【绘图】工具栏中的【直线】按钮，绘制热继电器符号，效果如图 11-20 所示。

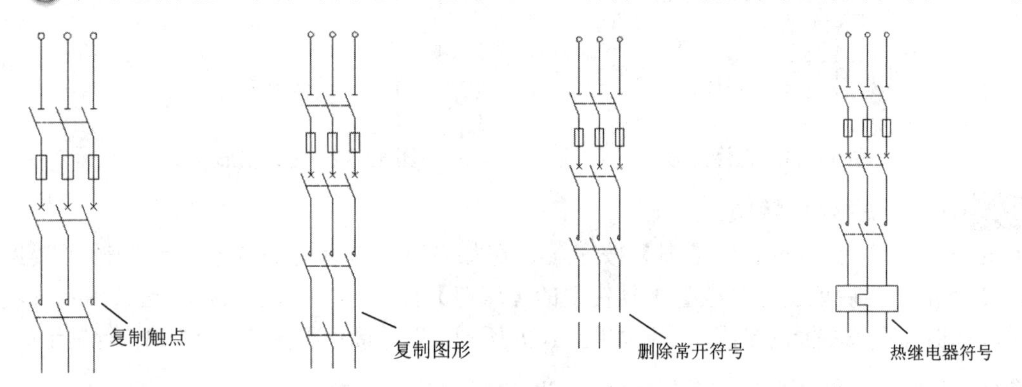

图 11-17　三相接触器　　图 11-18　复制图形　　图 11-19　删除图形　　图 11-20　绘制热继电器

步骤10 绘制电机符号

①单击【绘图】工具栏中的【圆】按钮，绘制电机符号。效果如图 11-21 所示。命令输入行提示如下。

```
命令: _circle 指定圆的圆心或 [三点(3P)/两点(2P)/切点、切点、半径(T)]:
指定圆的半径或 [直径(D)] <7.5284>: 8                    //指定半径
```

②单击【默认】选项卡【注释】面板中的【多行文字】按钮，在电机符号内书写文字，指示此电机为三相异步电机。效果如图 11-22 所示。命令输入行提示如下。

```
命令: _mtext 当前文字样式: "说明" 文字高度: 5.0000 注释性: 是
指定第一角点:                                                          //指定角点
指定对角点或 [高度(H)/对正(J)/行距(L)/旋转(R)/样式(S)/宽度(W)/栏(C)]:   //指定对角点
```

步骤11 绘制主供电回路到电机连线

①单击【绘图】工具栏中的【直线】按钮，绘制主供电回路到电机连线，效果如图 11-23 所示。

②单击【修改】工具栏中的【修剪】按钮，修剪掉圆里面的直线。结果如图 11-24 所示。

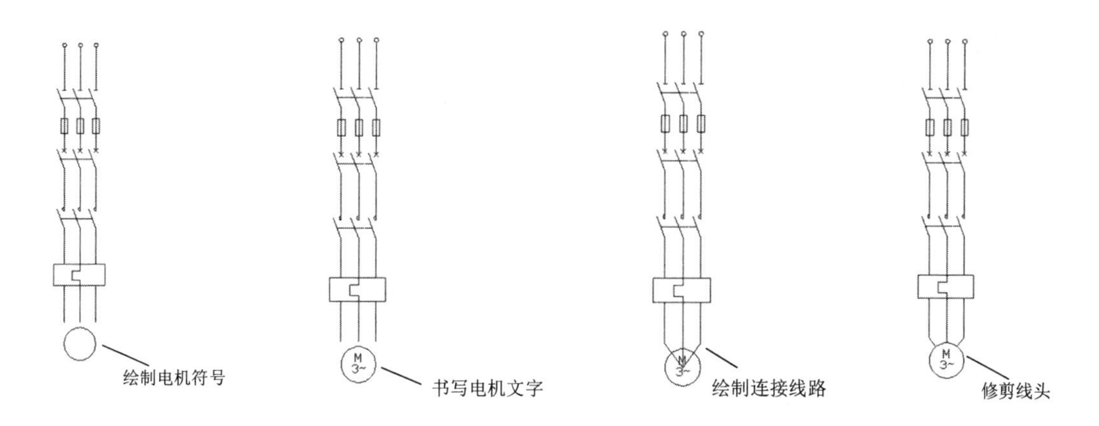

图 11-21　绘制电机符号　　图 11-22　书写电机文字　　图 11-23　绘制连接线路　　图 11-24　修剪线头

11.2.3　控制电路绘制

步骤01　修改线路

① 单击【修改】工具栏中的【复制】按钮，向右复制一条线路。效果如图 11-25 所示。

② 单击【修改】工具栏中的【删除】按钮，以及【绘图】工具栏中的【直线】按钮，修改线路。效果如图 11-26 所示。

③ 单击【修改】工具栏中的【修剪】按钮，修剪掉线头。效果如图 11-27 所示。

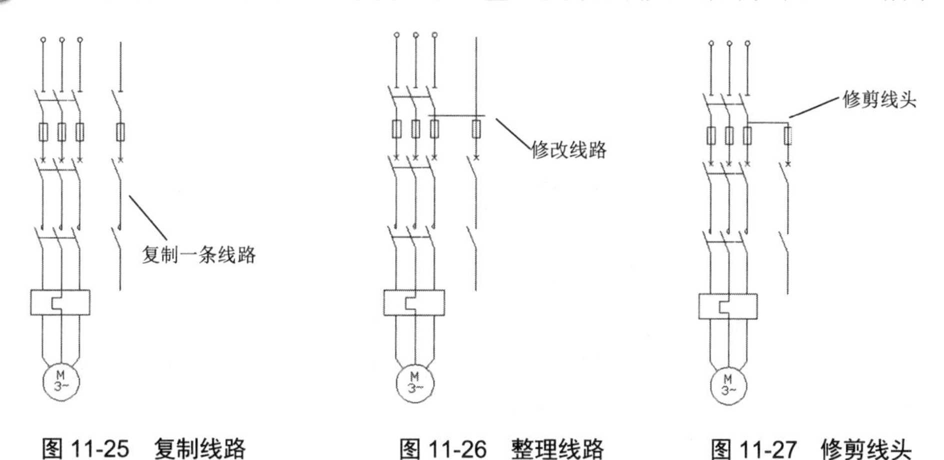

图 11-25　复制线路　　图 11-26　整理线路　　图 11-27　修剪线头

步骤02　修改线路按钮控制启动/停止部分

单击【绘图】工具栏中的【直线】按钮，【修改】工具栏中的【镜像】按钮，修改线路，绘制按钮控制启动/停止部分。效果如图 11-28 所示。命令输入行提示如下。

```
命令: _line 指定第一点:
指定下一点或 [放弃(U)]:                    //指定第二点
指定下一点或 [放弃(U)]:
命令: _mirror
选择对象: 指定对角点: 找到 2 个            //选择对象
选择对象:
指定镜像线的第一点: 指定镜像线的第二点:    //指定镜像点
要删除源对象吗? [是(Y)/否(N)] <N>:         //确定对象
```

步骤03 绘制热继电器辅助触点部分

单击【绘图】工具栏中的【直线】按钮，绘制热继电器辅助触点部分。效果如图 11-29 所示。

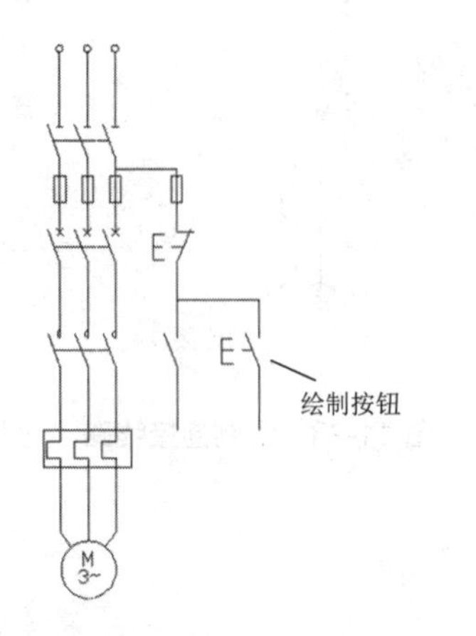

图 11-28　按钮

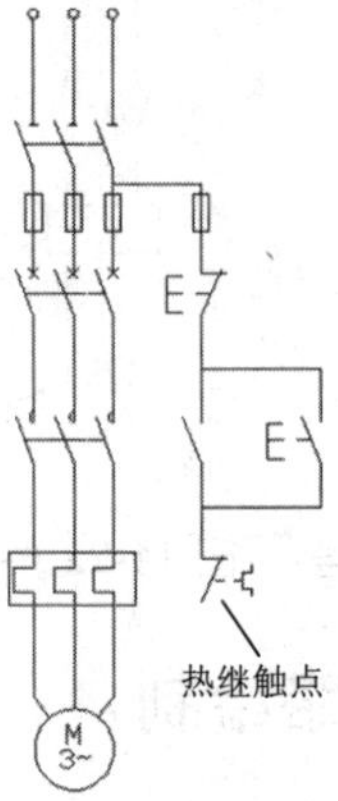

图 11-29　热继触点

步骤04 绘制接触器线圈

单击【绘图】工具栏中的【直线】按钮和【矩形】按钮，绘制接触器线圈，效果如图 11-30 所示。命令输入行提示如下。

```
命令: _line 指定第一点:
指定下一点或 [放弃(U)]:                                //指定第二点
指定下一点或 [放弃(U)]:
命令: _rectang                                         //使用矩形命令
指定第一个角点或 [倒角(C)/标高(E)/圆角(F)/厚度(T)/宽度(W)]:
指定另一个角点或 [面积(A)/尺寸(D)/旋转(R)]: d              //输入尺寸
指定矩形的长度 <6.0000>: 10
指定矩形的宽度 <2.0000>: 4
指定另一个角点或 [面积(A)/尺寸(D)/旋转(R)]:
```

步骤05 绘制中性线

单击【绘图】工具栏中的【直线】按钮，绘制中性线，单击【修改】工具栏中的【复制】按钮，复制接线端子。效果如图 11-31 所示。

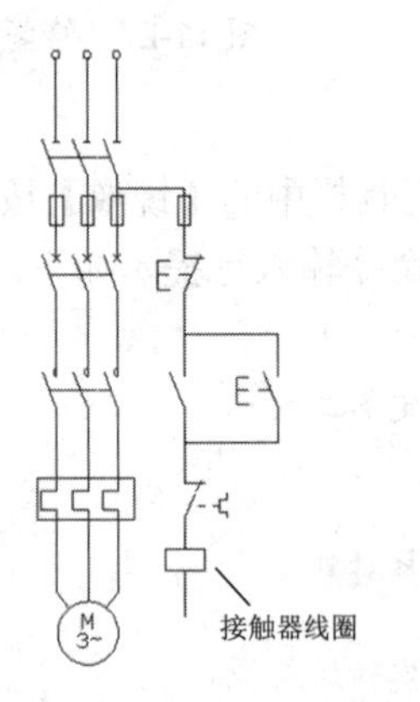

图 11-30　接触器线圈

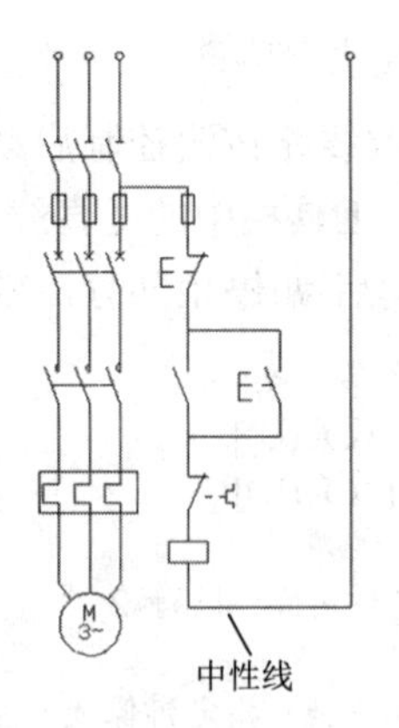

图 11-31　中性线

11.2.4 书写文字符号

步骤 01 绘制文字

①单击【默认】选项卡【注释】面板中的【多行文字】按钮，在线路顶端书写端子号，指示进线。效果如图 11-32 所示。

②单击【默认】选项卡【注释】面板中的【多行文字】按钮，在器件旁边书写文字，指示各个元器件的代号。效果如图 11-33 所示。

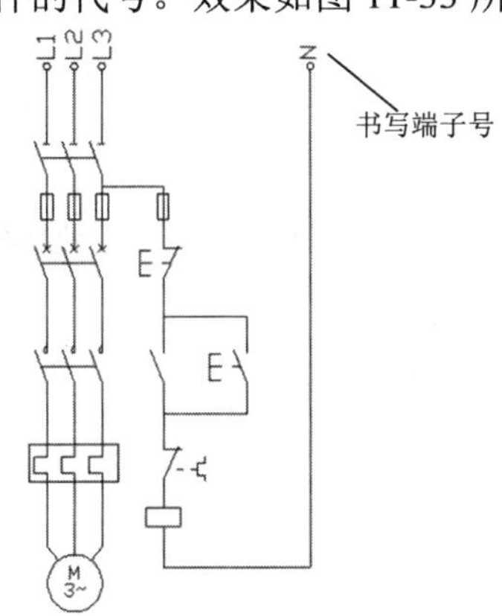

图 11-32 书写端子号

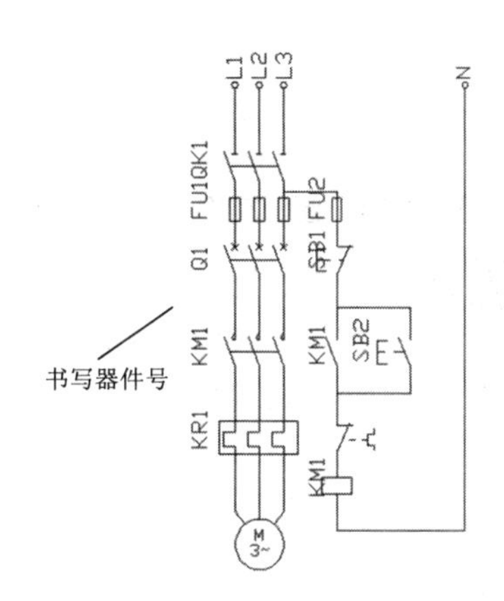

图 11-33 书写器件号

步骤 02 修改图形

单击【修改】工具栏中的【移动】按钮、【拉伸】按钮，整理图形。效果如图 11-34 所示。命令输入行提示如下。

```
命令: _move
选择对象: 指定对角点: 找到 1 个                                              //指定对象
选择对象:
指定基点或 [位移(D)] <位移>:  指定第二个点或 <使用第一个点作为位移>:          //指定基点
命令: _stretch
以交叉窗口或交叉多边形选择要拉伸的对象...
选择对象: 指定对角点: 找到 1 个
选择对象:                                                                    //选择对象
指定基点或 [位移(D)] <位移>:    <对象捕捉 开>                                 //指定基点
指定第二个点或 <使用第一个点作为位移>:  10                                    //指定拉伸距离
```

步骤 03 绘制文字

①单击【默认】选项卡【注释】面板中的【多行文字】按钮，在主供电回路线路旁边书写文字，指示各个主线路的线号。效果如图 11-35 所示。

②单击【默认】选项卡【注释】面板中的【多行文字】按钮，在控制回路线路旁边书写文字，指示控制线路的线号。效果如图 11-36 所示。

步骤 04 修改图形

①单击【修改】工具栏中的【移动】按钮、【拉伸】按钮，整理图形。效果如图 11-37 所示。

②单击【绘图】工具栏中的【直线】按钮，绘制表格。效果如图 11-38 所示。

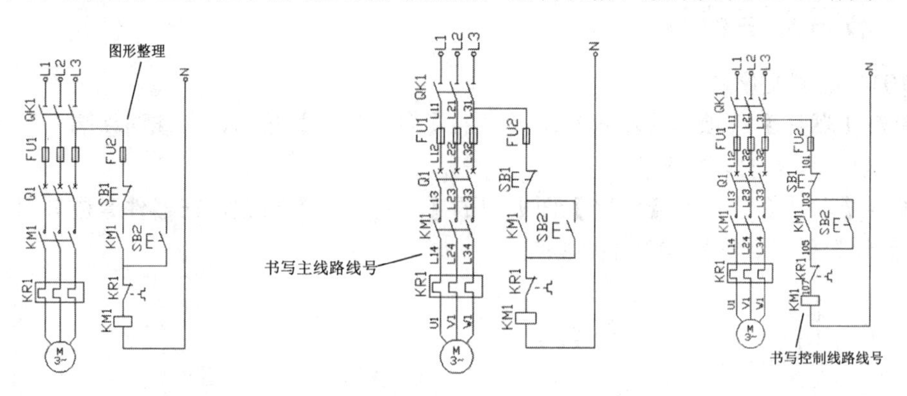

图 11-34　图形整理　　图 11-35　书写主线路线号　　图 11-36　书写控制线路线号

步骤 05　绘制文字

①单击【默认】选项卡【注释】面板中的【多行文字】按钮，在表格中添加文字，指示各个线路功能。效果如图 11-39 所示。

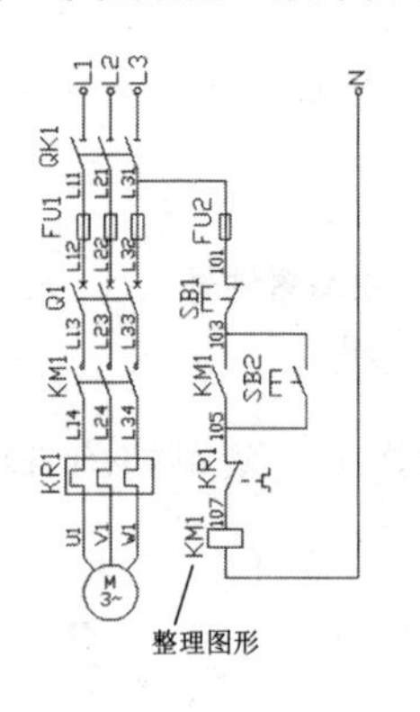

图 11-37　图形整理

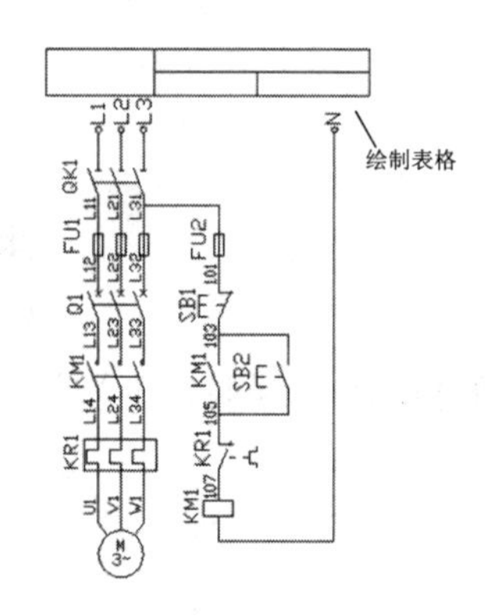

图 11-38　绘制表格

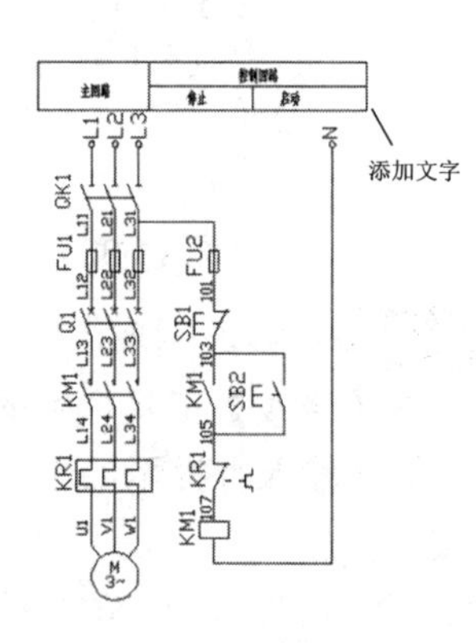

图 11-39　书写功能

②单击【默认】选项卡【注释】面板中的【多行文字】按钮，在各个器件边添加文字，指示各个器件触点号。效果如图 11-40 所示。

步骤 06　修改图形

单击【修改】工具栏中的【移动】按钮，整理图形。效果如图 11-41 所示。

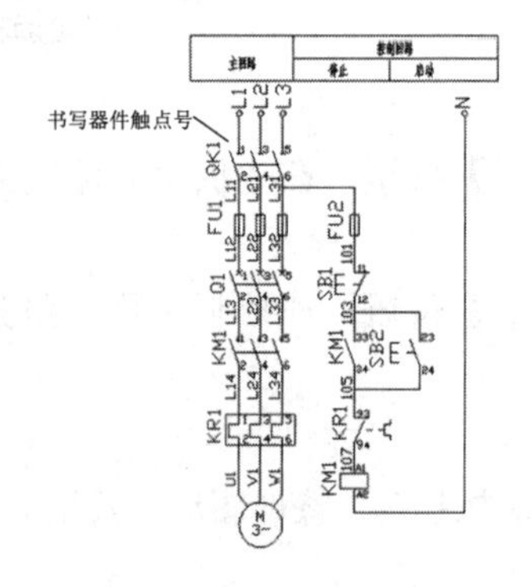

图 11-40　书写器件触点号

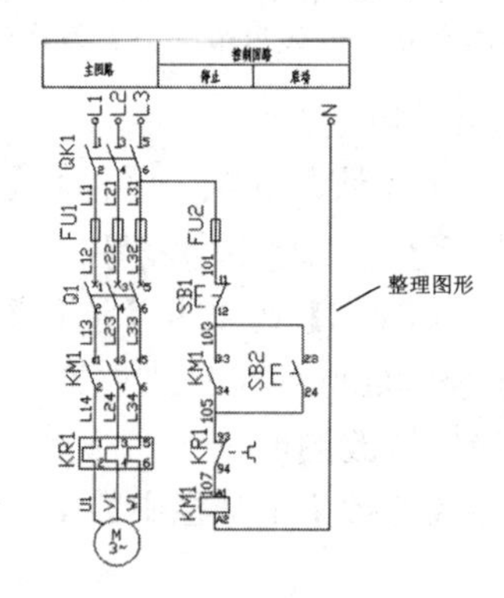

图 11-41　整理图形

11.2.5 添加图框

步骤 01 绘制矩形

❶单击【绘图】工具栏中的【矩形】按钮▭，绘制一个尺寸为 200×131 的矩形，如图 11-42 所示。

❷单击【绘图】工具栏中的【矩形】按钮▭，绘制一个尺寸为 210×148.5 的矩形，如图 11-43 所示。

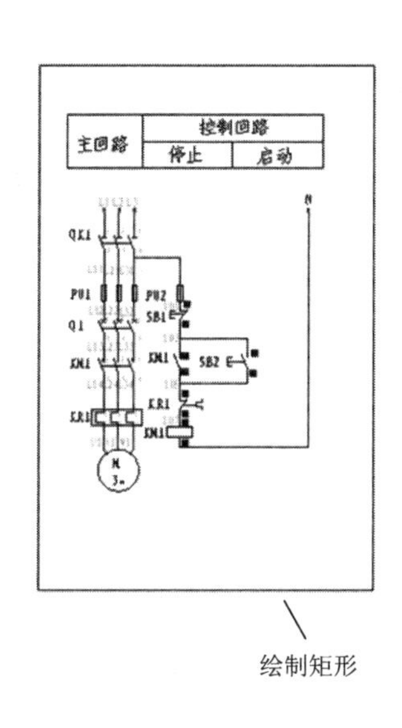

图 11-42 绘制矩形

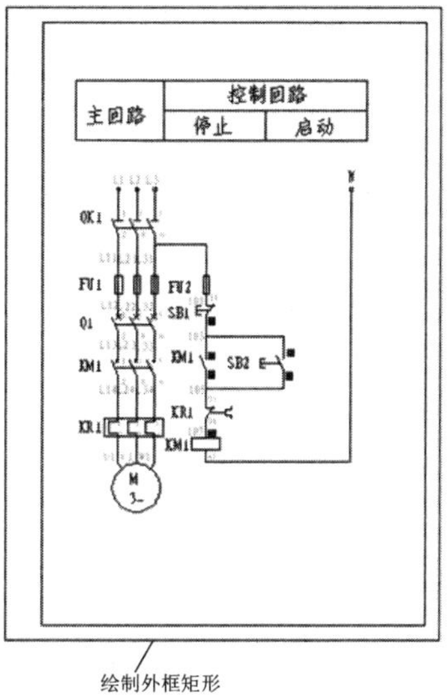

绘制外框矩形

图 11-43 绘制外框矩形

步骤 02 绘制表格并添加文字

❶单击【绘图】工具栏中的【直线】按钮⁄，绘制表格，尺寸如图 11-44 所示。

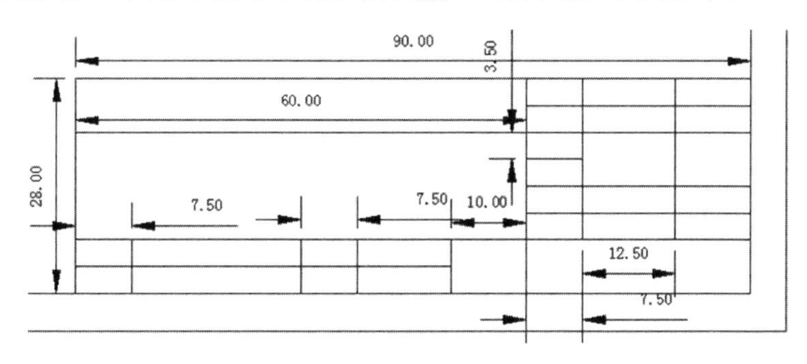

图 11-44 绘制表格

❷单击【默认】选项卡【注释】面板中的【多行文字】按钮，在表格中添加文字，完成单个电机的启动/停止控制原理图绘制，如图 11-45 所示。

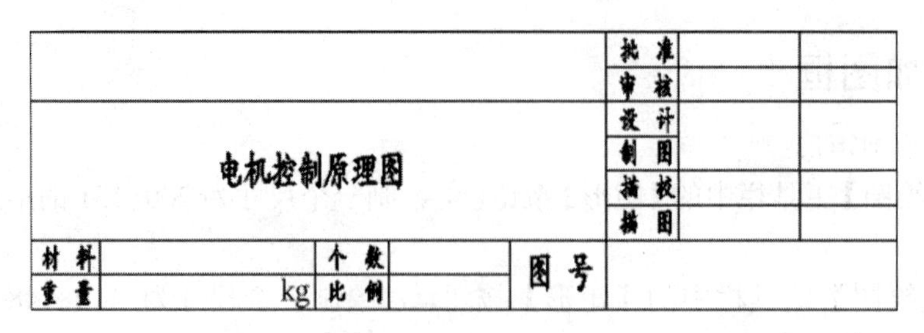

图 11-45　添加文字

11.3　本 章 小 结

本章主要介绍了电机控制电气原理图的绘制。通过本章的学习，读者应该能够基本掌握电气控制图的绘制方法和步骤，对电路图有一个更深的认识，在以后的工作中也可以更好地运用AutoCAD 进行电路图的绘制。

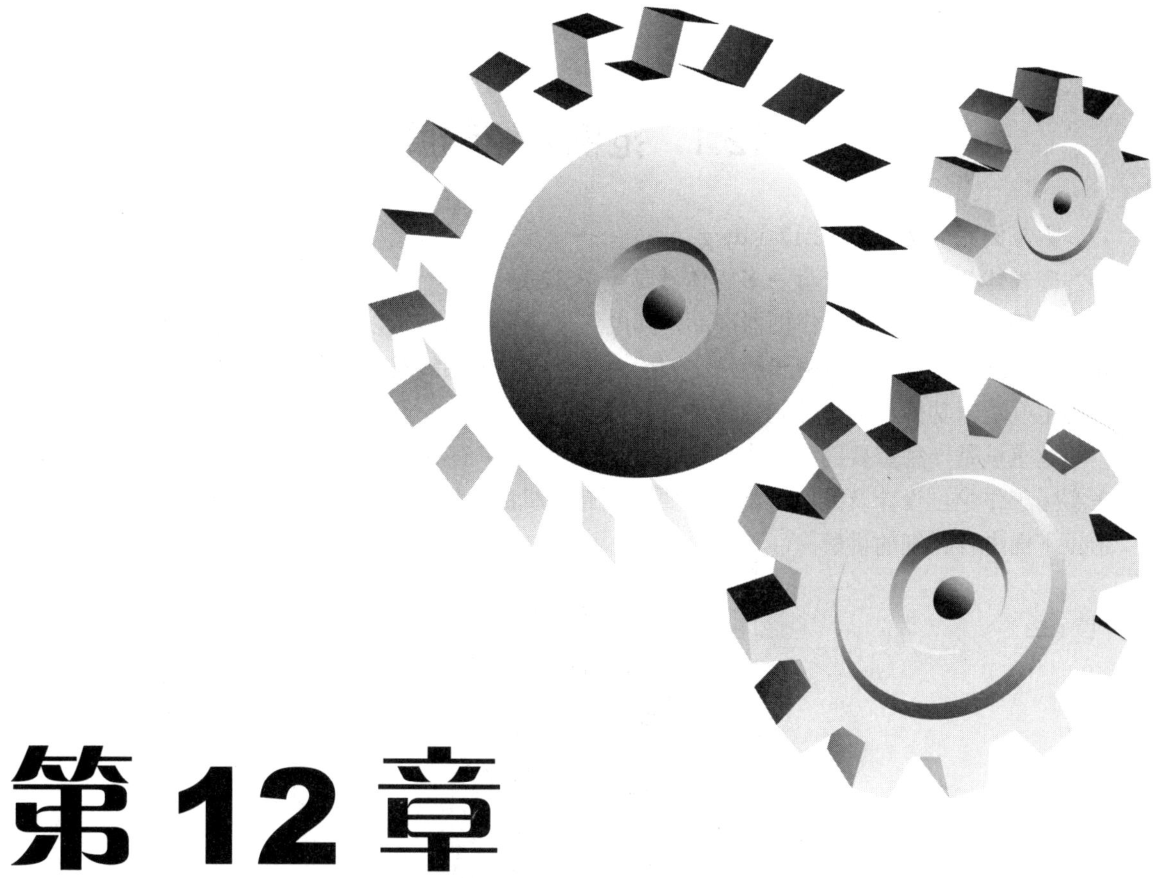

第12章

机械电气设计

本章导读：

本章介绍机械电气控制图绘制的基本方法。在绘制机械电气控制图时要遵循很多规范，但可以借鉴以前的工作成果，将以前的标题栏、表格、元件符号，甚至经典线路借鉴到新图当中。本章通过对起重机电气原理图的绘制来进行详细讲解，使用户可以掌握机械电气控制图的绘制方法。

12.1　范例介绍和展示

本范例完成文件：\12\12-1.dwg

多媒体教学路径：光盘→多媒体教学→第 12 章

车辆、机床都可以看作机器产品，其电气设计有共同特点，它们的线路都可以看作主线路和辅助线路的结合。主线路一般是比较简单的，但是辅助线路却十分复杂。辅助线路执行着复杂的电气逻辑功能，用于控制、保护主线路。

起重机是一种重要的工业生产设备，在工业生产中有着不可替代的重要作用，且应用广泛。在实际工作中，设计及维修时都经常要用到起重机的电气原理图，完成后的图纸如图 12-1 所示。下面进行详细的讲解。

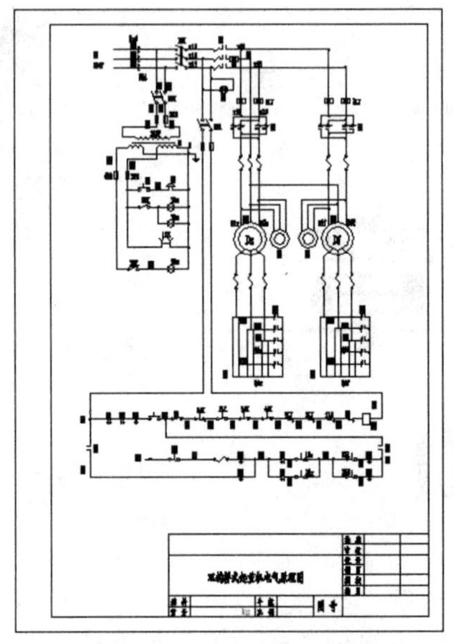

图 12-1　起重机电气原理图

12.2　范 例 制 作

本节介绍起重机电气原理图的绘制方法和技巧。通过本实例的练习，读者可以掌握【偏移】、【拉伸】、【裁剪】及【复制】等命令的综合运用。

12.2.1　绘制主线路

步骤 01　图层设置

①打开 AutoCAD 2014，新建一个二维图纸。

②绘制图纸前，先设置图层。单击【默认】选项卡【图层】面板中的【图层特性】按钮，系统弹出【图层特性管理器】面板，如图 12-2 所示。

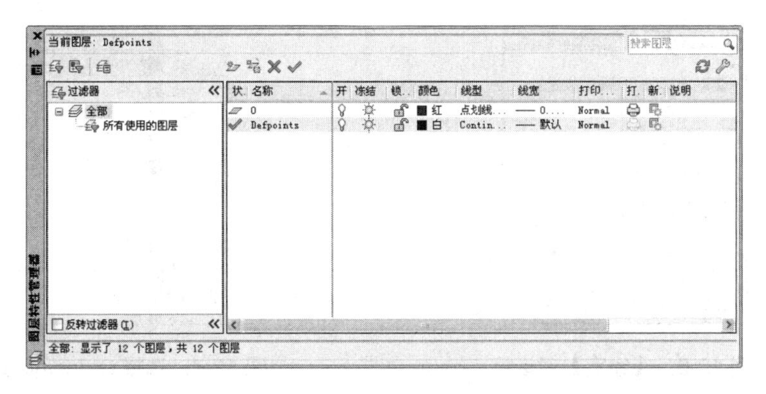

图 12-2 【图层特性管理器】面板

③单击【图层特性管理器】面板中的【新建图层】按钮，新建如图 12-3 所示的图层。更改颜色可以单击相应的【颜色】列，弹出如图 12-4 所示的【选择颜色】对话框，选择合适的颜色；更改线型，可以单击相应的【线型】列，弹出如图 12-5 所示的【选择线型】对话框，选择合适的线型，如果没有可以单击【加载】按钮添加；更改线宽，可以单击相应的【线宽】列，弹出如图 12-6 所示的【线宽】对话框，选择合适的线宽，单击【确定】按钮。

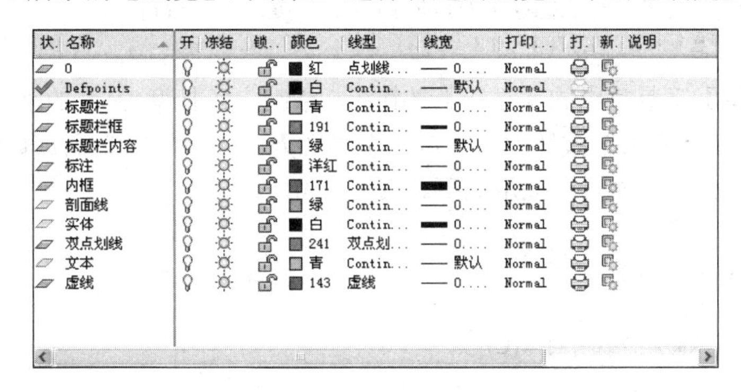

图 12-3 新建图层

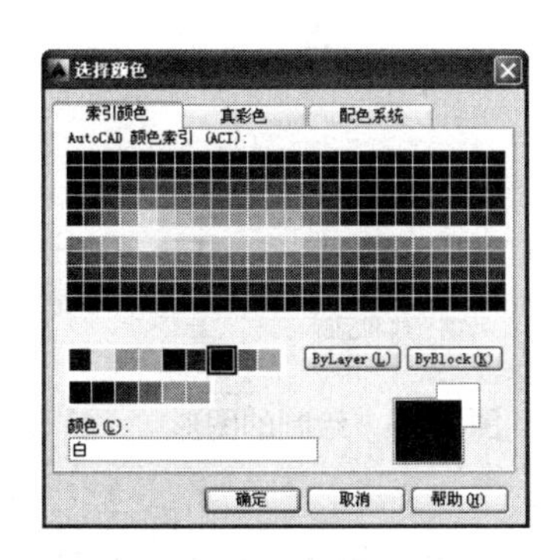

图 12-4 【选择颜色】对话框

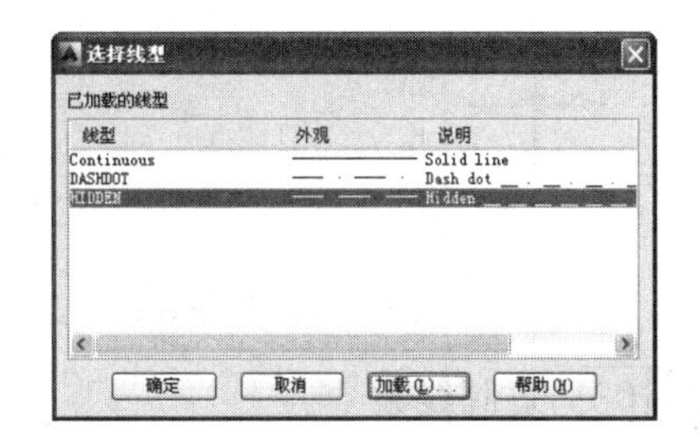

图 12-5 【选择线型】对话框

④单击【默认】选项卡【图层】面板中的【图层控制】下拉列表，如图 12-7 所示，选择 Defpoints 选项，进行主线路的绘制。

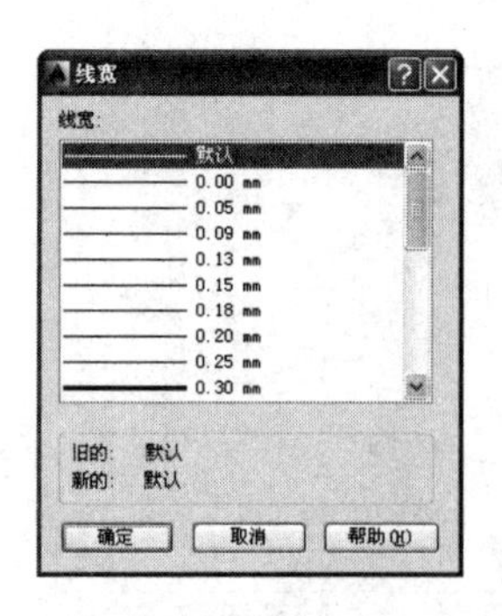

图 12-6 【线宽】对话框

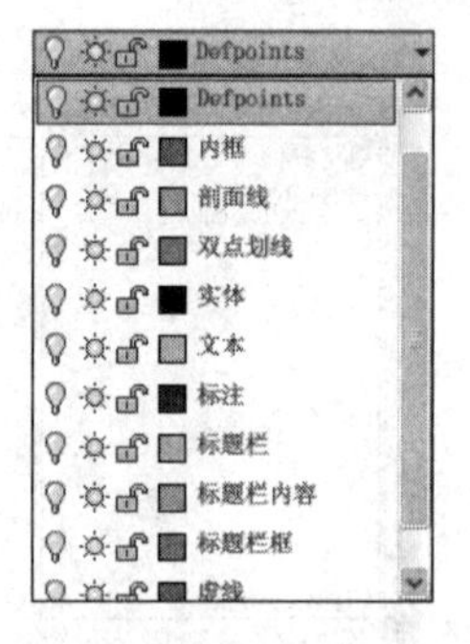

图 12-7 选择 Defpoints 选项

步骤02 绘制直线、圆和圆弧

①单击【绘图】工具栏中的【直线】按钮，绘制一条长度为 42.2 的水平线，再单击【圆】按钮，绘制一个半径为 0.8 的圆位于直线的一端，如图 12-8 所示。命令输入行提示如下。

```
命令: _line 指定第一点:
指定下一点或 [放弃(U)]: 42.2                                   //指定第二点
指定下一点或 [放弃(U)]:
命令: _circle 指定圆的圆心或 [三点(3P)/两点(2P)/切点、切点、半径(T)]:
指定圆的半径或 [直径(D)] <7.5284>: 0.8                        //指定半径
```

②单击【绘图】工具栏中的【直线】按钮，绘制一条长度为 4 的垂直线，位于水平线的中间位置，再单击【圆弧】按钮，绘制一个半径为 3.32 的半圆弧，顶点位于垂直线的中心，如图 12-9 所示。命令输入行提示如下。

```
命令: _line 指定第一点:
指定下一点或 [放弃(U)]: 4                  //指定第二点
指定下一点或 [放弃(U)]:
命令: _arc 指定圆弧的起点或 [圆心(C)]: c
指定圆弧的圆心:                            //指定圆心
指定圆弧的起点: 3.32                       //指定半径
指定圆弧的端点或 [角度(A)/弦长(L)]:  <正交 开>
```

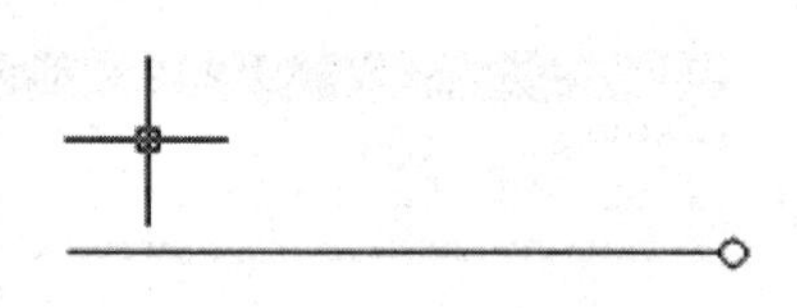

图 12-8 绘制直线和圆

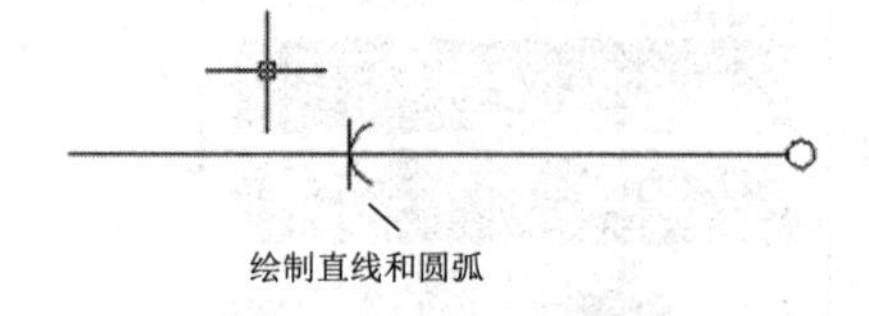

图 12-9 绘制的图形

步骤03 复制线条

选中刚绘制的图形，如图 12-10 所示；单击【修改】工具栏中的【复制】按钮，单击水平线端点向下平移 6，如图 12-11 所示，再次进行复制，向下平移距离为 6，得到的结果如图 12-12 所示。命令输入行提示如下。

```
命令: _copy
选择对象: 指定对角点: 找到 1 个                                //选择对象
```

```
选择对象:
当前设置:  复制模式 = 多个
指定基点或 [位移(D)/模式(O)] <位移>: 指定第二个点或 <使用第一个点作为位移>:6   //指定位移
指定第二个点或 [退出(E)/放弃(U)] <退出>:  *取消*
```

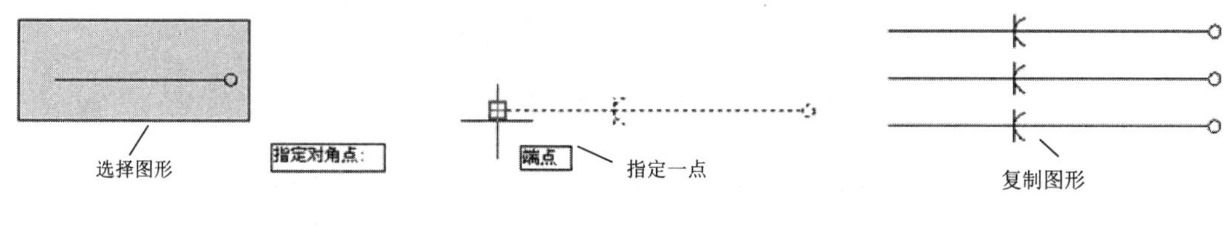

图 12-10　选中图形　　图 12-11　选择基点　　图 12-12　复制的图形

步骤 04 绘制直线和圆

❶单击【绘图】工具栏中的【直线】按钮，绘制一条长度为 17.72 的水平线，再单击【圆】按钮，绘制一个半径为 0.8 的圆位于直线的一端，如图 12-13 所示。

❷单击【绘图】工具栏中的【直线】按钮，绘制一条斜线作为开关，如图 12-14 所示。

图 12-13　绘制直线和圆　　图 12-14　绘制开关

❸单击【绘图】工具栏中的【直线】按钮，绘制一条"之"字线，如图 12-15 所示。

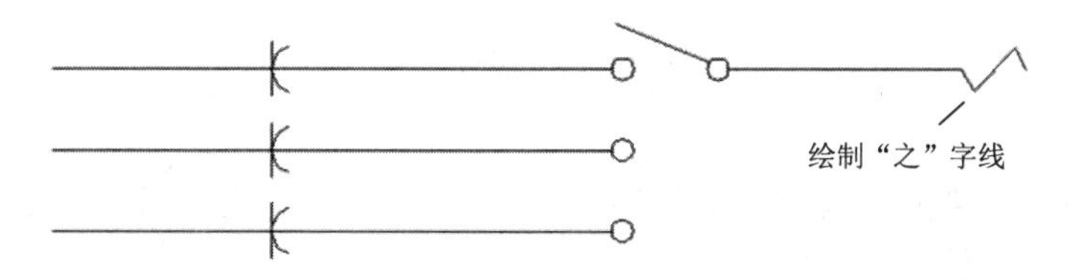

图 12-15　绘制"之"字线

❹单击【绘图】工具栏中的【直线】按钮，绘制两条相互垂直的线，垂直线高为 2.62，如图 12-16 所示。

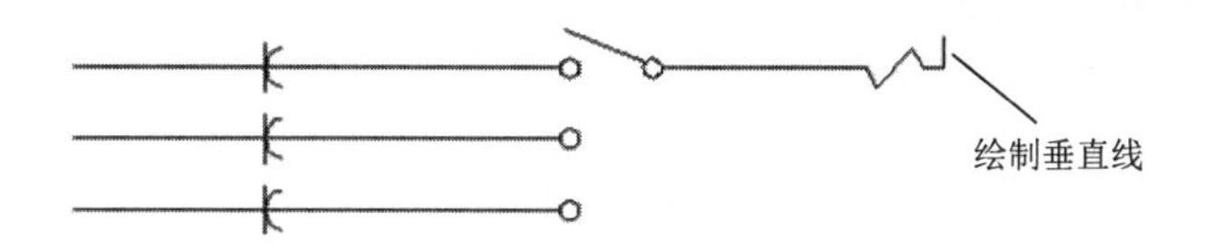

图 12-16　绘制垂直线

❺单击【绘图】工具栏中的【直线】按钮，绘制两条相互垂直的线，垂直线距离左边垂直线为 2.35，如图 12-17 所示。其中右边的水平线可以长一些，长度为 350。

步骤 05 复制线条

选中刚创建的图形，单击【修改】工具栏中的【复制】按钮，单击水平线端点向下平移

6，并平移两次，如图 12-18 所示。

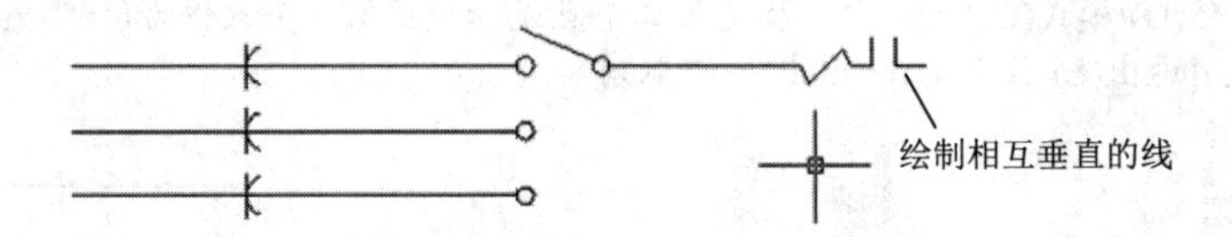

图 12-17　绘制两条相互垂直的线

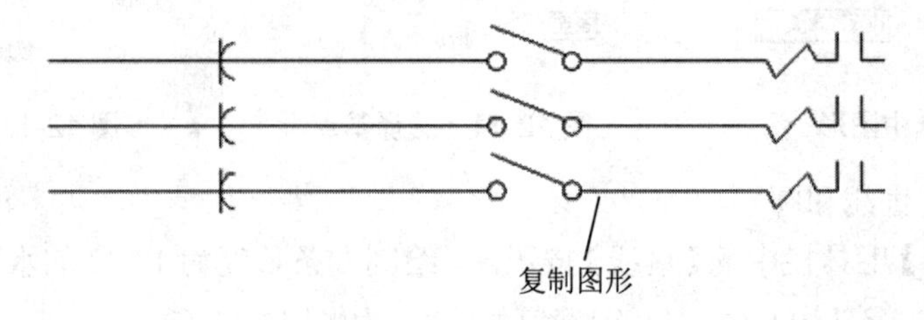

图 12-18　复制图形

步骤 06　绘制直线连接开关

单击【绘图】工具栏中的【直线】按钮，绘制两条直线将开关连接，如图 12-19 所示。

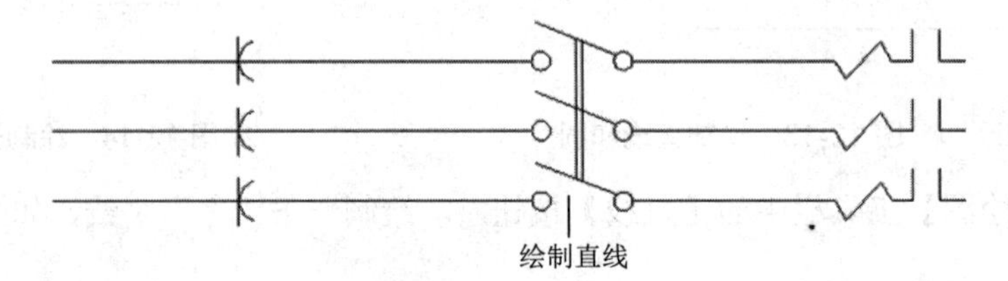

图 12-19　连接开关

步骤 07　绘制矩形

单击【绘图】工具栏中的【矩形】按钮，在中间的线路绘制一个矩形，如图 12-20 所示，尺寸为 5.92×3.44。命令输入行提示如下。

```
命令: _rectang
指定第一个角点或 [倒角(C)/标高(E)/圆角(F)/厚度(T)/宽度(W)]:            //指定角点
指定另一个角点或 [面积(A)/尺寸(D)/旋转(R)]: d
指定矩形的长度 <10.0000>: 5.92                                   //矩形长度
指定矩形的宽度 <10.0000>: 3.44                                   //矩形宽度
指定另一个角点或 [面积(A)/尺寸(D)/旋转(R)]:                       //指定角点
```

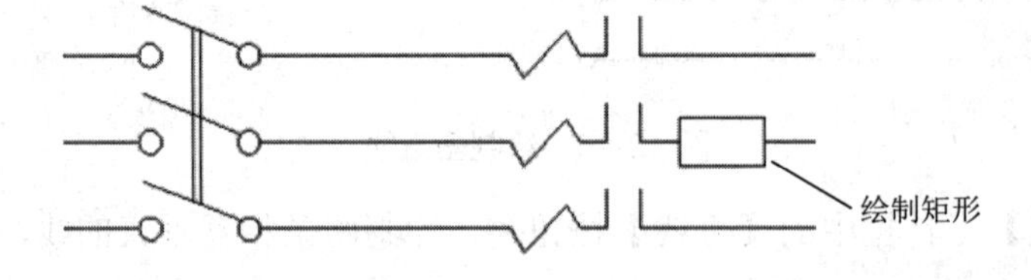

图 12-20　绘制矩形

步骤 08　绘制直线和矩形

①单击【绘图】工具栏中的【直线】按钮，在 3 条水平线上绘制 3 条垂直线，水平距

离为 6，如图 12-21 所示。

②单击【绘图】工具栏中的【矩形】按钮，在两边的线路绘制矩形，尺寸为 5.92×3.44，如图 12-22 所示。

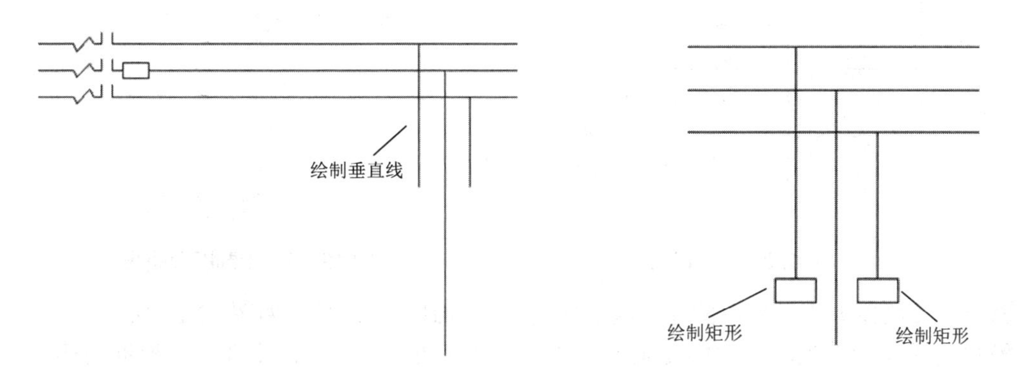

图 12-21　绘制垂直线

图 12-22　绘制矩形

③单击【绘图】工具栏中的【直线】按钮，绘制一组图形如图 12-23 所示。

④单击【绘图】工具栏中的【直线】按钮，绘制直线和斜线，如图 12-24 所示。

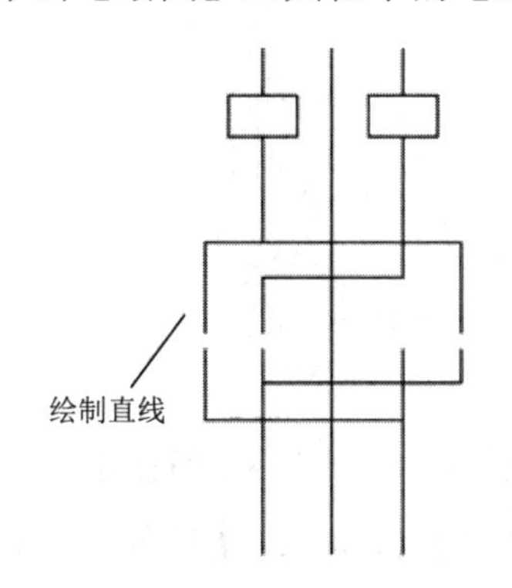

图 12-23　绘制一组图形

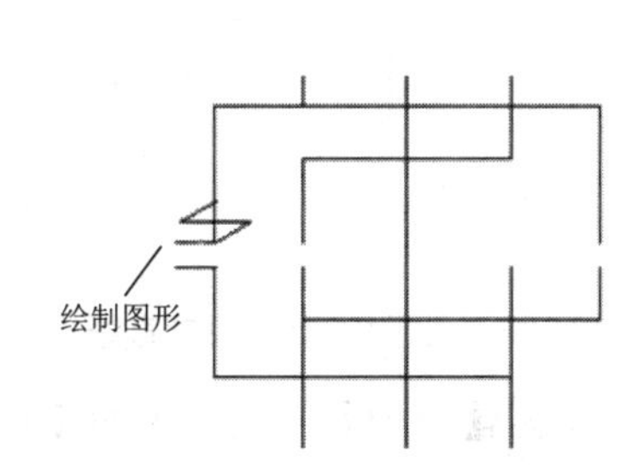

图 12-24　绘制直线和斜线

步骤 09　复制图形

选中刚绘制的图形，单击【修改】工具栏中的【复制】按钮，分别复制三组，如图 12-25 所示。

步骤 10　绘制直线、圆和样条曲线

①单击【绘图】工具栏【圆】按钮，绘制半径为 0.8 的圆，再单击【样条曲线】按钮，绘制曲线，并进行复制，如图 12-26 所示。命令输入行提示如下。

```
命令: _circle 指定圆的圆心或 [三点(3P)/两点(2P)/切点、切点、半径(T)]:
指定圆的半径或 [直径(D)]: 0.8                                  //指定半径
命令: _spline
指定第一个点或 [对象(O)]:                                       //指定第一点
指定下一点:                                                     //指定第二点
指定下一点或 [闭合(C)/拟合公差(F)] <起点切向>:
指定下一点或 [闭合(C)/拟合公差(F)] <起点切向>:
指定下一点或 [闭合(C)/拟合公差(F)] <起点切向>:
```

指定起点切向:
指定端点切向:

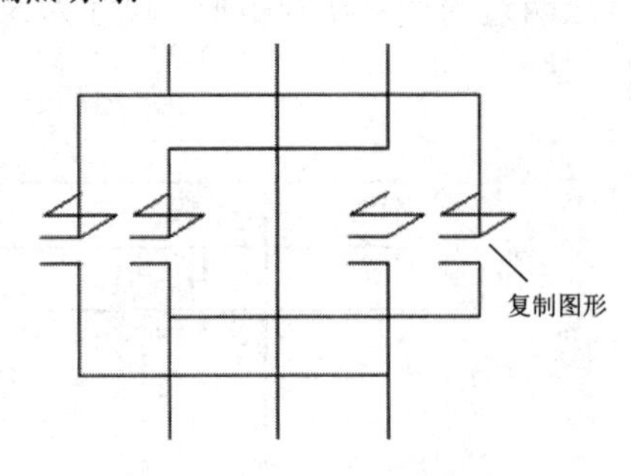

图 12-25　复制图形

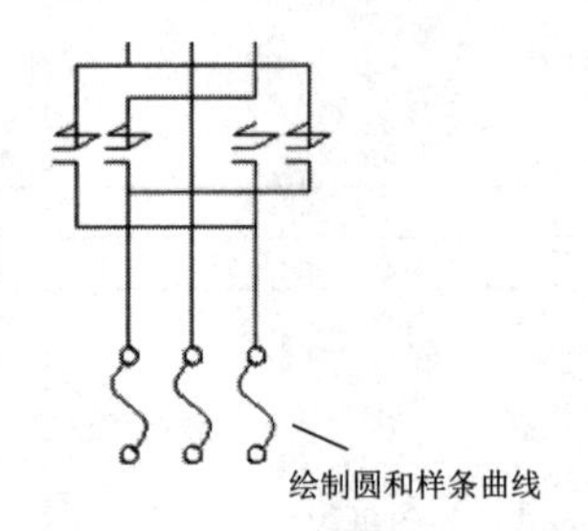

图 12-26　绘制圆和曲线

②单击【绘图】工具栏中的【直线】按钮，绘制两组直线，如图 12-27 所示。

③单击【绘图】工具栏中的【圆】按钮，绘制两组同心圆，半径可以根据需要调整，如图 12-28 所示。

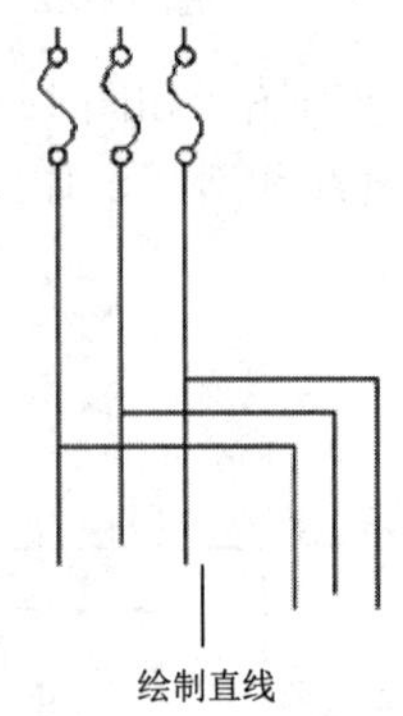

图 12-27　绘制直线

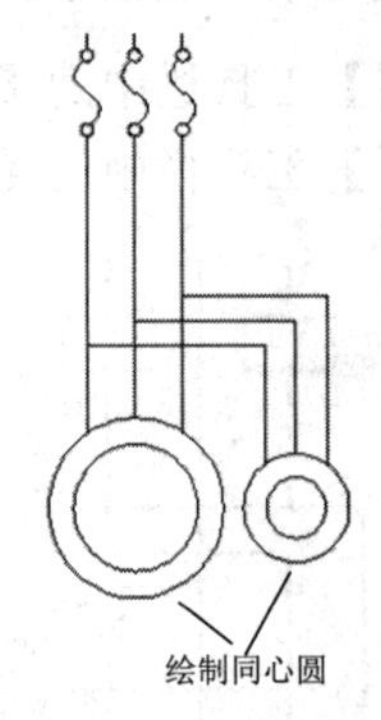

图 12-28　绘制两组同心圆

④分别单击【绘图】工具栏中的【直线】按钮、【圆】按钮和【样条曲线】按钮，绘制两组图形，如图 12-29 所示。

⑤单击【绘图】工具栏中的【直线】按钮，绘制线框图形，如图 12-30 所示。

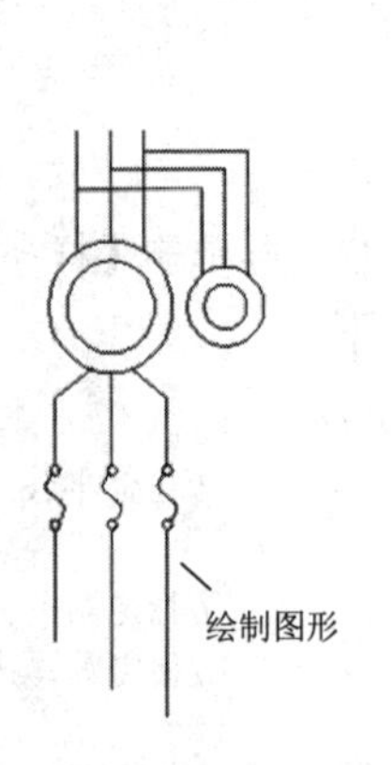

图 12-29　绘制图形

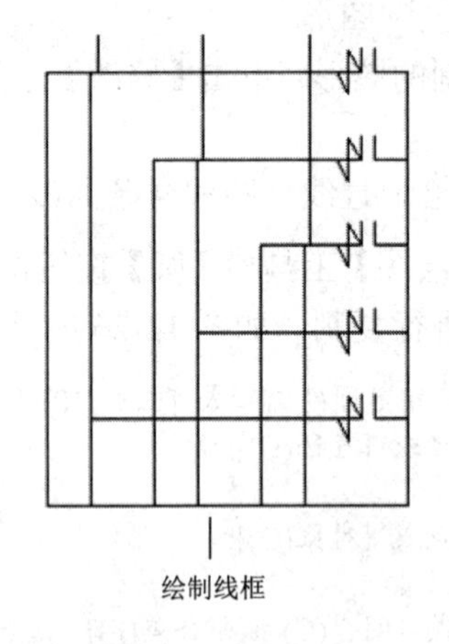

图 12-30　绘制线框图形

步骤 11 绘制直线，复制、修剪线条

反向选中绘制的电动机电路，如图 12-31 所示，单击【修改】工具栏中的【复制】按钮，复制另一组电动机电路，使用【修剪】按钮和【直线】按钮进行修改，效果如图 12-32 所示。命令输入行提示如下。

```
命令: _copy
选择对象: 指定对角点: 找到 1 个                                          //选择对象
选择对象:
当前设置:  复制模式 = 多个
指定基点或 [位移(D)/模式(O)] <位移>: 指定第二个点或 <使用第一个点作为位移>:  //指定基点
指定第二个点或 [退出(E)/放弃(U)] <退出>:   *取消*
命令: _trim
当前设置:投影=UCS, 边=无
选择剪切边...
选择对象或 <全部选择>:                                                  //选择对象
选择要修剪的对象, 或按住 Shift 键选择要延伸的对象, 或                     //选择修剪对象
[栏选(F)/窗交(C)/投影(P)/边(E)/删除(R)/放弃(U)]:
选择要修剪的对象, 或按住 Shift 键选择要延伸的对象, 或
[栏选(F)/窗交(C)/投影(P)/边(E)/删除(R)/放弃(U)]:   *取消*
命令: _line 指定第一点:
指定下一点或 [放弃(U)]:                                                 //指定第二点
指定下一点或 [放弃(U)]:
```

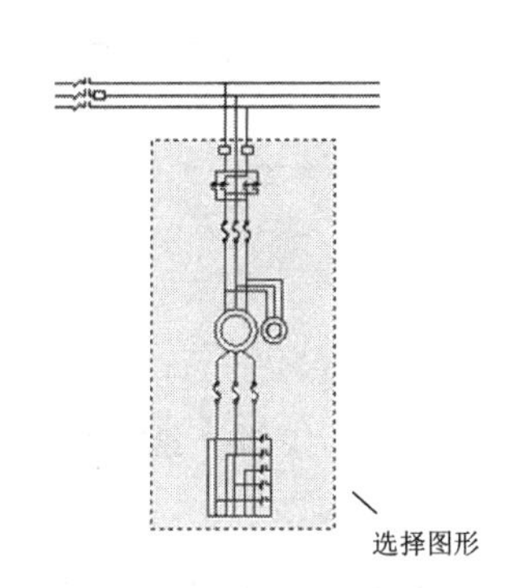

图 12-31　选中图形

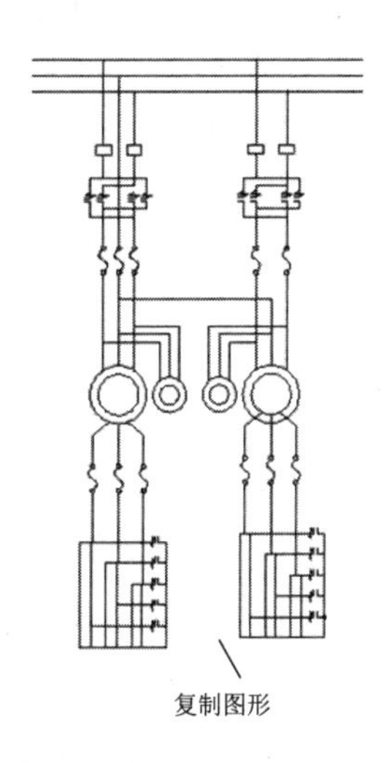

图 12-32　复制并修剪图形

12.2.2　绘制控制电路

步骤 01 绘制直线和圆

① 单击【绘图】工具栏中的【直线】按钮，绘制两条垂直线，再单击【圆】按钮，绘制两个半径为 0.8 的圆位于直线的一端，如图 12-33 所示。

② 单击【绘图】工具栏中的【直线】按钮和【圆】按钮，绘制开关的另一端，如图 12-34 所示。

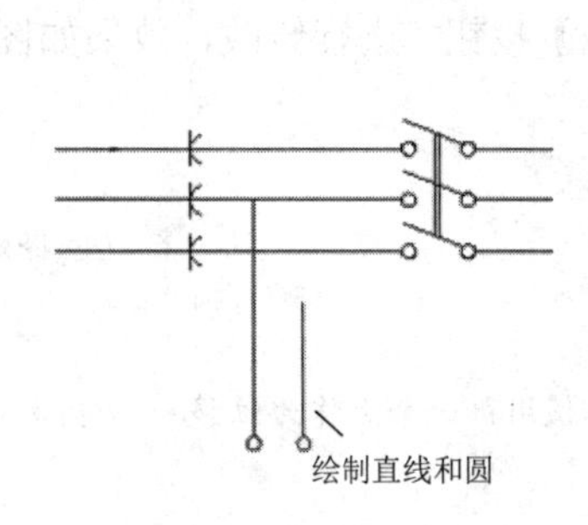

图 12-33　绘制直线和圆

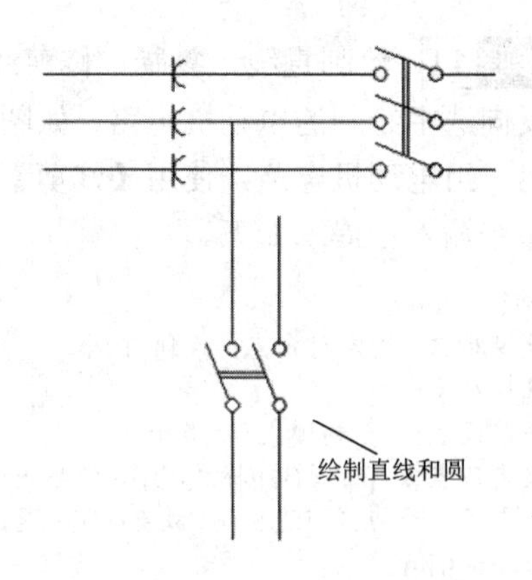

图 12-34　绘制开关另一端

步骤 02　绘制矩形保险丝

单击【绘图】工具栏中的【矩形】按钮，绘制保险丝，尺寸为 2.3×5.32，如图 12-35 所示。

步骤 03　绘制直线线路

单击【绘图】工具栏中的【直线】按钮，绘制线路如图 12-36 所示。

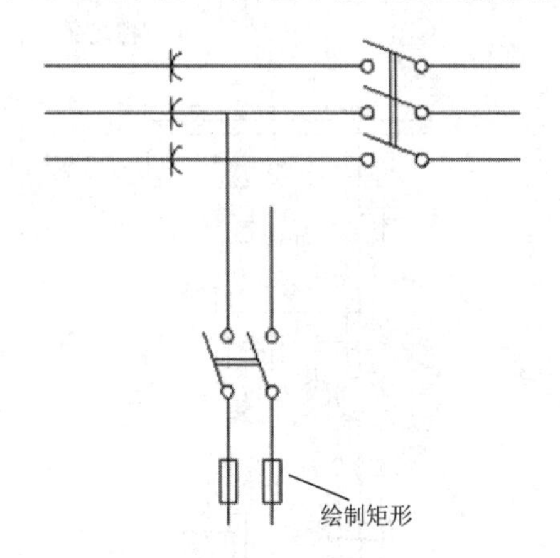

图 12-35　绘制保险丝

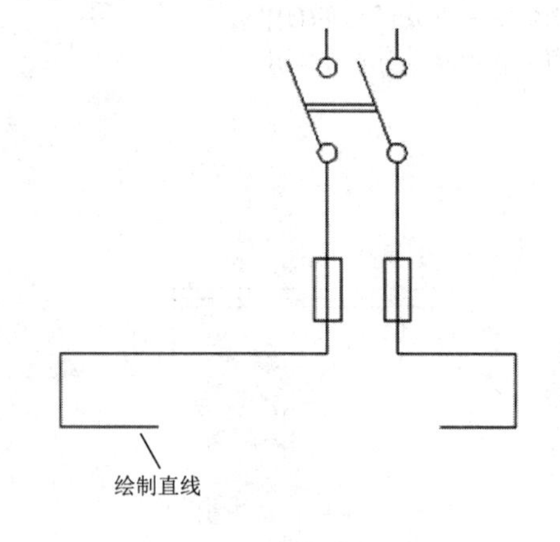

图 12-36　绘制线路

步骤 04　绘制圆弧并阵列

① 单击【绘图】工具栏中的【圆弧】按钮，绘制一个直径为 3.47 的半圆，如图 12-37 所示，选中半圆，单击【修改】工具栏中的【阵列】按钮，进行阵列，如图 12-38 所示。命令输入行提示如下。

```
命令: _arc 指定圆弧的起点或 [圆心(C)]: c
指定圆弧的圆心:                                    //指定圆心
指定圆弧的起点: 1.735                              //指定半径
指定圆弧的端点或 [角度(A)/弦长(L)]:
命令: _array
选择对象: 指定对角点: 找到 1 个                    //选择对象
选择对象:
拾取或按 Esc 键返回到对话框或 <单击鼠标右键接受阵列>:
拾取或按 Esc 键返回到对话框或 <单击鼠标右键接受阵列>:
```

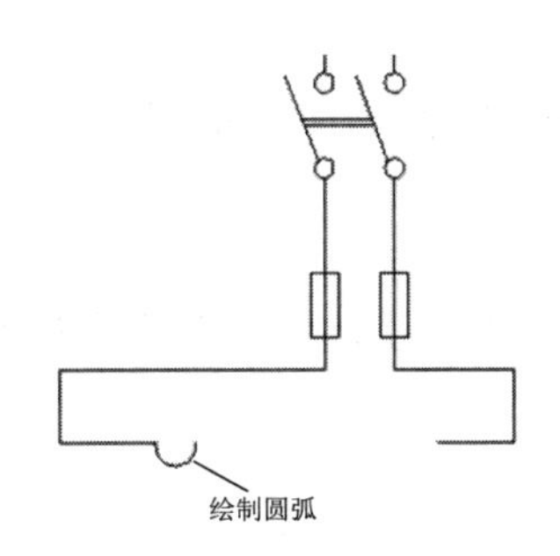

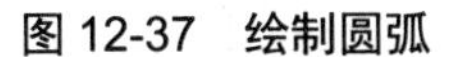
图 12-37　绘制圆弧

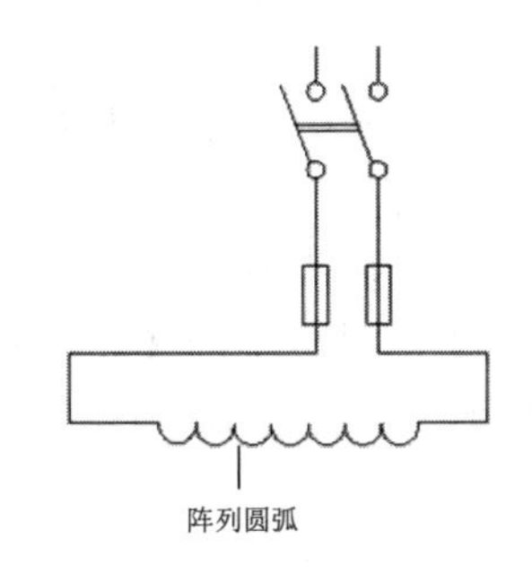

图 12-38　阵列圆弧

②使用同样的方法绘制另外两段图形，如图 12-39 所示。

步骤 05　绘制直线线路

①单击【绘图】工具栏中的【直线】按钮，绘制线路如图 12-40 所示。

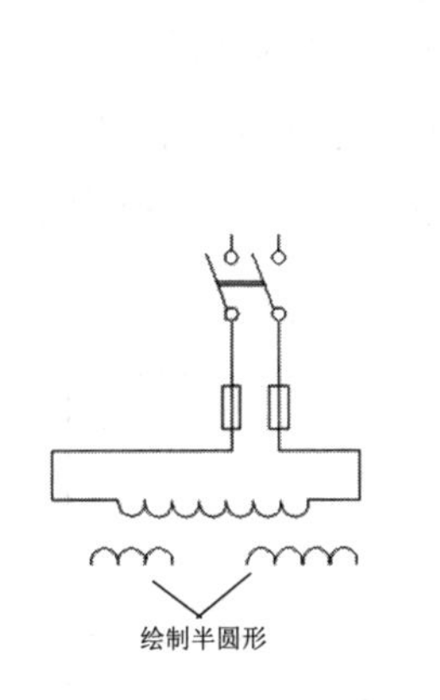

图 12-39　绘制另外两段图形

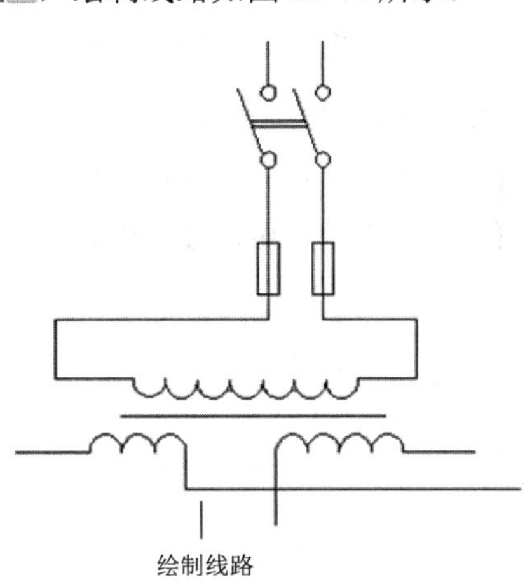

图 12-40　绘制线路

②单击【绘图】工具栏中的【直线】按钮，绘制线路如图 12-41 所示。

③单击【绘图】工具栏中的【直线】按钮，绘制接地如图 12-42 所示。

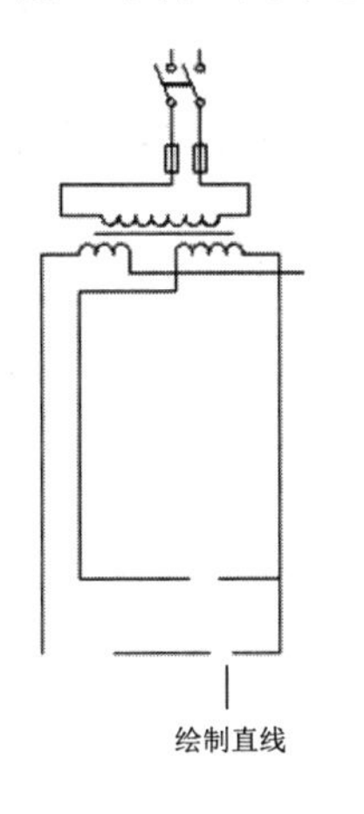

图 12-41　绘制线路

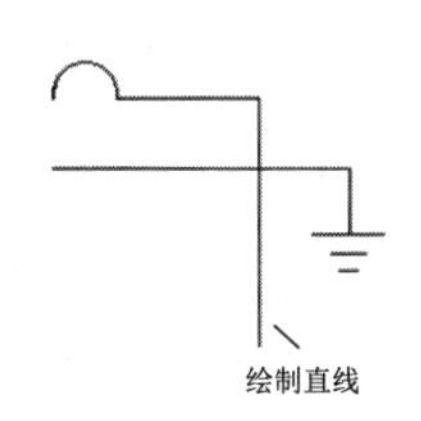

图 12-42　绘制接地

步骤06 绘制矩形保险丝

单击【绘图】工具栏中的【矩形】按钮，绘制保险丝，尺寸为2.3×5.32，如图12-43所示。

步骤07 绘制灯泡和开关

①单击【绘图】工具栏中的【直线】按钮，绘制水平线，再单击【圆】按钮，绘制两个半径为0.8的圆，如图12-44所示。

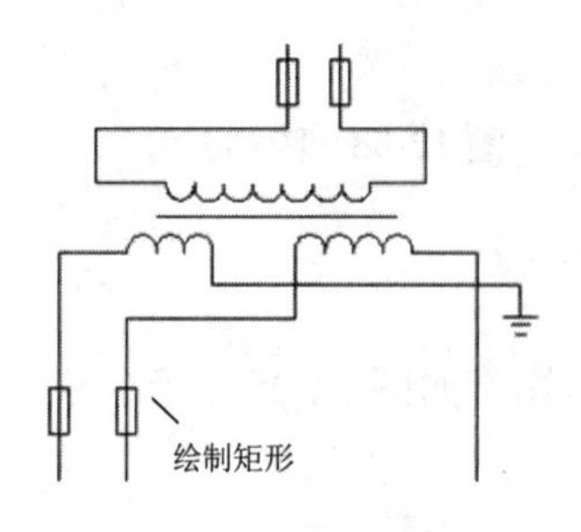

图12-43 绘制保险丝

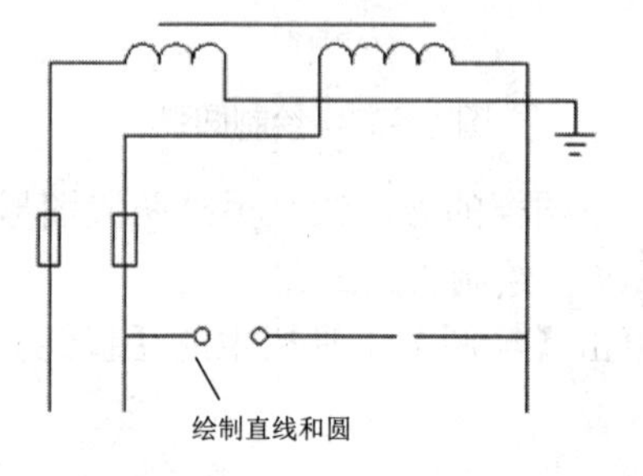

图12-44 绘制图形

②单击【绘图】工具栏中的【直线】按钮，绘制图形如图12-45所示。

③单击【绘图】工具栏中的【圆弧】按钮，绘制一个半圆，如图12-46所示。

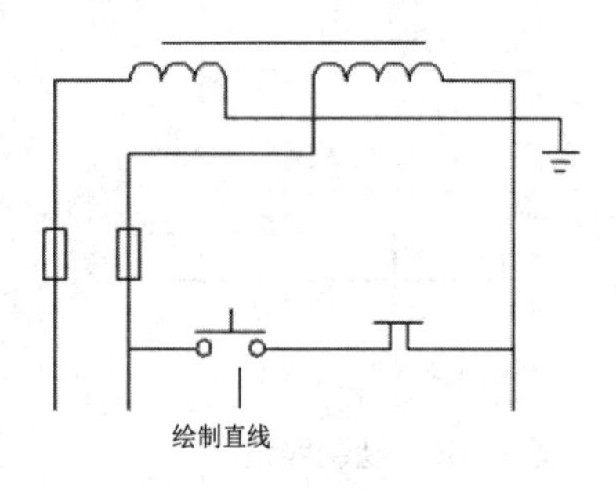

图12-45 绘制直线

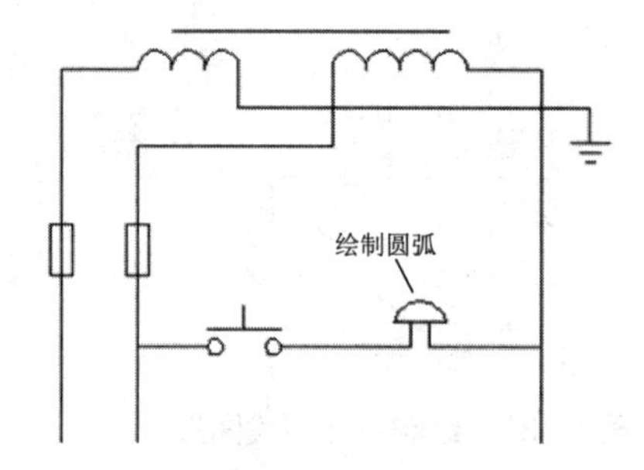

图12-46 绘制圆弧

④单击【绘图】工具栏中的【直线】按钮，绘制水平线，再单击【圆】按钮，绘制线路和开关如图12-47所示。

⑤单击【绘图】工具栏中的【圆】按钮，绘制半径为2.45，再单击【直线】按钮，在圆的内部绘制交叉线，如图12-48所示。

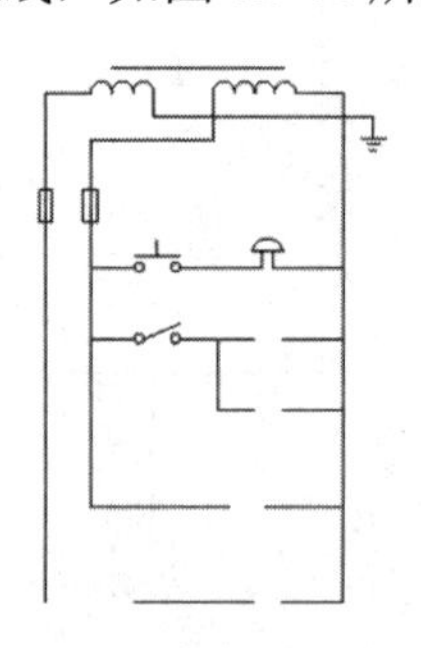

图12-47 绘制线路和开关

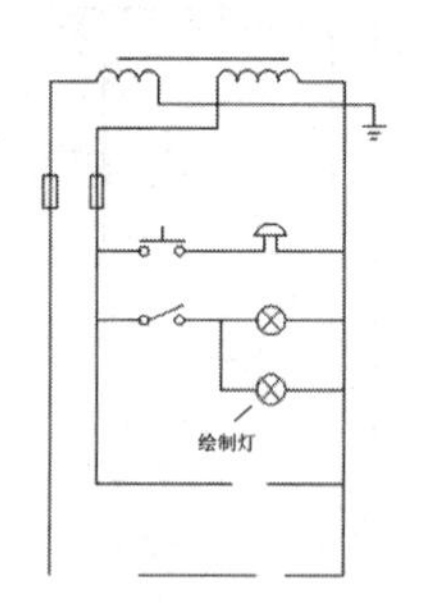

图12-48 绘制灯泡

⑥单击【绘图】工具栏中的【直线】按钮、【圆弧】按钮，绘制图形如图 12-49 所示。

步骤08 复制图形

①单击【修改】工具栏中的【复制】按钮，复制上面绘制的灯泡和开关，如图 12-50 所示。

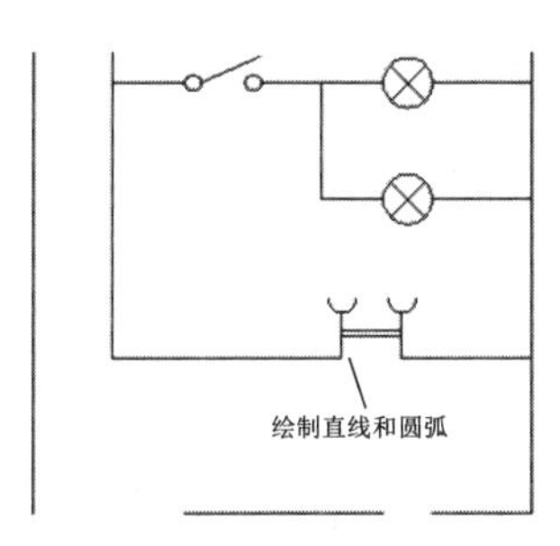

图 12-49 绘制图形

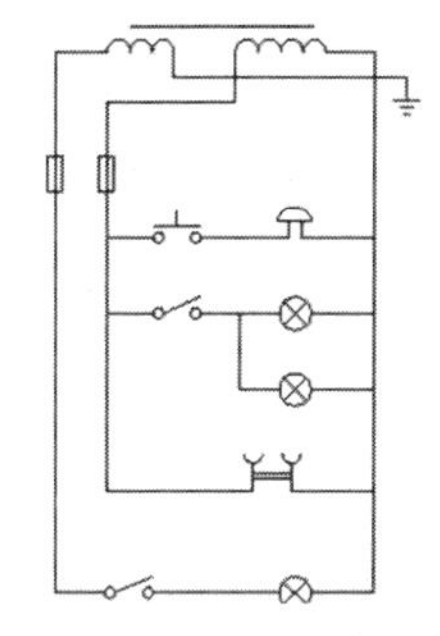
图 12-50 复制图形

②单击【修改】工具栏中的【复制】按钮，复制开关、灯泡和保险丝，并绘制电路，如图 12-51 所示。

步骤09 绘制直线并复制

①单击【绘图】工具栏中的【直线】按钮，绘制如图 12-52 所示的图形。

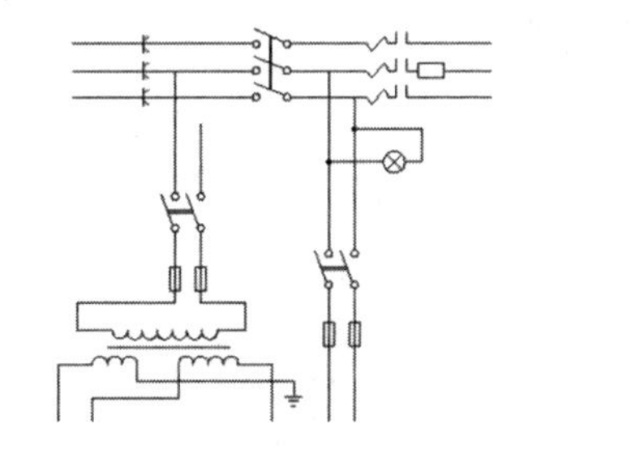
图 12-51 复制图形并绘制线路

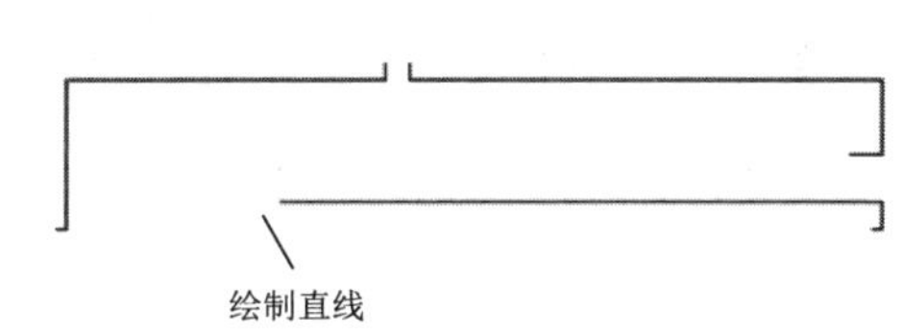

图 12-52 绘制图形

②单击【绘图】工具栏中的【直线】按钮，绘制如图 12-53 所示的图形。

③选择复制的图形，单击【修改】工具栏中的【复制】按钮，复制两个相同的图形，如图 12-54 所示，单击【绘图】工具栏中的【直线】按钮进行连接。

④单击【修改】工具栏中的【复制】按钮，复制先前绘制好的开关图形，如图 12-55 所示。

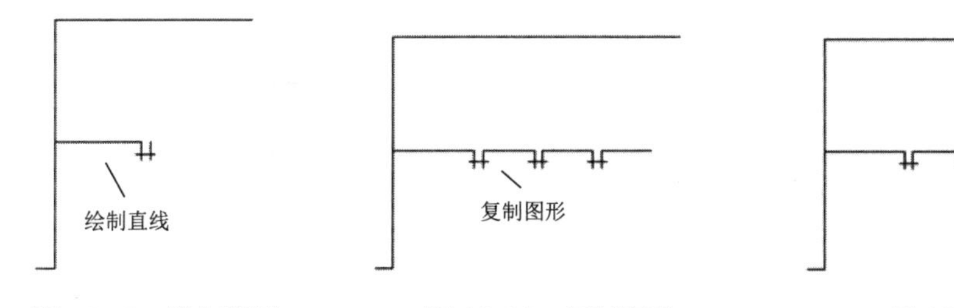

图 12-53 绘制图形　图 12-54 复制图形　图 12-55 复制开关图形

步骤10 复制图形并调整

单击【修改】工具栏中的【复制】按钮，复制先前绘制好的开关图形，如图12-56所示。其中方向不一样的部分可以使用【旋转】按钮进行调整。

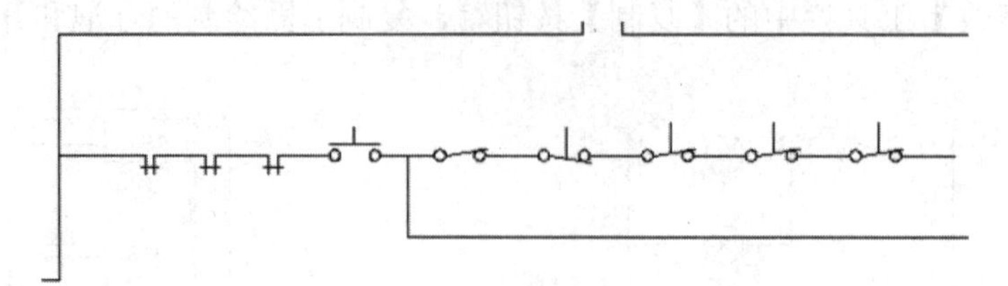

图12-56 复制图形

步骤11 绘制直线并复制

单击【绘图】工具栏中的【直线】按钮和【修改】工具栏中的【复制】按钮，绘制图形并进行复制，如图12-57所示。

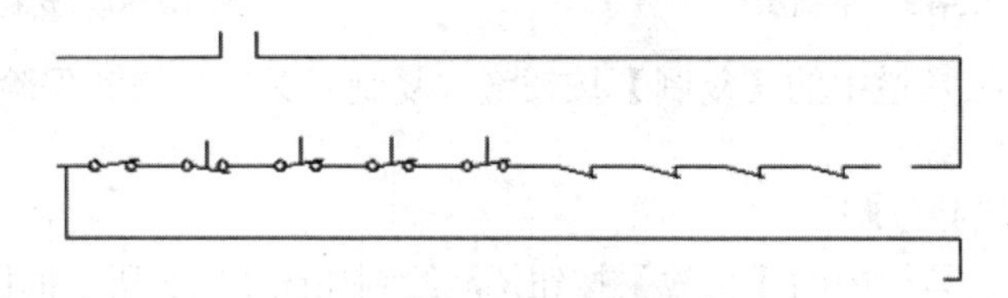

图12-57 绘制图形并复制

步骤12 绘制矩形

单击【绘图】工具栏中的【矩形】按钮，绘制一个矩形，如图12-58所示。

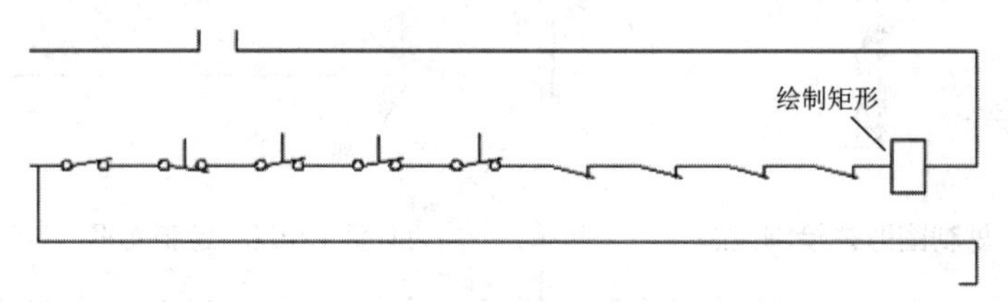

图12-58 绘制矩形

步骤13 绘制直线

单击【绘图】工具栏中的【直线】按钮，绘制线路，如图12-59所示。

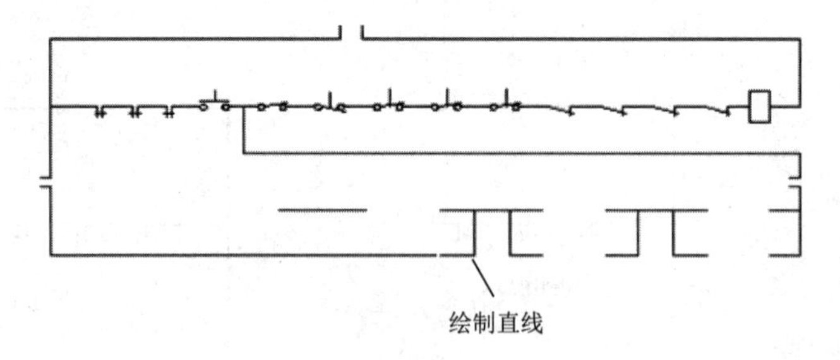

图12-59 绘制线路

步骤 14 复制图形

单击【修改】工具栏中的【复制】按钮，复制先前绘制好的图形，如图 12-60 所示。

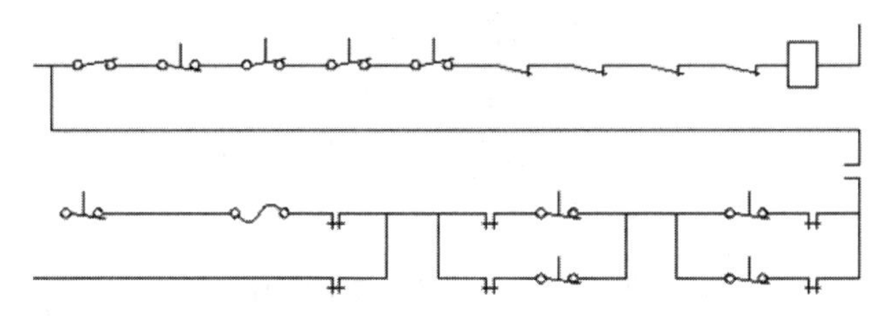

图 12-60 复制图形

步骤 15 绘制多重引线

单击【默认】选项卡【注释】面板中的【多重引线】按钮，绘制一个箭头，此处无须输入文字，如图 12-61 所示。命令输入行提示如下。

```
命令: _mleader
指定引线箭头的位置或 [引线基线优先(L)/内容优先(C)/选项(O)] <选项>:      //指定箭头位置
指定引线基线的位置:                                                  //指定基线位置
```

步骤 16 绘制多重引线

单击【绘图】工具栏中的【图案填充】按钮，填充上图绘制的灯泡图形，如图 12-62 所示。命令输入行提示如下。

```
命令: _bhatch
拾取内部点或 [选择对象(S)/删除边界(B)]:  正在选择所有对象...          //拾取内部点
正在选择所有可见对象...
正在分析所选数据...
正在分析内部孤岛...
拾取内部点或 [选择对象(S)/删除边界(B)]:
```

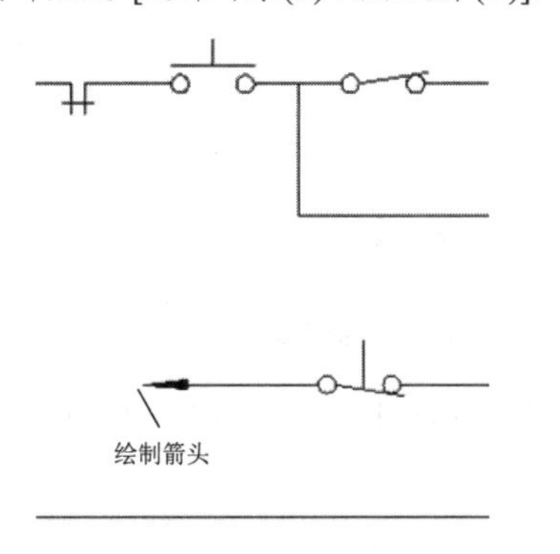

图 12-61 绘制箭头

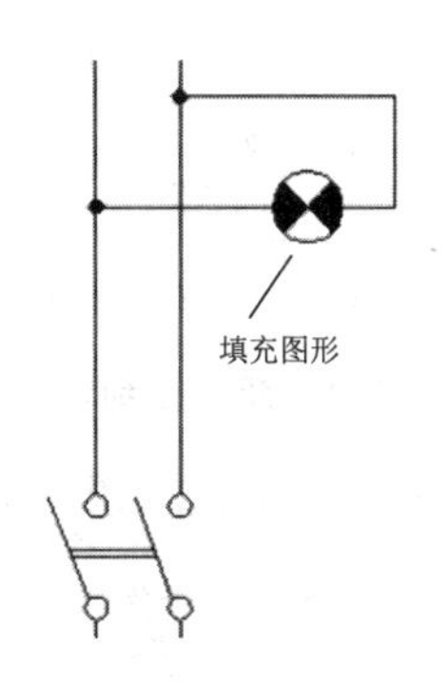

图 12-62 填充图形

12.2.3 添加附属部分

步骤 01 添加文字

① 单击【默认】选项卡【图层】面板中的【图层控制】下拉列表，如图 12-63 所示，选择【标注】选项，进行添加文字操作。

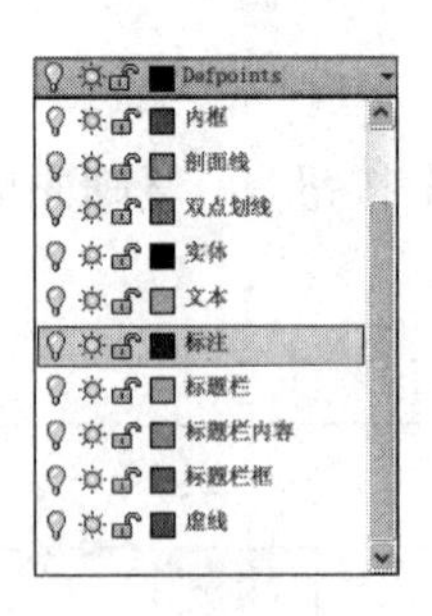

图 12-63　选择【标注】选项

②单击【默认】选项卡【注释】面板中的【多行文字】按钮，进行文字符号的添加。

③单击【多行文字】按钮，添加主线路部分的文字，如图 12-64 所示。

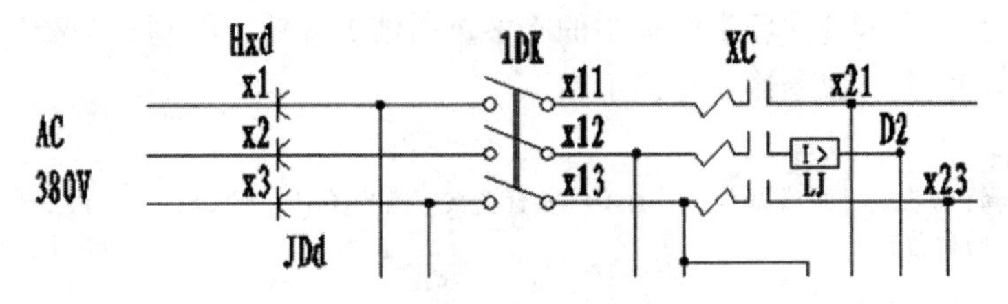

图 12-64　主线路文字

④单击【多行文字】按钮，继续添加控制电路的文字，如图 12-65 和图 12-66 所示。

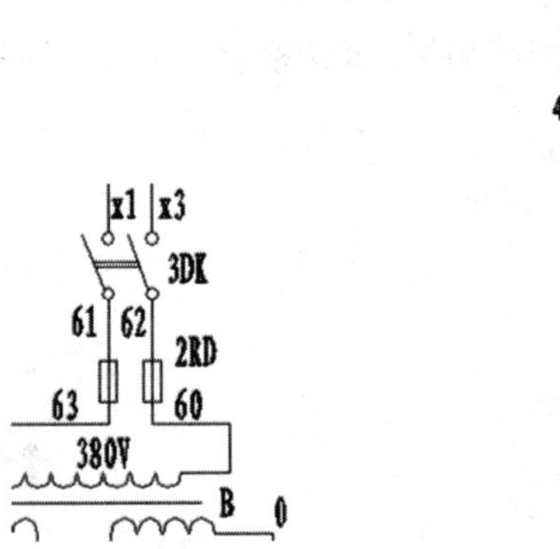

图 12-65　控制电路文字

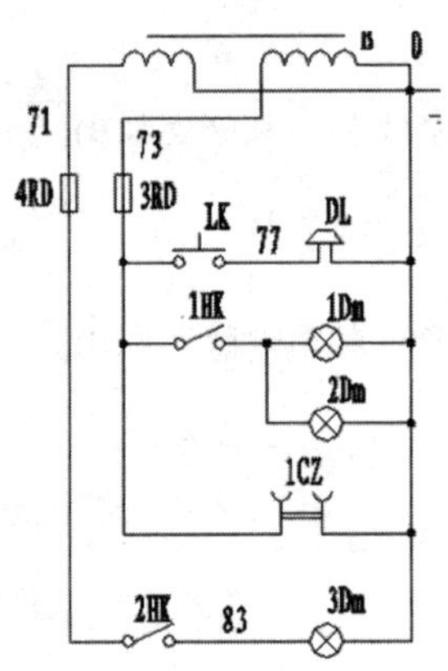

图 12-66　控制电路文字

⑤单击【多行文字】按钮，添加电机电路的文字，如图 12-67～图 12-69 所示。

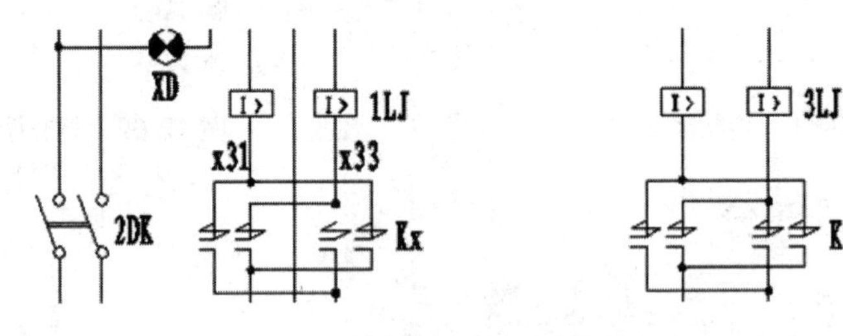

图 12-67　电机电路文字

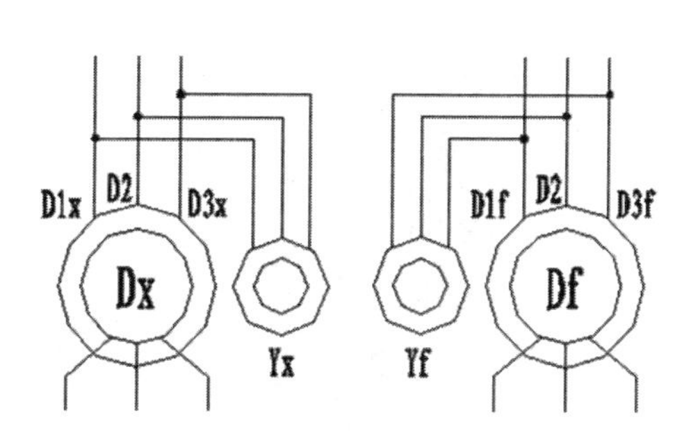

图 12-68　电机电路文字

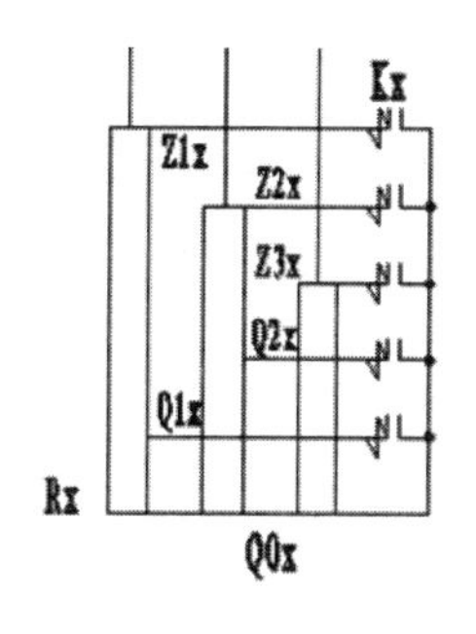

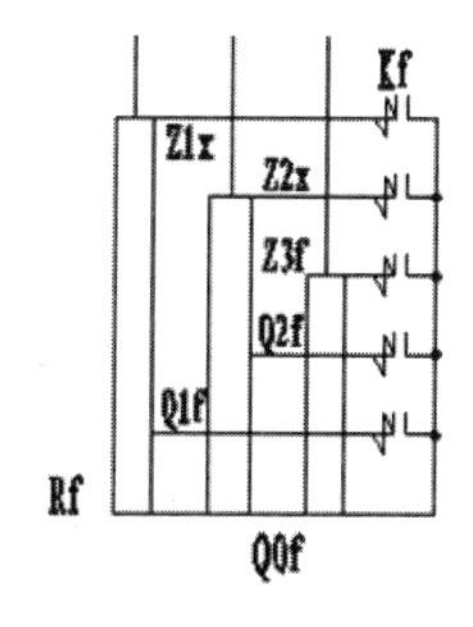

图 12-69　电机电路文字

⑥单击【多行文字】按钮，添加控制开关的电路文字，如图 12-70 所示。

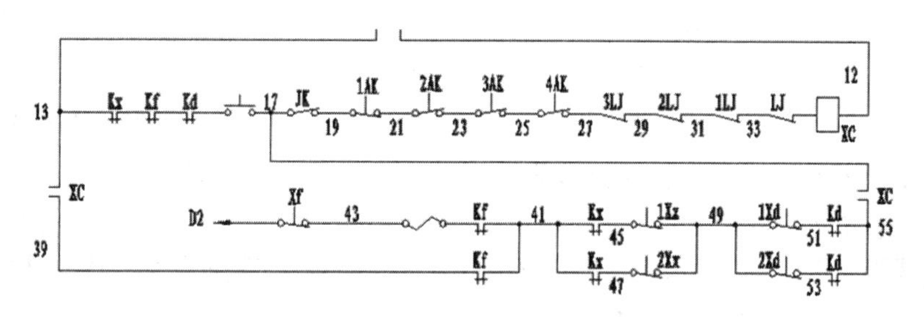

图 12-70　控制开关电路文字

步骤 02　绘制图框和标题栏

①单击【默认】选项卡【图层】面板中的【图层】下拉列表，选择【内框】选项，如图 12-71 所示，绘制图纸内框。

②单击【绘图】工具栏中的【矩形】按钮，绘制一个矩形作为图框，尺寸为 400×262，如图 12-72 所示。

图 12-71　选择【内框】选项

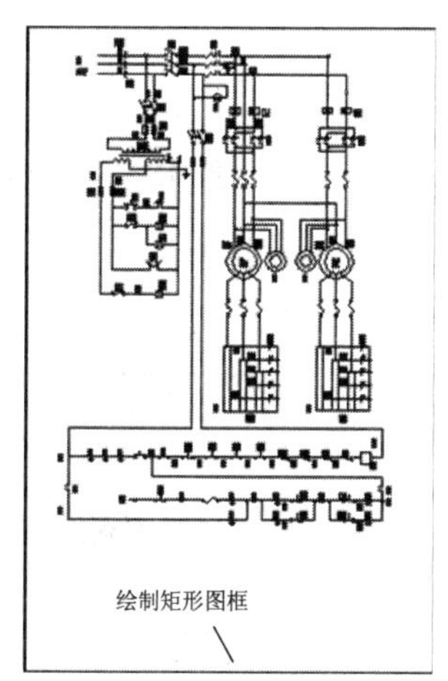

图 12-72　绘制图框

③单击【默认】选项卡【图层】面板中的【图层控制】下拉列表，选择【标题栏】选项，如图 12-73 所示，绘制图纸标题栏。

④单击【绘图】工具栏中的【矩形】按钮，绘制一个矩形作为标题栏外框，尺寸为

420×297，如图 12-74 所示。

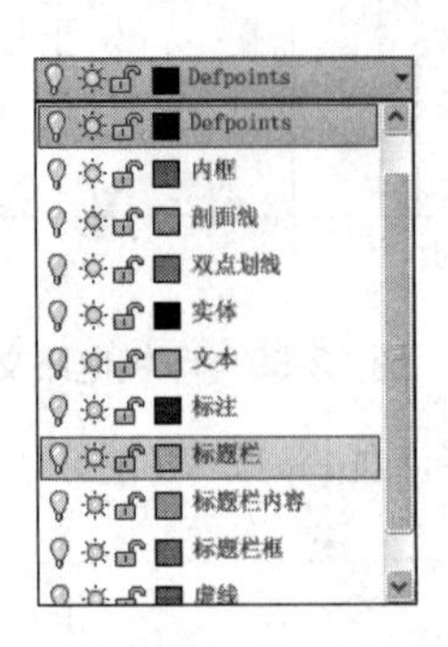

图 12-73 选择【标题栏】选项

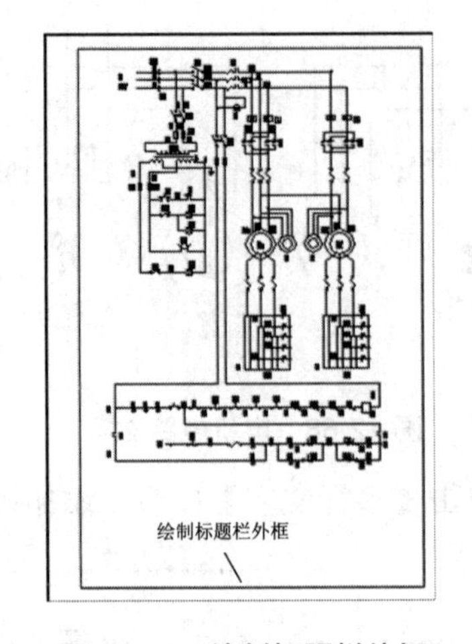

图 12-74 绘制标题栏外框

⑤单击【绘图】工具栏中的【直线】按钮，绘制标题栏，其尺寸如图 12-75 所示。

步骤 03 添加文字内容

①单击【默认】选项卡【图层】面板中的【图层控制】下拉列表，选择【标题栏内容】选项，如图 12-76 所示，进行文字的添加。

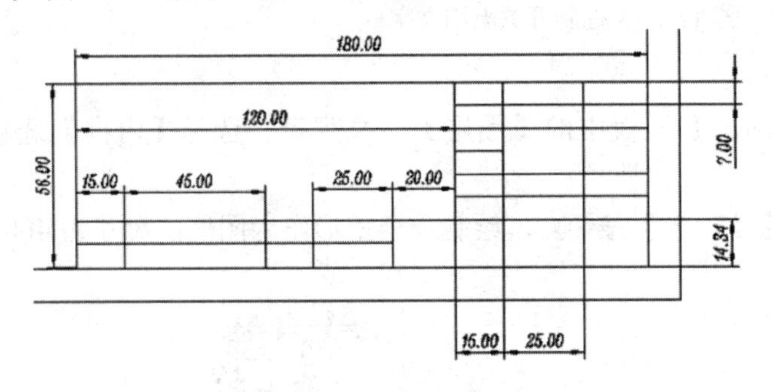

图 12-75 绘制标题栏

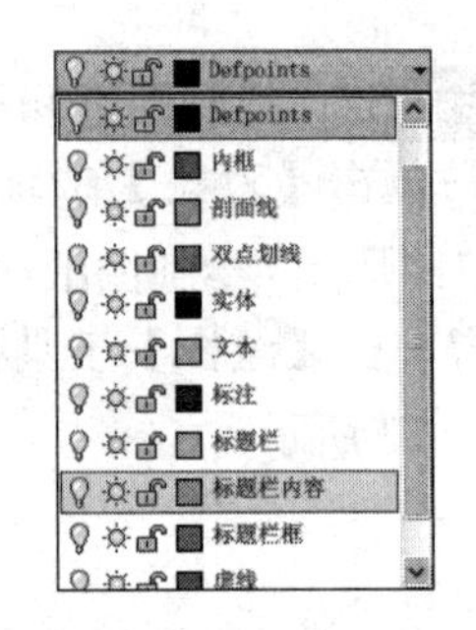

图 12-76 选择【标题栏内容】选项

②单击单击【默认】选项卡【注释】面板中的【多行文字】按钮，进行文字符号的添加，结果如图 12-77 所示。

				批 准		
				审 核		
				设 计		
双钩桥式起重机电气原理图				制 图		
				描 校		
				描 图		
材 料		个 数		图 号		
重 量	kg	比 例				

图 12-77 文字添加

③这样，添加文字后就完成了这个电气线路的成图，结果如图 12-78 所示。

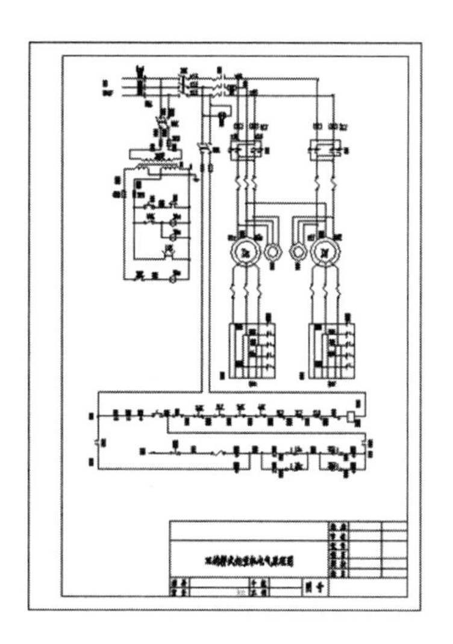

图 12-78　完成的图纸

12.3　本 章 小 结

本章主要学习机械电气控制图绘制的基本方法。通过本章对起重机电气原理图的绘制，读者可以掌握机械电气控制图的绘制方法和步骤。

第 13 章 建筑电气设计

本章导读：

随着社会进步和技术发展，建筑电气技术也有了很大的发展，建筑电气已成为现代建筑的一个重要组成部分，社会对建筑电气工程技术人员的需求也越来越多。本章内容注重基础知识、基本概念和设计要求，希望能够使读者建立建筑供配电系统的概念，能够理解建筑电气系统的基本要求、基本原则以及实现电气系统基本要求的基本方法，能适应社会对建筑电气工程技术人员的要求。

13.1 建筑电气设计基础

本章基础部分以建筑供配电为主要内容，包括建筑供配电系统的组成与负荷分级、负荷计算，建筑供配电系统的主接线、安全与接地、建筑设备和导线选择、建筑防雷，建筑配电系统的继电保护等，并介绍了建筑照明的基本内容；同时结合国家对建筑电气设计的要求，介绍了电气工程图的基本表达方式和表达内容，建筑电气设计的程序及设计深度要求等。

13.1.1 民用建筑电气通用规范

民用建筑电气设计不仅涉及很多领域的专业技术问题，而且要体现国家的基本方针和政策。因此，设计中必须认真贯彻执行国家的方针、政策。

针对不同的工程项目，保证电气设施运行安全可靠、经济合理、技术先进、维护管理方便这些基本要求，是设计中必须遵守的准则；而注意整体美观，则是由民用建筑设计的固有特性所决定的，也是不可忽视的重要方面。

1. 供配电系统说明

为适应一般民用建筑工程的常用情况，本规范特规定适用于 10kV 及以下电压等级的供配电系统。对于一些民用建筑的规模很大，用电负荷相应增大，个别建筑物内部设有 35kV 等级的变电所，应按国家有关标准设计。供配电系统如果未进行全面的统筹规划，将会产生能耗大、资金浪费及配置不合理等问题。因此，在供配电系统设计中，应进行全面规划，确定合理可行的供配电系统方案。

2. 负荷分级及供电要求

根据电力负荷因事故中断供电造成的损失或影响的程度，区分其对供电可靠性的要求，进行负荷分级。损失或影响越大，对供电可靠性的要求越高。电力负荷分级的意义在于正确地反映它对供电可靠性要求的界限，以便根据负荷等级采取相应的供电方式，提高投资的经济效益和社会效益。

根据民用建筑特点，对一级负荷中特别重要负荷作了如下规定。一级负荷中特别重要的负荷，如大型金融中心的关键电子计算机系统和防盗报警系统、大型国际比赛场馆的计时记分系统以及监控系统等。重要的实时处理计算机及计算机网络一旦中断供电将会丢失重要数据，因此列为一级负荷中特别重要负荷。另外，大多数民用建筑中通常不含有中断供电将发生中毒、爆炸和火灾的负荷，当个别建筑物内含有此类负荷时，应列为一级负荷中特别重要负荷。

一类和二类高层建筑中的电梯、部分场所的照明、生活水泵等用电负荷如果中断供电将影响全楼的公共秩序和安全，对用电可靠性的要求比多层建筑明显提高，因此对其负荷的级别作了相应的划分。规定一级负荷应由两个电源供电，而且不能同时损坏。因为只有满足这个基本条件，才可能维持其中一个电源继续供电，这是必须满足的要求。两个电源宜同时工作，也可一用一备。

近年来供电系统的运行实践经验证明，从电力网引接两回路电源进线加备用自投(BZT)的供电方式，不能满足一级负荷中特别重要负荷对供电可靠性及连续性的要求，有的全部停电事故是由内部故障引起的，也有的是由电力网故障引起的。由于地区大电力网在主网电压上部是并网的，所以用电部门无论从电网取几路电源进线，也无法得到严格意义上的两个独立电源。因此，电力网的各种故障，可能引起全部电源进线同时失去电源，造成停电事故。

当电网设有自备发电站时，由于内部故障或继电保护的误动作交织在一起，可能造成自备电站电源和电网均不能向负荷供电的事故。因此，正常与电网并列运行的自备电站，一般不宜作为应急电源使用，对于一级负荷中特别重要负荷，需要由与电网不并列的、独立的应急电源供电。禁止应急电源与工作电源并列运行，目的在于防止工作电源故障时可能拖垮应急电源。

多年来实际运行经验表明，电气故障是无法限制在某个范围内部的，电力企业难以确保供电不中断。因此，应急电源应是与电网在电气上独立的各种电源，例如蓄电池、柴油发电机等。为了保证对一级负荷中特别重要负荷的供电可靠性，必须严格界定负荷等级，并严禁将其他负荷接入应急电源系统。

对二级负荷的供电方式。由于二级负荷停电影响较大，因此宜由两回线路供电，供电变压器也宜选两台(两台变压器可不在同一变电所)。只有当负荷较小或地区供电条件困难时，才允许由一回 6kV 及以上的专用架空线或电缆供电。当线路自上一级配电所用电缆引出时必须采用两根电缆组成的电缆线路，其每根电缆应能承受二级负荷的 100%，且互为热备用。

3. 电源及供配电系统

供配电线路宜深入负荷中心，将配电所、变电所及变压器靠近负荷中心的位置，可降低电能损耗、提高电压质量、节省线材，这是供配电系统设计时的一条重要原则。

长期的运行经验表明，用电单位在一个电源检修或事故的同时另一电源又发生事故的情况极少，且这种事故多数是由于误操作造成的，可通过加强维护管理、健全必要的规章制度来解决。

电力系统所属大型电厂其单位功率的投资少，发电成本低，而用电单位一般的自备中小型电厂则相反，故只有在条文规定的情况下，才宜设置自备电源。

两回电源线路采用同级电压可以互相备用，提高设备利用率，如能满足一级和二级负荷用电要求时，也可以采用不同电压供电。

如果供电系统接线复杂，配电层次过多，不仅管理不便，操作繁复，而且由于串联元件过多，因元件故障和操作错误而产生事故的可能性也随之增加。所以复杂的供电系统可靠性并不一定高。配电级数过多，继电保护整定时限的级数也随之增多，而电力系统容许继电保护的时限级数对 10kV 来说正常情况下也只限于两级，如配电级数出现三级，则中间一级势必要与下一级或上一级之间无选择性。

配电系统采用放射式则供电可靠性高，便于管理。但线路和开关柜数量增多。而对于供电可靠性要求较低者可采用树干式，线路数量少，可节约投资。负荷较大的高层建筑，多含二级和一级负荷，可用分区树干式或环式，以减少配电电缆线路和开关柜数量，从而相应少占电缆竖井和高压配电室的面积。

4. 应急电源

应急电源与正常电源之间必须采取可靠措施防止并列运行，目的在于保证应急电源的专用性，防止正常电源系统故障时应急电源向正常电源系统负荷送电而失去作用。例如，应急电源原动机的启动命令必须由正常电源主开关的辅助接点发出，而不是由继电器的接点发出，因为继电器有可能误动作而造成与正常电源误并网。

应急电源类型的选择应根据一级负荷中特别重要负荷的容量、允许中断供电的时间以及要求的电源为交流或直流等条件来进行。

由于蓄电池装置供电稳定、可靠、切换时间短，因此对于允许停电时间为毫秒级、容量不大的特别重要负荷且可采用直流电源者，可由蓄电池装置作为应急电源。如果特别重要负荷要求交流电源供电，且容量不大的，可采用 UPS 静止型不间断供电装置(通常适用于计算机等电容性负载)。

对于应急照明负荷，可采用 EPS 应急电源(通常适用于电感及阻性负载)供电。

如果特别重要负荷中有需驱动的电动机负荷，启动电流冲击较大，但允许停电时间为 30s 以内的，可采用快速自启动的柴油发电机组，这是考虑一般快速自启动的柴油发电机组自启动时间一般为 10s 左右。对于带有自动投入装置的独立于正常电源的专门馈电线路，是考虑其自投装置的动作时间，适用于允许中断供电时间大于电源切换时间的供电。

5. 电压选择和电能质量

各种用电设备对电压偏差都有一定要求。如果电压偏差超过允许值，将导致电动机达不到额定输出功率，增加运行费用，甚至性能变劣、降低寿命。照明器端电压的电压偏差超过允许值时，将使照明器的寿命降低或光通量降低。为使用电设备正常运行和有合理的使用寿命，设计供配电系统时，应验算用电设备的电压偏差。

13.1.2 供配电系统的设计要求和原则

供配电系统的设计应按负荷性质、用电容量、工程特点、系统规模和发展规划以及当地供电条件，合理确定设计方案。

供配电系统的设计应保障安全、供电可靠、技术先进和经济合理；构成应简单明确，减少电能损失，并便于管理和维护。

1. 负荷分级及供电要求

用电负荷应根据供电可靠性及中断供电所造成的损失或影响的程度，分为一级负荷、二级负荷及三级负荷。各级负荷应符合下列规定。

符合下列情况之一时，应为一级负荷。

(1) 中断供电将造成人身伤亡。

(2) 中断供电将造成重大影响或重大损失。

(3) 中断供电将破坏有重大影响的用电单位的正常工作，或造成公共场所秩序严重混乱。例如：重要通信枢纽、重要交通枢纽、重要的经济信息中心、特级或甲级体育建筑、国宾馆、承担重大国事活动的会堂、经常用于重要国际活动的大量人员集中的公共场所等的重要用电负荷。

在一级负荷中，当中断供电将发生中毒、爆炸和火灾等情况的负荷，以及特别重要场所的不允许中断供电的负荷，应为特别重要负荷。

符合下列情况之一时，应为二级负荷。

(1) 中断供电将造成较大影响或损失；

(2) 中断供电将影响重要用电单位的正常工作或造成公共场所秩序混乱。

不属于一级和二级的用电负荷应为三级负荷。

民用建筑中消防用电的负荷等级，应符合下列规定。

(1) 一类高层民用建筑的消防控制室、火灾自动报警及联动控制装置、火灾应急照明及疏散指示标志、防烟及排烟设施、自动灭火系统、消防水泵、消防电梯及其排水泵、电动的防火卷帘及门窗以及阀门等消防用电应为一级负荷，二类高层民用建筑内的上述消防用电应为二级负荷。

(2) 特、甲等剧场，本条 1 款所列的消防用电应为一级负荷，乙、丙等剧场应为二级负荷。

(3) 特级体育场馆的应急照明为一级负荷中的特别重要负荷。

(4) 甲级体育场馆的应急照明应为一级负荷。

当主体建筑中有一级负荷中特别重要负荷时，直接影响其运行的空调用电应为一级负荷；当主体建筑中有大量一级负荷时，直接影响其运行的空调用电应为二级负荷。重要电信机房的交流电源，其负荷级别应与该建筑工程中最高等级的用电负荷相同。区域性的生活给水泵房、采暖锅炉房及换热站的用电负应根据工程规模、重要性等因素合理确定负荷等级，且不应低于二级。有特殊要求的用电负荷，应根据实际情况与有关部门协商确定。

一级负荷应由两个电源供电，当一个电源发生故障时。另一个电源不应同时受到损坏。对于一级负荷中的特别重要负荷，应增设应急电源，并严禁将其他负荷接入应急供电系统。二级负荷的供电系统，宜由两回线路供电。在负荷较小或地区供电条件困难时，二级负荷可由一回路 6kV 及以上专用的架空线路或电缆供电。当采用架空线时，可为一回路架空线供电；当采用电缆线路时，应采用两根电缆组成的线路供电，其每根电缆应能承受 100%的二级负荷。

2. 电源及供配电系统

电源及供配电系统设计，应符合下列规定。

(1) 10(6)kV 供电线路宜深入负荷中心。根据负荷容量和分布，宜使配变电所及变压器靠近建筑物用电负荷中心。

(2) 同时供电的两路及以上供配电线路中，其中一路中断供电时，其余线路应能满足全部一级负荷及二级负荷的供电要求。

(3) 在设计供配电系统时，除一级负荷中的特别重要负荷外，不应按一个电源系统检修或发生故障的同时，另一电源又发生故障进行设计。

(4) 当符合下列条件之一时，用电单位宜设置自备电源。

- 一级负荷中含有特别重要负荷。
- 设置自备电源比从电力系统取得第二电源经济合理或第二电源不能满足一级负荷要求。
- 所在地区偏僻且远离电力系统，设置自备电源作为主电源经济合理。

● 需要两回电源线路的用电单位，宜采用同级电压供电。

根据各级负荷的不同需要及地区供电条件，也可采用不同电压 10(6)kV 系统的配电级数不宜多于两级。10(6)kV 配电系统宜采用放射式。根据变压器的容量、分布及地理环境等情况，亦可采用树干式或环式。

3. 应急电源

应急电源与正常电源之间必须采取防止并列运行的措施。

下列电源可作为应急电源。

(1) 供电网络中独立于正常电源的专用馈电线路。

(2) 独立于正常电源的发电机组。

(3) 蓄电池。

根据允许中断供电的时间，可分别选择下列应急电源。

(1) 快速自动启动的应急发电机组，适用于允许中断供电时间为 15～30s 的供电。

(2) 带有自动投入装置的独立于正常电源的专用馈电线路。

(3) 适用于允许中断供电时间大于电源切换时间的供电。

(4) 不间断电源装置(UPS)，适用于要求连续供电或允许中断供电时间为毫秒级的供电。

(5) 应急电源装置(EPS)，适用于允许中断供电时间为毫秒级的应急照明供电。

住宅(小区)的供配电系统，宜符合下列规定。

(1) 住宅(小区)的 10(6)kV 供电系统宜采用环网方式。

(2) 高层住宅宜在底层或地下一层设置 10(6)/0.4kV 户内变电所或预装式变电站。

(3) 多层住宅小区、别墅群宜分区设置 10(6)/0.4kV 预装式变电站。

4. 电压选择和电能质量

用电单位的供电电压应根据用电负荷容量、设备特征、供电距离、当地公共电网现状及其发展规划等因素，经技术经济比较后确定。

当用电设备总容量在 250kW 及以上或变压器容量在 160kV·A 及以上时，宜以 10(6)kV 供电；当用电设备总容量在 250kW 以下或变压器容量在 160kV·A 以下时，可由低压供电。

对大型公共建筑，应根据空调冷水机组的容量以及地区供电条件，合理确定机组的额定电压和用电单位的供电电压，并应考虑大容量电动机启动时对变压器的影响。

用电单位受电端供电电压的偏差允许值，应符合下列要求。

(1) 10kV 及以下的供电电压允许偏差应为标称系统电压的±7%。

(2) 220V 单相供电电压允许偏差应为标称系统电压的+7%、-10%。

(3) 对供电电压允许偏差有特殊要求的用电单位，应与供电企业协议确定。

在正常运行情况下，用电设备端子处的电压偏差允许值(以标称系统电压的百分数表示)，宜符合下列要求。

(1) 对于照明，室内场所宜为±5%；对于远离变电所的小面积一般工作场所，难以满足上述要求时，可为+5%、-10%；应急照明、景观照明、道路照明和警卫照明宜为+5%、-10%。

(2) 一般用途电动机宜为±5%。

(3) 电梯电动机宜为±7%。

(4) 其他用电设备，当无特殊规定时宜为±5%。

为减少电压偏差，供配电系统的设计，应符合下列要求。

(1) 应正确选择变压器的变压比和电压分接头。

(2) 应降低系统阻抗。

(3) 应采取无功补偿措施。

(4) 宜使三相负荷平衡。

10(6)kV 配电变压器不宜采用有载调压变压器。但在当地 10(6)kV 电源电压偏差不能满足要求，且用电单位有对电压质量要求严格的设备，单独设置调压装置技术经济不合理时，也可采用 10(6)kV 有载调压变压器。

对冲击性低压负荷宜采取下列措施。

(1) 宜采用专线供电。

(2) 与其他负荷共用配电线路时，宜降低配电线路阻抗。

(3) 较大功率的冲击性负荷、冲击性负荷群，不宜与电压波动、闪变敏感的负荷接在同一变压器上。

为降低三相低压配电系统的不对称度，设计低压配电系统时宜采取下列措施。

(1) 220V 或 380V 单相用电设备接入 220/380V 三相系统时，宜使三相负荷平衡。

(2) 由地区公共低压电网供电的 220V 照明负荷，线路电流小于或等于 40A 时，宜采用 220V 单相供电；大于 40A 时，宜采用 220/380V 三相供电。

13.2 范例介绍和展示

本范例源文件：\13\13-1.dwg

本范例完成文件：\13\13-2.dwg

多媒体教学路径：光盘→多媒体教学→第 13 章

本例是一个变电所平面图，就是在变电所建筑平面图中绘制各种电气设备和电气控制设备。本例中，先绘制控制设备，然后绘制变压设备，最后给变电所平面图标上说明文字以及安装尺寸。范例的效果如图 13-1 所示。

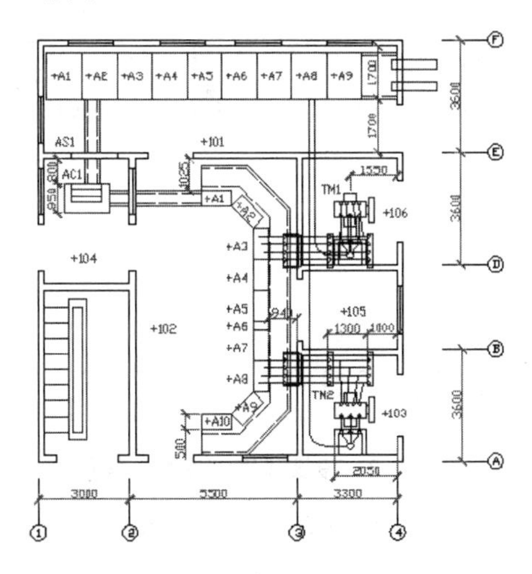

图 13-1　变电所平面图

13.3 范 例 制 作

13.3.1 控制设备

步骤01 打开建筑平面图

打开“13-1.dwg”文件，如图 13-2 所示为变电所建筑平面图，准备在其中绘制电气图。

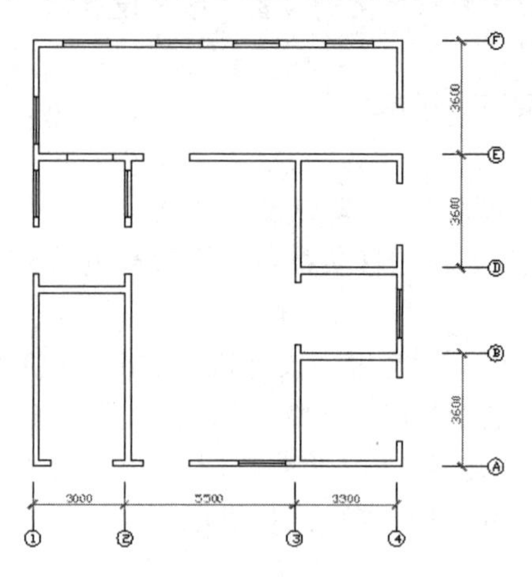

图 13-2 变电所建筑平面图

在电气平面图中，控制设备主要是安装控制仪表、开关的控制台、控制箱、包含信号线和导线的管道。下面逐步绘制。

步骤02 设置图层绘制分配箱

①单击【图层】面板中的【图层特性】按钮，打开【图层特性管理器】面板，设置一个使用蓝色直线的【控制设备】图层，并单击【置为当前】按钮，使它转入现役，如图 13-3 所示。

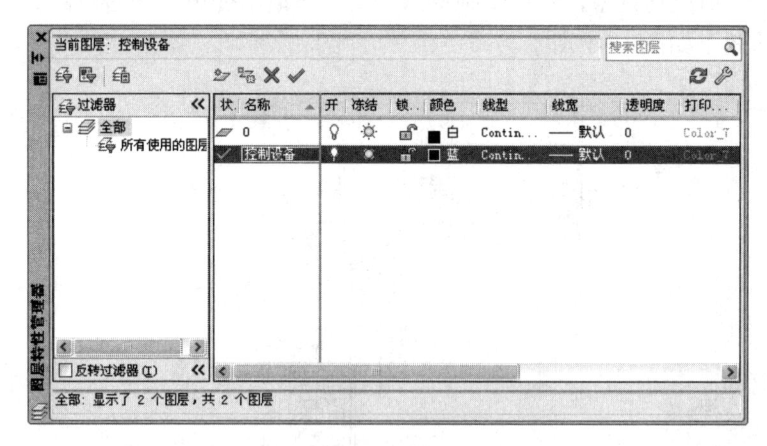

图 13-3 设置【控制设备】图层

②首先绘制出线的分配箱，每条线路各有一个分配箱。单击【绘图】面板中的【矩形】按钮，绘制 11.5×15 的矩形。命令输入行提示如下。

```
命令: _rectang                                              \\使用矩形命令
指定第一个角点或 [倒角(C)/标高(E)/圆角(F)/厚度(T)/宽度(W)]:     \\指定一点
指定另一个角点或 [面积(A)/尺寸(D)/旋转(R)]: d                   \\输入 d
指定矩形的长度 <10.0000>: 11.5                                \\输入长度距离
指定矩形的宽度 <10.0000>: 15                                  \\输入宽度距离
指定另一个角点或 [面积(A)/尺寸(D)/旋转(R)]:                     \\单击结束
```

❸单击【修改】面板中的【移动】按钮，把矩形 11.5×15 以其右边中点为移动基准点，如图 13-4 所示中点为移动目标点移动。效果如图 13-5 所示。

❹单击【修改】面板中的【矩形阵列】按钮，把矩形 11.5×15 阵列 10 列，列距-11.5。效果如图 13-6 所示。

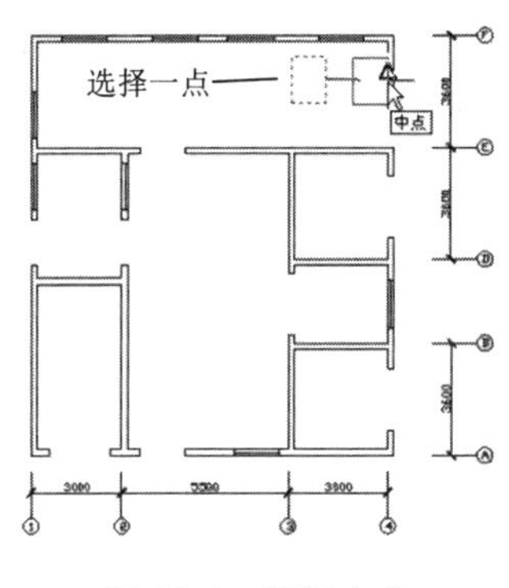

图 13-4　捕捉中点

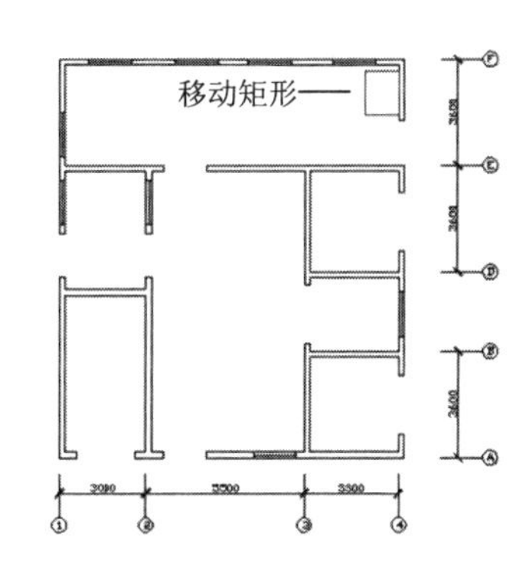

图 13-5　移动矩形

步骤 03　绘制跨越墙线的管道

❶现在绘制跨越墙线的管道，其中容纳着电线。单击【修改】面板中的【分解】按钮，把左边第 2 个矩形 11.5×15 分解成 4 条直线。

❷单击【修改】面板中的【偏移】按钮，把分解矩形得到的左边那条边向右边偏移复制 2 份，偏移复制距离为 1 和 6。效果如图 13-7 所示。

```
命令: _offset                                                    \\使用偏移命令
当前设置: 删除源=否  图层=源  OFFSETGAPTYPE=0                        \\系统提示
指定偏移距离或 [通过(T)/删除(E)/图层(L)] <通过>: 1                    \\指定偏移距离
选择要偏移的对象, 或 [退出(E)/放弃(U)] <退出>:                        \\选择对象
指定要偏移的那一侧上的点, 或 [退出(E)/多个(M)/放弃(U)] <退出>:          \\指定一点
命令: _offset
当前设置: 删除源=否  图层=源  OFFSETGAPTYPE=0
指定偏移距离或 [通过(T)/删除(E)/图层(L)] <通过>: 6
选择要偏移的对象, 或 [退出(E)/放弃(U)] <退出>:
指定要偏移的那一侧上的点, 或 [退出(E)/多个(M)/放弃(U)] <退出>:
```

❸单击【修改】面板中的【移动】按钮，把偏移复制的直线向下移动，移动距离 15。效果如图 13-8 所示。

❹在命令输入行中输入命令 lengthen，把偏移复制的直线向下拉长 12。效果如图 13-9 所示。

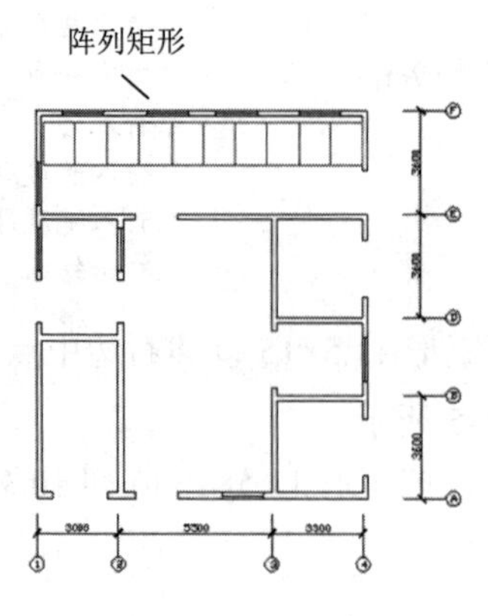

图 13-6　阵列矩形

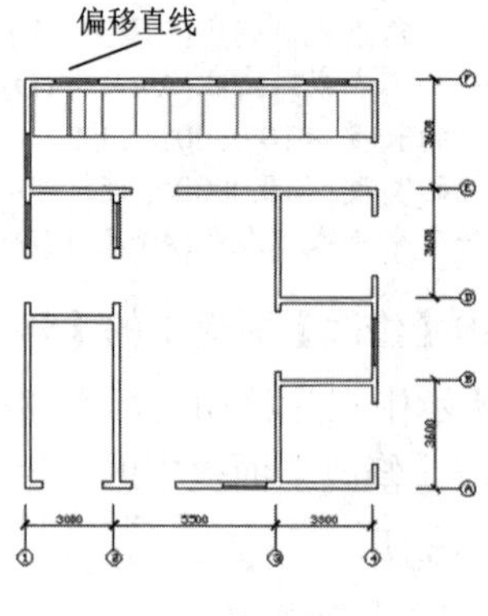

图 13-7　偏移复制直线

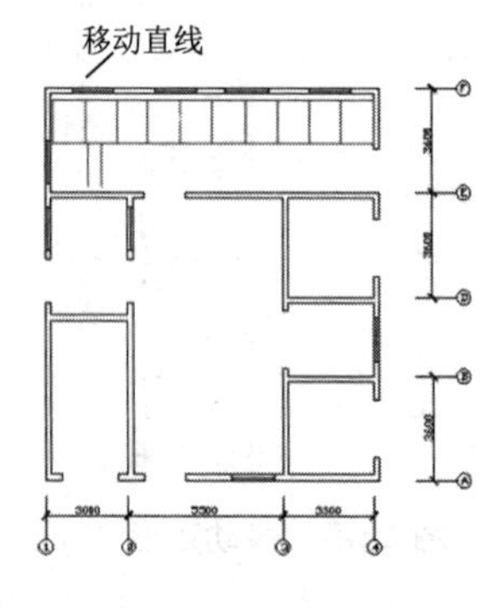

图 13-8　移动直线

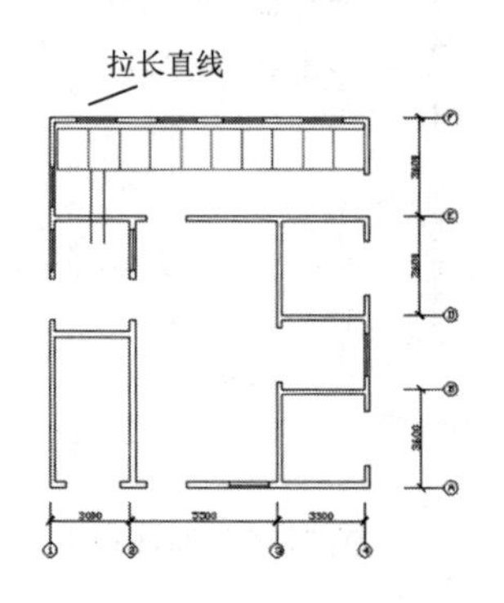

图 13-9　拉长直线

步骤 04　绘制电线的转换站

❶下面绘制电线的转换站，电线将在这里重新组合。单击【绘图】面板中的【矩形】按钮▭，绘制起点在如图 13-10 所示端点的矩形 15×9.5。效果如图 13-11 所示。

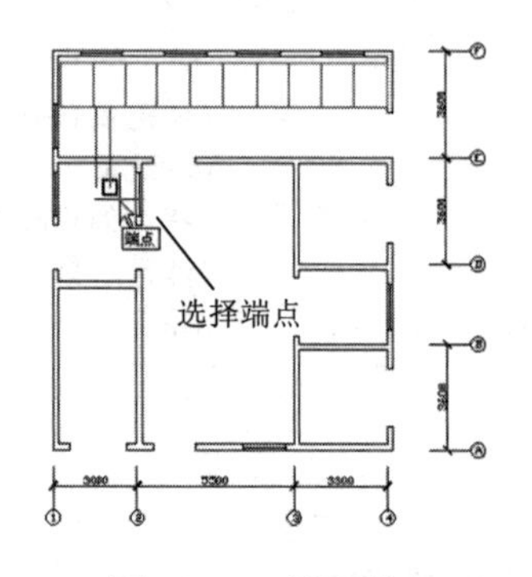

图 13-10　捕捉端点

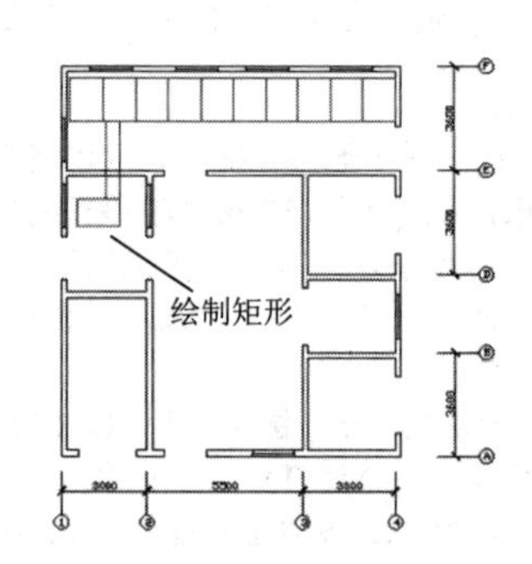

图 13-11　绘制矩形

❷单击【修改】面板中的【移动】按钮✥，把矩形 15×9.5 向右移动，移动距离 3。效果如图 13-12 所示。

❸单击【绘图】面板中的【矩形】按钮▭，绘制起点在如图 13-13 所示端点的矩形 10×(−2)。效果如图 13-14 所示。

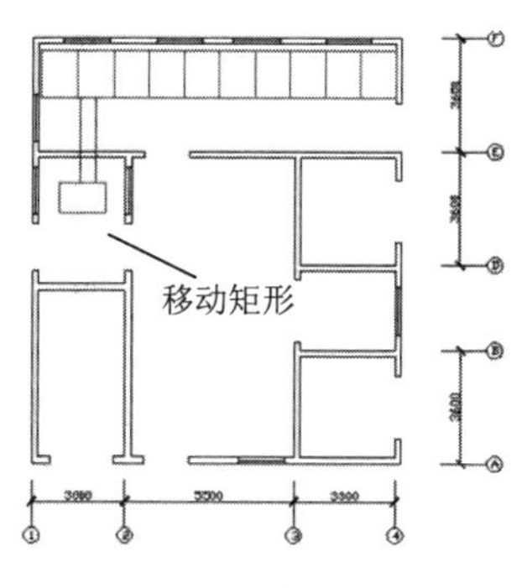

图 13-12　移动矩形

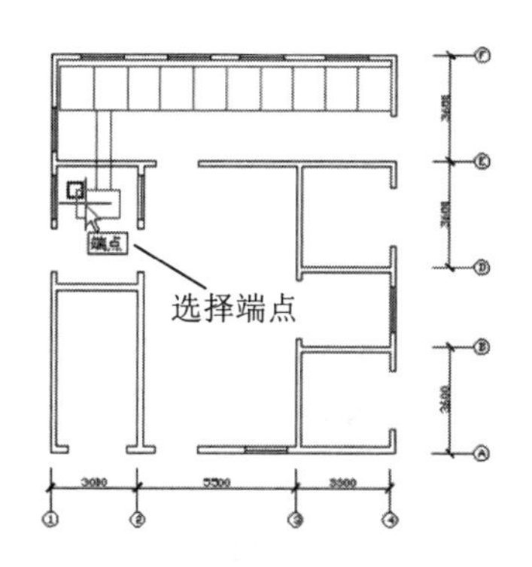

图 13-13　捕捉端点

④单击【修改】面板中的【移动】按钮，把矩形 10×(−2)向右移动，移动距离 2.5。效果如图 13-15 所示。

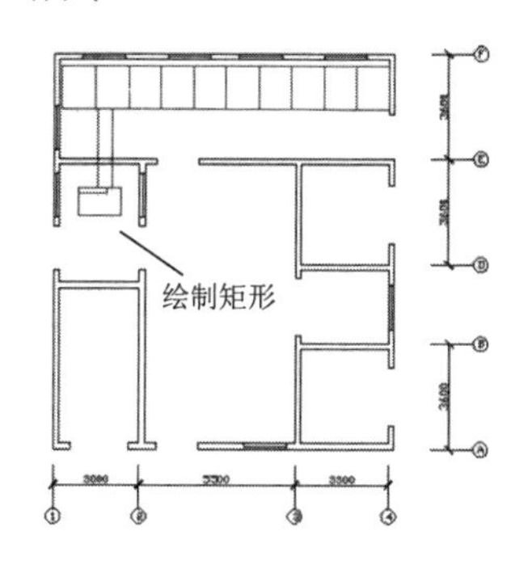

图 13-14　绘制矩形

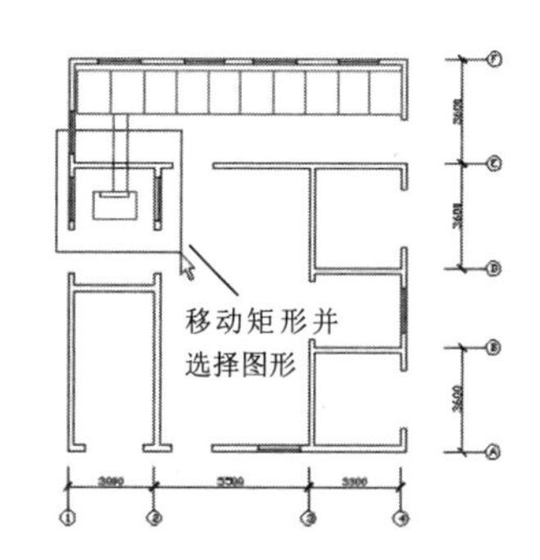

图 13-15　移动矩形并框选图形

⑤单击【实用程序】面板中的【窗口】按钮，局部放大如图 13-15 所示框选的图形，预备下一步操作。效果如图 13-16 所示。

⑥单击【修改】面板中的【复制】按钮，把矩形 10×(−2)向下复制 2 份，复制距离 2。效果如图 13-17 所示。

⑦单击【修改】面板中的【复制】按钮，把如图 13-18 光标所示直线向左复制 2 份，复制距离分别为 10 和 25。效果如图 13-19 所示。

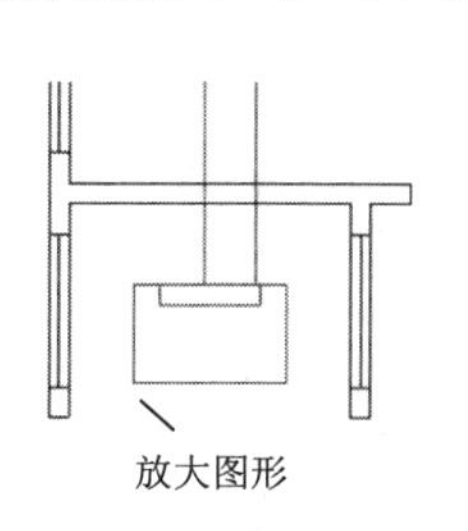

图 13-16　局部放大

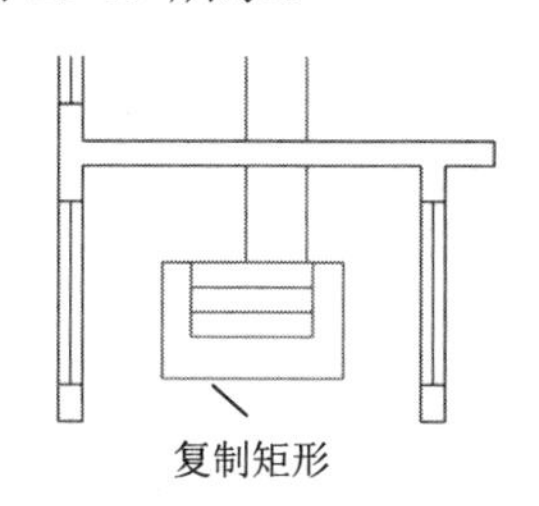

图 13-17　复制矩形

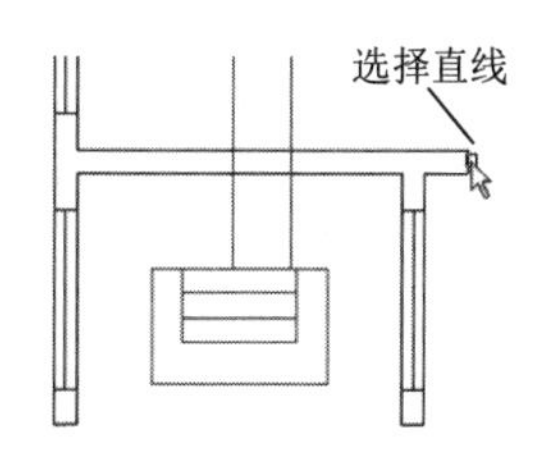

图 13-18　选择直线

⑧剪掉墙线遮掩的管道线。单击【修改】面板中的【修剪】按钮，以如图 13-20 中虚线所示直线为修剪边，修剪掉光标所示的线头。结果如图 13-21 所示。

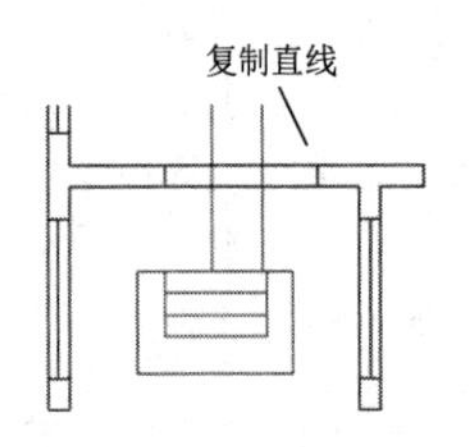

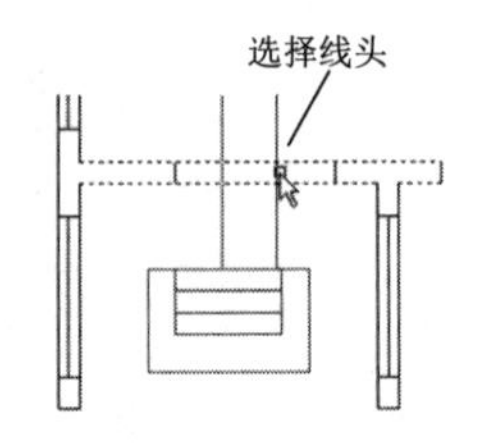

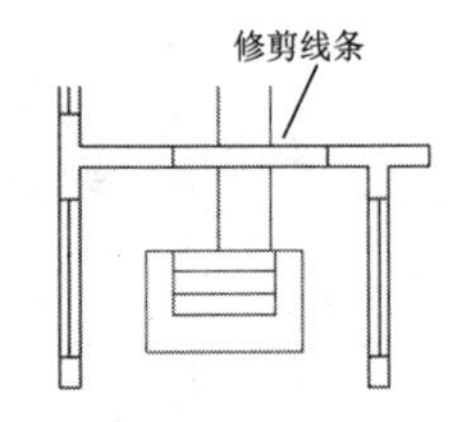

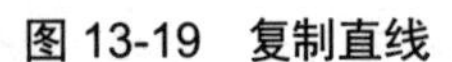
图 13-19　复制直线　　图 13-20　选择线头　　图 13-21　修剪线头

步骤 05　绘制转换站右边的管道

①接着绘制转换站右边的管道，它通向控制台。单击【绘图】面板中的【矩形】按钮，绘制起点在如图 13-22 所示端点的矩形 40×5。然后选择【视图】|【三维视图】|【俯视】菜单命令，显示全部图形。效果如图 13-23 所示。

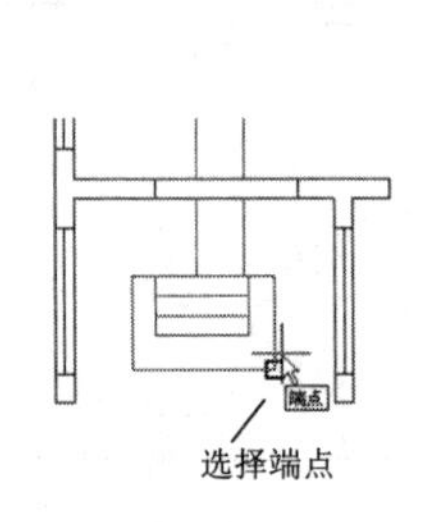

图 13-22　捕捉端点

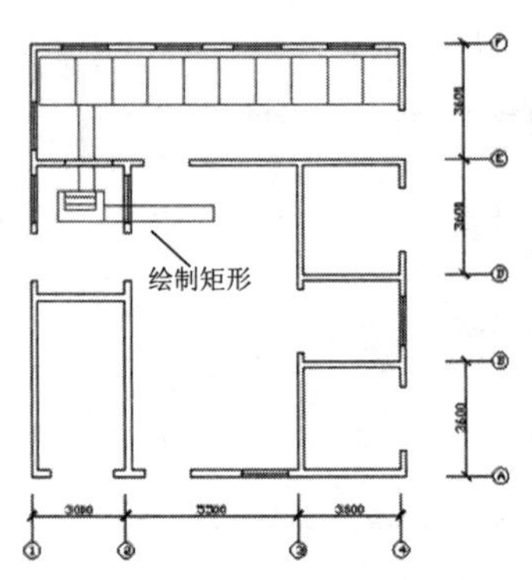

图 13-23　绘制矩形

②单击【修改】面板中的【移动】按钮✥，把矩形 40×5 向上移动，移动距离 2.25。效果如图 13-24 所示。

步骤 06　绘制控制台

①下面开始绘制控制台。单击【绘图】面板中的【矩形】按钮，绘制起点在如图 13-25 所示端点的矩形-10×5。效果如图 13-26 所示。

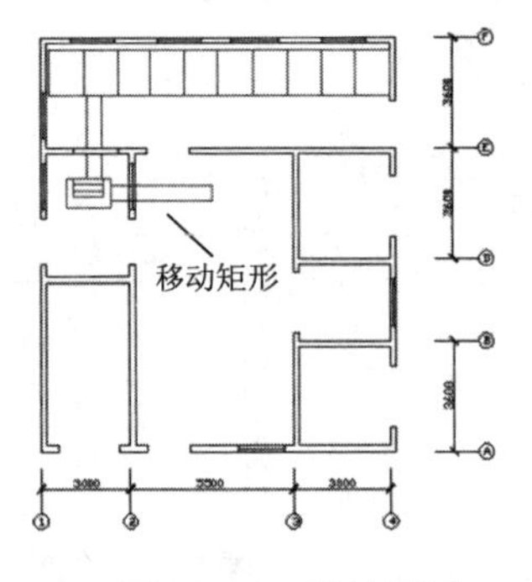

图 13-24　移动矩形

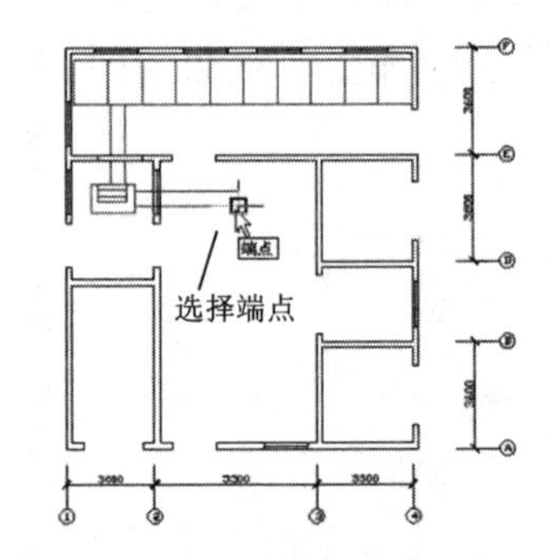

图 13-25　捕捉端点

②单击【修改】面板中的【复制】按钮，把矩形-10×5 向右复制一份，复制距离 10。效果如图 13-27 所示。

❸单击【修改】面板中的【旋转】按钮，以如图 13-28 所示端点为旋转中心，把矩形 −10×5 顺时针旋转 45°。效果如图 13-29 所示。

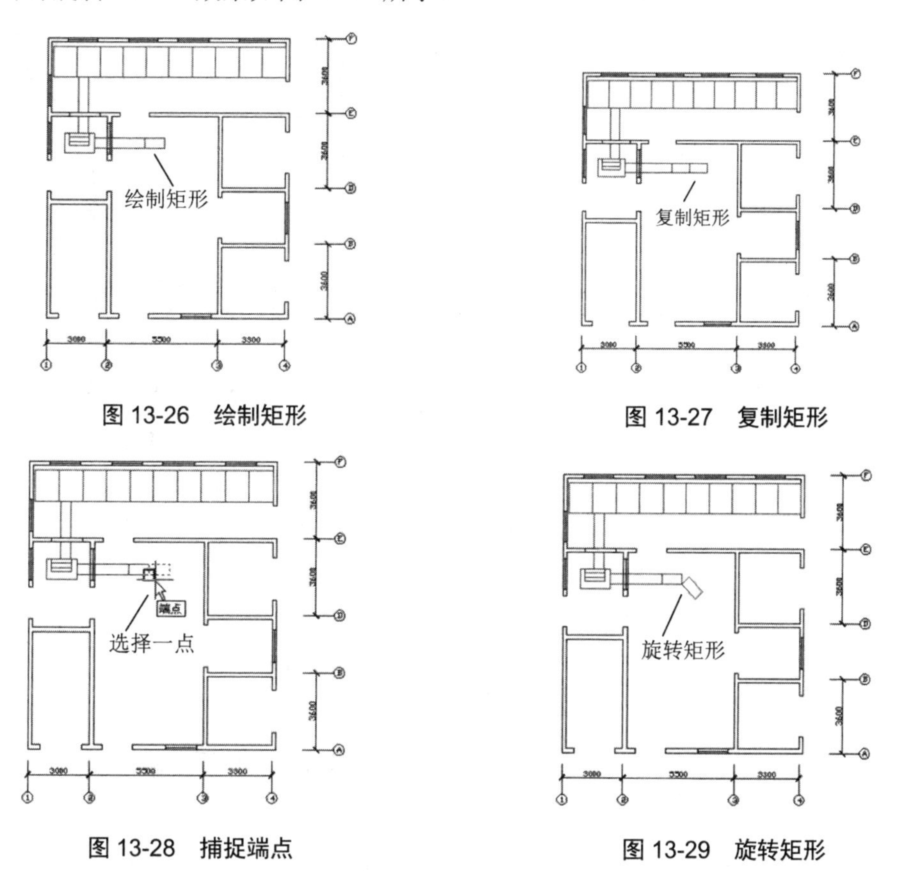

图 13-26　绘制矩形

图 13-27　复制矩形

图 13-28　捕捉端点

图 13-29　旋转矩形

❹单击【绘图】面板中的【矩形】按钮，绘制起点在如图 13-30 所示端点的矩形 5×(−10)。效果如图 13-31 所示。

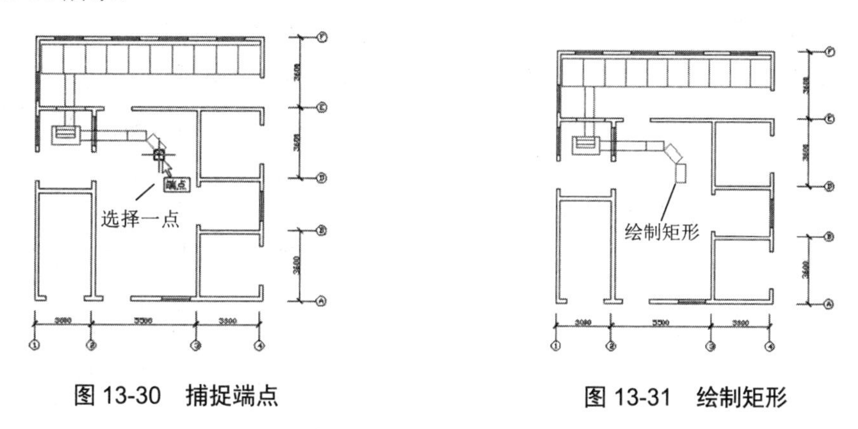

图 13-30　捕捉端点

图 13-31　绘制矩形

❺单击【修改】面板中的【复制】按钮，把矩形 5×(−10)向下复制 2 份，复制距离分别为 10 和 20。效果如图 13-32 所示。

❻单击【修改】面板中的【镜像】按钮，以过如图 13-33 所示中点的水平直线为对称

轴，把虚线所示图形对称复制一份。效果如图 13-34 所示。

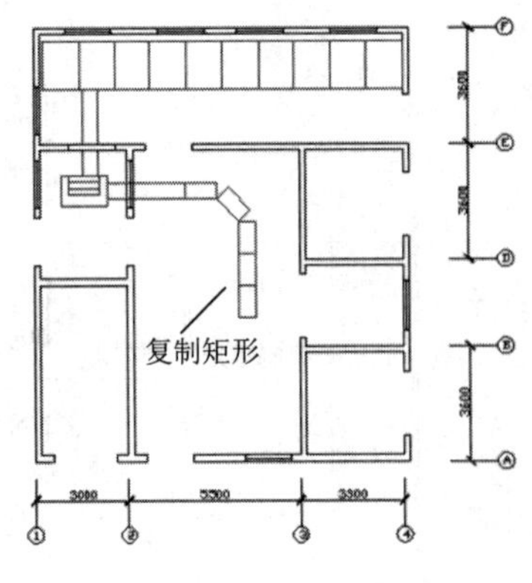

图 13-32　复制矩形

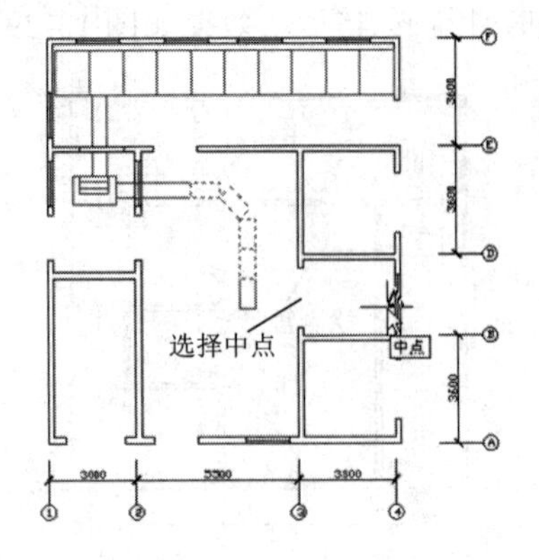

图 13-33　捕捉中点

⑦此时垂直的矩形组之间出现一段间隔。单击【绘图】面板中的【矩形】命令按钮，绘制起点在间隔左上端点、终点在间隔右下端点的矩形。效果如图 13-35 所示。

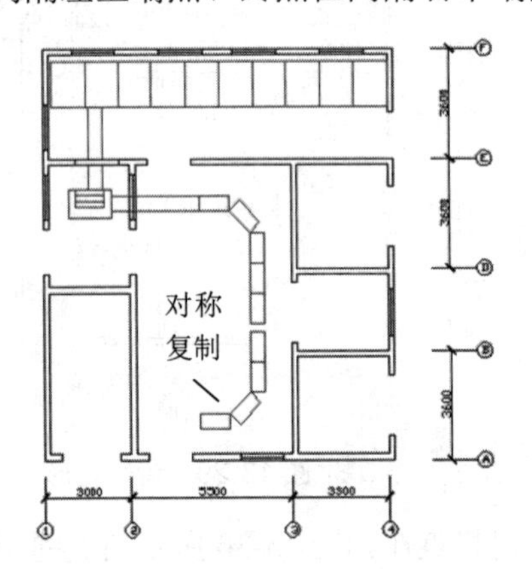

图 13-34　对称复制矩形组

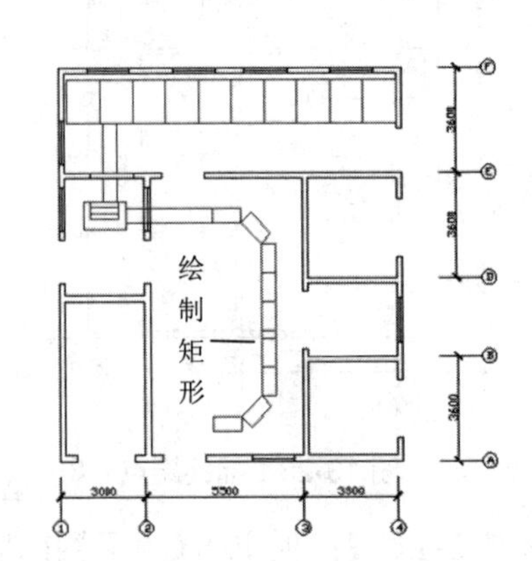

图 13-35　绘制矩形

⑧单击【修改】面板中的【分解】按钮，把如图 13-36 光标所示矩形分解成直线。

⑨单击【修改】面板中的【偏移】按钮，把如图 13-36 光标所示边向外偏移复制一份，复制距离 8.25。把对面墙线向里偏移复制一份，复制距离为 2。效果如图 13-37 所示。

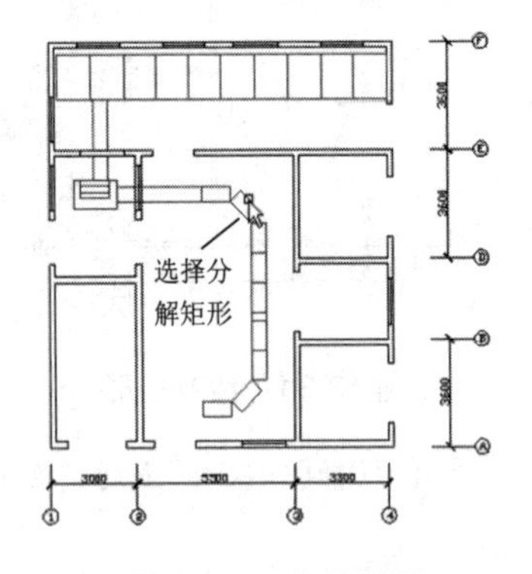

图 13-36　指示矩形

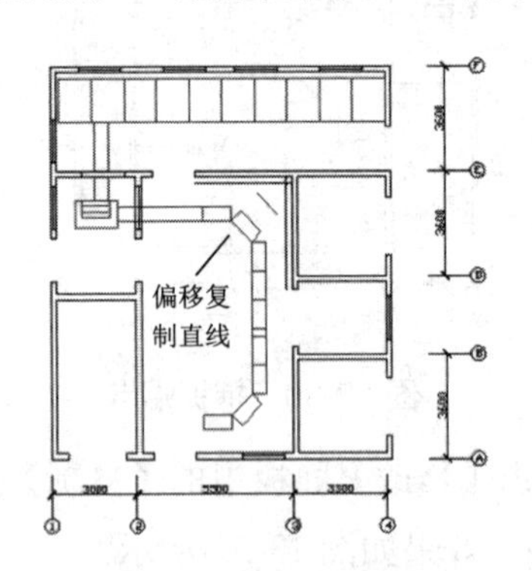

图 13-37　偏移复制边

⑩单击【绘图】面板中的【直线】按钮，绘制起点在如图 13-38 所示端点，终点在如图 13-39 所示垂足的直线。效果如图 13-40 所示。

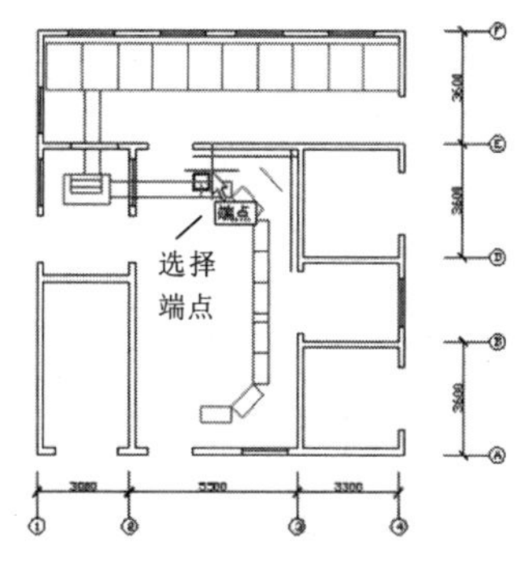

图 13-38　捕捉端点

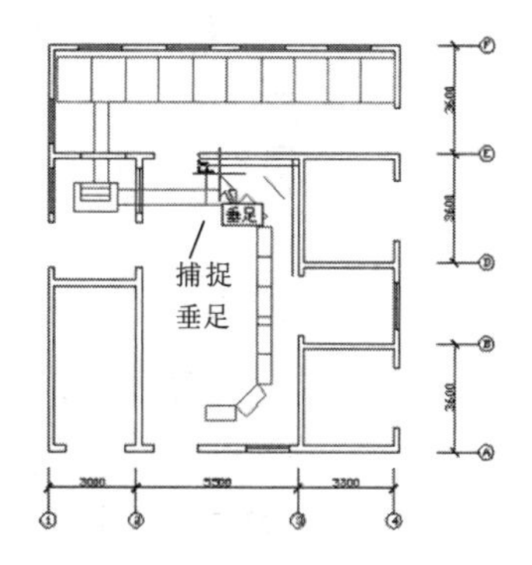

图 13-39　捕捉垂足

⑪单击【修改】面板中的【倒角】按钮，把墙线和设备之间的直线之间相互倒角，形成控制台。效果如图 13-41 所示。

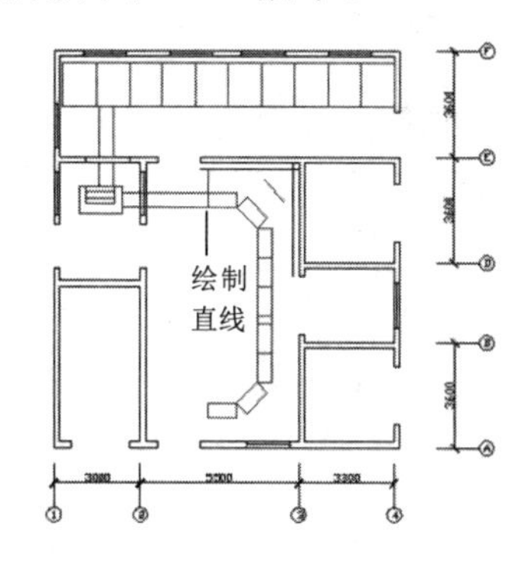

图 13-40　绘制直线

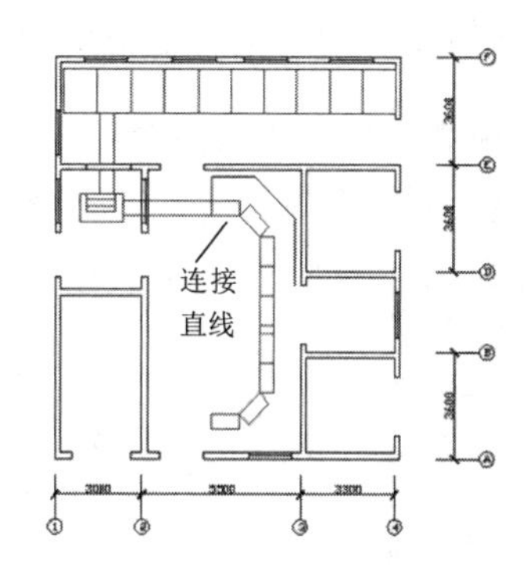

图 13-41　连接直线

⑫选择【修改】|【特性匹配】菜单命令，把绘制的直线转换成电气设备线。效果如图 13-42 所示。

⑬单击【修改】面板中的【镜像】按钮，以过如图 13-43 所示中点的水平直线为对称轴，把虚线所示图形对称复制一份。效果如图 13-44 所示。

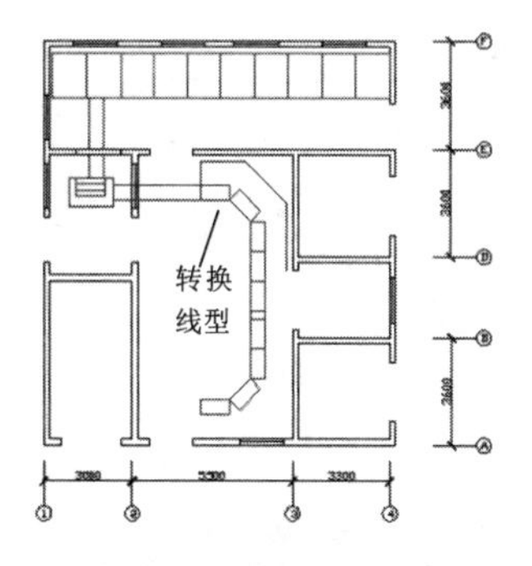

图 13-42　转换线型

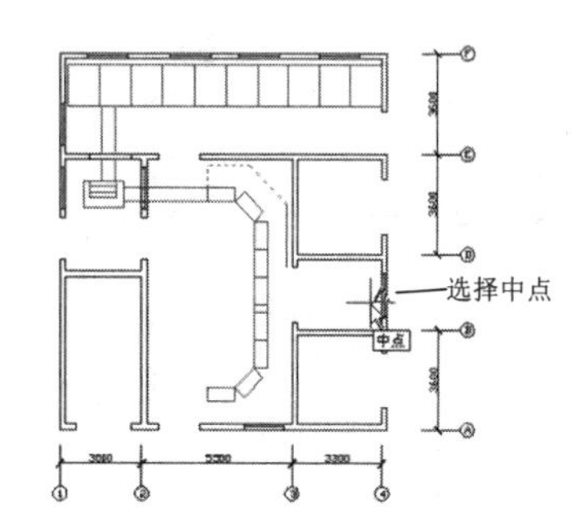

图 13-43　捕捉中点

⑭单击【修改】面板中的【延伸】按钮，以如图 13-45 虚线所示斜直线为延伸边界线，

延伸光标捕捉的垂直直线。效果如图 13-46 所示。

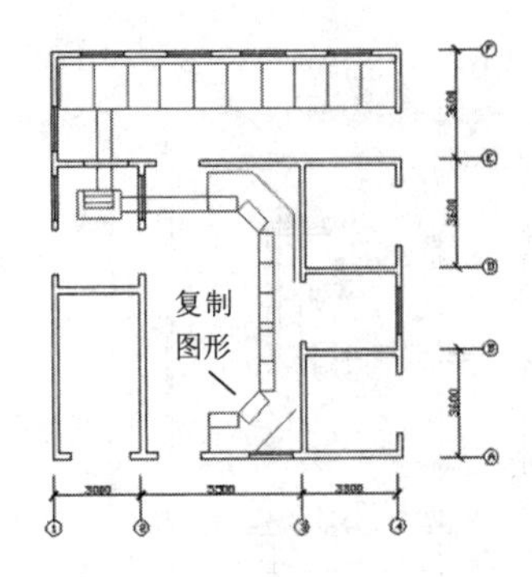

图 13-44　对称复制图形

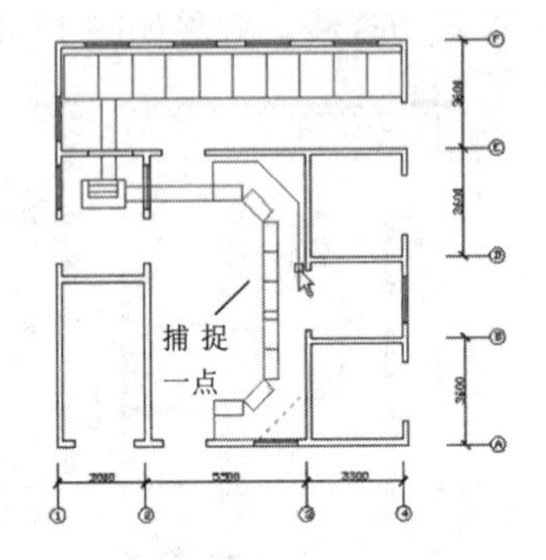

图 13-45　捕捉线头

步骤07　绘制管道线内的虚线

①现在绘制管道线内的虚线，说明它是空心的管道。单击【修改】面板中的【偏移】按钮，把如图 13-47 光标所示管道的边向内偏移复制一份，复制距离为 1，按照相同的方法把另外一边向右偏移复制一份。效果如图 13-48 所示。

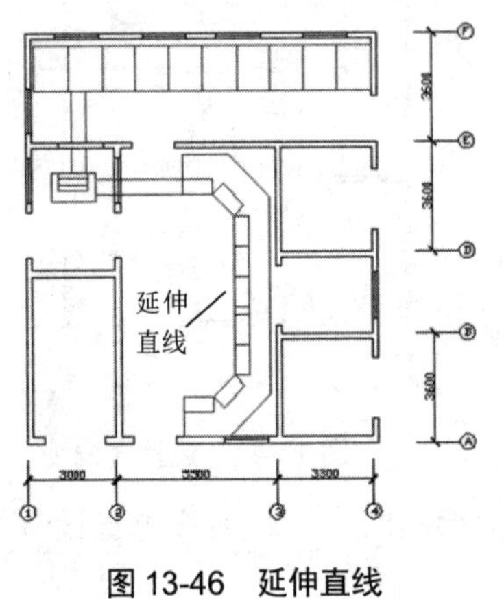

图 13-46　延伸直线

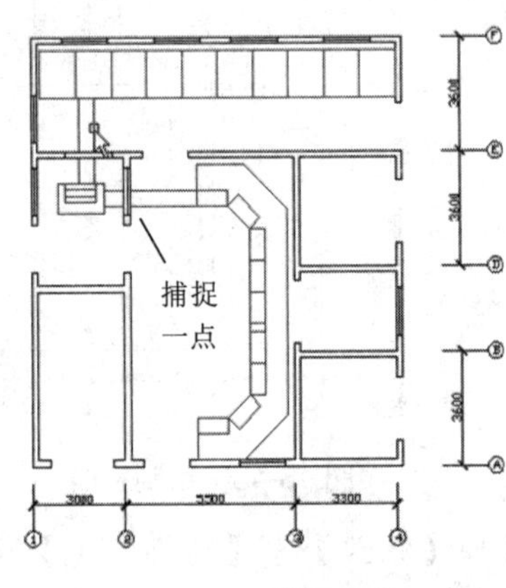

图 13-47　捕捉直线

②单击【修改】面板中的【编辑多段线】按钮，把如图 13-49 中虚线所示线条转换成连续的多段线。

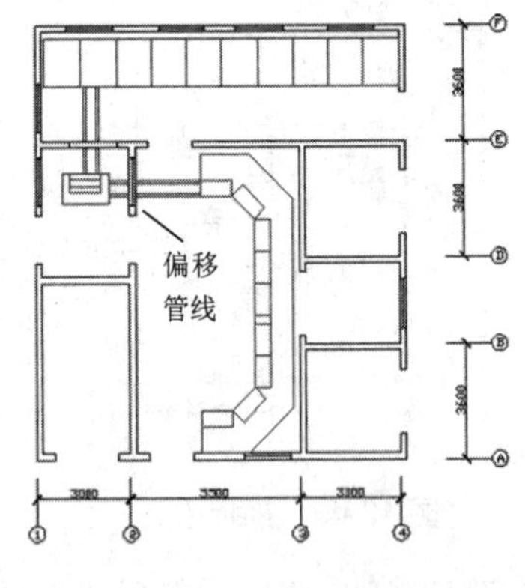

图 13-48　偏移复制管线

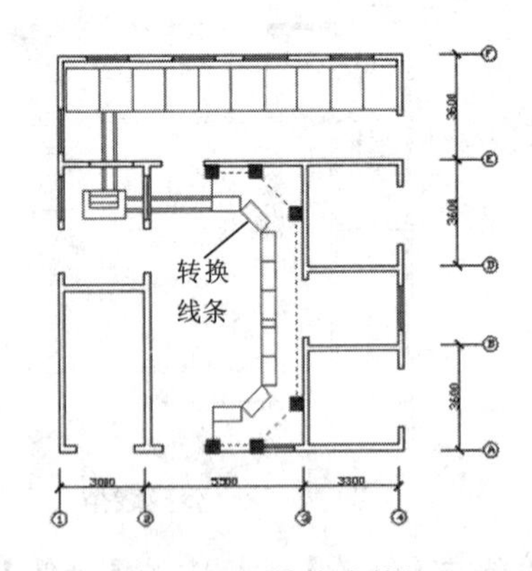

图 13-49　转换直线组

③单击【修改】面板中的【偏移】按钮，把刚才转换的直线组向内偏移复制 2 份，复制距离分别为 1 和 7。效果如图 13-50 所示。

④单击【图层】面板中的【图层特性】按钮，设置一个使用蓝色虚线的【控制设备虚线】图层。效果如图 13-51 所示。

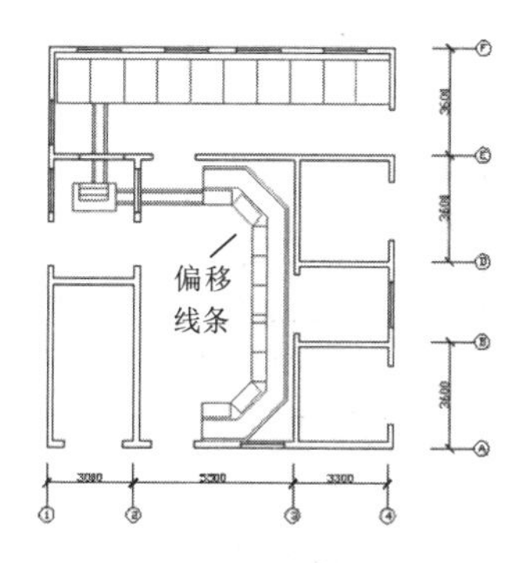

图 13-50　偏移复制多段线

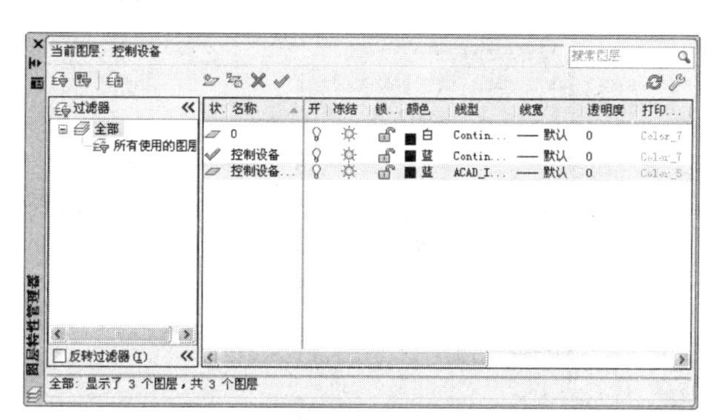

图 13-51　设置【控制设备虚线】图层

⑤选择所有偏移复制的图形，然后在【图层】面板中的【图层控制】下拉列表中选择【控制设备虚线】图层，如图 13-52 所示，使所选择的图形转入该图层。效果如图 13-53 所示。

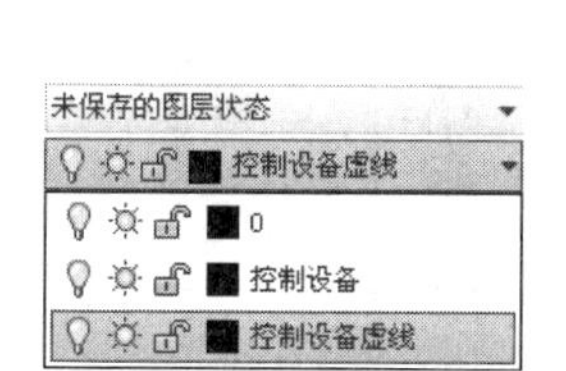

图 13-52　选择图层

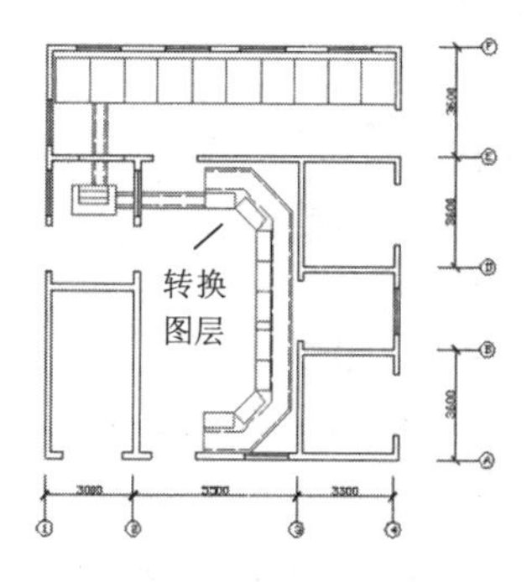

图 13-53　转换图层

步骤 08　绘制另一组接线排

①现在开始绘制另一组接线排，用于其他线路。单击【绘图】面板中的【矩形】按钮，绘制起点在如图 13-54 所示中点的矩形-6×(-45)。效果如图 13-55 所示。

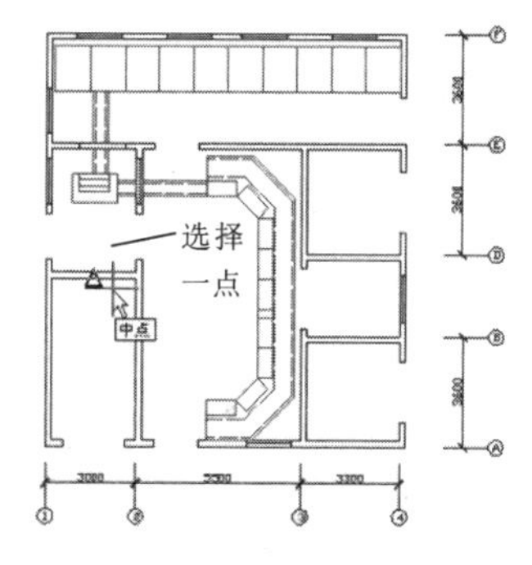

图 13-54　捕捉中点

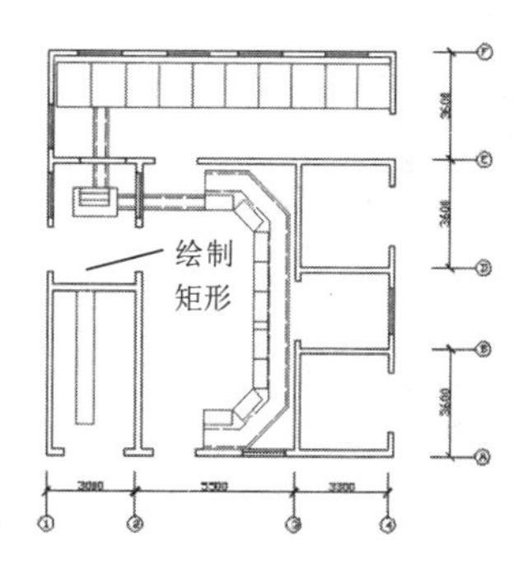

图 13-55　绘制矩形

②单击【绘图】面板中的【矩形】按钮▭，绘制起点在如图 13-54 所示中点的矩形-3×(-40)。效果如图 13-56 所示。

③单击【修改】面板中的【移动】按钮✥，把矩形-3×(-40)以相对坐标点@-1.5，-2.5 移动。效果如图 13-57 所示。

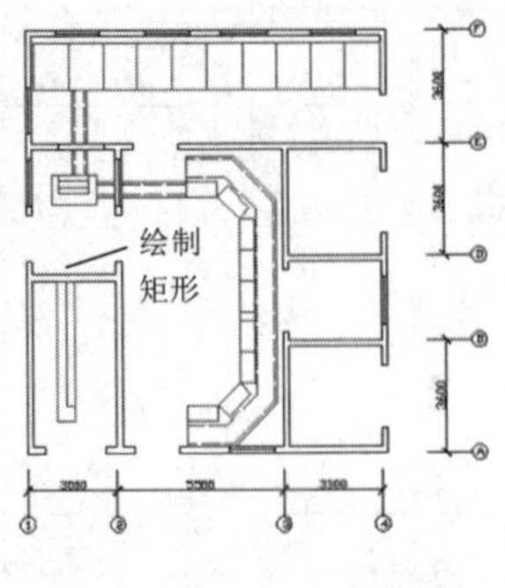

图 13-56　绘制矩形

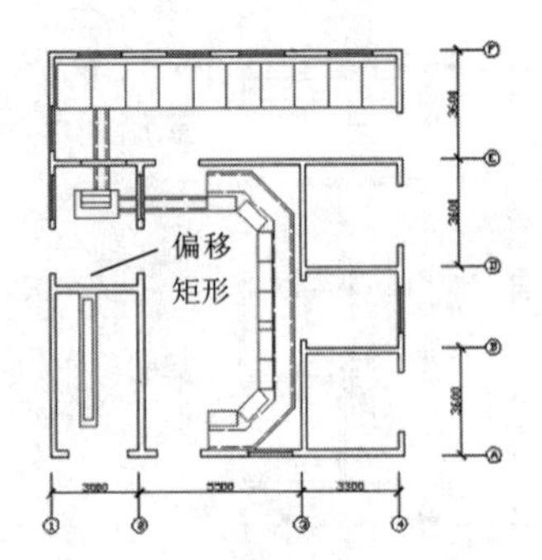

图 13-57　移动矩形

④单击【修改】面板中的【移动】按钮✥，把两个矩形以相对坐标点@-3，-3 移动。效果如图 13-58 所示。

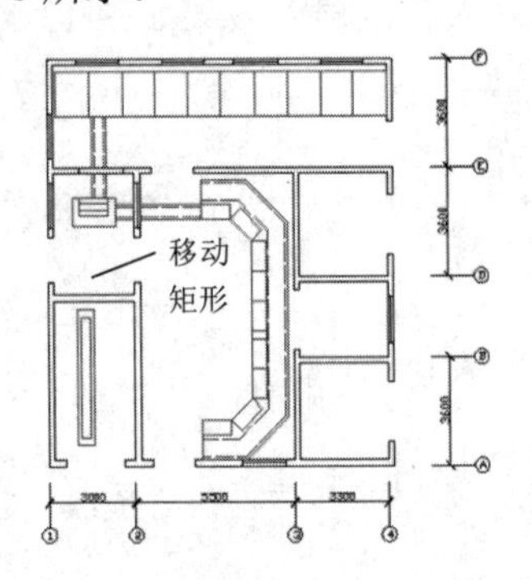

图 13-58　移动两个矩形

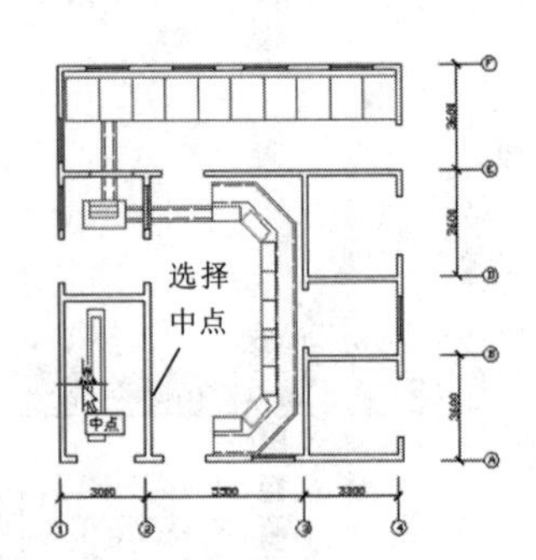

图 13-59　捕捉中点

⑤单击【绘图】面板中的【直线】按钮╱，绘制起点在如图 13-59 所示中点，垂直左边墙线的直线。效果如图 13-60 所示。

⑥单击【修改】面板中的【偏移】按钮⏍，把刚才绘制的直线分别向两边偏移复制 4 份，偏移复制距离为 5。效果如图 13-61 所示。

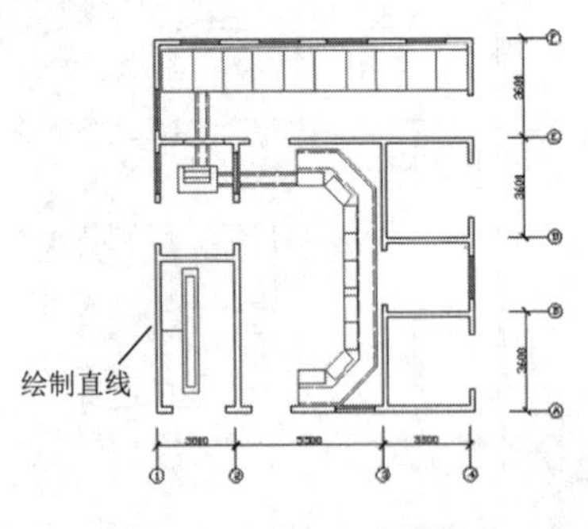

图 13-60　绘制直线

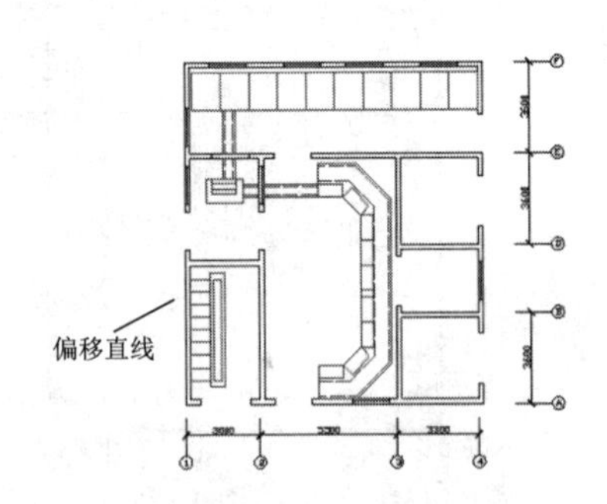

图 13-61　偏移复制直线

⑦单击【修改】面板中的【分解】按钮，把如图 13-62 光标所示矩形分解成直线。然后单击【修改】面板中的【偏移】命令按钮，把分解得到的上下边各向里偏移复制一份，复制距离为 1，效果如图 13-63 所示。

⑧选择【修改】|【特性匹配】菜单命令，把刚才偏移复制的线条转换成控制设备虚线，效果如图 13-63 所示。

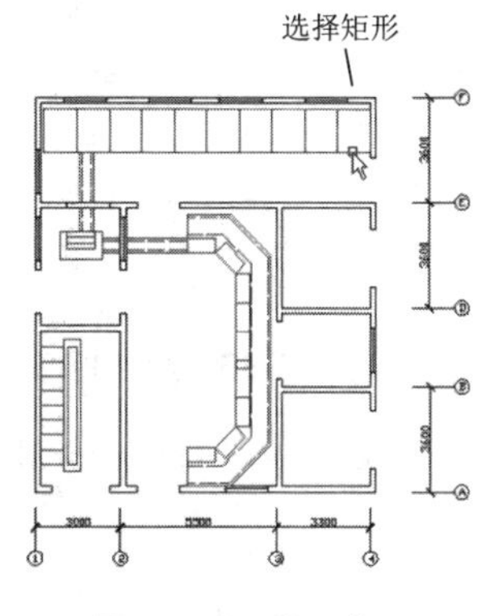

图 13-62　指示矩形

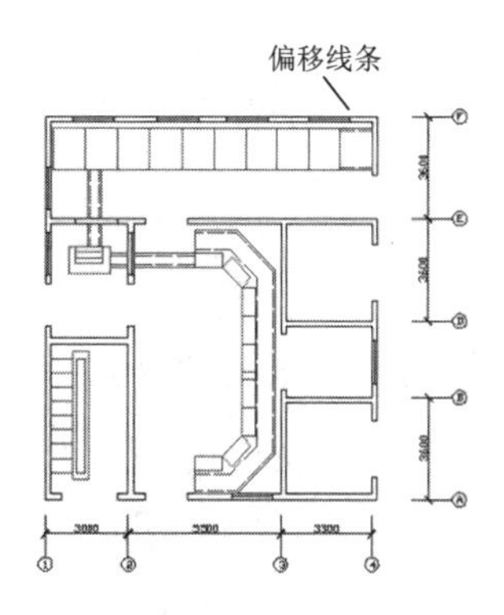

图 13-63　偏移复制直线

13.3.2　变压设备

变压设备是指电力的输入线、变压器、输出线等运载电力的设备。即原理图中的主线。不过在平面图中应该绘制出其外形、安装位置等。下面详细绘制。

步骤 01　设置图层绘制变压器

①单击【图层】面板中的【图层特性】按钮，设置一个使用红色直线的【变压设备】图层，并单击【置为当前】按钮，使它转入现役。效果如图 13-64 所示。

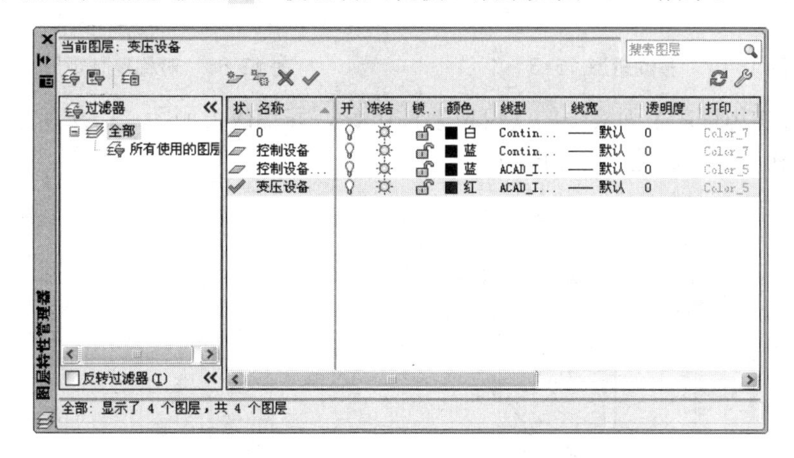

图 13-64　设置【变压设备】图层

②单击【绘图】面板中的【矩形】按钮，绘制起点在如图 13-65 所示中点的矩形 15×3。效果如图 13-66 所示。

③单击【修改】面板中的【移动】按钮，把矩形 15×3 以相对坐标点@2，2 移动。效果如图 13-67 所示。

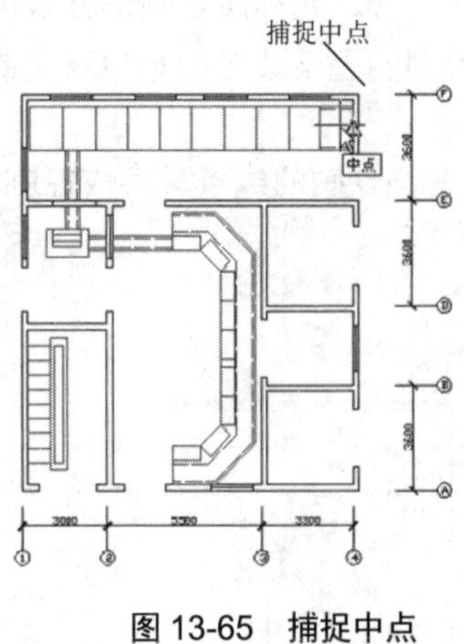

图 13-65　捕捉中点

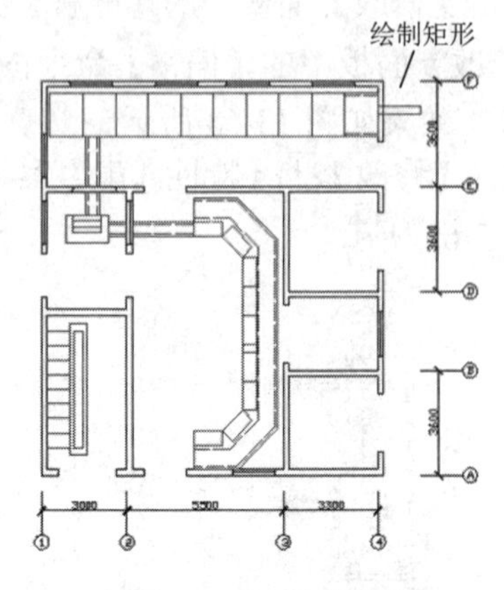

图 13-66　绘制矩形

④单击【修改】面板中的【镜像】按钮，以过控制设备入口右边中点的水平直线为对称轴，把矩形 15×3 对称复制一份。效果如图 13-68 所示。

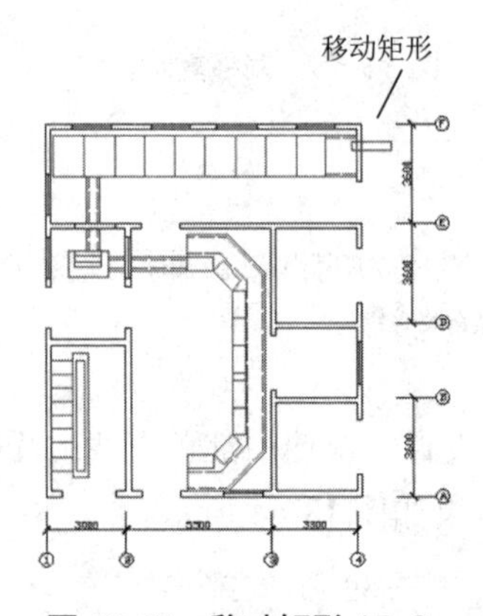

图 13-67　移动矩形 15×3

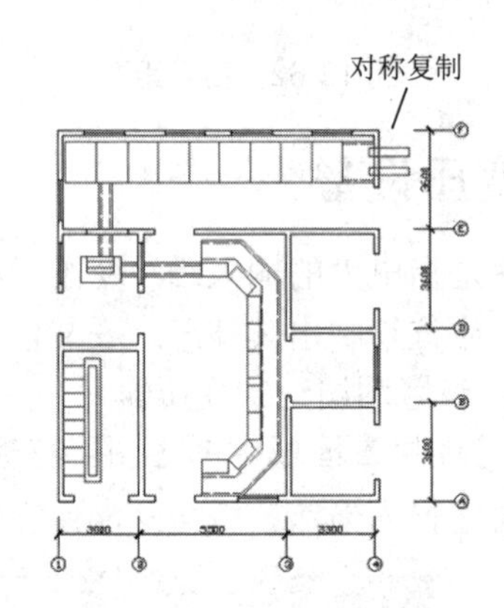

图 13-68　对称复制矩形

⑤单击【实用程序】面板中的【窗口】按钮，局部放大如图 13-69 所示选择的图形，预备下一步操作。效果如图 13-70 所示。

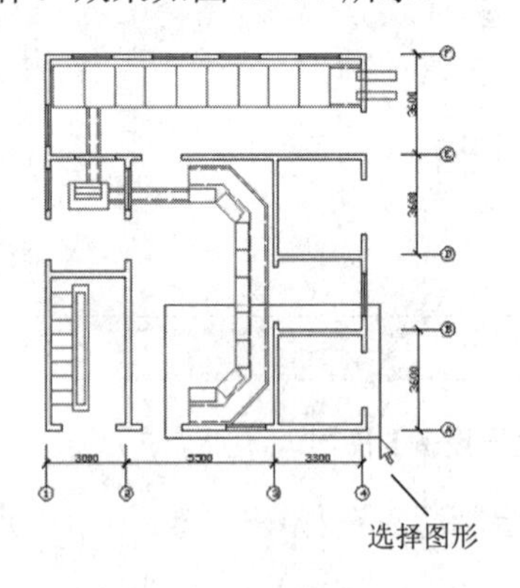

图 13-69　选择图形

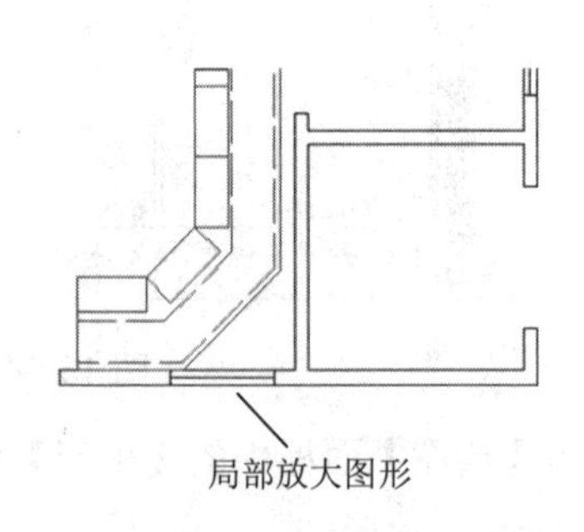

图 13-70　局部放大

步骤 02 绘制变压器入线的接线排

① 接着绘制变压器入线的接线排。单击【绘图】面板中的【矩形】按钮，绘制矩形 10×8 和矩形 8×7。效果如图 13-71 所示。

② 单击【修改】面板中的【移动】按钮，移动矩形 10×8，使它的底边中点和矩形 8×7 的底边中点重合。效果如图 13-72 所示。

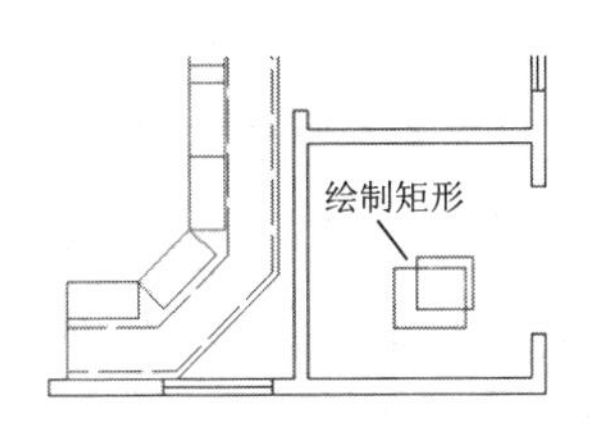

图 13-71　绘制两个矩形

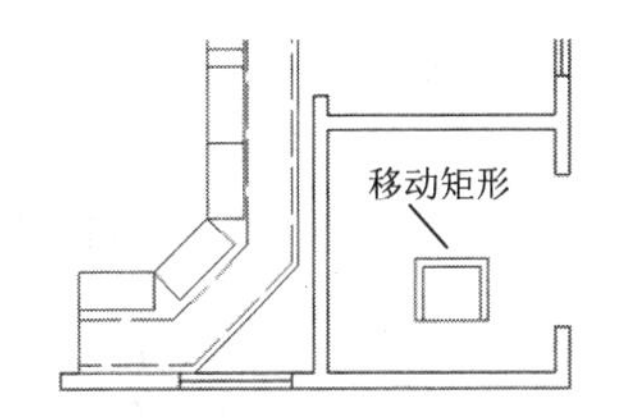

图 13-72　移动矩形

③ 单击【修改】面板中的【移动】按钮，移动两个矩形，使它们的底边中点和如图 13-73 所示中点重合。效果如图 13-74 所示。

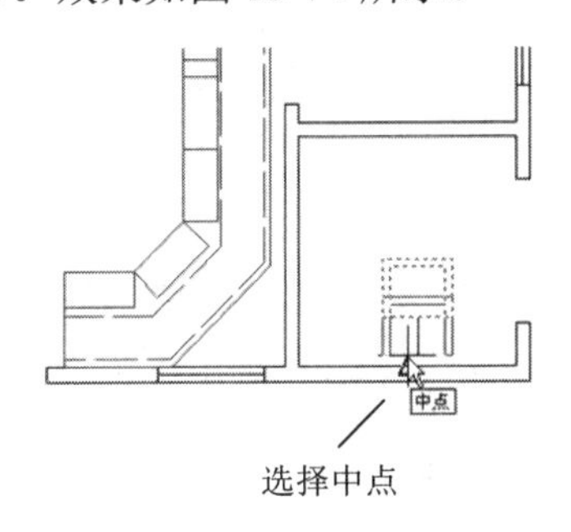

图 13-73　捕捉中点

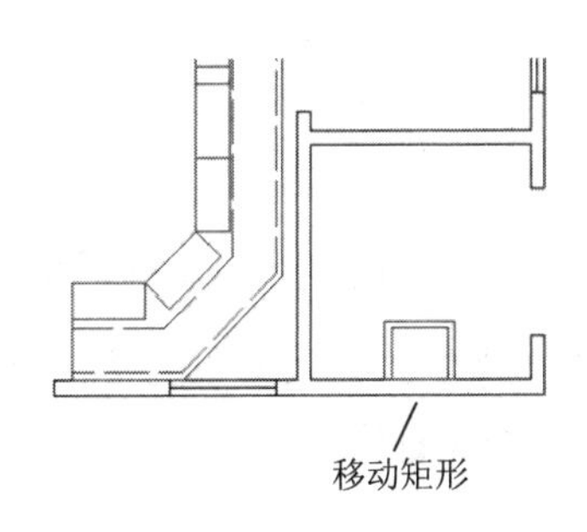

图 13-74　移动两个矩形

④ 单击【绘图】面板中的【面域】按钮，把两个矩形转变成面域。

⑤ 选择【修改】|【实体编辑】|【实体，差集】菜单命令，使用大面域剪切小面域。效果如图 13-75 所示。

步骤 03 绘制下边的变压器主体

① 现在绘制下边的变压器主体。单击【绘图】面板中的【矩形】按钮，绘制矩形 10×5。效果如图 13-76 所示。

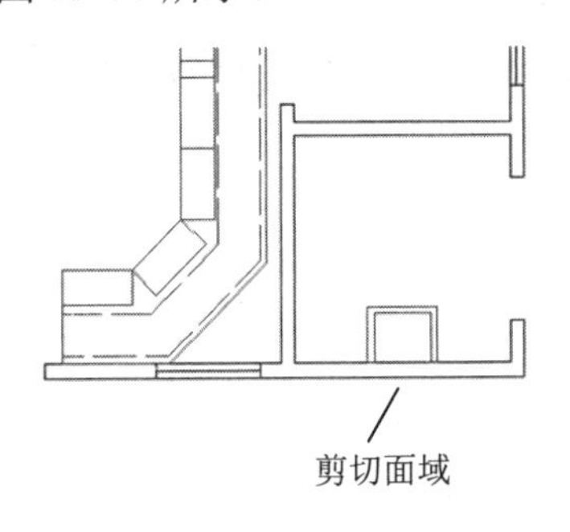

图 13-75　剪切面域

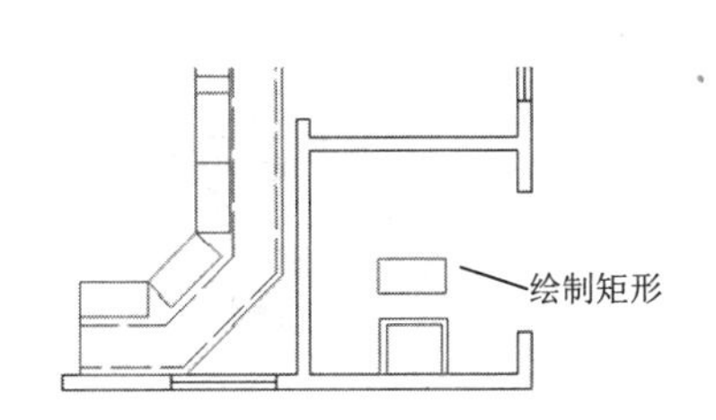

图 13-76　绘制矩形

②单击【绘图】面板中的【矩形】按钮，绘制矩形 1×3。效果如图 13-77 所示。

③单击【绘图】面板中的【矩形】按钮，绘制矩形 2×8。效果如图 13-78 所示。

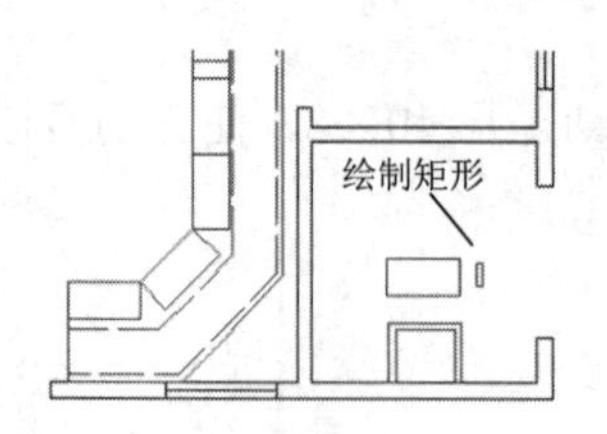

图 13-77　绘制矩形

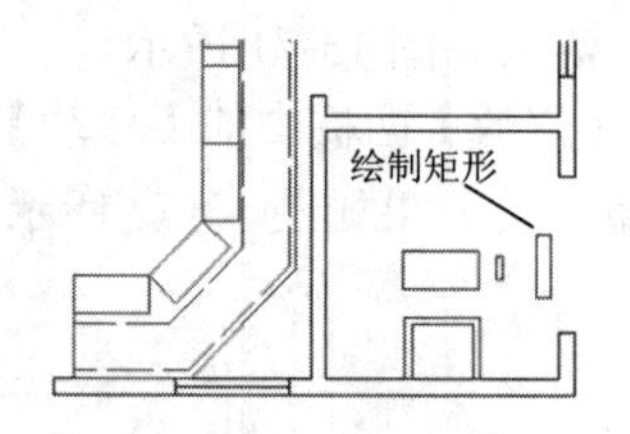

图 13-78　绘制矩形

④单击【绘图】面板中的【矩形】按钮，绘制矩形 4×3。效果如图 13-79 所示。

⑤单击【修改】面板中的【移动】按钮，使用对应边中点重合的方法，把各个矩形排列成如图 13-80 所示形状。

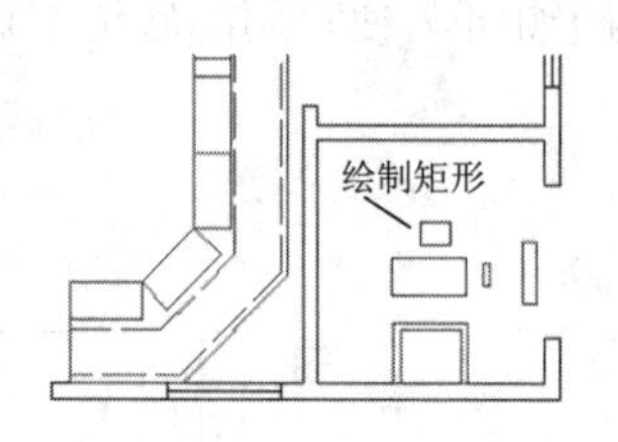

图 13-79　绘制矩形

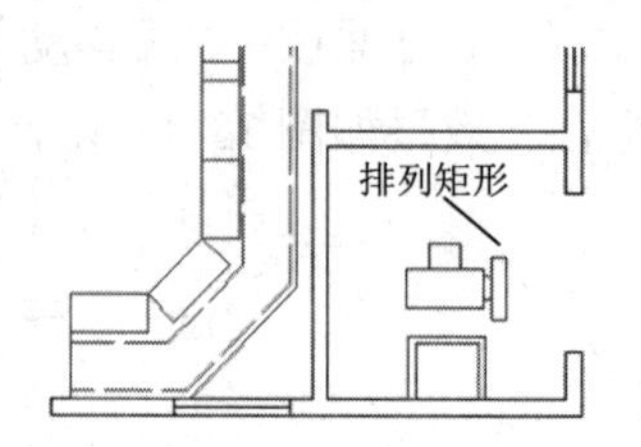

图 13-80　排列矩形

⑥单击【修改】面板中的【镜像】按钮，以过如图 13-81 所示中点的水平直线为对称轴，把矩形 4×3 对称复制一份。效果如图 13-82 所示。

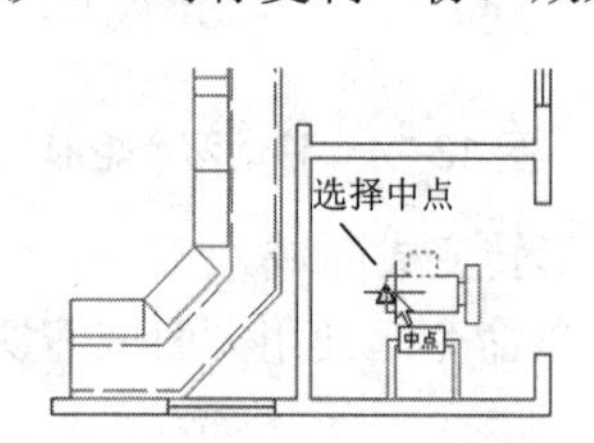

图 13-81　捕捉中点

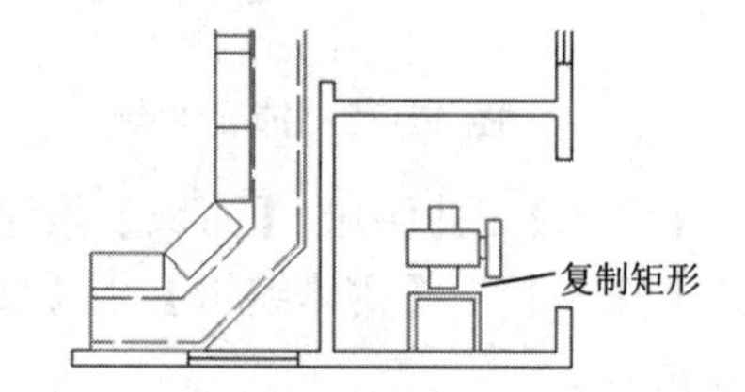

图 13-82　复制矩形

⑦单击【修改】面板中的【移动】按钮，把上边图形以下边矩形 4×3 的底边中点为移动基准点，面域上边中点为移动目标点移动。效果如图 13-83 所示。

⑧单击【修改】面板中的【移动】按钮，把上边图形向上移动，移动距离为 1。效果如图 13-84 所示。

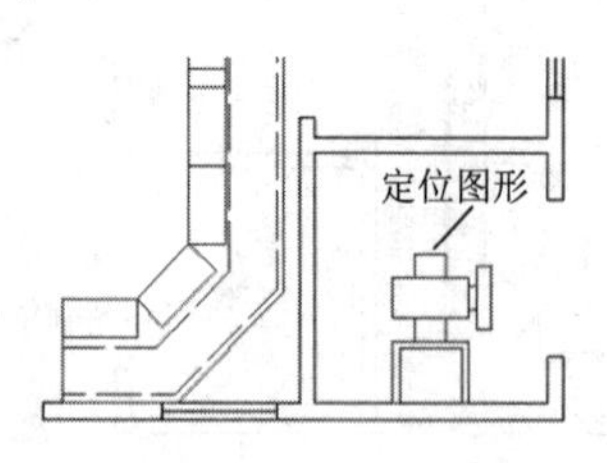

图 13-83　定位图形

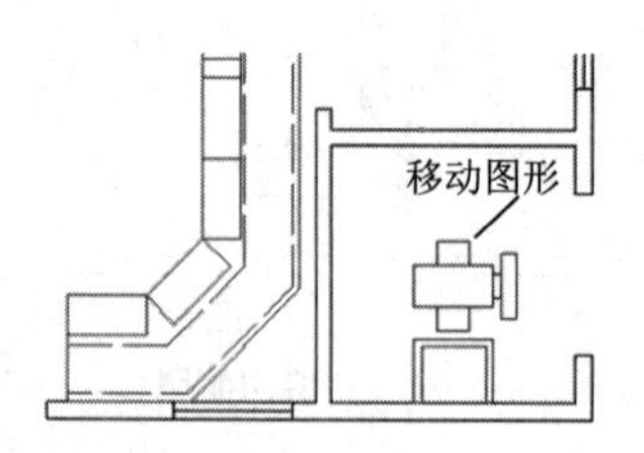

图 13-84　移动图形

步骤 04 绘制出线的支架

①现在绘制出线的支架。单击【绘图】面板中的【矩形】按钮，绘制起点在如图 13-85 所示端点的矩形 2×(−11)。效果如图 13-86 所示。

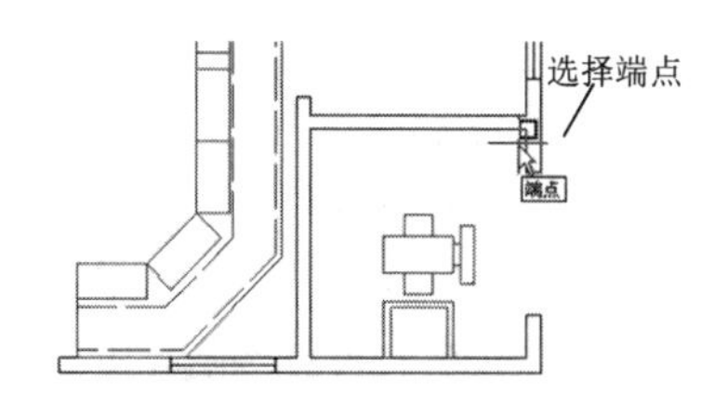

图 13-85 捕捉端点

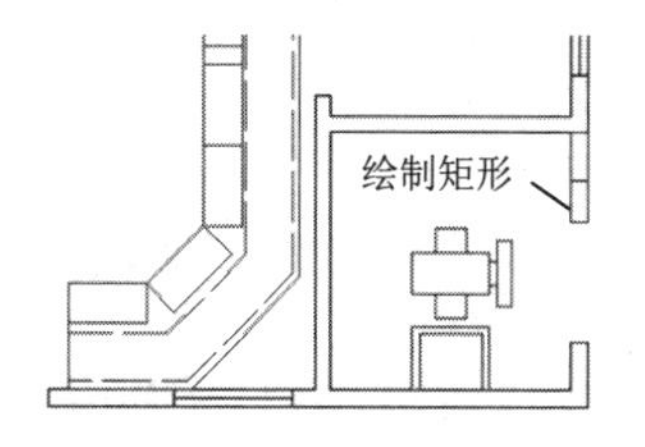

图 13-86 绘制矩形

②单击【修改】面板中的【移动】按钮，把矩形 2×(−11)以相对坐标点@−11，1 移动。效果如图 13-87 所示。

③单击【绘图】面板中的【圆】按钮，绘制在如图 13-88 所示位置与面域三边相切的圆。效果如图 13-89 所示。

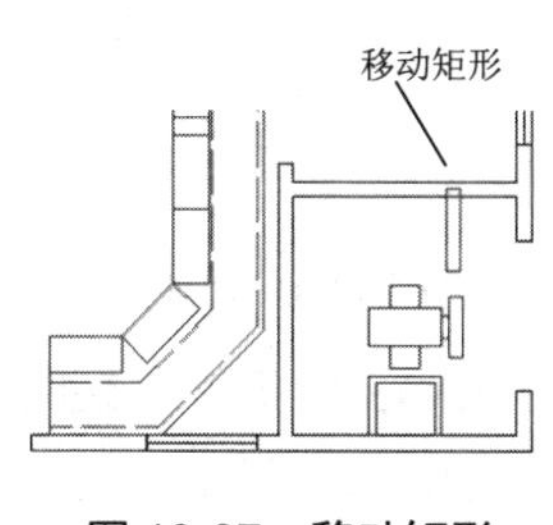

图 13-87 移动矩形

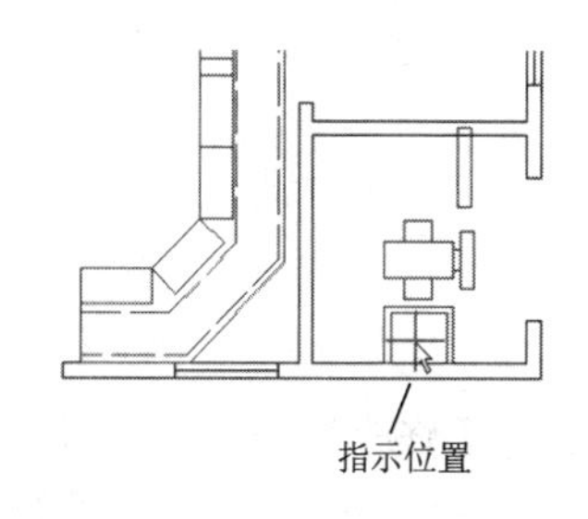

图 13-88 指示位置

④单击【绘图】面板中的【圆】命令按钮，绘制与刚才绘制的圆同心的圆 2。效果如图 13-90 所示。

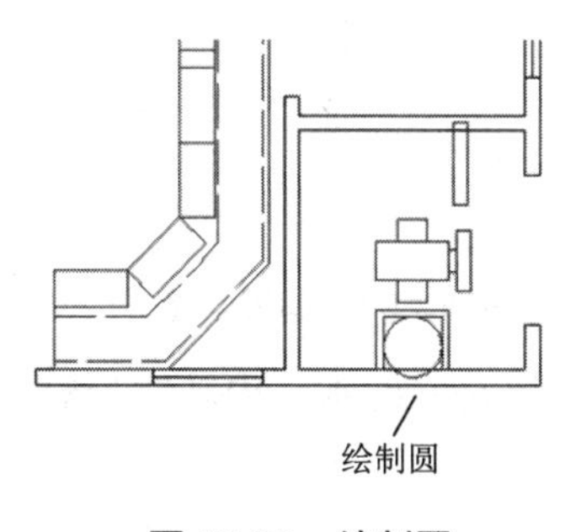

图 13-89 绘制圆

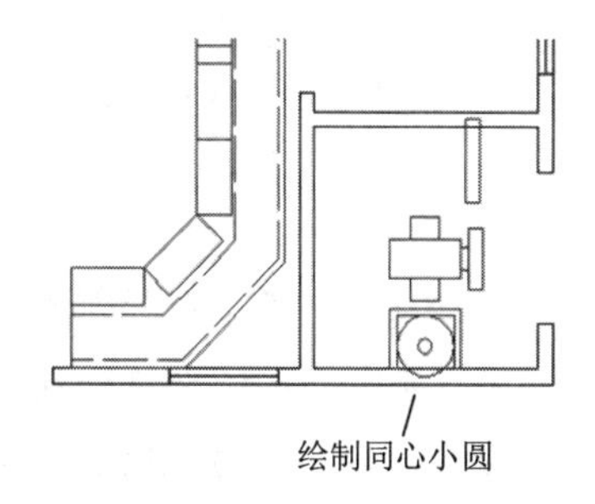

图 13-90 绘制圆$\phi 2$

⑤单击【修改】面板中的【删除】按钮，删除大圆。效果如图 13-91 所示。

⑥单击【绘图】面板中的【圆】按钮，以面域上如图 13-92 所示位置处两个中点绘制圆，作为接线柱。效果如图 13-93 所示。

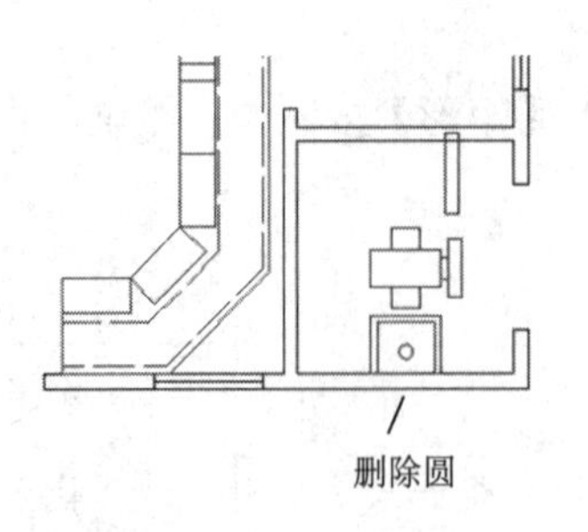

图 13-91　删除圆

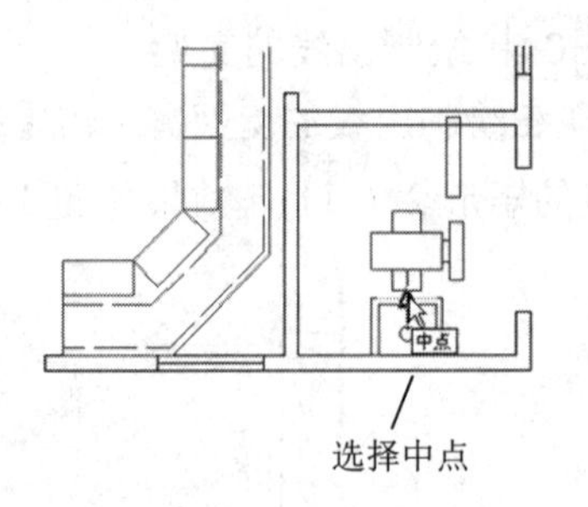

图 13-92　捕捉中点

⑦单击【修改】面板中的【复制】按钮，把刚才绘制的圆各向两边复制一份，复制距离为 3。效果如图 13-94 所示。

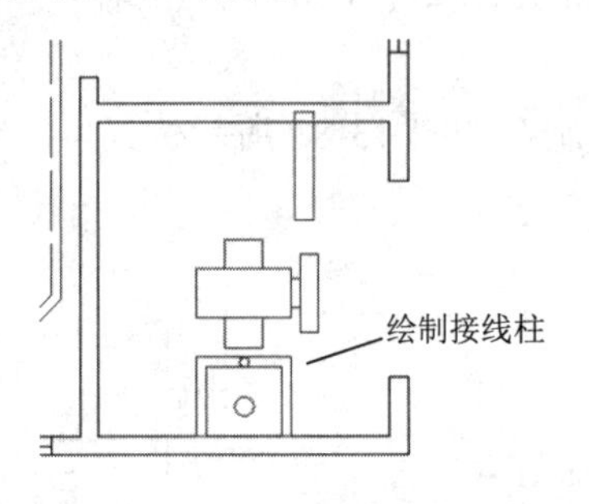

图 13-93　绘制接线柱

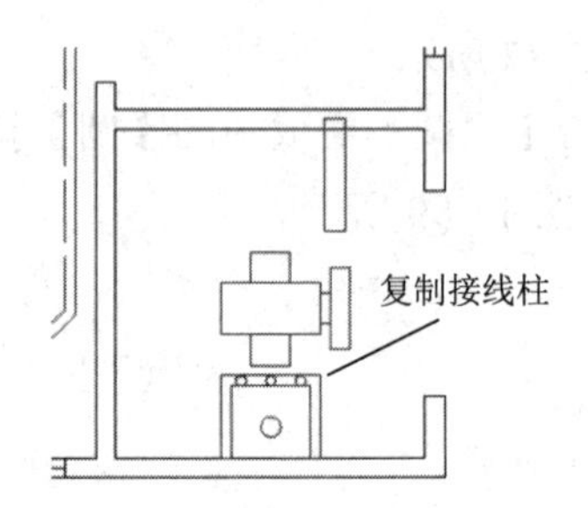

图 13-94　复制接线柱

⑧单击【修改】面板中的【复制】按钮，以如图 13-95 所示接线柱的下象限点为复制基准点，如图 13-96 所示中点为复制目标点，把 3 个接线柱向上复制一份。效果如图 13-97 所示。

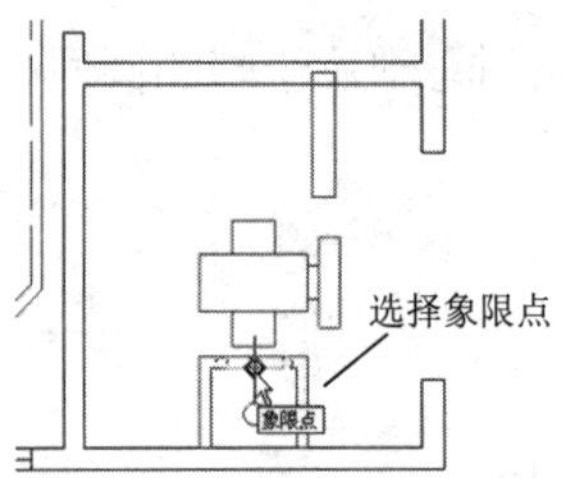

图 13-95　捕捉象限点

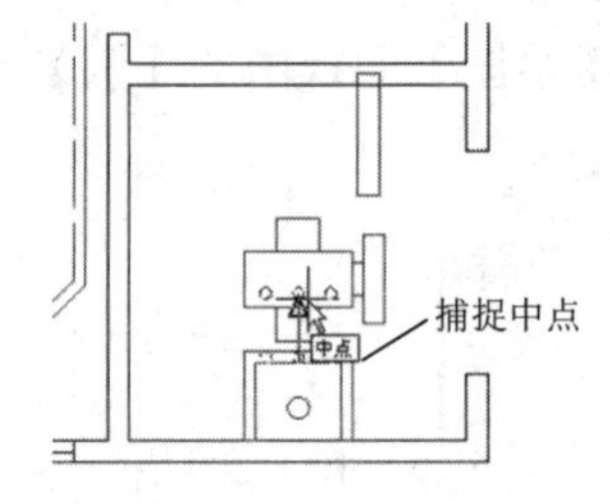

图 13-96　捕捉中点

⑨单击【修改】面板中的【镜像】按钮，以变压器符号的水平中轴线为对称轴，把下边的接线柱对称复制一份。效果如图 13-98 所示。

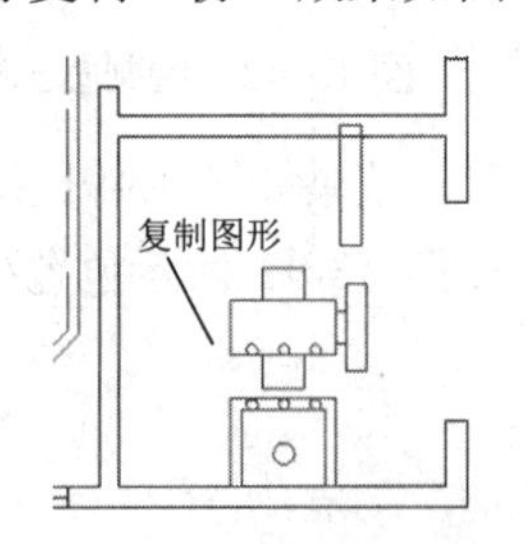

图 13-97　复制 3 个接线柱

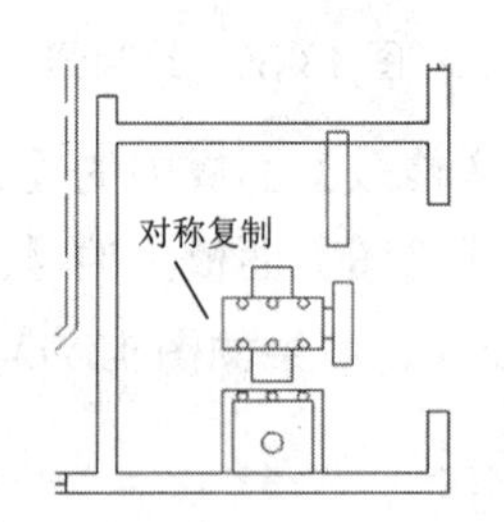

图 13-98　对称复制 3 个接线柱

⑩单击【修改】面板中的【复制】按钮，以如图 13-99 中虚线所示接线柱的左边象限点为复制基准点，如图 13-100 所示端点为复制目标点，把该接线柱向上复制一份。效果如图 13-101 所示。

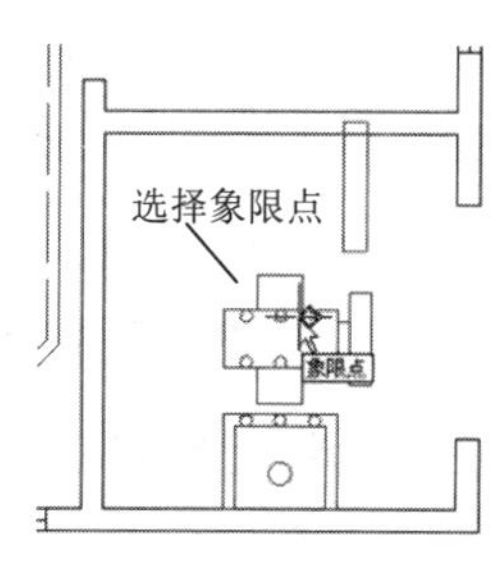

图 13-99 捕捉象限点

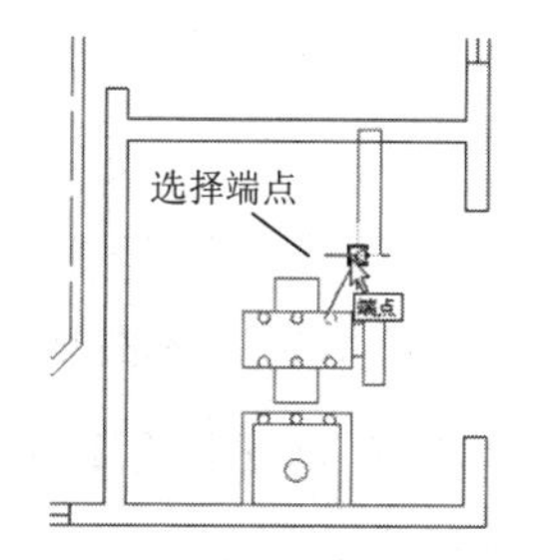

图 13-100 捕捉端点

⑪单击【修改】面板中的【阵列】按钮，把复制得到的接线柱阵列 4 行，行距 2.5。效果如图 13-102 所示。

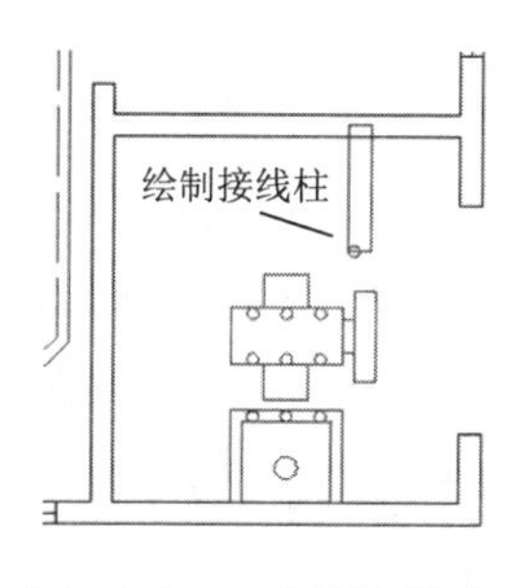

图 13-101 复制接线柱

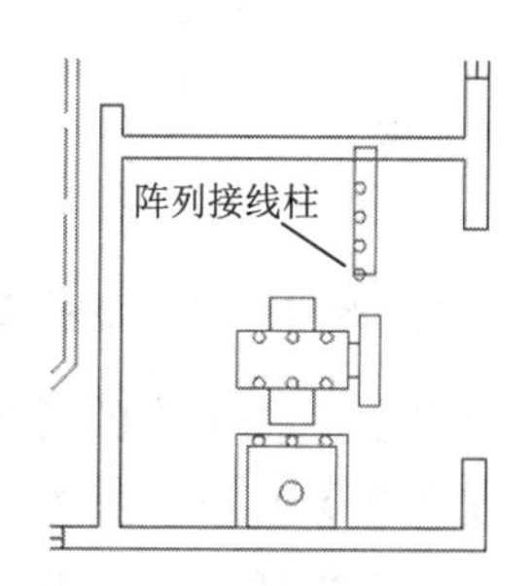

图 13-102 阵列接线柱

⑫单击【修改】面板中的【移动】按钮，把支架上的接线柱向上移动，移动距离为 1。效果如图 13-103 所示。

⑬单击【修改】面板中的【移动】按钮，把支架连同接线柱向左边复制 2 份，复制距离为 13 和 27.5。效果如图 13-104 所示。

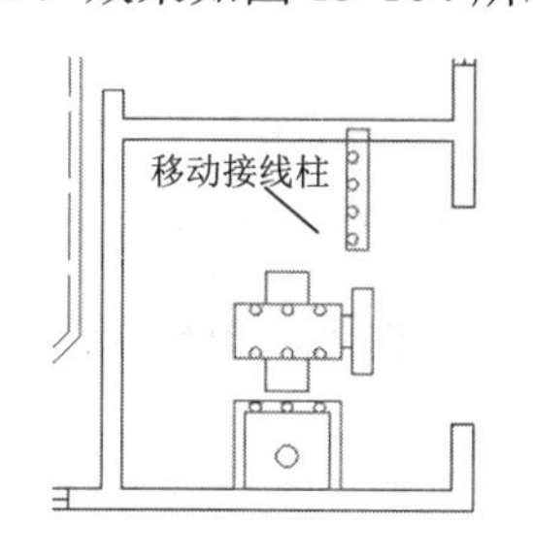

图 13-103 移动接线柱

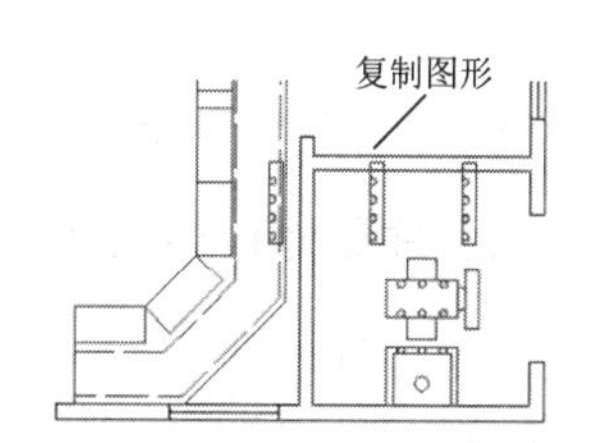

图 13-104 复制支架

步骤 05 控制台那边的支架修改成支板

①把控制台那边的支架修改成支板，便于安装。单击【实用程序】面板中的【窗口】按钮，局部放大如图 13-105 所示选择的图形，预备下一步操作。效果如图 13-106 所示。

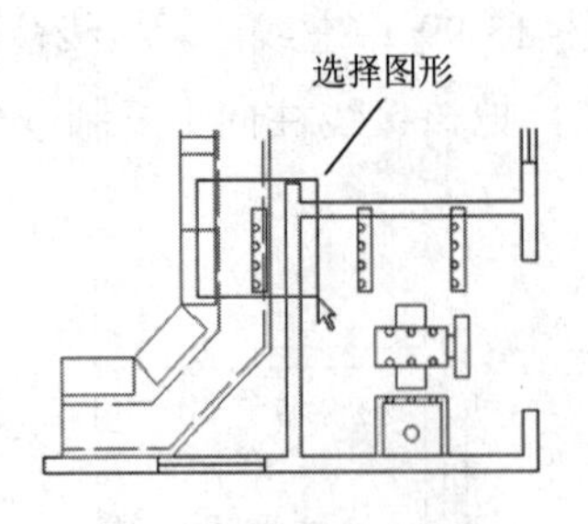

图 13-105 选择图形

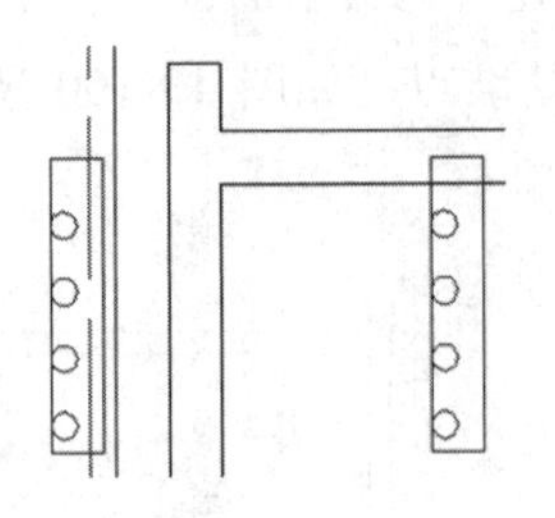

图 13-106 局部放大

②单击【修改】面板中的【拉伸】按钮，把如图 13-107 所示图形向右拉长，拉长距离为 3。效果如图 13-108 所示。

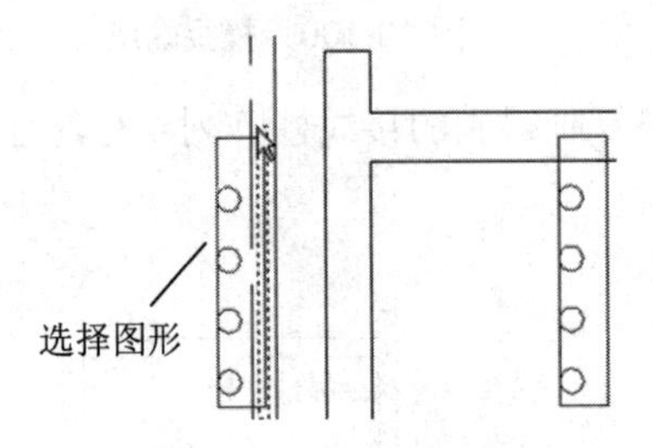

图 13-107 选择图形

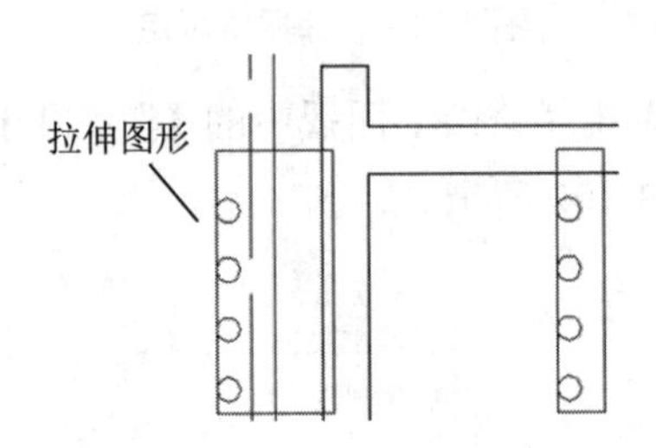

图 13-108 拉长图形

③单击【绘图】面板中的【矩形】按钮，绘制矩形 6×10。效果如图 13-109 所示。

④单击【修改】面板中的【移动】按钮，把矩形 6×10 以其左边中点为移动基准点，如图 13-110 所示中点为移动目标点移动。效果如图 13-111 所示。

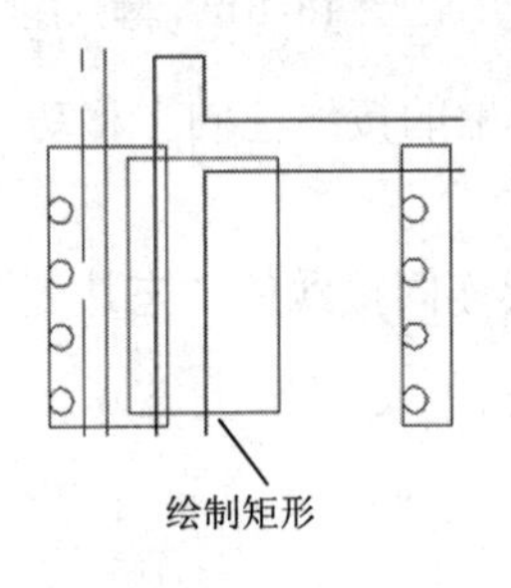

图 13-109 绘制矩形

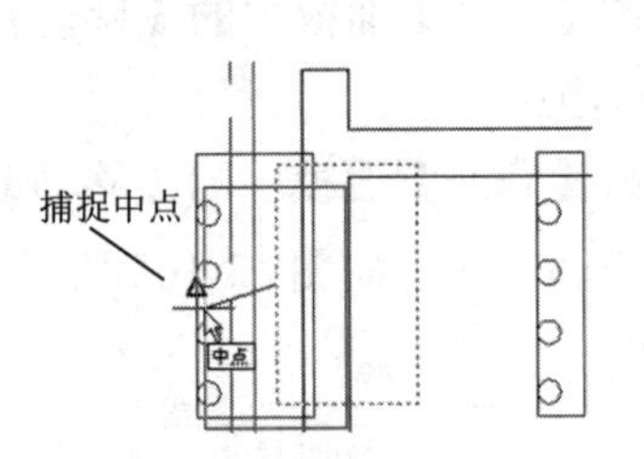

图 13-110 捕捉中点

⑤单击【实用程序】面板中的【上一个】按钮，恢复视图。效果如图 13-112 所示。

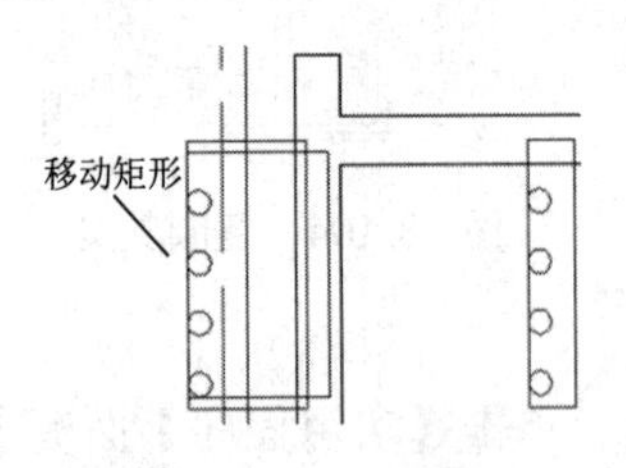

图 13-111 移动矩形

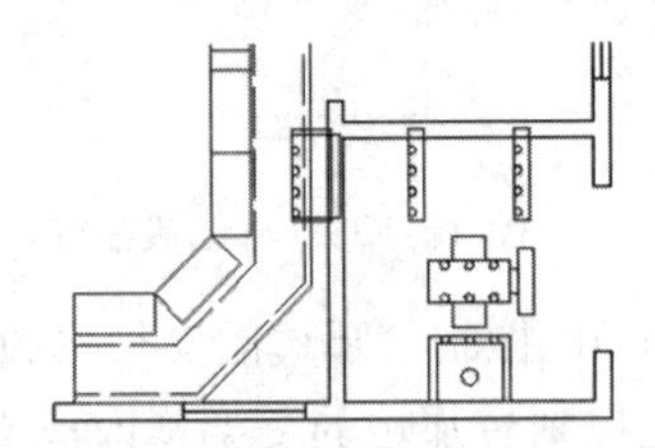

图 13-112 恢复视图

步骤06 绘制连接变压主线路

❶连接变压主线路。单击【绘图】面板中的【直线】按钮，绘制起点在如图 13-113 所示圆心，端点在如图 13-114、图 13-115 所示圆心的连线作为变压器进线。如图 13-116 所示。

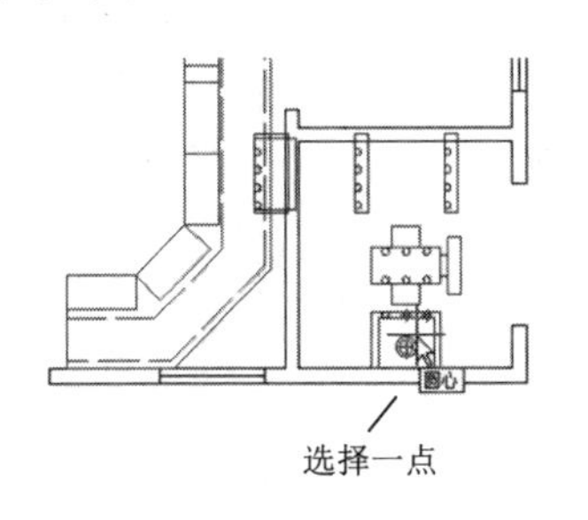

图 13-113 捕捉起点

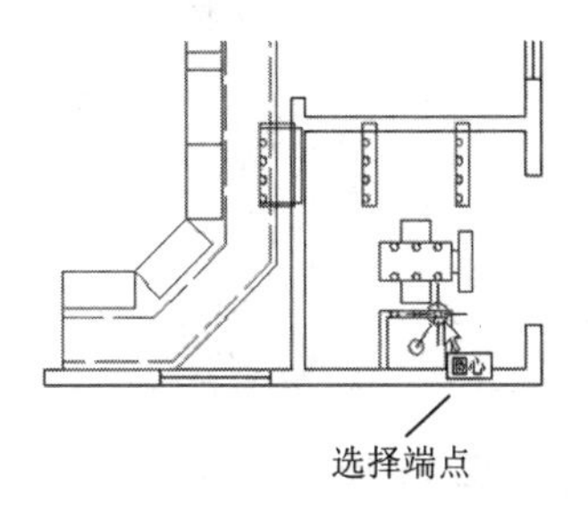

图 13-114 捕捉端点

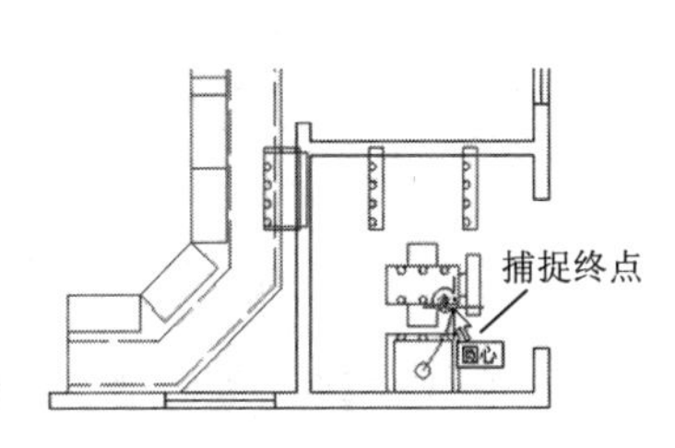

图 13-115 捕捉终点

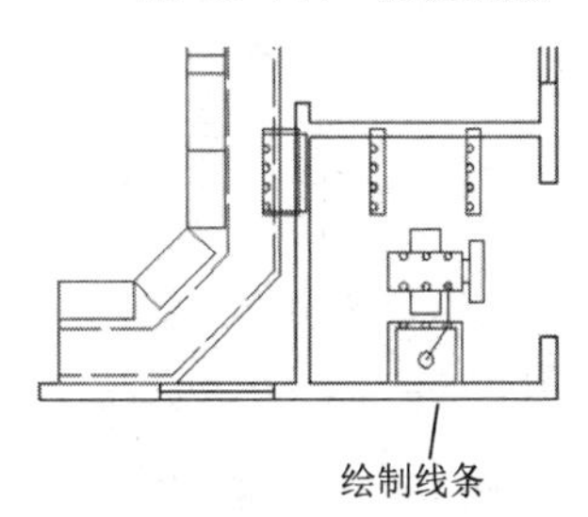

图 13-116 绘制一条进线

❷参照上面绘制进线的方法，绘制其他两条进线。效果如图 13-117 所示。

❸单击【修改】面板中的【移动】按钮，把如图 13-118 中光标所示接线柱向左边移动，移动距离为 1。

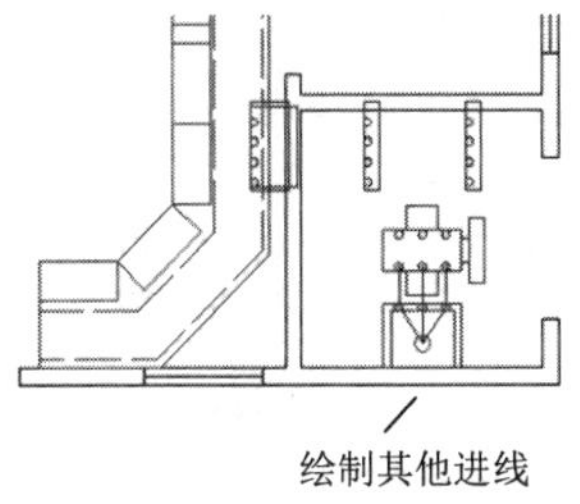

图 13-117 绘制其他两条进线

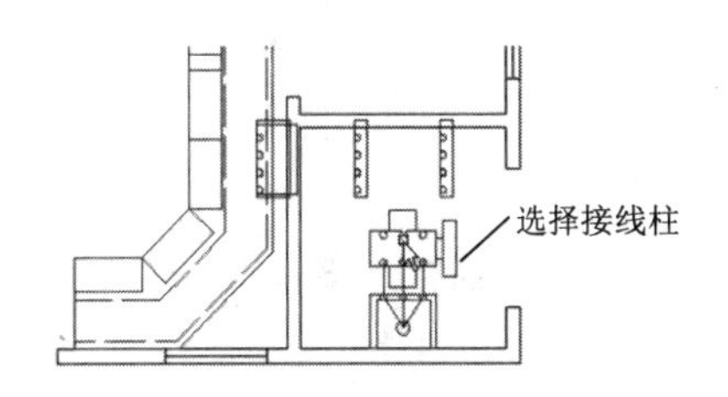

图 13-118 指示接线柱

❹单击【修改】面板中的【镜像】按钮，以过如图 13-119 所示中点的垂直直线为对称轴，把刚才移动的接线柱对称复制一份。效果如图 13-120 所示。

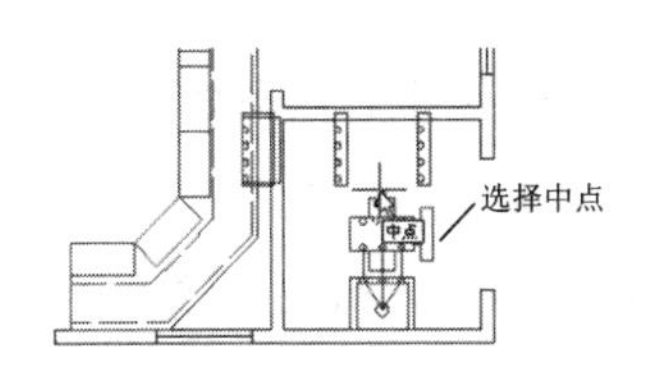

图 13-119 捕捉中点

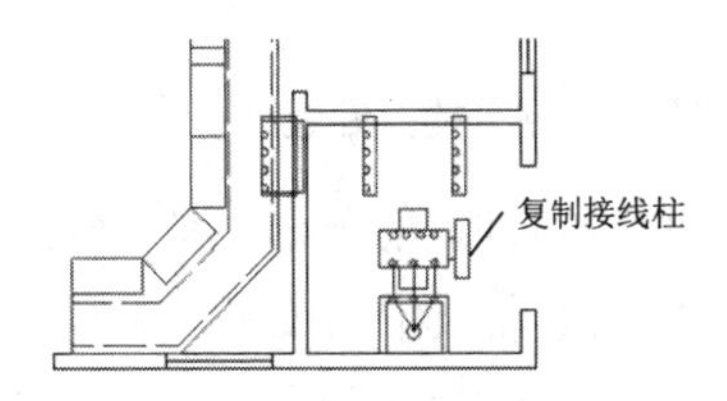

图 13-120 对称复制接线柱

⑤单击【绘图】面板中的【直线】按钮，绘制起点在如图 13-121 所示圆心，端点在如图 13-122、图 13-123 所示圆心的连线作为变压器出线。效果如图 13-124 所示。

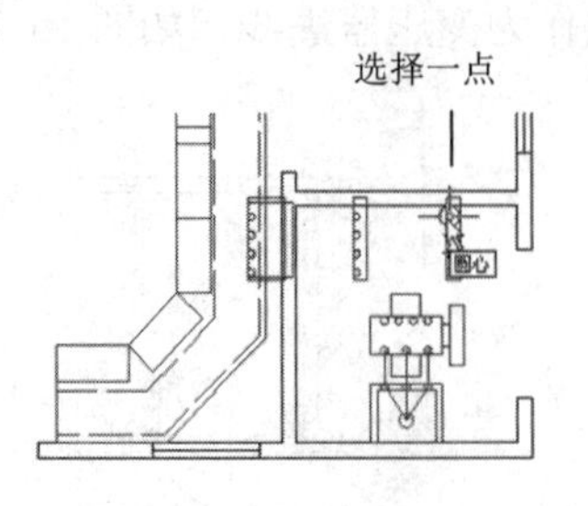

图 13-121　捕捉起点

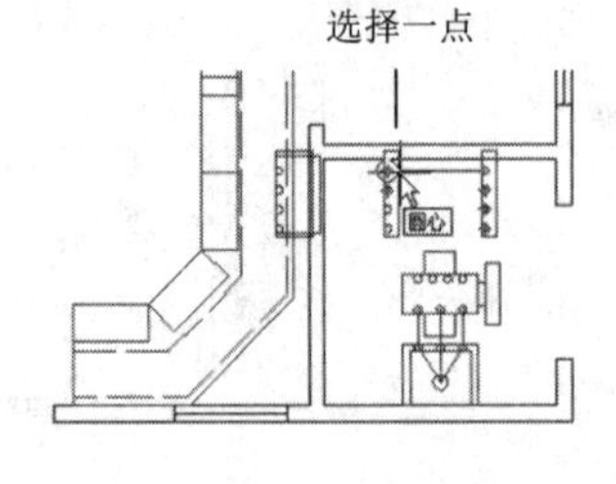

图 13-122　捕捉端点

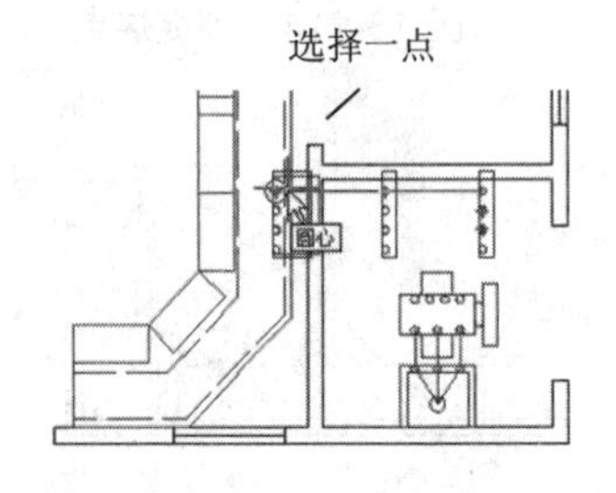

图 13-123　捕捉终点

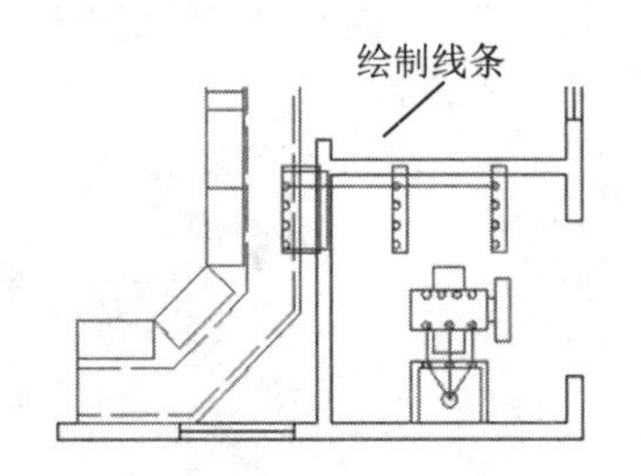

图 13-124　绘制一条变压器出线

⑥参照上面绘制进线的方法，绘制其他 3 条出线。效果如图 13-125 所示。

⑦单击【绘图】面板中的【直线】按钮，绘制起点在如图 13-126 所示圆心，端点在如图 13-127 所示最近点的连线。效果如图 13-128 所示。

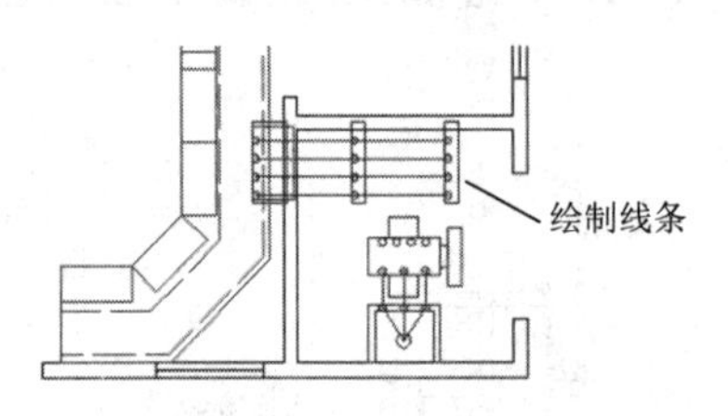

图 13-125　绘制其他 3 条出线

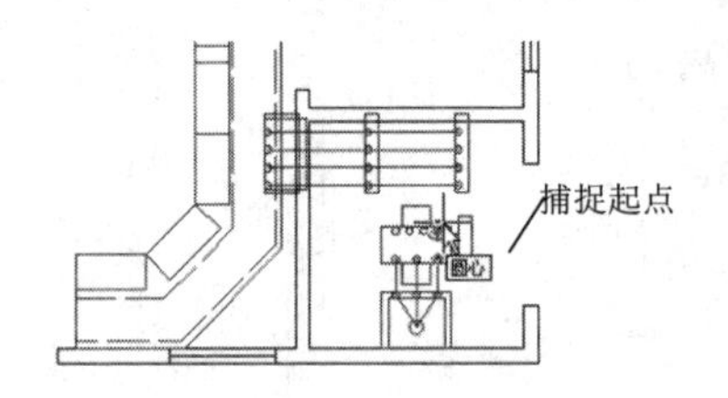

图 13-126　捕捉起点

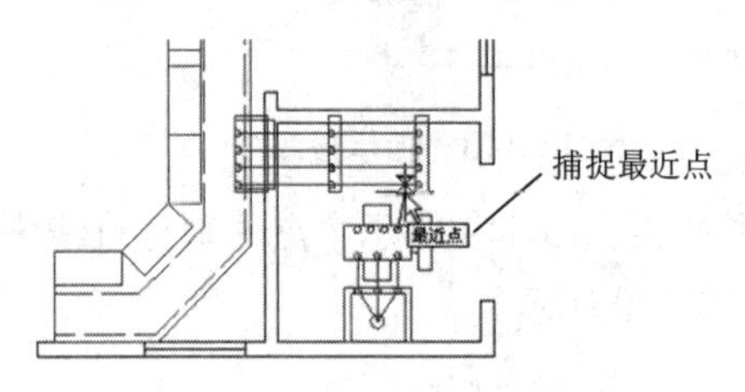

图 13-127　捕捉最近点

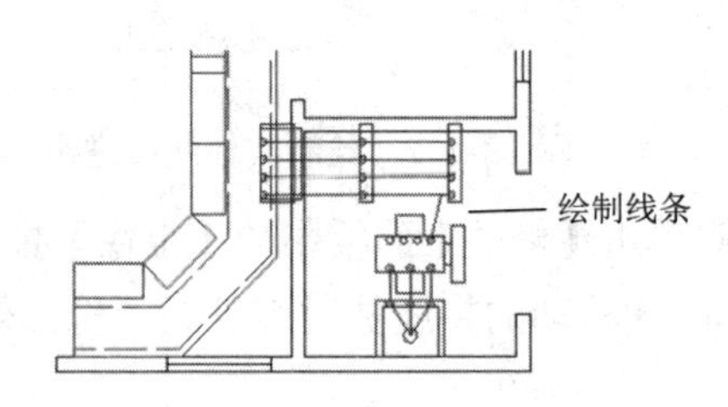

图 13-128　绘制一条连线

⑧参照上面绘制进线的方法，绘制其他 3 条出线。效果如图 13-129 所示。

⑨单击【修改】面板中的【延伸】按钮，把如图 13-130 所示光标捕捉的线头延伸到虚线所示的控制台上。效果如图 13-131 所示。

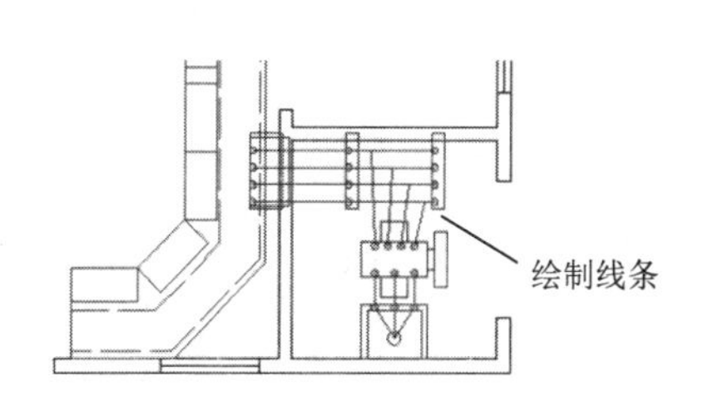

图 13-129　绘制其他连线

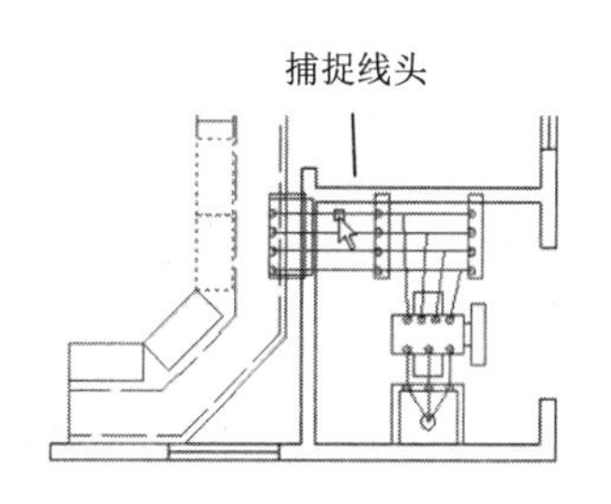

图 13-130　捕捉线头

⑩在命令输入行中输入命令 lengthen，把下边 4 条延伸到控制台的线头分别拉长 1、2、3，效果如图 13-132 所示。

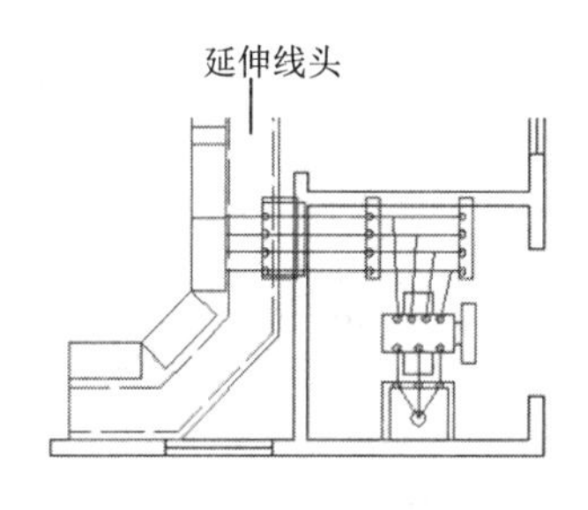

图 13-131　延伸线头

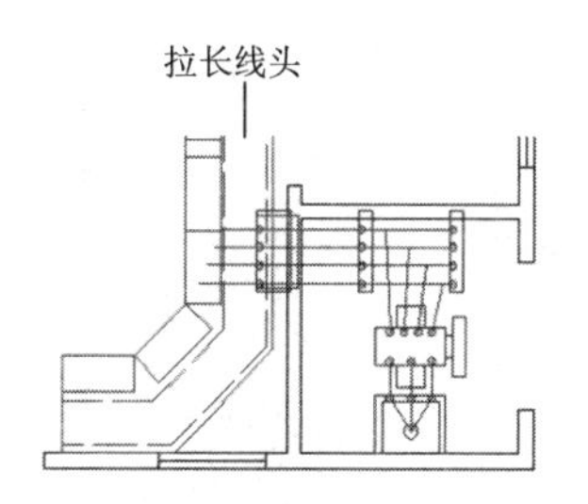

图 13-132　拉长线头

⑪单击【实用程序】面板中的【上一个】命令按钮，恢复视图。效果如图 13-133 所示。

步骤 07　绘制另一组变压器

①绘制另一组变压器，它位于另一个房间内。单击【修改】面板中的【镜像】按钮，把如图 13-134 所示框选的图形以过如图 13-135 所示中点的水平直线为对称轴，对称复制一份。效果如图 13-136 所示。

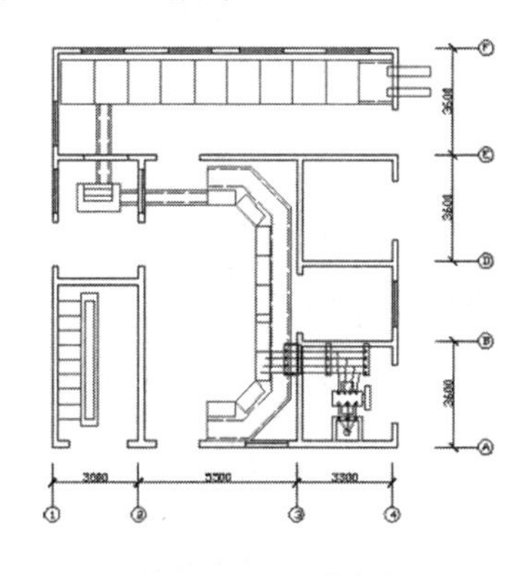

图 13-133　恢复视图

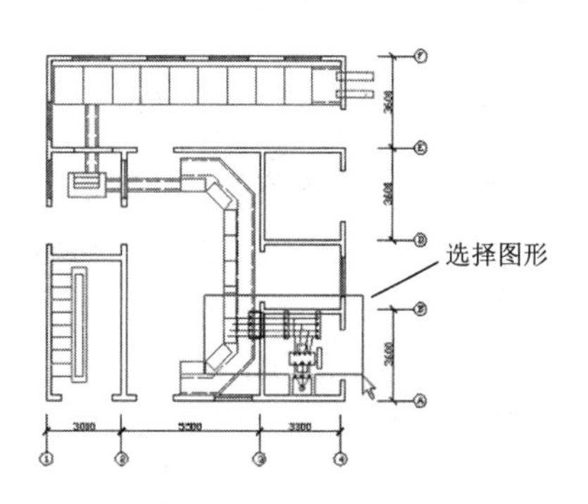

图 13-134　框选的图形

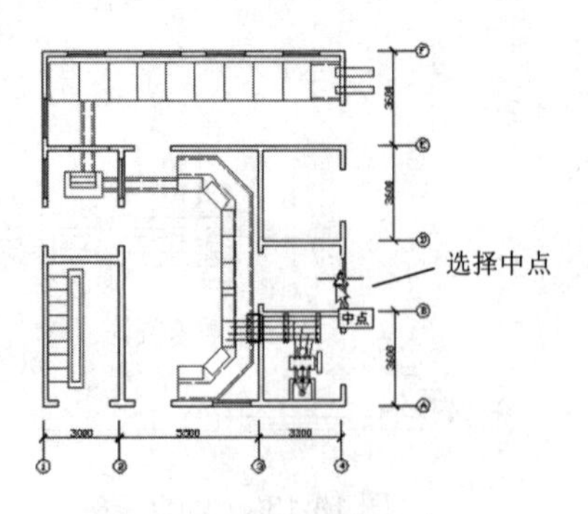

图 13-135　捕捉中点

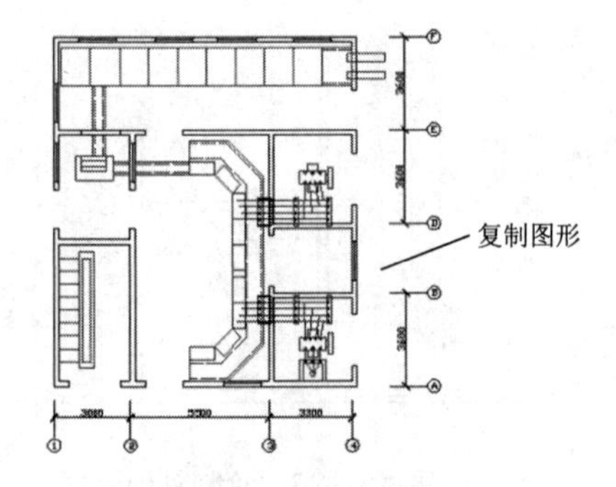

图 13-136　对称复制图形

②单击【修改】面板中的【复制】按钮，把如图 13-137 所示框选的图形向上复制到上边变压器所在房间的墙线上。效果如图 13-138 所示。

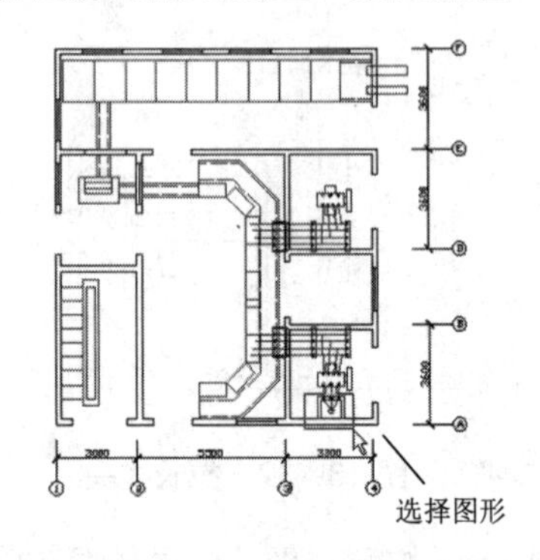

图 13-137　选择图形

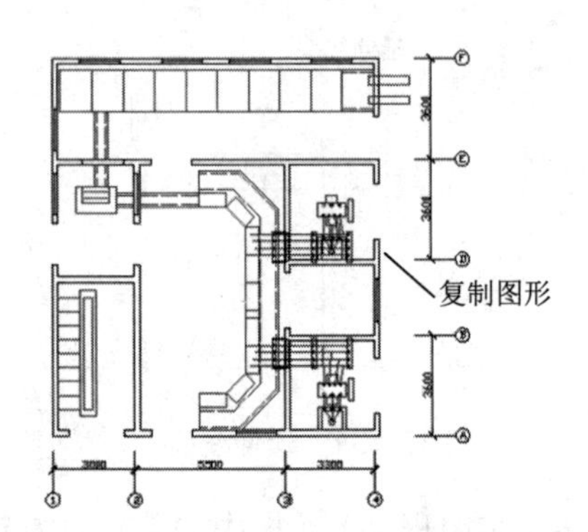

图 13-138　复制图形

步骤 08　绘制调整上一组变压设备的连线

①调整上一组变压设备的连线。单击【实用程序】面板中的【窗口】按钮，局部放大如图 13-139 所示选择的图形，预备下一步操作。效果如图 13-140 所示。

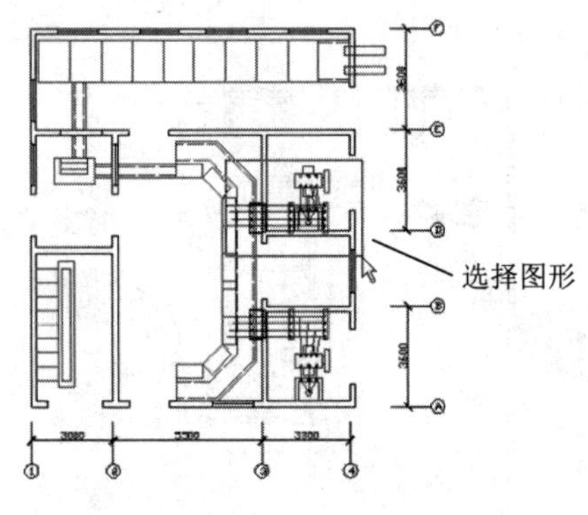

图 13-139　选择图形

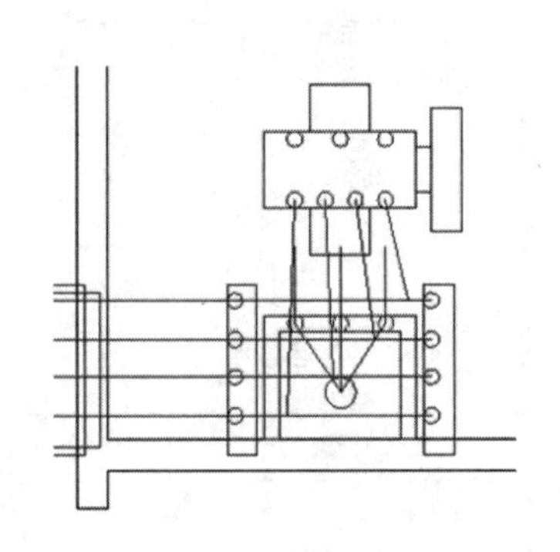

图 13-140　局部放大

②单击【修改】面板中的【镜像】按钮，以过如图 13-141 所示中点的水平直线为对称轴，把虚线所示接线柱对称复制一份，注意删除源对象。效果如图 13-142 所示。

③单击图中未连接上接线柱的导线，通过移动夹点的方法把它们一一连接到接线柱上。效果如图 13-143 所示。

④单击【修改】面板中的【修剪】按钮，以各个接线柱为修剪边，修剪掉它里边的线头。结果如图 13-144 所示。

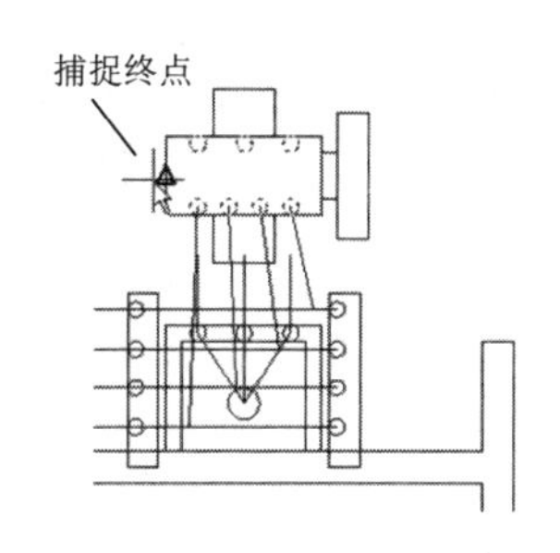

图 13-141　捕捉中点

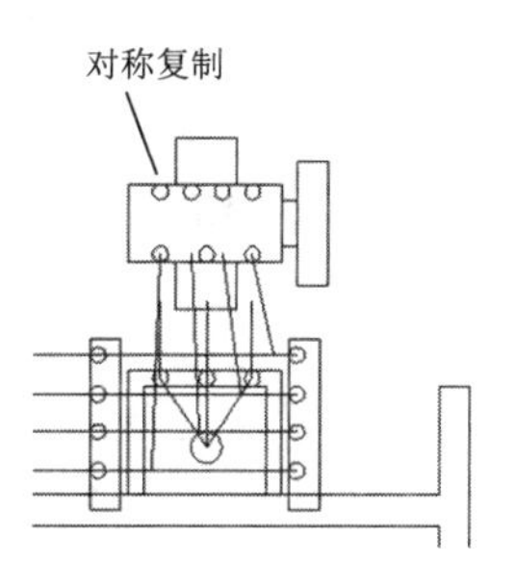

图 13-142　对称复制

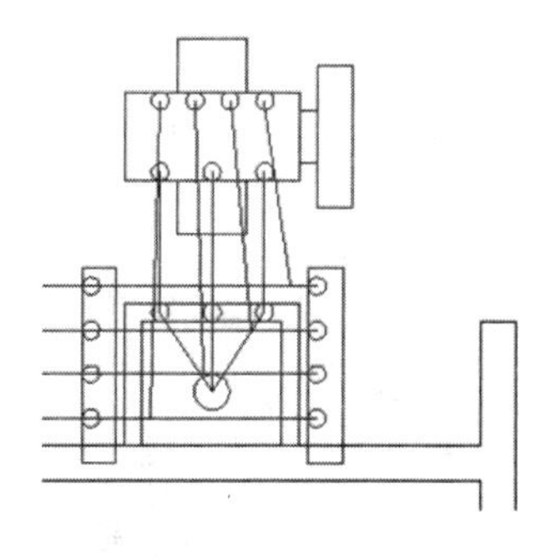

图 13-143　整理导线

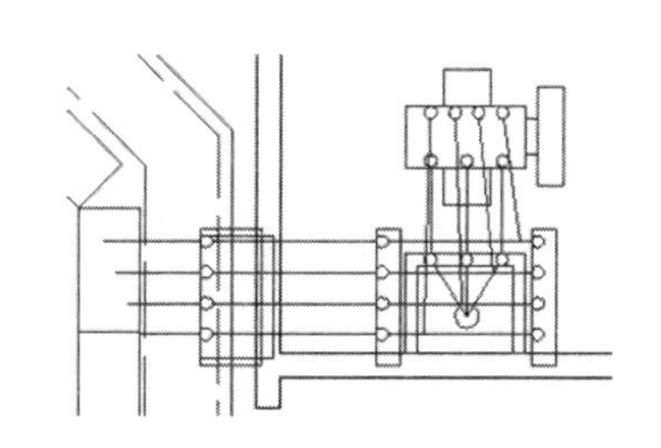

图 13-144　修剪线头

⑤单击【实用程序】面板中的【上一个】按钮，恢复视图。效果如图 13-145 所示。

步骤 09　绘制变压器入线

①现在绘制变压器入线。单击【修改】面板中的【偏移】按钮，把如图 13-146 光标所示直线向右边偏移复制 2 份，偏移复制距离为 2 和 4。效果如图 13-147 所示。

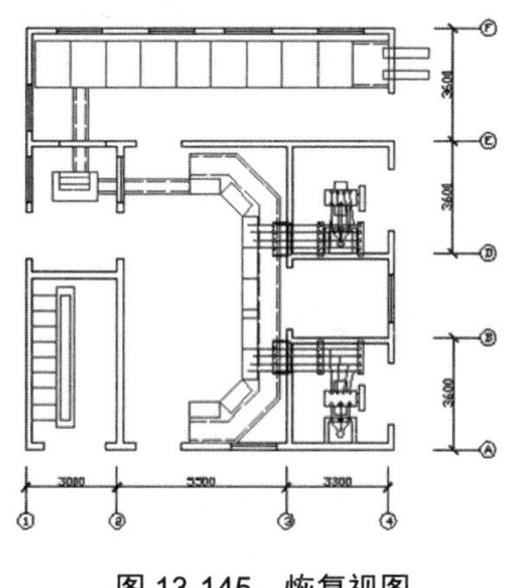

图 13-145　恢复视图

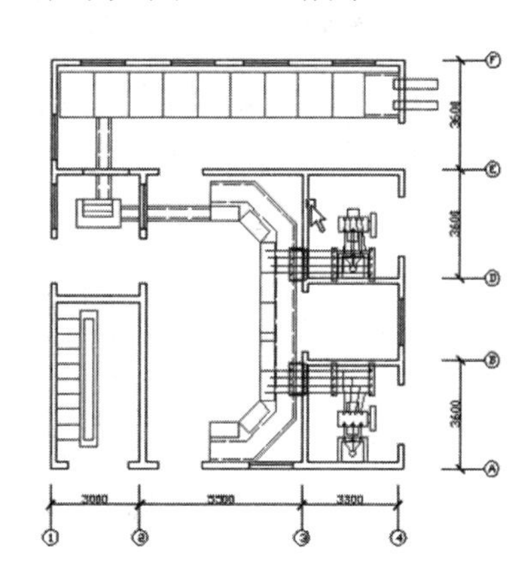

图 13-146　捕捉直线

②单击【修改】面板中的【延伸】命令按钮，以如图 13-148 光标所示矩形为延伸边界线，延伸刚才偏移复制的直线。效果如图 13-149 所示。

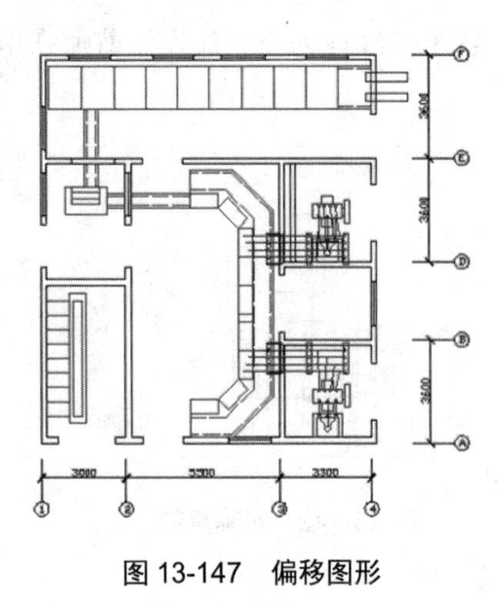

图 13-147　偏移图形

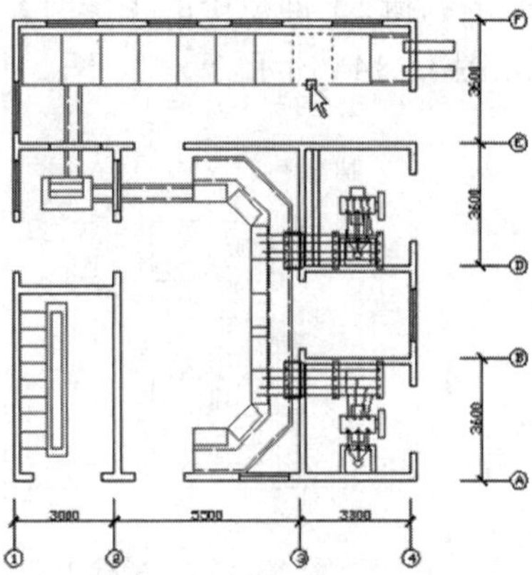

图 13-148　捕捉矩形

③单击【绘图】面板中的【直线】按钮，绘制起点在如图 13-150 所示圆心、向左的水平直线。效果如图 13-151 所示。

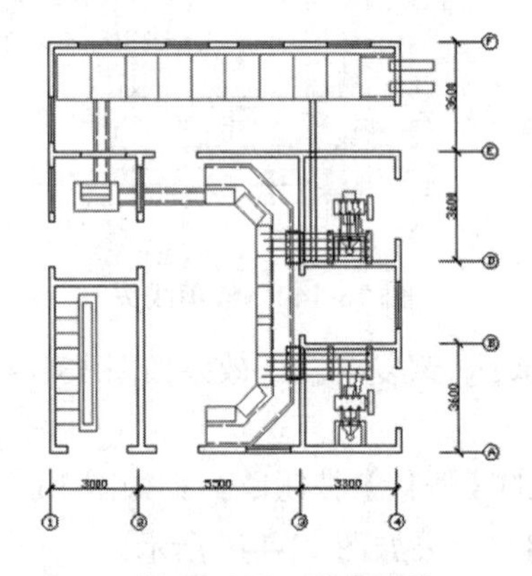

图 13-149　延伸直线

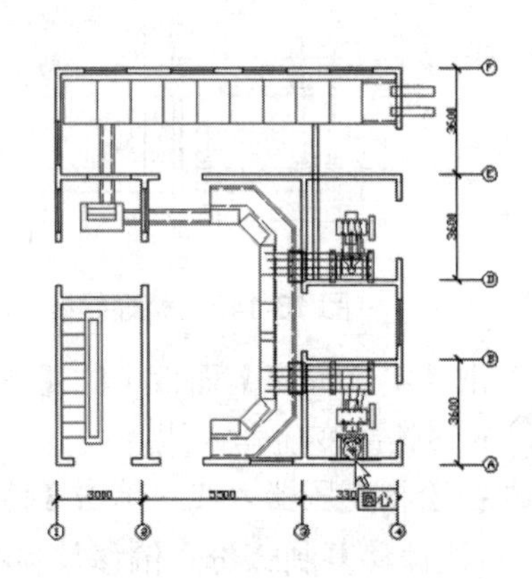

图 13-150　捕捉圆心

④单击【绘图】面板中的【直线】按钮，参照上面的操作在上面变压器设施中同样的位置绘制另一条向左的水平直线。效果如图 13-152 所示。

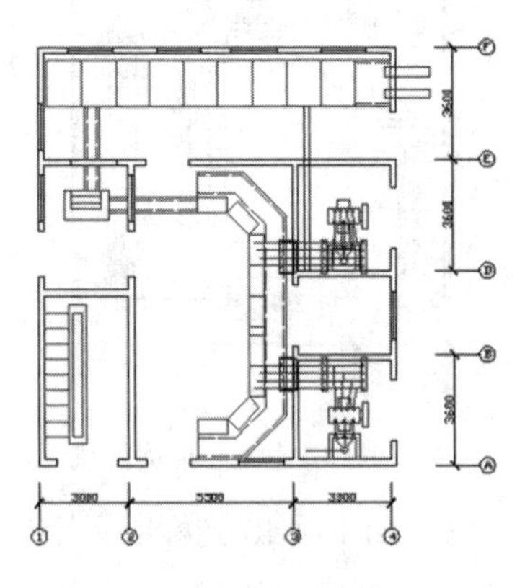

图 13-151　绘制一条引入线

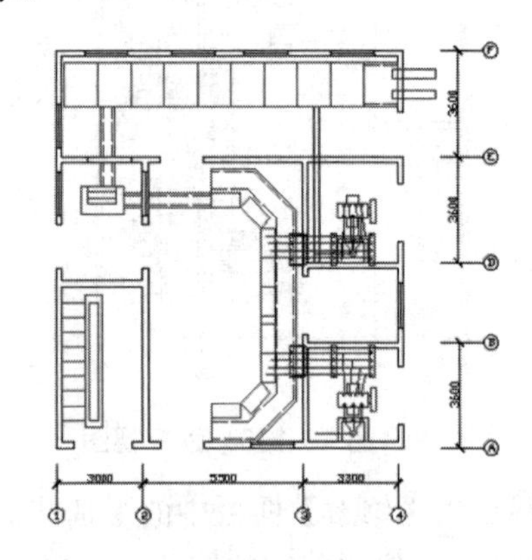

图 13-152　绘制另一条引入线

⑤单击【修改】面板中的【圆角】按钮，把如图 13-153 中虚线所示直线和光标捕捉的

线头之间相互倒适当大小的圆角，使其连接起来。效果如图 13-154 所示。

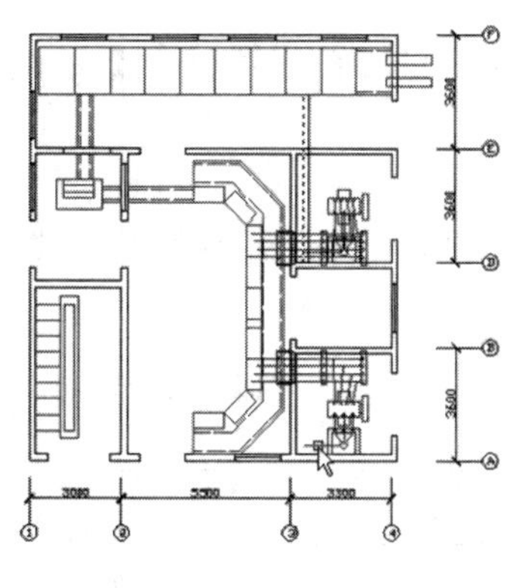

图 13-153　捕捉线头

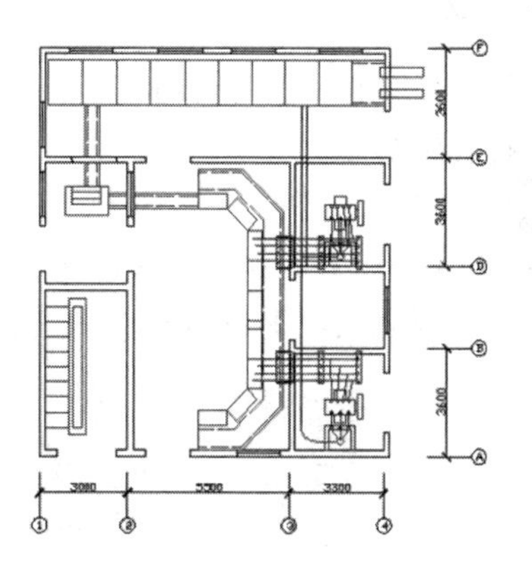

图 13-154　连接下边的引入线

⑥单击【修改】面板中的【圆角】按钮，把如图 13-155 中虚线所示直线和光标捕捉的线头之间相互倒适当大小的圆角，使其连接起来。效果如图 13-156 所示。

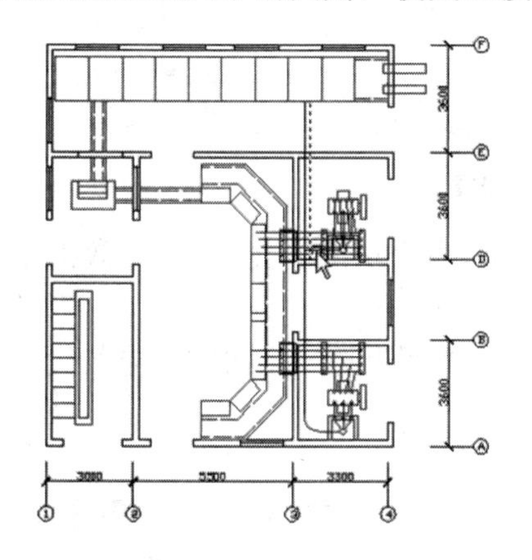

图 13-155　捕捉线头

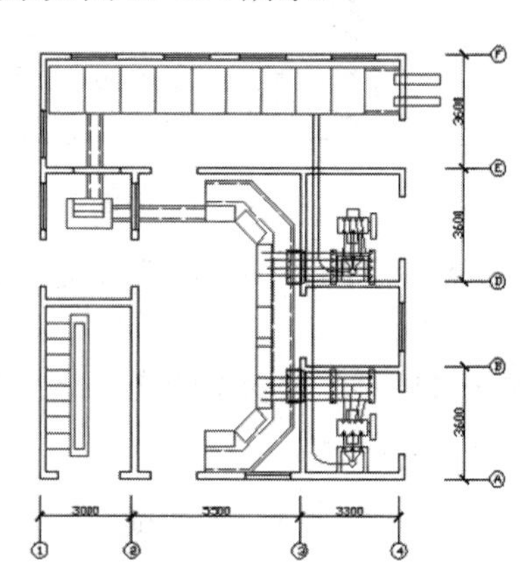

图 13-156　连接上边的引入线

⑦单击【特性】面板中的【特性匹配】按钮，把黑色实线构成的引入线转换成红色导线，效果如图 13-157 所示。

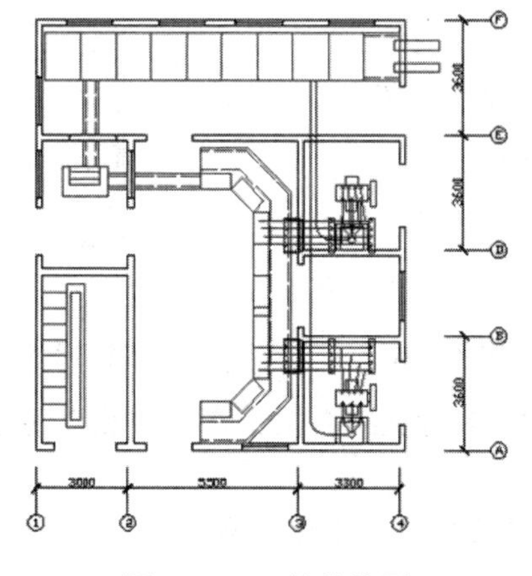

图 13-157　转换线型

13.3.3 文字

图形绘制完毕后，必须详细标明所绘制的内容。为此还专门设置一个【文字】图层。下面对图形进行详细标示。

步骤 01 绘制文字

① 单击【图层】面板中的【图层特性】按钮，设置一个使用深绿色直线的【文字】图层，并单击【置为当前】按钮。效果如图 13-158 所示。

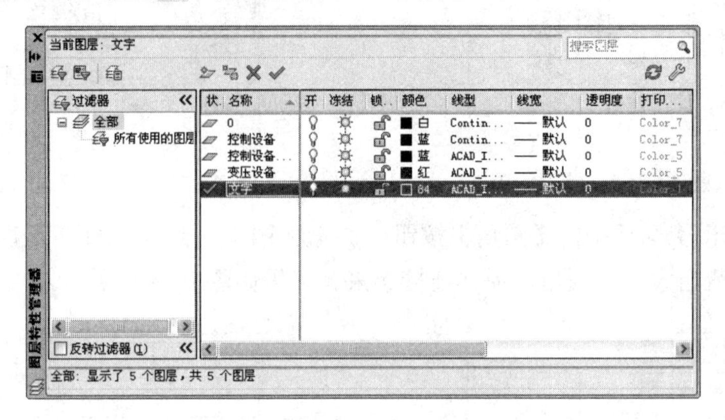

图 13-158 设置【文字】图层

② 单击【注释】面板中的【多行文字】按钮A，书写各个房间的文字代号。效果如图 13-159 所示。

③ 单击【注释】面板中的【多行文字】按钮A，书写上边一个房间内电气设备的编号。效果如图 13-160 所示。

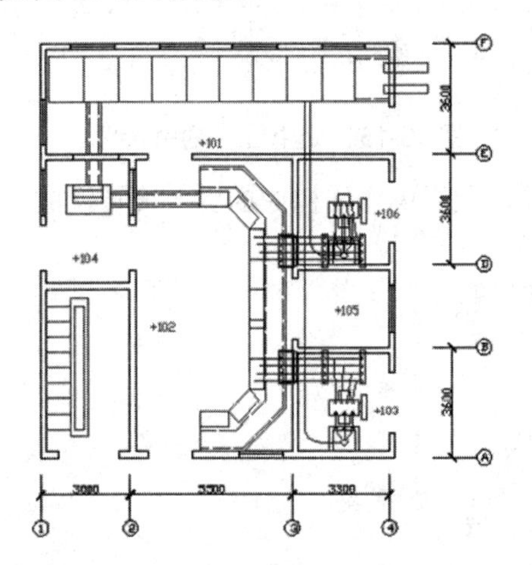

图 13-159 书写各个房间的文字代号

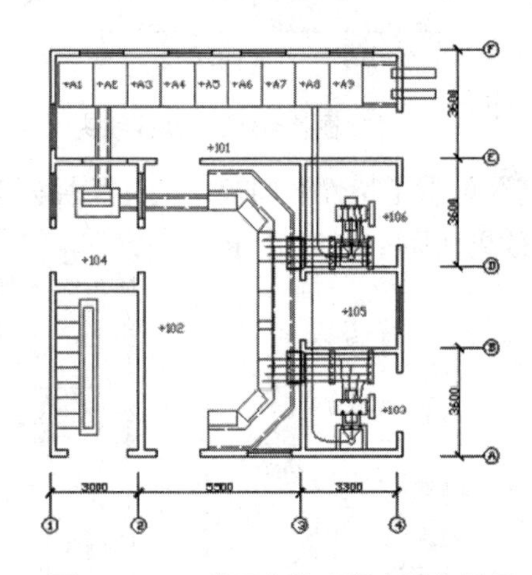

图 13-160 书写上边房间内设备编号

④ 单击【注释】面板中的【多行文字】按钮A，按照设备走向书写其他电气设备的编号。效果如图 13-161 所示。

⑤ 单击【注释】面板中的【多行文字】按钮A，最后书写变压器的编号。效果如图 13-162 所示。

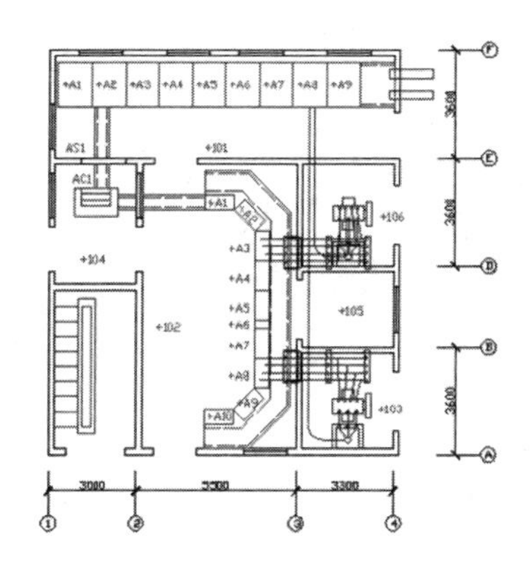

图 13-161　书写其他设备编号

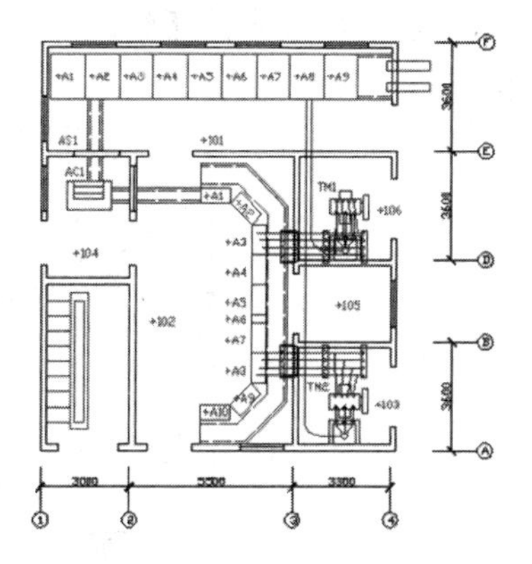

图 13-162　书写变压器编号

步骤 02　绘制尺寸标注

①单击【图层】面板中的【图层特性】按钮，设置一个使用褐色直线的【尺寸标注】图层，并单击【置为当前】按钮。效果如图 13-163 所示。

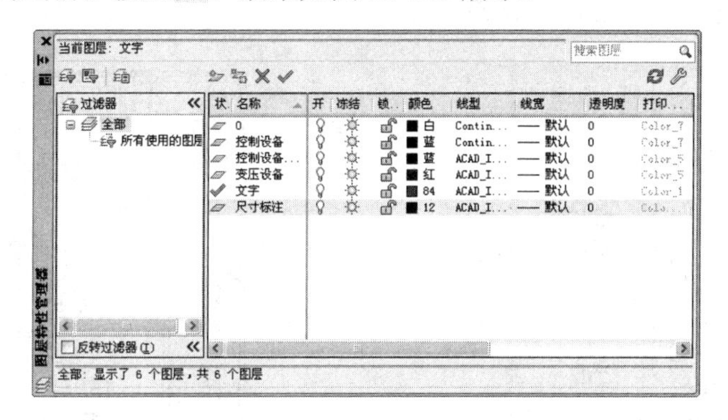

图 13-163　设置【尺寸标注】图层

②单击【注释】面板中的【线性标注】按钮，在如图 13-164 所示位置标注设备边缘到墙线的距离。阶段效果如图 13-165 所示。

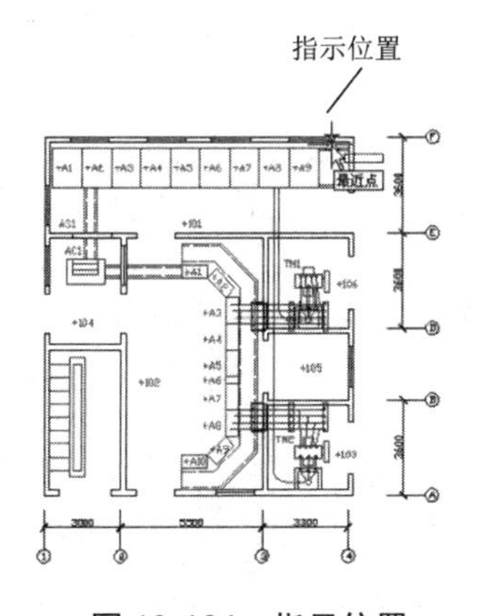

图 13-164　指示位置

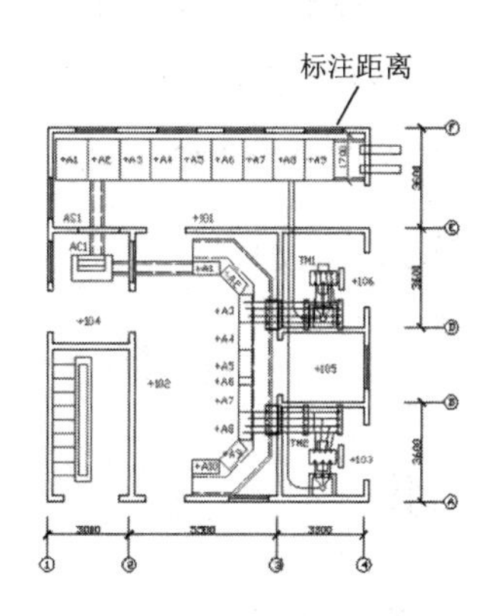

图 13-165　标注距离

③单击【注释】面板中的【线性标注】按钮⊢⊣，在下边的位置标注过道的宽度。阶段效果如图 13-166 所示。

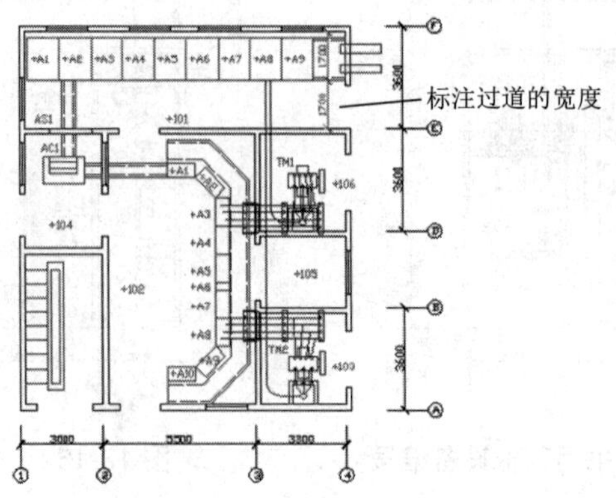

图 13-166　标注过道的宽度

④单击【注释】面板中的【线性标注】按钮⊢⊣，在如图 13-167 所示的位置标注变压器到门边的距离。阶段效果如图 13-168 所示。

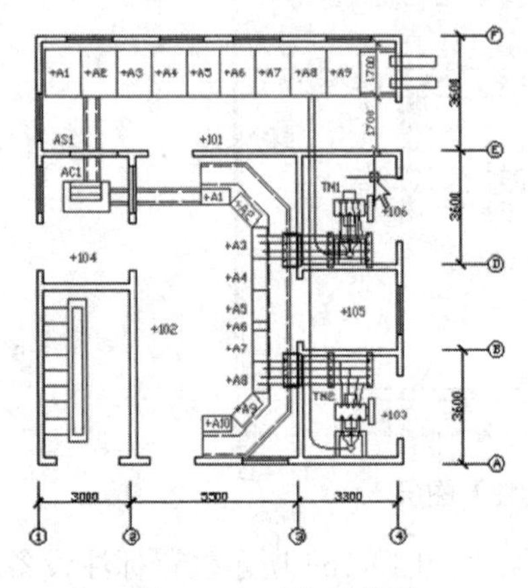

图 13-167　指示位置

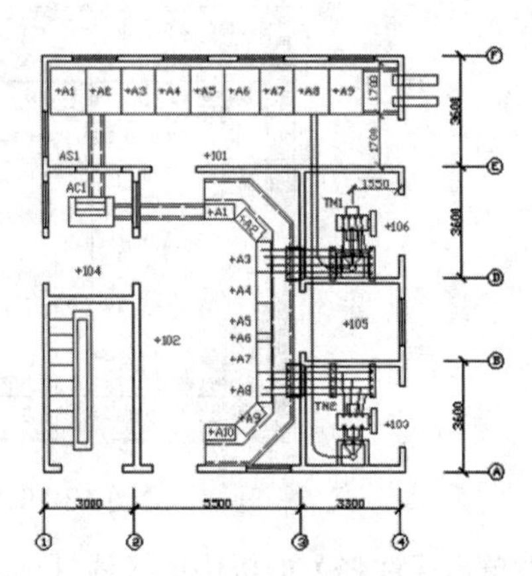

图 13-168　标注变压器到门边的距离

⑤单击【注释】面板中的【线性标注】按钮⊢⊣，在如图 13-169 所示的位置标注支架到墙线的距离。阶段效果如图 13-170 所示。

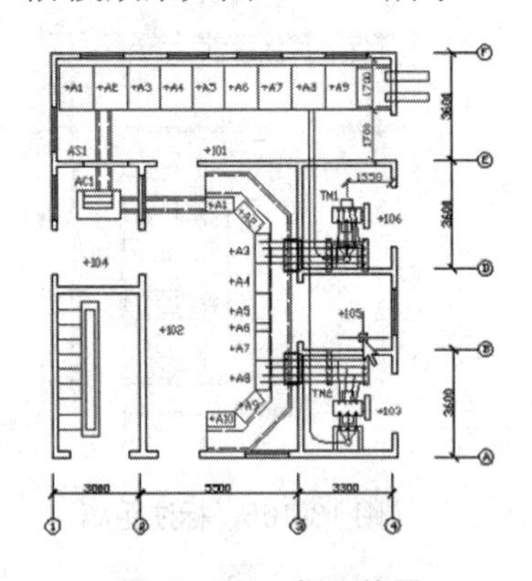

图 13-169　指示位置

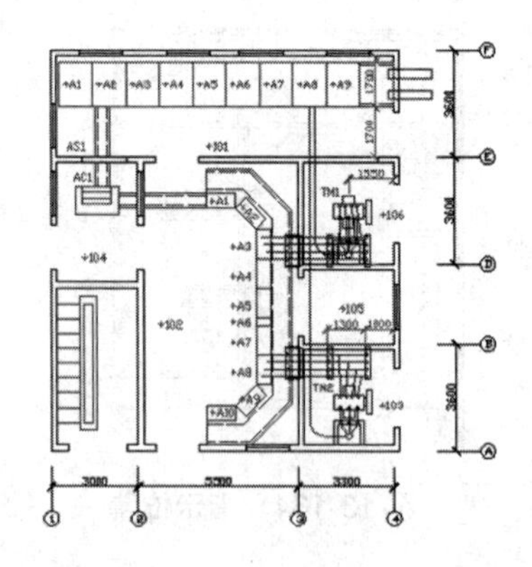

图 13-170　标注支架到墙线的距离

⑥单击【注释】面板中的【线性标注】按钮⊢⊣，在如图 13-171 中光标所示位置标注控制台到墙线的距离。阶段效果如图 13-172 所示。

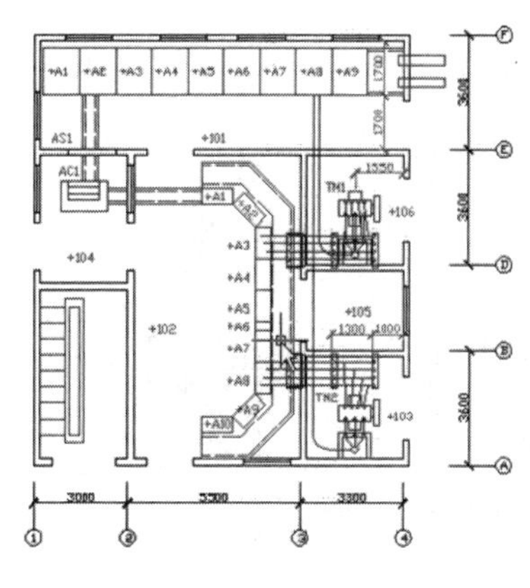

图 13-171　指示位置

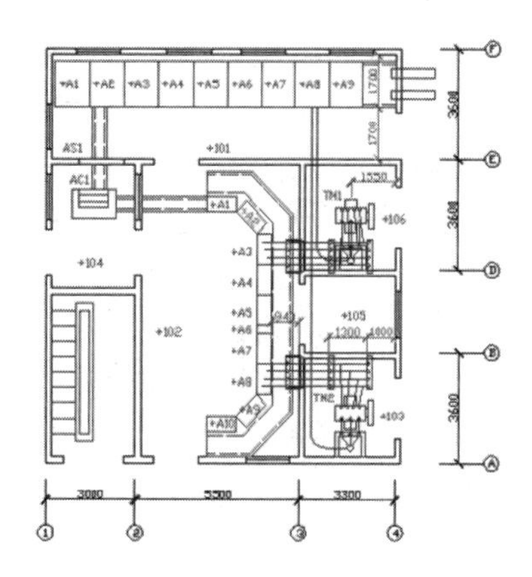

图 13-172　标注控制台到墙线的距离

⑦单击【注释】面板中的【线性标注】按钮⊢⊣，在如图 13-173 中光标所示位置标注下边一台变压器到轴线 4 的距离。阶段效果如图 13-174 所示。

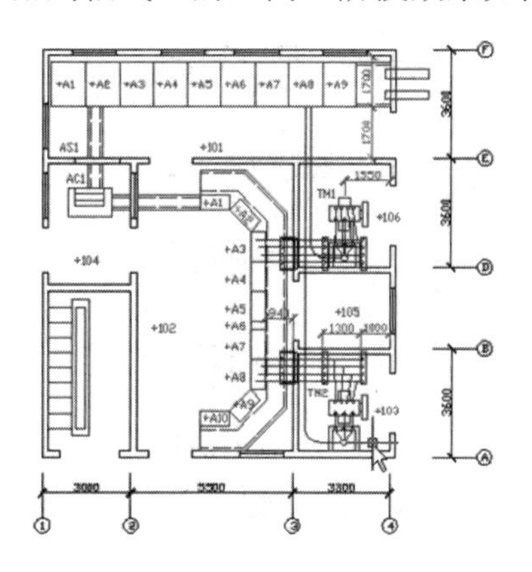

图 13-173　指示位置

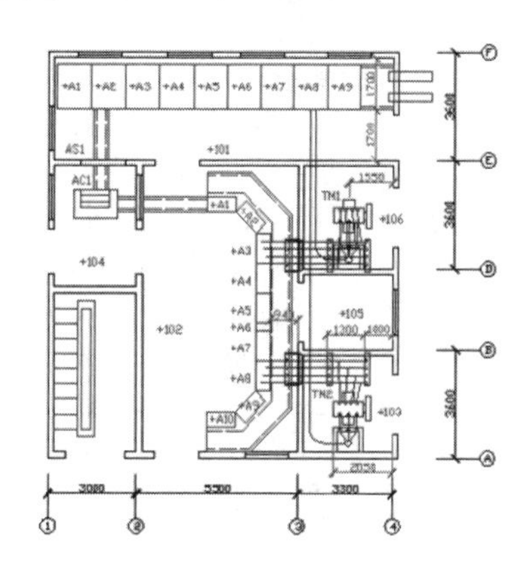

图 13-174　标注变压器到轴线的距离

⑧单击【注释】面板中的【线性标注】按钮⊢⊣，在如图 13-175 中光标所示位置标注控制台上某重要尺寸。阶段效果如图 13-176 所示。

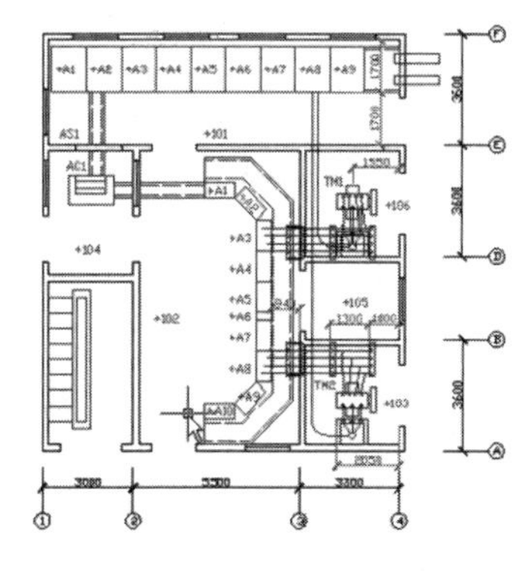

图 13-175　指示位置

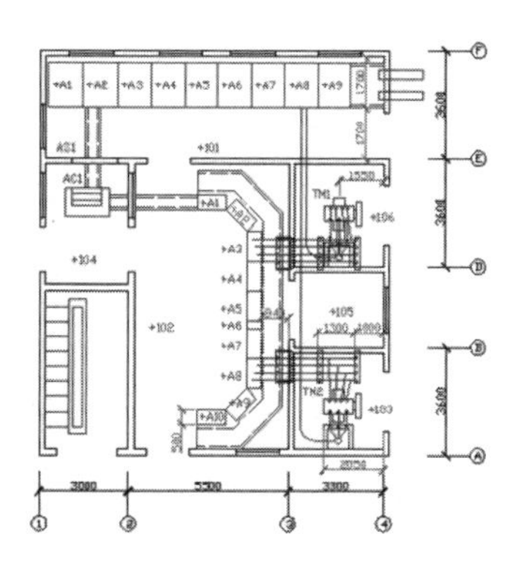

图 13-176　标注某重要尺寸

⑨单击【注释】面板中的【线性标注】按钮，在如图 13-177 中光标所示位置标注线路转换台的尺寸和到墙线的距离。阶段效果如图 13-178 所示。

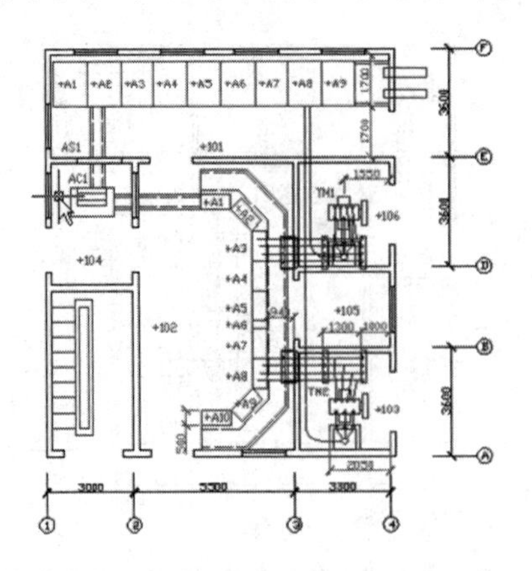

图 13-177　指示位置

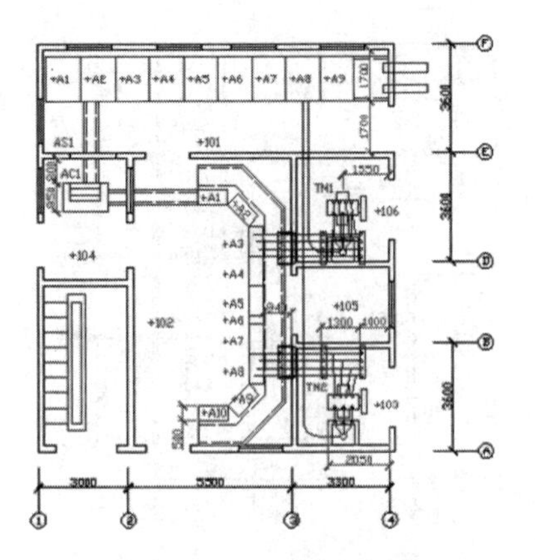

图 13-178　标注转换台的尺寸

⑩单击【注释】面板中的【线性标注】按钮，在如图 13-179 中光标所示位置标注控制线管到墙线的距离。阶段效果如图 13-180 所示。

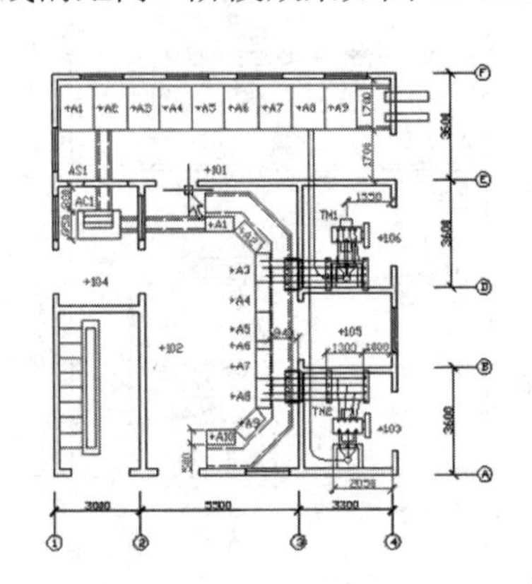

图 13-179　指示位置

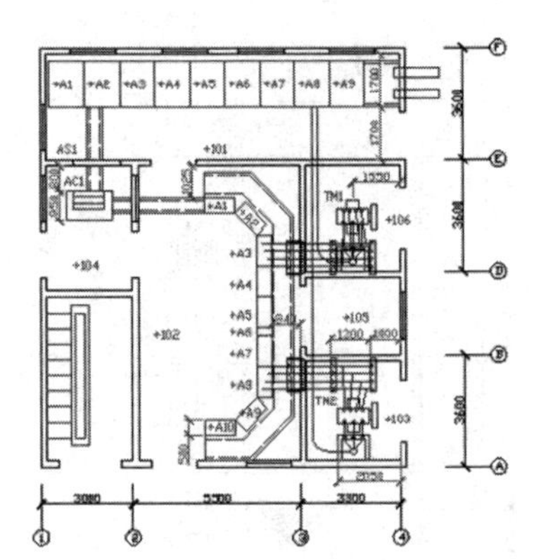

图 13-180　标注控制线管到墙线的距离

⑪选择【修改】|【特性匹配】菜单命令，把轴线上的标注转换成其他尺寸标注的线型，以示全图统一。效果如图 13-181 所示。

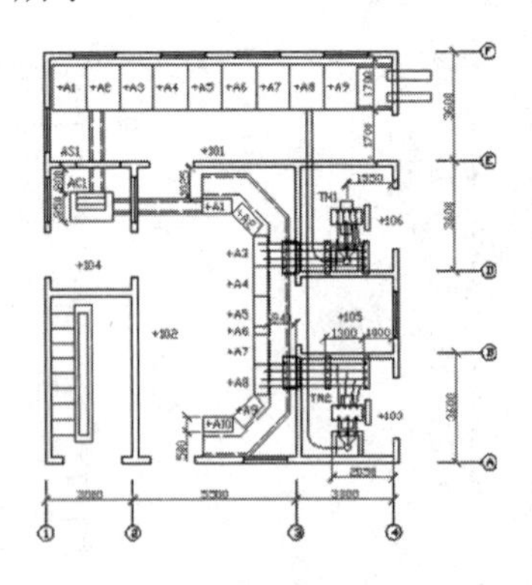

图 13-181　转换线型

13.4 本 章 小 结

通过本章的学习，读者可以了解到民用电气通用规范和供配电系统的设计要求和原则，通过范例的绘制，相信大家对电气设计有了更深一层的了解。

第 14 章

电液控制系统设计

本章导读：

本章介绍电液控制系统设计的方法。通过本章的学习，读者可以掌握【偏移】、【拉伸】、【打断】、【镜像】、【修剪】、【多行文字】以及【复制】等命令的综合运用，并掌握电液控制系统的绘制方法和技巧。

14.1 电液控制系统设计基础

电液控制技术是随着液压传动技术的发展、应用而发展起来的新型液压控制技术。电液控制系统是由电气的信号处理部分与液压的功率放大和输出部分构成，它可以组成开环或闭环系统。电液系统综合了电气和液压两个方面的优点，其控制精度和响应速度远远高于普通的液压传动，因而在现代工业生产中被广泛采用。电液控制技术包括液压伺服控制技术和电液比例控制技术。

14.1.1 液压伺服系统

伺服系统又称为随动系统或跟踪系统，是一种自动控制系统。在这种系统中，执行元件能以一定的精度自动地按照输入信号的变化规律而运动。用液压元件组成的伺服系统称为液压伺服系统。

液压伺服控制是以液压伺服阀为核心的高精度控制系统。液压伺服阀是一种通过改变输入信号，连续、成比例地控制流量和压力而进行液压控制的。根据输入信号的方式不同，液压伺服阀可以分为电液伺服阀和机液伺服阀两种。

1. 电液伺服阀

电液伺服阀是电液伺服系统中的放大转换元件，它把输入的小功率电信号，转换并放大成液压功率(负载压力和负载流量)输出，实现执行元件的位移、速度、加速度及力的控制。它是电液伺服系统的核心元件，其性能对整个系统的特性有很大的影响。

电液伺服阀通常是由电气—机械转换装置、液压放大器和反馈(平衡)机构三个部分组成。电气—机械转换装置用来将输入的电信号转换为转角或直线位移输出。输出转角的装置称为力矩马达，输出直线位移的装置称为力马达。

液压放大器接受小功率的电气—机械转换装置输入的转角或直线位移信号，对大功率的压力油进行调节和分配，实现控制功率的转换和放大。

反馈和平衡机构具有使电液伺服阀输出的流量或压力获得与输入电信号成比例的特性。

2. 液压伺服系统的分类

液压伺服系统可以从不同的角度加以分类。

(1) 按输出的物理量分类，有位置伺服系统、速度伺服系统及力(或压力)伺服系统等。

(2) 按控制信号分类，有机液伺服系统、电液伺服系统和气液伺服系统等。

(3) 按控制元件分类，有阀控系统和泵控系统两大类。在机械设备中以阀控系统应用的较多。

3. 液压伺服系统的优缺点

液压伺服系统除具有液压传动所具有的一系列优点外，还具有承载能力大、控制精度高、响应速度快、自动化程度高、体积小和重量轻等优点。

但液压伺服系统中的元件加工精度高，价格较贵；对油液污染比较敏感，因此可靠性受到影响；在小功率系统中，伺服控制不如微电子控制灵活。随着科学技术的发展，液压伺服系统的缺点将不断地被克服。在机电工程技术和自动化技术领域中，液压伺服系统有着广阔的应用前景。

14.1.2 电液比例控制

1. 电液比例控制阀

电液比例控制阀由常用的人工调节或开关控制的液压阀和电气—机械比例转换装置构成。常用的电气—机械比例转换装置是具有一定性能要求的电磁铁，它能把电信号按比例地转换成力或位移，对液压阀进行控制。在使用过程中，电液比例阀可以按输入的电气信号连续地、按比例地对油液的压力、流量和方向等进行远距离控制，比例阀一般都具有压力补偿性能，所以它的输出压力和流量可以不受负载变化的影响。它被广泛地应用于对液压参数进行连续、远距离的控制或程序控制，但对控制精度和动态特性要求不太高的液压系统中。

根据用途和工作特点的不同，比例阀可以分为比例压力阀(如比例溢流阀、比例减压阀等)、比例流量阀(如比例调速阀)和比例方向阀(如比例换向阀)3 类。电液比例换向阀不仅能控制方向，还有控制流量的功能。而比例流量阀仅仅是用比例电磁铁来调节节流阀的开口。

2. 电液比例控制系统的分类

电液比例控制系统可以按照多种方式、不同的角度进行分类。电液伺服控制系统是一种广义上的比例控制系统，因而比例控制可以参照伺服控制来进行分类。每一种分类方式都代表着系统一定的特点。

(1) 按被控量是否被检测和反馈来分类，可分为开环比例控制和闭环比例控制系统。目前，比例阀的应用以开环控制为主。闭环比例阀的主要性能与伺服阀相同，随着整体闭环比例阀的出现，使用闭环比例控制的场合也会越来越多。

(2) 按控制信号的形式来分类，可分为模拟式控制和数字式控制两大类。其中，数字式控制又分为脉宽调制、脉码调制和脉数调制等。

(3) 按比例元件的类型来分类，可分为比例节流控制和比例容积控制两大类。比例节流用在功率较小的系统，而比例容积控制则用在功率较大的场合。

目前，最通用的分类方式是按被控对象(量或参数)进行分类。按此分类，电液比例控制系统可以分为以下几种。

(1) 比例流量控制系统。

(2) 比例压力控制系统。

(3) 比例流量压力控制系统。

(4) 比例速度控制系统。

(5) 比例位置控制系统。

(6) 比例力控制系统。

(7) 比例同步控制系统。

3．电液比例控制的特点

电液比例阀是介于开关型的液压阀与伺服阀之间的液压元件。与电液伺服阀相比，其优点是价廉、抗污染能力强。除了在控制精度及响应快速性方面不如伺服阀外，其他方面的性能和控制水平与伺服阀相当，其动、静态性能足以满足大多数工业应用的要求。

14.2 范例介绍和展示

本范例完成文件：\14\14-1.dwg

多媒体教学路径：光盘→多媒体教学→第 14 章

本章范例以注塑机的液压原理图为例来进行介绍，注塑机液压系统由电机、油泵、管线、换向阀和油缸等部分组成。油缸是典型的液压传动系统，它是通过电气电路控制液压系统实现自动工作循环的。

下面介绍注塑机液压系统图的绘制方法和技巧。通过本实例的练习，读者可以掌握【直线】、【圆】、【圆弧】、【旋转】、【移动】、【偏移】、【拉伸】、【裁剪】及【复制】等命令的综合运用。完成后的图纸如图 14-1 所示。

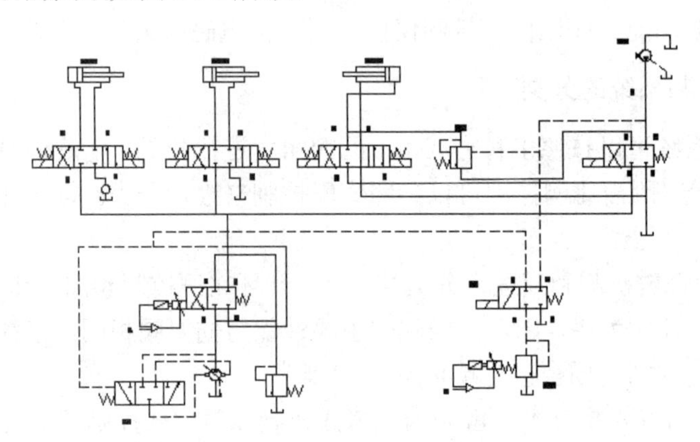

图 14-1　注塑机的液压原理图

14.3 范 例 制 作

14.3.1 绘制油缸和电磁换向阀

步骤 01 绘制油缸

① 打开 AutoCAD 2014，新建一个二维图纸文件。

② 单击【绘图】工具栏中的【矩形】按钮，绘制一个矩形，尺寸为 30×40，如图 14-2 所示。命令输入行提示如下。

```
命令: _rectang
指定第一个角点或 [倒角(C)/标高(E)/圆角(F)/厚度(T)/宽度(W)]:
指定另一个角点或 [面积(A)/尺寸(D)/旋转(R)]: d
```

指定矩形的长度 <10.0000>: 30　　　　　　　　　　　　　　　　　//指定尺寸
指定矩形的宽度 <10.0000>: 40
指定另一个角点或 [面积(A)/尺寸(D)/旋转(R)]: *取消*

❸单击【绘图】工具栏中的【直线】按钮，绘制两条直线，如图 14-3 所示。命令输入行提示如下。

命令: _line 指定第一点: 7
指定下一点或 [放弃(U)]:10　　　　　　　　　　　　//指定第二点
指定下一点或 [放弃(U)]:
命令:
命令:
命令: _line 指定第一点: 10
指定下一点或 [放弃(U)]:10　　　　　　　　　　　　//指定第二点
指定下一点或 [放弃(U)]:

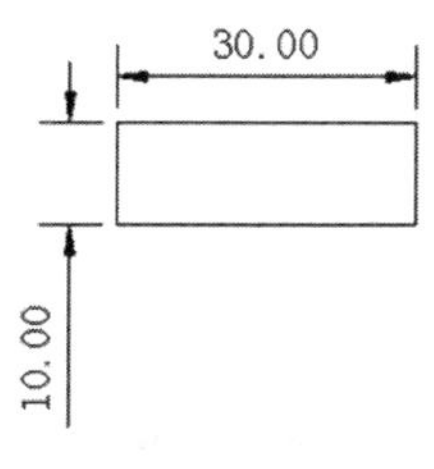

图 14-2　绘制矩形

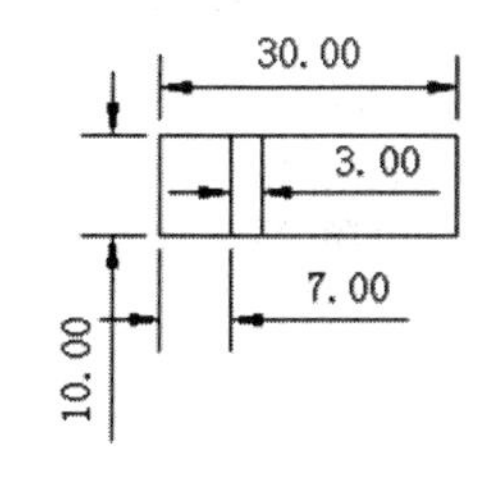

图 14-3　绘制直线

❹单击【绘图】工具栏中的【直线】按钮，绘制 3 条直线，如图 14-4 所示。命令输入行提示如下。

命令: _line 指定第一点: 3.5
指定下一点或 [放弃(U)]:30　　　　　　　　　　　　//指定第二点
指定下一点或 [放弃(U)]:
命令:
命令:
命令: _line 指定第一点:
指定下一点或 [放弃(U)]:3　　　　　　　　　　　　//指定第二点
指定下一点或 [放弃(U)]:
命令:
命令:
命令: _line 指定第一点:
指定下一点或 [放弃(U)]:　　　　　　　　　　　　//指定第二点
指定下一点或 [放弃(U)]:

❺单击【修改】工具栏中的【修剪】按钮，在绘图区选择修剪的对象并进行修剪，如图 14-5 所示，修剪后完成油缸的绘制，如图 14-6 所示。命令输入行提示如下。

命令: _trim
当前设置:投影=UCS，边=无
选择剪切边...
选择对象或 <全部选择>:　　　　　　　　　　　　//选择对象
选择要修剪的对象，或按住 Shift 键选择要延伸的对象，或　　//选择修剪对象
[栏选(F)/窗交(C)/投影(P)/边(E)/删除(R)/放弃(U)]:

选择要修剪的对象，或按住 Shift 键选择要延伸的对象，或
[栏选(F)/窗交(C)/投影(P)/边(E)/删除(R)/放弃(U)]: *取消*

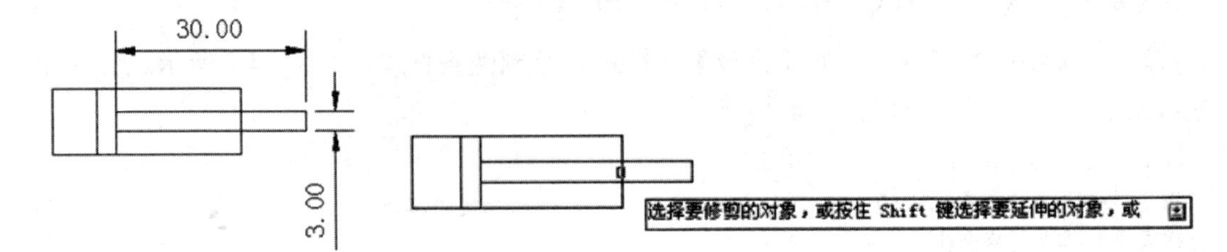

图 14-4　绘制图形　　图 14-5　选择修剪对象

步骤 02　绘制电磁换向阀

①接着绘制电磁换向阀。单击【绘图】工具栏中的【直线】按钮，绘制组合的 3 个矩形，尺寸如图 14-7 所示。命令输入行提示如下。

```
命令: _line 指定第一点:                //直线命令
指定下一点或 [放弃(U)]: 15             //输入长度
指定下一点或 [放弃(U)]: *取消*
……
```

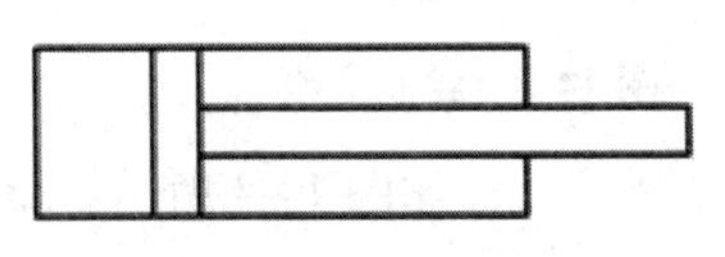

图 14-6　修剪完成

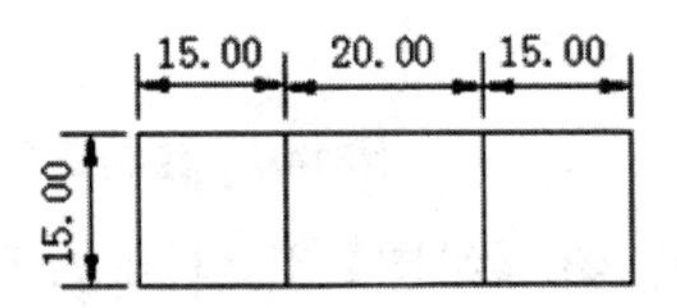

图 14-7　绘制矩形

②单击【绘图】工具栏中的【直线】按钮，绘制左边的图形，如图 14-8 所示，其中斜线可使用状态栏中的【对象捕捉】按钮，进行捕捉绘制。命令输入行提示如下。

```
命令: _line 指定第一点:
指定下一点或 [放弃(U)]: 15             //输入长度
指定下一点或 [放弃(U)]: *取消*
……
```

③单击【绘图】工具栏中的【直线】按钮，绘制 W 型图形，如图 14-9 所示。

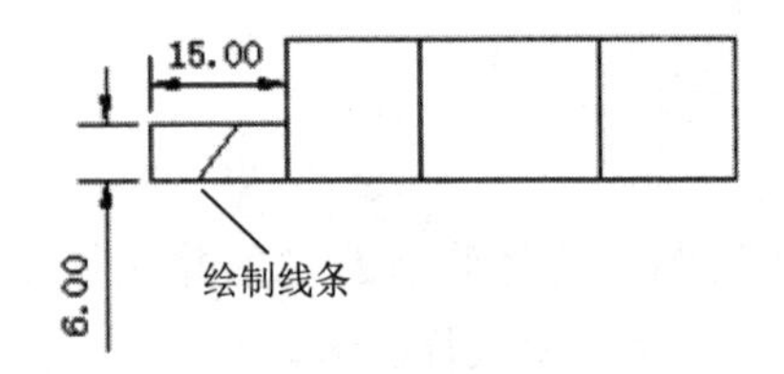

图 14-8　绘制图形

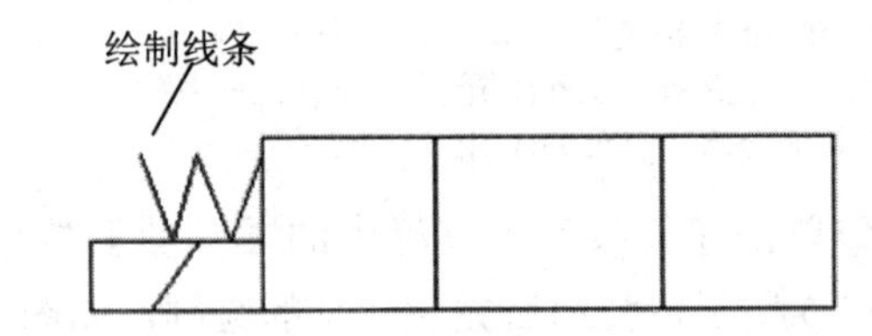

图 14-9　绘制图形

④选择 2、3 步所绘制的图形，单击【修改】工具栏中的【镜像】按钮，选择镜像点，如图 14-10 所示，镜像完成的效果 14-11 所示。命令输入行提示如下。

```
命令: _mirror
```

```
选择对象: 指定对角点: 找到 2 个                      //选择对象
选择对象:
指定镜像线的第一点: 指定镜像线的第二点:               //指定镜像点
要删除源对象吗? [是(Y)/否(N)] <N>:                   //确定对象
```

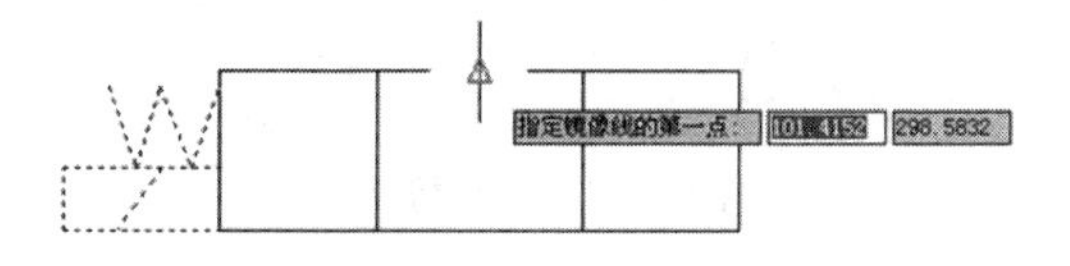

图 14-10　选择镜像点

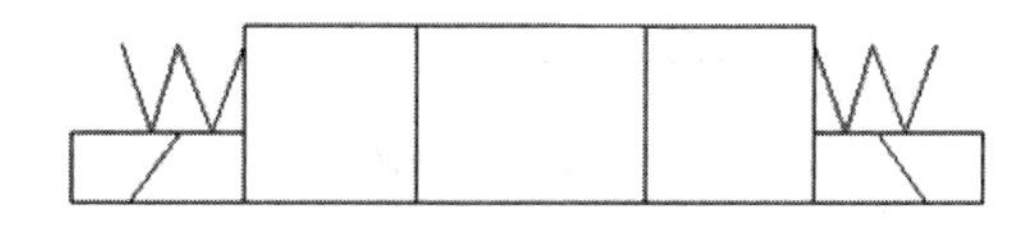

图 14-11　镜像结果

❺单击【常用】选项卡【注释】面板中的【多重引线】按钮，绘制一个箭头，此处不需进行文字输入，如图 14-12 所示，同样绘制第 2 个箭头，如图 14-13 所示。

```
命令: _mleader
指定引线箭头的位置或 [引线基线优先(L)/内容优先(C)/选项(O)] <选项>:    //指定引线箭头
指定引线基线的位置:                                                  //指定引线基线
```

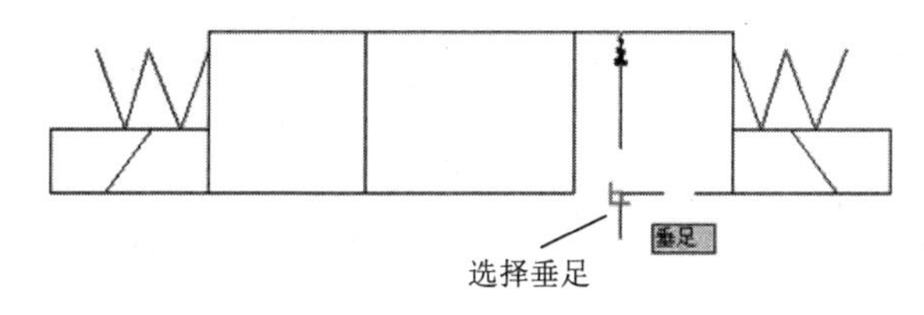

图 14-12　绘制第 1 个箭头

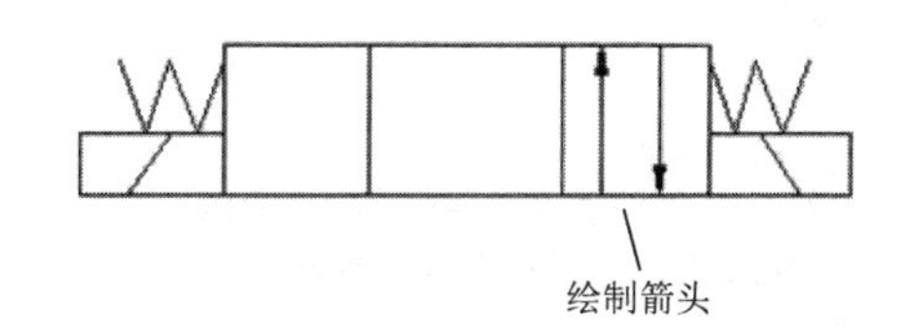

图 14-13　绘制第 2 个箭头

❻选中一个箭头，单击【修改】工具栏中的【复制】按钮，移动到左边的位置，如图 14-14 所示；选中箭头，单击【修改】工具栏中的【旋转】按钮，选中旋转中心，进行旋转 30° 的操作，如图 14-15 所示。命令输入行提示如下。

```
命令: _copy
选择对象: 指定对角点: 找到 1 个                                           //选择对象
选择对象:
当前设置:  复制模式 = 多个
指定基点或 [位移(D)/模式(O)] <位移>: 指定第二个点或 <使用第一个点作为位移>:  //指定基点
指定第二个点或 [退出(E)/放弃(U)] <退出>:  *取消*
命令: _rotate
UCS 当前的正角方向:  ANGDIR=逆时针   ANGBASE=0.00
选择对象: 指定对角点: 找到 2 个                                           //选择对象
选择对象:
指定基点:                                                                 //指定基点
指定旋转角度, 或 [复制(C)/参照(R)] <0.00>:  30                             //输入旋转角度
```

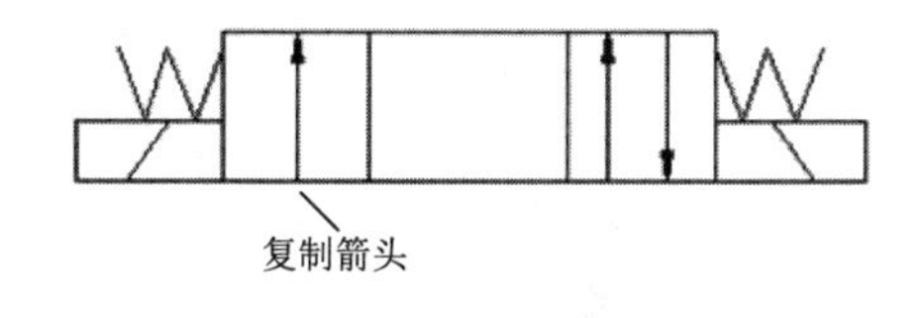

图 14-14　复制图形

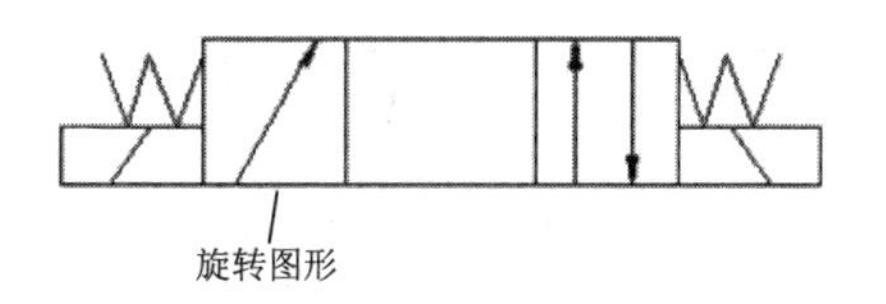

图 14-15　旋转图形

❼使用同样的方法，建立另一个箭头图形，如图 14-16 所示。

⑧单击【绘图】工具栏中的【直线】按钮，绘制换向阀内部接头，如图 14-17 所示。

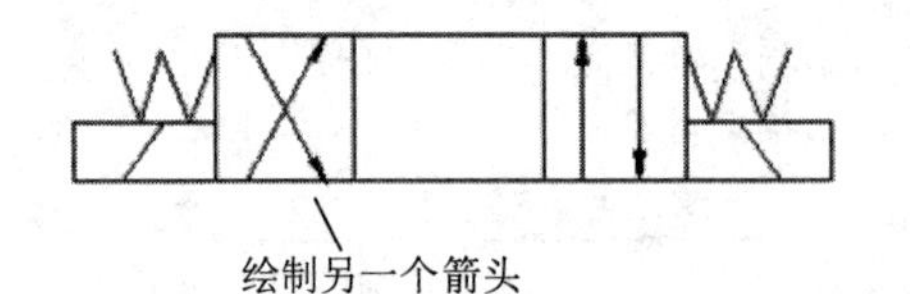

图 14-16　绘制箭头

图 14-17　绘制接头

⑨选中接头，单击【修改】工具栏中的【复制】按钮和【旋转】按钮，进行复制，结果如图 14-18 所示。命令输入行提示如下。

```
命令: _copy
选择对象: 指定对角点: 找到 1 个                                              //选择对象
选择对象:
当前设置:  复制模式 = 多个
指定基点或 [位移(D)/模式(O)] <位移>: 指定第二个点或 <使用第一个点作为位移>:   //指定基点
指定第二个点或 [退出(E)/放弃(U)] <退出>:  *取消*
命令:
命令:
命令: _rotate
UCS 当前的正角方向:  ANGDIR=逆时针   ANGBASE=0.00
选择对象: 指定对角点: 找到 2 个                                              //选择对象
选择对象:
指定基点:                                                                    //指定基点
指定旋转角度，或 [复制(C)/参照(R)] <0.00>: 180                               //输入旋转角度
```

步骤 03　绘制完善油缸和电气换向阀

①选中刚绘制的油缸和换向阀，如图 14-19 所示，单击【修改】工具栏中的【复制】按钮，向右方复制两组，结果如图 14-20 所示。

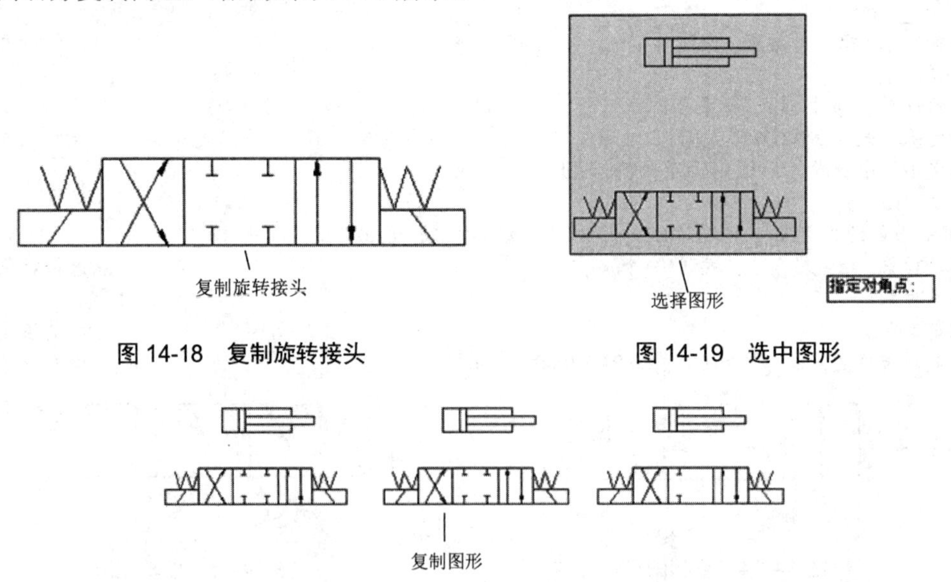

图 14-18　复制旋转接头

图 14-19　选中图形

图 14-20　复制图形

②选中第三个油缸，单击【修改】工具栏中的【旋转】按钮，选择旋转中心，进行旋转 180° 的操作，如图 14-21 所示。命令输入行提示如下。

```
命令: _rotate
UCS 当前的正角方向:  ANGDIR=逆时针   ANGBASE=0.00
选择对象: 指定对角点: 找到 2 个                         //选择对象
选择对象:
指定基点:                                              //指定基点
指定旋转角度，或 [复制(C)/参照(R)] <0.00>:  180          //输入旋转角度
```

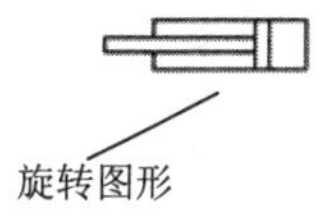

图 14-21　旋转图形

③单击【绘图】工具栏中的【直线】按钮，在三个换向阀的右侧绘制如图 14-22 所示的图形。

④选择先前绘制好的箭头和图形，单击【修改】工具栏中的【复制】按钮，进行复制，如图 14-23 所示。

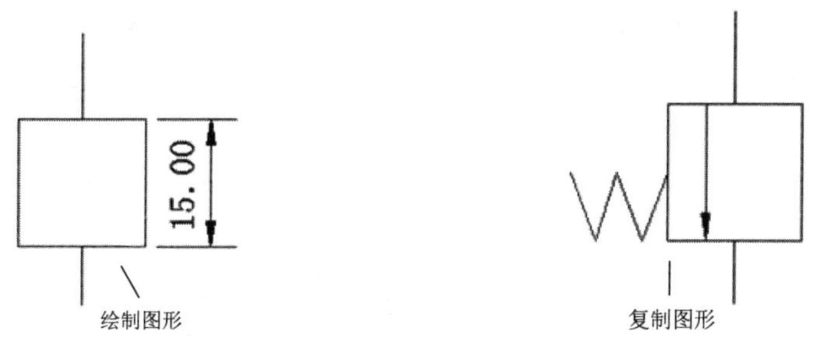

图 14-22　绘制图形　　　　图 14-23　复制图形

⑤单击【常用】选项卡【特性】面板中的【线型】下拉列表，选择 HIDDEN 选项，如图 14-24 所示。

⑥单击【绘图】工具栏中的【直线】按钮，绘制图形如图 14-25 所示。

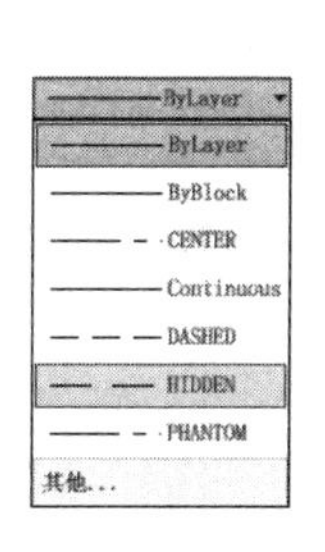

图 14-24　选择 HIDDEN 选项

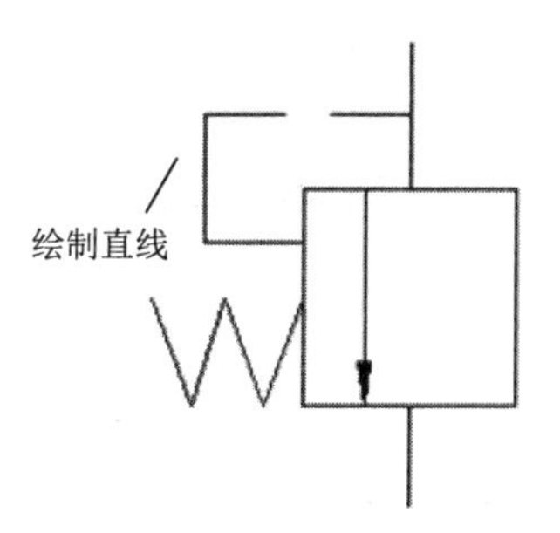

图 14-25　绘制图形

⑦选中换向阀的左边部分，如图 14-26 所示，单击【修改】工具栏中的【复制】按钮，进行向右的复制，单击【修改】工具栏中的【移动】按钮，移动 W 的位置，如图 14-27 所示。命令输入行提示如下。

```
命令: _copy
选择对象: 指定对角点: 找到 1 个                                          //选择对象
选择对象:
当前设置:  复制模式 = 多个
指定基点或 [位移(D)/模式(O)] <位移>: 指定第二个点或 <使用第一个点作为位移>:  //指定基点
指定第二个点或 [退出(E)/放弃(U)] <退出>:  *取消*
命令:
命令:
命令: _move
选择对象: 指定对角点: 找到 1 个                                          //指定对象
选择对象:
指定基点或 [位移(D)] <位移>:  指定第二个点或 <使用第一个点作为位移>:       //指定基点
```

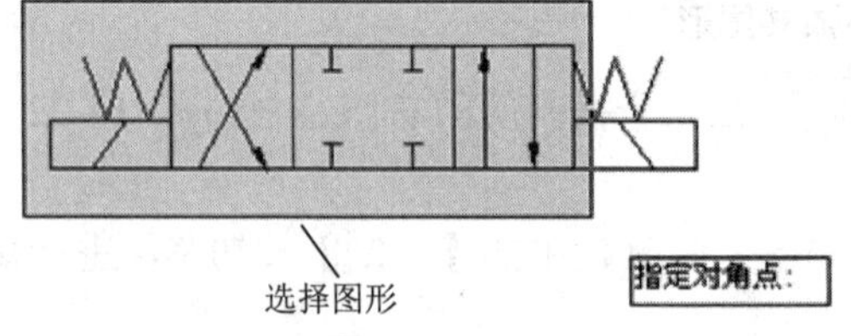

图 14-26　选择图形

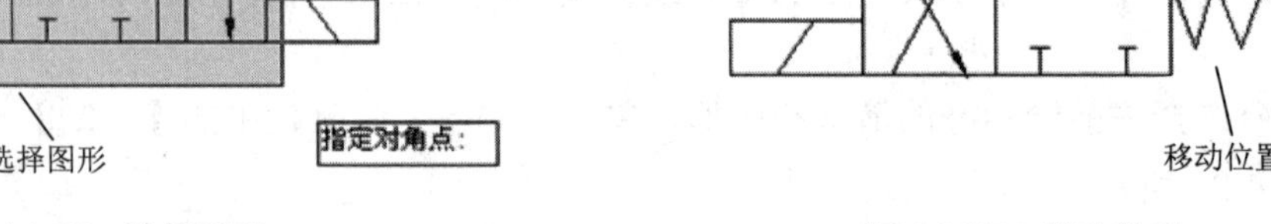

图 14-27　移动位置

⑧单击【常用】选项卡【特性】面板中的【线型】下拉列表，选择 ByLayer 选项，如图 14-28 所示。

⑨单击【绘图】工具栏中的【圆】按钮，绘制一个半径为 4 的圆，如图 14-29 所示。命令输入行提示如下。

```
命令: _circle 指定圆的圆心或 [三点(3P)/两点(2P)/切点、切点、半径(T)]:
指定圆的半径或 [直径(D)] <7.5284>: 4                                  //指定半径
```

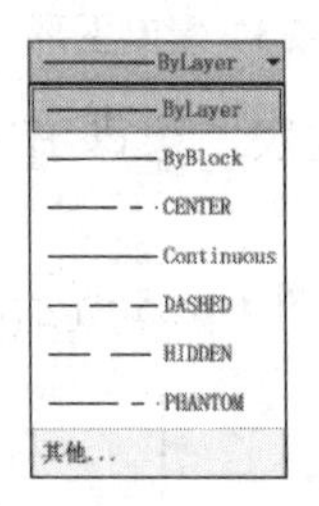

图 14-28　选择 ByLayer 选项

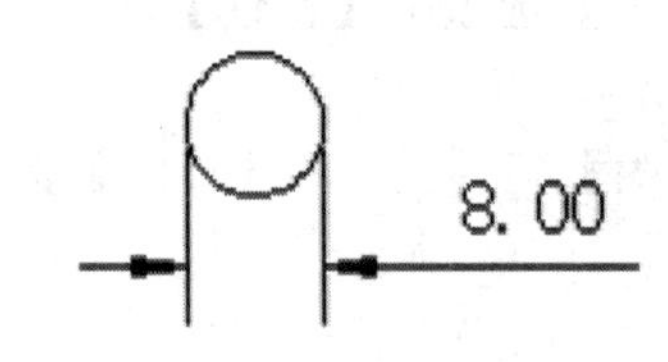

图 14-29　绘制圆

⑩单击【绘图】工具栏中的【正多边形】按钮，绘制两个三角形，如图 14-30 所示。命令输入行提示如下。

```
命令: _polygon 输入边的数目 <4>: 3
指定正多边形的中心点或 [边(E)]:
输入选项 [内接于圆(I)/外切于圆(C)] <I>: I
指定圆的半径:
```

⑪单击【绘图】工具栏中的【直线】按钮，绘制线路，如图 14-31 所示，其中下面的线路是使用 HIDDEN 线型绘制的。

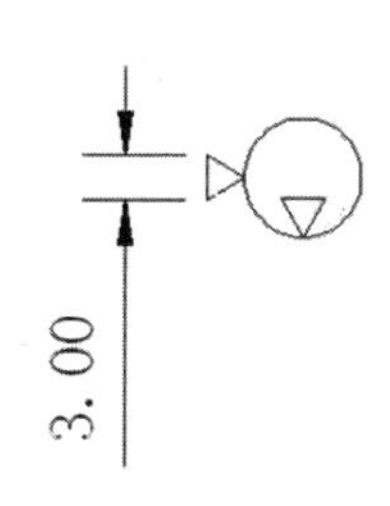

图 14-30　绘制三角形

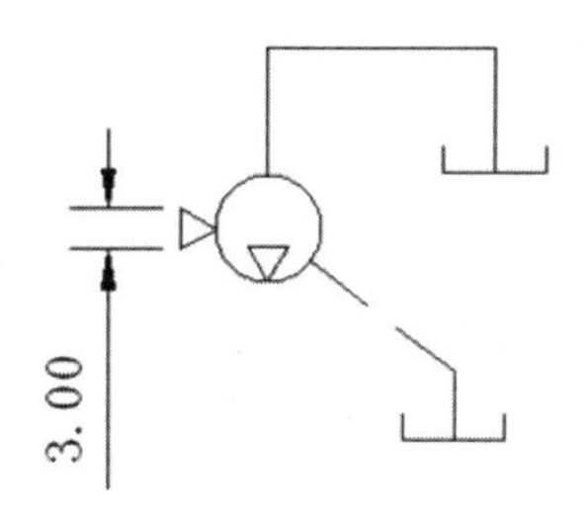

图 14-31　绘制线路

14.3.2　绘制主线路

步骤 01　绘制第一个油缸和换向阀部分的线路

单击【绘图】工具栏中的【直线】按钮和【圆】按钮，绘制主线路。绘制的第一个油缸和换向阀部分的线路如图 14-32 所示。命令输入行提示如下。

```
命令: _line 指定第一点:
指定下一点或 [放弃(U)]:                                    //指定第二点
指定下一点或 [放弃(U)]:
命令:
命令:
……
命令: _circle 指定圆的圆心或 [三点(3P)/两点(2P)/切点、切点、半径(T)]:
指定圆的半径或 [直径(D)] <7.5284>: 3                       //指定半径
```

步骤 02　绘制第二个油缸和换向阀部分的线路

单击【绘图】工具栏中的【直线】按钮，绘制第二个油缸和换向阀部分的线路，如图 14-33 所示。

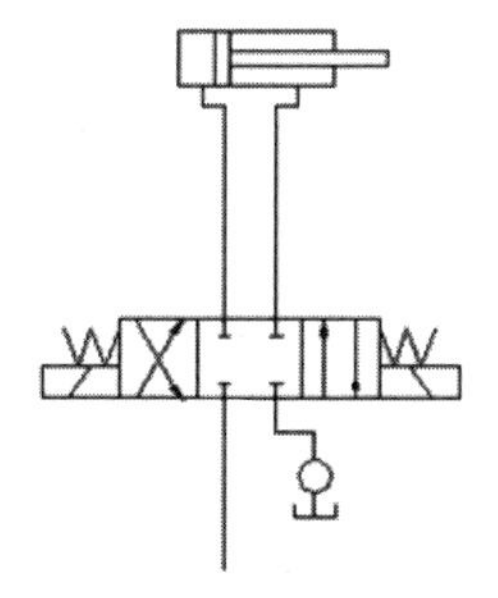

图 14-32　绘制第一个油缸和换向阀部分的线路

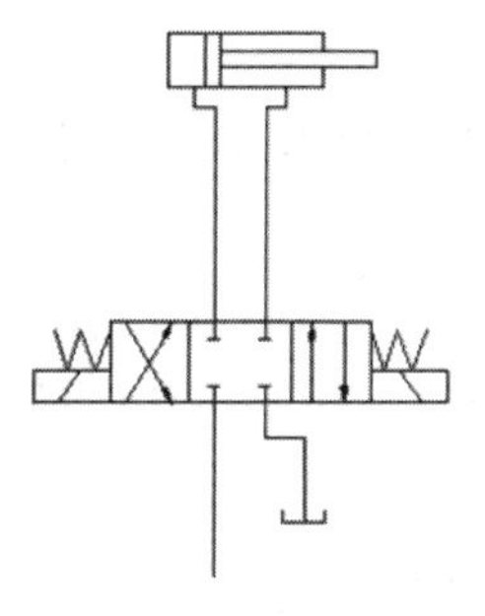

图 14-33　绘制第二个油缸和换向阀部分的线路

步骤 03　绘制第三个油缸和换向阀部分的线路

单击【绘图】工具栏中的【直线】按钮，绘制第三个油缸和换向阀部分的线路，如图 14-34 所示。

步骤 04　绘制其他线路

①单击【绘图】工具栏中的【直线】按钮，绘制其他线路，如图 14-35 所示。

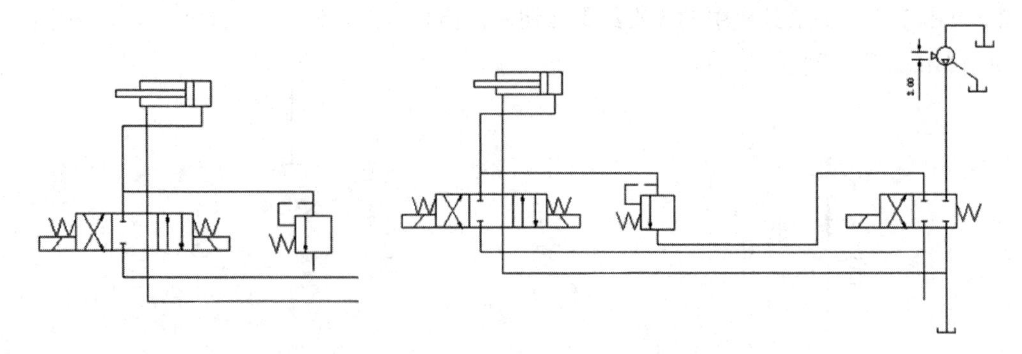

图 14-34　绘制第三个油缸和换向阀部分的线路　　　　图 14-35　绘制其他线路

②单击【绘图】工具栏中的【直线】按钮，将几个部分进行连接，如图 14-36 所示。

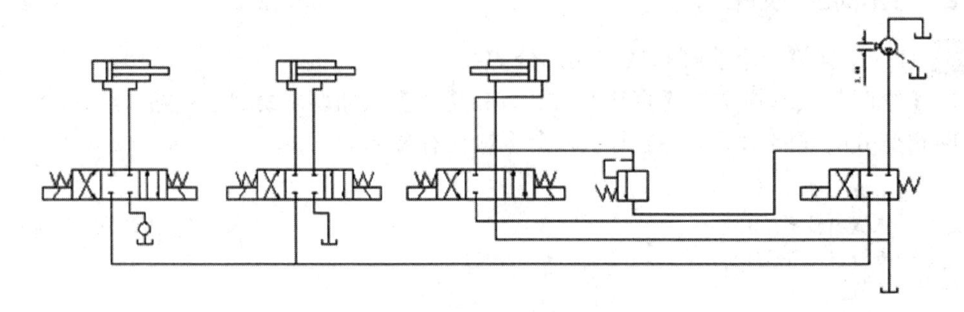

图 14-36　连接线路

14.3.3　绘制油路动力和控制系统

步骤 01　绘制油路动力和控制系统

①选中最右边的换向阀，单击【修改】工具栏中的【复制】按钮，如图 14-37 所示，复制图形到第二个换向阀下方，如图 14-38 所示。命令输入行提示如下。

```
命令: _copy
选择对象: 指定对角点: 找到 1 个                                    //选择对象
选择对象:
当前设置:  复制模式 = 多个
指定基点或 [位移(D)/模式(O)] <位移>: 指定第二个点或 <使用第一个点作为位移>: //指定基点
指定第二个点或 [退出(E)/放弃(U)] <退出>:  *取消*
```

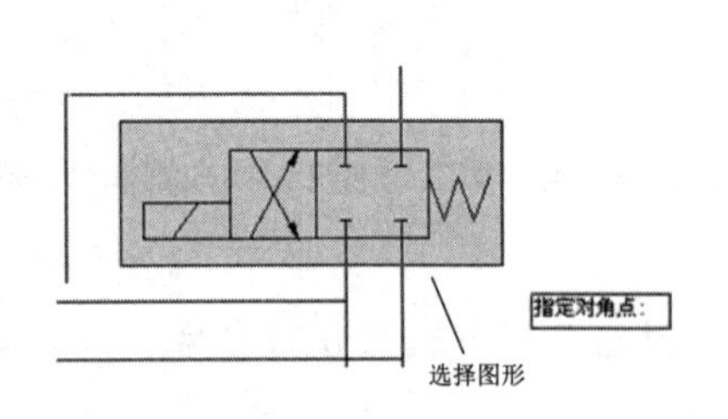

图 14-37　选择图形

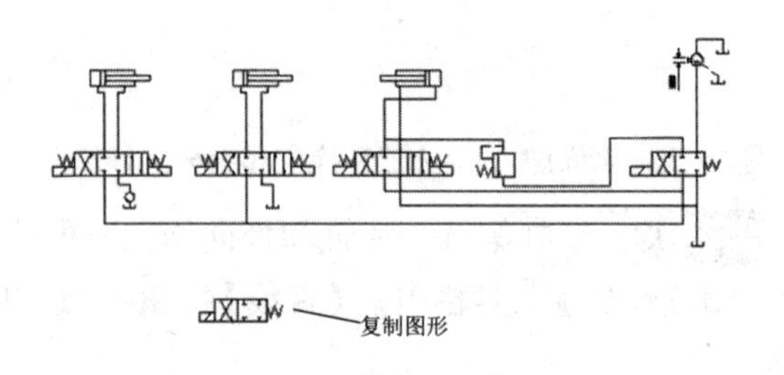

图 14-38　复制图形

②单击【绘图】工具栏中的【直线】按钮，绘制左边的部分，如图 14-39 所示。

③选中箭头图形，单击【修改】工具栏中的【复制】按钮和【旋转】按钮，复制并旋转箭头，结果如图 14-40 所示。命令输入行提示如下。

```
命令: _copy
选择对象: 指定对角点: 找到 1 个                                        //选择对象
选择对象:
当前设置:  复制模式 = 多个
指定基点或 [位移(D)/模式(O)] <位移>: 指定第二个点或 <使用第一个点作为位移>:  //指定基点
指定第二个点或 [退出(E)/放弃(U)] <退出>:  *取消*
命令: _rotate
UCS 当前的正角方向:  ANGDIR=逆时针   ANGBASE=0.00
选择对象: 指定对角点: 找到 2 个                                        //选择对象
选择对象:
指定基点:                                                             //指定基点
指定旋转角度, 或 [复制(C)/参照(R)] <0.00>:  180                        //输入旋转角度
```

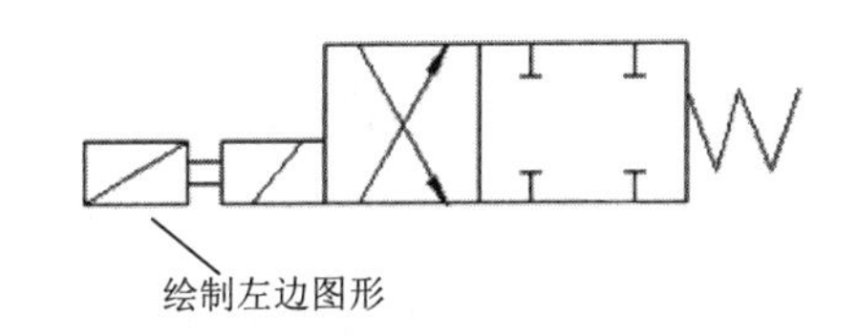

图 14-39　绘制图形

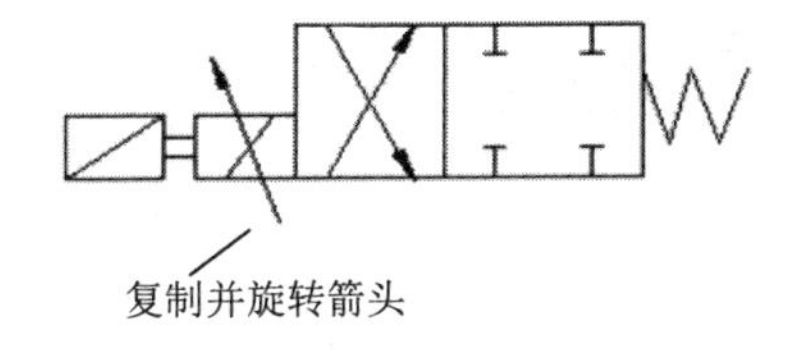

图 14-40　复制并旋转箭头

④单击【绘图】工具栏中的【直线】按钮和【正多边形】按钮，绘制线路，如图 14-41 所示。命令输入行提示如下。

```
命令: _line 指定第一点:
指定下一点或 [放弃(U)]:                    //指定第二点
指定下一点或 [放弃(U)]:
命令: _polygon 输入边的数目 <4>: 3
指定正多边形的中心点或 [边(E)]:
输入选项 [内接于圆(I)/外切于圆(C)] <I>: I
指定圆的半径:
```

⑤单击【修改】工具栏中的【复制】按钮，复制换向阀，如图 14-42 所示。

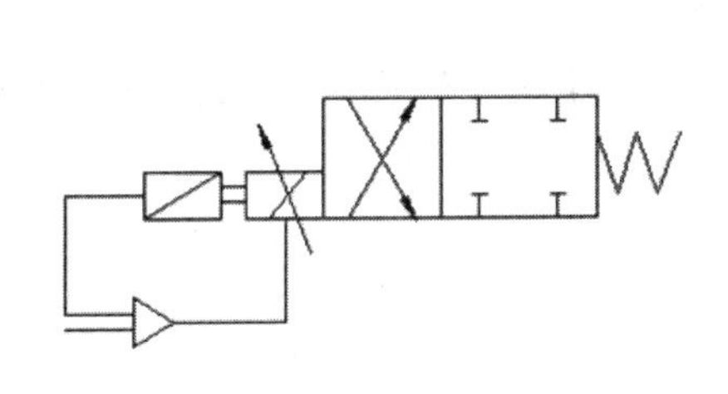

图 14-41　绘制线路

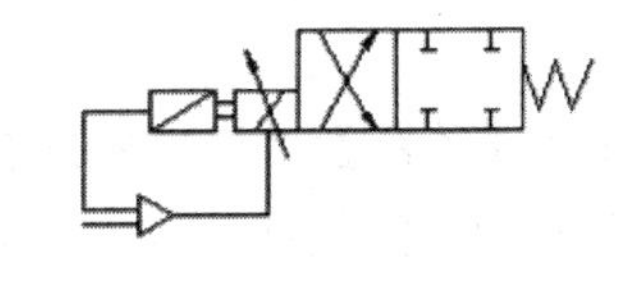

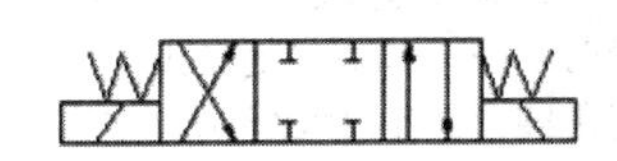

图 14-42　复制图形

⑥选中不需要的部分，单击【修改】工具栏中的【删除】按钮，进行删除，如图 14-43

所示。命令输入行提示如下。

命令: _erase
选择对象: 找到 1 个　　　　　　　　　　//选择对象
选择对象:

⑦单击【绘图】工具栏中的【直线】按钮和【修改】工具栏中的【移动】按钮，进行补充绘制和移动，如图 14-44 所示。命令输入行提示如下。

命令: _line 指定第一点:
指定下一点或 [放弃(U)]:　　　　　　　　　　//指定第二点
指定下一点或 [放弃(U)]:
命令: _move
选择对象: 指定对角点: 找到 1 个　　　　　　　　　　//指定对象
选择对象:
指定基点或 [位移(D)] <位移>: 指定第二个点或 <使用第一个点作为位移>:　　　　　　　　　　//指定基点

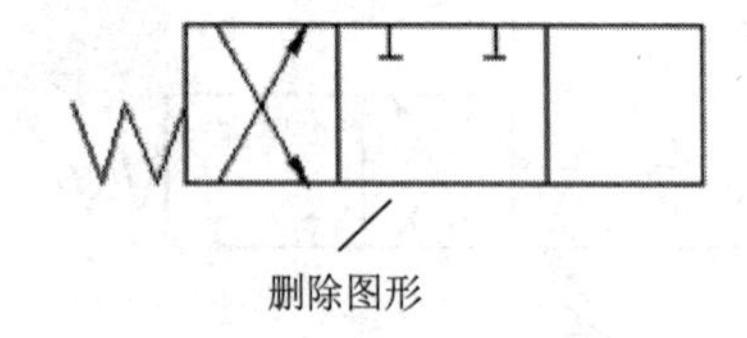

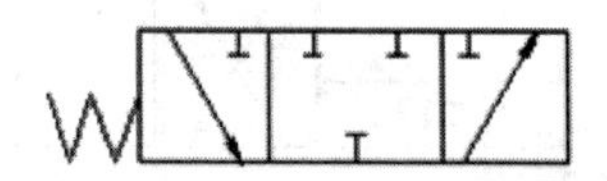

图 14-43　删除图形　　　　图 14-44　绘制图形

⑧单击【绘图】工具栏中的【直线】按钮和【圆】按钮，绘制如图 14-45 所示的图形，圆半径为 4。命令输入行提示如下。

命令: _line 指定第一点:　　　　　　　　　　//使用直线命令
指定下一点或 [放弃(U)]:　　　　　　　　　　//指定第二点
指定下一点或 [放弃(U)]:
命令: _circle 指定圆的圆心或 [三点(3P)/两点(2P)/切点、切点、半径(T)]:　　　　　　　　　　//使用圆命令
指定圆的半径或 [直径(D)] <7.5284>: 4　　　　　　　　　　//指定半径

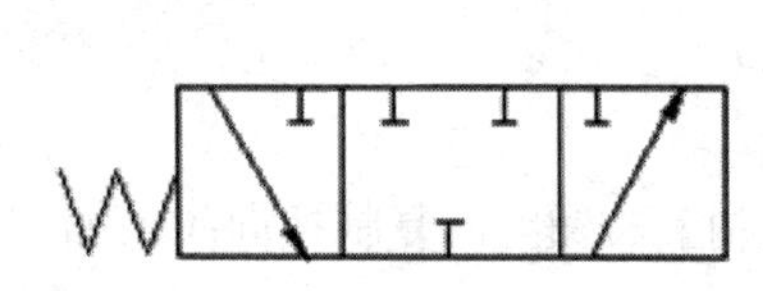
图 14-45　绘制图形

⑨单击【绘图】工具栏中的【正多边形】按钮和【修改】工具栏中的【复制】按钮，绘制正三角形并复制箭头，如图 14-46 所示。命令输入行提示如下。

命令: _polygon 输入边的数目 <4>: 3
指定正多边形的中心点或 [边(E)]:
输入选项 [内接于圆(I)/外切于圆(C)] <I>: I
命令: _copy
选择对象: 指定对角点: 找到 1 个　　　　　　　　　　//选择对象
选择对象:
当前设置: 复制模式 = 多个

指定基点或 [位移(D)/模式(O)] <位移>: 指定第二个点或 <使用第一个点作为位移>: //指定基点
指定第二个点或 [退出(E)/放弃(U)] <退出>: *取消*

⑩单击【绘图】工具栏中的【直线】按钮，绘制线路，如图 14-47 所示，其中右边的线段使用 HIDDEN 线型绘制。

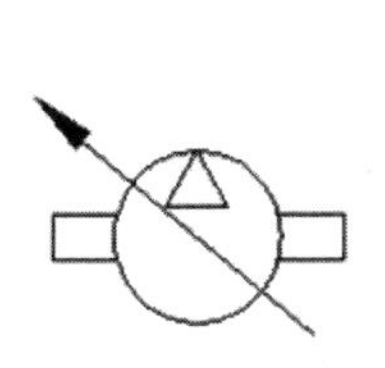

图 14-46 绘制图形

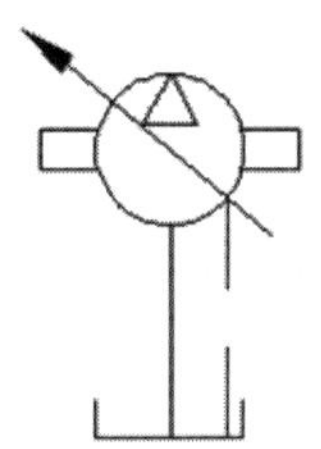

图 14-47 绘制图形

⑪单击【修改】工具栏中的【复制】按钮，复制已绘制好的图形，并单击【移动】按钮，进行修改，如图 14-48 所示的右边图形。

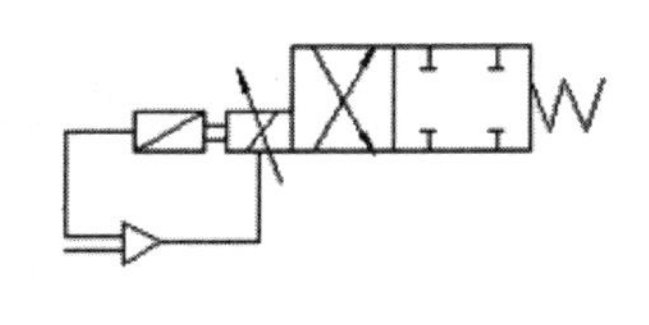

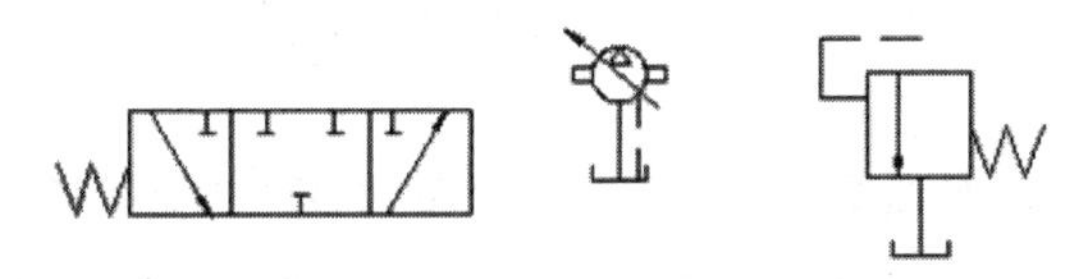

图 14-48 复制图形

⑫单击【修改】工具栏中的【复制】按钮，复制已绘制好的图形，并单击【移动】按钮，进行修改，如图 14-49 所示的右边图形。

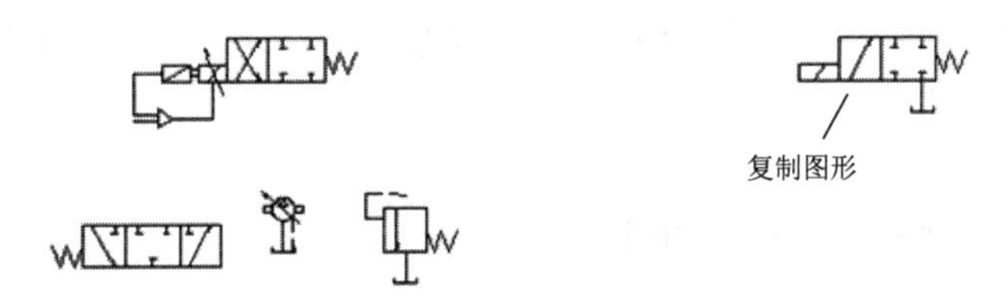

图 14-49 复制图形

⑬单击【修改】工具栏中的【复制】按钮，复制已绘制好的图形，并单击【移动】按钮，进行修改，如图 14-50 所示。

步骤 02 绘制线路

①单击【绘图】工具栏中的【直线】按钮，进行线路绘制，如图 14-51 所示。

②单击【常用】选项卡【特性】面板中的【线型】下拉列表，选择 HIDDEN 选项，如图 14-52 所示。

③单击【绘图】工具栏中的【直线】按钮，绘制线路，如图 14-53 所示。

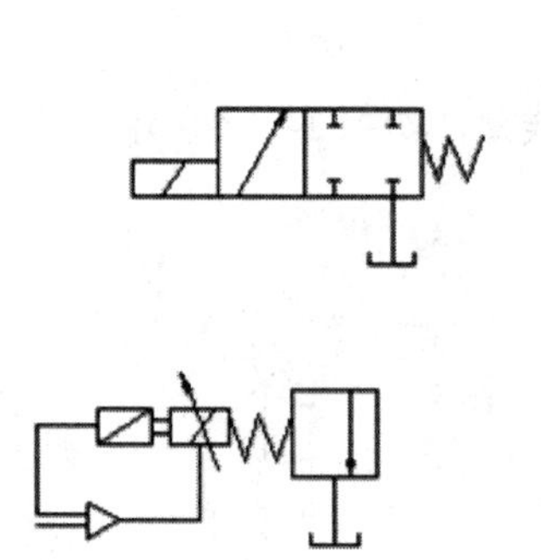

图 14-50　复制图形

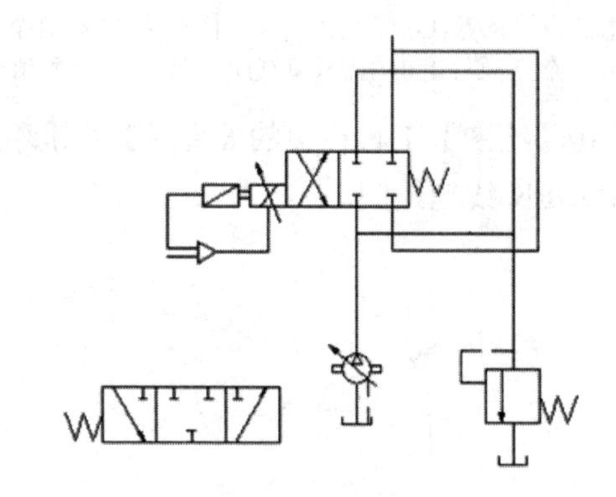

图 14-51　绘制线路

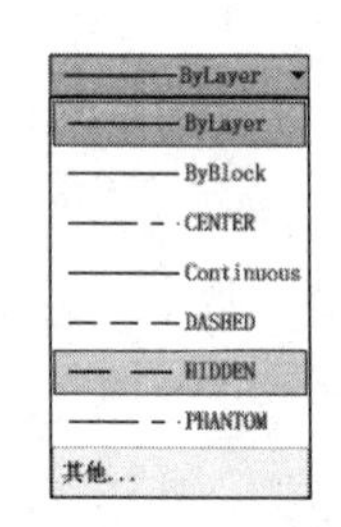

图 14-52　选择 HIDDEN 选项

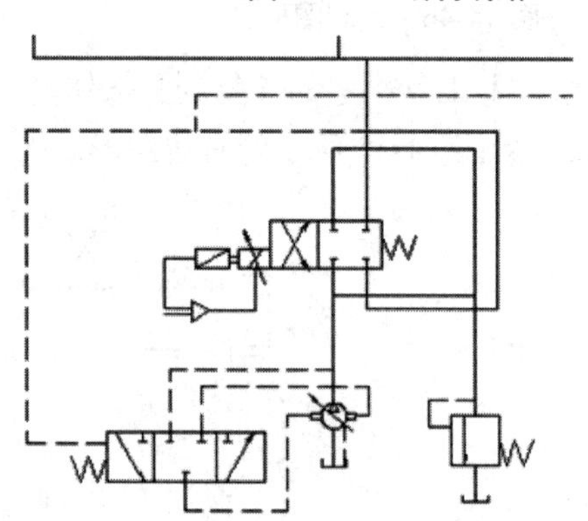

图 14-53　绘制线路

④单击【绘图】工具栏中的【直线】按钮，绘制线路，如图 14-54 所示。

⑤单击【绘图】工具栏中的【图案填充】按钮，填充几个等边三角形，如图 14-55 所示。命令输入行提示如下。

```
命令: _bhatch
拾取内部点或 [选择对象(S)/删除边界(B)]:   正在选择所有对象...          //拾取内部点
正在选择所有可见对象...
正在分析所选数据...
正在分析内部孤岛...
拾取内部点或 [选择对象(S)/删除边界(B)]:
```

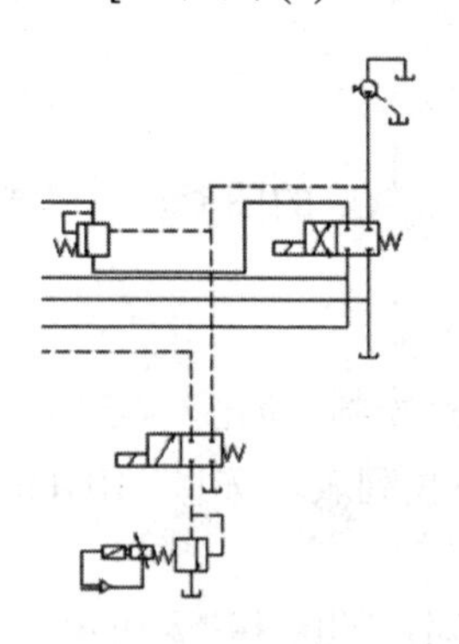

图 14-54　绘制线路

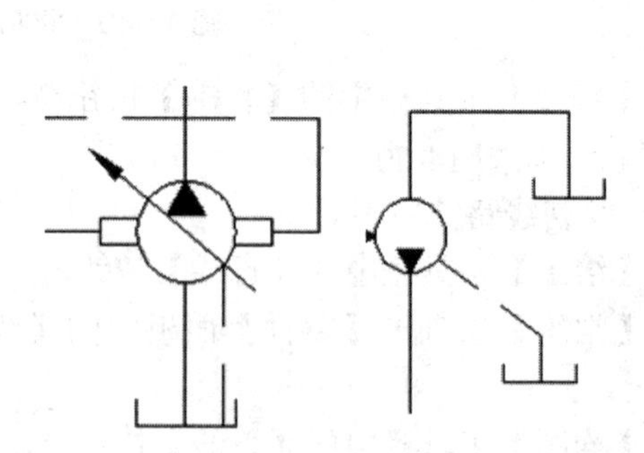

图 14-55　填充图形

14.3.4 添加文字

①单击【常用】选项卡【注释】面板中的【多行文字】按钮，进行文字的添加。如图 14-56 所示为油缸名称。命令输入行提示如下。

```
命令: _mtext 当前文字样式: "说明" 文字高度: 3.0000 注释性: 是
指定第一角点:                                                    //指定角点
指定对角点或 [高度(H)/对正(J)/行距(L)/旋转(R)/样式(S)/宽度(W)/栏(C)]:  //指定对角点
```

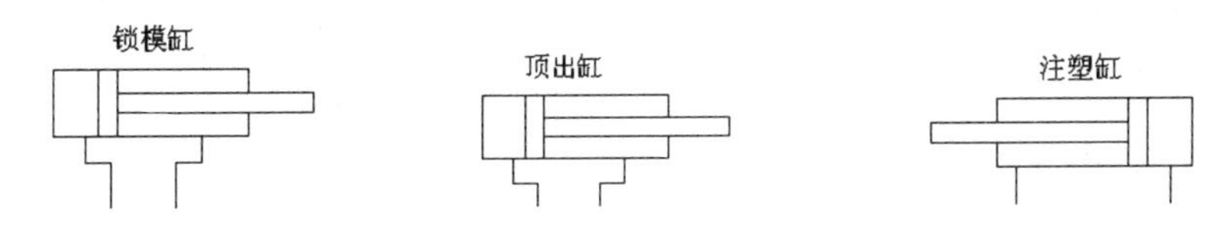

图 14-56 添加文字

②单击【多行文字】按钮，添加第一个和第二个换向阀的文字，如图 14-57 所示。

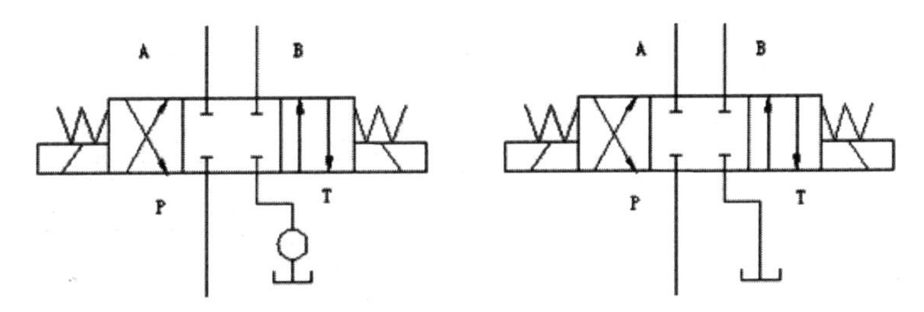

图 14-57 添加第一个和第二个换向阀的文字

③单击【多行文字】按钮，添加第三个换向阀的文字，如图 14-58 所示。

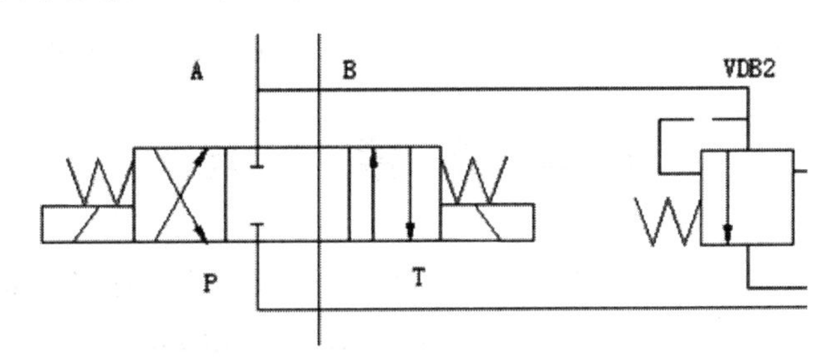

图 14-58 添加第三个换向阀的文字

④单击【多行文字】按钮，添加图形最右侧部分的文字，如图 14-59 所示。

⑤单击【多行文字】按钮，添加动力控制部分的文字，如图 14-60 所示。

⑥单击【多行文字】按钮，添加动力部分另一边的文字，如图 14-61 所示。

⑦添加文字结束后，注塑机的液压原理图绘制完成，如图 14-62 所示。

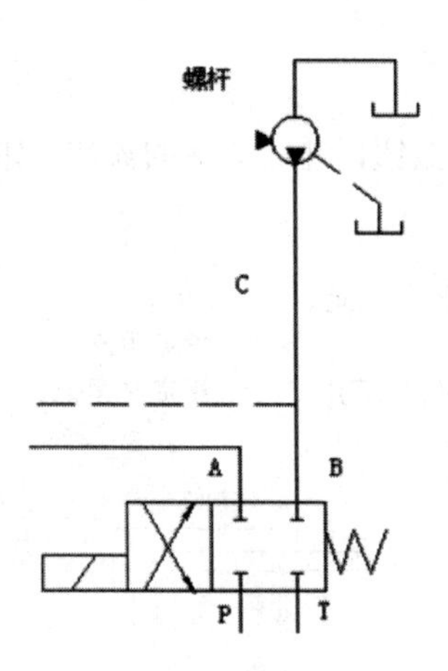

图 14-59　添加最右侧部分的文字

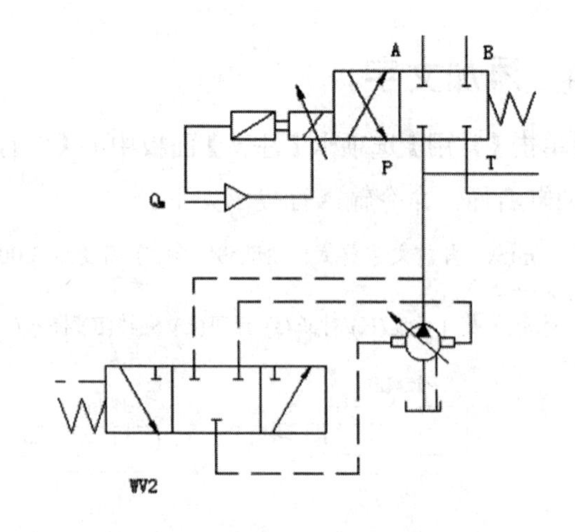

图 14-60　添加动力控制部分的文字

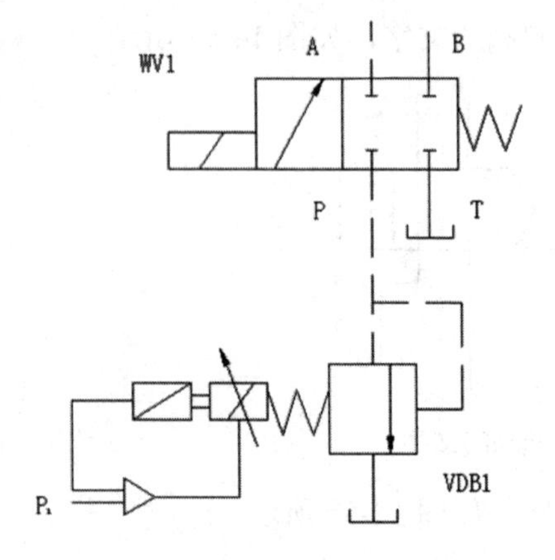

图 14-61　添加动力部分另一边的文字

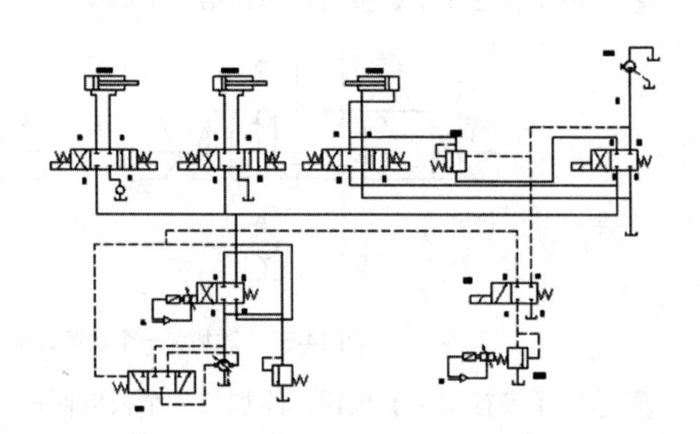

图 14-62　注塑机的液压原理图

14.4　本 章 小 结

本章主要介绍了注塑机的液压原理图的绘制方法和步骤。通过本章的学习，可以充分认识电液控制系统的原理和绘制方法，在以后的工作中使用相同的思路和方法即可解决具体问题。